兰州甘肃博睿复杂钢结构智能装配线智能焊接场景

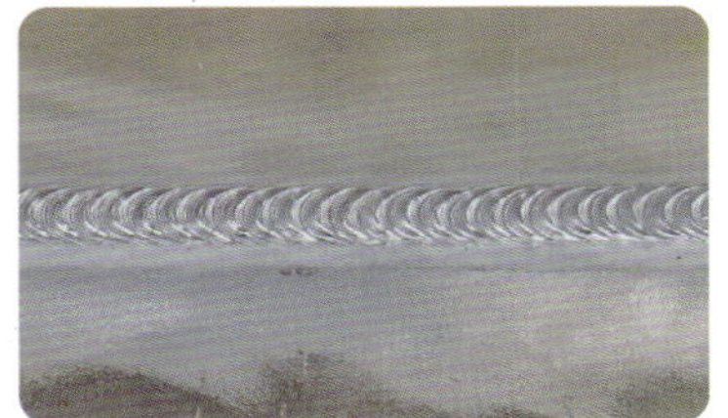

铝合金平焊

智能焊接工作站

立焊接多层多道焊

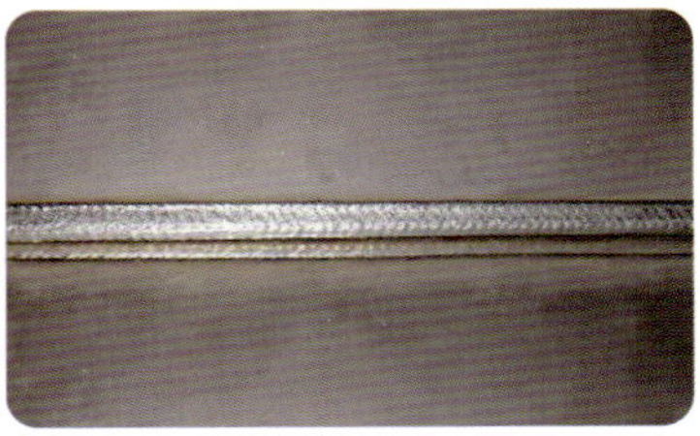

多层多道焊

组合点焊工位

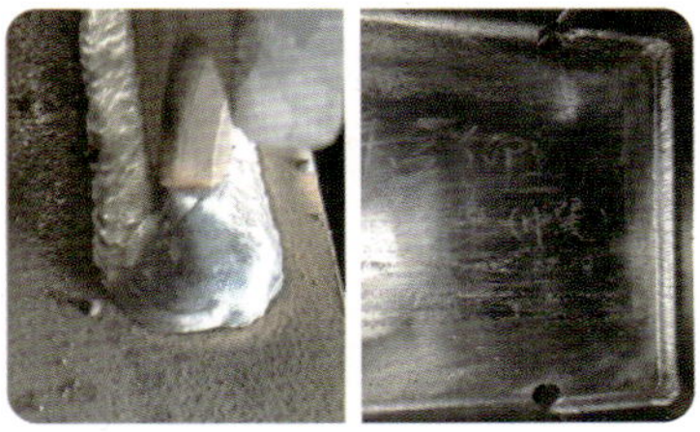

包角焊和平立仰焊一次成型

中巽智能焊接及焊接效果

（以上图片由上海中巽科技股份有限公司提供）

本书专利成果展示涉及的焊接材料品种

钢结构建设

机械制造

压力容器建造

环焊缝自动焊接

水电站建设

长输管线建设

（以上图片由天津大桥焊材集团有限公司提供）

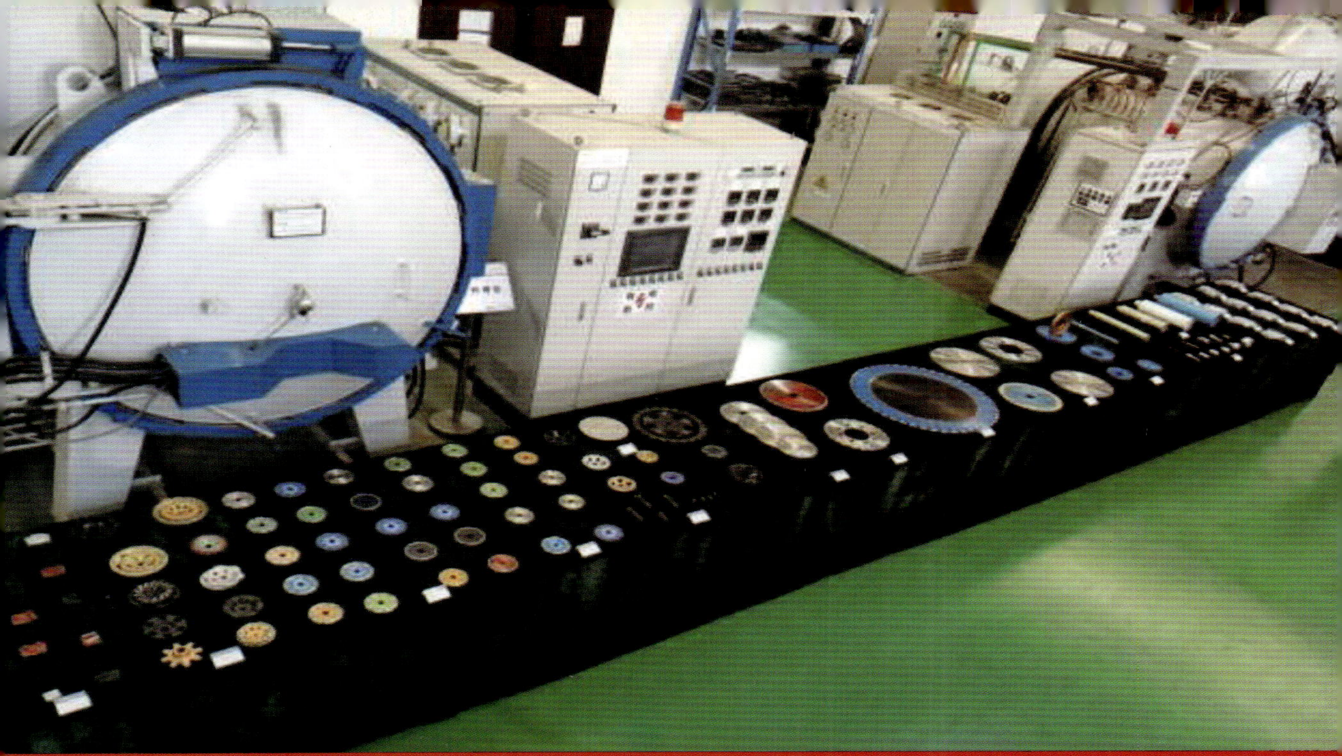

真空钎焊设备及金刚石工具

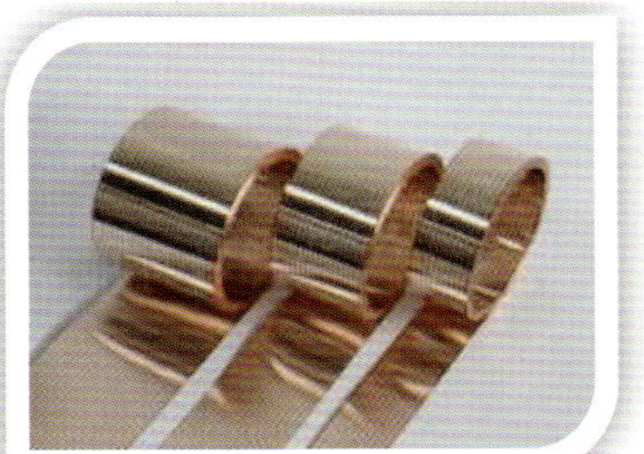

银铜复合熔体材料制备技术

汽轮机叶片再修复技术

挤压辊再修复技术

键合金丝成形技术

立磨再修复技术

石油钻头高强韧钎焊技术

（以上图片由郑州机械研究所有限公司提供）

中国焊接行业专利成果展示汇编
（2014—2023）

中国焊接协会　编著

哈爾濱工程大學出版社
Harbin Engineering University Press

内容简介

本书编著的主要目的是充分调动广大焊接科技工作者、相关企业员工的积极性和创造性，同时向企业、大学、研究院所提供一个展示焊接科技成果的舞台。本书汇集了从2014年开始共8届北京·埃森焊接与切割展览会焊接专利及科技成果展示区发布的300余项专利和成果，是我国焊接行业10年来焊接专利成果推广工作的总结，也是对历年来参加专利成果展焊接企业的技术汇总。

本书可供焊接行业科研人员、生产制造技术人员参考。

图书在版编目(CIP)数据

中国焊接行业专利成果展示汇编:2014—2023/中国焊接协会编著.—哈尔滨：哈尔滨工程大学出版社，2023.10

ISBN 978-7-5661-4011-1

Ⅰ.①中… Ⅱ.①中… Ⅲ.①焊接-专利-汇编-中国-2014-2023 Ⅳ.①TG4

中国国家版本馆CIP数据核字(2023)第182418号

中国焊接行业专利成果展示汇编(2014—2023)
ZHONGGUO HANJIE HANGYE ZHUANLI CHENGGUO ZHANSHI HUIBIAN(2014—2023)

选题策划 宗盼盼
责任编辑 宗盼盼
封面设计 李海波

出版发行 哈尔滨工程大学出版社
社　　址 哈尔滨市南岗区南通大街145号
邮政编码 150001
发行电话 0451-82519328
传　　真 0451-82519699
经　　销 新华书店
印　　刷 哈尔滨午阳印刷有限公司
开　　本 787 mm×1 092 mm　1/16
印　　张 38.5
插　　页 2
字　　数 934千字
版　　次 2023年10月第1版
印　　次 2023年10月第1次印刷
定　　价 180.00元
http://www.hrbeupress.com
E-mail:heupress@hrbeu.edu.cn

组织委员会

编审委员会

前　　言

当前，国民经济进入了以国内大循环为主体，国内、国际双循环相互促进的新格局。为了加快建设全国统一大市场，促进"十四五"规划的顺利实施，在"全面推进乡村振兴"和"双碳"目标的总体背景下，风电核电、新能源、轨道交通、航空航天、国防军工、海洋工程、港口机械、农业机械等关键工业领域对焊接技术与生产工艺提出了更高的应用要求。我国正以焊接行业综合服务平台为基础，加大组织调控能力，努力推进焊接企业生产资源共享，发挥企业自身优势，开展技术联合研发，产品联合生产，项目共同开发等深层次企业服务工作。本书编著的主要目的是充分调动广大焊接科技工作者、相关企业员工的积极性和创造性，同时向企业、大学、研究院所和焊接同人提供一个展示焊接专利与推广科技成果的舞台，加强焊接领域科技发展和科技成果转化为生产力，鼓励科技创新、推动科技进步、提升技术水平，以促进整个产业转型升级，更好地为焊接行业服务。

本书汇集了从 2014 年开始共 8 届北京·埃森焊接与切割展览会焊接专利及科技成果展示区发布的 300 余项专利和成果，是我国焊接行业 10 年来焊接专利成果推广工作的总结，也是对历年来参加专利成果展焊接企业的技术汇总。

本书在编写过程中得到了上海中巽科技股份有限公司、天津大桥焊材集团有限公司、郑州机械研究所有限公司、中国机械总院集团哈尔滨焊接研究所有限公司、天津市金桥焊材集团股份有限公司、中国焊接协会焊接设备分会、四川大西洋焊接材料股份有限公司、昆山京群焊材科技有限公司、北京金威焊材有限公司、伏能士智能设备（上海）有限公司、北京博清科技有限公司、深圳市瑞凌实业集团股份有限公司、珠海市福尼斯焊接技术有限公司、杭州华光焊接新材料股份有限公司、上海正特焊接器材制造有限公司、河北创力机电科技有限公司、上海模呈信息技术有限公司、清华大学、哈尔滨工业大学、北京工业大学、山东大学、浙江工业大学、南京航空航天大学、上海工程技术大学、大连理工大学、佳木斯大学、合肥工业大学、新型钎焊材料与技术国家重点实验室、油气管道输送安全国家工程研究中心、成都电焊机杂志有限公司、哈尔滨焊接技术培训中心等单位的信息支持与协助；同时得到了成都工业职业技术学院、安徽博清自动化科技有限公司、哈焊所华通（常州）焊业股份有限公司、天津市特种设备监督检验技术研究院、黑龙江科技大学、平度市技师学院、福建省特种设备检验研究院、中车长春轨道客车股份有限公司、中机生产力促进中心有限公司、江苏联捷焊业科技有限公司、中船黄埔文冲船舶有限公司、成都三方电气有限公司、江苏北人智能制造科技股份有限公司、重庆科技学院、哈尔滨职业技术学院、江苏核电有限公司、黑龙江省科学院高技术研究院、南昌航空大学、柳工常州机械有限公司、北部湾大学、宁夏大学、厦门市集美职业技术学校、金属加工杂志社等单位的大力支持，在此一并表示衷心的感谢。

中国焊接协会

2023 年 6 月

目　　录

第一部分　焊接专利展示

第二部分　焊接科技鉴定成果展示

第三部分　焊接科技普及

第一部分　焊接专利展示

一、焊 接 材 料

一种高 Mn 高 Nb 的抗裂纹缺陷镍基焊丝及焊接方法

发　明　人：陈佩寅；顾国兴；霍树斌；梅乐；刘金湘；张俊宝；张学刚；谷雨；陈燕；余燕；胡鹏亮

专　利　号：ZL 2015 1 0607718.1

专利申请日：2015 年 09 月 22 日

专 利 权 人：机械科学研究院哈尔滨焊接研究所；上海核工程研究设计院；哈尔滨威尔焊接有限责任公司

授权公告日：2017 年 11 月 14 日

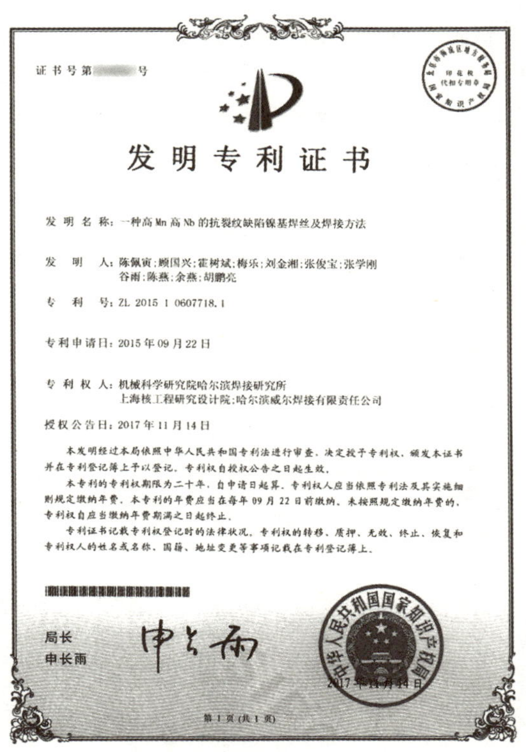

证书号第　　号

发明专利证书

发 明 名 称：一种高 Mn 高 Nb 的抗裂纹缺陷镍基焊丝及焊接方法

发　明　人：陈佩寅；顾国兴；霍树斌；梅乐；刘金湘；张俊宝；张学刚
谷雨；陈燕；余燕；胡鹏亮

专　利　号：ZL 2015 1 0607718.1

专利申请日：2015 年 09 月 22 日

专 利 权 人：机械科学研究院哈尔滨焊接研究所
上海核工程研究设计院；哈尔滨威尔焊接有限责任公司

授权公告日：2017 年 11 月 14 日

本发明经过本局依照中华人民共和国专利法进行审查，决定授予专利权，颁发本证书并在专利登记簿上予以登记。专利权自授权公告之日起生效。

本专利的专利权期限为二十年，自申请日起算。专利权人应当依照专利法及其实施细则规定缴纳年费。本专利的年费应当在每年 09 月 22 日前缴纳。未按照规定缴纳年费的，专利权自应当缴纳年费期满之日起终止。

专利证书记载专利权登记时的法律状况。专利权的转移、质押、无效、终止、恢复和专利权人的姓名或名称、国籍、地址变更等事项记载在专利登记簿上。

局长
申长雨

2017 年 11 月 14 日

第 1 页（共 1 页）

发明专利证书

专利说明：

690 镍基合金焊丝作为核岛主设备关键焊接材料，主要用于压力容器驱动管座、接管安全端、堆芯支承块、蒸汽发生器管板堆焊以及管子与管板的焊接。焊接材料从最初的 ERNiCr-3，到 ERNiCrFe-7，再到 ERNiCrFe-7A，基本上解决了低塑性开裂以及角焊缝根部开裂等问题，但在工程应用中裂纹问题仍然存在。

当前我国核岛主设备用690镍基合金焊丝焊接材料的生产,全部被国外企业所垄断。

通过在材料中增加Nb和Mn,利用Nb在镍基合金中固溶强化和时效强化作用,在焊缝中提高原子间结合力,稳定焊缝,同时在晶界和晶内形成MC型析出物,改变焊丝熔敷金属晶界的迁移和滑移,提高熔敷金属抵抗高温变形的能力,可极大地降低DDC裂纹敏感性。

该种高Mn高Nb的抗裂纹缺陷镍基焊丝是经合金钢锭锻轧后,经过特定的多道次冷拉及在线退火和专门的清洗工艺,最终形成的,化学成分为:w(C)<0.04%,w(Si)=0.1%~0.2%,w(Mn)=3.8%~4.2%,w(S)<0.003%,w(P)<0.003%,w(Cr)=28.0%~31.5%,w(Mo)<0.01%,w(Cu)<0.05%,w(Nb)=2.2%~2.5%,w(Mn)+w(Nb)=6.2%~6.6%,w(Ti)=0.4%~0.9%,w(Al)<0.5%,w(Fe)=8.5%~10.5%,w(Ca)<0.005%,w(Mg)<0.005%,w(O)<0.005%,w(N)=0.2%~0.4%,w(B)<0.001%,w(Zr)<0.005%,w(Ta)<0.02%,Ni为余量,w(其他元素总和)<0.1%。

作为核岛主设备关键焊接材料的690镍基合金焊丝,规格为ϕ1.2 mm,焊接工艺为自动填丝钨极惰性气体保护焊,焊接电流为200~230 A,电弧电压为14~16 V,送丝速度为1 200 mm/min,电流类型为直流正接,层间温度为100~200 ℃,保护气体为体积分数是99.999%的Ar,气体流量为14~18 L/min。

地址:黑龙江省哈尔滨市松北区创新路2077号　　邮编:150028　　联系人:齐万利

电话:0451-86337303　　网站:www.hwi.com.cn　　邮箱:13674675850@126.com

一种低镍含氮奥氏体不锈钢非熔化极气体保护焊丝及其制备方法

发　明　人：方乃文；徐锴；徐亦楠；夏敏；陈波；贾玉力；王国佛；林晓辉；杨义成；马一鸣；王庆江；李丹晖；王猛；王健；金喜庆

专　利　号：ZL 2020 1 0698445.7

专利申请日：2020 年 07 月 20 日

专 利 权 人：哈尔滨焊接研究院有限公司；哈尔滨威尔焊接有限责任公司

授权公告日：2021 年 06 月 29 日

证书号第　　号

发明专利证书

发 明 名 称：一种低镍含氮奥氏体不锈钢非熔化极气体保护焊丝及其制备方法

发　　明　　人：方乃文；徐锴；徐亦楠；夏敏；陈波；贾玉力；王国佛；林晓辉
杨义成；马一鸣；王庆江；李丹晖；王猛；王健；金喜庆

专　　利　　号：ZL 2020 1 0698445.7

专利申请日：2020 年 07 月 20 日

专 利 权 人：哈尔滨焊接研究院有限公司
哈尔滨威尔焊接有限责任公司

地　　　　址：150028 黑龙江省哈尔滨市松北区创新路 2077 号

授权公告日：2021 年 06 月 29 日　　　授权公告号：CN 111876680 B

国家知识产权局依照中华人民共和国专利法进行审查，决定授予专利权，颁发发明专利证书并在专利登记簿上予以登记。专利权自授权公告之日起生效。专利权期限为二十年，自申请日起算。

专利证书记载专利权登记时的法律状况。专利权的转移、质押、无效、终止、恢复和专利权人的姓名或名称、国籍、地址变更等事项记载在专利登记簿上。

局长
申长雨

第 1 页（共 3 页）

发明专利证书

专利说明：

本发明是为解决现有奥氏体不锈钢焊丝对低镍含氮奥氏体不锈钢进行非熔化极气体保护焊接时，在焊接接头中容易产生氮元素损失、气孔缺陷、焊缝区热裂纹以及热影响区氮化物析出从而引起点蚀的技术问题。本发明的焊丝的化学成分为：$w(C)=0.03\%\sim0.08\%$，$w(Si)=0.30\%\sim0.65\%$，$w(Mn)=6.5\%\sim8.5\%$，$w(P)\leqslant0.05\%$，$w(S)\leqslant0.01\%$，$w(Cr)=17.5\%\sim18.5\%$，$w(Ni)=2.2\%\sim2.9\%$，$w(Mo)=0.03\%\sim0.10\%$，$w(Cu)=1\%\sim2\%$，$w(N)=$

0.15%~0.35%,w(Co)≤0.05%,w(Nb)+w(Ti)+w(V)≤0.05%,余量为Fe。制备方法:经熔炼、热轧盘条、焊丝拉拔,最终得到焊丝。本发明利用固溶氮部分代替镍,氮在有效的固溶强化的同时,可以促进晶粒细化。

地址:黑龙江省哈尔滨市松北区创新路2077号　　邮编:150028　　联系人:齐万利
电话:0451-86337303　　网站:www.hwi.com.cn　　邮箱:13674675850@126.com

一种大厚度超窄间隙激光填丝焊用 TC4 钛合金实心焊丝及其制备方法

发　明　人:方乃文;黄瑞生;徐锴;杨义成;尹立孟;梁晓梅;陈玉华;邹吉鹏;谢吉林;曹浩;曾才有;方迪生;王刚;武鹏博

专　利　号:ZL 2021 1 0201430. X

专利申请日:2021 年 02 月 23 日

专 利 权 人:哈尔滨焊接研究院有限公司

授权公告日:2022 年 01 月 28 日

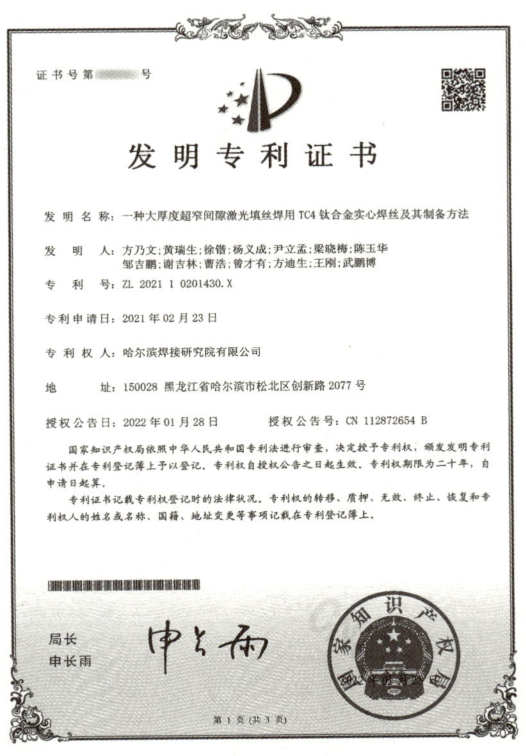

证书号第　　号

发明专利证书

发 明 名 称:一种大厚度超窄间隙激光填丝焊用 TC4 钛合金实心焊丝及其制备方法

发　明　人:方乃文;黄瑞生;徐锴;杨义成;尹立孟;梁晓梅;陈玉华
邹吉鹏;谢吉林;曹浩;曾才有;方迪生;王刚;武鹏博

专　利　号:ZL 2021 1 0201430.X

专利申请日:2021 年 02 月 23 日

专 利 权 人:哈尔滨焊接研究院有限公司

地　　址:150028 黑龙江省哈尔滨市松北区创新路 2077 号

授权公告日:2022 年 01 月 28 日　　授权公告号:CN 112872654 B

国家知识产权局依照中华人民共和国专利法进行审查,决定授予专利权,颁发发明专利证书并在专利登记簿上予以登记。专利权自授权公告之日起生效。专利权期限为二十年,自申请日起算。

专利证书记载专利权登记时的法律状况。专利权的转移、质押、无效、终止、恢复和专利权人的姓名或名称、国籍、地址变更等事项记载在专利登记簿上。

局长
申长雨

第 1 页 (共 3 页)

发明专利证书

专利说明:

本发明提供了一种大厚度超窄间隙激光填丝焊用 TC4 钛合金实心焊丝及其制备方法。实心焊丝的化学成分为:$w(\mathrm{Al})=5\%\sim7\%$,$w(\mathrm{V})=4\%\sim6\%$,$w(\mathrm{Mo})=1.5\%\sim2.5\%$,$w(\mathrm{Cr})=0.2\%\sim0.5\%$,$w(\mathrm{Zr})=0.5\%\sim1.5\%$,余量为 Ti。制备方法:按焊丝化学成分称取原料,混料后压制成电极块,焊成自耗电极,先进行一次熔炼,得到一次铸锭,再进行二次熔炼,得到钛合金铸锭,车皮并切除冒口,锻造成方坯;经轧制、拉拔、矫直、磨光后得到丝材,真空退火,拉拔减径,在真空管式退火炉中去应力退火,清洗,缠到焊丝盘上,真空塑封,便得到大厚度超窄间隙激光填丝焊用 TC4 钛合金实心焊丝。

地址:黑龙江省哈尔滨市松北区创新路 2077 号　　邮编:150028　　联系人:齐万利
电话:0451-86337303　　网站:www. hwi. com. cn　　邮箱:13674675850@126. com

一种用于汽车行业的控铝低渣气保实心焊丝

发　明　人:兰久祥;鲁科明;邢俊瑛;吕林林;钱广禄

专　利　号:ZL 2021 1 0162138.1

专利申请日:2021 年 02 月 05 日

专 利 权 人:天津市金桥焊材集团股份有限公司

授权公告日:2022 年 12 月 02 日

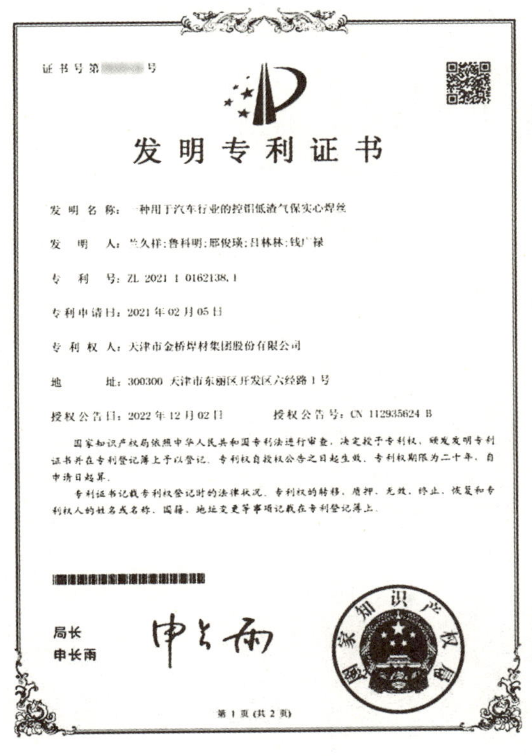

证书号第　　　号

发明专利证书

发 明 名 称：一种用于汽车行业的控铝低渣气保实心焊丝

发　明　人：兰久祥;鲁科明;邢俊瑛;吕林林;钱广禄

专　利　号：ZL 2021 1 0162138.1

专利申请日：2021 年 02 月 05 日

专 利 权 人：天津市金桥焊材集团股份有限公司

地　　　址：300300 天津市东丽区开发区六经路 1 号

授权公告日：2022 年 12 月 02 日　　　授权公告号：CN 112935624 B

国家知识产权局依照中华人民共和国专利法进行审查，决定授予专利权，颁发发明专利证书并在专利登记簿上予以登记。专利权自授权公告之日起生效。专利权期限为二十年，自申请日起算。

专利证书记载专利权登记时的法律状况。专利权的转移、质押、无效、终止、恢复和专利权人的姓名或名称、国籍、地址变更等事项记载在专利登记簿上。

局长
申长雨

第 1 页（共 2 页）

发明专利证书

专利说明：

焊丝通过控制脱氧元素种类和含量调整焊渣中不同氧化物所占比例，实现对焊渣张力的调整。焊接过程中焊渣随焊接熔池移动并由分散的小块逐渐聚集，在电弧的作用下大部分汽化飞出，仅少量块状焊渣聚集在收弧处方便去除。

用途：

本发明对低碳钢~590 MPa 级碳钢、钢结构等薄板和中等厚度板的搭接、对接、角焊等，尤其对焊道渣壳要求数量少、有电泳喷漆等后续生产工艺的焊接具有明显优势。

使用特性:

本发明可采用 Ar+体积分数为 20%的 CO_2 混合气体和纯 CO_2 气体进行焊接,尤其在单层单道焊的焊接工艺中低焊渣效果明显。

名称:天津市金桥焊材集团有限公司
地址:天津市东丽区开发区六经路 1 号
邮编:300300
电话:022-58296666　022-58292323
网站:www. TJGoldenBridge. com
邮箱:Market@ TJGoldenBridge. com

一种钛合金激光填丝堆焊熔覆用活性剂及其制备方法和应用

发　明　人:方乃文;徐锴;黄瑞生;武鹏博;尹立孟;秦建;韩鹏薄;陈玉华;曹浩;邵丹丹;李武凯;邹吉鹏;谢吉林;曾才有

专　利　号:ZL 2022 1 0169577. X

专利申请日:2022 年 02 月 23 日

专 利 权 人:哈尔滨焊接研究院有限公司

授权公告日:2022 年 09 月 20 日

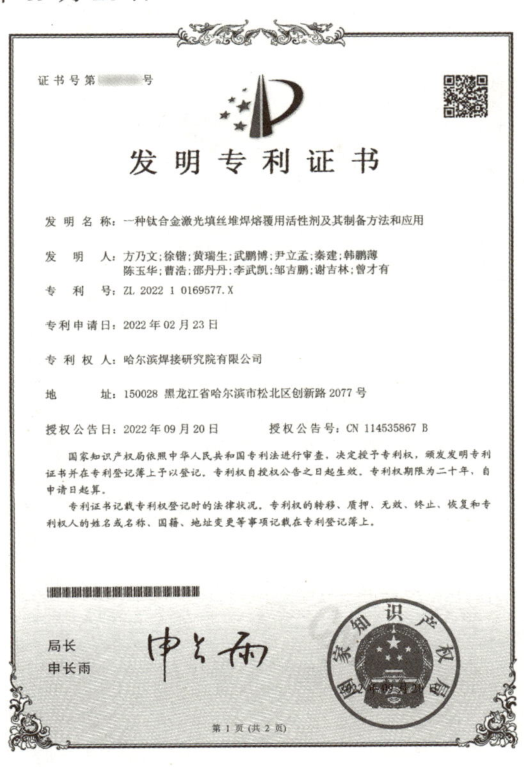

证书号第　　　号

发明专利证书

发 明 名 称:一种钛合金激光填丝堆焊熔覆用活性剂及其制备方法和应用

发　明　人:方乃文;徐锴;黄瑞生;武鹏博;尹立孟;秦建;韩鹏薄
陈玉华;曹浩;邵丹丹;李武凯;邹吉鹏;谢吉林;曾才有

专　利　号:ZL 2022 1 0169577. X

专利申请日:2022 年 02 月 23 日

专 利 权 人:哈尔滨焊接研究院有限公司

地　　址:150028 黑龙江省哈尔滨市松北区创新路 2077 号

授权公告日:2022 年 09 月 20 日　　授权公告号:CN 114535867 B

国家知识产权局依照中华人民共和国专利法进行审查,决定授予专利权,颁发发明专利证书并在专利登记簿上予以登记。专利权自授权公告之日起生效。专利权期限为二十年,自申请日起算。

专利证书记载专利权登记时的法律状况。专利权的转移、质押、无效、终止、恢复和专利权人的姓名或名称、国籍、地址变更等事项记载在专利登记簿上。

局长
申长雨

第 1 页(共 2 页)

发明专利证书

专利说明:

本发明的目的是解决现有钛合金激光填丝堆焊熔覆过程中,由于采用热导焊模式而造成的堆焊熔覆金属的熔深浅、熔宽大和熔覆效率低的技术问题。制备:本发明的活性剂由 LaO_3、$BaCl_2$、KF、$MgCl_2$、CaF_2、AlF_3 组成,将各组分混合研磨后与丙酮混合均匀,得到活性剂。应用:将待焊钛合金板打磨后置于酸洗溶液中浸泡,乙醇清洗后烘干,再将该活性剂均匀涂敷在待焊区域,干燥后进行激光填丝堆焊熔覆。本发明的活性剂可以在保证焊缝熔宽的前提下,增加焊缝熔深,提高等离子体稳定性,减少气孔和降低裂纹敏感性,同时也提高了熔覆效率并改善了焊缝成型。

地址:黑龙江省哈尔滨市松北区创新路2077号　　邮编:150028　　联系人:齐万利
电话:0451-86337303　　网站:www.hwi.com.cn　　邮箱:13674675850@126.com

一种薄板高速埋弧焊剂

发　明　人:陈洋;田国锋

专　利　号:ZL 2012 1 0482836.0

专利申请日:2012 年 11 月 22 日

专 利 权 人:天津市永昌焊丝有限公司

授权公告日:2015 年 02 月 18 日

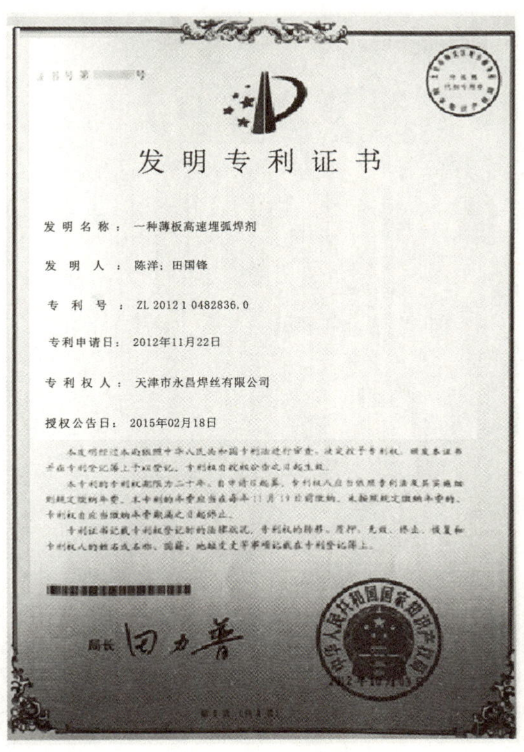

发明专利证书

发明名称：一种薄板高速埋弧焊剂

发　明　人：陈洋；田国锋

专　利　号：ZL 2012 1 0482836.0

专利申请日：2012年11月22日

专 利 权 人：天津市永昌焊丝有限公司

授权公告日：2015年02月18日

本发明经过本局依照中华人民共和国专利法进行审查，决定授予专利权，颁发本证书并在专利登记簿上予以登记。专利权自授权公告之日起生效。

本专利的专利权期限为二十年，自申请日起算。专利权人应当依照专利法及其实施细则规定缴纳年费。本专利的年费应当在每年11月[illegible]日前缴纳。未按照规定缴纳年费的，专利权自应当缴纳年费期满之日起终止。

专利证书记载专利权登记时的法律状况。专利权的转移、质押、无效、终止、恢复和专利权人的姓名或名称、国籍、地址变更等事项记载在专利登记簿上。

局长 田力普

发明专利证书

专利说明:

本发明是一种薄板高速埋弧焊剂。高速焊接技术可以提高生产效率,节约劳动成本,增加经济效益。埋弧焊接是应用最广泛的自动焊接方法,具有焊接参数大、焊接效率高的优点,但对薄板进行焊接时,容易焊穿。

本发明的优越性:

1. 具有生产效率高、综合成本低、焊接质量好等特点。

2. 解决了埋弧焊接薄板的难题,具有优良的焊接工艺性能和力学性能,焊道成型美观,脱渣容易。

3. 焊速可以达到 120 m/h,是普通埋弧焊的 3 倍以上。

名称:天津市金桥焊材集团有限公司　　地址:天津市东丽区开发区六经路 1 号

邮编:300300　　电话:022-58296666　022-58292323

网站:www. TJGoldenBridge. com　　邮箱:Market@ TJGoldenBridge. com

一种高碱度带极电渣堆焊焊剂

发　明　人：陈洋；田国锋

专　利　号：ZL 2012 1 0479530. X

专利申请日：2012 年 11 月 22 日

专 利 权 人：天津市永昌焊丝有限公司

授权公告日：2015 年 02 月 18 日

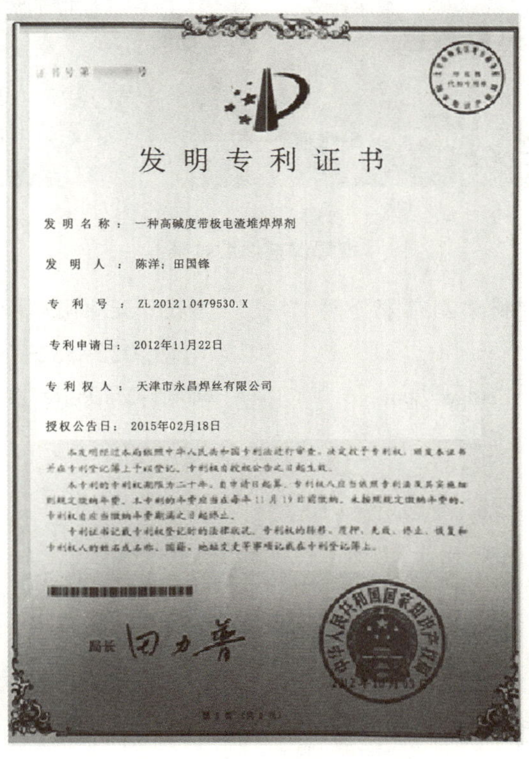

发明专利证书

发明名称：一种高碱度带极电渣堆焊焊剂

发　明　人：陈洋；田国锋

专　利　号：ZL 2012 1 0479530. X

专利申请日：2012年11月22日

专 利 权 人：天津市永昌焊丝有限公司

授权公告日：2015年02月18日

局长　田力普

发明专利证书

专利说明：

本发明是一种高碱度带极电渣堆焊焊剂。其应用在耐高温、耐腐蚀容器内表面堆焊。带极堆焊具有焊接效率高、对焊接母材稀释率低、生产效率高、综合成本低、焊接质量好等优点，利用此工艺可以在普通低碳钢或低合金钢上进行堆焊。

本发明的优越性：

本发明可满足堆焊层金属稀释率小、耐腐蚀及耐高温性强的要求。其采用直流反接恒压电源焊接，脱渣极其容易，焊道平整美观，焊后加工余量小，有利于保证焊接质量，而这些是普通带极电渣堆焊焊剂难以达到的。本发明产品经过试验认证,完全符合国家标准。

堆焊焊带对照表

耐蚀堆焊金属型号	过渡层堆焊焊带型号	耐蚀层堆焊焊带型号
FZ308L-E	JQ. EQ309L	JQ. EQ308L
FZ316L-E	JQ. EQ309L	JQ. EQ316L
FZ347L-E	JQ. EQ309L	JQ. EQ347L

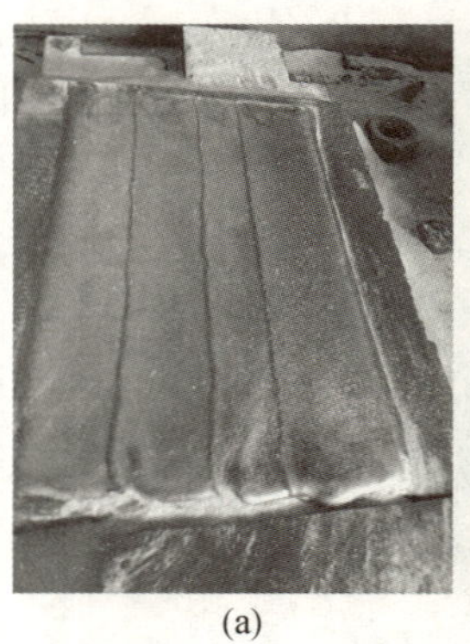
(a)

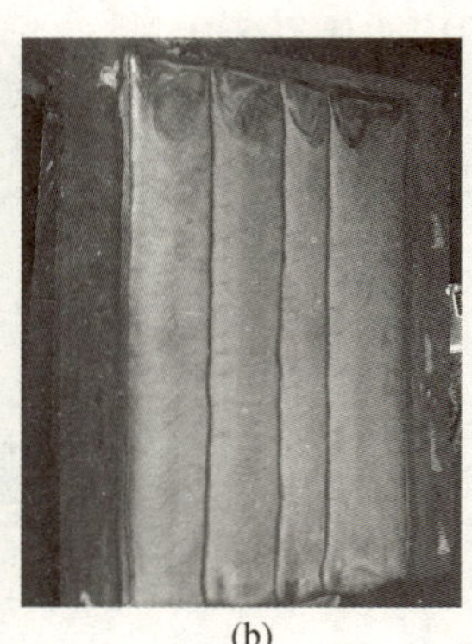
(b)

堆焊焊剂焊后效果

名称:天津市金桥焊材集团有限公司
地址:天津市东丽区开发区六经路1号
邮编:300300
电话:022-58296666　022-58292323
网站:www. TJGoldenBridge. com
邮箱:Market@ TJGoldenBridge. com

一种用于X80级别管线钢焊接的自保护全位置高韧性药芯焊丝

发　明　人：侯杰昌
专　利　号：ZL 2007 1 0056680.9
专利申请日：2007年01月31日
专 利 权 人：天津市金桥焊材集团有限公司
授权公告日：2011年12月07日

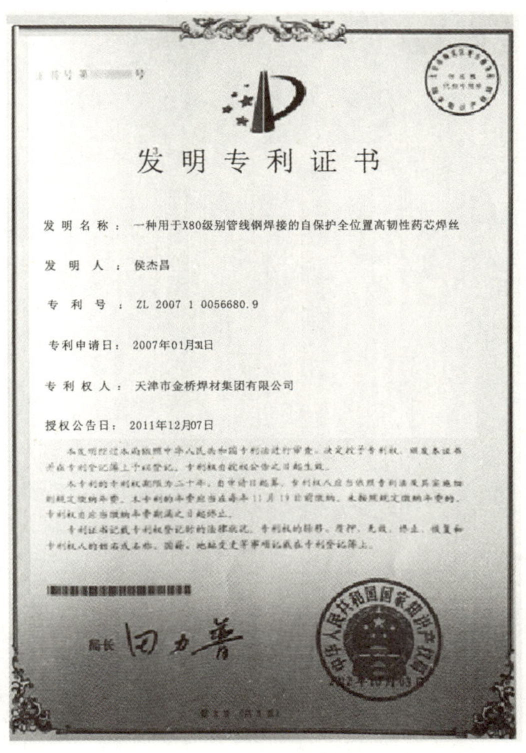

发明专利证书

发明名称：一种用于X80级别管线钢焊接的自保护全位置高韧性药芯焊丝

发明人：侯杰昌

专利号：ZL 2007 1 0056680.9

专利申请日：2007年01月31日

专利权人：天津市金桥焊材集团有限公司

授权公告日：2011年12月07日

局长 田力普

发明专利证书

专利说明：

本发明是一种用于X80级别管线钢焊接的自保护全位置高韧性药芯焊丝，其优越性在于：自保护全位置高韧性药芯焊丝具有可半自动焊、可连续送丝、不用气体保护、抗风能力较强、生产效率高、综合成本低、焊接质量好、易于焊工操作等优点；具有优良的工艺操作性能和力学性能，电弧稳定，飞溅小，操作性好，成型美观。

该焊丝作为国内同类产品中唯一中标者成功地应用于国家重点工程“西气东输二线”。现在“西气东输三线”“中缅管道”等工程中也得到广泛应用，效果良好。

名称:天津市金桥焊材集团有限公司
地址:天津市东丽区开发区六经路1号
邮编:300300
电话:022-58296666　022-58292323
网站:www. TJGoldenBridge. com
邮箱:Market@ TJGoldenBridge. com

一种高耐蚀的高强、高韧、耐候焊条

发　明　人:侯来昌;屈朝霞

专　利　号:ZL 2011 1 0173508.8

专利申请日:2011 年 06 月 27 日

专 利 权 人:天津市金桥焊材集团有限公司; 宝山钢铁股份有限公司

授权公告日:2012 年 12 月 26 日

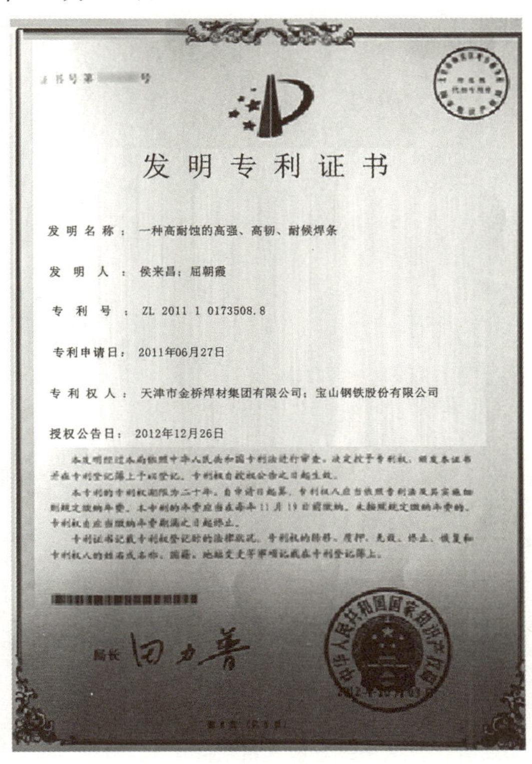

发明专利证书

发明名称：一种高耐蚀的高强、高韧、耐候焊条

发 明 人：侯来昌；屈朝霞

专 利 号：ZL 2011 1 0173508.8

专利申请日：2011年06月27日

专利权人：天津市金桥焊材集团有限公司；宝山钢铁股份有限公司

授权公告日：2012年12月26日

发明专利证书

专利说明:

本发明是一种高耐蚀的高强、高韧、耐候焊条,其优越性在于:本焊条具有优良的耐大气腐蚀性能和良好的全位置焊接工艺性能,其熔敷金属耐腐蚀性能比普通耐候钢用焊条提高约 50%,力学性能完全满足使用要求,具有良好抗裂性能、塑性和韧性,冲击韧性(A_{KV})(-40 ℃)一般大于 100 J,为新型高耐蚀型耐候钢的焊接提供了适用的焊条。

本焊条已开始用于 C80 新一代大轴重载货车,焊接 S450EW 高耐蚀型耐候钢,与相应的耐候钢相比其腐蚀速率减小 10%,显著提高了焊缝耐腐蚀性能和车体使用寿命,目前已在多家车辆制造企业中应用。

名称:天津市金桥焊材集团有限公司 地址:天津市东丽区开发区六经路1号
邮编:300300 电话:022-58296666 022-58292323
网站:www. TJGoldenBridge. com 邮箱:Market@ TJGoldenBridge. com

一种用于 E 级铸钢焊补的高强、高韧焊条

发　明　人：唐艳丽；陈增有；杨咏梅

专　利　号：ZL 2011 1 0174553. 5

专利申请日：2011 年 06 月 27 日

专 利 权 人：天津市金桥焊材集团有限公司

授权公告日：2012 年 12 月 26 日

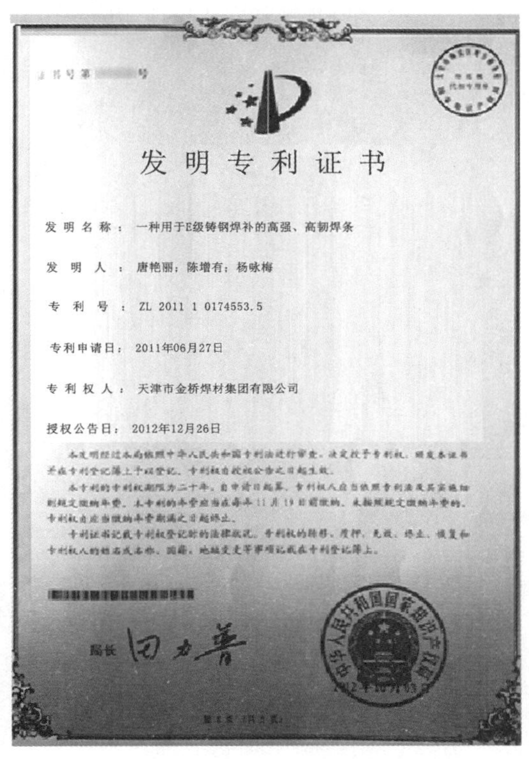

发明专利证书

发明名称：一种用于E级铸钢焊补的高强、高韧焊条

发明人：唐艳丽；陈增有；杨咏梅

专利号：ZL 2011 1 0174553.5

专利申请日：2011年06月27日

专利权人：天津市金桥焊材集团有限公司

授权公告日：2012年12月26日

发明专利证书

专利说明：

本发明是一种用于 E 级铸钢焊补的高强、高韧焊条，其优越性在于：本发明具有良好的全位置焊接工艺性能，其熔敷金属在保证抗拉强度≥830 MPa 的基础上，用于 E 级铸钢焊补的焊缝，经调质处理后−40 ℃低温冲击值一般大于 34 J，具有良好抗裂性能、塑性和韧性。

近年来，铁路货车载重量由以前的 60 吨级提高到 70 吨级、80 吨级，这就要求速度、安全性、可靠性等要有较大提升，敞车车钩发展到由 E 级钢制造的高强度车钩。

此焊条提高了高强度车钩焊缝经调质处理后的−40 ℃低温冲击值，保证了焊缝的可靠

性,提高了车辆运用安全的可靠性。目前已在多家车辆制造企业中应用,效果良好。

名称:天津市金桥焊材集团有限公司　地址:天津市东丽区开发区六经路1号
邮编:300300　电话:022-58296666　022-58292323
网站:www.TJGoldenBridge.com　邮箱:Market@TJGoldenBridge.com

一种 Ti-Al-V-Mo 系金属粉芯药芯焊丝及其制备方法

发　明　人：方乃文；徐锴；龙伟民；黄瑞生；李伟；徐亦楠；武鹏博；尹立孟；邹吉鹏；陈玉华；曹浩；秦建；谢吉林；邵丹丹

专　利　号：ZL 2021 1 1629330.3

专利申请日：2021 年 12 月 28 日

专 利 权 人：哈尔滨焊接研究院有限公司；北京金威焊材有限公司

授权公告日：2022 年 10 月 14 日

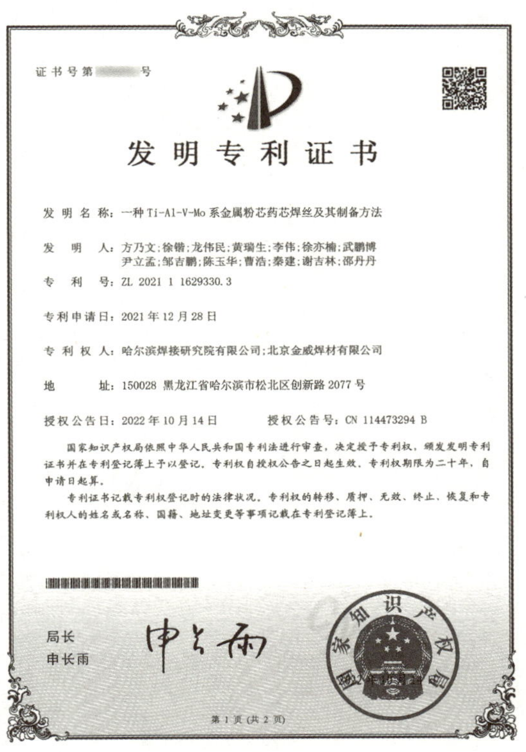

证书号第[illegible]号

发明专利证书

发 明 名 称：一种 Ti-Al-V-Mo 系金属粉芯药芯焊丝及其制备方法

发　明　人：方乃文；徐锴；龙伟民；黄瑞生；李伟；徐亦楠；武鹏博
尹立孟；邹吉鹏；陈玉华；曹浩；秦建；谢吉林；邵丹丹

专　利　号：ZL 2021 1 1629330.3

专利申请日：2021 年 12 月 28 日

专 利 权 人：哈尔滨焊接研究院有限公司；北京金威焊材有限公司

地　　址：150028 黑龙江省哈尔滨市松北区创新路 2077 号

授权公告日：2022 年 10 月 14 日　　授权公告号：CN 114473294 B

国家知识产权局依照中华人民共和国专利法进行审查，决定授予专利权，颁发发明专利证书并在专利登记簿上予以登记。专利权自授权公告之日起生效。专利权期限为二十年，自申请日起算。

专利证书记载专利权登记时的法律状况。专利权的转移、质押、无效、终止、恢复和专利权人的姓名或名称、国籍、地址变更等事项记载在专利登记簿上。

局长
申长雨

第 1 页（共 2 页）

发明专利证书

专利说明：

本发明的目的是解决现有钛合金药芯焊丝制备成本高以及焊后需要清理渣壳、不适用于窄间隙钛合金厚壁构件焊接的技术问题。本发明的 Ti-Al-V-Mo 系金属粉芯药芯焊丝由 Ti-10Mo-4Nb-4V 外皮和填充在其中的药芯组成，其中药芯按质量分数由钒粉 5%～7%、铝粉 10%～15%、钼粉 3%～5%、铁粉 3%～4%和余量钛粉混合而成。本发明提供的 Ti-Al-V-Mo 系金属粉芯药芯焊丝，可以应用于激光填丝焊、非熔化极气体保护焊等领域，其焊接工艺性好、综合力学性能优良、扩散氢含量低、焊接效率高、焊缝成型好、焊后无须清理渣壳。坡口角度适用范围宽泛的TC4钛合金等双相钛合金的焊接,具有较好的应用前景。

地址:黑龙江省哈尔滨市松北区创新路2077号　　邮编:150028　　联系人:齐万利
电话:0451-86337303　　网站:www.hwi.com.cn　　邮箱:13674675850@126.com

一种用于热锻压模具修复的气保护堆焊药芯焊丝

发　明　人:张健

专　利　号:ZL 2010 1 0550856.8

专利申请日:2010 年 11 月 19 日

专 利 权 人:天津市永昌焊丝有限公司

授权公告日:2012 年 10 月 03 日

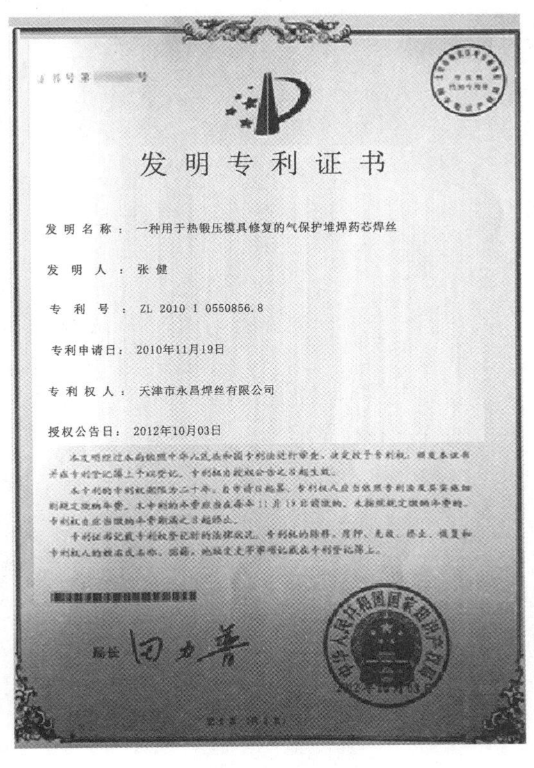

发明专利证书

发明名称：一种用于热锻压模具修复的气保护堆焊药芯焊丝

发明人：张健

专利号：ZL 2010 1 0550856.8

专利申请日：2010年11月19日

专利权人：天津市永昌焊丝有限公司

授权公告日：2012年10月03日

发明专利证书

专利说明:

本发明是一种用于热锻压模具修复的气保护堆焊药芯焊丝。本发明的积极效果:此气保护堆焊药芯焊丝,采用 CO_2 或体积分数为 80%的 Ar 和 20%的 CO_2 的混合气体作为保护气体,焊接工艺性好、电弧稳定、飞溅小、易脱渣、焊丝抗裂性好,具有很好的高温硬度和耐热疲劳性能,可以实现连续焊接,提高了生产效率。

热锻压模具修复的气保护堆焊药芯焊丝现已形成的系列产品

产品牌号	规格/mm	硬度/HRC	产品应用(修复后模具可生产锻件数量)
JQ・YD397	1.4	39±3	10 kg 左右锻件(4 000~5 000 件)
JQ・YD407CrNiWCo	1.2、1.4	45±2	10 kg 左右锻件(4 000~5 000 件)
JQ・YD507	1.4	50±2	1 kg 左右锻件(8 000~10 000 件)
JQ・YD557	1.4、1.6	55±2	1 kg 以下锻件(10 000 件以上)

名称:天津市金桥焊材集团有限公司
地址:天津市东丽区开发区六经路 1 号
邮编:300300
电话:022-58296666　022-58292323
网站:www. TJGoldenBridge. com
邮箱:Market@ TJGoldenBridge. com

一种自保护全位置高韧性药芯焊丝

发　明　人:侯来昌;侯永和
专　利　号:ZL 2006 1 0106714.6
专利申请日:2006年07月25日
专利权人:天津市金桥焊材集团有限公司
授权公告日:2010年12月25日

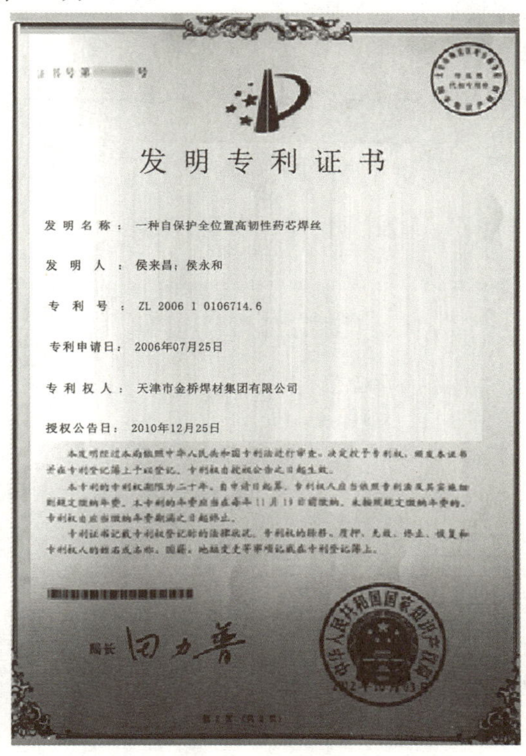

发明专利证书

发明名称：一种自保护全位置高韧性药芯焊丝

发明人：侯来昌；侯永和

专利号：ZL 2006 1 0106714.6

专利申请日：2006年07月25日

专利权人：天津市金桥焊材集团有限公司

授权公告日：2010年12月25日

发明专利证书

专利说明:

本发明是一种自保护全位置高韧性药芯焊丝,其优越性在于:具有可以半自动焊、连续送丝、不用气体保护、抗风能力较强、生产效率高、综合成本低、易于焊工操作等优点,在管道所需焊材中占有相当大的使用份额;具有优良的工艺操作性能和力学性能。

该焊丝已成功地应用在"西气东输二线""陕京三线""锦郑线"等工程中,并已应用于冶金高炉安装、高层钢结构建筑等。

名称:天津市金桥焊材集团有限公司　　地址:天津市东丽区开发区六经路1号
邮编:300300　　电话:022-58296666　022-58292323
网站:www.TJGoldenBridge.com　　邮箱:Market@TJGoldenBridge.com

一种 TC4 钛合金金属粉芯药芯焊带及其制备方法

发　明　人:方乃文;徐锴;武鹏博;黄瑞生;龙伟民;尹立孟;曹浩;陈玉华;邹吉鹏;张天理;秦建;王善林;刘西洋;谢吉林

专　利　号:ZL 2022 1 0275804.7

专利申请日:2022 年 03 月 21 日

专 利 权 人:哈尔滨焊接研究院有限公司

授权公告日:2022 年 10 月 28 日

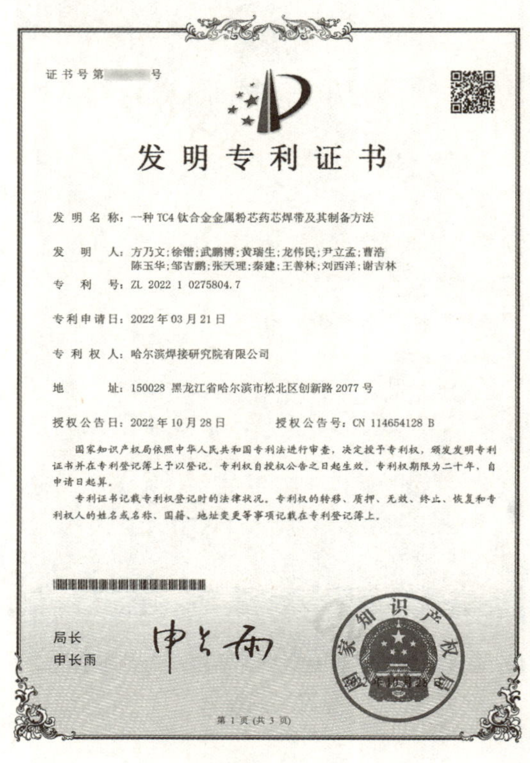

证书号第　　号

发明专利证书

发 明 名 称:一种 TC4 钛合金金属粉芯药芯焊带及其制备方法

发　明　人:方乃文;徐锴;武鹏博;黄瑞生;龙伟民;尹立孟;曹浩
陈玉华;邹吉鹏;张天理;秦建;王善林;刘西洋;谢吉林

专　利　号:ZL 2022 1 0275804.7

专利申请日:2022 年 03 月 21 日

专 利 权 人:哈尔滨焊接研究院有限公司

地　　址:150028 黑龙江省哈尔滨市松北区创新路 2077 号

授权公告日:2022 年 10 月 28 日　　授权公告号:CN 114654128 B

国家知识产权局依照中华人民共和国专利法进行审查,决定授予专利权,颁发发明专利证书并在专利登记簿上予以登记。专利权自授权公告之日起生效。专利权期限为二十年,自申请日起算。

专利证书记载专利权登记时的法律状况。专利权的转移、质押、无效、终止、恢复和专利权人的姓名或名称、国籍、地址变更等事项记载在专利登记簿上。

局长
申长雨

第 1 页(共 3 页)

发明专利证书

专利说明:

本发明的目的是解决现有钛合金堆焊用钛合金实心焊带成分不易调控以及堆焊熔覆层难以满足强度、塑性、韧性、耐磨性和耐腐蚀性等综合性能指标的技术问题。本发明焊带由 Ti-9Mo-3Nb-3V 钛合金外皮和填充在其中的金属粉芯组成。其中金属粉芯按质量分数由钒粉 5%~7%、铝粉 12%~17%、钼粉 3%~5%、铁粉 3%~5%、硅粉 1%~3%、镍粉 5%~8%和余量钛粉混合而成。

本发明通过有益元素的添加、焊接过程中烧损元素的补充，大幅降低了生产成本并提高了生产效率，堆焊熔覆层具有强度高、塑韧性好、耐磨和耐腐蚀性优点，并且不需要焊剂进行熔池保护和冶金调控，堆焊后无须处理清渣。

地址：黑龙江省哈尔滨市松北区创新路 2077 号　　邮编：150028　　联系人：齐万利
电话：0451-86337303　　网站：www. hwi. com. cn　　邮箱：13674675850@ 126. com

一种 TC4 钛合金药芯焊丝及其制备方法

发　明　人:方乃文;黄瑞生;徐锴;李伟;尹立孟;杨义成;梁晓梅;陈玉华;邹吉鹏;谢吉林;曾才有;曹浩;王立志;方迪生

专　利　号:ZL 2020 1 1335293. 0

专利申请日:2020 年 11 月 25 日

专 利 权 人:哈尔滨焊接研究院有限公司;北京金威焊材有限公司

授权公告日:2022 年 05 月 20 日

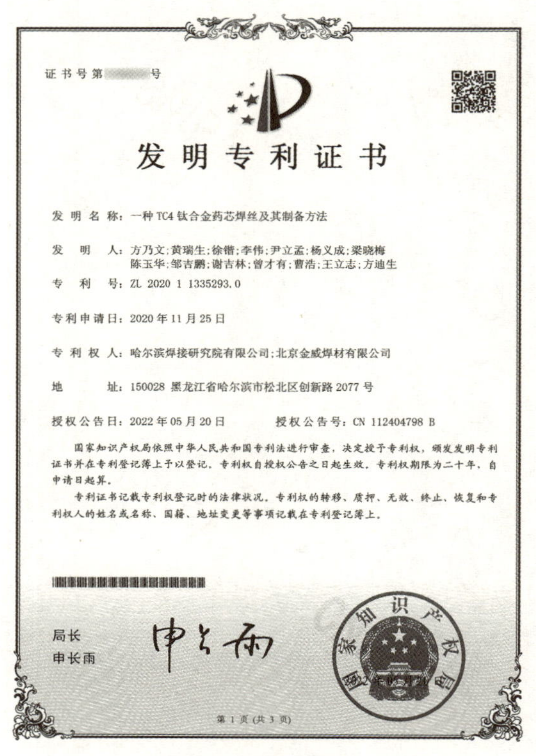

证书号第　　号

发明专利证书

发 明 名 称:一种 TC4 钛合金药芯焊丝及其制备方法

发　　明　　人:方乃文;黄瑞生;徐锴;李伟;尹立孟;杨义成;梁晓梅
陈玉华;邹吉鹏;谢吉林;曾才有;曹浩;王立志;方迪生

专　　利　　号:ZL 2020 1 1335293. 0

专利申请日:2020 年 11 月 25 日

专 利 权 人:哈尔滨焊接研究院有限公司;北京金威焊材有限公司

地　　　　址:150028 黑龙江省哈尔滨市松北区创新路 2077 号

授权公告日:2022 年 05 月 20 日　　授权公告号:CN 112404798 B

国家知识产权局依照中华人民共和国专利法进行审查，决定授予专利权，颁发发明专利证书并在专利登记簿上予以登记。专利权自授权公告之日起生效。专利权期限为二十年，自申请日起算。

专利证书记载专利权登记时的法律状况。专利权的转移、质押、无效、终止、恢复和专利权人的姓名或名称、国籍、地址变更等事项记载在专利登记簿上。

局长
申长雨

第 1 页(共 3 页)

发明专利证书

专利说明:

本发明的目的是解决现有钛合金焊接用焊丝大部分为实心焊丝,而实心焊丝的制备过程冶炼工艺复杂,配方调整成本较高,且所得焊丝在焊接过程中熔敷效率较低、润湿和铺展性较差的技术问题。药芯焊丝由 TA1 钛合金外皮和药芯制备而成。其中 TA1 钛合金外皮由 TA1 钛带经卷筒、拉拔、退火而成;药芯由钒粉、铝粉、钼粉、钴粉、镍粉、铜粉、硅粉、钛粉混合而成。制备方法:先清洗 TA1 钛带,球磨药芯粉,然后将 TA1 钛带进行卷筒,填入药芯粉后轧制减径,退火后再进行冷拔减径拉丝模,得到药芯焊丝。本发明药芯焊丝可用于TC4钛合金焊接,其优点是综合力学性能好、熔敷金属扩散氢含量低、焊接效率高。

地址:黑龙江省哈尔滨市松北区创新路2077号　　邮编:150028　　联系人:齐万利

电话:0451-86337303　　网站:www.hwi.com.cn　　邮箱:13674675850@126.com

CO_2 气体保护高速平角焊用串联双丝型组合焊丝

发　明　人:蔡鸿祥;庄石城;叶桂林
专　利　号:ZL 2012 1 0334893.4
专利申请日:2012 年 09 月 12 日
专 利 权 人:昆山京群焊材科技有限公司
授权公告日:2016 年 01 月 20 日

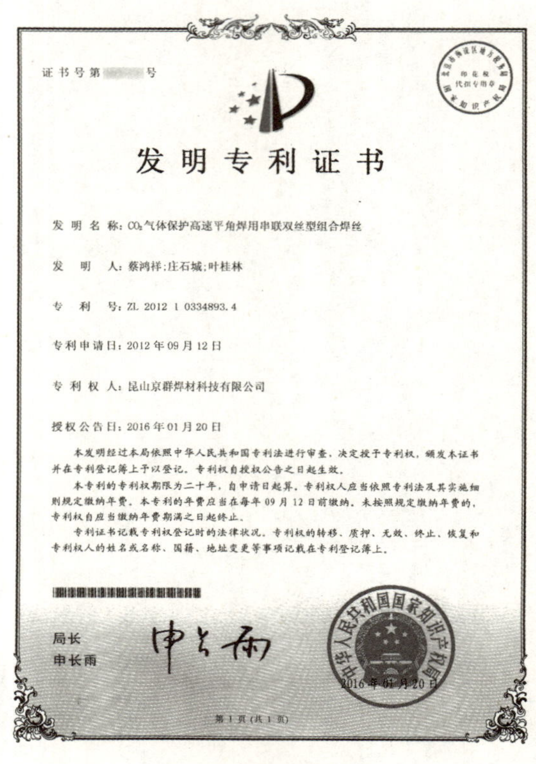

证书号第　　号

发明专利证书

发 明 名 称:CO_2气体保护高速平角焊用串联双丝型组合焊丝

发　明　人:蔡鸿祥;庄石城;叶桂林

专　利　号:ZL 2012 1 0334893.4

专利申请日:2012 年 09 月 12 日

专 利 权 人:昆山京群焊材科技有限公司

授权公告日:2016 年 01 月 20 日

本发明经过本局依照中华人民共和国专利法进行审查,决定授予专利权,颁发本证书并在专利登记簿上予以登记。专利权自授权公告之日起生效。

本专利的专利权期限为二十年,自申请日起算。专利权人应当依照专利法及其实施细则规定缴纳年费。本专利的年费应当在每年 09 月 12 日前缴纳。未按照规定缴纳年费的,专利权自应当缴纳年费期满之日起终止。

专利证书记载专利权登记时的法律状况。专利权的转移、质押、无效、终止、恢复和专利权人的姓名或名称、国籍、地址变更等事项记载在专利登记簿上。

局长
申长雨

2016 年 01 月 20 日

第 1 页(共 1 页)

发明专利证书

专利说明:

本发明公开了一种 CO_2 气体保护高速平角焊用串联双丝型组合焊丝。其包括串联的先行极和后行极焊丝。先行极焊丝由第一钢带外皮和包裹其内的金属药芯粉末组成,金属药芯粉末质量占先行极焊丝总质量的 10%~30%。先行极焊丝熔敷速度高,焊接时渣量产生少,加入的少量氟化物使电弧更稳定。后行极焊丝由第二钢带外皮和包裹其内的焊药粉末组成,焊药粉末质量占后行极焊丝总质量的 10%~30%。后行极焊丝可将熔敷金属的扩散氢含量降到 5 mL/100 g 以下,且 Al 和 Mg 在焊接时可减少由底漆燃烧释放的 CO。在金属药芯粉末及焊药粉末中均添加有少量钛和硼,能显著提高熔敷金属的冲击值。该组合焊丝在高于1.5 m/min 的焊接速度下焊接时不但焊接工艺性能优异,且可获得良好的耐漆性。

地址:江苏省苏州市昆山市巴城镇石牌金凤凰路358号　　邮编:215300

电话:0512-57687777　　网站:www.gintune.com　　邮箱:gintune@gintune.cn

核电用碳钢电焊条及其制备方法

发　明　人:郑子行;李志提;翟泳;韩海舰;张志涛;文进
专　利　号:ZL 2014 1 0007956.4
专利申请日:2014 年 01 月 03 日
专 利 权 人:天津大桥龙兴焊接材料有限公司
授权公告日:2016 年 08 月 17 日

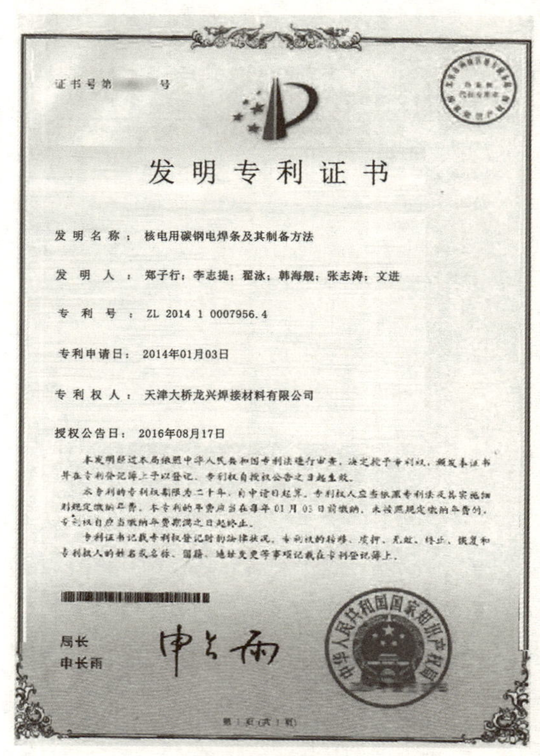

证书号第　　号

发明专利证书

发 明 名 称：核电用碳钢电焊条及其制备方法

发 明 人：郑子行；李志提；翟泳；韩海舰；张志涛；文进

专 利 号：ZL 2014 1 0007956.4

专利申请日：2014年01月03日

专 利 权 人：天津大桥龙兴焊接材料有限公司

授权公告日：2016年08月17日

本发明经过本局依照中华人民共和国专利法进行审查，决定授予专利权，颁发本证书并在专利登记簿上予以登记。专利权自授权公告之日起生效。

本专利的专利权期限为二十年，自申请日起算。专利权人应当依照专利法及其实施细则规定缴纳年费。本专利的年费应当在每年 01 月 03 日前缴纳。未按照规定缴纳年费的，专利权自应当缴纳年费期满之日起终止。

专利证书记载专利权登记时的法律状况。专利权的转移、质押、无效、终止、恢复和专利权人的姓名或名称、国籍、地址变更等事项记载在专利登记簿上。

局长
申长雨

第1页（共1页）

发明专利证书

专利说明:

本发明涉及一种主要用于焊接耐高温持久强度要求的碳钢核电领域关键部位的电焊条。

本发明采用的技术方案是:将各组分药粉混合均匀,使用钾钠混合水玻璃作为黏结剂,加入量为药皮总质量的 18%~26%,搅拌均匀后,采用焊条行业的生产专用设备,按规定的焊条外径均匀涂在焊芯上,经磨削出夹持端和引弧端后,使用焊条烘干炉分低温 50~90 ℃为 1.5~2 h、中温 90~150 ℃为 1.5~2 h、高温 350~400 ℃为 1~2 h 三个阶段进行烘干,即得到本发明核电专用碳钢电焊条。

本发明的核电用碳钢电焊条具有优良的焊接工艺性，电弧稳定，飞溅小，吹力适中，熔渣覆盖性好，焊缝成型美观，全位置操作性好。熔敷金属化学成分、射线试验、冲击试验均满足核电的特殊要求，符合美国机械工程师协会（ASME）标准中E7015的要求。焊接熔敷金属在焊态下具有优良的力学性能，尤其是在615 ℃×40 h热处理的状态下，仍具有优良的抗拉强度（R_m）、延伸率、低温冲击以及360 ℃条件下优良的屈服强度（$R_{p0.2}$），达到国外同类焊条的先进水平。

地址：天津市西青经济开发区津港大道35号　　邮编：300385　　联系人：马恒胜
电话：022-23965168　　网站：www.tjbridge.com　　邮箱：shengheng_ma@tjbridge.com

一种过渡层堆焊用不锈钢明弧药芯焊丝

发　明　人:郑子行;杨敬雷;杨天文;杨钢;杨新禄

专　利　号:ZL 2014 1 0748796.9

专利申请日:2014 年 12 月 09 日

专 利 权 人:天津大桥金属焊丝有限公司

授权公告日:2016 年 06 月 22 日

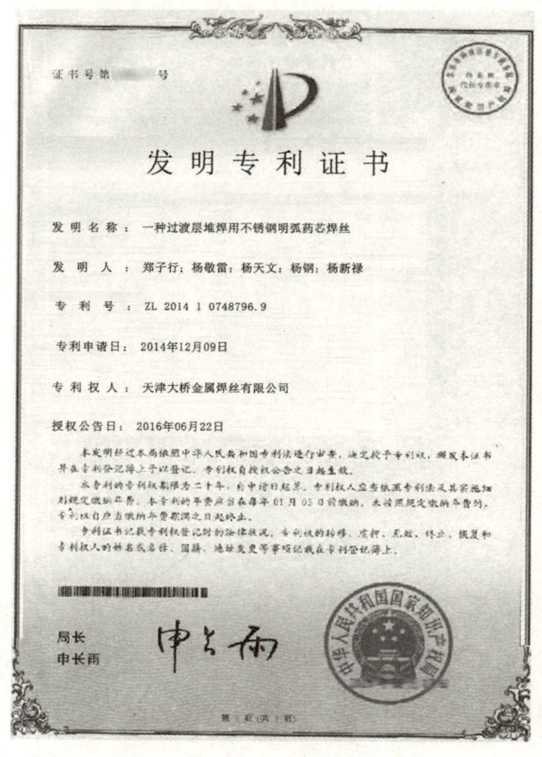

发明专利证书

发明名称：一种过渡层堆焊用不锈钢明弧药芯焊丝

发明人：郑子行；杨敬雷；杨天文；杨钢；杨新禄

专利号：ZL 2014 1 0748796.9

专利申请日：2014年12月09日

专利权人：天津大桥金属焊丝有限公司

授权公告日：2016年06月22日

本发明经过本局依照中华人民共和国专利法进行审查，决定授予专利权，颁发本证书并在专利登记簿上予以登记。专利权自授权公告之日起生效。

本专利的专利权期限为二十年，自申请日起算。专利权人应当依照专利法及其实施细则规定缴纳年费。本专利的年费应当在每年 01 月 09 日前缴纳。未按照规定缴纳年费的，专利权自应当缴纳年费期满之日起终止。

专利证书记载专利权登记时的法律状况。专利权的转移、质押、无效、终止、恢复和专利权人的姓名或名称、国籍、地址变更等事项记载在专利登记簿上。

局长
申长雨

发明专利证书

专利说明:

本发明涉及一种外皮金属为碳钢的过渡层堆焊用不锈钢明弧药芯焊丝,特别涉及高碳当量金属表面堆焊时做过渡层使用的一种不锈钢明弧堆焊药芯焊丝。项目焊丝具有自保护特性,可直接焊接,不需焊剂和气体保护;可明弧焊接,能间接观察熔池和焊缝,方便调节焊丝工艺性能的特点。

本发明的过渡层堆焊用不锈钢明弧药芯焊丝,其外表钢带材料采用优质低碳冷轧钢带,药芯的化学成分为:w(Cr) = 35% ~ 50%,w(低硅铁) = 1% ~ 6%,w(电解锰) = 5% ~ 15%,

w(Ni) = 12% ~ 25%，w(金红石) = 5% ~ 20%，w(铝镁合金) = 5% ~ 15%，w(萤石) = 8% ~ 18%。

本发明采用行业内通用的常规生产制造工艺即可制备，为了实现最佳综合性能，药粉原材料优选：金属铬的铬含量大于或等于 99%，电解锰的锰含量大于或等于 99%，低硅铁的硅含量为 40% ~ 46%，金属镍的镍含量大于或等于 99%，金红石的钛含量大于 95%，萤石的氟化钙含量大于或等于 95%，各种原材料均过 60 目筛。

本发明的高塑韧性的药芯焊丝对耐磨件母材进行过渡层修复，对母材成分进行稀释，提高了堆焊金属的塑韧性，杜绝了堆焊过程中裂纹的出现，大大降低了使用过程中剥落、掉块现象，大大提高了大型特种耐磨件的使用寿命。

地址：天津市西青经济开发区津港大道 35 号　　邮编：300385　　联系人：马恒胜
电话：022-23965168　　网站：www. tjbridge. com　　邮箱：shengheng_ma@ tjbridge. com

用于 X80 管线钢焊接的高韧性自保护药芯焊丝

发　明　人:郑子行;崔伟;柳江;董风鸣;杨新禄;张珊珊;韩世明

专　利　号:ZL 2013 1 0658491.4

专利申请日:2013 年 12 月 05 日

专 利 权 人:天津大桥金属焊丝有限公司

授权公告日:2016 年 03 月 23 日

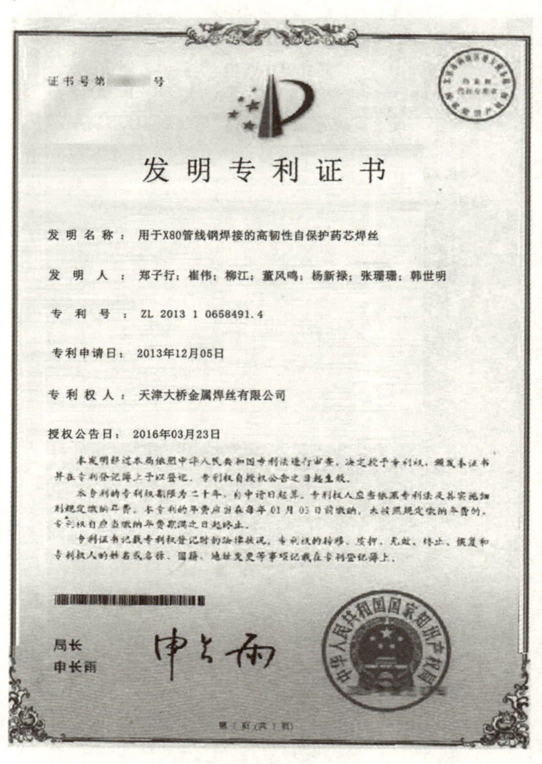

证书号第　　号

发明专利证书

发 明 名 称：用于X80管线钢焊接的高韧性自保护药芯焊丝

发 明 人：郑子行；崔伟；柳江；董风鸣；杨新禄；张珊珊；韩世明

专 利 号：ZL 2013 1 0658491.4

专利申请日：2013年12月05日

专 利 权 人：天津大桥金属焊丝有限公司

授权公告日：2016年03月23日

本发明经过本局依照中华人民共和国专利法进行审查，决定授予专利权，颁发本证书并在专利登记簿上予以登记。专利权自授权公告之日起生效。

本专利的专利权期限为二十年，自申请日起算。专利权人应当依照专利法及其实施细则规定缴纳年费。本专利的年费应当在每年 01 月 05 日前缴纳。未按照规定缴纳年费的，专利权自应当缴纳年费期满之日起终止。

专利证书记载专利权登记时的法律状况。专利权的转移、质押、无效、终止、恢复和专利权人的姓名或名称、国籍、地址变更等事项记载在专利登记簿上。

局长
申长雨

发明专利证书

专利说明:

自保护药芯焊丝的主要特点是焊接时无须任何保护气体,使用方便、效率高(自保护药芯焊丝的熔敷效率比焊条高 2~4 倍),尤其适合户外现场焊接。自保护药芯焊丝焊接操作起来比较容易 ,在我国长输管线建设中得到了大量应用。

本发明的目的在于提供一种适合管线立向下焊、在低温状态下仍保证优良韧性的用于 X80 管线钢焊接的高韧性自保护药芯焊丝。

本发明采用的技术方案是:一种用于 X80 管线钢焊接的高韧性自保护药芯焊丝,包括低碳钢焊带的外皮钢带和药芯，所述药芯药粉配方按照质量分数由氟化物 45%～60%、非稀土氧化物 10%～20%、碳酸盐 1%～8%、铝镁合金 9%～18%等组成。

本发明适合管线立向下焊，焊接工艺性好，其熔敷金属具有良好的机械性能，特别是在低温状态时仍可保证优良的韧性指标，焊丝熔敷金属-40 ℃ V 型缺口 KV_2 达到 150 J 以上，满足对焊缝韧性的要求。

地址：天津市西青经济开发区津港大道 35 号　　邮编：300385　　联系人：马恒胜

电话：022-23965168　　网站：www.tjbridge.com　　邮箱：shengheng_ma@tjbridge.com

一种 42 公斤级钛型碳钢焊条及其制备方法

发　明　人:郑子行;彭愚立;李志提;张志涛

专　利　号:ZL 2013 1 0571763.7

专利申请日:2013 年 11 月 13 日

专 利 权 人:天津大桥龙兴焊接材料有限公司

授权公告日:2016 年 06 月 24 日

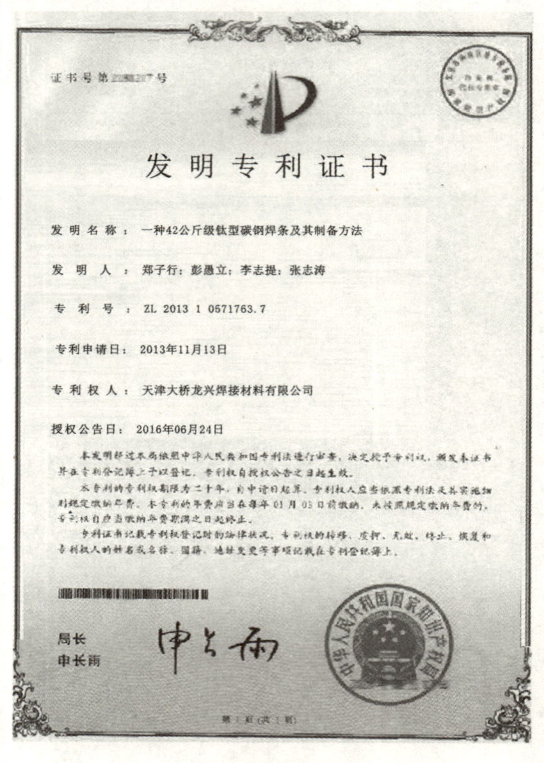

证书号第[illegible]号

发明专利证书

发 明 名 称：一种42公斤级钛型碳钢焊条及其制备方法

发　明　人：郑子行；彭愚立；李志提；张志涛

专　利　号：ZL 2013 1 0571763.7

专利申请日：2013年11月13日

专 利 权 人：天津大桥龙兴焊接材料有限公司

授权公告日：2016年06月24日

本发明经过本局依照中华人民共和国专利法进行审查，决定授予专利权，颁发本证书并在专利登记簿上予以登记。专利权自授权公告之日起生效。

本专利的专利权期限为二十年，自申请日起算。专利权人应当依照专利法及其实施细则规定缴纳年费。本专利的年费应当在每年 01 月 03 日前缴纳。未按照规定缴纳年费的，专利权自应当缴纳年费期满之日起终止。

专利证书记载专利权登记时的法律状况。专利权的转移、质押、无效、终止、恢复和专利权人的姓名或名称、国籍、地址变更等事项记载在专利登记簿上。

局长

申长雨

第1页(共1页)

发明专利证书

专利说明:

普通 42 公斤级钛型碳钢酸性焊条是目前我国使用最为广泛的焊接材料,占手工焊焊条用量的 70%以上。这种焊条的焊条药皮中含有大量的 TiO_2,通常焊条药皮中的 TiO_2 是通过还原钛铁矿、金红石或者钛白粉中的两种或三种来获取。从充分利用现有资源、保护环境和提高企业经济效益的角度出发,有必要研制一种既能够利用现有生产设备,保证焊条的生产压涂性能,又能够提高焊条的焊接工艺性能及力学性能的新型还原钛铁矿型 42 公斤级钛型碳钢焊条。

为了解决上述问题,本发明提供了一种42公斤级钛型碳钢焊条及其制备方法。本发明焊条有优良的焊接工艺性能、力学性能和生产压涂性能,可交、直流两用,为酸性碳钢焊条。

本发明的优点和特点:

1. 本发明焊条不用或少用能源消耗大、对环境影响大且价格较高的金红石,使用大量价格低的还原钛铁矿,达到减少对环境的污染、降低能源消耗和生产成本、提高企业经济效益的目的。

2. 本发明焊条熔敷金属夏比V型缺口 KV_2 低温(-20 ℃)冲击韧性数值,高于国际上权威船级社认证机构的3级(-20 ℃大于47 J)指标的70%,明显提高了焊缝的抗裂性能。

3. 本发明焊条具有良好的耐吸潮性。在无包装、环境湿度为80%左右的条件下,焊条的最大吸潮率小于1.65%。

4. 本发明焊条具有较低的烟尘含量。一般熔化1 kg焊条烟尘含量小于6 g,烟尘中对人身体最具危害的锰含量小于4.5%,减少了对焊接操作人员的身体危害。

5. 本发明焊条二次引弧性能得到了较大的提高。即使使用较低空载电压焊机(U_0 = 50 V)施焊,焊接15 s后停弧,在不破坏焊条套筒,被焊母材无锈并与地线接触良好的条件下,不做敲击动作仍可随时再次引燃电弧正常施焊。

地址:天津市西青经济开发区津港大道35号　　邮编:300385　　联系人:马恒胜

电话:022-23965168　　网站:www. tjbridge. com　　邮箱:shengheng_ma@ tjbridge. com

一种 50 公斤级全位置焊耐火耐候钢药芯焊丝

发　明　人:郑子行;杨新禄;崔伟;柳江;马恒胜
专　利　号:ZL 2010 1 0138808.8
专利申请日:2010 年 04 月 06 日
专 利 权 人:天津大桥焊材集团有限公司
授权公告日:2011 年 12 月 07 日

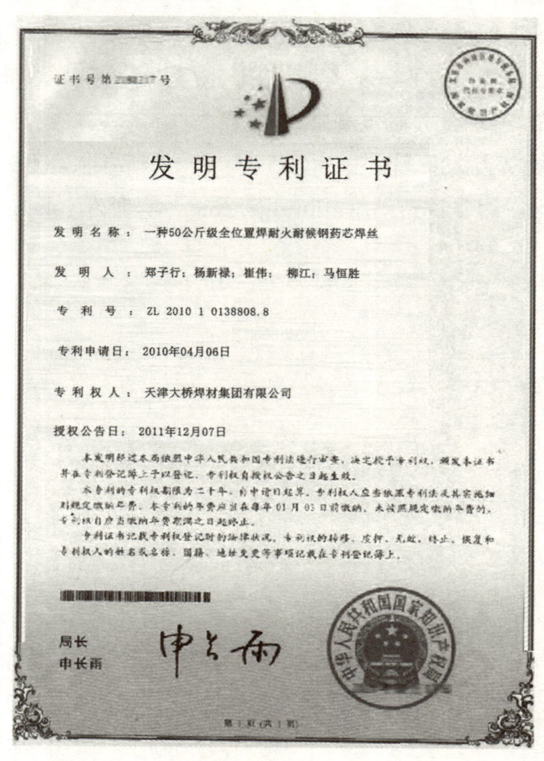

发明专利证书

发明名称：一种50公斤级全位置焊耐火耐候钢药芯焊丝

发明人：郑子行；杨新禄；崔伟；柳江；马恒胜

专利号：ZL 2010 1 0138808.8

专利申请日：2010年04月06日

专利权人：天津大桥焊材集团有限公司

授权公告日：2011年12月07日

本发明经过本局依照中华人民共和国专利法进行审查，决定授予专利权，颁发本证书并在专利登记簿上予以登记。专利权自授权公告之日起生效。

本专利的专利权期限为二十年，自申请日起算。专利权人应当依照专利法及其实施细则规定缴纳年费。本专利的年费应当在每年 01 月 03 日前缴纳。未按照规定缴纳年费的，专利权自应当缴纳年费期满之日起终止。

专利证书记载专利权登记时的法律状况。专利权的转移、质押、无效、终止、恢复和专利权人的姓名或名称、国籍、地址变更等事项记载在专利登记簿上。

局长
申长雨

发明专利证书

专利说明:

为了适应国家钢结构建筑发展的需要,我国钢铁行业开发了具有优良的耐大气腐蚀和良好的耐高温性能的钢材,但目前国内现有的焊材却不能够与之匹配,能够耐大气腐蚀的焊材却不能够耐高温,具有耐高温性能的焊材却不能耐大气腐蚀,缺少既耐大气腐蚀又耐高温的焊接材料。

本发明涉及一种 50 公斤级全位置焊耐火耐候钢药芯焊丝。本发明药芯焊丝由优质超低碳冷轧钢带制成的外皮和药芯构成,药芯化学成分为:$w(TiO_2)=25\%\sim40\%$,w(硅铝酸盐)= 5%~15%,w(铝酸盐)= 2%~8%,w(锆酸盐)= 2%~10%,w(氟化物)= 1.5%~4%,w(碳酸盐)= 1%~4%,w(Mn)= 5%~15%,w(Si)= 4%~10%,w(Mo)= 2%~5%,w(Cu)= 0.5%~3%,w(Fe)= 25%~45%。

本发明焊丝焊接工艺优良、抗裂性能优良、焊缝金属具有良好的耐火耐候性能,是与50公斤级耐火耐候钢配套的专用药芯焊丝。

地址:天津市西青经济开发区津港大道35号　邮编:300385　联系人:马恒胜
电话:022-23965168　网站:www.tjbridge.com　邮箱:shengheng_ma@tjbridge.com

一种60公斤级全位置焊高韧高强钢焊条

发　明　人:郑子行;李志提;翟泳;韩海舰;张志涛;李艳琨

专　利　号:ZL 2012 1 0190807.7

专利申请日:2012年06月11日

专利权人:天津大桥焊材集团有限公司

授权公告日:2014年08月20日

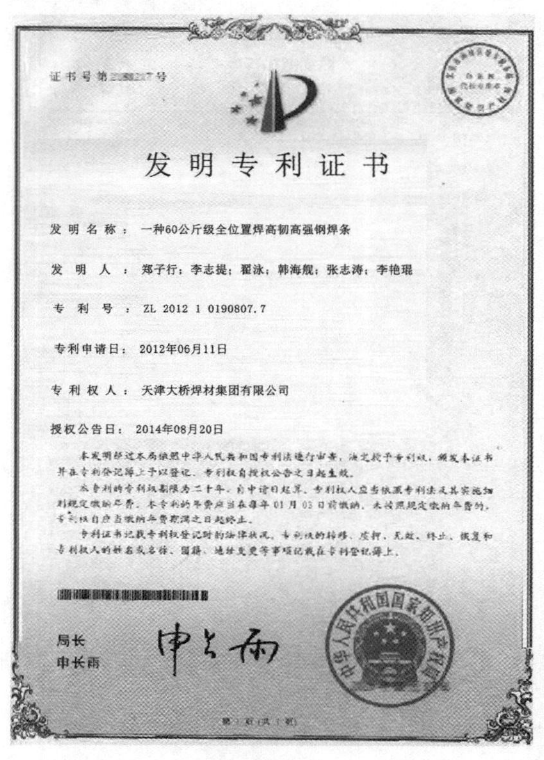
发明专利证书

发明名称：一种60公斤级全位置焊高韧高强钢焊条

发明人：郑子行；李志提；翟泳；韩海舰；张志涛；李艳琨

专利号：ZL 2012 1 0190807.7

专利申请日：2012年06月11日

专利权人：天津大桥焊材集团有限公司

授权公告日：2014年08月20日

本发明经过本局依照中华人民共和国专利法进行审查，决定授予专利权，颁发本证书并在专利登记簿上予以登记。专利权自授权公告之日起生效。

本专利的专利权期限为二十年，自申请日起算。专利权人应当依照专利法及其实施细则规定缴纳年费。本专利的年费应当在每年01月03日前缴纳。未按照规定缴纳年费的，专利权自应当缴纳年费期满之日起终止。

专利证书记载专利权登记时的法律状况。专利权的转移、质押、无效、终止、恢复和专利权人的姓名或名称、国籍、地址变更等事项记载在专利登记簿上。

局长
申长雨

发明专利证书

专利说明:

随着我国现代海洋工程的发展,采油平台钢结构制造水平有了很大的提高。低合金高强度级别钢材因具有优异的低温冲击韧性、强度高,可降低材料消耗、减小结构质量、提高结构的安全性等诸多优势,在海洋工程、桥梁建设、承压设备制造等领域得到广泛应用,但现有能够满足其低温韧性要求的焊条合金元素大多含量较高,制造成本相对较高,而且工艺性能较差,不利于焊接操作,已经不能满足现代海洋工程的发展需要。为了满足这些行业对焊条高强度、高韧性的需要,申请人开发出了与60公斤级强度级别低合金钢结构相配套的全位置焊接高韧性、高强度钢焊条。这种焊条的焊缝金属具有综合机械性能，尤其是具有优良的低温冲击韧性。

本发明的目的在于提供一种60公斤级能够进行全位置焊高韧高强钢焊条。该焊条由焊芯和药皮两部分构成，药皮的化学成分为：$w(CaCO_3)=32\%\sim40\%$，$w(CaF_2)=16\%\sim24\%$，$w(TiO_2)=5\%\sim9\%$，$w(SiO_2)=3\%\sim8\%$，w(钛铁合金)$=5\%\sim11\%$或w(铬铁合金)$=3\%\sim4.5\%$，w(金属锰及锰铁合金)$=5\%\sim8\%$，w(钼铁)$=3\%\sim6\%$，w(硅铁)$=0\sim9\%$，w(金属镍)$=2\%\sim5\%$，w(铁粉)$=8\%\sim17\%$。

本发明焊条能够满足60公斤强度级别钢材的焊接，具有优良的低温冲击韧性，焊缝金属的力学性能、综合机械性能优良，特别是在-60 ℃的工作环境中其优势更加突出，同时制造成本相对低廉，焊接工艺优良，利于焊接操作。

地址：天津市西青经济开发区津港大道35号　　邮编：300385　　联系人：马恒胜
电话：022-23965168　　网站：www.tjbridge.com　　邮箱：shengheng_ma@tjbridge.com

70 公斤级高强度结构钢用气体保护焊实心焊丝

发　明　人:郑子行;崔伟;沈明海;柳江;马恒胜

专　利　号:ZL 2010 1 0225568.5

专利申请日:2010 年 07 月 14 日

专 利 权 人:天津大桥焊材集团有限公司

授权公告日:2012 年 05 月 02 日

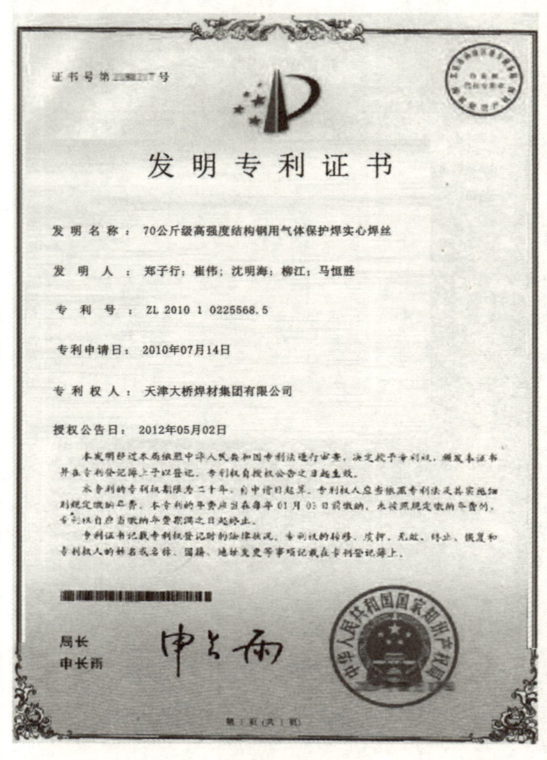

证书号第[illegible]号

发明专利证书

发 明 名 称: 70公斤级高强度结构钢用气体保护焊实心焊丝

发 明 人: 郑子行; 崔伟; 沈明海; 柳江; 马恒胜

专 利 号: ZL 2010 1 0225568.5

专利申请日: 2010年07月14日

专 利 权 人: 天津大桥焊材集团有限公司

授权公告日: 2012年05月02日

本发明经过本局依照中华人民共和国专利法进行审查,决定授予专利权,颁发本证书并在专利登记簿上予以登记。专利权自授权公告之日起生效。

本专利的专利权期限为二十年,自申请日起算。专利权人应当依照专利法及其实施细则规定缴纳年费。本专利的年费应当在每年 07 月 14 日前缴纳。未按照规定缴纳年费的,专利权自应当缴纳年费期满之日起终止。

专利证书记载专利权登记时的法律状况。专利权的转移、质押、无效、终止、恢复和专利权人的姓名或名称、国籍、地址变更等事项记载在专利登记簿上。

局长
申长雨

发明专利证书

专利说明:

本发明属于焊接材料领域,其目的是提供一种技术指标性能和焊接工艺性能优良、生产制造成本低廉的,用于 70 公斤强度级别低合金高强度结构钢焊接用实心焊丝。

本发明的优点和特点:

1. 本发明焊丝的焊缝金属的强度和韧性增强,减少了裂纹倾向的产生。本发明焊丝所得熔敷金属的抗拉强度 R_m≥700 MPa,屈服强度为 610~700 MPa,低温冲击韧性 A_{KV}(−20 ℃)≥140 J、A_{KV}(−40 ℃)≥100 J、A_{KV}(−60 ℃)≥75 J。

2. 本发明焊丝降低了合金元素的加入量，节约了贵重的金属元素资源，降低了产品制造成本。

3. 本发明焊丝降低了焊接时的飞溅程度，使焊接操作工艺得到改善。

4. 本发明焊丝采用 CO_2 气体保护焊接，用储量丰富、价格低廉的 CO_2 气体替代了富氩气体；同时在焊接过程中无须对母材进行预热，大大降低了焊接的操作成本。

地址：天津市西青经济开发区津港大道 35 号　　邮编：300385　　联系人：马恒胜
电话：022-23965168　　网站：www. tjbridge. com　　邮箱：shengheng_ma@ tjbridge. com

T 型 CO_2 气体保护高速角焊用串联双丝型组合焊丝

发　明　人:蔡鸿祥;庄石城;叶桂林

专　利　号:ZL 2012 1 0336141.1

专利申请日:2012 年 09 月 12 日

专 利 权 人:昆山京群焊材科技有限公司

授权公告日:2016 年 02 月 17 日

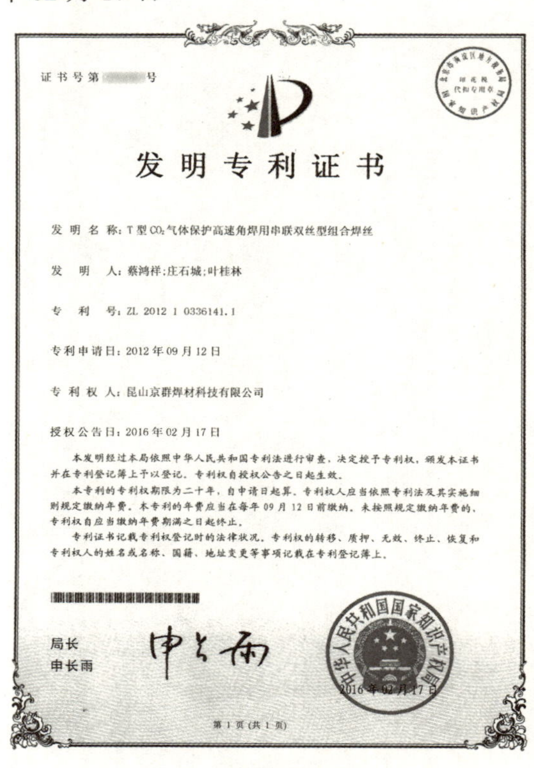

证书号第　　号

发明专利证书

发 明 名 称:T 型 CO_2 气体保护高速角焊用串联双丝型组合焊丝

发　明　人:蔡鸿祥;庄石城;叶桂林

专　利　号:ZL 2012 1 0336141.1

专利申请日:2012 年 09 月 12 日

专 利 权 人:昆山京群焊材科技有限公司

授权公告日:2016 年 02 月 17 日

本发明经过本局依照中华人民共和国专利法进行审查,决定授予专利权,颁发本证书并在专利登记簿上予以登记。专利权自授权公告之日起生效。

本专利的专利权期限为二十年,自申请日起算。专利权人应当依照专利法及其实施细则规定缴纳年费。本专利的年费应当在每年 09 月 12 日前缴纳。未按照规定缴纳年费的,专利权自应当缴纳年费期满之日起终止。

专利证书记载专利权登记时的法律状况。专利权的转移、质押、无效、终止、恢复和专利权人的姓名或名称、国籍、地址变更等事项记载在专利登记簿上。

局长
申长雨

中华人民共和国国家知识产权局

2016 年 02 月 17 日

第 1 页(共 1 页)

发明专利证书

专利说明:

本发明公开了一种 T 型 CO_2 气体保护高速角焊用串联双丝型组合焊丝,包括串联的先行极实心型焊丝和后行极焊药型焊丝。该组合焊丝中先行极实心型焊丝扩散的氢含量极低,抗裂性佳;焊缝中的氮、氧含量较低,且焊后焊缝表面无渣,焊接时产生的极少量气体可以直接逸出,不易产生气孔。后行极焊药型焊丝由钢带外皮和焊药粉末组成,焊药粉末质量占后行极焊药型焊丝总质量的 10%~30%,其可使电弧更稳定,且熔敷金属的扩散氢含量在 5 mL/100 g 以下,铝和镁焊接时可减少底漆燃烧释放的 CO,而钛和硼能显著提高冲击值。本发明的组合焊丝在2.0 m/min的焊接速度及30~40 μm高膜厚下焊接时可获得优异的耐漆性。

地址:江苏省苏州市昆山市巴城镇石牌金凤凰路358号 邮编:215300

电话:0512-57687777 网站:www.gintune.com 邮箱:gintune@gintune.cn

一种 50 公斤级耐火耐候钢焊条及其制备方法

发　明　人:郑子行;彭愚立;高盛平;李志提;杨天文;于国宏;李艳琨
专　利　号:ZL 2010 1 0138822.8
专利申请日:2010 年 04 月 06 日
专 利 权 人:天津大桥焊材集团有限公司
授权公告日:2011 年 11 月 09 日

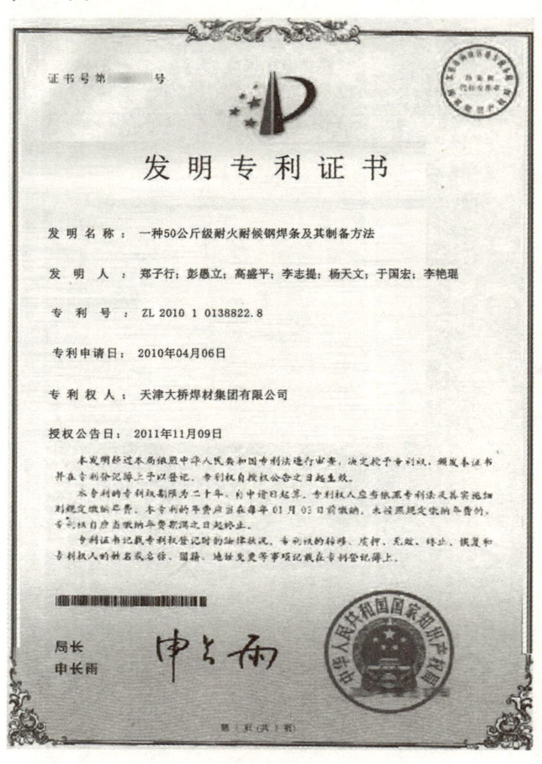

证书号第　　号

发明专利证书

发 明 名 称：一种50公斤级耐火耐候钢焊条及其制备方法

发 明 人：郑子行；彭愚立；高盛平；李志提；杨天文；于国宏；李艳琨

专 利 号：ZL 2010 1 0138822.8

专利申请日：2010年04月06日

专 利 权 人：天津大桥焊材集团有限公司

授权公告日：2011年11月09日

本发明经过本局依照中华人民共和国专利法进行审查，决定授予专利权，颁发本证书并在专利登记簿上予以登记。专利权自授权公告之日起生效。

本专利的专利权期限为二十年，自申请日起算。专利权人应当依照专利法及其实施细则规定缴纳年费。本专利的年费应当在每年 01 月 03 日前缴纳。未按照规定缴纳年费的，专利权自应当缴纳年费期满之日起终止。

专利证书记载专利权登记时的法律状况。专利权的转移、质押、无效、终止、恢复和专利权人的姓名或名称、国籍、地址变更等事项记载在专利登记簿上。

局长
申长雨

发明专利证书

专利说明:

本发明涉及一种 50 公斤级低氢型碱性,可交、直流两用的耐火耐候钢焊条及其制备方法,属于化工焊接材料领域。

本发明的优点和特点:

1. 通过焊条药皮向熔敷金属中过渡 0.25%~0.55%的钼、0.20%~0.45%的铜元素,使焊缝金属具备与 50 kg 级耐火耐候钢相同的耐大气腐蚀和耐高温性能。

2. 熔敷金属力学性能、化学性能符合《低合金钢焊条》(GB/T 5118—1995)中 E5016-G

有关规定,其中低温冲击韧性 A_{KV}(-20 ℃)≥47 J,使焊缝金属具有优良的抗裂性能。高温强度(600 ℃保温 1 h)R_m≥235 MPa,使焊缝金属具有良好的高温强度,满足与 50 kg 级耐火耐候钢具有相当强度的要求。

3. 使用 0.01 mol $NaHSO_3$ 溶液模拟工业大气环境,进行 120 个周期干湿循环腐蚀加速增重测定,熔敷金属的腐蚀增重速度大大优于普通碳钢,同时也优于目前 50 kg 级耐火耐候钢。

4. 可交、直流两用,可进行全位置焊接,具有优良的焊接工艺性能,电弧稳定、飞溅小,易脱渣,焊缝成型美观。

地址:天津市西青经济开发区津港大道 35 号　　邮编:300385　　联系人:马恒胜

电话:022-23965168　　网站:www.tjbridge.com　　邮箱:shengheng_ma@tjbridge.com

一种低磁导率不锈钢焊条及其制备方法

发　明　人:郑子行;李志提;宋毓瑛;刘炜;马恒胜

专　利　号:ZL 2008 1 0152443.7

专利申请日:2008年10月23日

专利权人:天津大桥焊材集团有限公司

授权公告日:2010年11月03日

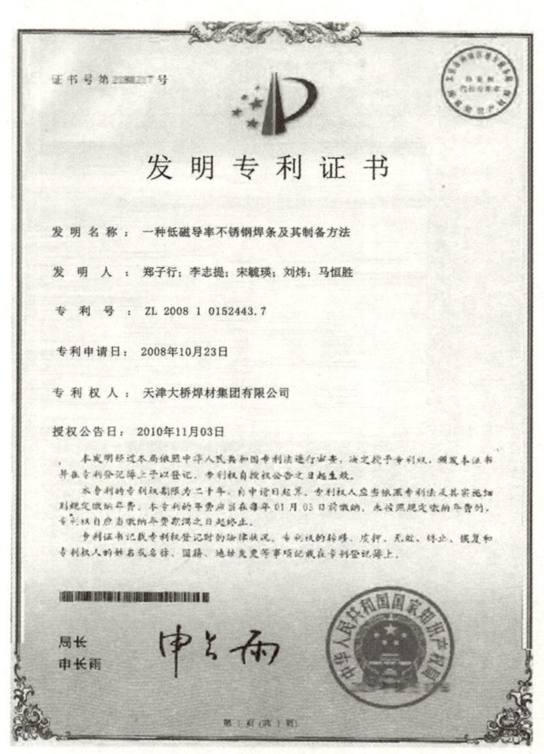

发明专利证书

发明名称:一种低磁导率不锈钢焊条及其制备方法

发明人:郑子行;李志提;宋毓瑛;刘炜;马恒胜

专利号:ZL 2008 1 0152443.7

专利申请日:2008年10月23日

专利权人:天津大桥焊材集团有限公司

授权公告日:2010年11月03日

本发明经过本局依照中华人民共和国专利法进行审查,决定授予专利权,颁发本证书并在专利登记簿上予以登记。专利权自授权公告之日起生效。

本专利的专利权期限为二十年,自申请日起算。专利权人应当依照专利法及其实施细则规定缴纳年费。本专利的年费应当在每年01月03日前缴纳。未按照规定缴纳年费的,专利权自应当缴纳年费期满之日起终止。

专利证书记载专利权登记时的法律状况。专利权的转移、质押、无效、终止、恢复和专利权人的姓名或名称、国籍、地址变更等事项记载在专利登记簿上。

局长

申长雨

发明专利证书

专利说明:

本发明属于焊接材料领域,特别涉及一种焊缝金属具有低磁导率的不锈钢焊条。本发明公开了一种低磁导率不锈钢焊条及其制备方法。本发明焊条由H06Cr21Ni10焊芯和药皮构成,药皮的化学成分为:$w(TiO_2)=45\%\sim53\%$,$w(CaCO_3)=10\%\sim13\%$,$w(CaF_2)=10\%\sim13\%$,w(碱面)=0.6%~1.0%,w(石英)=5%~7%,w(云母)=2%~3%,w(金属铬)=6%~8%,w(金属锰)=7.5%~8.5%,w(金属镍)=2.8%~3.6%,$w(Cr_2O_3)=1\%\sim2\%$。

本发明焊条的焊缝金属具有低磁导率,力学性能符合规定,能够焊接低磁导率的

1Cr18Ni9Ti 和 0Cr18Ni9 的不锈钢结构,且价格远远低于现有的低磁导率不锈钢焊条 E310-16。本发明焊条与已有的 E308-16 不锈钢焊条在焊接工艺性及焊缝金属力学性能上相近,便于推广使用。

地址:天津市西青经济开发区津港大道 35 号　　邮编:300385　　联系人:马恒胜

电话:022-23965168　　网站:www. tjbridge. com　　邮箱:shengheng_ma@ tjbridge. com

水电工程用高强钢焊条及其制备方法

发　明　人:张克静;蒋勇;张晓柏;陈维富;朱宇霆
专　利　号:ZL 2017 1 1202650.4
专利申请日:2017 年 11 月 27 日
专 利 权 人:四川大西洋焊接材料股份有限公司
授权公告日:2020 年 10 月 20 日

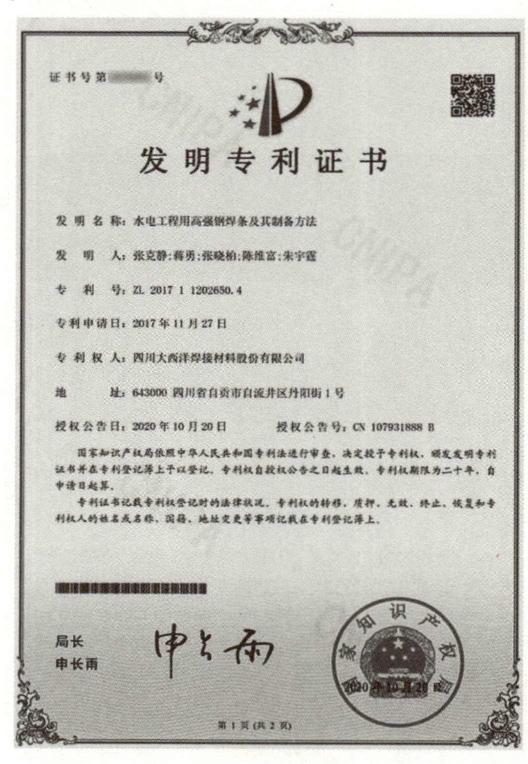
证书号第　　号

发明专利证书

发 明 名 称:水电工程用高强钢焊条及其制备方法

发　明　人:张克静;蒋勇;张晓柏;陈维富;朱宇霆

专　利　号:ZL 2017 1 1202650.4

专利申请日:2017 年 11 月 27 日

专 利 权 人:四川大西洋焊接材料股份有限公司

地　　　址:643000 四川省自贡市自流井区丹阳街 1 号

授权公告日:2020 年 10 月 20 日　　授权公告号:CN 107931888 B

国家知识产权局依照中华人民共和国专利法进行审查,决定授予专利权,颁发发明专利证书并在专利登记簿上予以登记。专利权自授权公告之日起生效。专利权期限为二十年,自申请日起算。

专利证书记载专利权登记时的法律状况。专利权的转移、质押、无效、终止、恢复和专利权人的姓名或名称、国籍、地址变更等事项记载在专利登记簿上。

局长
申长雨

2020 年 10 月 20 日

第 1 页(共 2 页)

发明专利证书

专利说明:

本发明是一种水电工程用低合金高强钢焊条,该种焊条具有良好的焊接工艺性能、力学性能和立焊位置,焊接热输入达 30~35 kJ/cm,使熔敷金属获得好的性能,力学性能满足技术指标,稳定性强。本发明焊条为 930 MPa 级水电工程专用焊条。

本发明充分利用原辅材料的冶金特性,研究氟化物、碳酸盐、硅酸盐等物料之间的比例关系,合理控制熔渣熔点、熔池液态金属流动性,改善浸润性,使焊缝成型美观,脱渣容易,保证焊材具有优良的焊接工艺性能。焊条药皮的配方设计选择碱性渣系,在保证工艺性能的前提下,适当提高碱度,最大限度地降低焊缝熔敷金属扩散氢含量,提高焊缝金属韧性及抗裂性。立向上焊接,焊接热输入为30~35 kJ/cm,其常温熔敷金属的抗拉强度≥930 MPa、屈服强度≥790 MPa、延伸率≥12%、A_{KV}(-40 ℃)≥47 J。

地址:四川省自贡市自流井区丹阳街1号　　邮箱:atlantic@ zg-public. sc. cninfo. net
电话:0813-5101574　0813-5108283　　网站:www. weldatlantic. com

用于抗拉强度 900~1 000 MPa 高强钢埋弧焊焊剂及其制备方法

发　明　人:李亚军;杨飞;李欣雨;蒋勇;彭祺珉;毛兴贵
专　利　号:ZL 2017 1 0122521.8
专利申请日:2017 年 03 月 03 日
专 利 权 人:四川大西洋焊接材料股份有限公司
授权公告日:2019 年 06 月 07 日

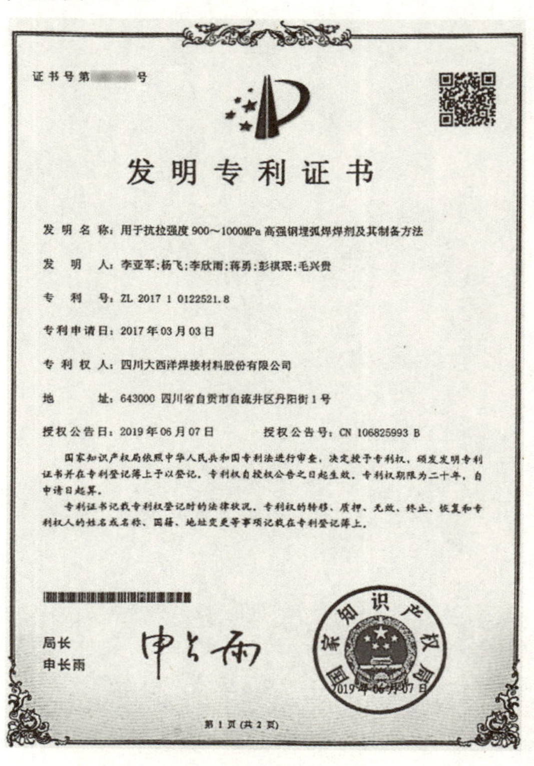

证书号第[illegible]号

发明专利证书

发 明 名 称:用于抗拉强度 900～1000MPa 高强钢埋弧焊焊剂及其制备方法

发　　明　　人:李亚军;杨飞;李欣雨;蒋勇;彭祺珉;毛兴贵

专　　利　　号:ZL 2017 1 0122521.8

专利申请日:2017 年 03 月 03 日

专 利 权 人:四川大西洋焊接材料股份有限公司

地　　　　址:643000 四川省自贡市自流井区丹阳街 1 号

授权公告日:2019 年 06 月 07 日　　　授权公告号:CN 106825993 B

国家知识产权局依照中华人民共和国专利法进行审查,决定授予专利权,颁发发明专利证书并在专利登记簿上予以登记。专利权自授权公告之日起生效。专利权期限为二十年,自申请日起算。

专利证书记载专利权登记时的法律状况。专利权的转移、质押、无效、终止、恢复和专利权人的姓名或名称、国籍、地址变更等事项记载在专利登记簿上。

局长
申长雨

2019 年 06 月 07 日

第 1 页(共 2 页)

发明专利证书

专利说明:

本发明的目的是提供一种适用于抗拉强度 900~1 000 MPa 级高强度钢配套使用的埋弧焊剂及其制备方法。该埋弧焊焊剂用于 900~1 000 MPa 级高强度钢的焊接,符合国家标准《埋弧焊用高强钢实心焊丝、药芯焊丝和焊丝-焊剂组合分类要求》(GB/T 36034—2018)的要求。本发明通过对 CaF_2-MgO-Al_2O_3-SiO_2-CaO 等氧化物的配比进行研究,添加纳米级的 Ti 粉和纳米级的 Ca 粉,通过氧化物冶金作用使得该焊材具有高强度性能的同时还具有优良的低温冲击韧性和低裂纹敏感性。该焊剂焊接工艺性能良好、电弧燃烧稳定、焊缝成型美观。所述焊剂的熔敷金属的化学成分为：w(C)≤0.15%，w(Mn)=1.5%~2.0%，w(Si)≤0.5%，w(S)≤0.03%，w(P)≤0.03%，w(Cr)≤0.5%，w(Mo)=0.5%~1.0%，w(Ni)=2.5%~3.5%，w(Cu)≤0.2%，以及余量的Fe和不可避免的杂质。焊缝熔敷金属力学性能室温抗拉强度 R_m：940~1 140 MPa，室温屈服强 $R_{p0.2}$≥840 MPa，室温伸长率（延伸率）A≥12%，-60 ℃冲击吸收功 KV_2≥47 J，熔敷金属的扩散氢含量小于5 mL/100 g。

地址：四川省自贡市自流井区丹阳街1号　　邮箱：atlantic@zg-public.sc.cninfo.net
电话：0813-5101574　0813-5108283　　网站：www.weldatlantic.com

二氧化碳气体保护焊用含 Ti 和 B 型金属药芯焊丝

发　明　人:蔡鸿祥;庄石城;叶桂林

专　利　号:ZL 2012 1 0343049.8

专利申请日:2012 年 09 月 17 日

专 利 权 人:昆山京群焊材科技有限公司

授权公告日:2016 年 02 月 17 日

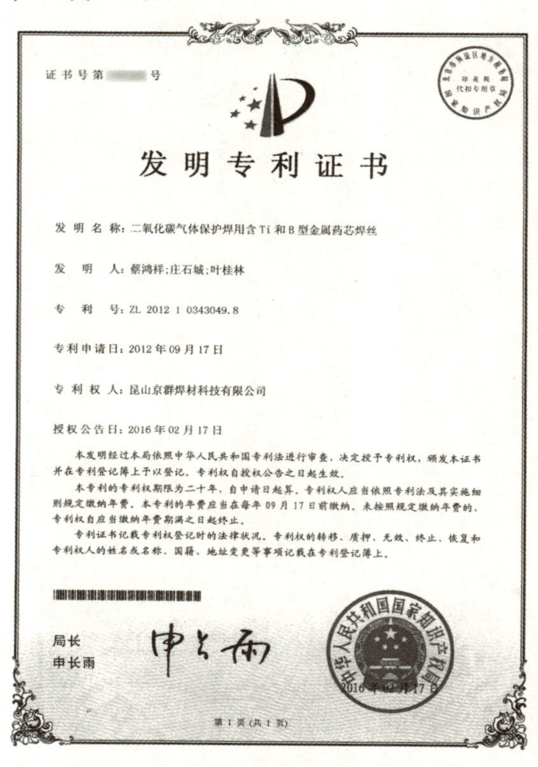

证书号第　　号

发明专利证书

发 明 名 称：二氧化碳气体保护焊用含 Ti 和 B 型金属药芯焊丝

发　明　人：蔡鸿祥;庄石城;叶桂林

专　利　号：ZL 2012 1 0343049.8

专利申请日：2012 年 09 月 17 日

专 利 权 人：昆山京群焊材科技有限公司

授权公告日：2016 年 02 月 17 日

本发明经过本局依照中华人民共和国专利法进行审查，决定授予专利权，颁发本证书并在专利登记簿上予以登记。专利权自授权公告之日起生效。

本专利的专利权期限为二十年，自申请日起算。专利权人应当依照专利法及其实施细则规定缴纳年费。本专利的年费应当在每年 09 月 17 日前缴纳。未按照规定缴纳年费的，专利权自应当缴纳年费期满之日起终止。

专利证书记载专利权登记时的法律状况。专利权的转移、质押、无效、终止、恢复和专利权人的姓名或名称、国籍、地址变更等事项记载在专利登记簿上。

局长
申长雨

中华人民共和国国家知识产权局

2016 年 02 月 17 日

第 1 页 (共 1 页)

发明专利证书

专利说明:

本发明公开了一种二氧化碳气体保护焊用含 Ti 和 B 型金属药芯焊丝。其适用于厚板打底焊接及高膜厚底漆钢板的高速平角焊。金属药芯粉末质量占焊丝总质量的 10%~30%。钢带外皮由 w(C)=0.001%~0.025%,w(Si)=0.001%~0.030%,w(Mn)=0.01%~0.35%,w(Al)=0.001%~0.030%,w(P)=0.001%~0.020%,w(S)=0.001%~0.020%和余量 Fe 组成。金属药芯粉末由 w(氟化物)=0.1%~5.0%,w(C)=0.01%~0.50%,w(Mn)=8%~20%,w(Si)=2%~8%,w(Ti)=0.1%~5.0%,w(B)=0.01%~0.10%,w(Zr)=0.01%~

2.00%和余量 Fe 组成。该金属药芯焊丝在厚板打底焊接时飞溅量小且可达到与实心焊丝相当的抗裂性,在涂有 30~40 μm 高膜厚底漆钢板上高速平角焊时可获得优异的耐气孔性,且熔敷金属的机械性能优良。

地址:江苏省苏州市昆山市巴城镇石牌金凤凰路 358 号　　邮编:215300

电话:0512-57687777　　网站:www.gintune.com　　邮箱:gintune@gintune.cn

双相不锈钢焊条

发　明　人:蔡鸿祥;叶贵林;王登峰
专　利　号:ZL 2010 1 0163763. X
专利申请日:2010 年 04 月 27 日
专利权人:昆山京群焊材科技有限公司
授权公告日:2012 年 12 月 05 日

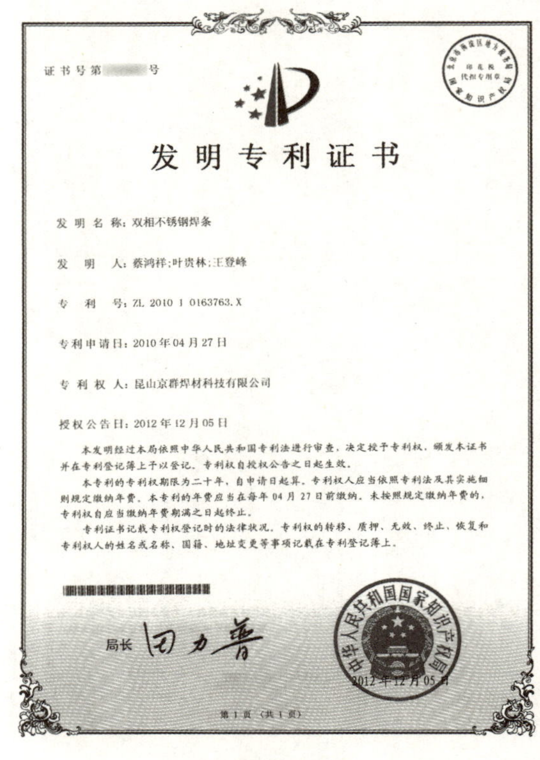
证书号第　　号

发明专利证书

发明名称:双相不锈钢焊条

发　明　人:蔡鸿祥;叶贵林;王登峰

专　利　号:ZL 2010 1 0163763.X

专利申请日:2010 年 04 月 27 日

专 利 权 人:昆山京群焊材科技有限公司

授权公告日:2012 年 12 月 05 日

本发明经过本局依照中华人民共和国专利法进行审查,决定授予专利权,颁发本证书并在专利登记簿上予以登记。专利权自授权公告之日起生效。

本专利的专利权期限为二十年,自申请日起算。专利权人应当依照专利法及其实施细则规定缴纳年费。本专利的年费应当在每年 04 月 27 日前缴纳。未按照规定缴纳年费的,专利权自应当缴纳年费期满之日起终止。

专利证书记载专利权登记时的法律状况。专利权的转移、质押、无效、终止、恢复和专利权人的姓名或名称、国籍、地址变更等事项记载在专利登记簿上。

局长　田力普

2012 年 12 月 05 日

第 1 页(共 1 页)

发明专利证书

专利说明:

本发明公开了一种双相不锈钢焊条,包括焊芯和药皮。药皮涂敷于焊芯外壁,占焊条总质量的 0.4~0.5。焊芯的化学成分为:w(C) = 0.005%~0.030%, w(Si) = 0.01%~0.20%, w(Mn) = 1.5%~2.5%, w(P) = 0~0.025%, w(Cr) = 19%~22%, w(Ni) = 9%~11%, w(Mo) = 2.5%~3.5%和余量 Fe;药皮的化学成分为:w($CaCO_3$) = 8%~20%, w($BaCO_3$) = 2%~15%, w(CaF_2) = 5%~15%, w(AgF) = 6%~17%, w(BaF_2) = 4%~16%, w(冰晶石) = 9%~18%, w(金红石) = 4%~10%, w(钛白粉) = 1%~5%, w(二氧化硅) = 2%~8%, w(铬

粉)=3%~9%,w(钼粉)=1.0%~1.5%,w(镁粉)=0.1%~4.0%和w(铁粉)=5%~13%,上述药皮组分混合均匀后加入黏结剂。

本发明具有高强度、高韧性及抗晶间腐蚀性,在焊接时电弧稳定,飞溅少,焊缝成型好,脱渣容易,焊条操作性能优异。

地址:江苏省苏州市昆山市巴城镇石牌金凤凰路358号　　邮编:215300

电话:0512-57687777　　网站:www.gintune.com　　邮箱:gintune@gintune.cn

免涂装桥梁钢用耐候药芯焊丝及其制备方法

发　明　人:郭栖利;蒋勇;李欣雨;张晓柏

专　利　号:ZL 2016 1 0947511.3

专利申请日:2016 年 10 月 26 日

专 利 权 人:四川大西洋焊接材料股份有限公司

授权公告日:2019 年 02 月 19 日

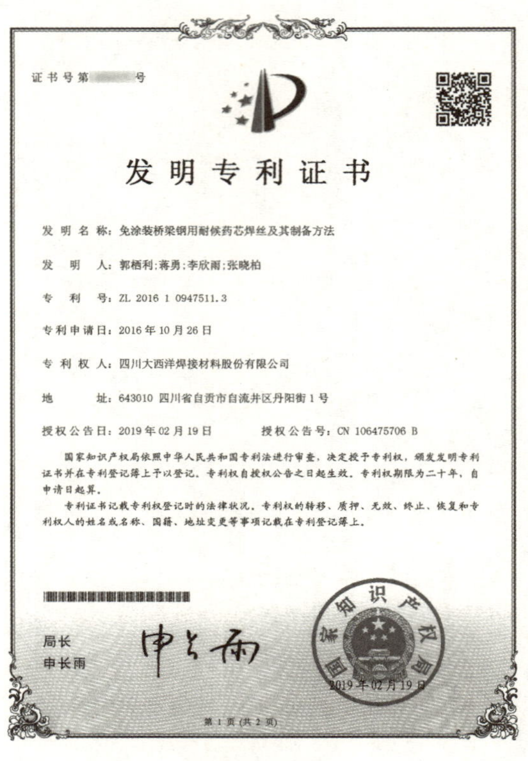

证书号第　　　号

发明专利证书

发 明 名 称:免涂装桥梁钢用耐候药芯焊丝及其制备方法

发　明　人:郭栖利;蒋勇;李欣雨;张晓柏

专　利　号:ZL 2016 1 0947511.3

专利申请日:2016 年 10 月 26 日

专 利 权 人:四川大西洋焊接材料股份有限公司

地　　址:643010 四川省自贡市自流井区丹阳街 1 号

授权公告日:2019 年 02 月 19 日　　授权公告号:CN 106475706 B

国家知识产权局依照中华人民共和国专利法进行审查,决定授予专利权,颁发发明专利证书并在专利登记簿上予以登记。专利权自授权公告之日起生效。专利权期限为二十年,自申请日起算。

专利证书记载专利权登记时的法律状况。专利权的转移、质押、无效、终止、恢复和专利权人的姓名或名称、国籍、地址变更等事项记载在专利登记簿上。

局长
申长雨

国家知识产权局
2019 年 02 月 19 日

第 1 页(共 2 页)

发明专利证书

专利说明:

本发明公开了一种免涂装桥梁钢用耐候药芯焊丝及其制备方法,目的在于提供一种免涂装桥梁钢用耐候药芯焊丝。其焊接电弧稳定、飞溅小、脱渣容易,焊缝成型美观,适用于全位置焊接,焊缝的力学性能好,适用于 Q370qENH 钢的焊接。

地址:四川省自贡市自流井区丹阳街 1 号　　邮箱:atlantic@zg-public.sc.cninfo.net
电话:0813-5101574　0813-5108283　　网址:www.weldatlantic.com

用于核级高压汽缸的不锈钢电焊条及其制备方法

发　明　人:刘奇望;明廷泽;袁宁;白昶;谭小平;郑亮亮;张红涛;吴海峰
专　利　号:ZL 2016 1 0827301.0
专利申请日:2016 年 09 月 18 日
专 利 权 人:四川大西洋焊接材料股份有限公司;东方电气集团东方汽轮机有限公司
授权公告日:2019 年 02 月 19 日

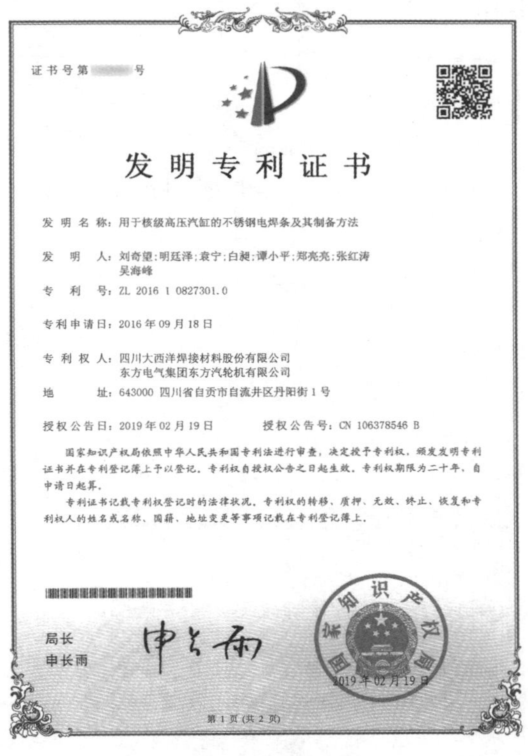

证书号第　　号

发明专利证书

发 明 名 称:用于核级高压汽缸的不锈钢电焊条及其制备方法

发　明　人:刘奇望;明廷泽;袁宁;白昶;谭小平;郑亮亮;张红涛
吴海峰

专　利　号:ZL 2016 1 0827301.0

专利申请日:2016 年 09 月 18 日

专 利 权 人:四川大西洋焊接材料股份有限公司
东方电气集团东方汽轮机有限公司

地　　址:643000 四川省自贡市自流井区丹阳街 1 号

授权公告日:2019 年 02 月 19 日　　授权公告号:CN 106378546 B

国家知识产权局依照中华人民共和国专利法进行审查，决定授予专利权，颁发发明专利证书并在专利登记簿上予以登记。专利权自授权公告之日起生效。专利权期限为二十年，自申请日起算。

专利证书记载专利权登记时的法律状况。专利权的转移、质押、无效、终止、恢复和专利权人的姓名或名称、国籍、地址变更等事项记载在专利登记簿上。

局长
申长雨

国家知识产权局
2019 年 02 月 19 日

第 1 页 (共 2 页)

发明专利证书

专利说明:

本发明公开了一种用于核级高压汽缸的不锈钢电焊条及其制备方法。此焊条由高纯度低碳钢焊芯和裹覆于焊芯表面的药皮组成,该高纯度低碳钢焊芯化学成分为:$w(C) \leq 0.05\%$,$w(Mn) = 0.3\% \sim 0.6\%$,$w(Si) \leq 0.04\%$,$w(Cr) \leq 0.2\%$,$w(Ni) \leq 0.3\%$,$w(Cu) \leq 0.2\%$,$w(S) \leq 0.015\%$,$w(P) \leq 0.02\%$,余量为 Fe 及其他杂质。

本发明用于核级高压汽缸的不锈钢电焊条焊接核电汽轮机动力装置高压汽缸,焊后的熔敷金属成分及性能优于 ASME 标准的要求。

地址:四川省自贡市自流井区丹阳街 1 号　　邮箱:atlantic@zg-public.sc.cninfo.net
电话:0813-5101574　0813-5108283　　网址:www.weldatlantic.com

蒸汽温度超超临界火电机组用钢的埋弧焊剂及其制备方法

发　明　人:杨飞;蒋勇;李亚军;佘应堂;王冬平;罗永飞;王林森;张玮;钟正彬
专　利　号:ZL 2016 1 0966276.4
专利申请日:2016 年 10 月 28 日
专 利 权 人:四川大西洋焊接材料股份有限公司;东方电气集团东方锅炉股份有限公司
授权公告日:2018 年 10 月 30 日

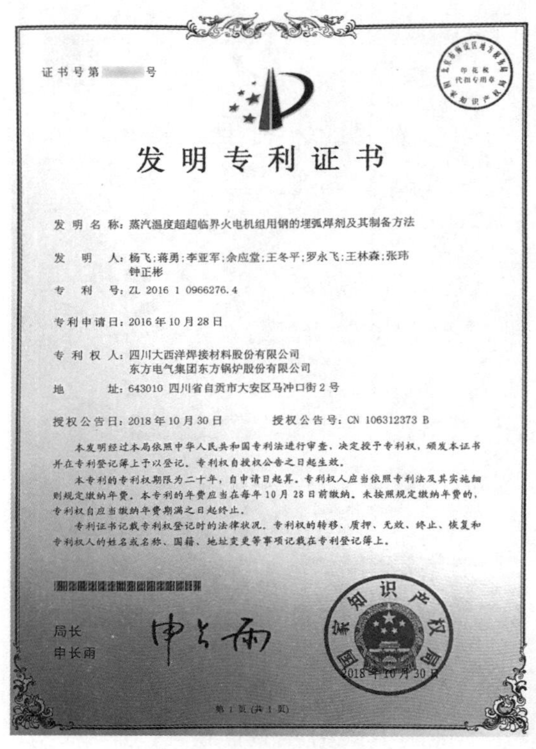

证书号第　　号

发明专利证书

发 明 名 称:蒸汽温度超超临界火电机组用钢的埋弧焊剂及其制备方法

发　　明　　人:杨飞;蒋勇;李亚军;佘应堂;王冬平;罗永飞;王林森;张玮
钟正彬

专　　利　　号:ZL 2016 1 0966276.4

专利申请日:2016 年 10 月 28 日

专 利 权 人:四川大西洋焊接材料股份有限公司
东方电气集团东方锅炉股份有限公司

地　　　　址:643010 四川省自贡市大安区马冲口街 2 号

授权公告日:2018 年 10 月 30 日　　　　授权公告号:CN 106312373 B

本发明经过本局依照中华人民共和国专利法进行审查,决定授予专利权,颁发本证书并在专利登记簿上予以登记。专利权自授权公告之日起生效。

本专利的专利权期限为二十年,自申请日起算。专利权人应当依照专利法及其实施细则规定缴纳年费。本专利的年费应当在每年 10 月 28 日前缴纳。未按照规定缴纳年费的,专利权自应当缴纳年费期满之日起终止。

专利证书记载专利权登记时的法律状况。专利权的转移、质押、无效、终止、恢复和专利权人的姓名或名称、国籍、地址变更等事项记载在专利登记簿上。

局长
申长雨

2018 年 10 月 30 日

发明专利证书

专利说明:

本发明是一种蒸汽温度(630 ℃)超超临界火电机组用钢的埋弧焊剂及其制备方法。该焊剂配合 G115 焊丝,具有优良的焊接工艺性能,电弧燃烧稳定,焊缝成型美观,脱渣容易。本发明在 G115 钢上进行焊接,焊缝金属具有与 G115 钢相近的强度、韧性和高温性能。

地址:四川省自贡市自流井区丹阳街 1 号　　邮箱:atlantic@zg-public.sc.cninfo.net
电话:0813-5101574　0813-5108283　　网址:www.weldatlantic.com

X100 管线钢用气体保护焊焊丝

发　明　人:杨强;郑海;佘应堂;曾志超

专　利　号:ZL 2011 1 0139955.1

专利申请日:2011 年 05 月 26 日

专 利 权 人:四川大西洋焊接材料股份有限公司;自贡大西洋焊丝制品有限公司

授权公告日:2014 年 12 月 03 日

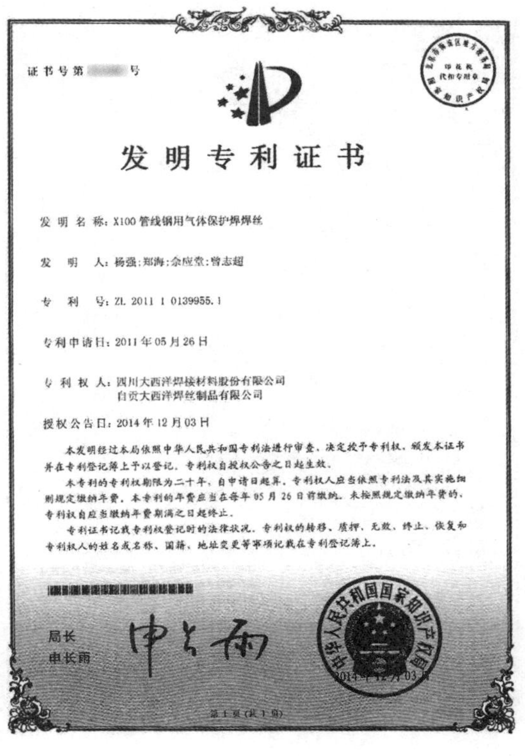

证书号第　　号

发明专利证书

发 明 名 称:X100 管线钢用气体保护焊焊丝

发　明　人:杨强;郑海;佘应堂;曾志超

专　利　号:ZL 2011 1 0139955.1

专利申请日:2011 年 05 月 26 日

专 利 权 人:四川大西洋焊接材料股份有限公司
自贡大西洋焊丝制品有限公司

授权公告日:2014 年 12 月 03 日

本发明经过本局依照中华人民共和国专利法进行审查,决定授予专利权,颁发本证书并在专利登记簿上予以登记。专利权自授权公告之日起生效。

本专利的专利权期限为二十年,自申请日起算。专利权人应当依照专利法及其实施细则规定缴纳年费。本专利的年费应当在每年 05 月 26 日前缴纳。未按照规定缴纳年费的,专利权自应当缴纳年费期满之日起终止。

专利证书记载专利权登记时的法律状况。专利权的转移、质押、无效、终止、恢复和专利权人的姓名或名称、国籍、地址变更等事项记载在专利登记簿上。

局长
申长雨

2014 年 12 月 03 日

第 1 页(共 1 页)

发明专利证书

专利说明:

本发明公开了一种用于 X100 管线钢用气体保护焊实心焊丝。该发明通过合金元素的综合作用和成分设计,使焊缝具有优良的力学性能和抗腐蚀性能。焊接工艺性能好,适合用于 X100 管线钢板的气体保护焊焊接。

地址:四川省自贡市自流井区丹阳街 1 号　　邮箱:atlantic@zg-public.sc.cninfo.net

电话:0813-5101574　0813-5108283　　网址:www.weldatlantic.com

一种超超临界新型铁素体耐热钢焊条及其制备方法

发　明　人:何秀;曾志超;兰志刚;黄义芳

专　利　号:ZL 2012 1 0554241.1

专利申请日:2012 年 12 月 19 日

专 利 权 人:四川大西洋焊接材料股份有限公司

授权公告日:2015 年 01 月 28 日

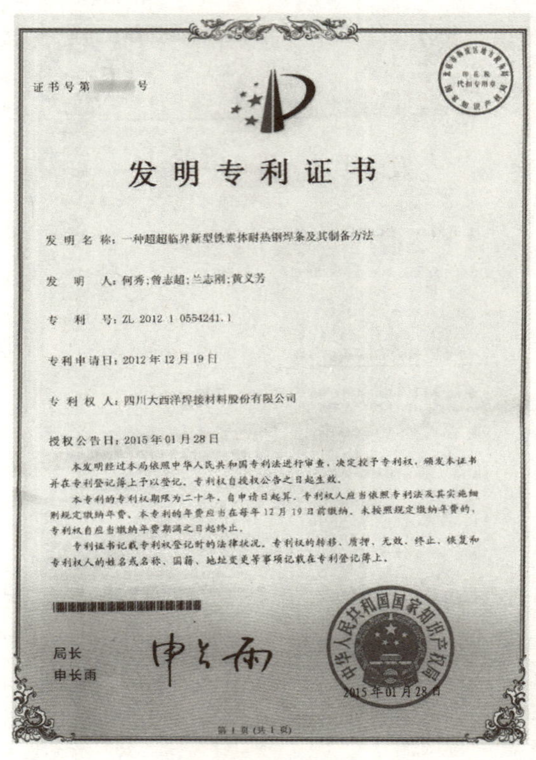

证书号第[illegible]号

发明专利证书

发 明 名 称:一种超超临界新型铁素体耐热钢焊条及其制备方法

发　明　人:何秀;曾志超;兰志刚;黄义芳

专　利　号:ZL 2012 1 0554241.1

专利申请日:2012 年 12 月 19 日

专 利 权 人:四川大西洋焊接材料股份有限公司

授权公告日:2015 年 01 月 28 日

本发明经过本局依照中华人民共和国专利法进行审查,决定授予专利权,颁发本证书并在专利登记簿上予以登记。专利权自授权公告之日起生效。

本专利的专利权期限为二十年,自申请日起算。专利权人应当依照专利法及其实施细则规定缴纳年费。本专利的年费应当在每年 12 月 19 日前缴纳。未按照规定缴纳年费的,专利权自应当缴纳年费期满之日起终止。

专利证书记载专利权登记时的法律状况。专利权的转移、质押、无效、终止、恢复和专利权人的姓名或名称、国籍、地址变更等事项记载在专利登记簿上。

局长
申长雨

中华人民共和国国家知识产权局
2015 年 01 月 28 日

第 1 页(共 1 页)

发明专利证书

专利说明:

本发明的焊条配套用于焊接超超临界耐热钢 T/P92,其焊条熔敷金属综合性能好,高温持久性能优异,电弧稳定、飞溅少、脱渣性好,焊缝成型美观,适用于全位置操作。

地址:四川省自贡市自流井区丹阳街 1 号　　邮箱:atlantic@zg-public.sc.cninfo.net

电话:0813-5101574　0813-5108283　　网址:www.weldatlantic.com

不锈钢带极电渣堆焊焊带及焊剂

发 明 人:蔡鸿祥;郑伊洛
专 利 号:ZL 2010 1 0163806.4
专利申请日:2010 年 04 月 27 日
专 利 权 人:昆山京群焊材科技有限公司
授权公告日:2012 年 12 月 05 日

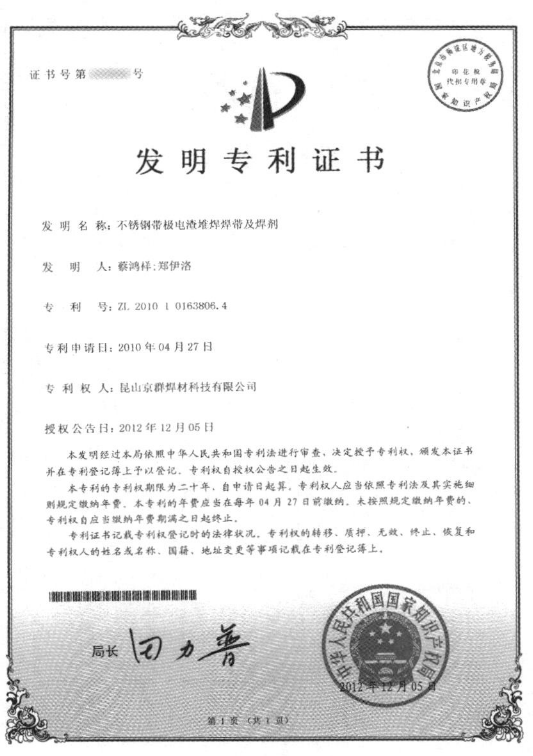

证书号第　　号

发明专利证书

发 明 名 称:不锈钢带极电渣堆焊焊带及焊剂

发 明 人:蔡鸿祥;郑伊洛

专 利 号:ZL 2010 1 0163806.4

专利申请日:2010 年 04 月 27 日

专 利 权 人:昆山京群焊材科技有限公司

授权公告日:2012 年 12 月 05 日

本发明经过本局依照中华人民共和国专利法进行审查,决定授予专利权,颁发本证书并在专利登记簿上予以登记。专利权自授权公告之日起生效。

本专利的专利权期限为二十年,自申请日起算。专利权人应当依照专利法及其实施细则规定缴纳年费。本专利的年费应当在每年 04 月 27 日前缴纳。未按照规定缴纳年费的,专利权自应当缴纳年费期满之日起终止。

专利证书记载专利权登记时的法律状况。专利权的转移、质押、无效、终止、恢复和专利权人的姓名或名称、国籍、地址变更等事项记载在专利登记簿上。

局长 田力普

中华人民共和国国家知识产权局

2012 年 12 月 05 日

第 1 页 (共 1 页)

发明专利证书

专利说明:

本发明公开了一种不锈钢带极电渣堆焊焊带及焊剂。过渡层焊带中不添加 Mo 元素,依旧保证表面层堆焊金属具有足量的 Mo 元素。焊带配合焊剂可用于容器内壁或外壁大面积堆焊,满足耐腐蚀及耐高温的要求。焊带配合焊剂堆焊具有 5%~12%的超低稀释率且生产效率高;脱渣容易,焊道成型美观,无焊接缺陷;有极佳的抗晶间腐蚀能力,堆焊弯曲完全无裂纹。

地址:江苏省苏州市昆山市巴城镇石牌金凤凰路 358 号　　邮编:215300
电话:0512-57687777　　网站:www.gintune.com　　邮箱:gintune@gintune.cn

自保护药芯焊丝

发　明　人:蔡鸿祥;庄石城;林国益;叶贵林
专　利　号:ZL 2010 1 0163780. 3
专利申请日:2010 年 04 月 27 日
专 利 权 人:昆山京群焊材科技有限公司
授权公告日:2013 年 01 月 09 日

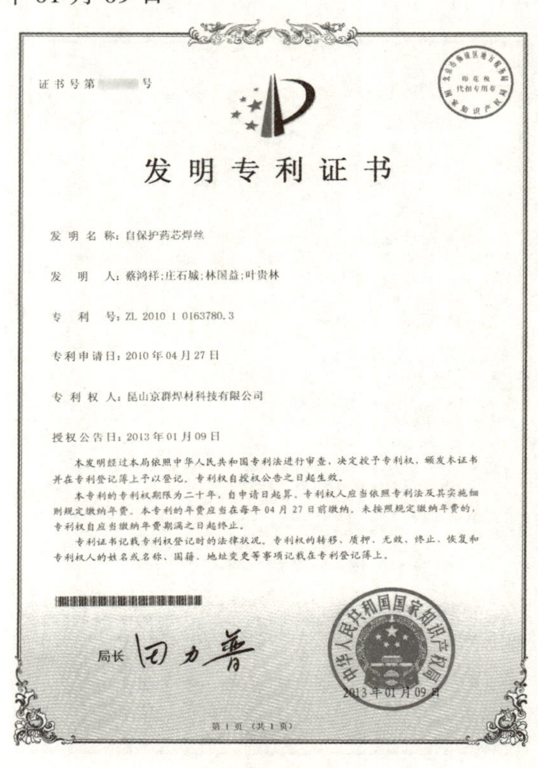

证书号第　　　号

发明专利证书

发 明 名 称:自保护药芯焊丝

发　明　人:蔡鸿祥;庄石城;林国益;叶贵林

专　利　号:ZL 2010 1 0163780. 3

专利申请日:2010 年 04 月 27 日

专 利 权 人:昆山京群焊材科技有限公司

授权公告日:2013 年 01 月 09 日

本发明经过本局依照中华人民共和国专利法进行审查,决定授予专利权,颁发本证书并在专利登记簿上予以登记。专利权自授权公告之日起生效。

本专利的专利权期限为二十年,自申请日起算。专利权人应当依照专利法及其实施细则规定缴纳年费。本专利的年费应当在每年 04 月 27 日前缴纳。未按照规定缴纳年费的,专利权自应当缴纳年费期满之日起终止。

专利证书记载专利权登记时的法律状况。专利权的转移、质押、无效、终止、恢复和专利权人的姓名或名称、国籍、地址变更等事项记载在专利登记簿上。

局长 田力普

中华人民共和国国家知识产权局

2013 年 01 月 09 日

发明专利证书

专利说明:

本发明公开了一种自保护药芯焊丝,包括钢带和焊药。焊药填充于钢带中,填充率为 40%~50%,其化学成分为:w(铝粉)= 1%~3%,w(稀土硅)= 3%~5%,w(钡铁)= 1%~3%,w(高碳铬铁)= 50%~65%,w(铌粉)= 10%~15%,w(钼铁)= 10%~20%和w(碳化钨)= 2%~5%。通过调节上述合金粉末之间的比例,本发明无论是在室温条件下,还是在高温(可高达 6 000 ℃)条件下均有较高的硬度,从而扩大硬面材料的使用场合,减少了工件使用温度对材料的限制,减少焊接时需要多种焊接材料的烦琐工序。

地址:江苏省苏州市昆山市巴城镇石牌金凤凰路 358 号　　邮编:215300
电话:0512-57687777　　网站:www. gintune. com　　邮箱:gintune@ gintune. cn

一种用于三代核电主管道的不锈钢电焊条及其生产方法

发　明　人:王若蒙;左波;刘奇望;余燕;蒋勇;景益
专　利　号:ZL 2013 1 0676026.3
专利申请日:2013 年 12 月 11 日
专 利 权 人:四川大西洋焊接材料股份有限公司;上海核工程研究设计院
授权公告日:2015 年 12 月 02 日

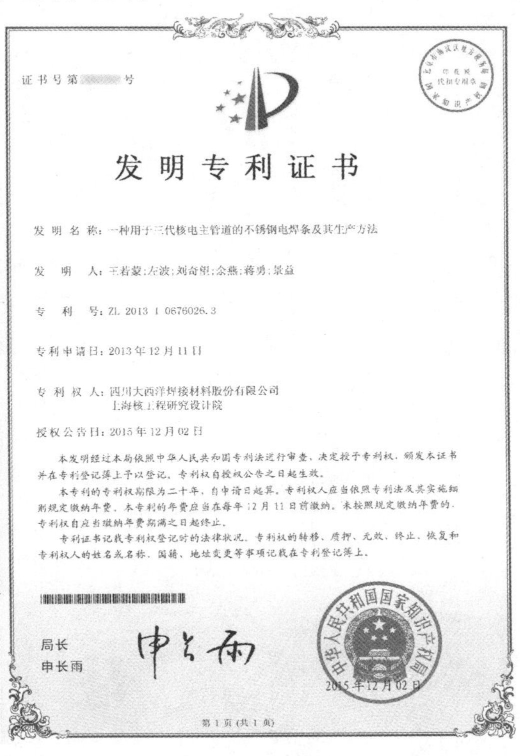

证书号第　　号

发明专利证书

发 明 名 称:一种用于三代核电主管道的不锈钢电焊条及其生产方法

发　明　人:王若蒙;左波;刘奇望;余燕;蒋勇;景益

专　利　号:ZL 2013 1 0676026.3

专利申请日:2013 年 12 月 11 日

专 利 权 人:四川大西洋焊接材料股份有限公司
上海核工程研究设计院

授权公告日:2015 年 12 月 02 日

本发明经过本局依照中华人民共和国专利法进行审查，决定授予专利权，颁发本证书并在专利登记簿上予以登记。专利权自授权公告之日起生效。

本专利的专利权期限为二十年，自申请日起算。专利权人应当依照专利法及其实施细则规定缴纳年费。本专利的年费应当在每年 12 月 11 日前缴纳。未按照规定缴纳年费的，专利权自应当缴纳年费期满之日起终止。

专利证书记载专利权登记时的法律状况。专利权的转移、质押、无效、终止、恢复和专利权人的姓名或名称、国籍、地址变更等事项记载在专利登记簿上。

局长
申长雨

2015 年 12 月 02 日

第 1 页 (共 1 页)

发明专利证书

专利说明:

本发明研发出一种用于三代核电主管道的专用不锈钢电焊条，焊接时药皮不易发红开裂，脱渣容易，具有较好的焊接工艺性。CHS316LHRF 焊条符合 AP1000 标准和 ASME 标准要求，满足核电的特殊要求，且常温及高温 350 ℃条件下的抗拉强度、屈服强度、延伸率优良。该焊条适用于焊接耐腐蚀、耐高温、持久强度要求较高的核动力装置三代核电主管道、压力容器及相应结构的焊接。

地址:四川省自贡市自流井区丹阳街 1 号　　邮箱:atlantic@zg-public.sc.cninfo.net
电话:0813-5101574　0813-5108283　　网址:www.weldatlantic.com

用于铬钼耐热钢低温冲击及窄间隙埋弧焊用的埋弧焊焊剂及制法

发　明　人:毛兴贵;曾志超;兰志刚;贾兴旺

专　利　号:ZL 2013 1 0022944.4

专利申请日:2013 年 01 月 22 日

专 利 权 人:四川大西洋焊接材料股份有限公司

授权公告日:2015 年 05 月 20 日

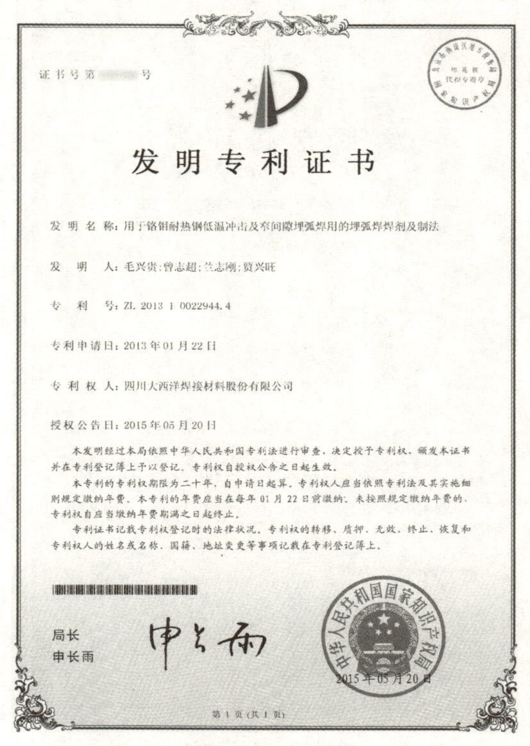

证书号第　　号

发明专利证书

发 明 名 称:用于铬钼耐热钢低温冲击及窄间隙埋弧焊用的埋弧焊焊剂及制法

发　明　人:毛兴贵;曾志超;兰志刚;贾兴旺

专　利　号:ZL 2013 1 0022944.4

专利申请日:2013 年 01 月 22 日

专 利 权 人:四川大西洋焊接材料股份有限公司

授权公告日:2015 年 05 月 20 日

本发明经过本局依照中华人民共和国专利法进行审查,决定授予专利权,颁发本证书并在专利登记簿上予以登记。专利权自授权公告之日起生效。

本专利的专利权期限为二十年,自申请日起算。专利权人应当依照专利法及其实施细则规定缴纳年费。本专利的年费应当在每年 01 月 22 日前缴纳。未按照规定缴纳年费的,专利权自应当缴纳年费期满之日起终止。

专利证书记载专利权登记时的法律状况。专利权的转移、质押、无效、终止、恢复和专利权人的姓名或名称、国籍、地址变更等事项记载在专利登记簿上。

局长
申长雨

中华人民共和国国家知识产权局

2015 年 05 月 20 日

第 1 页(共 1 页)

发明专利证书

专利说明:

本发明涉及一种铬钼耐热钢窄间隙焊接材料领域技术,研发出一种用于-30 ℃、-40 ℃耐热钢低温用烧结埋弧焊剂,该焊剂配合 CHW-S8LH 焊丝符合相关标准的要求。

本发明的埋弧焊剂配合焊丝,焊接时工艺优良,电弧稳定,无烟尘,焊接后自动脱渣。其主要用于 2.25Cr-1Mo 等钢制临氢设备的埋弧焊焊接。

地址:四川省自贡市自流井区丹阳街 1 号　　邮箱:atlantic@zg-public.sc.cninfo.net

电话:0813-5101574　0813-5108283　　网址:www.weldatlantic.com

低屈服强度抗氢致裂纹钢专用焊条及其生产方法

发　明　人：张克静；陈维富

专　利　号：ZL 2012 1 0547546. X

专利申请日：2012 年 12 月 17 日

专 利 权 人：四川大西洋焊接材料股份有限公司

授权公告日：2015 年 06 月 10 日

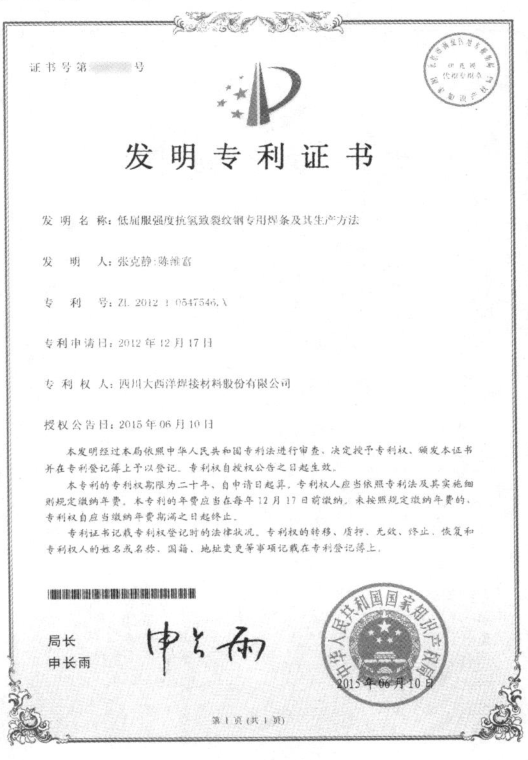

证书号第　　号

发明专利证书

发 明 名 称：低屈服强度抗氢致裂纹钢专用焊条及其生产方法

发　明　人：张克静；陈维富

专　利　号：ZL 2012 1 0547546.X

专利申请日：2012 年 12 月 17 日

专 利 权 人：四川大西洋焊接材料股份有限公司

授权公告日：2015 年 06 月 10 日

本发明经过本局依照中华人民共和国专利法进行审查，决定授予专利权，颁发本证书并在专利登记簿上予以登记。专利权自授权公告之日起生效。

本专利的专利权期限为二十年，自申请日起算。专利权人应当依照专利法及其实施细则规定缴纳年费。本专利的年费应当在每年 12 月 17 日前缴纳。未按照规定缴纳年费的，专利权自应当缴纳年费期满之日起终止。

专利证书记载专利权登记时的法律状况。专利权的转移、质押、无效、终止、恢复和专利权人的姓名或名称、国籍、地址变更等事项记载在专利登记簿上。

局长
申长雨

中华人民共和国国家知识产权局
2015 年 06 月 10 日

第 1 页（共 1 页）

发明专利证书

专利说明：

本发明公开了一种低屈服强度抗氢致裂纹钢专用焊条，涉及焊接领域。本发明研发出一种用于 20#(HIC) 或 A106B(HIC) 低屈服强度抗氢致裂纹钢专用焊条，该焊条在焊接时电弧稳定、飞溅小、脱渣容易，成型美观，适宜全位置操作。CHE427SHA 焊条符合《非合金钢及细晶粒钢焊条》(GB/T 5117—2012) 中 E4315 的要求，且屈服强度较低（300～380 MPa），抗 HIC、SSC 性能优良。

地址：四川省自贡市自流井区丹阳街 1 号　　邮箱：atlantic@zg-public. sc. cninfo. net

电话：0813-5101574　0813-5108283　　网址：www. weldatlantic. com

一种具有高冲击韧性钢焊接用金属粉型药芯焊丝

发　明　人:蒋勇;王建刚;任军
专　利　号:ZL 2011 1 0407797.3
专利申请日:2011 年 12 月 09 日
专 利 权 人:四川大西洋焊接材料股份有限公司
授权公告日:2014 年 01 月 15 日

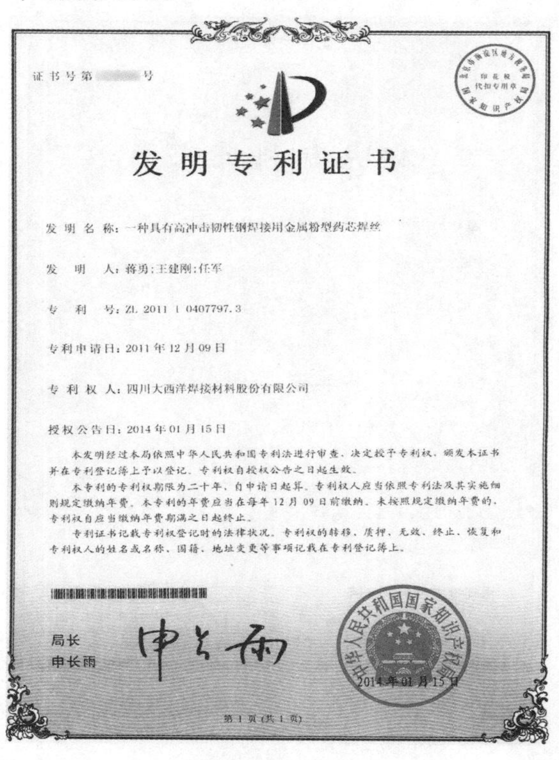

发明专利证书

发明名称:一种具有高冲击韧性钢焊接用金属粉型药芯焊丝

发明人:蒋勇;王建刚;任军

专利号:ZL 2011 1 0407797.3

专利申请日:2011 年 12 月 09 日

专利权人:四川大西洋焊接材料股份有限公司

授权公告日:2014 年 01 月 15 日

本发明经过本局依照中华人民共和国专利法进行审查,决定授予专利权,颁发本证书并在专利登记簿上予以登记。专利权自授权公告之日起生效。

本专利的专利权期限为二十年,自申请日起算。专利权人应当依照专利法及其实施细则规定缴纳年费。本专利的年费应当在每年 12 月 09 日前缴纳。未按照规定缴纳年费的,专利权自应当缴纳年费期满之日起终止。

专利证书记载专利权登记时的法律状况。专利权的转移、质押、无效、终止、恢复和专利权人的姓名或名称、国籍、地址变更等事项记载在专利登记簿上。

局长
申长雨

2014 年 01 月 15 日

第 1 页(共 1 页)

发明专利证书

专利说明:

本发明涉及一种焊接材料领域技术,研发出一种用于-45 ℃、-50 ℃低温钢焊接用金属粉型药芯焊丝。CHT81CNi1 金属粉型药芯焊丝符合《低合金钢药芯焊丝》(GB/T 17493—2008)中 E55C-Ni1 的要求。

本发明的药芯焊丝,在焊接时电弧稳定、飞溅小、几乎无渣、成型好、效率高、抗气孔敏感性好。其主要用于 Q460q、Q500q 类低温钢合金的焊接。

地址:四川省自贡市自流井区丹阳街 1 号　　邮箱:atlantic@ zg-public. sc. cninfo. net
电话:0813-5101574　0813-5108283　　网址: www. weldatlantic. com

一种镍铬钼合金钢焊接用镍基电焊条

发　明　人：黄义芳；陈维富；张克静

专　利　号：ZL 2011 1 0328182.1

专利申请日：2011 年 10 月 20 日

专 利 权 人：四川大西洋焊接材料股份有限公司

授权公告日：2013 年 06 月 05 日

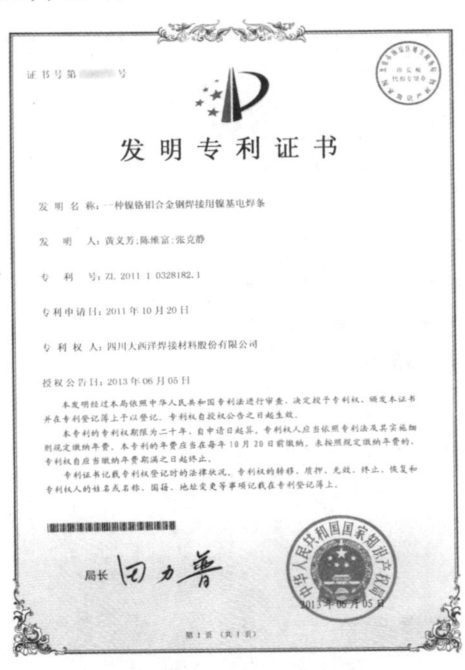

证书号第　　号

发明专利证书

发 明 名 称：一种镍铬钼合金钢焊接用镍基电焊条

发　明　人：黄义芳；陈维富；张克静

专　利　号：ZL 2011 1 0328182.1

专利申请日：2011 年 10 月 20 日

专 利 权 人：四川大西洋焊接材料股份有限公司

授权公告日：2013 年 06 月 05 日

本发明经过本局依照中华人民共和国专利法进行审查，决定授予专利权，颁发本证书并在专利登记簿上予以登记。专利权自授权公告之日起生效。

本专利的专利权期限为二十年，自申请日起算。专利权人应当依照专利法及其实施细则规定缴纳年费。本专利的年费应当在每年 10 月 20 日前缴纳。未按照规定缴纳年费的，专利权自应当缴纳年费期满之日起终止。

专利证书记载专利权登记时的法律状况。专利权的转移、质押、无效、终止、恢复和专利权人的姓名或名称、国籍、地址变更等事项记载在专利登记簿上。

局长　田力普

中华人民共和国国家知识产权局

2013 年 06 月 05 日

第 1 页（共 1 页）

发明专利证书

专利说明：

本发明涉及一种焊接材料领域技术。CHNiCrMo-3 焊条符合《镍及镍合金焊条》（GB/T 13814—2008）中 ENi6625 的要求。本发明焊条焊接时电弧稳定、飞溅微小、脱渣好、平焊焊后渣壳可自动翘起、成型好、全位置操作性能好。其主要用于镍铬钼合金钢的焊接，特别是 UNS N06625 类合金与其他钢种以及镍铬钼合金复合钢的焊接和堆焊，也可用于低温条件下的 Ni 的质量分数为 9%的钢焊接。焊缝金属与 UNS N06625 合金比较，具有抗腐蚀性能，可以在 540 ℃条件下工作。

地址：四川省自贡市自流井区丹阳街 1 号　　邮箱：atlantic@ zg-public. sc. cninfo. net

电话：0813-5101574　0813-5108283　　网址：www. weldatlantic. com

X100管线钢埋弧焊用焊剂及其生产方法

发　明　人:曾志超;毛兴贵;郑海
专　利　号:ZL 2011 1 0139942.4
专利申请日:2011 年 05 月 26 日
专 利 权 人:四川大西洋焊接材料股份有限公司
授权公告日:2013 年 05 月 01 日

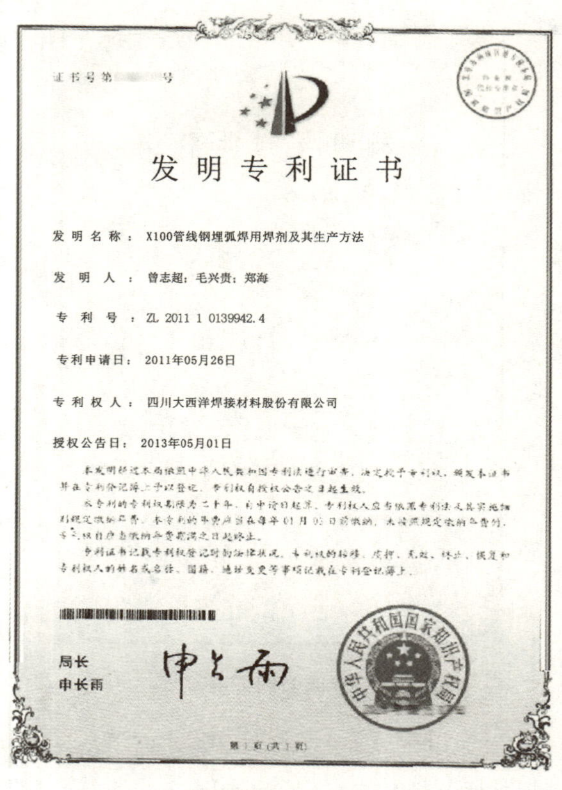

发明专利证书

发明名称：X100管线钢埋弧焊用焊剂及其生产方法

发 明 人：曾志超；毛兴贵；郑海

专 利 号：ZL 2011 1 0139942.4

专利申请日：2011年05月26日

专 利 权 人：四川大西洋焊接材料股份有限公司

授权公告日：2013年05月01日

局长
申长雨

发明专利证书

专利说明:

本发明属亍金属材料焊接生产过程中配套用焊剂及其生产方法,采用该焊剂配合专用焊丝可对 X100 等级钢进行单丝焊、多丝焊及内、外高速焊,焊接管道(体)后焊缝具有与管道(体)本体相近的高强度、高韧性、较好的抗腐蚀性及较低的硬度等优良性能。

地址:四川省自贡市自流井区丹阳街 1 号　　邮箱:atlantic@zg-public.sc.cninfo.net
电话:0813-5101574　0813-5108283　　网址:www.weldatlantic.com

一种与 9Ni 钢配套用镍基电焊条

发　明　人:张克静;陈维富;黄义芳
专　利　号:ZL 2011 1 0328191.0
专利申请日:2011 年 10 月 20 日
专 利 权 人:四川大西洋焊接材料股份有限公司
授权公告日:2013 年 09 月 18 日

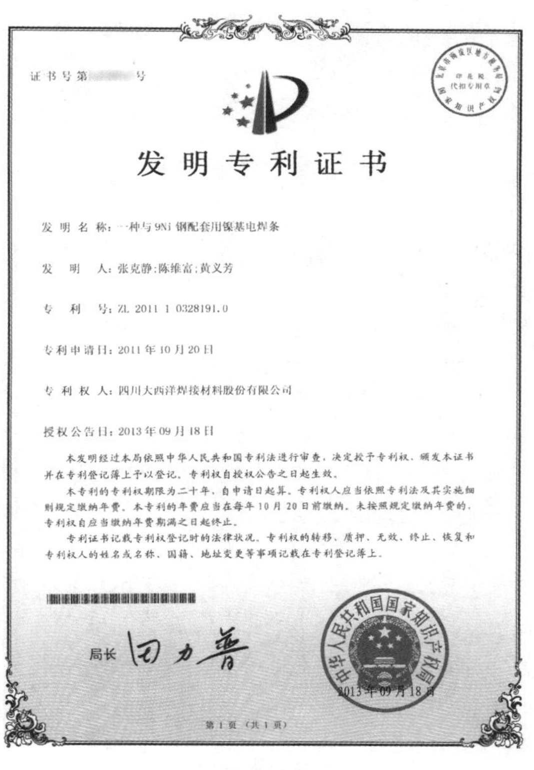

证书号第　　号

发明专利证书

发 明 名 称:一种与 9Ni 钢配套用镍基电焊条

发　明　人:张克静;陈维富;黄义芳

专　利　号:ZL 2011 1 0328191.0

专利申请日:2011 年 10 月 20 日

专 利 权 人:四川大西洋焊接材料股份有限公司

授权公告日:2013 年 09 月 18 日

本发明经过本局依照中华人民共和国专利法进行审查,决定授予专利权,颁发本证书并在专利登记簿上予以登记。专利权自授权公告之日起生效。

本专利的专利权期限为二十年,自申请日起算。专利权人应当依照专利法及其实施细则规定缴纳年费。本专利的年费应当在每年 10 月 20 日前缴纳。未按照规定缴纳年费的,专利权自应当缴纳年费期满之日起终止。

专利证书记载专利权登记时的法律状况。专利权的转移、质押、无效、终止、恢复和专利权人的姓名或名称、国籍、地址变更等事项记载在专利登记簿上。

局长　田力普

中华人民共和国国家知识产权局

2013 年 09 月 18 日

第 1 页(共 1 页)

发明专利证书

专利说明:

本发明涉及一种焊接加工用电焊条,特别是一种满足《镍及镍合金焊条》(GB/T 13814—2008)中 ENi6620 要求的与 9Ni 钢(亦称 Ni9 钢、9%钢)配套用镍基电焊条,采用该焊条焊接的 9Ni 钢低温设备在-196 ℃条件下使用仍具有良好的综合性能;也可以用于 UNS K81340 类合金与其他钢种以及镍铬合金钢的焊接和堆焊。

地址:四川省自贡市自流井区丹阳街 1 号　　邮箱:atlantic@zg-public.sc.cninfo.net
电话:0813-5101574　0813-5108283　　网址:www.weldatlantic.com

一种低镍含氮奥氏体不锈钢焊丝及其制备方法

发　明　人:方乃文;李连胜;贾玉力;黄瑞生;林晓辉;徐亦楠;聂鑫;马青军;邹吉鹏;杨义成;齐万利

专　利　号:ZL 2019 1 1202217. X

专利申请日:2019 年 11 月 29 日

专 利 权 人:哈尔滨焊接研究院有限公司

授权公告日:2020 年 12 月 11 日

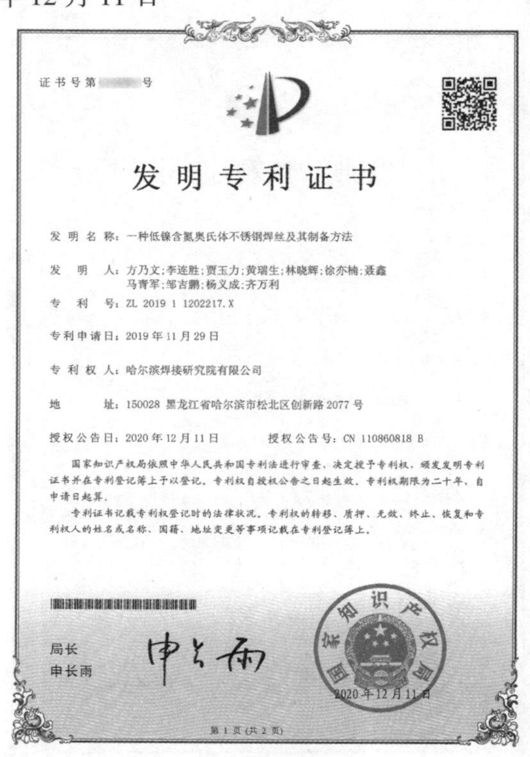

证书号第　　号

发明专利证书

发 明 名 称:一种低镍含氮奥氏体不锈钢焊丝及其制备方法

发　明　人:方乃文;李连胜;贾玉力;黄瑞生;林晓辉;徐亦楠;聂鑫
马青军;邹吉鹏;杨义成;齐万利

专　利　号:ZL 2019 1 1202217. X

专利申请日:2019 年 11 月 29 日

专 利 权 人:哈尔滨焊接研究院有限公司

地　　　址:150028 黑龙江省哈尔滨市松北区创新路 2077 号

授权公告日:2020 年 12 月 11 日　　　授权公告号:CN 110860818 B

国家知识产权局依照中华人民共和国专利法进行审查,决定授予专利权,颁发发明专利证书并在专利登记簿上予以登记。专利权自授权公告之日起生效。专利权期限为二十年,自申请日起算。

专利证书记载专利权登记时的法律状况。专利权的转移、质押、无效、终止、恢复和专利权人的姓名或名称、国籍、地址变更等事项记载在专利登记簿上。

局长
申长雨

2020 年 12 月 11 日

第 1 页(共 2 页)

发明专利证书

专利说明:

本发明是为了解决现有焊丝对低镍含氮奥氏体不锈钢进行焊接时,在焊接接头中容易产生氮元素损失、气孔缺陷、焊缝区热裂纹以及热影响区氮化物析出而引起点蚀等问题。本发明利用氮元素部分或完全代替合金元素镍以获得单相奥氏体组织。制得的焊丝在焊接过程中表现稳定,气孔缺陷少,焊接工艺性好,熔敷金属强度高,适用于低镍含氮奥氏体不锈钢的焊接,特别是对低温冲击韧性有要求的奥氏体不锈钢的焊接。本发明焊丝中含有的氮是强烈的奥氏体形成化元素,因此可有效减少铁素体和形变马氏体形成机会。

地址:黑龙江省哈尔滨市松北区创新路 2077 号　　邮编:150028　　联系人:齐万利
电话:0451-86337303　　网站:www. hwi. com. cn　　邮箱:13674675850@ 126. com

一种低镍含氮奥氏体不锈钢药芯焊丝及其制备方法

发　明　人:方乃文;徐锴;许可贵;陈波;马一鸣;徐亦楠;齐万利
专　利　号:ZL 2020 1 0100169. X
专利申请日:2020 年 02 月 18 日
专 利 权 人:哈尔滨焊接研究院有限公司
授权公告日:2020 年 12 月 11 日

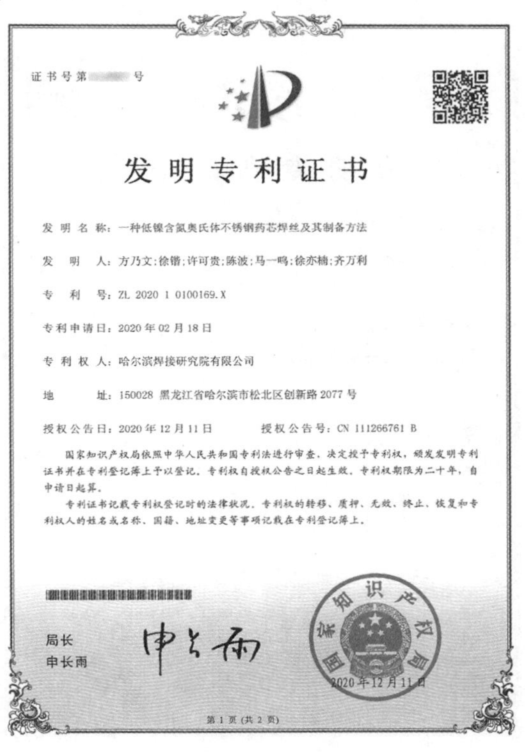

证书号第　　号

发明专利证书

发 明 名 称：一种低镍含氮奥氏体不锈钢药芯焊丝及其制备方法

发　明　人：方乃文;徐锴;许可贵;陈波;马一鸣;徐亦楠;齐万利

专　利　号：ZL 2020 1 0100169.X

专利申请日：2020 年 02 月 18 日

专 利 权 人：哈尔滨焊接研究院有限公司

地　　　址：150028 黑龙江省哈尔滨市松北区创新路 2077 号

授权公告日：2020 年 12 月 11 日　　授权公告号：CN 111266761 B

国家知识产权局依照中华人民共和国专利法进行审查，决定授予专利权，颁发发明专利证书并在专利登记簿上予以登记。专利权自授权公告之日起生效。专利权期限为二十年，自申请日起算。

专利证书记载专利权登记时的法律状况。专利权的转移、质押、无效、终止、恢复和专利权人的姓名或名称、国籍、地址变更等事项记载在专利登记簿上。

局长
申长雨

2020 年 12 月 11 日

第 1 页 (共 2 页)

发明专利证书

专利说明:

本发明是为了解决目前针对低镍含氮奥氏体不锈钢进行焊接时,在焊接接头中容易产生氮元素损失、气孔缺陷、焊缝区热裂纹以及热影响区氮化物析出引起点蚀的技术问题。本发明的药芯焊丝由药芯和不锈钢外皮制备而成,焊接时无须气体保护。药芯由合金组分和渣系混合而成,其中合金组分按质量分数由电解锰、硅铁、金属铬、金属镍、钼铁、铜粉和氮化铬铁粉混合而成。渣系按质量分数由复合氟化物、碳酸盐混合物、钾长石、金红石、锆英砂和 Al-Mg 合金混合而成。制备方法:将合金组分与渣系混合后,填充于不锈钢外皮中,拉拔、减径后得到低镍含氮奥氏体不锈钢药芯焊丝。

地址:黑龙江省哈尔滨市松北区创新路 2077 号　　邮编:150028　　联系人:齐万利
电话:0451-86337303　　网站:www. hwi. com. cn　　邮箱:13674675850@ 126. com

一种低镍含氮奥氏体不锈钢焊条及其制备方法

发　明　人:徐锴;王猛;方乃文;徐亦楠;梁晓梅;马一鸣
专　利　号:ZL 2020 1 0100213.7
专利申请日:2020 年 02 月 18 日
专 利 权 人:哈尔滨焊接研究院有限公司
授权公告日:2020 年 11 月 27 日

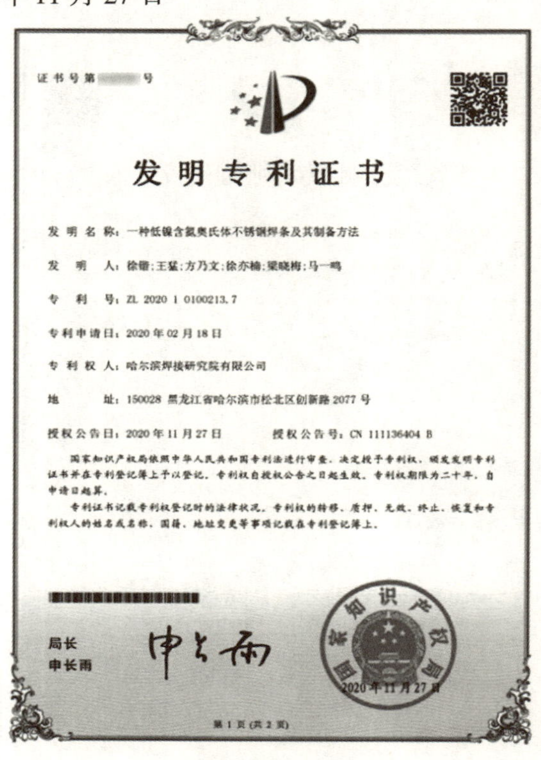

证书号第　　　号

发明专利证书

发 明 名 称:一种低镍含氮奥氏体不锈钢焊条及其制备方法

发　明　人:徐锴;王猛;方乃文;徐亦楠;梁晓梅;马一鸣

专　利　号:ZL 2020 1 0100213.7

专利申请日:2020 年 02 月 18 日

专 利 权 人:哈尔滨焊接研究院有限公司

地　　址:150028 黑龙江省哈尔滨市松北区创新路 2077 号

授权公告日:2020 年 11 月 27 日　　授权公告号:CN 111136404 B

国家知识产权局依照中华人民共和国专利法进行审查,决定授予专利权,颁发发明专利证书并在专利登记簿上予以登记。专利权自授权公告之日起生效。专利权期限为二十年,自申请日起算。

专利证书记载专利权登记时的法律状况。专利权的转移、质押、无效、终止、恢复和专利权人的姓名或名称、国籍、地址变更等事项记载在专利登记簿上。

局长
申长雨

2020 年 11 月 27 日

第 1 页 (共 2 页)

发明专利证书

专利说明:

本发明的目的是利用氮元素部分代替合金元素镍以获得单相奥氏体组织。这样,一方面可以节省镍含量,另一方面可以减少铁素体和形变马氏体形成机会、提高材料抗点蚀能力,从而提供一种低镍含氮奥氏体不锈钢焊条的熔敷金属。该种低镍含氮奥氏体不锈钢焊条的熔敷金属化学成分为:$w(\mathrm{C})\leqslant 0.04\%$,$w(\mathrm{Si})\leqslant 0.9\%$,$w(\mathrm{Mn})=5\%\sim 8\%$,$w(\mathrm{P})\leqslant 0.025\%$,$w(\mathrm{S})\leqslant 0.02\%$,$w(\mathrm{Cr})=17\%\sim 20\%$,$w(\mathrm{Ni})=2\%\sim 3\%$,$w(\mathrm{Mo})\leqslant 0.75\%$,$w(\mathrm{Cu})\leqslant 0.75\%$,$w(\mathrm{N})=0.1\%\sim 0.3\%$,余量为 Fe。

地址:黑龙江省哈尔滨市松北区创新路 2077 号　　邮编:150028　　联系人:齐万利
电话:0451-86337303　　网站:www.hwi.com.cn　　邮箱:13674675850@126.com

一种能适应高原气候的高韧性碱性全位置药芯焊丝

发　明　人:侯杰昌;张洋;曹涛;马强

专　利　号:ZL 2021 1 0162143. 2

专利申请日:2021 年 02 月 05 日

专 利 权 人:天津市金桥焊材集团股份有限公司

授权公告日:2023 年 02 月 21 日

证书号第　号

发明专利证书

发 明 名 称：一种能适应高原气候的高韧性碱性全位置药芯焊丝

发　　明　　人：侯杰昌;张洋;曹涛;马强

专　　利　　号：ZL 2021 1 0162143.2

专 利 申 请 日：2021年02月05日

专 利 权 人：天津市金桥焊材集团股份有限公司

地　　　址：300300 天津市东丽区开发区六经路1号

授权公告日：2023年02月21日　　授权公告号：CN 112935625 B

国家知识产权局依照中华人民共和国专利法进行审查，决定授予专利权，颁发发明专利证书并在专利登记簿上予以登记。专利权自授权公告之日起生效。专利权期限为二十年，自申请日起算。

专利证书记载专利权登记时的法律状况。专利权的转移、质押、无效、终止、恢复和专利权人的姓名或名称、国籍、地址变更等事项记载在专利登记簿上。

局长
申长雨

国家知识产权局
2023年02月21日

第1页(共2页)

发明专利证书

专利说明:

在焊丝焊接过程中,电弧的本质为气体持续的、稳定的放电行为。在高原高海拔地区,大气压强几乎只有常规平原地区的一半,单位体积内的空气减少一半,电弧状态受到极大影响,导致电弧不稳、电压低、熔合性差等问题,进而导致熔池整体的冶金反应不充分,最终导致焊道在无损检测环节出现气孔、未熔合等缺陷。为解决此情况,本发明提出了一种能适应高原气候的高韧性碱性全位置药芯焊丝。

药粉经充分的焊接冶金过程,形成氟化钡–氧化镁–氧化铝型渣系。该焊渣拥有上浮快的特性,保证全位置焊接的操作性良好;同时具有烟雾小、铁水清晰、熔池流动性好的特性,极大程度上减少了施工中因看熔池不清晰造成的夹渣缺陷。

本发明采用 CO_2 气体保护的碱性全位置药芯焊丝,焊接工艺优良,全位置焊接性好,飞溅小,高原焊接不出现气孔,X 光探伤合格率达到 95%以上,能适应半自动及全自动焊接。由于焊渣为纯碱性,熔敷金属的杂质含量少,较为洁净,保证了良好的力学性能,使熔敷金属的常规力学性能优异。按照 GB/T 25774《焊接材料的检验》的焊材力学性能要求进行试验,该种焊丝的熔敷金属抗拉强度为 520~570 MPa,屈服强度为 443~501 MPa,低温冲击韧性(A_{KV}):-40 ℃平均值在 180 J 以上,-50 ℃平均值在 150 J 以上。抗冷裂纹性能优异,在 0 ℃左右进行斜 Y 抗冷裂纹试验不出现裂纹。

名称:天津市金桥焊材集团有限公司　地址:天津市东丽区开发区六经路 1 号
邮编:300300　电话:022-58296666　022-58292323
网站:www. TJGoldenBridge. com　邮箱:Market@ TJGoldenBridge. com

一种用于大型低温球罐钢焊接的电焊条

发　明　人:侯永泰;屈朝霞;侯来昌;唐艳丽
专　利　号:ZL 2009 1 0068642. 4
专利申请日:2009 年 04 月 28 日
专 利 权 人:天津市金桥焊材集团有限公司;宝山钢铁股份有限公司
授权公告日:2011 年 03 月 23 日

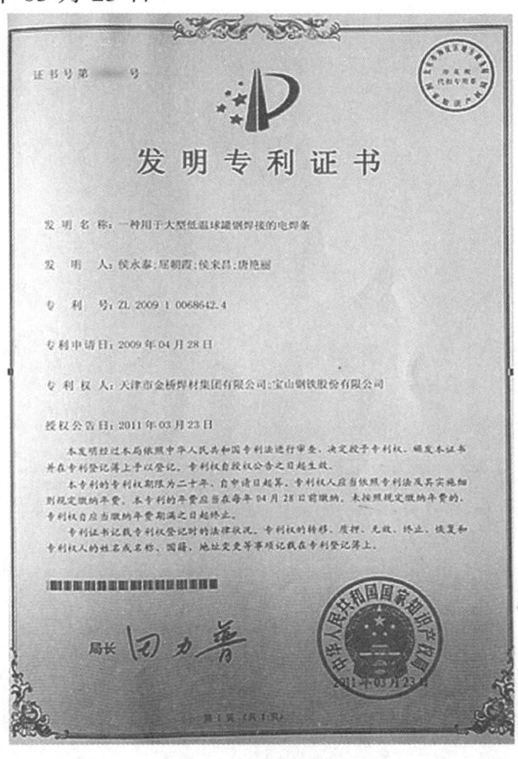

证书号第　　号

发明专利证书

发 明 名 称：一种用于大型低温球罐钢焊接的电焊条

发　明　人：侯永泰；屈朝霞；侯来昌；唐艳丽

专　利　号：ZL 2009 1 0068642.4

专利申请日：2009 年 04 月 28 日

专 利 权 人：天津市金桥焊材集团有限公司；宝山钢铁股份有限公司

授权公告日：2011 年 03 月 23 日

本发明经过本局依照中华人民共和国专利法进行审查，决定授予专利权，颁发本证书并在专利登记簿上予以登记。专利权自授权公告之日起生效。

本专利的专利权期限为二十年，自申请日起算。专利权人应当依照专利法及其实施细则规定缴纳年费。本专利的年费应当在每年 04 月 28 日前缴纳。未按照规定缴纳年费的，专利权自应当缴纳年费期满之日起终止。

专利证书记载专利权登记时的法律状况。专利权的转移、质押、无效、终止、恢复和专利权人的姓名或名称、国籍、地址变更等事项记载在专利登记簿上。

局长　田力普

中华人民共和国国家知识产权局

2011 年 03 月 23 日

第 1 页（共 1 页）

发明专利证书

专利说明:

本发明是一种用于大型低温球罐钢焊接的电焊条,优点是:该焊条为超低氢钠型高强度、高韧性焊条,焊接工艺性能良好,引弧容易,电弧柔和,飞溅极少,脱渣容易,焊波成型细致、美观,可全位置焊接;熔敷金属净化、细化好,具有良好的低温冲击韧性和抗裂性能;熔敷金属的扩散氢含量低;具有良好的抗热裂纹、冷裂纹和抗再热裂纹的性能;焊后熔敷金属可适应的热处理参数范围较大,有良好的实际施工适应性,适用于球罐焊接,尤其是丙烯、乙烯、液化石油气(LPG)大型球罐的焊接。

名称:天津市金桥焊材集团有限公司　　地址:天津市东丽区开发区六经路 1 号
邮编:300300　　电话:022-58296666　022-58292323
网站:www. TJGoldenBridge. com　　邮箱:Market@ TJGoldenBridge. com

一种高耐锈蚀的焊条

发　明　人:侯来昌;唐艳丽
专　利　号:ZL 2011 1 0309459.6
专利申请日:2011 年 10 月 13 日
专 利 权 人:天津市金桥焊材集团有限公司
授权公告日:2014 年 02 月 12 日

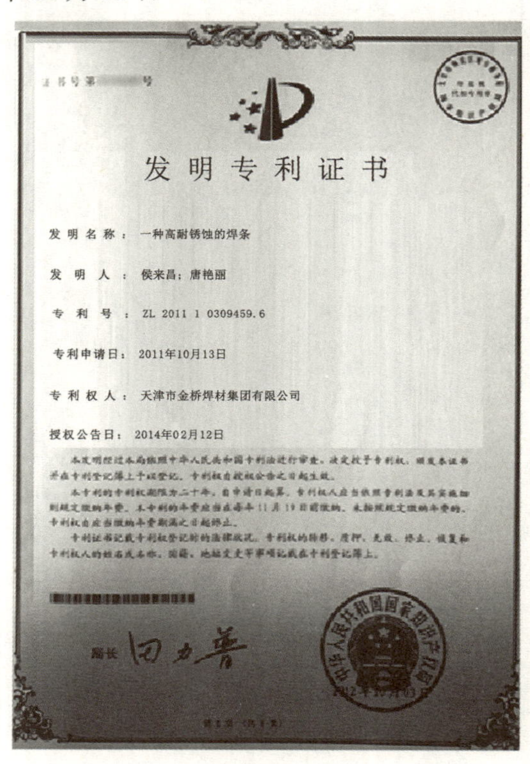

发明专利证书

发明名称：一种高耐锈蚀的焊条
发明人：侯来昌；唐艳丽
专利号：ZL 2011 1 0309459.6
专利申请日：2011年10月13日
专利权人：天津市金桥焊材集团有限公司
授权公告日：2014年02月12日

发明专利证书

专利说明:

本发明为一种高耐锈蚀的焊条。其在潮湿环境中存放或者长时间暴露在空气中后,焊芯没有锈蚀现象,具有良好的耐锈蚀能力,提高了焊条的储存周期和产品质量。

名称:天津市金桥焊材集团有限公司　　地址:天津市东丽区开发区六经路 1 号
邮编:300300　　电话:022-58296666　022-58292323
网站:www. TJGoldenBridge. com　　邮箱:Market@ TJGoldenBridge. com

一种 80 公斤级超低温高强钢焊条及其制备方法

发　明　人：郑子行；翟泳；李志提；于国宏；文进
专　利　号：ZL 2014 1 0748797.3
专利申请日：2014 年 12 月 09 日
专 利 权 人：天津大桥龙兴焊接材料有限公司
授权公告日：2017 年 01 月 11 日

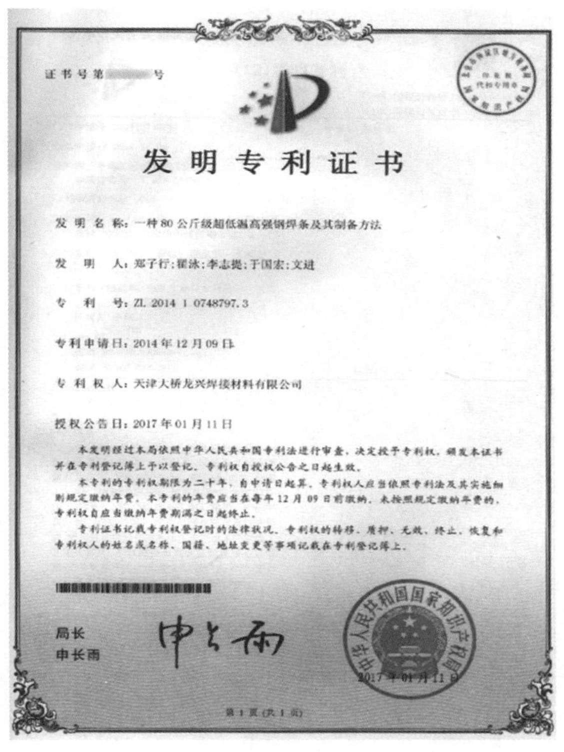

证书号第　　号

发明专利证书

发 明 名 称：一种 80 公斤级超低温高强钢焊条及其制备方法

发　明　人：郑子行；翟泳；李志提；于国宏；文进

专　利　号：ZL 2014 1 0748797.3

专利申请日：2014 年 12 月 09 日

专 利 权 人：天津大桥龙兴焊接材料有限公司

授权公告日：2017 年 01 月 11 日

本发明经过本局依照中华人民共和国专利法进行审查，决定授予专利权，颁发本证书并在专利登记簿上予以登记。专利权自授权公告之日起生效。

本专利的专利权期限为二十年，自申请日起算。专利权人应当依照专利法及其实施细则规定缴纳年费。本专利的年费应当在每年 12 月 09 日前缴纳。未按照规定缴纳年费的，专利权自应当缴纳年费期满之日起终止。

专利证书记载专利权登记时的法律状况。专利权的转移、质押、无效、终止、恢复和专利权人的姓名或名称、国籍、地址变更等事项记载在专利登记簿上。

局长
申长雨

2017 年 01 月 11 日

第 1 页（共 1 页）

发明专利证书

专利说明：

本发明涉及一种电焊条，特别涉及一种满足低温环境下抗拉强度在 780 MPa 以上的 80 公斤级超低温高强钢焊条及其制备方法。

该 80 公斤级超低温高强钢焊条的制备包括以下步骤：按所述比例取各种材料并混合均匀，采用液压式焊条生产设备，使用模数为 3.05～3.15、钾钠比为（2～3）∶1、浓度为 42～44 波美度的钾钠混合水玻璃作为黏结剂，加入量为混合粉质量的 18%～25%，搅拌均匀后使用液压式焊条生产设备均匀涂在不同直径的焊芯上；经磨削出夹持端和引弧端后，使用焊条烘干炉,依次低温 50~90 ℃、中温 90~150 ℃、高温 350~400 ℃进行烘干,制备得到 80 公斤级超低温高强钢焊条。

本发明的超低温高强钢焊条具有优良的焊接工艺性,电弧稳定,飞溅小,吹力适中,熔渣覆盖性好,焊缝成型美观,全位置操作性好。熔敷金属化学成分、射线试验、冲击试验均满足设计的要求,焊接熔敷金属在焊态下具有优良的力学性能,尤其是在保证抗拉强度大于 780 MPa 的前提下,-80 ℃冲击吸收功 KV_2 仍能保证在 70 J 以上,达到国外同类焊条的先进水平。

地址:天津市西青经济开发区津港大道 35 号　　邮编:300385　　联系人:马恒胜

电话:022-23965168　　网站:www. tjbridge. com　　邮箱:shengheng_ma@ tjbridge. com

一种激光增材制造用 Ti-Zr-Cu 系钛合金粉及其制备方法和应用

发　明　人:方乃文;徐锴;龙伟民;武鹏博;黄瑞生;孙徕博;秦建;韩鹏薄;谢吉林;陈玉华;尹立孟;王善林;焦帅杰;周珍珍;苏金花

专　利　号:ZL 2022 1 0840520.8

专利申请日:2022 年 07 月 18 日

专 利 权 人:哈尔滨焊接研究院有限公司

授权公告日:2023 年 06 月 23 日

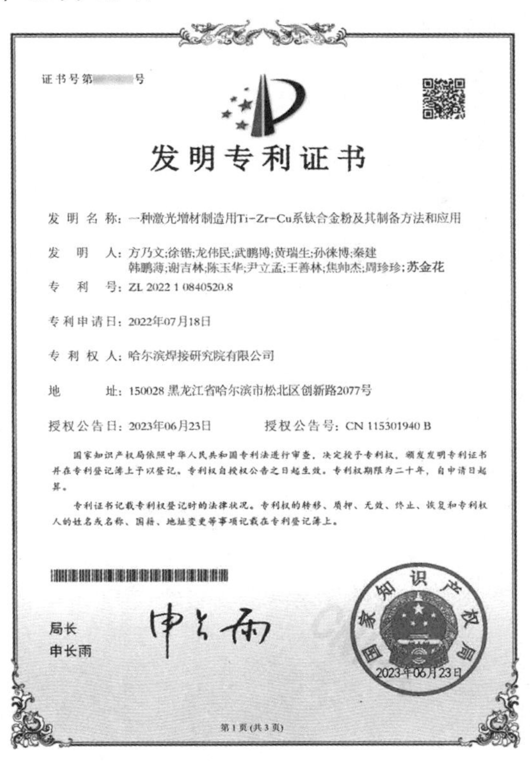

证书号第　　号

发明专利证书

发 明 名 称:一种激光增材制造用Ti-Zr-Cu系钛合金粉及其制备方法和应用

发　明　人:方乃文;徐锴;龙伟民;武鹏博;黄瑞生;孙徕博;秦建
韩鹏薄;谢吉林;陈玉华;尹立孟;王善林;焦帅杰;周珍珍;苏金花

专　利　号:ZL 2022 1 0840520.8

专利申请日:2022年07月18日

专 利 权 人:哈尔滨焊接研究院有限公司

地　　址:150028 黑龙江省哈尔滨市松北区创新路2077号

授权公告日:2023年06月23日　　授权公告号:CN 115301940 B

国家知识产权局依照中华人民共和国专利法进行审查,决定授予专利权,颁发发明专利证书并在专利登记簿上予以登记。专利权自授权公告之日起生效。专利权期限为二十年,自申请日起算。

专利证书记载专利权登记时的法律状况。专利权的转移、质押、无效、终止、恢复和专利权人的姓名或名称、国籍、地址变更等事项记载在专利登记簿上。

局长
申长雨

2023年06月23日

第1页(共3页)

发明专利证书

专利说明:

本发明的目的是解决目前缺少增材制造用的钛合金粉以及现有钛合金粉经选择性激光熔化(SLM)成型的钛合金零件易产生裂纹、气孔、夹杂、层间结合不良等缺陷,从而导致钛合金构件塑韧性差、强度低的技术问题。本发明钛合金粉按质量分数由钛粉 35%~37%、镍粉 9%~11%、铜粉 9%~11%、锆粉 35%~37%和铁粉 5%~7%组成。制备方法:在惰性气体保护下,将各原料粉低温烘干,筛分后混匀,得到 Ti-Zr-Cu 系钛合金粉。本发明的一种激光增材制造用 Ti-Zr-Cu 系钛合金粉用于 SLM 成型的钛合金构件。

地址:黑龙江省哈尔滨市松北区创新路 2077 号　　邮编:150028　　联系人:齐万利

电话:0451-86337303　　网站:www.hwi.com.cn　　邮箱:13674675850@126.com

一种封头专用不锈钢气体保护焊药芯焊丝及其制备方法

发　明　人:郑子行;韩海舰;李典钊;马恒胜;李艳琨

专　利　号:ZL 2017 1 1138571.1

专利申请日:2017 年 11 月 16 日

专 利 权 人:天津大桥焊材集团有限公司;天津大桥金属焊丝有限公司;天津大桥焊材科技有限公司;天津大桥焊丝有限公司

授权公告日:2020 年 03 月 10 日

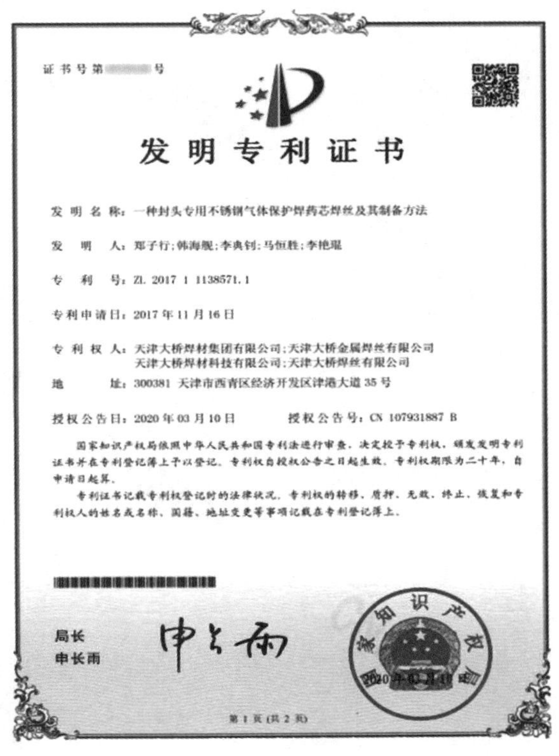

证书号第　　　号

发明专利证书

发 明 名 称:一种封头专用不锈钢气体保护焊药芯焊丝及其制备方法

发　明　人:郑子行;韩海舰;李典钊;马恒胜;李艳琨

专　利　号:ZL 2017 1 1138571.1

专利申请日:2017 年 11 月 16 日

专 利 权 人:天津大桥焊材集团有限公司;天津大桥金属焊丝有限公司
天津大桥焊材科技有限公司;天津大桥焊丝有限公司

地　　址:300381 天津市西青区经济开发区津港大道 35 号

授权公告日:2020 年 03 月 10 日　　授权公告号:CN 107931887 B

国家知识产权局依照中华人民共和国专利法进行审查,决定授予专利权,颁发发明专利证书并在专利登记簿上予以登记。专利权自授权公告之日起生效。专利权期限为二十年,自申请日起算。

专利证书记载专利权登记时的法律状况。专利权的转移、质押、无效、终止、恢复和专利权人的姓名或名称、国籍、地址变更等事项记载在专利登记簿上。

局长
申长雨

第 1 页(共 2 页)

发明专利证书

专利说明:

本发明涉及焊接材料领域,尤其是一种不锈钢板焊接后悬压成型过程不开裂的封头专用药芯焊丝及其制备方法。

焊丝由焊带包裹粉芯制成,焊丝外皮为 ER308 材质焊带,焊芯药粉化学成分为:w(大理石)= 5%~9%,w(白云石)= 10%~15%,w(冰晶石)= 2%~5%,w(萤石)= 0~2%,w(金红石)= 30%~50%,w(钛酸钾钠)= 1%~3%,w(石英)= 2%~5%,w(长石粉)= 4%~5%,w(微

碳铬铁)=6%~10%,w(电解锰)=3%~4%,w(四氧化三铁)=3%~4%,w(钛铁)=2%~5%,余量为铁粉。

药芯药粉经预处理后,控制28%~33%的填充率,通过药芯焊丝成型机成型拉拔制成成品焊丝。

本发明的封头专用不锈钢气体保护焊药芯焊丝,焊缝金属强韧性匹配良好,具有高强、高韧性的突出特点,适用于不锈钢板焊接后悬压,封头成型过程不开裂。

地址:天津市西青经济开发区津港大道35号　　邮编:300385　　联系人:马恒胜

电话:022-23965168　　网站:www.tjbridge.com　　邮箱:shengheng_ma@tjbridge.com

一种镍基合金用免充氩打底焊条

发　明　人:周峙宏;陈国栋;成双

专　利　号:ZL 2020 1 0179323.7

专利申请日:2020 年 03 月 14 日

专 利 权 人:昆山京群焊材科技有限公司

授权公告日:2022 年 04 月 01 日

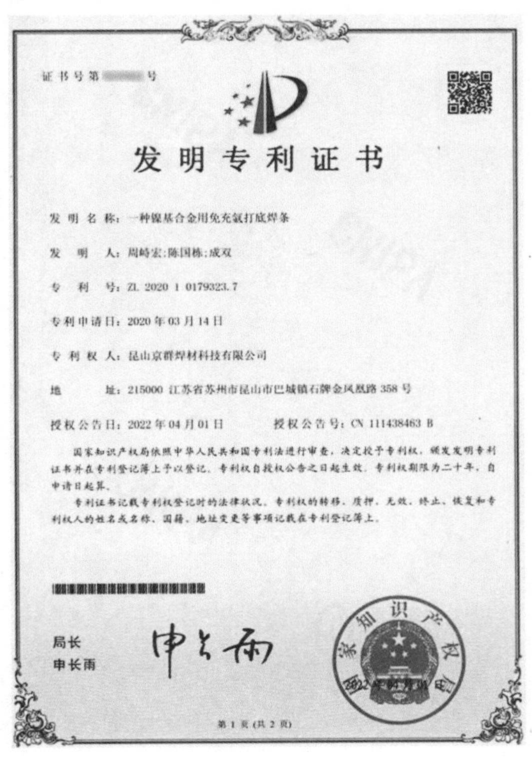

证书号第　　号

发明专利证书

发 明 名 称:一种镍基合金用免充氩打底焊条

发　明　人:周峙宏;陈国栋;成双

专　利　号:ZL 2020 1 0179323.7

专利申请日:2020 年 03 月 14 日

专 利 权 人:昆山京群焊材科技有限公司

地　　址:215000 江苏省苏州市昆山市巴城镇石牌金凤凰路 358 号

授权公告日:2022 年 04 月 01 日　　授权公告号:CN 111438463 B

国家知识产权局依照中华人民共和国专利法进行审查,决定授予专利权,颁发发明专利证书并在专利登记簿上予以登记。专利权自授权公告之日起生效。专利权期限为二十年,自申请日起算。

专利证书记载专利权登记时的法律状况。专利权的转移、质押、无效、终止、恢复和专利权人的姓名或名称、国籍、地址变更等事项记载在专利登记簿上。

局长
申长雨

第 1 页(共 2 页)

发明专利证书

专利说明:

本发明公开了一种镍基合金用免充氩打底焊条。该焊条由焊芯和药皮构成,药皮涂覆于焊芯外壁,采用碱性 $CaO-CaF_2-TiO_2-Zr_2O_3$ 低氢渣系、ERNiCrMo-3 焊芯,熔敷金属主要化学成分为 60%(质量分数)Ni、22%(质量分数)Cr、9%(质量分数)Mo、3.5%(质量分数)Nb+Ta。本发明具有优异单面焊双面成型焊接工艺性能,强度较高,其熔敷金属的抗拉强度≥760 MPa,低温冲击韧性良好,熔敷金属-196 ℃冲击吸收功平均值≥80 J,耐点蚀和晶间腐蚀性能都较优异,特别适合用 Incone1625/825 等镍基合金背面免充氩单面焊双面成型打底需求,既节约了背面充氩的成本,又保证了优异的接头质量。

地址:江苏省苏州市昆山市巴城镇石牌金凤凰路358号　　邮编:215300

电话:0512-57687777　　网站:www.gintune.com　　邮箱:gintune@gintune.cn

一种奥氏体系不锈钢用埋弧焊丝

发　明　人:周峙宏;吴俊锋

专　利　号:ZL 2020 1 0179716.8

专利申请日:2020 年 03 月 14 日

专 利 权 人:昆山京群焊材科技有限公司

授权公告日:2022 年 03 月 18 日

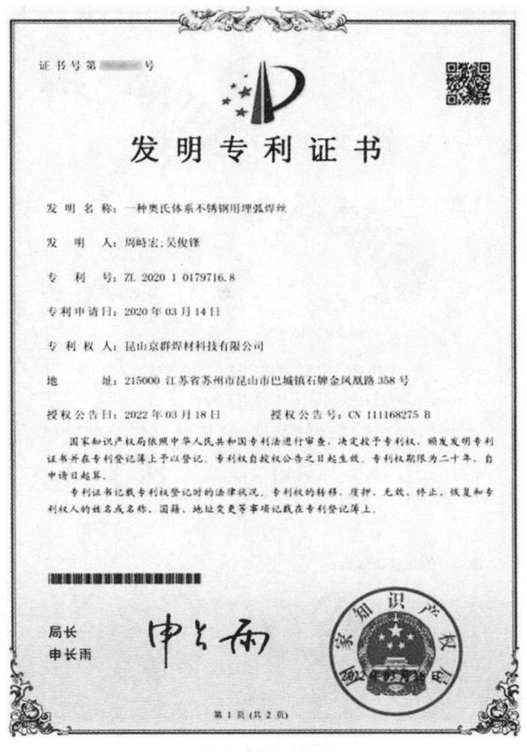

证书号第[illegible]号

发明专利证书

发 明 名 称:一种奥氏体系不锈钢用埋弧焊丝

发　明　人:周峙宏;吴俊锋

专　利　号:ZL 2020 1 0179716.8

专利申请日:2020 年 03 月 14 日

专 利 权 人:昆山京群焊材科技有限公司

地　　址:215000 江苏省苏州市昆山市巴城镇石牌金凤凰路 358 号

授权公告日:2022 年 03 月 18 日　　授权公告号:CN 111168275 B

国家知识产权局依照中华人民共和国专利法进行审查,决定授予专利权,颁发发明专利证书并在专利登记簿上予以登记。专利权自授权公告之日起生效。专利权期限为二十年,自申请日起算。

专利证书记载专利权登记时的法律状况。专利权的转移、质押、无效、终止、恢复和专利权人的姓名或名称、国籍、地址变更等事项记载在专利登记簿上。

局长
申长雨

第 1 页(共 2 页)

发明专利证书

专利说明:

本发明提供一种奥氏体系不锈钢用埋弧焊丝。埋弧焊丝的化学成分为:w(C)<0.025%,w(Si)<0.3%,w(Mn)=1.0%~2.5%,w(P)<0.025%,w(S)<0.015%,w(Cr)=18%~23%,w(Ni)=8%~12%,w(Mo)=0.01%~1.00%,w(Cu)<0.75%,w(O)<0.035%,w(N)=0.05%~0.30%,w(REM)=0.005%~0.025%,其余部分为 Fe 及无法避免的杂质。使用本发明埋弧焊丝焊接后所得到的焊缝金属在经过热处理之后,依然具有着良好的极低温冲击韧性及抗裂性能。

地址:江苏省苏州市昆山市巴城镇石牌金凤凰路 358 号　　邮编:215300

电话:0512-57687777　　网站:www.gintune.com　　邮箱:gintune@gintune.cn

一种 5%Ni 钢用焊条及其制备方法

发　明　人:周峙宏;王登峰;程浩;成双
专　利　号:ZL 2020 1 0594223.0
专利申请日:2020 年 06 月 28 日
专 利 权 人:昆山京群焊材科技有限公司
授权公告日:2022 年 02 月 18 日

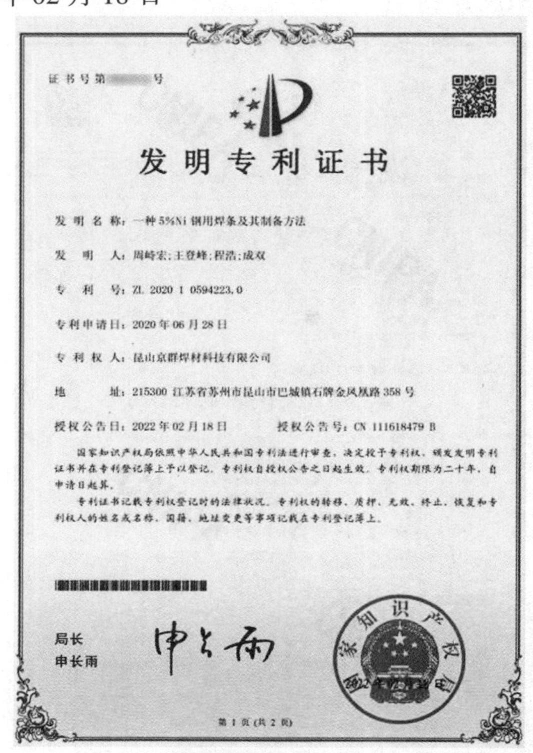

证书号第　　　号

发明专利证书

发 明 名 称:一种 5%Ni 钢用焊条及其制备方法

发　明　人:周峙宏;王登峰;程浩;成双

专　利　号:ZL 2020 1 0594223.0

专利申请日:2020 年 06 月 28 日

专 利 权 人:昆山京群焊材科技有限公司

地　　　址:215300 江苏省苏州市昆山市巴城镇石牌金凤凰路 358 号

授权公告日:2022 年 02 月 18 日　　　授权公告号:CN 111618479 B

国家知识产权局依照中华人民共和国专利法进行审查,决定授予专利权,颁发发明专利证书并在专利登记簿上予以登记。专利权自授权公告之日起生效。专利权期限为二十年,自申请日起算。

专利证书记载专利权登记时的法律状况。专利权的转移、质押、无效、终止、恢复和专利权人的姓名或名称、国籍、地址变更等事项记载在专利登记簿上。

局长
申长雨

第 1 页(共 2 页)

发明专利证书

专利说明:

本发明公开了一种 5%Ni 钢用焊条,其由焊芯和药皮构成。其中药皮涂敷于焊芯外壁,其占焊条总质量的质量系数为 0.35~0.65;采用不锈钢 ER316L 焊芯,其化学成分为:w(C)≤0.02%,w(Si)≤0.4%,w(Mn)=1.5%~2.5%,w(Cr)=17.5%~20.5%,w(Ni)=11%~13%,w(Mo)=2%~3%,w(P)≤0.02%,w(S)≤0.015%,Fe 为余量。

本发明的焊条具有优异的交流全位置焊接工艺性能,电弧稳定、基本无飞溅、操作性优异、脱渣优良且焊缝成型美观。其熔敷金属具有优异的-120 ℃超低温韧性,抗拉强度≥630 MPa,延伸率≥35%,超低温冲击韧性(A_{KV})(-120 ℃)≥80 J。

地址:江苏省苏州市昆山市巴城镇石牌金凤凰路 358 号　　邮编:215300
电话:0512-57687777　　网站:www.gintune.com　　邮箱:gintune@gintune.cn

一种碱性全位置 CO_2 气保药芯焊丝

发　明　人：周峙宏；庄石城；林祐禾
专　利　号：ZL 2019 1 0839665. 4
专利申请日：2019 年 09 月 05 日
专 利 权 人：昆山京群焊材科技有限公司
授权公告日：2022 年 02 月 01 日

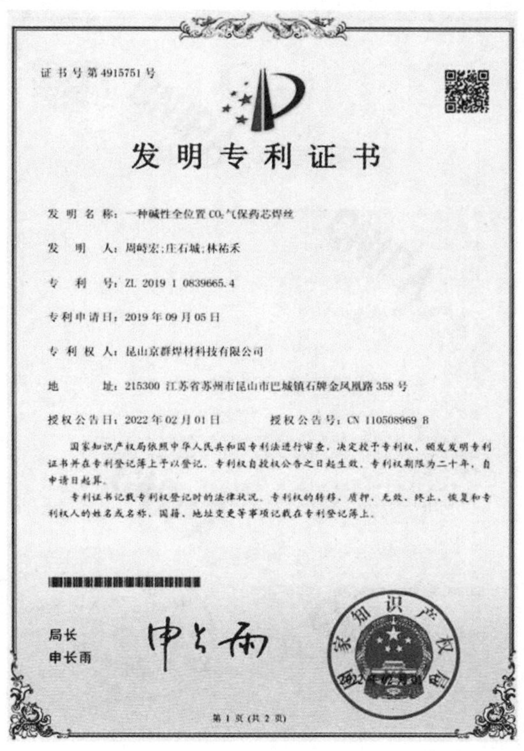

证书号第4915751号

发明专利证书

发 明 名 称：一种碱性全位置 CO_2 气保药芯焊丝

发　明　人：周峙宏；庄石城；林祐禾

专　利　号：ZL 2019 1 0839665. 4

专利申请日：2019 年 09 月 05 日

专 利 权 人：昆山京群焊材科技有限公司

地　　　址：215300 江苏省苏州市昆山市巴城镇石牌金凤凰路 358 号

授权公告日：2022 年 02 月 01 日　　授权公告号：CN 110508969 B

国家知识产权局依照中华人民共和国专利法进行审查，决定授予专利权，颁发发明专利证书并在专利登记簿上予以登记。专利权自授权公告之日起生效。专利权期限为二十年，自申请日起算。

专利证书记载专利权登记时的法律状况。专利权的转移、质押、无效、终止、恢复和专利权人的姓名或名称、国籍、地址变更等事项记载在专利登记簿上。

局长
申长雨

第 1 页（共 2 页）

发明专利证书

专利说明：

本发明公开了一种碱性全位置 CO_2 气保药芯焊丝。药芯各组成包含铝，镁，锰，硅，镍，钼，碳，铝镁氧化物，锰铁硅氧化物，氟化钡，氟化锂，钠，钾，稀有金属钇、镧、铈合金，其余部分为铁及其他无法避免的杂质。

本发明的焊丝在全位置焊接时，不会产生未熔合、夹渣、气孔等缺陷，焊道成型佳，焊接时飞溅少，并且在平焊位置的全焊缝抗拉强度可达到 760 MPa，在-60 ℃时冲击吸收功 KV_2 可达 69 J。

地址：江苏省苏州市昆山市巴城镇石牌金凤凰路 358 号　　邮编：215300
电话：0512-57687777　　网站：www. gintune. com　　邮箱：gintune@ gintune. cn

一种 650 ℃超超临界火电机组用金属粉芯型耐热钢埋弧焊丝及焊剂

发　明　人:蔡鸿祥;郑伊洛;周峙宏
专　利　号:ZL 2017 1 1426147.7
专利申请日:2017 年 12 月 25 日
专 利 权 人:昆山京群焊材科技有限公司
授权公告日:2020 年 04 月 21 日

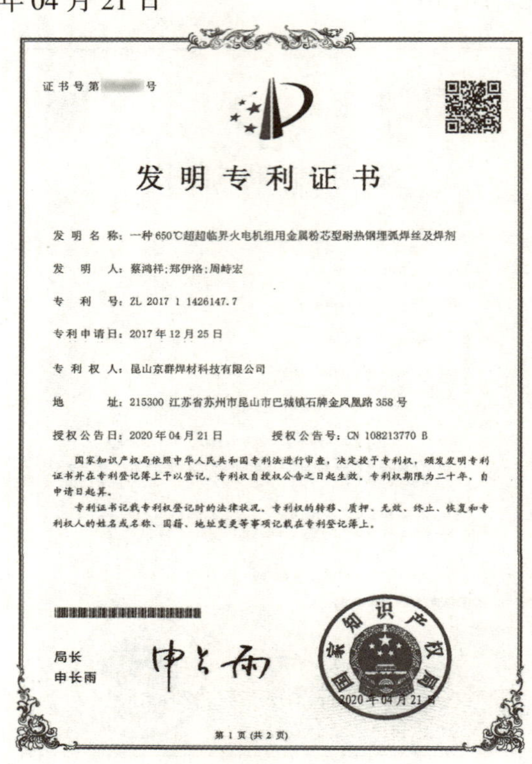
证书号第[illegible]号

发明专利证书

发 明 名 称:一种 650℃超超临界火电机组用金属粉芯型耐热钢埋弧焊丝及焊剂

发　明　人:蔡鸿祥;郑伊洛;周峙宏

专　利　号:ZL 2017 1 1426147.7

专利申请日:2017 年 12 月 25 日

专 利 权 人:昆山京群焊材科技有限公司

地　　址:215300 江苏省苏州市昆山市巴城镇石牌金凤凰路 358 号

授权公告日:2020 年 04 月 21 日　　授权公告号:CN 108213770 B

国家知识产权局依照中华人民共和国专利法进行审查,决定授予专利权,颁发发明专利证书并在专利登记簿上予以登记。专利权自授权公告日起生效。专利权期限为二十年,自申请日起算。

专利证书记载专利权登记时的法律状况。专利权的转移、质押、无效、终止、恢复和专利权人的姓名或名称、国籍、地址变更等事项记载在专利登记簿上。

局长
申长雨

2020 年 04 月 21 日

第 1 页(共 2 页)

发明专利证书

专利说明:

本发明提供了一种 650 ℃超超临界火电机组用金属粉芯型耐热钢埋弧焊丝及焊剂。其以金属粉芯焊丝焊药配比为主,搭配氟碱系焊剂配方,添加微量合金元素,熔敷金属主要化学成分为 9%(质量分数)Cr、3%(质量分数)W、3%(质量分数)Co,焊接工艺性能良好,在 100 ℃×1 h+780 ℃×3 h 的热处理条件下熔敷金属抗拉强度 $R_m \geqslant 680$ MPa,常温 $KV_2 \geqslant 50$ J,其焊接接头抗拉强度 $R_m \geqslant 680$ MPa,常温 $KV_2 \geqslant 50$ J。在 700 ℃以上的温度具有优良的屈服强度、抗拉强度、延伸率等力学性能,适用于 650 ℃及 700 ℃超超临界火电机组用钢的焊接。

地址:江苏省苏州市昆山市巴城镇石牌金凤凰路 358 号　　邮编:215300
电话:0512-57687777　　网站:www.gintune.com　　邮箱:gintune@gintune.cn

一种超超临界火电机组用奥氏体耐热不锈钢电焊条

发　明　人:蔡鸿祥;陈国栋;王登峰;周峙宏
专　利　号:ZL 2017 1 1426150.9
专利申请日:2017 年 12 月 25 日
专 利 权 人:昆山京群焊材科技有限公司
授权公告日:2020 年 08 月 04 日

证书号第　　号

发明专利证书

发 明 名 称：一种超超临界火电机组用奥氏体耐热不锈钢电焊条
发　　明　　人：蔡鸿祥;陈国栋;王登峰;周峙宏
专　　利　　号：ZL 2017 1 1426150.9
专利申请日：2017 年 12 月 25 日
专 利 权 人：昆山京群焊材科技有限公司
地　　　　址：215300 江苏省苏州市昆山市巴城镇石牌金凤凰路 358 号
授权公告日：2020 年 08 月 04 日　　　授权公告号：CN 108098187 B

国家知识产权局依照中华人民共和国专利法进行审查，决定授予专利权，颁发发明专利证书并在专利登记簿上予以登记。专利权自授权公告之日起生效。专利权期限为二十年，自申请日起算。

专利证书记载专利权登记时的法律状况。专利权的转移、质押、无效、终止、恢复和专利权人的姓名或名称、国籍、地址变更等事项记载在专利登记簿上。

局长
申长雨

2020 年 08 月 04 日

第 1 页 (共 2 页)

发明专利证书

专利说明:

本发明提供了一种超超临界火电机组用奥氏体耐热不锈钢电焊条。其熔敷金属化学成分 w(C)= 0.03%~0.10%,w(Mn)= 1.0%~2.5%,w(Si)≤0.8%,w(Ni)= 24%~26%,w(Cr)= 21.5%~23.5%,w(Mo)= 1.5%~2.5%,w(Cu)= 2.5%~3.5%,w(Nb)= 0.3%~0.6%,w(W)= 3%~4%,w(Co)= 1%~2%,w(N)= 0.15%~0.30%,余量为 Fe 及杂质。本发明采用 $CaO-CaF_2-SiO_2$ 渣系配方,添加微量合金元素,熔敷金属主要成分为 25%(质量分数)Ni、22%(质量分数)Cr、3%(质量分数)Cu、3%(质量分数)W、1%(质量分数)Co。其焊接工艺性能良好,熔敷金属抗拉强度 R_m≥720 MPa,延伸率≥35%,常温 KV_2≥50 J。

地址:江苏省苏州市昆山市巴城镇石牌金凤凰路 358 号　　邮编:215300
电话:0512-57687777　　网站:www.gintune.com　　邮箱:gintune@gintune.cn

一种热锻模具用气体保护堆焊药芯焊丝

发　明　人:郑子行;杨天文;杨敬雷;杨钢;杨新禄

专　利　号:ZL 2014 1 0748560.5

专利申请日:2014 年 12 月 09 日

专 利 权 人:天津大桥金属焊丝有限公司

授权公告日:2016 年 08 月 24 日

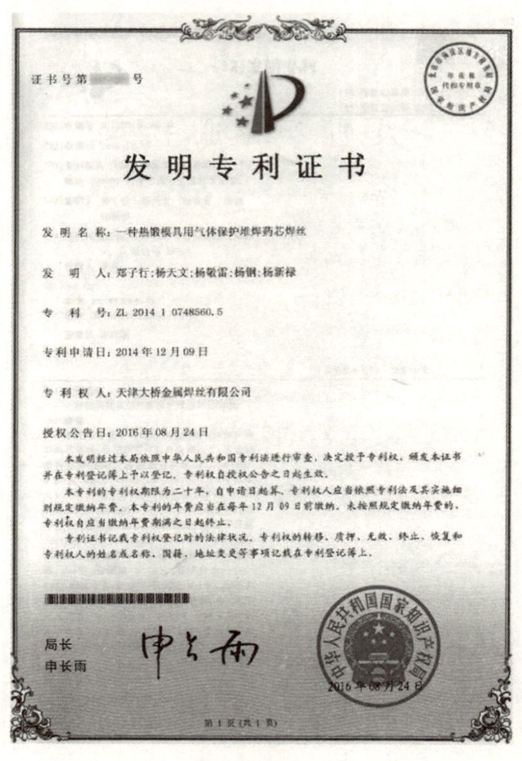

证书号第[illegible]号

发明专利证书

发 明 名 称:一种热锻模具用气体保护堆焊药芯焊丝

发　明　人:郑子行;杨天文;杨敬雷;杨钢;杨新禄

专　利　号:ZL 2014 1 0748560.5

专利申请日:2014 年 12 月 09 日

专 利 权 人:天津大桥金属焊丝有限公司

授权公告日:2016 年 08 月 24 日

本发明经过本局依照中华人民共和国专利法进行审查,决定授予专利权,颁发本证书并在专利登记簿上予以登记。专利权自授权公告之日起生效。

本专利的专利权期限为二十年,自申请日起算。专利权人应当依照专利法及其实施细则规定缴纳年费。本专利的年费应当在每年 12 月 09 日前缴纳。未按照规定缴纳年费的,专利权自应当缴纳年费期满之日起终止。

专利证书记载专利权登记时的法律状况。专利权的转移、质押、无效、终止、恢复和专利权人的姓名或名称、国籍、地址变更等事项记载在专利登记簿上。

局长

申长雨

中华人民共和国国家知识产权局

2016 年 08 月 24 日

第 1 页(共 1 页)

发明专利证书

专利说明:

本发明属于焊接材料领域,涉及一种热锻模具用气体保护堆焊药芯焊丝。本发明的热锻模具用气体保护堆焊药芯焊丝,包括钢带焊丝外皮和药芯,所述钢带焊丝外皮化学成分为:w(C)= 0.01%~0.04%,w(Mn)= 0.19%~0.26%,w(Si)≤0.03%,w(S)≤0.01%,w(P)≤0.015%,w(Als)= 0.010%~0.045%,w(Ca)≤0.003%,w(N)≤0.005%,余量为 Fe 及不可避免的杂质。

药芯药粉的化学成分为:w(TiO_2)= 10%~20%,w(SiO_2)= 2%~7%,w(ZrO_2)= 2%~

7%,w(NaF)=2%~6%,w(锰铁合金)=8%~15%,w(硅铁合金)=2%~6%,w(Ni)=4%~8%,w(Cr)=8%~14%,w(铬铁合金)=10%~16%,w(钼铁合金)=8%~15%,w(W)=8%~13%,w(钒铁合金)=1%~4%,w(Mo)=2%~7%,余量为铁粉。

本发明焊丝制备采用行业内通用的常规生产制造工艺,采用下述工艺制备:配粉、钢带纵剪、轧制、拔丝、缠轴、包装等,即得到本药芯焊丝。

本发明焊丝通过采用 CO_2 气体保护方式施焊,适用于热锻模具的修复堆焊,如5CrMnMo、5CrNiMo 及 3Cr2MoWVNi 等模具钢,可广泛用于汽车制造、机械制造等行业。

项目产品在热摩擦压力机上试验模具的使用寿命由以前的 1 000~1 300 件,增加到了 1 600~2 460 件,特别是 Mo 的加入,使产品的使用寿命得到了明显的提高。

地址:天津市西青经济开发区津港大道 35 号　　邮编:300385　　联系人:马恒胜

电话:022-23965168　　网站:www.tjbridge.com　　邮箱:shengheng_ma@tjbridge.com

X80 管线钢用气体保护焊实心焊丝

发　明　人:郑子行;高盛平;李志提;宋毓瑛;沈明海;刘炜;马恒胜;董风明
专　利　号:ZL 2008 1 0052501.9
专利申请日:2008 年 03 月 24 日
专 利 权 人:天津大桥焊材集团有限公司
授权公告日:2010 年 06 月 16 日

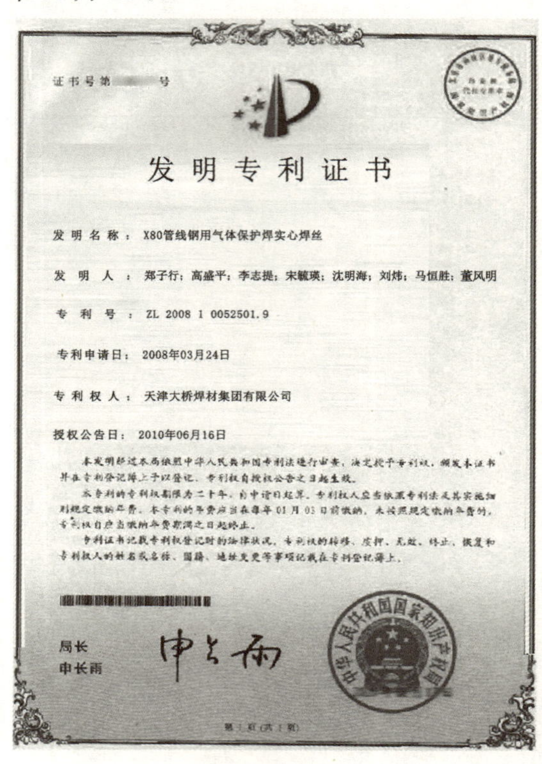

证书号第　　号

发明专利证书

发明名称：X80管线钢用气体保护焊实心焊丝

发明人：郑子行；高盛平；李志提；宋毓瑛；沈明海；刘炜；马恒胜；董风明

专利号：ZL 2008 1 0052501.9

专利申请日：2008年03月24日

专利权人：天津大桥焊材集团有限公司

授权公告日：2010年06月16日

本发明经过本局依照中华人民共和国专利法进行审查，决定授予专利权，颁发本证书并在专利登记簿上予以登记。专利权自授权公告之日起生效。

本专利的专利权期限为二十年，自申请日起算。专利权人应当依照专利法及其实施细则规定缴纳年费。本专利的年费应当在每年 01 月 03 日前缴纳。未按照规定缴纳年费的，专利权自应当缴纳年费期满之日起终止。

专利证书记载专利权登记时的法律状况。专利权的转移、质押、无效、终止、恢复和专利权人的姓名或名称、国籍、地址变更等事项记载在专利登记簿上。

局长
申长雨

发明专利证书

专利说明:

本发明涉及焊接材料领域,是一种完全适用于 X80 管线钢的气体保护焊实心焊丝,采用体积分数为 80%的 Ar+体积分数为 20%的 CO_2 富氩气体保护,可焊接 X80 管线及强度级别相同的其他结构,所焊 X80 管线对接接头的力学性能完全满足“西气东输二线”工程的技术要求。

本发明的优点和特点:

1. 本发明焊丝的力学性能及焊接工艺性能与国外同类焊丝相当,从而打破进口产品的垄断地位，故可以降低生产成本。

2. 本发明焊丝采用体积分数为80%的Ar+体积分数为20%的CO_2富氩气体保护焊接，所得熔敷金属的抗拉强度R_m≥630 MPa，低温冲击韧性A_{KV}(-20 ℃)≥130 J、A_{KV}(-50 ℃)≥70 J。其X80管线对接接头的力学性能完全满足“西气东输二线”工程。

3. 本发明焊丝完全匹配“西气东输二线”工程所采用的X80管线，以及其他等强度的工程机械、煤矿机械、铁路桥梁、高层建筑及石油化工等大型重要结构件的焊接生产。

地址：天津市西青经济开发区津港大道35号　　邮编：300385　　联系人：马恒胜

电话：022-23965168　　网站：www.tjbridge.com　　邮箱：shengheng_ma@tjbridge.com

抗拉强度 800 MPa 级的金红石型药芯焊丝及其制备方法

发　明　人:郭栖利;张晓柏;蒋勇;明廷泽;张克静;杨飞;官忠波

专　利　号:ZL 2017 1 1201326.0

专利申请日:2017 年 11 月 27 日

专 利 权 人:四川大西洋焊接材料股份有限公司

授权公告日:2020 年 06 月 19 日

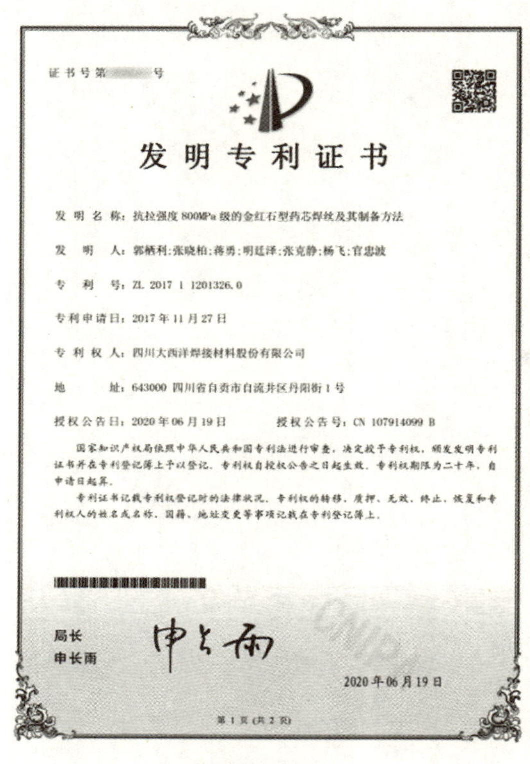

证书号第　　号

发明专利证书

发 明 名 称: 抗拉强度 800MPa 级的金红石型药芯焊丝及其制备方法

发　明　人: 郭栖利;张晓柏;蒋勇;明廷泽;张克静;杨飞;官忠波

专　利　号: ZL 2017 1 1201326.0

专利申请日: 2017 年 11 月 27 日

专 利 权 人: 四川大西洋焊接材料股份有限公司

地　　址: 643000 四川省自贡市自流井区丹阳街 1 号

授权公告日: 2020 年 06 月 19 日　　授权公告号: CN 107914099 B

国家知识产权局依照中华人民共和国专利法进行审查，决定授予专利权，颁发发明专利证书并在专利登记簿上予以登记。专利权自授权公告之日起生效。专利权期限为二十年，自申请日起算。

专利证书记载专利权登记时的法律状况。专利权的转移、质押、无效、终止、恢复和专利权人的姓名或名称、国籍、地址变更等事项记载在专利登记簿上。

局长

申长雨

2020 年 06 月 19 日

第 1 页 (共 2 页)

发明专利证书

专利说明:

本发明的目的是提供一种适用于抗拉强度 800 MPa 级高强度钢配套使用的金红石型药芯焊丝及其制备方法。该药芯焊丝可配套用于 Q690 高强度钢的焊接,符合国家标准《高强钢药芯焊丝》(GB/T 36233—2018)的要求。该发明通过对 TiO_2-SiO_2-ZrO_2-CaF_2-CaO 等氧化物的配比进行研究,确定了一种特殊的稳弧剂及氧化物的最佳配比,使得焊材具有优良的电弧稳定性及操作性,能够适应不同规范要求的焊接。该药芯焊丝焊接工艺性能良好、电弧稳定、飞溅小、焊缝成型美观且全位置操作性能好、抗裂性能良好。所述药芯焊丝的焊接熔敷金属的化学成分为：w(C)≤0.15%，w(Mn)=0.75%~2.25%，w(Si)≤0.8%，w(S)≤0.03%，w(P)≤0.03%，w(Cr)≤0.15%，w(Mo)=0.25%~0.65%，w(Ni)=1.25%~2.60%，w(V)≤0.05%，以及余量的Fe和不可避免的杂质。焊缝熔敷金属力学性能室温抗拉强度 R_m：760~960 MPa，室温屈服强 $R_{p0.2}$≥680 MPa，室温伸长率 A≥13%，-20 ℃冲击吸收功 KV_2≥27 J，熔敷金属的扩散氢含量小于5 mL/100 g。

地址：四川省自贡市自流井区丹阳街1号　　邮箱：atlantic@zg-public.sc.cninfo.net
电话：0813-5101574　0813-5108283　　网址：www.weldatlantic.com

适用于长期高温服役的超超临界材料CB2钢配套焊条及其制备方法

发　明　人:黄义芳;蒋勇;张晓柏;钟杰;刘杰;李欣雨;谭小平;陈维富;赵鹏飞;张海波;张红涛

专　利　号:ZL 2017 1 0122336.9

专利申请日:2017年03月03日

专 利 权 人:四川大西洋焊接材料股份有限公司;东方电气集团东方汽轮机有限公司

授权公告日:2019年08月06日

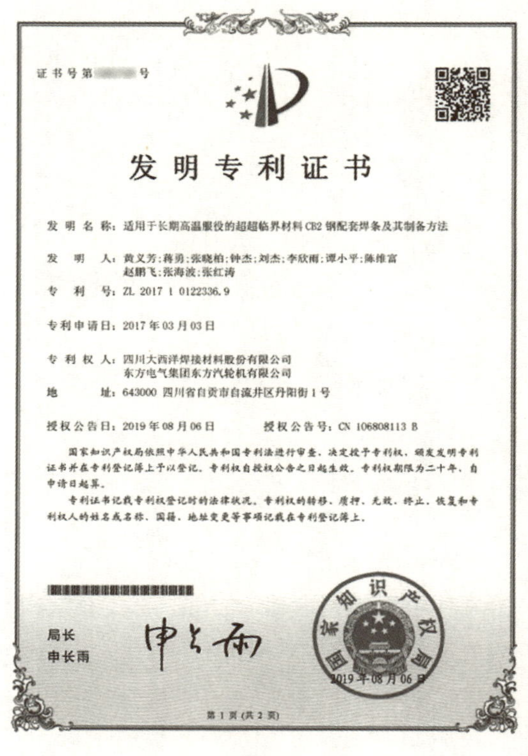

证书号第　　号

发明专利证书

发 明 名 称:适用于长期高温服役的超超临界材料CB2钢配套焊条及其制备方法

发　明　人:黄义芳;蒋勇;张晓柏;钟杰;刘杰;李欣雨;谭小平;陈维富
赵鹏飞;张海波;张红涛

专　利　号:ZL 2017 1 0122336.9

专利申请日:2017年03月03日

专 利 权 人:四川大西洋焊接材料股份有限公司
东方电气集团东方汽轮机有限公司

地　　址:643000 四川省自贡市自流井区丹阳街1号

授权公告日:2019年08月06日　　授权公告号:CN 106808113 B

国家知识产权局依照中华人民共和国专利法进行审查,决定授予专利权,颁发发明专利证书并在专利登记簿上予以登记。专利权自授权公告之日起生效。专利权期限为二十年,自申请日起算。

专利证书记载专利权登记时的法律状况。专利权的转移、质押、无效、终止、恢复和专利权人的姓名或名称、国籍、地址变更等事项记载在专利登记簿上。

局长
申长雨

国家知识产权局

2019年08月06日

第1页(共2页)

发明专利证书

专利说明:

本发明涉及一种适用于长期高温服役的超超临界材料CB2钢配套焊条及其制备方法。本发明焊条性能优良,焊条表面光滑,成品率高,偏心稳定;焊接后直流反接焊接时电弧稳定,基本无飞溅,脱渣性良好,焊条操作性能优异,全位置焊接性能优良;焊缝成型美观,焊道高度适中,焊缝浸润角适中,熔敷金属理化性能适中。CB2铁素体型耐热钢是一种用于在超超临界下工作的、用于制造火力发电机组组件的耐热钢材料,可以在更高温度下使用,进而提高火力发电的热效率，大大减少能耗和 CO_2 的排放，对于解决环境污染、能源短缺等问题及促进可持续发展具有十分重要的意义。所提供的焊条主要用于 CB2 超超临界材料，焊缝熔敷金属化学成分控制严格，特别是 Sb、Sn、As、B、S、P 等有害杂质元素控制极低。其特征在于焊缝熔敷金属在(740±15)℃保温 10 h 情况下，焊缝熔敷金属力学性能室温抗拉强度 R_m≥720 MPa，室温屈服强度 $R_{p0.2}$≥560 MPa，室温伸长率 A≥15%，20 ℃冲击吸收功 KV_2≥27 J；在(730±15)℃保温 12 h 冷却至室温，再经过(730±15)℃保温 12 h 情况下，焊缝熔敷金属力学性能室温抗拉强度 R_m≥680 MPa，室温屈服强度 $R_{p0.2}$≥530 MPa，室温伸长率 A≥15%，20 ℃冲击吸收功 KV_2≥34 J。

地址：四川省自贡市自流井区丹阳街 1 号　　邮箱：atlantic@zg-public.sc.cninfo.net
电话：0813-5101574　0813-5108283　　网址：www.weldatlantic.com

一种超低温钢用镍基焊条及其制备方法

发　明　人:霍玲玲;黄金祥;杨汉斌;刘杰;潘伍覃;黄义芳;胡金涛

专　利　号:ZL 2015 1 0638937.6

专利申请日:2015 年 09 月 30 日

专 利 权 人:四川大西洋焊接材料股份有限公司;武汉一冶钢结构有限责任公司

授权公告日:2017 年 05 月 31 日

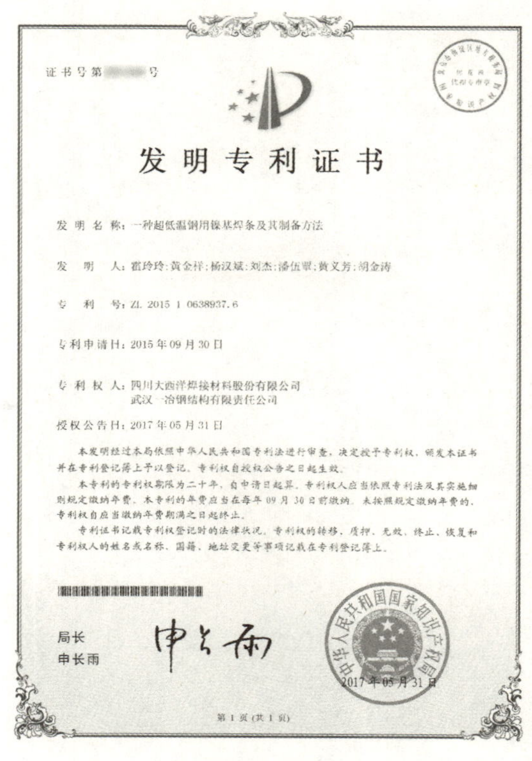
证书号第　　号

发明专利证书

发 明 名 称:一种超低温钢用镍基焊条及其制备方法

发　明　人:霍玲玲;黄金祥;杨汉斌;刘杰;潘伍覃;黄义芳;胡金涛

专　利　号:ZL 2015 1 0638937.6

专利申请日:2015 年 09 月 30 日

专 利 权 人:四川大西洋焊接材料股份有限公司
武汉一冶钢结构有限责任公司

授权公告日:2017 年 05 月 31 日

本发明经过本局依照中华人民共和国专利法进行审查,决定授予专利权,颁发本证书并在专利登记簿上予以登记。专利权自授权公告之日起生效。

本专利的专利权期限为二十年,自申请日起算。专利权人应当依照专利法及其实施细则规定缴纳年费。本专利的年费应当在每年 09 月 30 日前缴纳。未按照规定缴纳年费的,专利权自应当缴纳年费期满之日起终止。

专利证书记载专利权登记时的法律状况。专利权的转移、质押、无效、终止、恢复和专利权人的姓名或名称、国籍、地址变更等事项记载在专利登记簿上。

局长
申长雨

中华人民共和国国家知识产权局

2017 年 05 月 31 日

第 1 页(共 1 页)

发明专利证书

专利说明:

本发明是一种超低温钢用镍基焊条及其制备方法,其焊条可交、直流施焊,具有良好的工艺性能,全位置操作性能好,熔敷金属综合性能优异,特别是-196 ℃低温条件下冲击韧性好。其焊条适用于 9Ni 钢及 LNG 储罐的焊接,也可用于一些难焊合金、异种钢的焊接。

地址:四川省自贡市自流井区丹阳街 1 号　　邮箱:atlantic@zg-public.sc.cninfo.net
电话:0813-5101574　0813-5108283　　网址:www.weldatlantic.com

一种核电工程用高韧性金属粉型药芯焊丝

发　明　人：陈耕耘；蒋勇；杨春乐；邱振生；赵建仓；王淦刚；邓小云；匡艳军；朱平；郭栖利；黄腾飞

专　利　号：ZL 2013 1 0471212. 3

专利申请日：2013 年 10 月 11 日

专 利 权 人：四川大西洋焊接材料股份有限公司；中广核工程有限公司；苏州热工研究院有限公司

授权公告日：2015 年 08 月 05 日

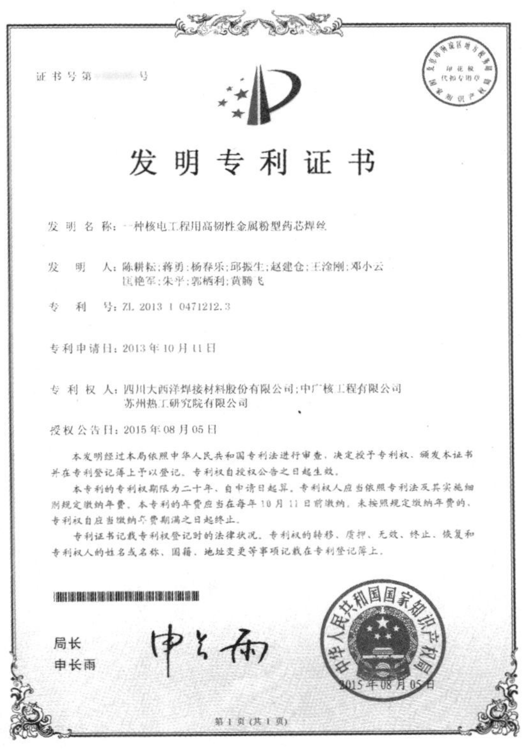

证书号第　　号

发明专利证书

发 明 名 称：一种核电工程用高韧性金属粉型药芯焊丝

发　明　人：陈耕耘；蒋勇；杨春乐；邱振生；赵建仓；王淦刚；邓小云
匡艳军；朱平；郭栖利；黄腾飞

专　利　号：ZL 2013 1 0471212.3

专利申请日：2013 年 10 月 11 日

专 利 权 人：四川大西洋焊接材料股份有限公司；中广核工程有限公司
苏州热工研究院有限公司

授权公告日：2015 年 08 月 05 日

本发明经过本局依照中华人民共和国专利法进行审查，决定授予专利权，颁发本证书并在专利登记簿上予以登记。专利权自授权公告之日起生效。

本专利的专利权期限为二十年，自申请日起算。专利权人应当依照专利法及其实施细则规定缴纳年费。本专利的年费应当在每年 10 月 11 日前缴纳。未按照规定缴纳年费的，专利权自应当缴纳年费期满之日起终止。

专利证书记载专利权登记时的法律状况。专利权的转移、质押、无效、终止、恢复和专利权人的姓名或名称、国籍、地址变更等事项记载在专利登记簿上。

局长
申长雨

中华人民共和国国家知识产权局

2015年08月05日

第 1 页（共 1 页）

发明专利证书

专利说明：

本发明公开了一种核电工程用高韧性金属粉型药芯焊丝。该焊丝采用钢带包裹药粉混合制造而成，属于焊接材料领域。CHT90CK3HR2 药芯焊丝具有良好的工艺和理化性能，焊丝合金系统设计合理，焊丝焊后几乎无渣。理化性能符合《压水堆核岛机械设备设计和建造规则（RCC-M）》与美国机械工程师协会（ASME）标准要求，熔敷金属扩散氢含量≤4

mL/100 g,满足低温冲击韧性要求高的特殊要求。该焊丝适用于压力容器支承构件的焊接,可用于蒸汽发生器手孔、眼孔的同质堆焊。

地址:四川省自贡市自流井区丹阳街1号　　邮箱:atlantic@zg-public.sc.cninfo.net
电话:0813-5101574　0813-5108283　　网址:www.weldatlantic.com

一种高强韧无镉银钎料及其制备方法

发　明　人:龙伟民;程亚芳;钟素娟;于新泉;朱坤;潘建军;裴夤鋆;杨继东;黄成志

专　利　号:ZL 2009 1 0172415. 6

专利申请日:2009 年 10 月 14 日

专 利 权 人:郑州机械研究所

授权公告日:2011 年 06 月 29 日

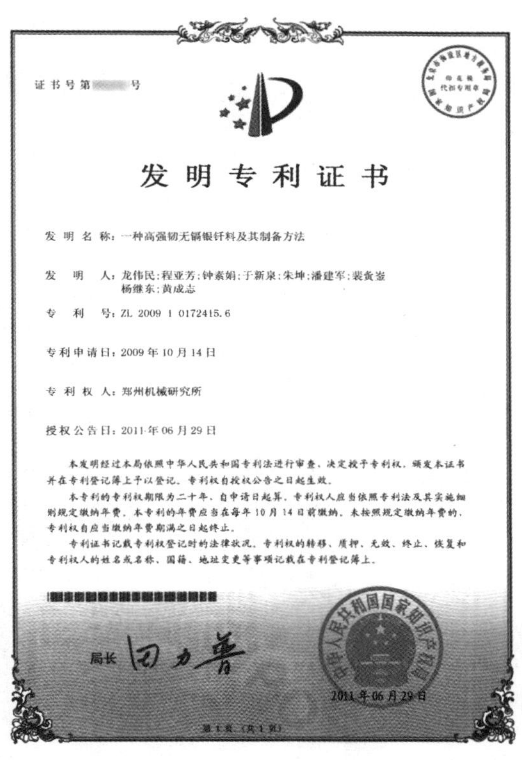

证书号第　　号

发明专利证书

发 明 名 称:一种高强韧无镉银钎料及其制备方法

发　明　人:龙伟民;程亚芳;钟素娟;于新泉;朱坤;潘建军;裴夤鋆;杨继东;黄成志

专　利　号:ZL 2009 1 0172415.6

专利申请日:2009 年 10 月 14 日

专 利 权 人:郑州机械研究所

授权公告日:2011 年 06 月 29 日

本发明经过本局依照中华人民共和国专利法进行审查,决定授予专利权,颁发本证书并在专利登记簿上予以登记。专利权自授权公告之日起生效。

本专利的专利权期限为二十年,自申请日起算。专利权人应当依照专利法及其实施细则规定缴纳年费。本专利的年费应当在每年 10 月 14 日前缴纳。未按照规定缴纳年费的,专利权自应当缴纳年费期满之日起终止。

专利证书记载专利权登记时的法律状况。专利权的转移、质押、无效、终止、恢复和专利权人的姓名或名称、国籍、地址变更等事项记载在专利登记簿上。

局长 田力普

中华人民共和国国家知识产权局

2011 年 06 月 29 日

发明专利证书

专利说明:

本发明公开了一种高强韧无镉银钎料及其制备方法。其中钎料的化学成分为:w(Ag)= 22%~58%,w(Cu)= 15%~35%,w(Zn)= 13%~38%,w(Mn)= 4%~8%,w(Ni)= 1.5%~5.0%,w(Co)= 0.8%~3.0%,w(B)= 0.01%~0.45%,w(V)= 0~1.5%,w(Nb)= 0~1.5%,w(Ce)= 0.005%~0.900%,w(La)= 0.005%~0.900%,w(Sr)= 0~0.5%。其制备方法为:将高熔点金属与部分铜熔炼成中间合金 A,将易氧化金属与部分铜在真空炉中熔炼成中间合金 B,将银与其余部分铜在中频炉中熔化后加入中间合金 A,再加入金属锰、锌,充

分融合后加入中间合金B,再次充分融合并静置60 min,浇铸形成银合金铸锭;合金铸锭均匀化后退火、扒皮;用等温挤压法将合金挤压成带状或棒状;之后再轧制成薄带或拉拔减径成细丝。

本发明的高强韧无镉银钎料用于钎焊金刚石复合片(PDC)、聚晶立方氮化朋(PCBN)、硬质合金、钢或不锈钢时,具有操作方便、钎焊效率高、钎缝强度高、韧度高、疲劳性好、钎焊温度低、环保性好等优点。把高强韧无镉银钎料制成窄带用于自动感应钎焊时,可以大大提高生产效率。

该专利获中国专利优秀奖。

地址:江苏省苏州市昆山市巴城镇石牌金凤凰路358号　　邮编:215300

电话:0512-57687777　　网站:www.gintune.com　　邮箱:gintune@gintune.cn

一种铜锌镍钴铟合金及其制造方法

发　明　人:龙伟民;裴龚玺;钟素娟;于新泉;刘文明;张强;朱坤;张雷;李涛

专　利　号:ZL 2009 1 0172414.1

专利申请日:2009 年 10 月 14 日

专 利 权 人:郑州机械研究所

授权公告日:2011 年 05 月 18 日

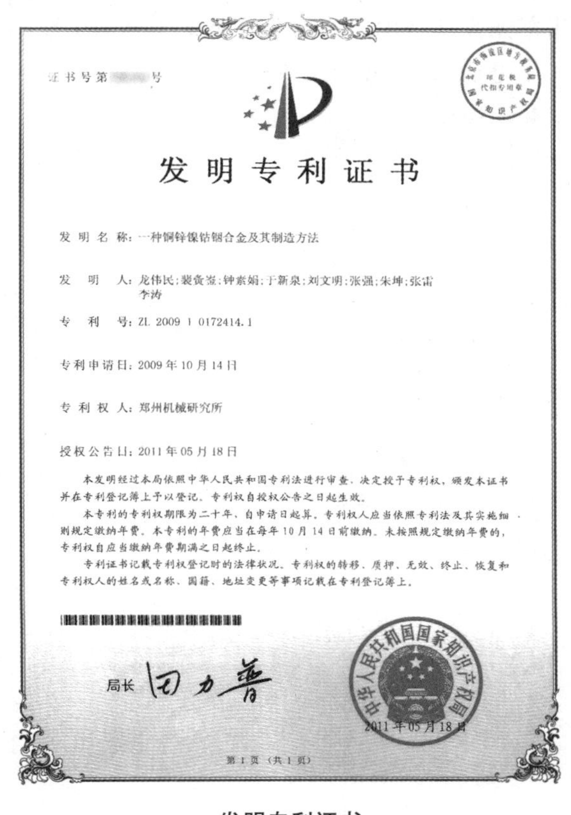

证书号第　号

发明专利证书

发 明 名 称：一种铜锌镍钴铟合金及其制造方法

发　明　人：龙伟民；裴龚玺；钟素娟；于新泉；刘文明；张强；朱坤；张雷；李涛

专　利　号：ZL 2009 1 0172414.1

专利申请日：2009 年 10 月 14 日

专 利 权 人：郑州机械研究所

授权公告日：2011 年 05 月 18 日

本发明经过本局依照中华人民共和国专利法进行审查，决定授予专利权，颁发本证书并在专利登记簿上予以登记。专利权自授权公告之日起生效。

本专利的专利权期限为二十年，自申请日起算。专利权人应当依照专利法及其实施细则规定缴纳年费。本专利的年费应当在每年 10 月 14 日前缴纳。未按照规定缴纳年费的，专利权自应当缴纳年费期满之日起终止。

专利证书记载专利权登记时的法律状况。专利权的转移、质押、无效、终止、恢复和专利权人的姓名或名称、国籍、地址变更等事项记载在专利登记簿上。

局长　田力普

中华人民共和国国家知识产权局

2011 年 05 月 18 日

第 1 页（共 1 页）

发明专利证书

专利说明:

本发明提供了一种铜锌镍钴铟合金及其制造方法。该合金的化学成分为:$w(Cu)=43\%\sim65\%$,$w(Zn)=28\%\sim45\%$,$w(Ni)=1\%\sim15\%$,$w(Co)=0.3\%\sim4.0\%$,$w(In)=0.1\%\sim2.0\%$,$w(Mn)=0.08\%\sim4.00\%$,$w(Si)=0.05\%\sim0.30\%$,$w(Sn)=0\sim2\%$,$w(Ag)=0\sim2\%$,以及由 Ce 与 La 以质量比 2∶3的比例混合而成的 Re:0.03%~0.07%。其制备方法为:将高熔点金属镍、钴与铜熔炼成中间合金 A,将脱氧元素硅、锰与铜熔炼成中间合金 B,将易氧化

金属铈、镧与铜在真空炉中熔炼成中间合金C,将铜在中频炉中熔化后加入中间合金A,充分融合后用碎玻璃与冰晶石的混合物覆盖,再次充分融合后加入中间合金B,之后加入金属银、锌、锡和铟,再加入中间合金C充分脱氧融合并静置50 min,连续铸造形成铜锌镍钴铟合金铸锭。

本发明的铜锌镍钴铟合金与同类型的铜钎料相比具有强度高、塑性高、熔点低的特点,作为钎料用于钎焊硬质合金时,具有钎缝强度高、塑性好、疲劳性好、钎焊温度低、防止硬质合金脱钴等特点。本发明的合金制成铜焊丝焊条用于火焰钎焊时,具有操作方便、适用性强的特点。该合金制成窄带用于自动感应钎焊时,可以大大提高生产效率。该合金深加工成圆片或矩形片时用于截齿等硬质合金工具钎焊时,可以大大提高钎缝强度,提高工具使用寿命。另外,本发明的合金与低银钎料相比,钎缝强度高、塑性好、成本低;与普通的铜钎料相比,有熔化温度低、气孔少、夹渣少、焊缝可靠性高等优点。

该专利获中国专利优秀奖。

地址:河南省郑州市郑州高新技术产业开发区科学大道149号　　邮编:450001
联系人:董媛媛　　电话:0371-67836693　　网站:www.zrime.com.cn/
邮箱:dongyuanyuansdu@163.com

化学镀和电镀制备超薄钎料的工艺

发　明　人:龙伟民;纠永涛;朱坤;裴夤崟;鲍丽;马佳;张雷;沈元勋;张青科;高雅;马力

专　利　号:ZL 2015 1 0122474.8

专利申请日:2015 年 03 月 20 日

专 利 权 人:郑州机械研究所

授权公告日:2016 年 08 月 17 日

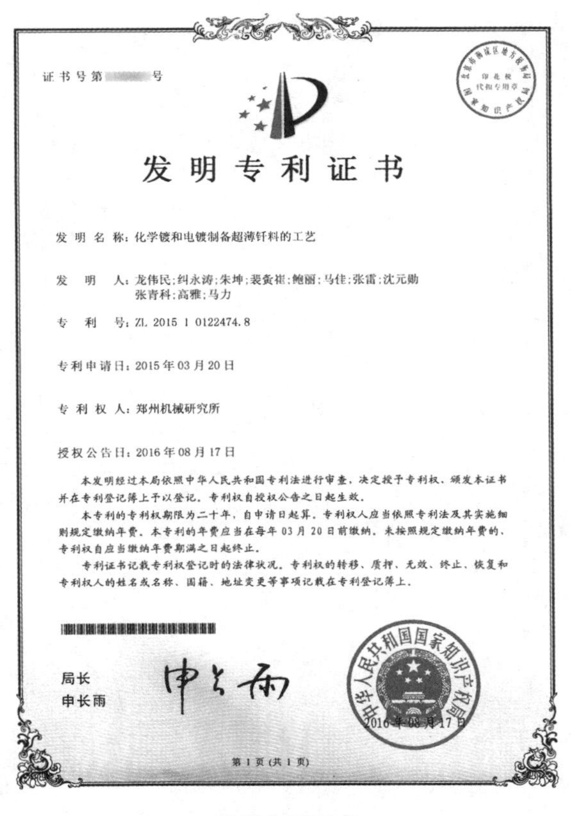

证书号第　　　号

发明专利证书

发 明 名 称：化学镀和电镀制备超薄钎料的工艺

发　明　人：龙伟民;纠永涛;朱坤;裴夤崟;鲍丽;马佳;张雷;沈元勋
张青科;高雅;马力

专　利　号：ZL 2015 1 0122474.8

专利申请日：2015 年 03 月 20 日

专 利 权 人：郑州机械研究所

授权公告日：2016 年 08 月 17 日

本发明经过本局依照中华人民共和国专利法进行审查，决定授予专利权，颁发本证书并在专利登记簿上予以登记。专利权自授权公告之日起生效。

本专利的专利权期限为二十年，自申请日起算。专利权人应当依照专利法及其实施细则规定缴纳年费。本专利的年费应当在每年 03 月 20 日前缴纳。未按照规定缴纳年费的，专利权自应当缴纳年费期满之日起终止。

专利证书记载专利权登记时的法律状况。专利权的转移、质押、无效、终止、恢复和专利权人的姓名或名称、国籍、地址变更等事项记载在专利登记簿上。

局长
申长雨

中华人民共和国国家知识产权局

2016 年 08 月 17 日

第 1 页 (共 1 页)

发明专利证书

专利说明：

本发明公开了一种化学镀和电镀制备超薄钎料的工艺，涉及焊接材料制备领域，具体工艺为：选取厚度为 0.002～0.010 mm 的铜箔作为基体，依次进行化学镀银、电镀锡和扩散处理，制得超薄钎料。制备成的钎料的主要化学成分为：w(Ag) = 60%～72%，w(Sn) = 1%～8%，w(Cu) = 26%～31%。

本发明利用化学镀和电镀的方法，可以灵活控制钎料的面积大小、厚度和各组分的含量,相对于现有的快速凝固法,能够生产出宽度高于100 mm、厚度低于0.035 mm的超薄钎料,不需要复杂的生产设备,生产成本较低。

该专利获中国专利优秀奖。

地址:河南省郑州市郑州高新技术产业开发区科学大道149号　　邮编:450001

联系人:董媛媛　　电话:0371-67836693　　网站: www.zrime.com.cn/

邮箱:dongyuanyuansdu@163.com

一种高锡银基焊条

发　明　人：龙伟民；张冠星；裴夤崟；钟素娟；张强；马佳；樊江磊；鲍丽；王洋；赵建昌；黄小勇

专　利　号：ZL 2013 1 0443997.3

专利申请日：2013 年 09 月 26 日

专 利 权 人：郑州机械研究所

授权公告日：2015 年 08 月 19 日

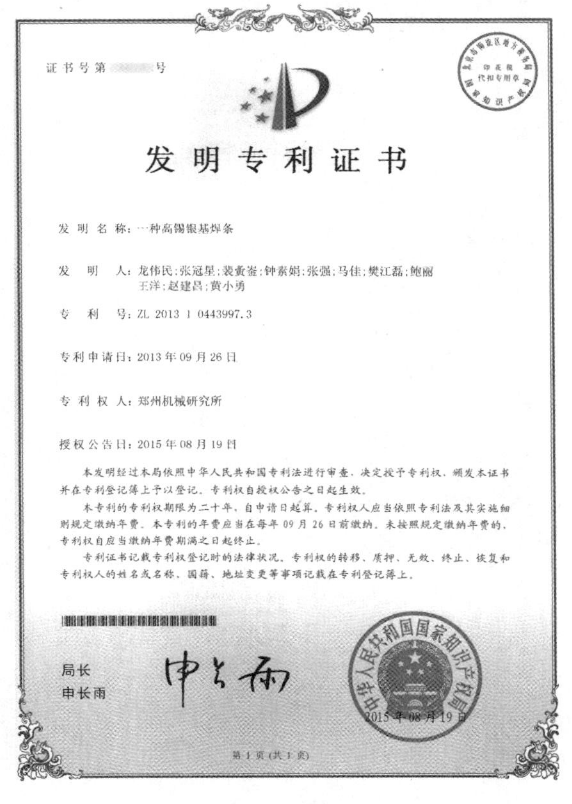

证书号第　　号

发明专利证书

发明名称：一种高锡银基焊条

发　明　人：龙伟民；张冠星；裴夤崟；钟素娟；张强；马佳；樊江磊；鲍丽
王洋；赵建昌；黄小勇

专　利　号：ZL 2013 1 0443997.3

专利申请日：2013 年 09 月 26 日

专利权人：郑州机械研究所

授权公告日：2015 年 08 月 19 日

本发明经过本局依照中华人民共和国专利法进行审查，决定授予专利权，颁发本证书并在专利登记簿上予以登记。专利权自授权公告之日起生效。

本专利的专利权期限为二十年，自申请日起算。专利权人应当依照专利法及其实施细则规定缴纳年费。本专利的年费应当在每年 09 月 26 日前缴纳。未按照规定缴纳年费的，专利权自应当缴纳年费期满之日起终止。

专利证书记载专利权登记时的法律状况。专利权的转移、质押、无效、终止、恢复和专利权人的姓名或名称、国籍、地址变更等事项记载在专利登记簿上。

局长
申长雨

第 1 页（共 1 页）

发明专利证书

专利说明：

本发明公开了一种高锡银基焊条。其化学成分为：$w(Ag)=24\%\sim61\%$，$w(Cu)=20\%\sim41\%$，$w(Zn)=12\%\sim35\%$，$w(Sn)=6\%\sim12\%$。制备时，首先将原料铜与锡按比例雾化成合金粉末；再将铜熔化，温度达到一定时加入银，充分熔合后用复合盐覆盖；然后将金属溶液降温，加入锌继续熔合；待锌充分熔合后，将金属溶液静止、浇注成铸锭；将铸锭粗车后入电阻炉匀化退火,挤压成3.5 mm的板带;在线退火后多道次小变比轧制为0.2 mm厚的薄带;然后与雾化的合金粉末通过药芯焊丝机组合、拉拔、切断,得到直径为1.0~2.5 mm的成品焊条。

本发明的优点在于,制备方法操作简便、稳定性好且成本较低,解决了高锡银基钎料难以加工成焊条的问题,成品焊条中锡含量得以进一步提高,焊接加工时焊条可达到含镉(Cd)钎料的水平,满足了焊接生产工艺要求。

该专利获河南省专利奖。

地址:河南省郑州市郑州高新技术产业开发区科学大道149号　　邮编:450001

联系人:董媛媛　　电话:0371-67836693　　网站:www.zrime.com.cn/

邮箱:dongyuanyuansdu@163.com

含有铍镁和铷盐的复合药芯锌铝焊丝的制造方法

发　明　人：钟素娟；龙伟民；黄俊兰；樊江磊；张青科；马力；马佳；鲍丽；沈元勋；裴夤崟；朱坤

专　利　号：ZL 2012 1 0511787.9

专利申请日：2012 年 12 月 04 日

专 利 权 人：郑州机械研究所

授权公告日：2015 年 03 月 04 日

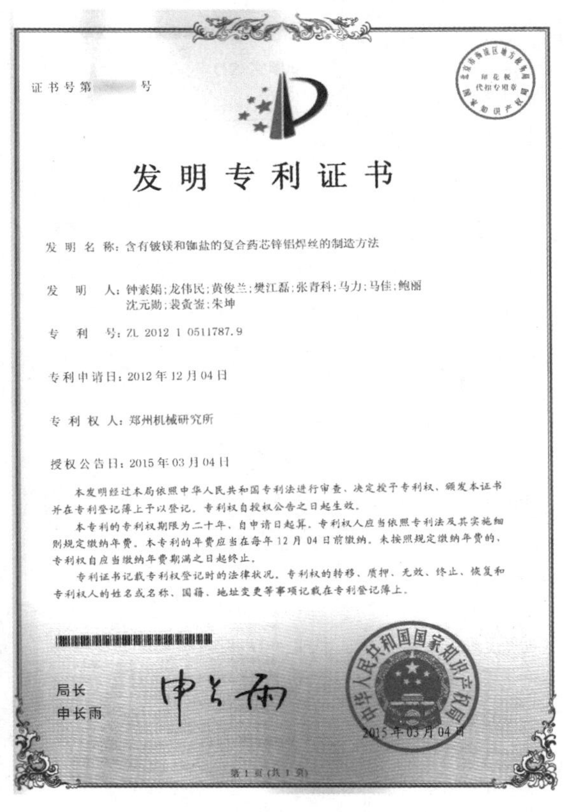

证书号第　　号

发明专利证书

发 明 名 称：含有铍镁和铷盐的复合药芯锌铝焊丝的制造方法

发　明　人：钟素娟；龙伟民；黄俊兰；樊江磊；张青科；马力；马佳；鲍丽
沈元勋；裴夤崟；朱坤

专　利　号：ZL 2012 1 0511787.9

专利申请日：2012 年 12 月 04 日

专 利 权 人：郑州机械研究所

授权公告日：2015 年 03 月 04 日

本发明经过本局依照中华人民共和国专利法进行审查，决定授予专利权，颁发本证书并在专利登记簿上予以登记。专利权自授权公告之日起生效。

本专利的专利权期限为二十年，自申请日起算。专利权人应当依照专利法及其实施细则规定缴纳年费。本专利的年费应当在每年 12 月 04 日前缴纳。未按照规定缴纳年费的，专利权自应当缴纳年费期满之日起终止。

专利证书记载专利权登记时的法律状况。专利权的转移、质押、无效、终止、恢复和专利权人的姓名或名称、国籍、地址变更等事项记载在专利登记簿上。

局长
申长雨

中华人民共和国国家知识产权局
2015 年 03 月 04 日

第 1 页（共 1 页）

发明专利证书

专利说明：

本发明公开了一种含有铍镁和铷盐的复合药芯锌铝焊丝，包括由外部金属皮和芯部钎剂粉末构成的焊丝本体。外部金属皮的化学成分为：$w(Zn) = 80.5\% \sim 98.5\%$，$w(Ag) = 0.01\% \sim 6.50\%$，$w(Cu) = 0.01\% \sim 3.00\%$，$w(Ni) = 0.001\% \sim 2.000\%$，$w(Be) = 0.001\% \sim$

0.500%,w(Mg)=0.001%~1.200%,w(稀土元素)=0.001%~0.500%,余量为Al。钎剂粉末的化学成分为:w(氟化铝)=15%~35%,w(氟化铯)=30%~75%,w(氟化铷)=2.5%~10.0%,余量为氟化钾。本发明还提供了该复合药芯锌铝焊丝的制造方法。

本发明的优点在于,在钎焊领域现有的Zn-Al-Ag-Cu合金系基础上引入微量的Be、Mg,提高了焊丝的洁净度,不但钎焊接头的质量和可靠性得到保证,且焊丝的抗晶间腐蚀能力也大大提高,从而延缓或抑制了“脆化”现象的发生。本发明的含铍镁和铷盐的复合药芯锌铝焊丝与同类焊丝相比具有抗腐蚀性强、洁净度高、强度高的特点,作为钎料用于铜铝钎焊时,具有润湿性强、钎缝强度高、接头质量好等特点;用于火焰钎焊铜铝异种金属时,具有操作方便、适用性强的特点。另外,本发明焊丝与现有药芯锌铝焊丝相比,钎焊强度高,晶间腐蚀导致的“脆化”现象显著改善,解决了存放期短、性能易恶化的问题。

地址:河南省郑州市郑州高新技术产业开发区科学大道149号　　邮编:450001

联系人:董媛媛　　电话:0371-67836693　　网站:www.zrime.com.cn/

邮箱:dongyuanyuansdu@163.com

钎焊铝电解用惰性阳极与金属导电杆的高温钎料

发　明　人:马佳;龙伟民;裴夤崟;钟素娟;朱坤;李涛;鲍丽;赵建昌;黄智泉;潘建

专　利　号:ZL 2012 1 0096861.5

专利申请日:2012 年 04 月 05 日

专 利 权 人:郑州机械研究所

授权公告日:2015 年 02 月 11 日

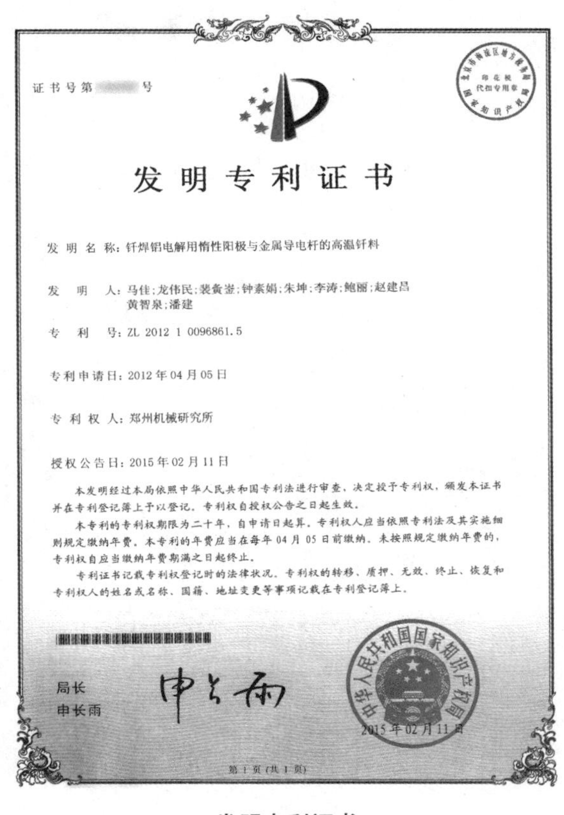

证书号第　　号

发明专利证书

发 明 名 称:钎焊铝电解用惰性阳极与金属导电杆的高温钎料

发　明　人:马佳;龙伟民;裴夤崟;钟素娟;朱坤;李涛;鲍丽;赵建昌
黄智泉;潘建

专　利　号:ZL 2012 1 0096861.5

专利申请日:2012 年 04 月 05 日

专 利 权 人:郑州机械研究所

授权公告日:2015 年 02 月 11 日

本发明经过本局依照中华人民共和国专利法进行审查,决定授予专利权,颁发本证书并在专利登记簿上予以登记。专利权自授权公告之日起生效。

本专利的专利权期限为二十年,自申请日起算。专利权人应当依照专利法及其实施细则规定缴纳年费。本专利的年费应当在每年 04 月 05 日前缴纳。未按照规定缴纳年费的,专利权自应当缴纳年费期满之日起终止。

专利证书记载专利权登记时的法律状况。专利权的转移、质押、无效、终止、恢复和专利权人的姓名或名称、国籍、地址变更等事项记载在专利登记簿上。

局长
申长雨

中华人民共和国国家知识产权局
2015 年 02 月 11 日

第 1 页 (共 1 页)

发明专利证书

专利说明:

本发明公开了一种钎焊铝电解用惰性阳极与金属导电杆的高温钎料。其化学成分为:w(Cr) = 15%~35%,w(Ni) = 5%~25%,以及 w(Si) = 0.05%~10.00%或 w(B) = 0.05%~5.00%中的一种或两种,w(Zr) = 0.5%~10.0%,w(Hf) = 0.5%~10.0%,w(Ti) = 0.5%~10.0%或 w(Ta) = 0.5%~10.0%中的一种或两种以上,w(La) = 0.01%~0.50%,w(Ce) = 0.01%~0.50%或 w(Nb) = 0.01%~0.50%中的一种或两种以上,余量为 Co。

本发明的优点在于,高温活性钎料可以用来直接钎焊陶瓷基惰性阳极与金属导电杆,不需要在焊前对陶瓷基惰性阳极进行表面预镀膜或其他改性处理,对于陶瓷基惰性阳极与金属导电杆而言润湿性良好,970 ℃温度下仍维持接头室温强度的60%~70%,且本发明的钎料成分中不含贵金属 Pd 和 Au,成本低廉,粉末状的钎料能满足各种形式接头钎焊的需要。

地址:河南省郑州市郑州高新技术产业开发区科学大道 149 号　　邮编:450001
联系人:董媛媛　　电话:0371-67836693　　网站: www. zrime. com. cn/
邮箱:dongyuanyuansdu@ 163. com

一种低脆性中温铝合金钎焊材料的制备工艺

发　明　人:侯江涛;龙伟民;沈元勋;钟素娟;张雷;张强;黄成志;于新泉;赵建昌;潘建军

专　利　号:ZL 2014 1 0402211.8

专利申请日:2014 年 08 月 15 日

专 利 权 人:郑州机械研究所

授权公告日:2016 年 05 月 11 日

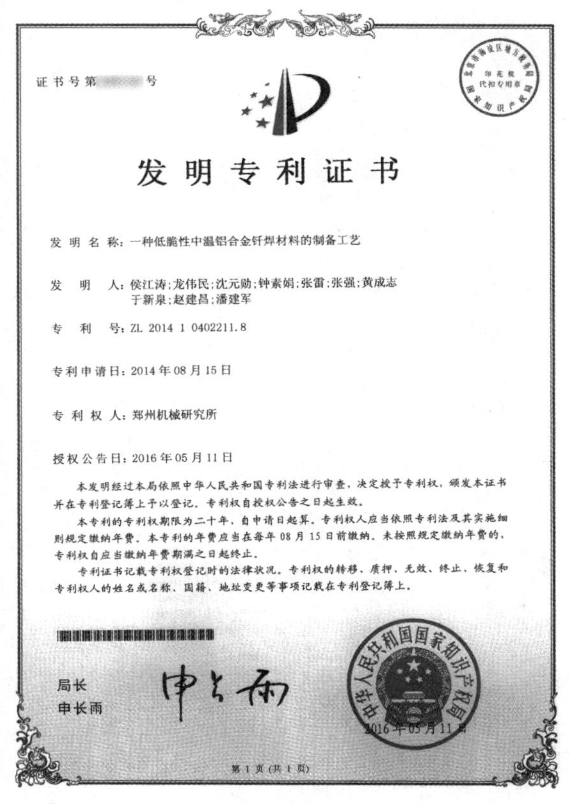

证书号第　　　号

发明专利证书

发 明 名 称:一种低脆性中温铝合金钎焊材料的制备工艺

发　明　人:侯江涛;龙伟民;沈元勋;钟素娟;张雷;张强;黄成志
于新泉;赵建昌;潘建军

专　利　号:ZL 2014 1 0402211.8

专利申请日:2014 年 08 月 15 日

专 利 权 人:郑州机械研究所

授权公告日:2016 年 05 月 11 日

本发明经过本局依照中华人民共和国专利法进行审查，决定授予专利权，颁发本证书并在专利登记簿上予以登记。专利权自授权公告之日起生效。

本专利的专利权期限为二十年，自申请日起算。专利权人应当依照专利法及其实施细则规定缴纳年费。本专利的年费应当在每年 08 月 15 日前缴纳。未按照规定缴纳年费的，专利权自应当缴纳年费期满之日起终止。

专利证书记载专利权登记时的法律状况。专利权的转移、质押、无效、终止、恢复和专利权人的姓名或名称、国籍、地址变更等事项记载在专利登记簿上。

局长
申长雨

中华人民共和国国家知识产权局
2016 年 05 月 11 日

第 1 页 (共 1 页)

发明专利证书

专利说明:

本发明公开了一种低脆性中温铝合金钎焊材料。其化学成分为:w(Cu) = 16% ~ 18%, w(Si) = 5.5% ~ 7.5%, w(Ni) = 2.4% ~ 4.0%, w(Ge) = 6.0% ~ 8.5%, w(Sr) = 0.1% ~ 0.5%, w(由 Al、Ti、B 以质量比 94 : 5 : 1混合而成的铝钛硼合金) = 0.01% ~ 0.20%,余量为 Al。制备时,首先按比例冶炼镍与铜、硅与铝、铜与铝、锗与铝四种中间合金,然后经熔炼、精密加

工即成细丝状、带状或箔状钎料。

本发明的优点在于,制备过程简单、经济可行、便于操作。制备成的钎焊材料熔化温度低,熔化温度为 495~530 ℃(钎焊温度为 535~550 ℃)。在此钎焊温度下钎料具有良好的铺展性和间隙填充性,非常适用于低熔点铝合金钎焊作业。同时,该钎焊材料具有低脆性,便于加工成箔状或细丝状钎料,拓宽了低熔点铝合金钎焊的应用领域。

地址:河南省郑州市郑州高新技术产业开发区科学大道 149 号　　邮编:450001

联系人:董媛媛　　电话:0371-67836693　　网站: www. zrime. com. cn/

邮箱:dongyuanyuansdu@ 163. com

一种三明治结构银铜熔体

发　明　人:张冠星;郝庆乐;钟素娟;秦建;侯江涛;李永;张雷;李涛

专　利　号:ZL 2018 1 1533756.7

专利申请日:2018 年 12 月 14 日

专 利 权 人:郑州机械研究所有限公司

授权公告日:2019 年 11 月 12 日

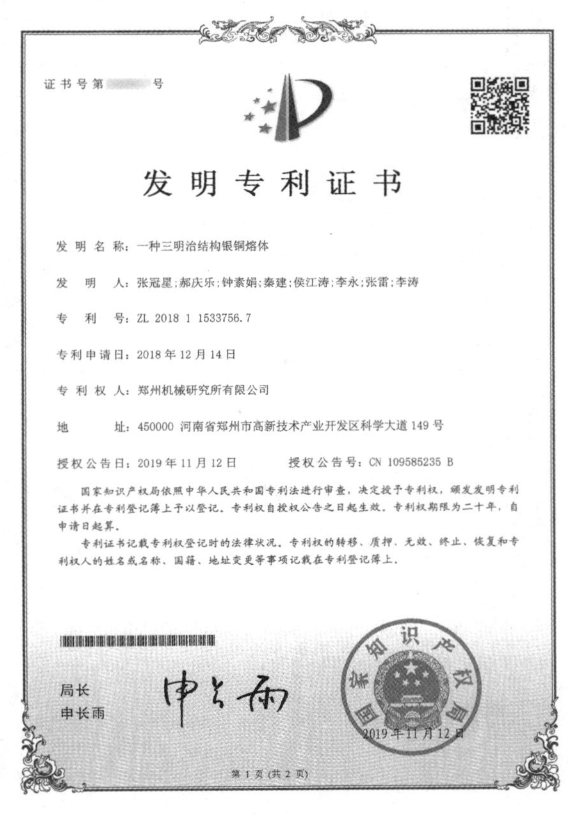

证书号第　　号

发明专利证书

发 明 名 称:一种三明治结构银铜熔体

发　明　人:张冠星;郝庆乐;钟素娟;秦建;侯江涛;李永;张雷;李涛

专　利　号:ZL 2018 1 1533756.7

专利申请日:2018 年 12 月 14 日

专 利 权 人:郑州机械研究所有限公司

地　　址:450000 河南省郑州市高新技术产业开发区科学大道 149 号

授权公告日:2019 年 11 月 12 日　　授权公告号:CN 109585235 B

国家知识产权局依照中华人民共和国专利法进行审查,决定授予专利权,颁发发明专利证书并在专利登记簿上予以登记。专利权自授权公告之日起生效。专利权期限为二十年,自申请日起算。

专利证书记载专利权登记时的法律状况。专利权的转移、质押、无效、终止、恢复和专利权人的姓名或名称、国籍、地址变更等事项记载在专利登记簿上。

局长
申长雨

2019 年 11 月 12 日

第 1 页 (共 2 页)

发明专利证书

专利说明:

本发明公开了一种三明治结构银铜熔体。该银铜熔体包括铜芯和设置在铜芯两侧的银层。银铜熔体为带状,宽度≥20 mm,厚度≤0.2 mm。其制备方法包括以下步骤:称取纯银、无氧铜,分别放入真空烧结炉内进行真空冶炼,然后浇筑制得圆银锭及圆铜锭;将圆银锭精加工为中空银圆环,并进行热处理;将圆铜锭加工为铜棒,然后与中空银圆环热装装配,使铜棒、中空银圆环过盈配合;将装配成型坯料,并放入真空烧结炉中扩散反应;将反应扩散成型的坯锭放入卧式挤压机等速挤压成带材坯料;利用恒张力轧机将带材坯料多道次小变比轧制、分切,即可制得带状银铜熔体。

本发明的银铜熔体由三层材料复合组成,呈三明治结构,外层纯银材料导电性能良好,承担电路导电功能,芯部铜材节约纯银使用量,降低成本。本发明的银铜熔体熔点低,熔体熔断时首先熔化低熔点银铜合金,利用冶金效应,熔化的银铜合金及时铺展熔断两侧铜及银,使熔体快速熔断,及时保护电路;且加工性能良好,外层银层分布均匀,便于后续狭颈加工冲制。

地址:河南省郑州市郑州高新技术产业开发区科学大道 149 号　　邮编:450001
联系人:董媛媛　　电话:0371-67836693　　网站: www. zrime. com. cn/
邮箱:dongyuanyuansdu@ 163. com

一种圆形药芯钎料饼及其制备方法

发　明　人：吕登峰；鲍丽；裴龑崟；张雷；董博文；张宏超；郭艳红；侯江涛

专　利　号：ZL 2017 1 1471363. 3

专利申请日：2017 年 12 月 29 日

专 利 权 人：郑州机械研究所有限公司

授权公告日：2020 年 02 月 14 日

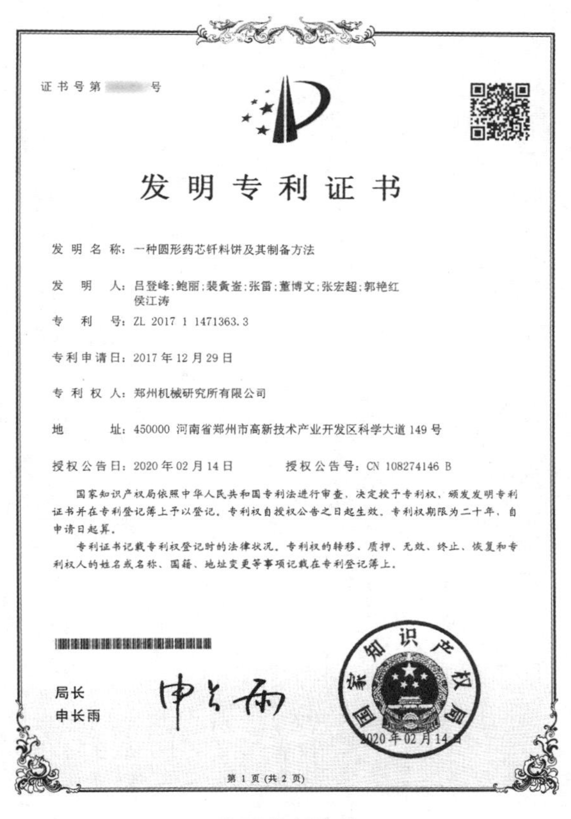

证书号第　　号

发明专利证书

发 明 名 称：一种圆形药芯钎料饼及其制备方法

发　明　人：吕登峰；鲍丽；裴龑崟；张雷；董博文；张宏超；郭艳红
侯江涛

专　利　号：ZL 2017 1 1471363.3

专利申请日：2017 年 12 月 29 日

专 利 权 人：郑州机械研究所有限公司

地　　　址：450000 河南省郑州市高新技术产业开发区科学大道 149 号

授权公告日：2020 年 02 月 14 日　　授权公告号：CN 108274146 B

国家知识产权局依照中华人民共和国专利法进行审查，决定授予专利权，颁发发明专利证书并在专利登记簿上予以登记。专利权自授权公告之日起生效。专利权期限为二十年，自申请日起算。

专利证书记载专利权登记时的法律状况。专利权的转移、质押、无效、终止、恢复和专利权人的姓名或名称、国籍、地址变更等事项记载在专利登记簿上。

局长
申长雨

国家知识产权局
2020 年 02 月 14 日

第 1 页（共 2 页）

发明专利证书

专利说明：

本发明公开了一种圆形药芯钎料饼。该圆形药芯钎料饼由异形药芯银钎料盘绕成平面螺旋形。制备方法包括以下步骤：

1. 将钎料制备成药芯银钎料。

2. 将药芯银钎料通过矫直轮矫直。

3. 将药芯银钎料放置在夹具上，上压板开始压住药芯银钎料，并施加一定压力。

4. 夹具带动药芯银钎料开始旋转绕制成螺旋形盘状。

5. 将绕制好的药芯银钎料用切刀切断。

6. 夹具开始自动向下移动,同时,上压板也开始向下移动,将绕制好的螺旋形盘状钎料丝压平。

本发明的圆形药芯钎料饼的制备方法操作简单,生产效率高,生产钎料质量好,材料利用率高,可节约原材料,大大提高了产品的成品率。

地址:河南省郑州市郑州高新技术产业开发区科学大道149号　　邮编:450001
联系人:董媛媛　　电话:0371-67836693　　网站: www. zrime. com. cn/
邮箱:dongyuanyuansdu@ 163. com

一种原位合成金属覆层药皮银钎焊条及其制备方法

发　明　人：裴夤崟；钟素娟；吕登峰；张宏超；郭艳红；侯江涛
专　利　号：ZL 2018 1 0123320.4
专利申请日：2018 年 02 月 07 日
专 利 权 人：郑州机械研究所有限公司
授权公告日：2020 年 02 月 14 日

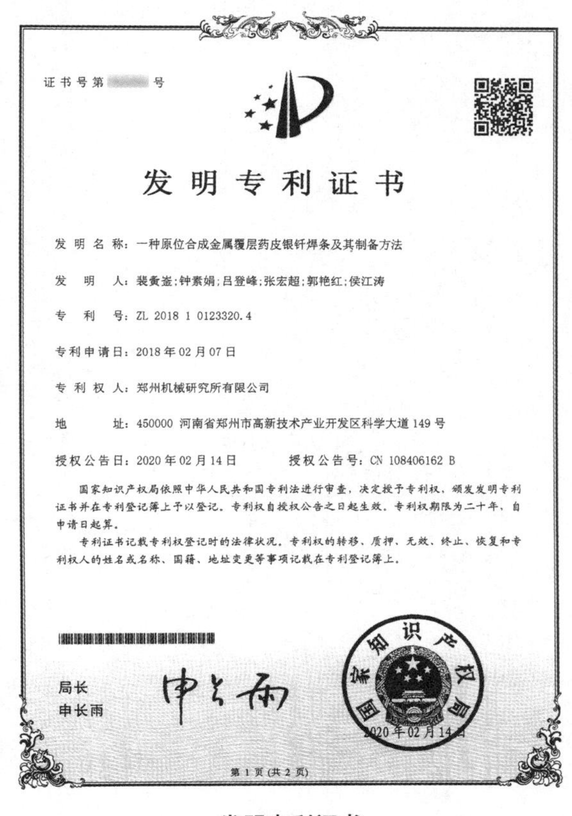
证书号第　　　号

发明专利证书

发 明 名 称：一种原位合成金属覆层药皮银钎焊条及其制备方法

发　明　人：裴夤崟；钟素娟；吕登峰；张宏超；郭艳红；侯江涛

专　利　号：ZL 2018 1 0123320.4

专利申请日：2018 年 02 月 07 日

专 利 权 人：郑州机械研究所有限公司

地　　址：450000 河南省郑州市高新技术产业开发区科学大道 149 号

授权公告日：2020 年 02 月 14 日　　　授权公告号：CN 108406162 B

国家知识产权局依照中华人民共和国专利法进行审查，决定授予专利权，颁发发明专利证书并在专利登记簿上予以登记。专利权自授权公告之日起生效。专利权期限为二十年，自申请日起算。

专利证书记载专利权登记时的法律状况。专利权的转移、质押、无效、终止、恢复和专利权人的姓名或名称、国籍、地址变更等事项记载在专利登记簿上。

局长
申长雨

国家知识产权局
2020 年 02 月 14 日

第 1 页（共 2 页）

发明专利证书

专利说明：

本发明涉及一种原位合成金属覆层药皮银钎焊条及其制备方法。药皮银钎焊条由条状银钎料芯和包覆在银钎料芯外部的药皮组成。银钎料芯的化学成分为：w(Ag) = 10% ~ 50%，w(Cu) = 15% ~ 45%，w(Zn) = 17% ~ 40%，w(Sn) = 1% ~ 3%，w(P) = 0.1% ~ 0.5%，w(Ni) = 0.5% ~ 2.0%，w(Si) = 0.1% ~ 0.3%和 w(Li) = 0.1% ~ 0.3%。药皮的化学成分为：w(单质硼微粉) = 5% ~ 10%，w(硼氢化钠) = 5% ~ 10%，w(氟硼酸钾) = 15% ~ 30%，

w(硼酐)= 25%~40%,w(氟化钠)= 10~30%,w(氟氢化钾)= 2%~4%,w(硫酸铜)= 1%~5%,w(聚苯乙烯)= 0.1%~2.0%和 w(邻苯二甲酸二丁酯)= 0.2%~2.0%。

本发明的药皮银钎焊条的钎料芯润湿性好、流动性佳、有自钎作用、锌不易挥发,且药皮具有活性高、吸潮性弱、碳残留少、塑韧性好等优点,特别适合钎焊不锈钢、锰黄铜等组件。

地址:河南省郑州市郑州高新技术产业开发区科学大道 149 号　　邮编:450001

联系人:董媛媛　　电话:0371-67836693　　网站: www. zrime. com. cn/

邮箱:dongyuanyuansdu@ 163. com

一种高强韧耐磨材料及其制备方法和应用

发　明　人:钟素娟;龙伟民;黄俊兰;纠永涛;孙华为;秦建;路全彬;于新泉

专　利　号:ZL 2019 1 0823833.0

专利申请日:2019 年 09 月 02 日

专 利 权 人:郑州机械研究所有限公司

授权公告日:2020 年 11 月 24 日

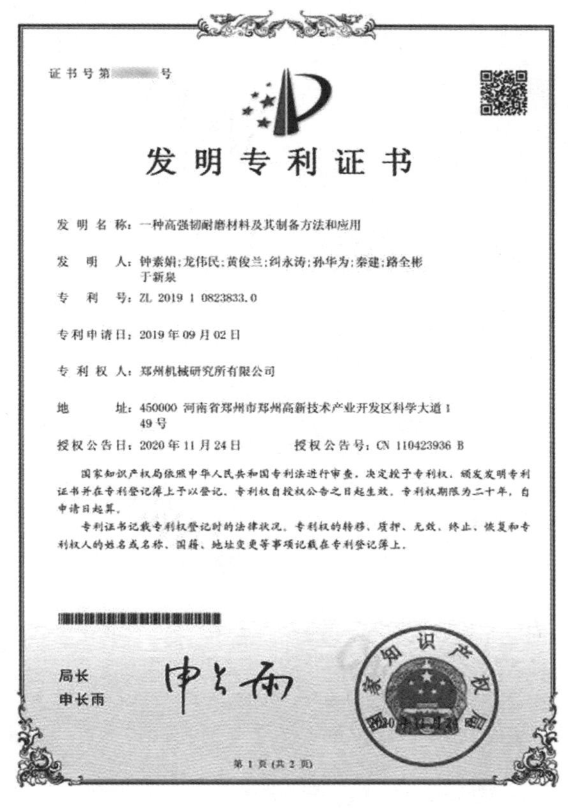

证书号第　　号

发明专利证书

发 明 名 称:一种高强韧耐磨材料及其制备方法和应用

发　明　人:钟素娟;龙伟民;黄俊兰;纠永涛;孙华为;秦建;路全彬
于新泉

专　利　号:ZL 2019 1 0823833.0

专利申请日:2019 年 09 月 02 日

专 利 权 人:郑州机械研究所有限公司

地　　址:450000 河南省郑州市郑州高新技术产业开发区科学大道 1
49 号

授权公告日:2020 年 11 月 24 日　　授权公告号:CN 110423936 B

国家知识产权局依照中华人民共和国专利法进行审查,决定授予专利权,颁发发明专利证书并在专利登记簿上予以登记。专利权自授权公告之日起生效。专利权期限为二十年,自申请日起算。

专利证书记载专利权登记时的法律状况。专利权的转移、质押、无效、终止、恢复和专利权人的姓名或名称、国籍、地址变更等事项记载在专利登记簿上。

局长
申长雨

第 1 页(共 2 页)

发明专利证书

专利说明:

本发明涉及农机装备技术领域,尤其是涉及一种高强韧耐磨材料及其制备方法和应用。高强韧耐磨材料,包括按质量份数计的如下组分:碳化钨 5~25 份,碳化钒 3~5 份和 Cu-Sn-Ti 钎料 70~92 份。其可用于刀具中,如旋耕刀。刀具的表面设置有高强韧耐磨涂层,高强韧耐磨涂层主要由高强韧耐磨材料制成。刀具的制备方法包括在经预处理的刀具表面涂覆膏状的高强韧耐磨材料,干燥、钎涂后,进行真空热处理。

本发明的高强韧耐磨材料,采用碳化钨和碳化钒按照比例配合,利用碳化钒增强碳化钨材料韧性,同时采用的 Cu-Sn-Ti 钎料熔点低,使得材料中增强相热损失小,不易产生裂纹,可提高材料的强度;兼顾提高材料的高强度和高韧性。本发明的高强韧耐磨材料用于刀具(如旋耕刀)时,采用金属纤维网套作为骨架材料进行打底,起到钉扎增强作用,进一步增强了涂层的韧度和强度,抑制了涂层的脆性剥落,极大地提高了刀具的使用寿命。本发明的制备方法,可批量进行,生产效率高,质量稳定性好。

地址:河南省郑州市郑州高新技术产业开发区科学大道 149 号　　邮编:450001

联系人:董媛媛　　电话:0371-67836693　　网站: www. zrime. com. cn/

邮箱:dongyuanyuansdu@ 163. com

硬质合金钎焊用梯度三明治钎料

发　明　人:张冠星;钟素娟;裴夤崟;何鹏;侯江涛;李永;张雷;董宏伟
专　利　号:ZL 2018 1 1526936.2
专利申请日:2018 年 12 月 13 日
专 利 权 人:郑州机械研究所有限公司
授权公告日:2021 年 04 月 02 日

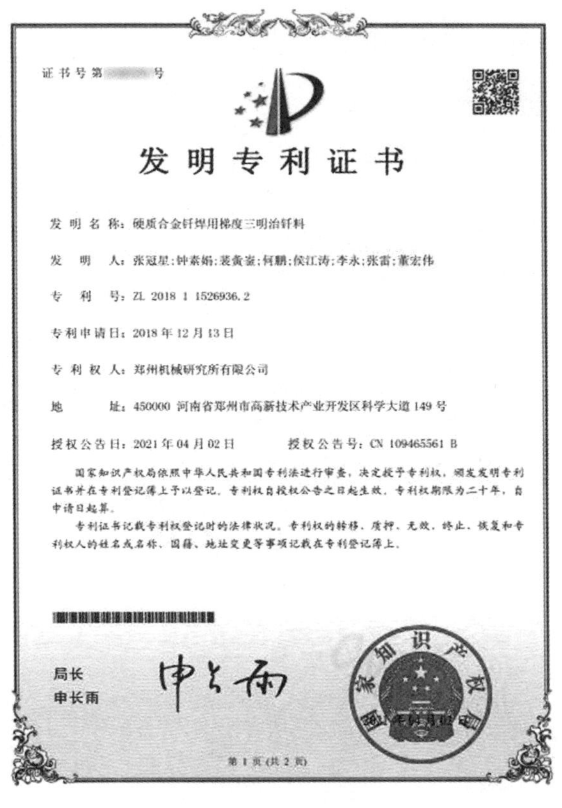

证书号第　　　号

发明专利证书

发 明 名 称：硬质合金钎焊用梯度三明治钎料

发　　明　　人：张冠星;钟素娟;裴夤崟;何鹏;侯江涛;李永;张雷;董宏伟

专　　利　　号：ZL 2018 1 1526936.2

专利申请日：2018 年 12 月 13 日

专 利 权 人：郑州机械研究所有限公司

地　　　　址：450000 河南省郑州市高新技术产业开发区科学大道 149 号

授权公告日：2021 年 04 月 02 日　　　授权公告号：CN 109465561 B

国家知识产权局依照中华人民共和国专利法进行审查，决定授予专利权，颁发发明专利证书并在专利登记簿上予以登记。专利权自授权公告之日起生效。专利权期限为二十年，自申请日起算。

专利证书记载专利权登记时的法律状况。专利权的转移、质押、无效、终止、恢复和专利权人的姓名或名称、国籍、地址变更等事项记载在专利登记簿上。

局长
申长雨

第 1 页（共 2 页）

发明专利证书

专利说明:

本发明公开了一种硬质合金钎焊用梯度三明治钎料。梯度三明治钎料由 AgCuZnNiMnRE、CuMn、AgCuZnNi 三层合金复合而成，CuMn 合金位于 AgCuZnNiMnRE 合金与 AgCuZnNi 合金之间。其制备方法为：先分别制备 AgCuZnNiMnRE、CuMn、AgCuZnNi 合金，将制得的 AgCuZnNiMnRE、CuMn、AgCuZnNi 合金进行超声波清洗，按照 AgCuZnNiMnRE、

CuMn、AgCuZnNi 的顺序进行叠合,放入气保护扩散焊炉内进行扩散钎焊,随后进行等温变速挤压、在线退火、多道次小变比轧制,最终获得 0.2~0.3mm 厚的薄带钎料。

本发明的优点在于,制备方法操作简便、稳定性好、成本较低,解决了传统钎料大块硬质合金可靠性差的难题,显著降低了接头残余应力大,提高了工作时钎缝强度,延长了被焊件的使用寿命。

地址:河南省郑州市郑州高新技术产业开发区科学大道 149 号　　邮编:450001
联系人:董媛媛　　电话:0371-67836693　　网站:www.zrime.com.cn/
邮箱:dongyuanyuansdu@163.com

一种高强、耐蚀、低熔的铝合金蜂窝板用钎料及制备方法

发　明　人:黄俊兰;董显;钟素娟;纠永涛;沈元勋;李秀朋;周许升;李永

专　利　号:ZL 2020 1 0224966.9

专利申请日:2020 年 03 月 26 日

专 利 权 人:郑州机械研究所有限公司

授权公告日:2021 年 05 月 18 日

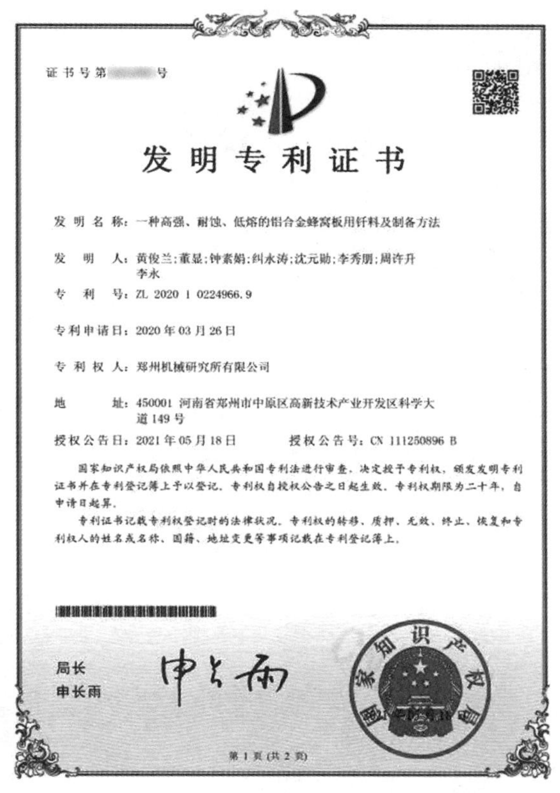

证书号第　　号

发明专利证书

发 明 名 称:一种高强、耐蚀、低熔的铝合金蜂窝板用钎料及制备方法

发　明　人:黄俊兰;董显;钟素娟;纠永涛;沈元勋;李秀朋;周许升
李永

专　利　号:ZL 2020 1 0224966.9

专利申请日:2020 年 03 月 26 日

专 利 权 人:郑州机械研究所有限公司

地　　址:450001 河南省郑州市中原区高新技术产业开发区科学大道 149 号

授权公告日:2021 年 05 月 18 日　　授权公告号:CN 111250896 B

国家知识产权局依照中华人民共和国专利法进行审查,决定授予专利权,颁发发明专利证书并在专利登记簿上予以登记。专利权自授权公告之日起生效。专利权期限为二十年,自申请日起算。

专利证书记载专利权登记时的法律状况。专利权的转移、质押、无效、终止、恢复和专利权人的姓名或名称、国籍、地址变更等事项记载在专利登记簿上。

局长
申长雨

第 1 页(共 2 页)

发明专利证书

专利说明:

本发明公开了一种高强、耐蚀、低熔的铝合金蜂窝板用钎料及制备方法。钎料的化学成分为:w(Zn90Sn10) = 85% ~ 90%,w(Al) = 2% ~ 5%,w(Si) = 0.8% ~ 1.5%,w(Ga) = 0.1% ~ 0.5%,w(QJ201 钎剂) = 4.4% ~ 12.1%,其中的 Zn90Sn10 由带孔的 Zn70Sn30 铸锭和填充在 Zn70Sn30 铸锭孔中的 Zn 粉组成。

本发明的钎料与同类钎料相比,具有高强度的特点。现有的 Sn-Zn 共晶钎料可钎焊铝

合金,但Zn元素含量低,强度低,由Zn-Sn二元相图确定,当Sn元素质量百分比为10%时,此时Zn元素含量高,且合金熔点约在400 ℃左右,可满足铝合金钎焊的高强、低熔要求,但Zn90Sn10合金中Zn含量较高,导致其硬脆性大、加工性差。而本发明由塑性较好的Zn70Sn30钎料合金和填充于Zn70Sn30铸锭钻孔中的Zn粉组成Zn90Sn10,从而可满足加工要求,且Zn与铝合金母材互溶度较大,钎焊时会增加扩散速度和深度,能有效提高接头强度;作为钎料用于铝合金蜂窝板钎焊时,具有润湿性强、母材缺欠少,钎缝强度高等特点。钎料中加入有Sn、Al、Si、Ga和QJ201,Sn的抗腐蚀性能是Zn的3~4倍,能够明显增强Zn合金的抗腐蚀性能;Al在一定程度上抑制钎料与母材间的互溶,增强钎料对母材的润湿性能;Si能与Al形成金属间化合物,使钎料具有良好的流动性及铺展性能;Ga的熔点较低,约为29.76 ℃,可显著降低钎料的熔点。另外,Ga在空气中易氧化,形成氧化薄膜阻止钎料合金继续氧化。

地址:河南省郑州市郑州高新技术产业开发区科学大道149号　　邮编:450001

联系人:董媛媛　　电话:0371-67836693　　网站: www. zrime. com. cn/

邮箱:dongyuanyuansdu@ 163. com

耐磨药芯组合物、耐磨焊丝及其制备方法与应用

发　明　人:裴夤崟;秦建;张冠星;马佳;于新泉;李秀朋;李胜男
专　利　号:ZL 2019 1 1285219. X
专利申请日:2019 年 12 月 13 日
专 利 权 人:郑州机械研究所有限公司
授权公告日:2021 年 09 月 28 日

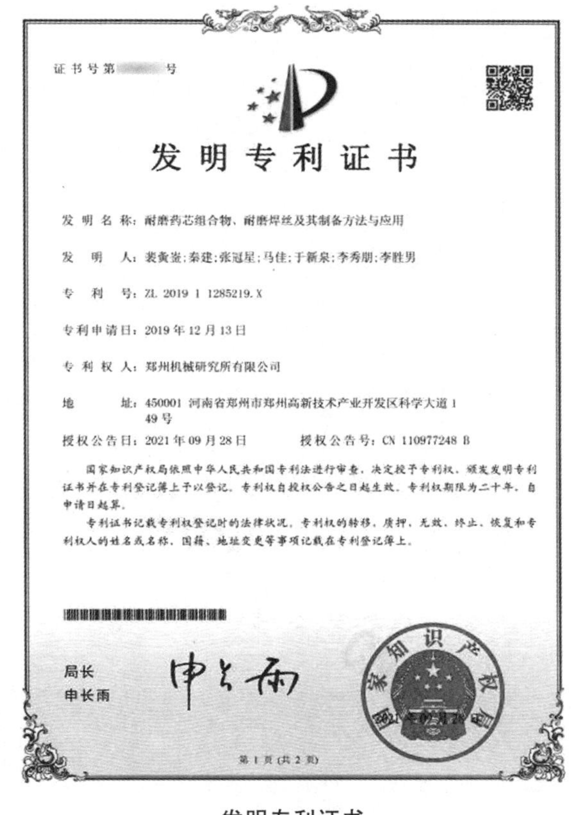

证书号第　　　号

发明专利证书

发 明 名 称:耐磨药芯组合物、耐磨焊丝及其制备方法与应用

发　明　人:裴夤崟;秦建;张冠星;马佳;于新泉;李秀朋;李胜男

专　利　号:ZL 2019 1 1285219.X

专利申请日:2019 年 12 月 13 日

专 利 权 人:郑州机械研究所有限公司

地　　址:450001 河南省郑州市郑州高新技术产业开发区科学大道 149 号

授权公告日:2021 年 09 月 28 日　　授权公告号:CN 110977248 B

国家知识产权局依照中华人民共和国专利法进行审查，决定授予专利权，颁发发明专利证书并在专利登记簿上予以登记。专利权自授权公告之日起生效。专利权期限为二十年，自申请日起算。

专利证书记载专利权登记时的法律状况。专利权的转移、质押、无效、终止、恢复和专利权人的姓名或名称、国籍、地址变更等事项记载在专利登记簿上。

局长
申长雨

第 1 页（共 2 页）

发明专利证书

专利说明:

本发明公开了一种耐磨药芯组合物、耐磨焊丝及其制备方法与应用。耐磨药芯组合物包括耐磨材料和余量的填充材料。耐磨材料占耐磨药芯组合物的 0.6%~10.0%(质量分数),其包括金刚石颗粒。填充材料包括过渡金属氧化物粉末和镍基合金粉末,过渡金属氧化物粉末占填充材料的 12%~65%(质量分数)。

本发明中耐磨药芯组合物以金刚石颗粒为耐磨、增强材料,以过渡金属氧化物用作填

充材料,尤其是氧化铌和氧化钼。在用于焊接或钎涂时,金刚石表面的盐膜吸收电弧的热量分解,产生的氨气能够降低氩气氛围的氧分压,提高钎涂过程中气氛保护效果;产生的氧化钼和氧化铌,与金刚石反应形成钼和铌的金属膜,附着在金刚石层的表面,能够降低高温下金刚石颗粒热损伤的同时提高金刚石颗粒的钎焊活性。再有,碳还原氧化钼和氧化铌产生的钼与铌溶解在熔覆金属中,能够降低熔覆金属的线膨胀系数,使熔覆金属与金刚石颗粒的线膨胀系数更匹配,降低金刚石颗粒的焊接热应力,防止金刚石颗粒在焊接热应力作用下产生裂纹。另外,未反应的氧化钼和氧化铌熔化附着在钎涂层表面,会使涂层缓慢冷却,防止金刚石涂层氧化,避免冷却速度过快造成金刚石涂层开裂。

地址:河南省郑州市郑州高新技术产业开发区科学大道 149 号　　邮编:450001
联系人:董媛媛　　电话:0371-67836693　　网站:www. zrime. com. cn/
邮箱:dongyuanyuansdu@ 163. com

一种无胶自粘结银基钎焊膏及其制备方法

发 明 人:张雷;钟素娟;龙伟民;黄俊兰;张冠星;潘建军;周许升;刘洁

专 利 号:ZL 2019 1 0992619.8

专利申请日:2019 年 10 月 18 日

专 利 权 人:郑州机械研究所有限公司

授权公告日:2021 年 09 月 28 日

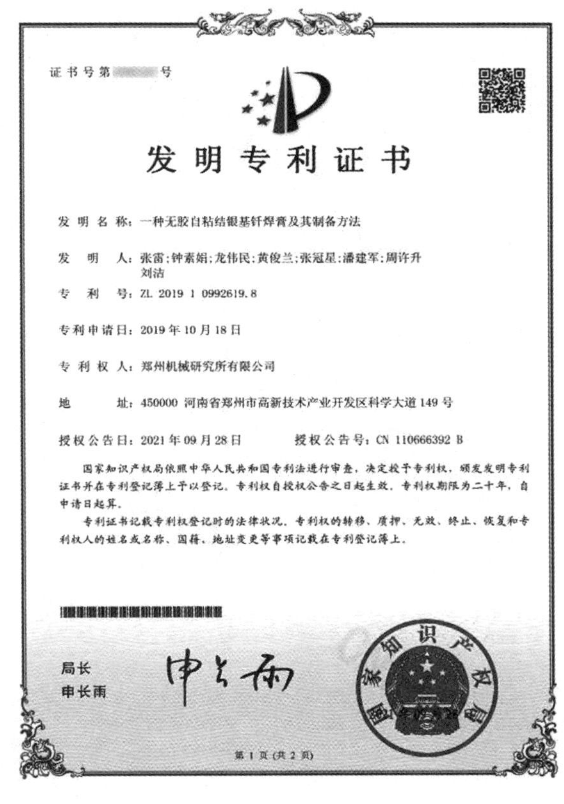

证书号第　　号

发明专利证书

发 明 名 称:一种无胶自粘结银基钎焊膏及其制备方法

发 明 人:张雷;钟素娟;龙伟民;黄俊兰;张冠星;潘建军;周许升
刘洁

专 利 号:ZL 2019 1 0992619.8

专利申请日:2019 年 10 月 18 日

专 利 权 人:郑州机械研究所有限公司

地 址:450000 河南省郑州市高新技术产业开发区科学大道 149 号

授权公告日:2021 年 09 月 28 日　　授权公告号:CN 110666392 B

国家知识产权局依照中华人民共和国专利法进行审查,决定授予专利权,颁发发明专利证书并在专利登记簿上予以登记。专利权自授权公告之日起生效。专利权期限为二十年,自申请日起算。

专利证书记载专利权登记时的法律状况。专利权的转移、质押、无效、终止、恢复和专利权人的姓名或名称、国籍、地址变更等事项记载在专利登记簿上。

局长
申长雨

第 1 页(共 2 页)

发明专利证书

专利说明:

本发明公开了一种无胶自粘结银基钎焊膏,包括丙二醇甲醚 0.5%~2%、钎剂型黏结剂 15%~25%,余量为银基钎料粉。钎剂型黏结剂为钎剂粉和水混合物,钎剂粉包括氟化钠 10%~20%、氢氧化钾 20%~35%,余量为硼酸。其制备方法为:按质量百分比称取氟化钠后依次加水、硼酸和氢氧化钾,得均匀糊状液体后将其放入行星球磨机的陶瓷罐内进行研磨得钎剂型黏结剂;按质量百分比称取银基钎料粉、钎剂型黏结剂和丙二醇甲醚,搅拌均匀;

放入恒温水浴槽内,继续搅拌得无胶自粘结银基钎焊膏。

本发明中钎剂型黏结剂的主要组分为硼酸、氟化钠和水,氟化钠与水反应,生成氢氧化钠和氟化氢气体,缓慢加入硼酸后与氢氧化钠发生剧烈的酸碱中和反应,得到具有一定黏结能力且均匀稳定的 $Na_2O-B_2O_3-H_2O$ 分散体系,氢氧化钾的加入进一步发生中和反应,生产银钎剂中活性成分氟硼酸钾。上述几种组分在本发明中主要起到助焊剂的作用,并且每步反应完成后的产物为无毒气体或无残碳的环保无污染物质,有利于保护工人的健康和防止环境污染。因此,与传统银基钎焊膏相比,本发明不含黏结剂,流铺效果好、钎焊可靠性高,且在焊接过程中无有害气体排出、无残碳、绿色环保,有利于保护工人的健康和防止环境污染。

地址:河南省郑州市郑州高新技术产业开发区科学大道 149 号　　邮编:450001

联系人:董媛媛　　电话:0371-67836693　　网站: www. zrime. com. cn/

邮箱:dongyuanyuansdu@ 163. com

一种 Ti-Si 高温钎料

发　明　人:龙伟民;黄俊兰;路全彬;董显;周许升;薛行雁;董博文;秦建

专　利　号:ZL 2018 1 1525353.8

专利申请日:2018 年 12 月 13 日

专 利 权 人:郑州机械研究所有限公司

授权公告日:2022 年 02 月 01 日

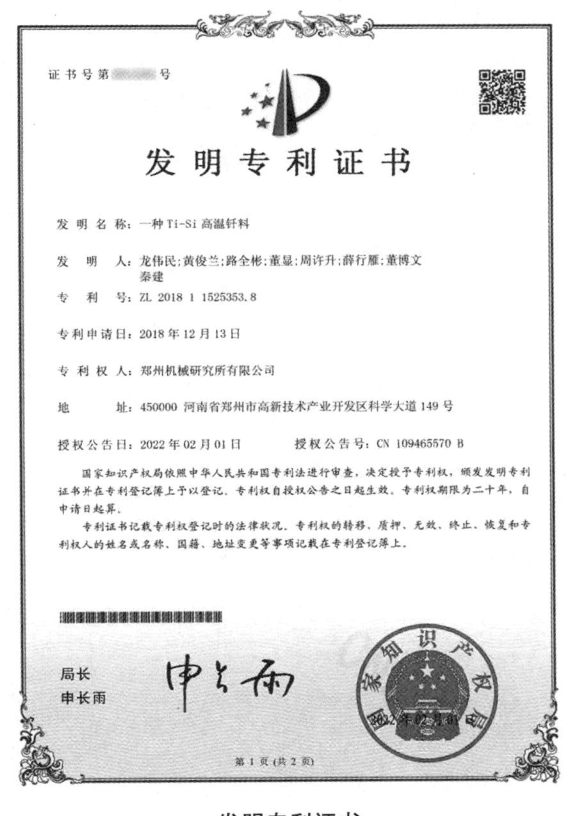

证书号第　　　号

发明专利证书

发 明 名 称:一种 Ti-Si 高温钎料

发　明　人:龙伟民;黄俊兰;路全彬;董显;周许升;薛行雁;董博文
秦建

专　利　号:ZL 2018 1 1525353.8

专利申请日:2018 年 12 月 13 日

专 利 权 人:郑州机械研究所有限公司

地　　　址:450000 河南省郑州市高新技术产业开发区科学大道 149 号

授权公告日:2022 年 02 月 01 日　　　授权公告号:CN 109465570 B

国家知识产权局依照中华人民共和国专利法进行审查,决定授予专利权,颁发发明专利证书并在专利登记簿上予以登记。专利权自授权公告之日起生效。专利权期限为二十年,自申请日起算。

专利证书记载专利权登记时的法律状况。专利权的转移、质押、无效、终止、恢复和专利权人的姓名或名称、国籍、地址变更等事项记载在专利登记簿上。

局长
申长雨

第 1 页(共 2 页)

发明专利证书

专利说明:

本发明公开了一种 Ti-Si 高温钎料。该钎料合金的化学成分为:$w(Mo) = 1\% \sim 8\%$,$w(B) = 1\% \sim 5\%$,$w(Cr) = 1\% \sim 3\%$,余量为 Ti 和 Si。具体制备方法为:称取钛箔、单晶硅、钼丝、硼粉和铬粉,通过非自耗电弧熔融技术制备钎料合金液,并注入成型模具形成箔状钎料。

本发明钎料熔点接近 Ti-Si 共晶钎料熔点,具有强的抗腐蚀性和好的高温性能,且钎缝强度高;解决了采用银基钎料获得的TZM合金钎焊接头使用温度低、易氧化、力学性能差等问题;与Ti-Ni钎料相比,钎焊性能好、母材溶蚀小、钎缝强度高。

地址:河南省郑州市郑州高新技术产业开发区科学大道149号　　邮编:450001
联系人:董媛媛　　电话:0371-67836693　　网站: www.zrime.com.cn/
邮箱:dongyuanyuansdu@163.com

一种原位合成金属覆层药芯银钎料及其制备方法、焊接方法和连接体

发　明　人:龙伟民;钟素娟;路全彬;裴夤崟;何鹏;王德智;马佳;孙华为;纠永涛;王琦

专　利　号:ZL 2017 8 0096225. 3

专利申请日:2017 年 12 月 19 日

专 利 权 人:郑州机械研究所有限公司

授权公告日:2022 年 05 月 13 日

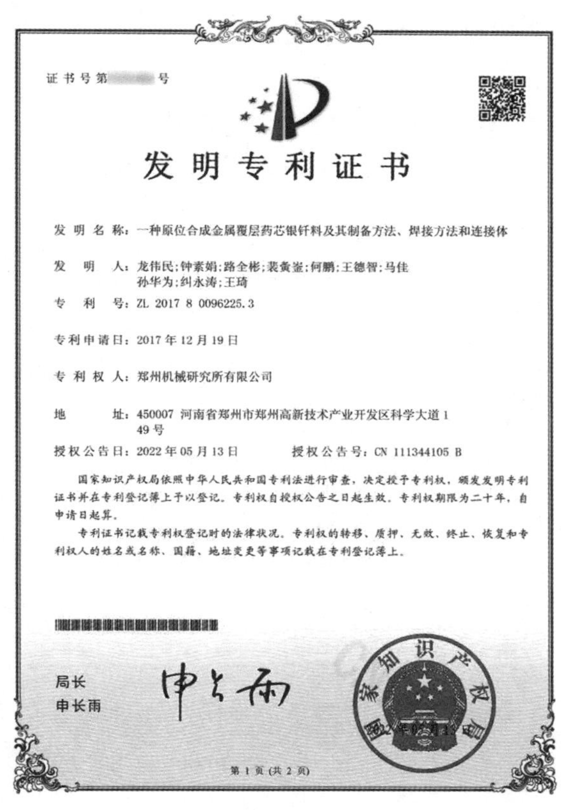

证书号第　　号

发明专利证书

发 明 名 称：一种原位合成金属覆层药芯银钎料及其制备方法、焊接方法和连接体

发　明　人：龙伟民;钟素娟;路全彬;裴夤崟;何鹏;王德智;马佳
孙华为;纠永涛;王琦

专　利　号：ZL 2017 8 0096225.3

专利申请日：2017 年 12 月 19 日

专 利 权 人：郑州机械研究所有限公司

地　　址：450007 河南省郑州市郑州高新技术产业开发区科学大道 1
49 号

授权公告日：2022 年 05 月 13 日　　授权公告号：CN 111344105 B

国家知识产权局依照中华人民共和国专利法进行审查，决定授予专利权，颁发发明专利证书并在专利登记簿上予以登记。专利权自授权公告之日起生效。专利权期限为二十年，自申请日起算。

专利证书记载专利权登记时的法律状况。专利权的转移、质押、无效、终止、恢复和专利权人的姓名或名称、国籍、地址变更等事项记载在专利登记簿上。

局长
申长雨

第 1 页 (共 2 页)

发明专利证书

专利说明:

本发明公开了一种原位合成金属覆层药芯银钎料,包括药芯以及包裹药芯的钎料外皮。钎料外皮的化学成分为:w(Ag)= 20%~36%,w(Cu)= 35%~45%,w(Zn)= 27%~37%,w(Sn)= 1%~3%,w(P)= 0. 1%~0. 5%,w(Ni)= 0. 5%~2. 0%,w(Ge)= 0. 1%~0. 3%,w(Li)= 0. 1%~0. 3%。药芯的化学成分为:w(单质硼微粉)= 5%~10%,w(硼氢化钠)=

5%~10%,w(氟硼酸钾)= 15%~30%,w(硼酐)= 25%~40%,w(氟化钠)= 10%~30%,w(氟氢化钠)= 2%~4%,w(硫酸铜)= 1%~5%。

该原位合成金属覆层药芯银钎料实现了钎焊过程中自反应,在被钎焊金属表面涂覆一层铜膜。钎料芯润湿性好、流动性佳、有自钎作用、锌不易挥发,且药皮活性高、吸潮性弱、碳残留少、塑韧性好,适合钎焊不锈钢、锰黄铜等管路组件。本发明还公开了一种原位合成金属覆层药芯钎料的制备方法、焊接方法和连接体。

地址:河南省郑州市郑州高新技术产业开发区科学大道149号　　邮编:450001
联系人:董媛媛　　电话:0371-67836693　　网站:www.zrime.com.cn/
邮箱:dongyuanyuansdu@163.com

金属粉末材料、青铜基金刚石砂轮及其制备方法

发　明　人：董显；于奇；钟素娟；马佳；于新泉；潘建军；纠永涛

专　利　号：ZL 2020 1 0568752. 3

专利申请日：2020 年 06 月 19 日

专 利 权 人：郑州机械研究所有限公司

授权公告日：2022 年 05 月 13 日

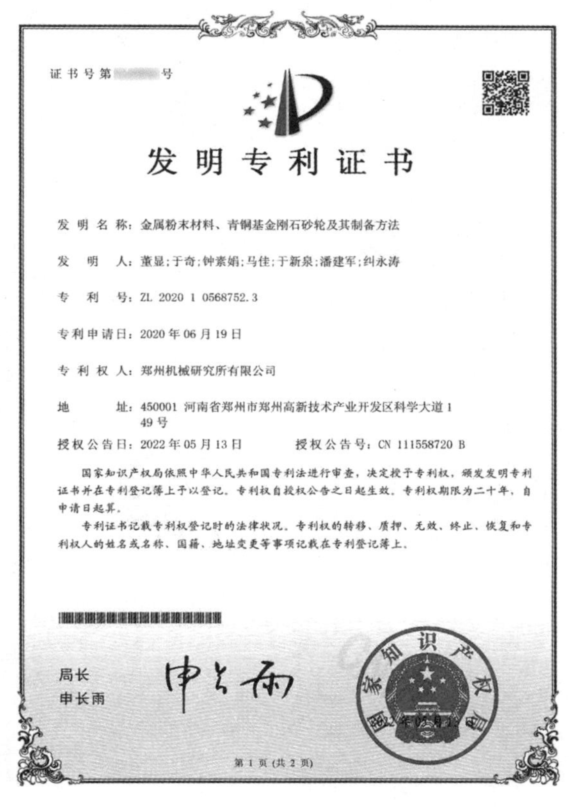

证书号第　　　号

发明专利证书

发 明 名 称：金属粉末材料、青铜基金刚石砂轮及其制备方法

发　明　人：董显；于奇；钟素娟；马佳；于新泉；潘建军；纠永涛

专　利　号：ZL 2020 1 0568752. 3

专利申请日：2020 年 06 月 19 日

专 利 权 人：郑州机械研究所有限公司

地　　址：450001 河南省郑州市郑州高新技术产业开发区科学大道 149 号

授权公告日：2022 年 05 月 13 日　　授权公告号：CN 111558720 B

国家知识产权局依照中华人民共和国专利法进行审查，决定授予专利权，颁发发明专利证书并在专利登记簿上予以登记。专利权自授权公告之日起生效。专利权期限为二十年，自申请日起算。

专利证书记载专利权登记时的法律状况。专利权的转移、质押、无效、终止、恢复和专利权人的姓名或名称、国籍、地址变更等事项记载在专利登记簿上。

局长
申长雨

第 1 页（共 2 页）

发明专利证书

专利说明：

本发明公开了本发明提供了一种金属粉末材料、青铜基金刚石砂轮及其制备方法。其中金属粉末材料的以下组分：FeCu 合金粉 5~15 份，AgCuSn 合金粉 10~50 份，CuSn 合金粉 5~20 份，锡粉 0~8 份，铜粉 10~30 份，钴粉 8~35 份和镍粉 0~4 份。

本发明所提供的金属粉末材料，添加了类球形 Fe-Cu 合金颗粒，通过成分控制和工艺控制让类球形 Fe-Cu 颗粒在烧结过程中形成蜂窝状疏松组织，在磨削过程中表面受到挤压

的 Fe-Cu 合金颗粒易与胎体脱落,在脱落位置形成容屑凹坑,与造孔剂达到相似效果,在不牺牲工具性能和安全性的前提下提高了工具的自锐性。

地址:河南省郑州市郑州高新技术产业开发区科学大道 149 号　　邮编:450001
联系人:董媛媛　　电话:0371-67836693　　网站:www.zrime.com.cn/
邮箱:dongyuanyuansdu@163.com

一种药皮钎料及其制备方法和应用

发　明　人:龙伟民;刘晓芳;董显;张冠星;常云峰;董宏伟;薛行雁;纠永涛
专　利　号:ZL 2021 1 0074552.7
专利申请日:2021 年 01 月 20 日
专 利 权 人:郑州机械研究所有限公司
授权公告日:2022 年 10 月 14 日

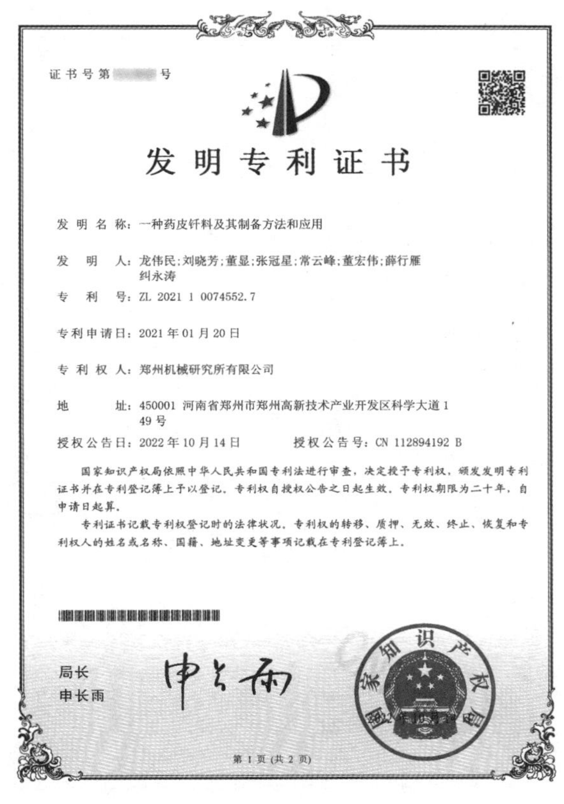

证书号第　　号

发明专利证书

发 明 名 称:一种药皮钎料及其制备方法和应用

发　明　人:龙伟民;刘晓芳;董显;张冠星;常云峰;董宏伟;薛行雁
纠永涛

专　利　号:ZL 2021 1 0074552.7

专利申请日:2021 年 01 月 20 日

专 利 权 人:郑州机械研究所有限公司

地　　址:450001 河南省郑州市郑州高新技术产业开发区科学大道 1
49 号

授权公告日:2022 年 10 月 14 日　　授权公告号:CN 112894192 B

国家知识产权局依照中华人民共和国专利法进行审查,决定授予专利权,颁发发明专利证书并在专利登记簿上予以登记。专利权自授权公告之日起生效。专利权期限为二十年,自申请日起算。

专利证书记载专利权登记时的法律状况。专利权的转移、质押、无效、终止、恢复和专利权人的姓名或名称、国籍、地址变更等事项记载在专利登记簿上。

局长
申长雨

第 1 页(共 2 页)

发明专利证书

专利说明:

本发明涉及药皮钎料技术领域,具体而言,涉及一种药皮钎料及其制备方法和应用。本发明的一种药皮钎料,包括钎料内芯和包覆于钎料内芯外表面的钎剂层。钎料内芯为中空结构或实心结构,中空结构包括环状结构或由钎料丝绕成的螺旋环状结构,实心结构的横截面积为矩形或圆形,钎剂层为孔洞结构。

通过钎料、孔洞结构钎剂层的配合以及设置特定的结构,药皮纤料熔化速度快,钎焊效率高;不需要添加黏结剂即可获得。药皮钎料附着力强,在运输过程中药皮损失小,存储方便,焊接性能稳定。

地址:河南省郑州市郑州高新技术产业开发区科学大道 149 号　　邮编:450001

联系人:董媛媛　　电话:0371-67836693　　网站: www. zrime. com. cn/

邮箱:dongyuanyuansdu@ 163. com

一种环状镍基自钎钎料及其制备方法和应用

发　明　人:黄俊兰;龙伟民;钟素娟;裴夤崟;纠永涛;周许升;潘建军;李文彬

专　利　号:ZL 2020 1 0903087.9

专利申请日:2020 年 09 月 01 日

专 利 权 人:郑州机械研究所有限公司

授权公告日:2023 年 02 月 21 日

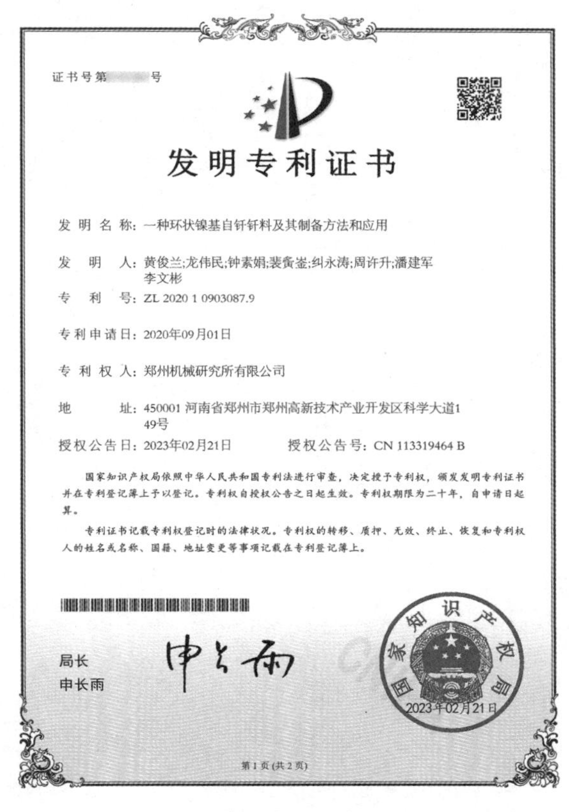

证书号第　　号

发明专利证书

发 明 名 称:一种环状镍基自钎钎料及其制备方法和应用

发　明　人:黄俊兰;龙伟民;钟素娟;裴夤崟;纠永涛;周许升;潘建军
李文彬

专　利　号:ZL 2020 1 0903087.9

专利申请日:2020年09月01日

专 利 权 人:郑州机械研究所有限公司

地　　　址:450001 河南省郑州市郑州高新技术产业开发区科学大道149号

授权公告日:2023年02月21日　　授权公告号:CN 113319464 B

国家知识产权局依照中华人民共和国专利法进行审查,决定授予专利权,颁发发明专利证书并在专利登记簿上予以登记。专利权自授权公告之日起生效。专利权期限为二十年,自申请日起算。

专利证书记载专利权登记时的法律状况。专利权的转移、质押、无效、终止、恢复和专利权人的姓名或名称、国籍、地址变更等事项记载在专利登记簿上。

局长
申长雨

国家知识产权局
2023年02月21日

第1页(共2页)

发明专利证书

专利说明:

本发明涉及钎焊材料技术领域,具体而言,涉及一种环状镍基自钎钎料及其制备方法和应用。本发明的环状镍基自钎钎料,主要由如下质量份数的原料制得:镍基钎料 79.5~91.7 份、B 粉 0.5~3.0 份、Si 粉 1.2~11.1 份、增稠剂 0.3~0.5 份和水 3~8 份。

本发明的环状镍基自钎钎料不含钎剂成分,通过各组分的配合作用,可实现钎料的自钎性能,不会产生钎剂残渣腐蚀接头,具有较佳的自钎性能,符合绿色环保要求;制成环状,可实现钎料的定量、自动添加,不浪费材料,适合自动钎焊,并且使焊接材料获得优异的焊接性能。本发明的制备方法,操作简单、生产效率高、成本低,克服了镍基钎料成环难的问题。

地址:河南省郑州市郑州高新技术产业开发区科学大道 149 号 邮编:450001
联系人:董媛媛 电话:0371-67836693 网站:www.zrime.com.cn/
邮箱:dongyuanyuansdu@163.com

一种硬质合金钎焊用复合钎料及其制备方法和在截齿钎焊中的应用

发　明　人:龙伟民;秦建;钟素娟;黄俊兰;周许升;路全彬;郭艳红;李永
专　利　号:ZL 2021 1 0933187.0
专利申请日:2021 年 08 月 12 日
专 利 权 人:郑州机械研究所有限公司
授权公告日:2023 年 04 月 07 日

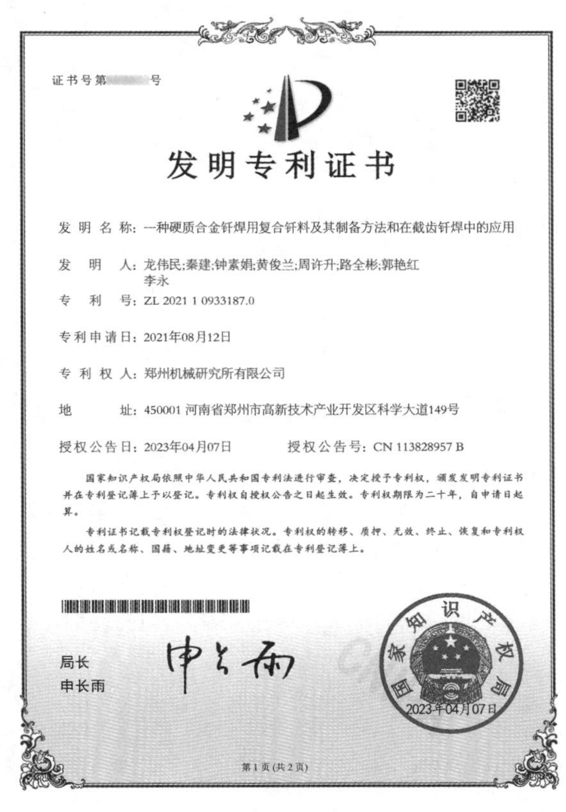
证书号第　　号

发明专利证书

发 明 名 称: 一种硬质合金钎焊用复合钎料及其制备方法和在截齿钎焊中的应用

发　明　人: 龙伟民;秦建;钟素娟;黄俊兰;周许升;路全彬;郭艳红
李永

专　利　号: ZL 2021 1 0933187.0

专利申请日: 2021年08月12日

专 利 权 人: 郑州机械研究所有限公司

地　　址: 450001 河南省郑州市高新技术产业开发区科学大道149号

授权公告日: 2023年04月07日　　授权公告号: CN 113828957 B

国家知识产权局依照中华人民共和国专利法进行审查,决定授予专利权,颁发发明专利证书并在专利登记簿上予以登记。专利权自授权公告之日起生效。专利权期限为二十年,自申请日起算。

专利证书记载专利权登记时的法律状况。专利权的转移、质押、无效、终止、恢复和专利权人的姓名或名称、国籍、地址变更等事项记载在专利登记簿上。

局长
申长雨

国家知识产权局
2023年04月07日

第 1 页(共 2 页)

发明专利证书

专利说明:

本发明属于钎焊材料领域,具体涉及一种硬质合金钎焊用复合钎料及其制备方法和在截齿钎焊中的应用。该复合钎料为夹芯材料,包括位于芯部的铁钴镍合金网,以及分别复合在铁钴镍合金网两侧表面上的第一、第二钎料部。第一、第二钎料部通过对应填充在铁钴镍合金网网孔中的铜基钎料连接成一体。铁钴镍合金网的化学成分为:w(Ni) = 24%~34%,w(Co) = 12%~22%,余量为 Fe。

本发明的复合钎料,使用铁钴镍合金网复合铜基钎料,特定成分的铁镍钴合金网形成可伐合金,在20~450 ℃具有与硬质合金近似的线膨胀系数,可有效缓释截齿钎焊接头热应力,降低刀体开裂风险。另外,铁镍钴合金中的Fe、Ni、Co会微量溶解扩散进入钎缝,从而有利于Fe-Ni-Co固溶体的形成,减少η脆性相的产生,而且Co还能补充硬质合金中黏结相Co的流失,有效增强接头强度,从而提高截齿的可靠性和使用寿命。

地址:河南省郑州市郑州高新技术产业开发区科学大道149号　　邮编:450001
联系人:董媛媛　　电话:0371-67836693　　网站: www. zrime. com. cn/
邮箱:dongyuanyuansdu@ 163. com

镍芯药皮钎涂材料及其制备方法、钎涂方法

发　明　人：龙伟民；张冠星；李永；纠永涛；裴夤崟；黄俊兰；董宏伟；薛行雁

专　利　号：ZL 2022 1 0656011. X

专利申请日：2022 年 06 月 10 日

专 利 权 人：郑州机械研究所有限公司

授权公告日：2023 年 04 月 28 日

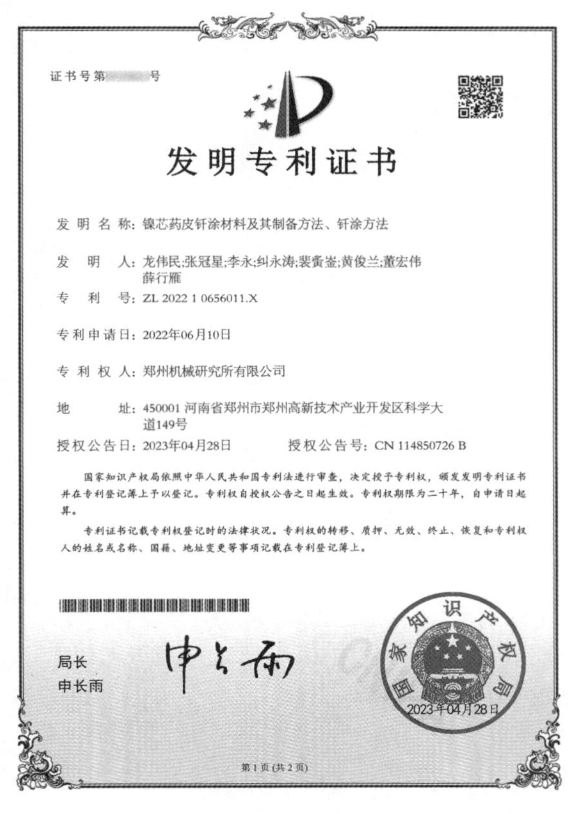

证书号第　　号

发明专利证书

发 明 名 称：镍芯药皮钎涂材料及其制备方法、钎涂方法

发　明　人：龙伟民;张冠星;李永;纠永涛;裴夤崟;黄俊兰;董宏伟
薛行雁

专　利　号：ZL 2022 1 0656011.X

专利申请日：2022年06月10日

专 利 权 人：郑州机械研究所有限公司

地　　　址：450001 河南省郑州市郑州高新技术产业开发区科学大道149号

授权公告日：2023年04月28日　　授权公告号：CN 114850726 B

国家知识产权局依照中华人民共和国专利法进行审查，决定授予专利权，颁发发明专利证书并在专利登记簿上予以登记。专利权自授权公告之日起生效。专利权期限为二十年，自申请日起算。

专利证书记载专利权登记时的法律状况。专利权的转移、质押、无效、终止、恢复和专利权人的姓名或名称、国籍、地址变更等事项记载在专利登记簿上。

局长
申长雨

国家知识产权局
2023年04月28日

第 1 页（共 2 页）

发明专利证书

专利说明：

本发明提供了一种镍芯药皮钎涂材料及其制备方法、钎涂方法，涉及钎涂材料技术领域。该镍芯药皮钎涂材料不需要黏结剂且附着能力强，由内至外依次为镍内芯、药皮层、硬化层和保护层。镍内芯为表面经过毛化处理的金属镍。药皮层为第一钎剂层，包含硬质颗粒、第一钎剂和钎料金属粉；硬化层含有第二钎剂，硬化层外包覆有主要由硅酸盐组成的保护层。

本发明提供的镍芯药皮钎涂材料以芯部的金属镍和药皮层中的钎料金属粉组成镍基钎料,缓解了全部用粉状钎料造成的易氧化问题,促进了钎料与硬质颗粒和母材的湿润铺展。药皮层中第一钎剂的主要作用是保护钎料不被氧化。硬化层中第二钎剂的主要作用是在药皮层外形成硬质保护壳,以使药皮层固定于镍内芯表面,实现不需要有机黏结剂就可以固定药皮层的效果,同时硬化层也具有保护钎料的作用。保护层中的硅酸盐在硬化层表面形成保护壳,有利于防止钎料成分在运输、存放的过程中氧化变质,同时,钎焊时硅酸盐不会生成夹杂物,从而不会对钎涂质量造成影响。

地址:河南省郑州市郑州高新技术产业开发区科学大道149号　　邮编:450001

联系人:董媛媛　　电话:0371-67836693　　网站: www. zrime. com. cn/

邮箱:dongyuanyuansdu@ 163. com

一种盾构刀用钎焊材料及其制备方法和钎焊方法

发　明　人:龙伟民;董博文;郝庆乐;程亚芳;纠永涛;沈元勋;秦建;聂孟杰
专　利　号:ZL 2021 1 0738088.7
专利申请日:2021 年 06 月 30 日
专 利 权 人:郑州机械研究所有限公司
授权公告日:2023 年 04 月 28 日

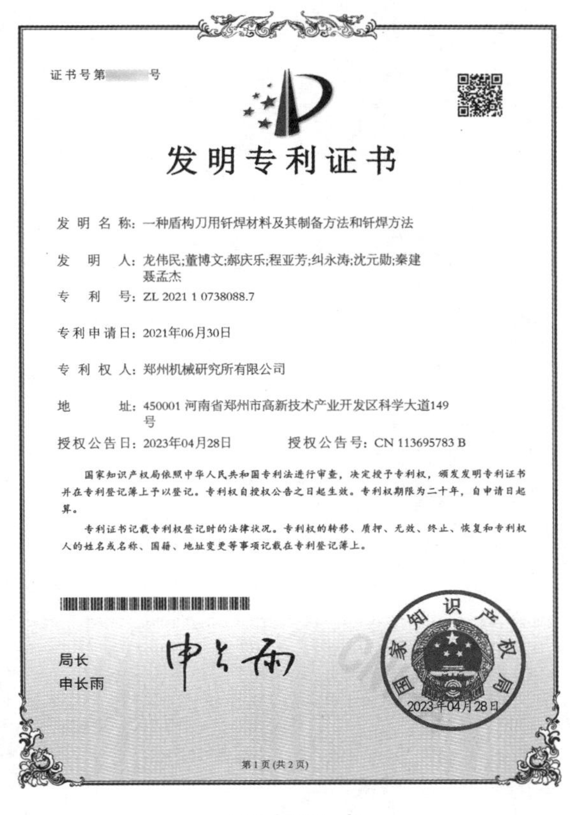

证书号第　　号

发明专利证书

发 明 名 称:一种盾构刀用钎焊材料及其制备方法和钎焊方法

发　　明　　人:龙伟民;董博文;郝庆乐;程亚芳;纠永涛;沈元勋;秦建
聂孟杰

专　　利　　号:ZL 2021 1 0738088.7

专利申请日:2021年06月30日

专 利 权 人:郑州机械研究所有限公司

地　　　　址:450001 河南省郑州市高新技术产业开发区科学大道149
号

授权公告日:2023年04月28日　　　授权公告号:CN 113695783 B

国家知识产权局依照中华人民共和国专利法进行审查,决定授予专利权,颁发发明专利证书并在专利登记簿上予以登记。专利权自授权公告之日起生效。专利权期限为二十年,自申请日起算。

专利证书记载专利权登记时的法律状况。专利权的转移、质押、无效、终止、恢复和专利权人的姓名或名称、国籍、地址变更等事项记载在专利登记簿上。

局长
申长雨

国家知识产权局
2023年04月28日

第1页(共2页)

发明专利证书

专利说明:

本发明属于钎焊材料领域,具体涉及一种盾构刀用钎焊材料及其制备方法和钎焊方法。该盾构刀用钎焊材料包括钎料合金外皮和被钎料合金外皮包裹的内芯。钎料合金外皮为银基钎料或铜基钎料;内芯由钎剂粉和分布在钎剂粉中的金属颗粒组成。金属颗粒选自铁颗粒、钴颗粒、镍颗粒、合金颗粒中的一种或两种以上组合。

该盾构刀用钎焊材料缓解了钎料溢流,提高了钎焊材料的使用效率,节约了成本。金属颗粒分布于钎缝中,可以缓释钎缝中因硬质合金块和钢基体线膨胀系数差异产生的应力。铁、钴、镍均属高熔点元素,且向液态钎料中扩散后可以与钎料合金中的元素形成固溶体,以提高盾构刀钎缝的高温强度。

地址:河南省郑州市郑州高新技术产业开发区科学大道149号　　邮编:450001
联系人:董媛媛　　电话:0371-67836693　　网站:www.zrime.com.cn/
邮箱:dongyuanyuansdu@163.com

一种铝基钎料、药芯铝基钎料及其制备方法

发　明　人：龙伟民；钟素娟；路全彬；董博文；沈元勋；丁天然；赵建昌；李涛；张宏超

专　利　号：ZL 2021 1 1450015.4

专利申请日：2021 年 11 月 30 日

专 利 权 人：郑州机械研究所有限公司

授权公告日：2023 年 06 月 09 日

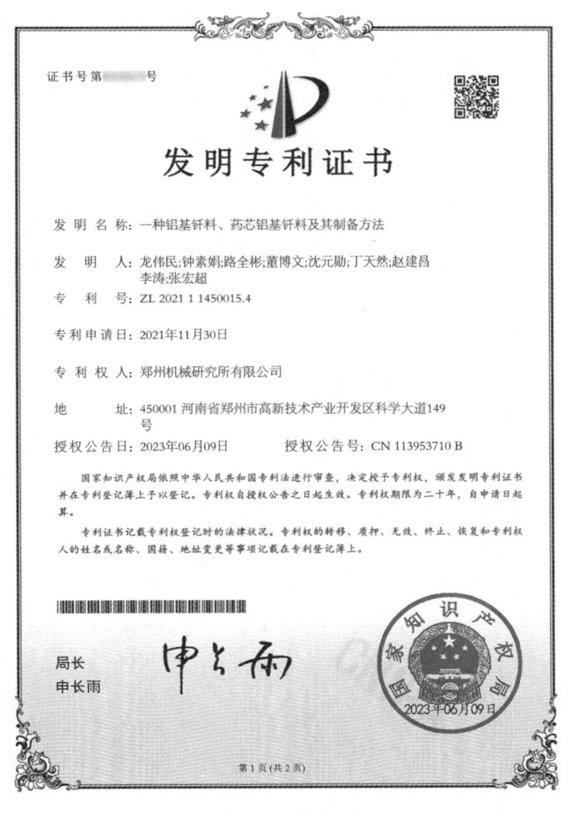

证书号第　　号

发明专利证书

发 明 名 称：一种铝基钎料、药芯铝基钎料及其制备方法

发　　明　　人：龙伟民;钟素娟;路全彬;董博文;沈元勋;丁天然;赵建昌
李涛;张宏超

专　　利　　号：ZL 2021 1 1450015.4

专 利 申 请 日：2021年11月30日

专 利 权 人：郑州机械研究所有限公司

地　　　　址：450001 河南省郑州市高新技术产业开发区科学大道149
号

授 权 公 告 日：2023年06月09日　　　授 权 公 告 号：CN 113953710 B

国家知识产权局依照中华人民共和国专利法进行审查，决定授予专利权，颁发发明专利证书并在专利登记簿上予以登记。专利权自授权公告之日起生效。专利权期限为二十年，自申请日起算。

专利证书记载专利权登记时的法律状况。专利权的转移、质押、无效、终止、恢复和专利权人的姓名或名称、国籍、地址变更等事项记载在专利登记簿上。

局长
申长雨

国家知识产权局
2023年06月09日

第 1 页 (共 2 页)

发明专利证书

专利说明：

本发明涉及一种铝基钎料、药芯铝基钎料及其制备方法，属于钎焊技术领域。本发明的铝基钎料包括一层及以上的层状金属复合材料。层状金属复合材料包括基础铝层和在远离基础铝层的方向依次设置的第一铜层、调控层和第二铜层。调控层为铝硅调控层或铝银调控层，其用于使铝基钎料在钎焊时原位形成铝铜硅钎料或铝银铜钎料。

本发明的铝基钎料的层状金属复合材料易于制备，相较于需要熔炼、挤压法制备的传

统铝基钎料,不仅降低了能耗,而且可以降低元素成分的控制难度,将铝、银、铜或铝、铜、硅的成分偏差均控制在0.2%以内,减少甚至避免 $CuAl_2$ 金属间化合物的形成,降低了铝基钎料的加工难度。

地址:河南省郑州市郑州高新技术产业开发区科学大道149号　　邮编:450001
联系人:董媛媛　　电话:0371-67836693　　网站: www. zrime. com. cn/
邮箱:dongyuanyuansdu@163. com

一种铜磷锡钎料丝及其制备方法

发　明　人：钟素娟；纠永涛；程亚芳；黄俊兰；丁天然；张冠星；路全彬
专　利　号：ZL 2022 1 0677638.3
专利申请日：2022 年 06 月 15 日
专 利 权 人：郑州机械研究所有限公司
授权公告日：2023 年 06 月 20 日

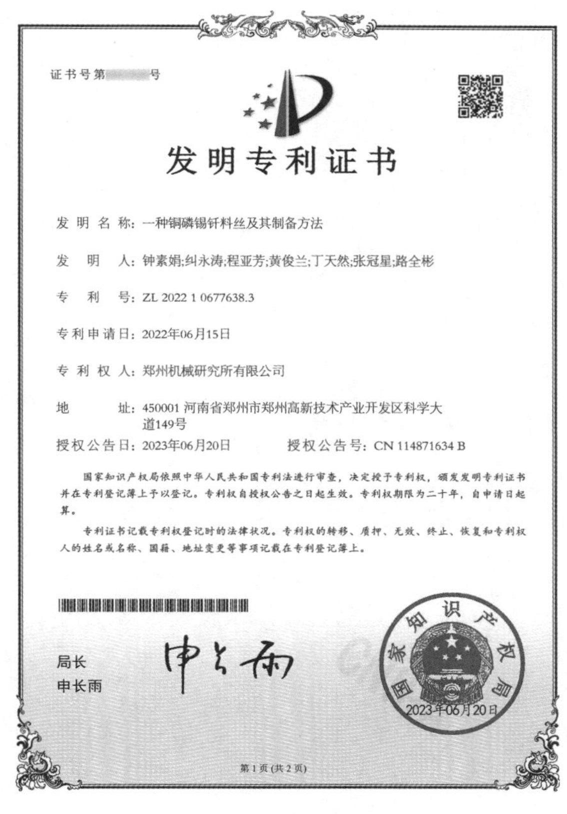
证书号第　　号

发明专利证书

发 明 名 称：一种铜磷锡钎料丝及其制备方法

发　　明　　人：钟素娟;纠永涛;程亚芳;黄俊兰;丁天然;张冠星;路全彬

专　　利　　号：ZL 2022 1 0677638.3

专利申请日：2022年06月15日

专 利 权 人：郑州机械研究所有限公司

地　　　　址：450001 河南省郑州市郑州高新技术产业开发区科学大道149号

授权公告日：2023年06月20日　　　授权公告号：CN 114871634 B

国家知识产权局依照中华人民共和国专利法进行审查，决定授予专利权，颁发发明专利证书并在专利登记簿上予以登记。专利权自授权公告之日起生效。专利权期限为二十年，自申请日起算。

专利证书记载专利权登记时的法律状况。专利权的转移、质押、无效、终止、恢复和专利权人的姓名或名称、国籍、地址变更等事项记载在专利登记簿上。

局长
申长雨

国家知识产权局
2023年06月20日

第 1 页 (共 2 页)

发明专利证书

专利说明：

本发明提供了一种铜磷锡钎料丝及其制备方法。其中铜磷锡钎料丝为三层结构，内层为 Cu，中间层为 Cu-14P 合金，外层为 Sn。Sn 的质量分数在 7%以上。

本发明利用紫铜的高塑性，基于 Cu-14P 对紫铜的自钎、润湿性能及 Cu-14P 合金与 Sn 液间的浸润性能，将三者合金化成一体，形成丝径 0.5 mm 以下的铜磷锡钎料丝。本发明的铜磷锡钎料丝的熔化温度较低(可达645~660 ℃)、流动性能好,其用于铜及铜合金钎焊时,钎缝缺欠少、钎焊质量稳定。本方明制备获得了Sn含量更高且丝径在0.5 mm以下的铜磷锡钎料丝,克服了传统制备方法的技术局限。

地址:河南省郑州市郑州高新技术产业开发区科学大道149号　　邮编:450001
联系人:董媛媛　　电话:0371-67836693　　网站: www. zrime. com. cn/
邮箱:dongyuanyuansdu@ 163. com

一种钢结硬质合金及其制备方法和应用

发　明　人:魏炜;关绍康;黄智泉;张海燕;杨威
专　利　号:ZL 2022 1 0002956. X
专利申请日:2022 年 01 月 04 日
专 利 权 人:郑州大学;郑州机械研究所有限公司
授权公告日:2022 年 06 月 21 日

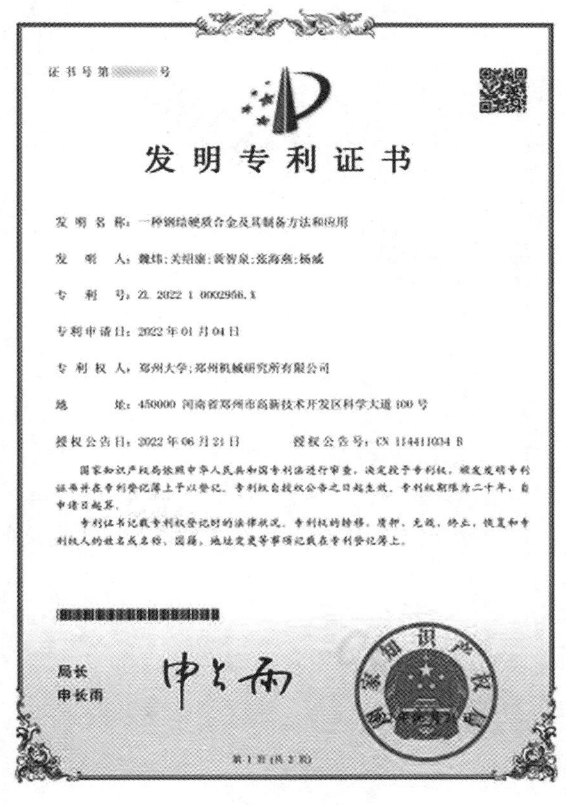
证书号第　　　号

发明专利证书

发 明 名 称:一种钢结硬质合金及其制备方法和应用

发　明　人:魏炜;关绍康;黄智泉;张海燕;杨威

专　利　号:ZL 2022 1 0002956.X

专利申请日:2022 年 01 月 04 日

专 利 权 人:郑州大学;郑州机械研究所有限公司

地　　　址:450000 河南省郑州市高新技术开发区科学大道 100 号

授权公告日:2022 年 06 月 21 日　　　授权公告号:CN 114411034 B

国家知识产权局依照中华人民共和国专利法进行审查,决定授予专利权,颁发发明专利证书并在专利登记簿上予以登记。专利权自授权公告之日起生效。专利权期限为二十年,自申请日起算。

专利证书记载专利权登记时的法律状况。专利权的转移、质押、无效、终止、恢复和专利权人的姓名或名称、国籍、地址变更等事项记载在专利登记簿上。

局长
申长雨

第 1 页(共 2 页)

发明专利证书

专利说明:

本发明属于硬质合金技术领域,提供了一种钢结硬质合金及其制备方法和应用。其制备步骤为:混料→压制成型→烧结成型。原料为:w(Si@C 粉) = 50%~60%,w(铍粉) = 5%~8%,w(玻璃粉) = 2%~4%,w(FNiTZ-121 羰基镍粉) = 5%~8%,w(钒铁粉) = 4%~6%,w(铌铁粉) = 2%~5%,余量为 MCIP-R-1 羰基铁粉,烧结温度为 1 280~1 300 ℃。本发明提供的钢结硬质合金硬度大(最小值为 HRC 98)、致密性好、孔隙率小(最大值为

3.1%)、韧性高(最小值为11.2 J/cm^2),用于制备辊压机辊套镶嵌/铸的耐磨柱钉,有效延长了耐磨柱钉的使用周期,本发明是钢结硬质合金制备技术的创新。

地址:河南省郑州市郑州高新技术产业开发区科学大道149号　　邮编:450001
联系人:高站起　　电话:0371-67836834　　网站:www.zrime.com.cn/
邮箱:zrime7435275@163.com

一种耐磨结构的制备方法

发　明　人:黄智泉;魏建军;潘健;杨威;张海燕;魏炜;高站起;李恒
专　利　号:ZL 2020 1 0529608.9
专利申请日:2020 年 06 月 11 日
专 利 权 人:郑州机械研究所有限公司
授权公告日:2021 年 05 月 25 日

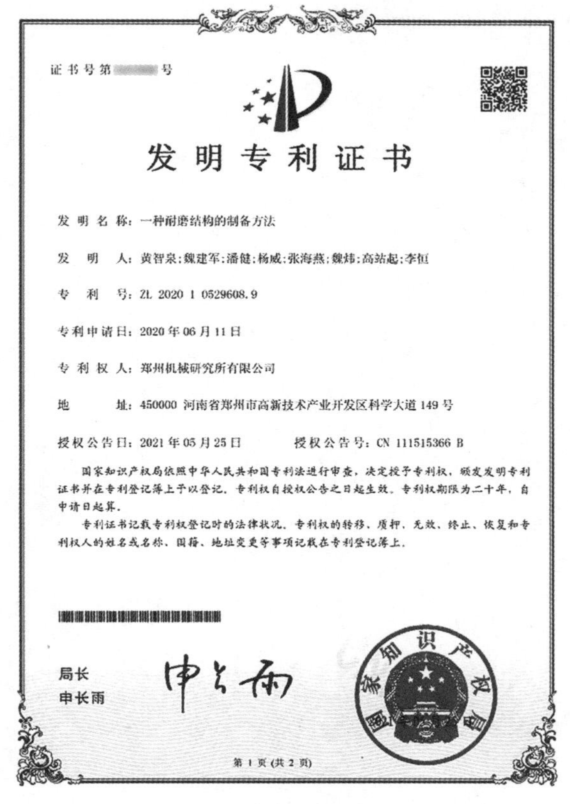
证书号第　　号

发明专利证书

发明名称:一种耐磨结构的制备方法

发　明　人:黄智泉;魏建军;潘健;杨威;张海燕;魏炜;高站起;李恒

专　利　号:ZL 2020 1 0529608.9

专利申请日:2020 年 06 月 11 日

专利权人:郑州机械研究所有限公司

地　　址:450000 河南省郑州市高新技术产业开发区科学大道 149 号

授权公告日:2021 年 05 月 25 日　　授权公告号:CN 111515366 B

国家知识产权局依照中华人民共和国专利法进行审查,决定授予专利权,颁发发明专利证书并在专利登记簿上予以登记。专利权自授权公告之日起生效。专利权期限为二十年,自申请日起算。

专利证书记载专利权登记时的法律状况。专利权的转移、质押、无效、终止、恢复和专利权人的姓名或名称、国籍、地址变更等事项记载在专利登记簿上。

局长
申长雨

第 1 页(共 2 页)

发明专利证书

专利说明:

在矿山、煤炭、冶金、化工工业等领域应用的加工设备中经常需要安装耐磨结构,如挤压辊的辊套在运行中直接接触物料,负荷极大,不可避免地会出现磨损、剥落、失效现象。破碎机、耐磨衬板或耐磨筛板等结构也有类似需求来提高设备的使用寿命。现有的耐磨结构存在耐磨性提高不显著、停机维修周期长、过盈配合容易在瞬时力的作用下胀裂或胶黏结合受工作温度影响导致耐磨柱钉脱落等诸多问题,造成了极大的安全隐患,增加了设备维修的周期和费用。如何解决上述问题,是本技术领域研究人员的当务之急。

本发明公开了一种耐磨结构的制备方法,将硬质合金耐磨棒放入模具中,浇注熔融态的铸钢液,冷却后形成圆柱状的铸钢套毛坯,得到复合耐磨柱钉毛坯;将铸钢套毛坯外表面机加工到所要求的精度后得到铸钢套,同时得到复合耐磨柱钉,将复合耐磨柱钉放入冷却炉中一段时间;在母材上均匀开设安装孔;将自冷却炉中取出的复合耐磨柱钉立即插入母材的安装孔中,恢复常温后复合耐磨柱钉与安装孔之间实现过盈配合;在复合耐磨柱钉之间进行堆焊形成堆焊层,使复合耐磨柱钉、母材、堆焊层三者之间实现冶金结合。

本发明的制备方法,避免了安装孔的胀裂,对母材无损伤,复合耐磨柱钉与母材结合牢固,延长了耐磨结构的使用寿命。

地址:河南省郑州市郑州高新技术产业开发区科学大道 149 号　　邮编:450001
联系人:董媛媛　　电话:0371-67836693　　网站: www. zrime. com. cn/
邮箱:dongyuanyuansdu@ 163. com

一种药皮钎料

发　明　人:钟素娟;孙华为;张雷;陈宝玉;薛行雁;董显;吕登峰;陈静;黄俊兰;董博文

专　利　号:ZL 2016 1 0784628.4

专利申请日:2016 年 08 月 31 日

专 利 权 人:郑州机械研究所有限公司

授权公告日:2018 年 11 月 16 日

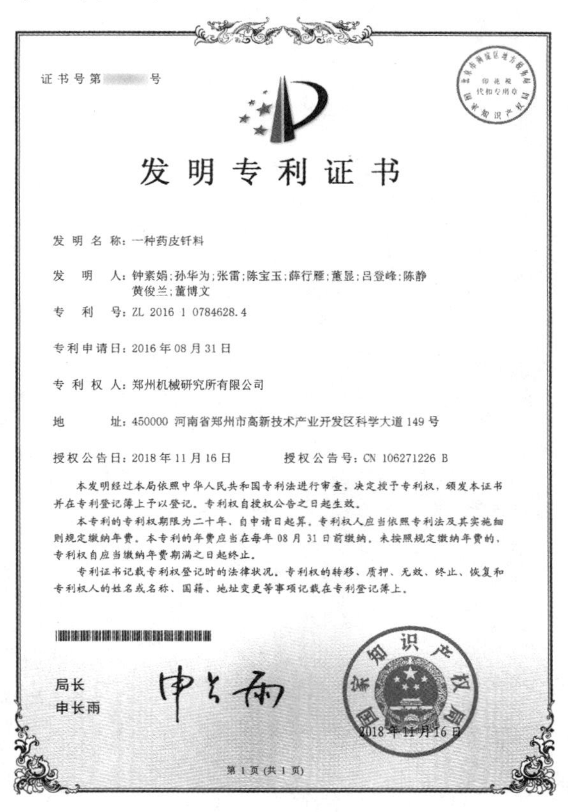

证书号第　　号

发明专利证书

发 明 名 称:一种药皮钎料

发　明　人:钟素娟;孙华为;张雷;陈宝玉;薛行雁;董显;吕登峰;陈静
黄俊兰;董博文

专　利　号:ZL 2016 1 0784628.4

专利申请日:2016 年 08 月 31 日

专 利 权 人:郑州机械研究所有限公司

地　　　址:450000 河南省郑州市高新技术产业开发区科学大道 149 号

授权公告日:2018 年 11 月 16 日　　授权公告号:CN 106271226 B

本发明经过本局依照中华人民共和国专利法进行审查,决定授予专利权,颁发本证书并在专利登记簿上予以登记。专利权自授权公告之日起生效。

本专利的专利权期限为二十年,自申请日起算。专利权人应当依照专利法及其实施细则规定缴纳年费。本专利的年费应当在每年 08 月 31 日前缴纳。未按照规定缴纳年费的,专利权自应当缴纳年费期满之日起终止。

专利证书记载专利权登记时的法律状况。专利权的转移、质押、无效、终止、恢复和专利权人的姓名或名称、国籍、地址变更等事项记载在专利登记簿上。

局长
申长雨

2018 年 11 月 16 日

第 1 页 (共 1 页)

发明专利证书

专利说明:

本发明涉及一种钎剂用黏结体系、钎料用涂料组合物及药皮钎料,属于药皮钎料领域。该钎剂用黏结体系包括主剂和固化剂。主剂由以下质量份数的组分组成:环氧树脂 18~23 份、聚硫橡胶 15~20 份、邻苯二甲酸二丁酯 7~14 份、稀释剂 3~8 份;固化剂由以下质量百分比的组分组成:二乙烯三胺 70%~80%、邻苯二甲酸酐 20%~30%。本发明提供的钎料用黏结体系,由环氧树脂、聚硫橡胶等组分组成,加入钎剂后混合均匀即可用于钎料表面制备防潮、防脱落药皮。该药皮与钎料内芯的结合力好,可起到良好的防潮、防脱落效果。经该涂料组合物固化制备的钎料药皮中,有机物含量低且在钎焊温度下可完全分解,残留物少,对钎焊过程的影响小。

地址:河南省郑州市郑州高新技术产业开发区科学大道149号　　邮编:450001
联系人:董媛媛　　电话:0371-67836693　　网站: www. zrime. com. cn/
邮箱:dongyuanyuansdu@ 163. com

一种耐热耐磨药芯焊丝

发　明　人：黄智泉；潘健；魏建军；杨威；张永生；李军伟；尼军杰；张海燕

专　利　号：ZL 2016 1 0543425.6

专利申请日：2016 年 07 月 12 日

专 利 权 人：郑州机械研究所有限公司

授权公告日：2018 年 05 月 08 日

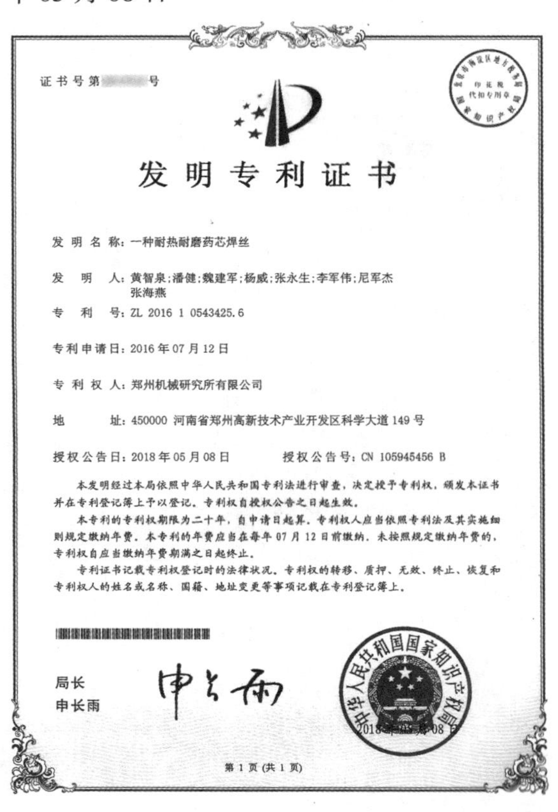

证书号第　　号

发明专利证书

发 明 名 称：一种耐热耐磨药芯焊丝

发　明　人：黄智泉；潘健；魏建军；杨威；张永生；李军伟；尼军杰
张海燕

专　利　号：ZL 2016 1 0543425.6

专利申请日：2016 年 07 月 12 日

专 利 权 人：郑州机械研究所有限公司

地　　址：450000 河南省郑州高新技术产业开发区科学大道 149 号

授权公告日：2018 年 05 月 08 日　　授权公告号：CN 105945456 B

本发明经过本局依照中华人民共和国专利法进行审查，决定授予专利权，颁发本证书并在专利登记簿上予以登记。专利权自授权公告之日起生效。

本专利的专利权期限为二十年，自申请日起算。专利权人应当依照专利法及其实施细则规定缴纳年费。本专利的年费应当在每年 07 月 12 日前缴纳。未按照规定缴纳年费的，专利权自应当缴纳年费期满之日起终止。

专利证书记载专利权登记时的法律状况。专利权的转移、质押、无效、终止、恢复和专利权人的姓名或名称、国籍、地址变更等事项记载在专利登记簿上。

局长
申长雨

中华人民共和国国家知识产权局

第 1 页 (共 1 页)

发明专利证书

专利说明：

机械零件的主要失效形式中因高温和腐蚀作用下磨损失效的比重为 60%～80%，国内耐磨材料市场需求明显。铁基耐热耐磨合金在高温下硬度会显著下降，市场上常见的药芯焊丝一般可满足 550 ℃以下工况使用，超过 700 ℃时大多数就采用钴基合金，目前获得在 600 ℃以上具有良好回火稳定性的堆焊层的药芯焊丝急需研究开发。

本发明公开了一种耐热耐磨药芯焊丝，通过添加纳米级石墨烯、纳米级稀土元素和纳米级碳化铬等组分,并通过优化组分合理范围,能获得组织均匀的微观组织,并且能获得具有良好高温回火稳定性的堆焊层,在高温工况下使用状况良好,部分代替了较为昂贵的钴基和镍基耐热耐磨材料。纳米级石墨烯表面原子具有极高的化学活性,这使得在金属熔体中比石墨更容易扩散,提高其分布均匀性;纳米级稀土氧化物颗粒,具有细化晶粒的作用;纳米级碳化铬可起到非自发形核的作用。此外,本技术发明中焊丝药芯粉中添加了 Ni、W、Cr 等多种合金元素,在堆焊金属中形成稳定性极高的含 W、Nb、B 和 Mo 等合金元素的碳化物。本发明的优点在于生产成本低,能够获得耐热耐磨性能优异的熔敷金属,操作方便,适用性强,有利于自动化焊接工艺的推广应用。

地址:河南省郑州市郑州高新技术产业开发区科学大道 149 号　　邮编:450001
联系人:董媛媛　　电话:0371-67836693　　网站: www. zrime. com. cn/
邮箱:dongyuanyuansdu@ 163. com

药芯银钎料及其制备方法

发　明　人:龙伟民;钟素娟;吕登峰;鲍丽;于新泉;潘建军;赵建昌;张宏超;杜全斌

专　利　号:ZL 2015 1 0269666.1

专利申请日:2015 年 05 月 25 日

专 利 权 人:郑州机械研究所

授权公告日:2017 年 10 月 31 日

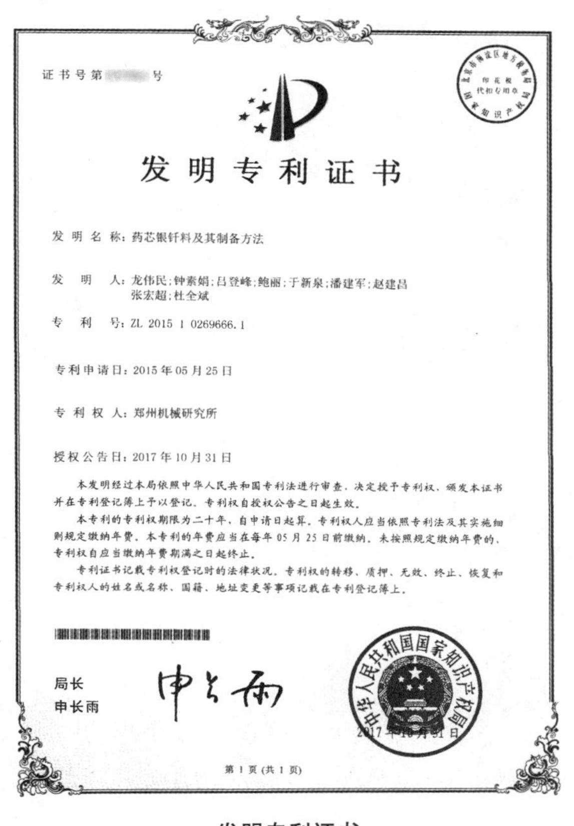

证书号第[illegible]号

发明专利证书

发 明 名 称:药芯银钎料及其制备方法

发　明　人:龙伟民;钟素娟;吕登峰;鲍丽;于新泉;潘建军;赵建昌
张宏超;杜全斌

专　利　号:ZL 2015 1 0269666.1

专利申请日:2015 年 05 月 25 日

专 利 权 人:郑州机械研究所

授权公告日:2017 年 10 月 31 日

本发明经过本局依照中华人民共和国专利法进行审查,决定授予专利权,颁发本证书并在专利登记簿上予以登记。专利权自授权公告之日起生效。

本专利的专利权期限为二十年,自申请日起算。专利权人应当依照专利法及其实施细则规定缴纳年费。本专利的年费应当在每年 05 月 25 日前缴纳。未按照规定缴纳年费的,专利权自应当缴纳年费期满之日起终止。

专利证书记载专利权登记时的法律状况。专利权的转移、质押、无效、终止、恢复和专利权人的姓名或名称、国籍、地址变更等事项记载在专利登记簿上。

局长
申长雨

中华人民共和国国家知识产权局

2017 年 10 月 31 日

第 1 页 (共 1 页)

发明专利证书

专利说明:

本发明公开了一种药芯银钎料。其包括银基钎料外层和填装其内的银钎剂药芯,银基钎料外层为由带状钎料旋转卷制而成的具有螺旋搭接缝的管状结构。其制备方法为:按常规方法熔炼并制成带状银基钎料,并对内表面进行粗糙化处理;然后旋转卷制成搭接缝呈螺旋状的管状结构,并在卷制过程中将银钎剂加入管内形成药芯;通过轧制或拉拔工艺制成符合要求的药芯银钎料。

本发明的优点在于,实现了钎剂方便、高效的预加入,钎焊时具有装配方便、易实现自动化生产、成本低等优点,有利于自动化钎焊工艺的推广应用。

地址:河南省郑州市郑州高新技术产业开发区科学大道149号　邮编:450001
联系人:董媛媛　电话:0371-67836693　网站:www.zrime.com.cn/
邮箱:dongyuanyuansdu@163.com

一种原位合成焊剂的高强韧复合银钎料环

发　明　人：龙伟民；纠永涛；钟素娟；张雷；吕登峰；裴夤崟；马佳；沈元勋；张冠星；董显；路全彬；朱坤

专　利　号：ZL 2015 1 0565373.8

专利申请日：2015 年 09 月 08 日

专 利 权 人：郑州机械研究所

授权公告日：2017 年 10 月 31 日

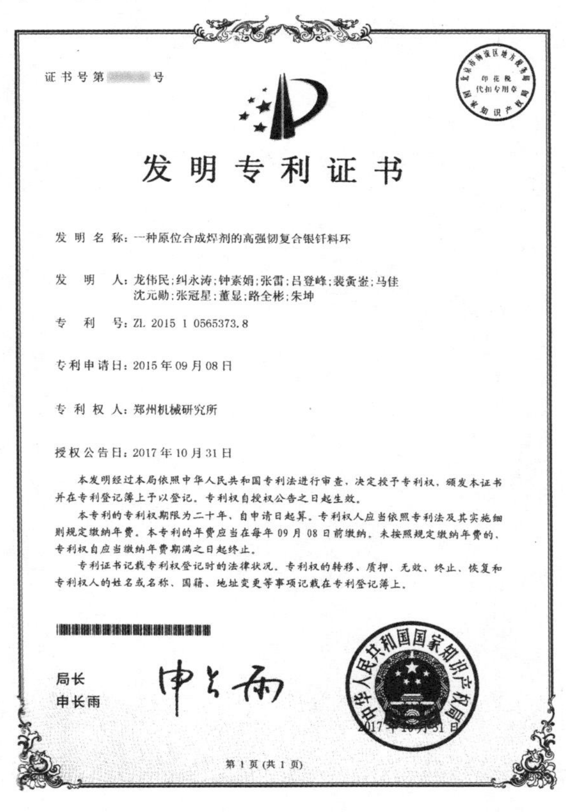
证书号第[illegible]号

发明专利证书

发 明 名 称：一种原位合成焊剂的高强韧复合银钎料环

发　明　人：龙伟民；纠永涛；钟素娟；张雷；吕登峰；裴夤崟；马佳
沈元勋；张冠星；董显；路全彬；朱坤

专　利　号：ZL 2015 1 0565373.8

专利申请日：2015 年 09 月 08 日

专 利 权 人：郑州机械研究所

授权公告日：2017 年 10 月 31 日

本发明经过本局依照中华人民共和国专利法进行审查，决定授予专利权，颁发本证书并在专利登记簿上予以登记。专利权自授权公告之日起生效。

本专利的专利权期限为二十年，自申请日起算。专利权人应当依照专利法及其实施细则规定缴纳年费。本专利的年费应当在每年 09 月 08 日前缴纳。未按照规定缴纳年费的，专利权自应当缴纳年费期满之日起终止。

专利证书记载专利权登记时的法律状况。专利权的转移、质押、无效、终止、恢复和专利权人的姓名或名称、国籍、地址变更等事项记载在专利登记簿上。

局长
申长雨

中华人民共和国国家知识产权局
2017 年 10 月 31 日

第 1 页（共 1 页）

发明专利证书

专利说明：

药芯银焊条料由带状银钎料卷制成钎料管后，在管内填装一定比例的钎剂药芯制成。目前市场上常见的药芯银焊条直径一般为 1.5～3.0 mm，钎剂药芯所占比例多为 12%～20%。由于钎料管的壁厚较薄，成品药芯银钎料的强度和韧性较差，难以制作中径 6 mm 以下薄壁管路焊接用的钎料环，影响了药芯钎料的推广应用。

本发明公开了一种原位合成焊剂的高强韧复合银钎料环。其具有中空结构的银钎料环本体。银钎料环本体由银钎料管和填充其内的药芯组成的复合银钎料绕制而成。药芯由单质硼微粉、硼氢化钠或硼氢化钾、氟硼酸钾、硼酐或硼酸、氟化钾或氟化钠或氟化锂氟、氢化钾和氟铝酸钾按一定比例配制而成。

本发明实现了药芯中的单质硼微粉与银钎料管中的金属元素可原位合成焊剂的目的,故可将药芯含量减少。且当药芯含量较低时,钎料仍具有良好的钎焊工艺性;同时,由于钎料管的壁厚增加,使其具有良好的强韧性和高挺度,钎料的加工性能得以大大提高,最小直径可降至0.8 mm,可轻易绕制成中径6 mm以下的钎料环,有利于自动化钎焊工艺的推广应用。

地址:河南省郑州市郑州高新技术产业开发区科学大道149号　　邮编:450001

联系人:董媛媛　　电话:0371-67836693　　网站:www.zrime.com.cn/

邮箱:dongyuanyuansdu@163.com

一种高锡银基焊条

发　明　人:龙伟民;张冠星;裴夤崟;钟素娟;张强;马佳;樊江磊;鲍丽;王洋;赵建昌;黄小勇

专　利　号:ZL 2013 1 0443997.3

专利申请日:2013 年 09 月 26 日

专 利 权 人:郑州机械研究所

授权公告日:2015 年 08 月 19 日

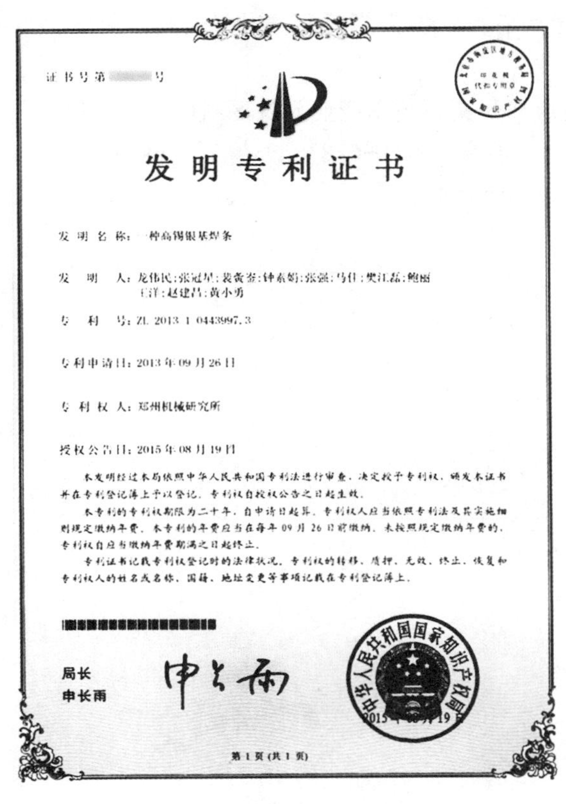

证书号第　　号

发明专利证书

发 明 名 称:一种高锡银基焊条

发　明　人:龙伟民;张冠星;裴夤崟;钟素娟;张强;马佳;樊江磊;鲍丽
王洋;赵建昌;黄小勇

专　利　号:ZL 2013 1 0443997.3

专利申请日:2013 年 09 月 26 日

专 利 权 人:郑州机械研究所

授权公告日:2015 年 08 月 19 日

本发明经过本局依照中华人民共和国专利法进行审查,决定授予专利权,颁发本证书并在专利登记簿上予以登记。专利权自授权公告之日起生效。

本专利的专利权期限为二十年,自申请日起算。专利权人应当依照专利法及其实施细则规定缴纳年费。本专利的年费应当在每年 09 月 26 日前缴纳。未按照规定缴纳年费的,专利权自应当缴纳年费期满之日起终止。

专利证书记载专利权登记时的法律状况。专利权的转移、质押、无效、终止、恢复和专利权人的姓名或名称、国籍、地址变更等事项记载在专利登记簿上。

局长
申长雨

第 1 页(共 1 页)

发明专利证书

专利说明:

含镉(Cd)的银钎料是所有银钎料中工艺性最好,且强度、加工性能均比较理想的钎料。镉为有毒元素,极易挥发,镉蒸汽属于有毒气体,其氧化物也有毒,所以含镉钎料的使用不仅危害焊接操作者的健康,也影响周边的环境,其生产和使用对环境的污染已经成为一个全球性的问题。欧盟颁布的 WEEE 和 RoHS 两个指令,规定含镉的材料不允许在家电产品中使用,并且已于2006年7月1日起实施。根据中国信息产业部(现工业和信息化部)等七部委2006年第39号部令要求,在家电等行业全面禁止使用含镉等6种有害物质。中国政府的相关法令已于2007年3月1日起实施。因此,我们必须研究开发不含镉的替代钎料产品。目前用In(铟)和Sn(锡)取代钎料中所用的Cd元素,但In的价格比较昂贵,如果在取代Cd的同时又能取代部分银的话,在有利于钎料性能和经济性的条件下,可以选用In作为替代元素,但在实际生产中,只能以Sn取代Cd。

本发明公开了一种高锡银基焊条。其化学成分为:w(银)=24%~61%,w(铜)=20%~41%,w(锌)=12%~35%,w(锡)=6%~12%。制备时,首先将原料铜与锡按比例雾化成合金粉末;再将铜熔化,温度达到一定时加入银,充分熔合后用复合盐覆盖;然后将金属溶液降温,加入锌继续熔合;待锌充分熔合后,将金属溶液静止、浇注成铸锭;将铸锭粗车后入电阻炉匀化退火,挤压成3.5 mm的板带;在线退火后多道次小变比轧制为0.2 mm厚的薄带;然后与雾化的合金粉末通过药芯焊丝机组合、拉拔、切断,得到直径1.0~2.5 mm的成品焊条。

本发明的优点在于制备方法操作简便、稳定性好、成本较低,解决了高锡银基钎料难以加工成焊条的问题。

地址:河南省郑州市郑州高新技术产业开发区科学大道149号　　邮编:450001
联系人:董媛媛　　电话:0371-67836693　　网站:www.zrime.com.cn/
邮箱:dongyuanyuansdu@163.com

一种深冷工程专用不锈钢焊条

发　明　人:王士山;边境;陈波;李伟;王学东;李柱

专　利　号:ZL 2009 1 0238116.8

专利申请日:2009 年 11 月 13 日

专 利 权 人:北京金威焊材有限公司;中冶建筑研究总院有限公司

授权公告日:2011 年 05 月 18 日

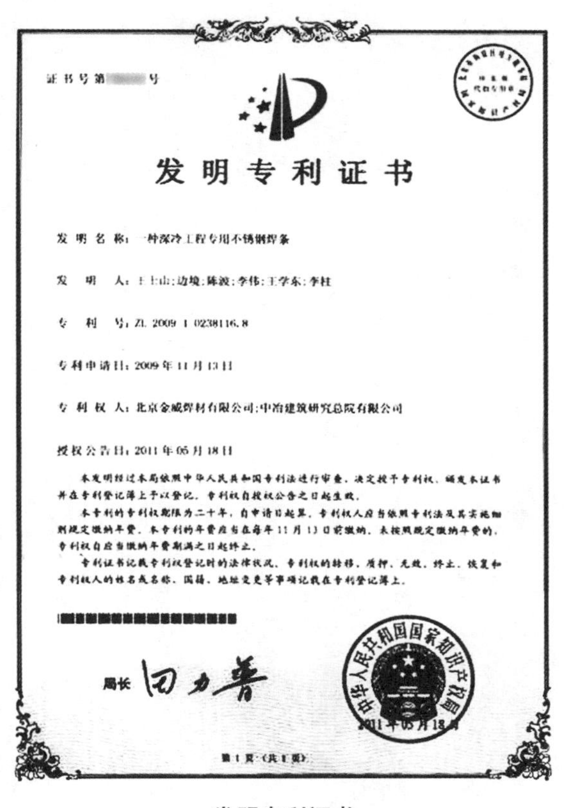

证书号第　　号

发明专利证书

发 明 名 称：一种深冷工程专用不锈钢焊条

发　明　人：王士山;边境;陈波;李伟;王学东;李柱

专　利　号：ZL 2009 1 0238116.8

专利申请日：2009 年 11 月 13 日

专 利 权 人：北京金威焊材有限公司;中冶建筑研究总院有限公司

授权公告日：2011 年 05 月 18 日

本发明经过本局依照中华人民共和国专利法进行审查，决定授予专利权，颁发本证书并在专利登记簿上予以登记。专利权自授权公告之日起生效。

本专利的专利权期限为二十年，自申请日起算。专利权人应当依照专利法及其实施细则规定缴纳年费。本专利的年费应当在每年 11 月 13 日前缴纳。未按照规定缴纳年费的，专利权自应当缴纳年费期满之日起终止。

专利证书记载专利权登记时的法律状况。专利权的转移、质押、无效、终止、恢复和专利权人的姓名或名称、国籍、地址变更等事项记载在专利登记簿上。

局长　田力普

中华人民共和国国家知识产权局

2011 年 05 月 18 日

第 1 页（共 1 页）

发明专利证书

专利说明:

面心立方晶格的奥氏体不锈钢由于具有优良的低温韧性,常常被用作低温用钢。奥氏体不锈钢母材低温冲击值一般都很高,在-196 ℃的 V 型冲击值一般都在 140 J 以上。但是,国内在对绕管换热器、脱甲烷塔等低温液体储存容器做焊接工艺评定的过程中,发现其焊缝金属的低温冲击韧性都很低。如果采用常用的钛钙型不锈钢焊条焊接,-196 ℃的焊缝金属的低温冲击值仅可以达到 25 J(工程要求大于 31 J),因此,有必要研究具有理想的低温冲击韧性的奥氏体不锈钢焊缝金属。

国内研究表明,通常降低奥氏体不锈钢焊缝中的含碳量、减少铁素体含量,另外选用低氢型碱性焊条,控制焊缝金属中的氧含量,采用小规范,限制线能量和焊后进行固溶处理,可以明显改善和提高焊缝金属-196 ℃的V型冲击韧性。但是,低氢碱性焊条焊接工艺性较差,另外,过分降低焊缝铁素体含量,势必影响焊缝的抗热裂性能。因此,开发一种铁素体含量适宜,且具有良好焊接工艺性能及低温冲击韧性的焊条十分关键。

本发明属于焊接材料领域,特别涉及一种适用于深冷工程奥氏体不锈钢专用的不锈钢焊条。其焊接工艺性能优良;焊缝金属中铁素体含量适宜;焊缝金属具有优良的-196 ℃低温冲击性能,焊缝金属-196 ℃的V型冲击吸收功平均值为45 J,完全满足工程所需。

地址:天津市蓟州区经济开发区澜河街29号　　邮编:301906

电话:022-29853695　022-29853557　　网站:www.bjweld.com

邮箱:2430230169@qq.com

镍基带极埋弧焊用烧结焊剂

发　明　人:夏毅冰;卢兰志;董海清;崔晓东;王磊;高志深;王井勇
专　利　号:ZL 2015 1 0118024.1
专利申请日:2015 年 03 月 17 日
专 利 权 人:北京金威焊材有限公司;中冶建筑研究总院有限公司
授权公告日:2019 年 04 月 02 日

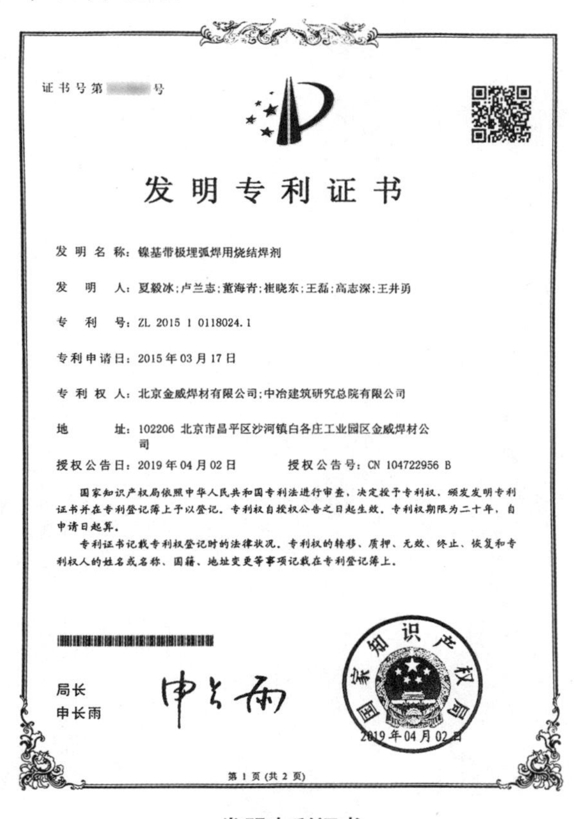

证书号第　　　号

发明专利证书

发 明 名 称: 镍基带极埋弧焊用烧结焊剂

发　　明　　人: 夏毅冰;卢兰志;董海青;崔晓东;王磊;高志深;王井勇

专　　利　　号: ZL 2015 1 0118024.1

专利申请日: 2015 年 03 月 17 日

专 利 权 人: 北京金威焊材有限公司;中冶建筑研究总院有限公司

地　　　　址: 102206 北京市昌平区沙河镇白各庄工业园区金威焊材公司

授权公告日: 2019 年 04 月 02 日　　　授权公告号: CN 104722956 B

国家知识产权局依照中华人民共和国专利法进行审查，决定授予专利权，颁发发明专利证书并在专利登记簿上予以登记。专利权自授权公告之日起生效。专利权期限为二十年，自申请日起算。

专利证书记载专利权登记时的法律状况。专利权的转移、质押、无效、终止、恢复和专利权人的姓名或名称、国籍、地址变更等事项记载在专利登记簿上。

局长
申长雨

国家知识产权局
2019 年 04 月 02 日

第 1 页 (共 2 页)

发明专利证书

专利说明：

本发明公开了一种镍基带极埋弧焊用烧结焊剂。其特征在于，它是由干粉组分和黏结剂水玻璃制备而成。干粉化学成分为：$w(CaF_2)$ = 20%～50%，$w(Al_2O_3)$ = 20%～40%，$w(MgO)$ = 10%～20%，$w(SiO_2)$ = 5%～10%，$w(CaO)$ = 5%～15%，w(氟化钠) = 1%～5%，w(氟化稀土) = 1%～5%，w(铌铁合金粉) = 1%～5%；黏结剂水玻璃钾钠比为 2∶1，模数为 2.4～3.5，室温下波美度为 39～45，用量占干粉质量的 20%～30%。本发明烧结焊剂可配合

EQNiCrMo-3、EQNiCr-3 等多种镍基焊带使用。其配合镍基焊带进行带极埋弧堆焊时,在较宽的焊接工艺参数范围内都能保持稳定的堆焊过程和优良的焊接工艺性能,且堆焊层成型质量优良,而且,堆焊层的各项指标满足使用要求。

地址:天津市蓟州区经济开发区澜河街 29 号　　邮编:301906

电话:022-29853695　022-29853557　　网站: www. bjweld. com

邮箱:2430230169@ qq. com

镍基合金用的药芯焊丝

发　明　人:李伟;崔晓东;董海青;王士山;王磊;陈波;王井勇;李柱;高志深
专　利　号:ZL 2016 1 0235773.7
专利申请日:2016 年 04 月 15 日
专 利 权 人:北京金威焊材有限公司;中冶建筑研究总院有限公司
授权公告日:2017 年 12 月 05 日

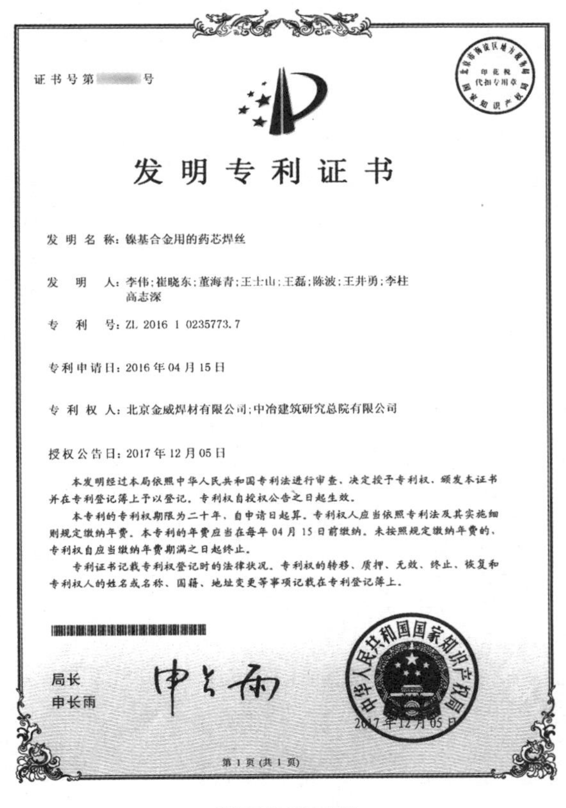

证书号第　　号

发明专利证书

发 明 名 称:镍基合金用的药芯焊丝

发　明　人:李伟;崔晓东;董海青;王士山;王磊;陈波;王井勇;李柱
高志深

专　利　号:ZL 2016 1 0235773.7

专利申请日:2016 年 04 月 15 日

专 利 权 人:北京金威焊材有限公司;中冶建筑研究总院有限公司

授权公告日:2017 年 12 月 05 日

本发明经过本局依照中华人民共和国专利法进行审查,决定授予专利权,颁发本证书并在专利登记簿上予以登记。专利权自授权公告之日起生效。

本专利的专利权期限为二十年,自申请日起算。专利权人应当依照专利法及其实施细则规定缴纳年费。本专利的年费应当在每年 04 月 15 日前缴纳。未按照规定缴纳年费的,专利权自应当缴纳年费期满之日起终止。

专利证书记载专利权登记时的法律状况。专利权的转移、质押、无效、终止、恢复和专利权人的姓名或名称、国籍、地址变更等事项记载在专利登记簿上。

局长
申长雨

中华人民共和国国家知识产权局

2017 年 12 月 05 日

第 1 页(共 1 页)

发明专利证书

专利说明:

本发明涉及一种镍基合金用的药芯焊丝。其包括镍基合金钢带以及以 18%~22%的填充率包裹,并填充在该镍基合金钢带内的药芯粉。药芯粉质量百分比成分如下:9%~13%的金属铬粉、33%~36%的金属镍粉、1.0%~2.5%的金属锰粉、16%~20%的金红石、1%~3%的硅铁、0.5%~2.0%的钛铁、3%~6%的长石、3%~5%的石英、1.0%~2.5%的氟化稀土、1%~3%的冰晶石、5%~7%的铌铁、6%~8%的钼铁、1%~3%的氟化钙,其余为铁粉。本发明的药芯焊丝具有优异的性能。

地址:天津市蓟州区经济开发区澜河街29号　　邮编:301906

电话:022-29853695　022-29853557　　网站:www.bjweld.com

邮箱:2430230169@qq.com

一种碲铜合金材料的制备方法

发　明　人:侯龙超
专　利　号:ZL 2019 1 0716766.2
专利申请日:2019 年 08 月 05 日
专 利 权 人:成都云鑫有色金属有限公司
授权公告日:2021 年 04 月 13 日

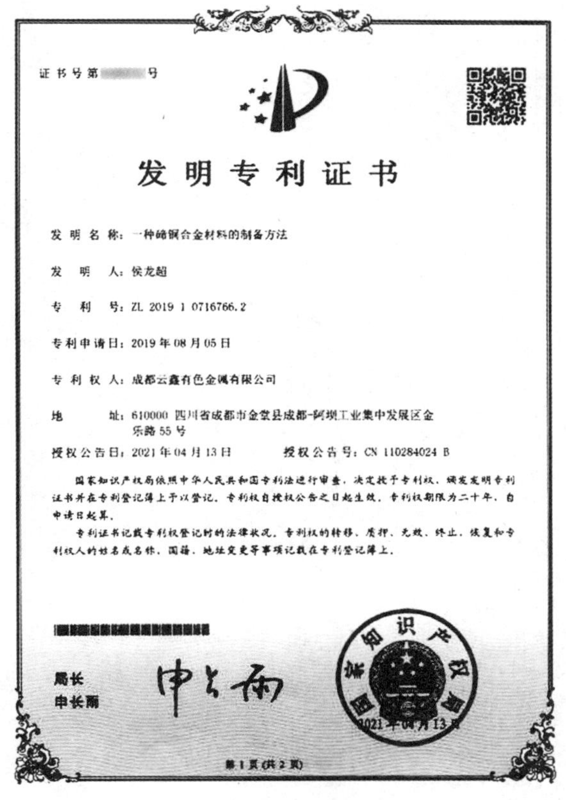

证书号第　　号

发明专利证书

发 明 名 称：一种碲铜合金材料的制备方法

发　明　人：侯龙超

专　利　号：ZL 2019 1 0716766.2

专利申请日：2019 年 08 月 05 日

专 利 权 人：成都云鑫有色金属有限公司

地　　址：610000 四川省成都市金堂县成都-阿坝工业集中发展区金乐路 55 号

授权公告日：2021 年 04 月 13 日　　授权公告号：CN 110284024 B

国家知识产权局依照中华人民共和国专利法进行审查，决定授予专利权，颁发发明专利证书并在专利登记簿上予以登记。专利权自授权公告之日起生效。专利权期限为二十年，自申请日起算。

专利证书记载专利权登记时的法律状况。专利权的转移、质押、无效、终止、恢复和专利权人的姓名或名称、国籍、地址变更等事项记载在专利登记簿上。

局长
申长雨

2021 年 04 月 13 日

第 1 页（共 2 页）

发明专利证书

专利说明:

本发明的目的是为解决相关技术问题,而提供一种既能够提高碲铜合金材料的电导率,又能够保证其具有较高的力学强度的制备方法。

本发明提供了一种碲铜合金材料的制备方法。该制备方法包括以下步骤:

1. 熔炼。将阴极铜加入熔炼炉中升温熔化;待完全熔化后加入磷铜中间合金脱氧,然后加入碲铜中间合金,控制炉温 1 250~1 260 ℃,保温静置后加入稀土元素,完全熔化后调整炉温为 1 200~1 240 ℃,经水冷浇铸成锭。

2. 进行挤压变形加工。

3. 酸洗及液压拉拔。

4. 进行抛光和定尺,即得该碲铜合金材料。

该碲铜合金材料的化学成分为:w(Te)= 0.15%~0.50%,w(R)= 0.08%~0.12%,w(P)= 0.002%~0.005%,Cu 为余量;R 为稀土元素钪或钇中的至少一种。

本发明方法能够提高碲铜合金材料的电导率,并保证其具有较高的力学强度。

地址:四川省成都市金堂县淮口镇金乐路 1 号附 1 号　电话:028-62200924

网站:www.bestchinacopper.com　邮箱:sales@yunxincopper.com

一种高强高导电易切削 C97 合金材料及其制备方法

发　明　人:侯龙超
专　利　号:ZL 2019 1 0716767.7
专利申请日:2019 年 08 月 05 日
专 利 权 人:成都云鑫有色金属有限公司
授权公告日:2020 年 10 月 23 日

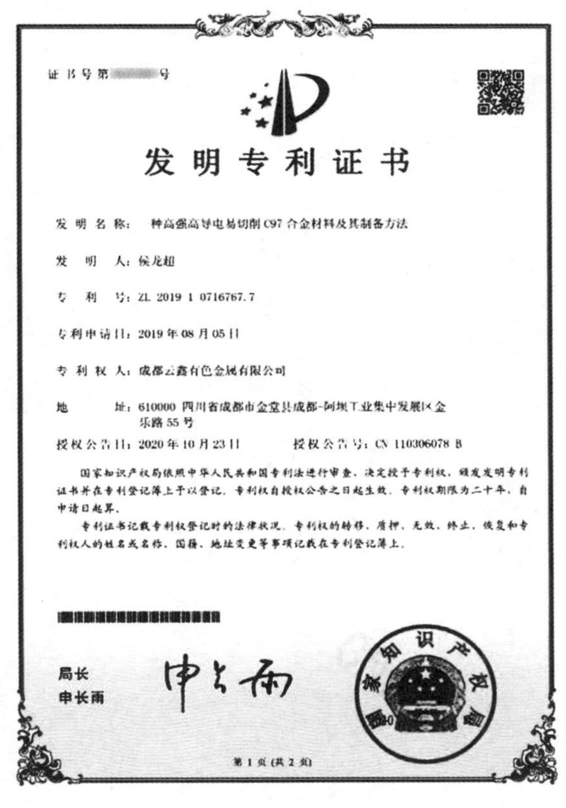
证书号第[illegible]号

发明专利证书

发 明 名 称:种高强高导电易切削 C97 合金材料及其制备方法

发　明　人:侯龙超

专　利　号:ZL 2019 1 0716767.7

专利申请日:2019 年 08 月 05 日

专 利 权 人:成都云鑫有色金属有限公司

地　　址:610000 四川省成都市金堂县成都-阿坝工业集中发展区金乐路 55 号

授权公告日:2020 年 10 月 23 日　　授权公告号:CN 110306078 B

国家知识产权局依照中华人民共和国专利法进行审查,决定授予专利权,颁发发明专利证书并在专利登记簿上予以登记。专利权自授权公告之日起生效。专利权期限为二十年,自申请日起算。

专利证书记载专利权登记时的法律状况。专利权的转移、质押、无效、终止、恢复和专利权人的姓名或名称、国籍、地址变更等事项记载在专利登记簿上。

局长
申长雨

国家知识产权局

第 1 页(共 2 页)

发明专利证书

专利说明:

本发明的目的是提供一种高强高导电易切削 C97 合金材料及其制备方法,通过在该合金中引入稀土元素,并重新对各元素含量进行调整,从而获得一种性能更优异的 C97 合金。本发明通过对 C97 中各元素含量进行重新调整,并向其中添加稀土合金,检测后发现,所得合金的抗拉强度、导电性能和切削性能与原 C97 合金相比均具有较大幅度提升。

本发明能够很好地制备出性能优良的 C97 合金材料,且通过各段挤压,能够制备出任何尺寸的合金材料。本发明的合金材料的尺寸得以很好控制,能够制备出长度达1 m以上、细度较细的C97合金,而现有的工艺难以在如此细度下制备出性能良好的长达1 m以上的C97合金。

地址:四川省成都市金堂县淮口镇金乐路1号附1号　电话:028-62200924

网站:www. bestchinacopper. com　邮箱:sales@ yunxincopper. com

一种氩弧焊用耐高温短尾钨

发　明　人：张涛
专　利　号：ZL 2019 2 0467188. 9
专利申请日：2019 年 04 月 08 日
专 利 权 人：张涛
授权公告日：2020 年 02 月 28 日

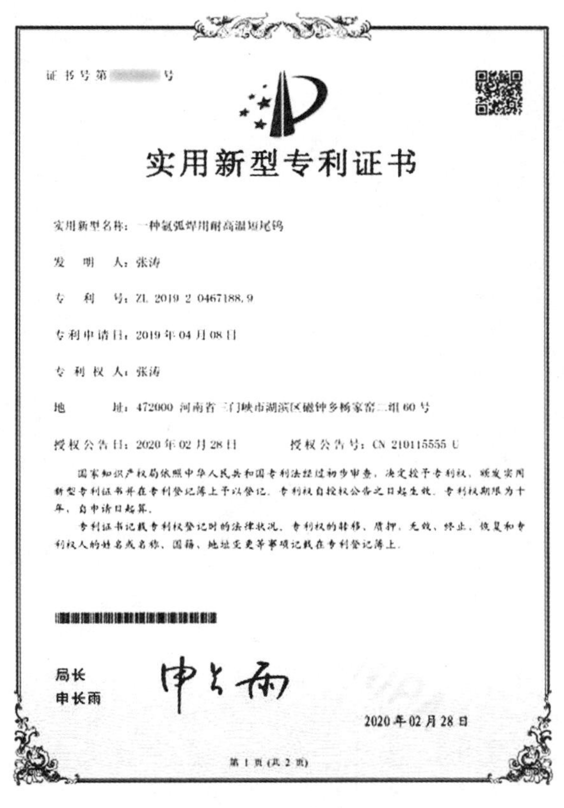
证书号第　　号

实用新型专利证书

实用新型名称：一种氩弧焊用耐高温短尾钨

发　明　人：张涛

专　利　号：ZL 2019 2 0467188.9

专利申请日：2019 年 04 月 08 日

专 利 权 人：张涛

地　　址：472000 河南省三门峡市湖滨区磁钟乡杨家窑二组 60 号

授权公告日：2020 年 02 月 28 日　　授权公告号：CN 210115555 U

国家知识产权局依照中华人民共和国专利法经过初步审查，决定授予专利权，颁发实用新型专利证书并在专利登记簿上予以登记。专利权自授权公告之日起生效。专利权期限为十年，自申请日起算。

专利证书记载专利权登记时的法律状况。专利权的转移、质押、无效、终止、恢复和专利权人的姓名或名称、国籍、地址变更等事项记载在专利登记簿上。

局长
申长雨

2020 年 02 月 28 日

第 1 页（共 2 页）

实用新型专利证书

专利说明：

本发明通过设置超导体纤维环、超导体纤维条和凸条与短尾钨本体连接在一起，使得短尾钨本体承载电流的能力提高，从而加快了短尾钨本体熔敷速度，进而提高了氩弧焊生产率，同时提高了短尾钨本体的利用率。

1. 本发明解决了在焊接生产中，由于现场施工条件窄小，钨针短尾过长不能使用的问题，减少了施工时间。

2. 短尾钨极一般长 8~9 cm,使用频率增多,有利于增加产品销量。

3. 钨极在焊接制造业中发展迅速,有广阔的市场前景,并可用于出口。

转让说明:

普通许可:专利权授权于某个企业或个人生产该专利,亦可授权多家企业或个人。

排他许可:一家企业买断该专利,仅专利权人与这家企业可以使用该项专利,不可以将该专利再次转让给第三方。

合作方式:以该项专利作为投资折算股份或者出资比例。

地址:河南省三门峡市湖滨区磁钟乡杨家窑村二组 60 号　　邮编:472000

联系人:张涛　　电话:13639834424　　邮箱:616065918@qq.com

能够使不锈钢焊接接头焊趾处产生压缩应力的药芯焊丝

发　明　人:徐连勇;赵森;荆洪阳;韩永典
专　利　号:ZL 2011 1 0026374.7
专利申请日:2011 年 01 月 25 日
专 利 权 人:天津大学
授权公告日:2012 年 07 月 25 日

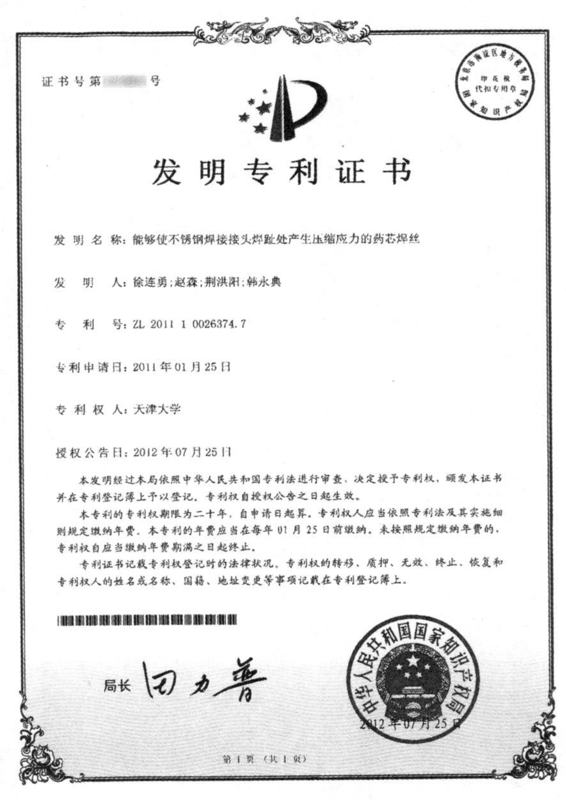

证书号第　　号

发明专利证书

发 明 名 称:能够使不锈钢焊接接头焊趾处产生压缩应力的药芯焊丝

发　明　人:徐连勇;赵森;荆洪阳;韩永典

专　利　号:ZL 2011 1 0026374.7

专利申请日:2011 年 01 月 25 日

专 利 权 人:天津大学

授权公告日:2012 年 07 月 25 日

本发明经过本局依照中华人民共和国专利法进行审查，决定授予专利权，颁发本证书并在专利登记簿上予以登记。专利权自授权公告之日起生效。

本专利的专利权期限为二十年，自申请日起算。专利权人应当依照专利法及其实施细则规定缴纳年费。本专利的年费应当在每年 01 月 25 日前缴纳。未按照规定缴纳年费的，专利权自应当缴纳年费期满之日起终止。

专利证书记载专利权登记时的法律状况。专利权的转移、质押、无效、终止、恢复和专利权人的姓名或名称、国籍、地址变更等事项记载在专利登记簿上。

局长　田力普

中华人民共和国国家知识产权局
2012 年 07 月 25 日

第 1 页（共 1 页）

发明专利证书

专利说明:

本发明涉及一种能够使不锈钢焊接接头焊趾处产生压缩应力的药芯焊丝,由药芯和钢带构成,药芯按照质量百分比包括金属镍粉:50%~65%,金属锰粉:2%~5%,金属钼粉:4%~6%,稀土硅粉:1%~3%,余量为铁粉,还可添加金属钛粉:4%~7%,金属铌粉:2%~5%;钢带采用 SPCC 冷轧低碳钢钢材。本发明选用低相变点药芯焊丝熔修技术改善焊接接头焊趾处的疲劳性能,通过在焊趾处产生压缩应力,提高焊缝的疲劳性能,最高使疲劳寿命延长20倍,与传统的TIG熔修对操作人员的高水平技术要求和局部机械加工法的巨大工作量相比,对操作人员的技术水平要求降低,同时避免焊后加工的附加工序,提高生产效率。

地址:天津市津南区雅观路135号天津大学材料学院　邮编:300350　联系人:韩永典
电话:15122895102　邮箱:hanyongdian@ tju. edu. cn

一种锻打绞股焊丝

发　明　人：梁裕
专　利　号：ZL 2016 2 0563294.3
专利申请日：2016 年 06 月 13 日
专 利 权 人：梁裕
授权公告日：2016 年 12 月 21 日

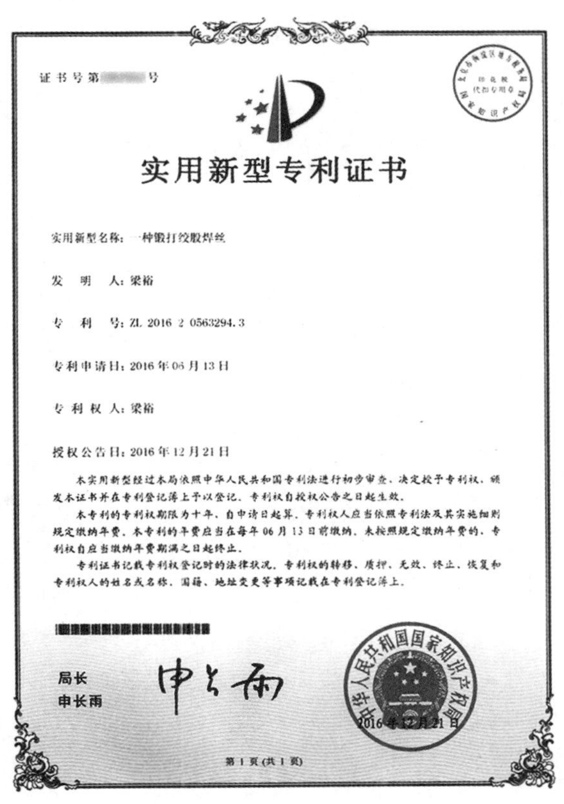
证书号第　　号

实用新型专利证书

实用新型名称：一种锻打绞股焊丝

发　明　人：梁裕

专　利　号：ZL 2016 2 0563294.3

专利申请日：2016 年 06 月 13 日

专 利 权 人：梁裕

授权公告日：2016 年 12 月 21 日

本实用新型经过本局依照中华人民共和国专利法进行初步审查，决定授予专利权，颁发本证书并在专利登记簿上予以登记。专利权自授权公告之日起生效。

本专利的专利权期限为十年，自申请日起算。专利权人应当依照专利法及其实施细则规定缴纳年费。本专利的年费应当在每年 06 月 13 日前缴纳。未按照规定缴纳年费的，专利权自应当缴纳年费期满之日起终止。

专利证书记载专利权登记时的法律状况。专利权的转移、质押、无效、终止、恢复和专利权人的姓名或名称、国籍、地址变更等事项记载在专利登记簿上。

局长
申长雨

中华人民共和国国家知识产权局
2016 年 12 月 21 日

第 1 页（共 1 页）

实用新型专利证书

专利说明：

“一种锻打绞股焊丝”专利提供了一种针对多股绞合焊丝的表面处理工艺，通过旋转锻压、辊压等方式使多股绞合焊丝表面呈现出圆柱形态。对多股绞合焊丝表面进行一定程度的物理处理，既保持了多股绞合焊丝的原有优势，又提高了多股绞合焊丝的性能稳定性和可操作性。锻打绞股焊丝的优点可概括为：

1. 改善了多股绞合焊丝与导电嘴之间的电接触条件;

2. 减小了多股绞合焊丝与导电嘴之间的机械摩擦力;

3. 多股绞合焊丝经锻打后,基本消除了内存应力,提高了焊丝挺度,有效提升送丝稳定性;

4. 有利于实现焊接过程中电弧的集中和稳定,进而提高焊接效果;

5. 降低了单丝生产过程中线径的控制精度,有效降低了线径的控制难度和成本;

6. 表面处理后有利于多股绞合焊丝的密排,有效提高层绕效率。

名称:江苏联捷焊业科技有限公司　　地址:江苏省江阴市西桥路 9 号

邮编:214432　　联系人:梁　裕　　电话:0510-86808200

一种锻打绞股焊丝

发　明　人:梁裕

专　利　号:ZL 2016 2 0563294.3

专利申请日:2016 年 06 月 13 日

专 利 权 人:梁裕

授权公告日:2016 年 12 月 21 日

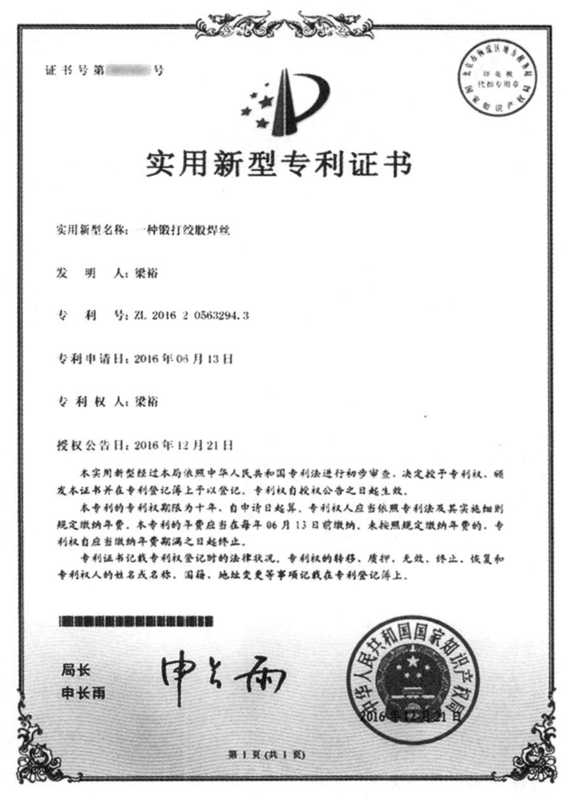

证书号第　　号

实用新型专利证书

实用新型名称：一种锻打绞股焊丝

发　明　人：梁裕

专　利　号：ZL 2016 2 0563294.3

专利申请日：2016 年 06 月 13 日

专 利 权 人：梁裕

授权公告日：2016 年 12 月 21 日

本实用新型经过本局依照中华人民共和国专利法进行初步审查，决定授予专利权，颁发本证书并在专利登记簿上予以登记。专利权自授权公告之日起生效。

本专利的专利权期限为十年，自申请日起算。专利权人应当依照专利法及其实施细则规定缴纳年费。本专利的年费应当在每年 06 月 13 日前缴纳。未按照规定缴纳年费的，专利权自应当缴纳年费期满之日起终止。

专利证书记载专利权登记时的法律状况。专利权的转移、质押、无效、终止、恢复和专利权人的姓名或名称、国籍、地址变更等事项记载在专利登记簿上。

局长
申长雨

2016 年 12 月 21 日

第 1 页（共 1 页）

实用新型专利证书

专利说明：

“锻打多股绞合焊丝”发明解决的技术问题是针对“多股绞合焊丝”现有技术提供一种锻打工艺，在保持缆状多股绞合焊丝原有优点的基础上进行表面锻打，锻打完成的多股绞合焊丝表面形态与单丝一样平整光滑，使焊丝表面形成圆柱面形态，其优点为：

1. 提升了多股绞合焊丝与导电嘴之间的导电性能。

2. 减少多股绞合焊丝与导电嘴之间的摩擦力。

3. 焊接过程气体输送和保护比较均匀,提高了气体保护性能。

4. 多股绞合焊丝表面精度要求在制造过程中的控制难度大幅度降低。

5. 焊接过程电弧高度集中,极易控制,容易实现完美的焊接效果。

6. 通过锻打使盘绕间隙受挤压,解决了缆状多股绞合焊丝制造过程的缺陷。

7. 经过锻打后的多股绞合焊丝,内部应力已基本消除,提高了送丝的稳定性。

地址:江苏省江阴市高新技术开发区杨宦路 8 号 4 楼　　　联系人:梁　裕

电话:0510-86808200　　　邮编:214400

一种多股绞合焊丝

发　明　人:高顶;阿兰·托马斯·麦尔;郝锋
专　利　号:ZL 2009 2 0045272.8
专利申请日:2009 年 05 月 12 日
专 利 权 人:中国矿业大学
授权公告日:2010 年 05 月 12 日

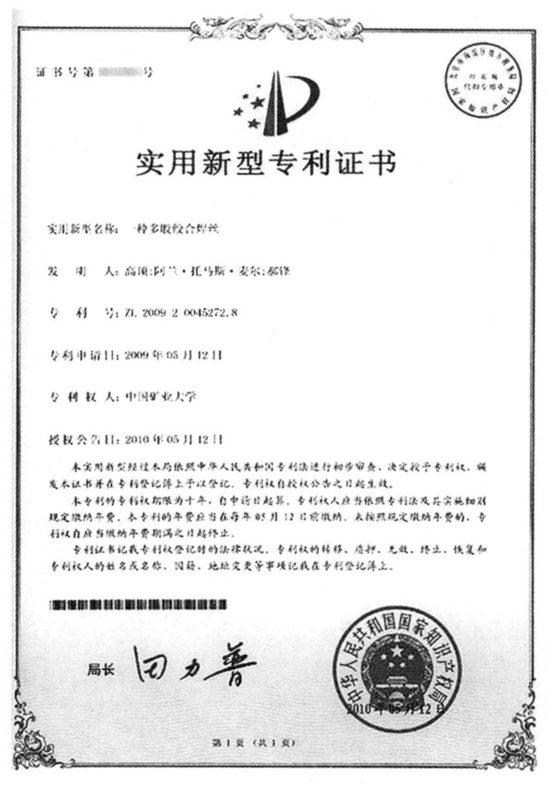

证书号第　　号

实用新型专利证书

实用新型名称：一种多股绞合焊丝

发　明　人：高顶;阿兰·托马斯·麦尔;郝锋

专　利　号：ZL 2009 2 0045272.8

专利申请日：2009 年 05 月 12 日

专 利 权 人：中国矿业大学

授权公告日：2010 年 05 月 12 日

本实用新型经过本局依照中华人民共和国专利法进行初步审查，决定授予专利权，颁发本证书并在专利登记簿上予以登记。专利权自授权公告之日起生效。

本专利的专利权期限为十年，自申请日起算。专利权人应当依照专利法及其实施细则规定缴纳年费。本专利的年费应当在每年 05 月 12 日前缴纳。未按照规定缴纳年费的，专利权自应当缴纳年费期满之日起终止。

专利证书记载专利权登记时的法律状况。专利权的转移、质押、无效、终止、恢复和专利权人的姓名或名称、国籍、地址变更等事项记载在专利登记簿上。

局长 田力普

中华人民共和国国家知识产权局
2010 年 05 月 12 日

第 1 页（共 1 页）

实用新型专利证书

专利说明:

焊接材料和焊接技术的创新与突破,是我国基础制造业的重大科技课题。中国矿业大学高顶教授牵头于 2009 年发明了“多股绞合焊丝”(又名“绞股焊丝”)。在 2009 年 5 月 12 日获得多股绞合焊丝的专利权(专利号:ZL 2009 2 0045272.8)。为将科技成果早日转化为生产力,2010 年 10 月中国矿业大学把“多股绞合焊丝”的专利所有权转让给联捷公司,公司汇聚焊接界资深院士、行业专家学者及科研院所等多方资源,以“多股绞合焊丝”产业化制造及工艺为自主核心技术、以配套工艺和装备一体化为特点、以多领域需求为产品市场导向、以构建焊接行业产业链为目标,历经几年的机理分析与深度研究,我公司又延伸出了以"多股绞合焊丝"为核心的涉及焊接材料、多股绞合焊丝结构、焊丝捻股装备、焊接设备及附件的多项发明创造;目前我公司拥有自主产权发明专利十余项,且公司研究院专家团队坚持每年报批大量的科研项目,为"多股绞合焊丝"发展提供了坚实的技术保障。

我公司对多股绞合焊丝的特性和机理进行深度的研究与更新,并组织行业内专家多次对"多股绞合焊丝"进行技术评估,确认"多股绞合焊丝"的推广应用是属于"高速、高效、节能、绿色"的发展产业。

地址:江苏省江阴市高新技术开发区杨宦路8号4楼　　联系人:梁　裕

电话:0510-86808200　　邮编:214400

基于ULCB组织的用于高强钢焊接的气保护金属芯焊丝

发　明　人:张天理;栗卓新;荆洪阳;马司鸣;徐连勇

专　利　号:ZL 2013 1 0534846.9

专利申请日:2013 年 10 月 31 日

专 利 权 人:天津大学

授权公告日:2016 年 06 月 08 日

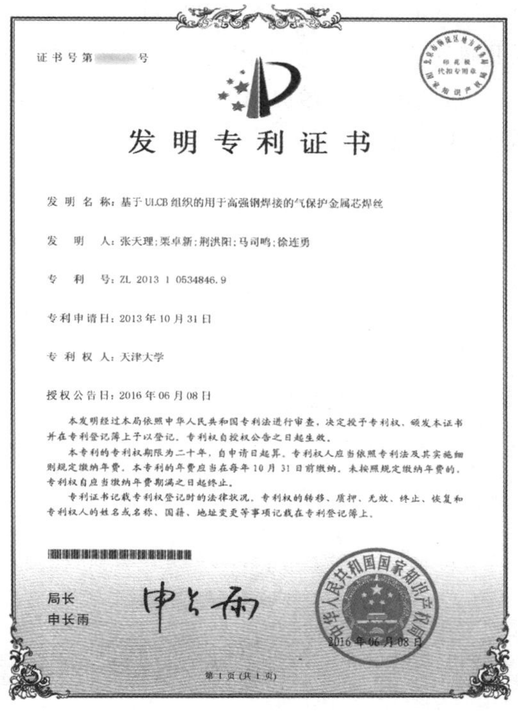

证书号第　　号

发明专利证书

发 明 名 称:基于ULCB组织的用于高强钢焊接的气保护金属芯焊丝

发　明　人:张天理;栗卓新;荆洪阳;马司鸣;徐连勇

专　利　号:ZL 2013 1 0534846.9

专利申请日:2013 年 10 月 31 日

专 利 权 人:天津大学

授权公告日:2016 年 06 月 08 日

本发明经过本局依照中华人民共和国专利法进行审查，决定授予专利权，颁发本证书并在专利登记簿上予以登记。专利权自授权公告之日起生效。

本专利的专利权期限为二十年，自申请日起算。专利权人应当依照专利法及其实施细则规定缴纳年费。本专利的年费应当在每年 10 月 31 日前缴纳。未按照规定缴纳年费的，专利权自应当缴纳年费期满之日起终止。

专利证书记载专利权登记时的法律状况。专利权的转移、质押、无效、终止、恢复和专利权人的姓名或名称、国籍、地址变更等事项记载在专利登记簿上。

局长
申长雨

中华人民共和国国家知识产权局
2016 年 06 月 08 日

第 1 页（共 1 页）

发明专利证书

专利说明:

本发明公开了一种基于超低碳贝氏体(ULCB)组织的用于高强钢焊接的气保护金属芯焊丝,包括外皮和药芯,所述外皮由低碳钢带构成,所述低碳钢带中碳的质量分数为0.025%~0.035%;钢带宽度为 10~12 mm,厚度为 0.6~0.8 mm;所述药芯化学成分为:w(锰)=7%~12%,w(硅铁合金)=3%~6%,w(铬)=0.5%~2.0%,w(镍)=8%~14%,w(钼)=2%~4%,w(锆硅合金)=0.5%~3.0%,w(氟化物)=0.5%~3.5%,w(钛铁)=0.5%~3.0%,余量为铁粉;药芯填充率为 15%~21%。焊接选用氩和二氧化碳混合气体作为保护气体,其中二氧化碳含量为5%~20%。本发明金属芯焊丝具有极佳的焊接工艺性能,焊缝成型美观,其熔敷金属强度可达800~950 MPa,-40 ℃低温冲击韧性达到60 J以上。本发明适用于在极寒冷地带的桥梁、工程机械、石油管线及海洋平台等钢结构加工制造过程中的氩气、二氧化碳混合气体保护焊。

焊接熔敷金属组织是以粒状贝氏体、针状铁素体与蜕化上贝氏体为主的复相交割组织。通过控制熔敷金属中的C含量在0.045%以下,以抑制贝氏体相变过程中渗碳体的析出,并通过Cr、Mo元素的优化,对焊接冷却过程中固态相变温度及相变孕育期进行调控,通过锆钛的微合金化诱发熔敷金属中的针状铁素体形核,较高温度下相变生成的针状铁素体和粒状贝氏体组织分割原奥氏体晶粒,抑制低温相变的蜕化上贝氏体组织的过分长大,起到细化晶粒亚结构的作用,使熔敷金属具有优异的强韧匹配。

转让说明:

整体的专利转让:一种基于ULCB组织的用于高强钢焊接的气保护金属芯焊丝,是目前强度级别最高的金属芯焊丝(AWS A5.28/A5.28:2005)。

地址:上海市松江区龙腾路333号上海工程技术大学行政楼1615室

联系人:张天理　　电话:021-67791474　　网站:www.sues.edu.cn

邮箱:zhangtianli925@163.com

一种碱性渣系的焊缝金属控 Cr 且具有抗 FAC 能力的低合金钢焊条

发　明　人:陆伟康;吴峥;邱执中;王尧俊;杨光磊;仇陆弟
专　利　号:ZL 2012 1 0139959.4
专利申请日:2012 年 05 月 08 日
专 利 权 人:上海电力修造总厂有限公司
授权公告日:2014 年 04 月 30 日

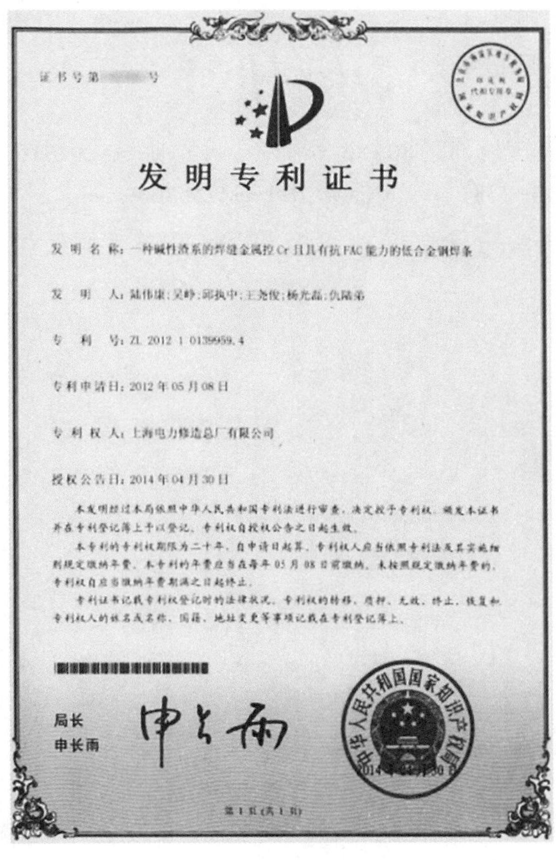

证书号第　　　号

发明专利证书

发 明 名 称:一种碱性渣系的焊缝金属控 Cr 且具有抗 FAC 能力的低合金钢焊条

发　明　人:陆伟康;吴峥;邱执中;王尧俊;杨光磊;仇陆弟

专　利　号:ZL 2012 1 0139959.4

专利申请日:2012 年 05 月 08 日

专 利 权 人:上海电力修造总厂有限公司

授权公告日:2014 年 04 月 30 日

本发明经过本局依照中华人民共和国专利法进行审查,决定授予专利权,颁发本证书并在专利登记簿上予以登记。专利权自授权公告之日起生效。

本专利的专利权期限为二十年,自申请日起算。专利权人应当依照专利法及其实施细则规定缴纳年费。本专利的年费应当在每年 05 月 08 日前缴纳。未按照规定缴纳年费的,专利权自应当缴纳年费期满之日起终止。

专利证书记载专利权登记时的法律状况。专利权的转移、质押、无效、终止、恢复和专利权人的姓名或名称、国籍、地址变更等事项记载在专利登记簿上。

局长
申长雨

第 1 页(共 1 页)

发明专利证书

专利说明:

本发明涉及一种用于核电管道 WB36CN1 钢配套的碱性渣系的焊缝金属控 Cr 且具有抗 FAC 能力的低合金钢焊条。

本发明针对 WB36CN1 钢的化学成分、力学性能等技术要求进行试验、研究,研制一种与 WB36CN1 钢性能达到良好匹配的低合金钢电焊条。

作为 WB36CN1 钢配套的焊条,在合金系统的选择上应尽可能与 WB36CN1 钢化学成分相接近。所选择合金元素必须满足焊缝金相组织的需要及焊接冶金的特点。同时在抗"FAC"能力方面与 WB36CN1 钢相匹配。

本发明的技术方案原理在于:焊条药皮配方的设计合理与否关系到焊条是否具有优良的焊接工艺性能、稳定的焊接冶金过程、满意的焊缝金属力学性能,焊缝金属除了具有良好的抗"FAC"能力外,还必须具备良好的塑性、韧性、抗裂性以及良好的低温冲击韧性,同时焊条必须具备良好的全位置焊接工艺性能。

本发明的药皮,采用的是碱度较高的低氢型,这是因为该类型药皮的合金元素过渡系数较大,熔池清晰;焊缝具有良好的强度、韧性和抗裂性能,扩散氢含量低,去杂质能力强。利用控 Cr 技术,能使焊缝金属具有很好的抗 FAC 性能,整体上能很好地满足核电管道焊接中的要求。

本发明的焊接工艺性能优良,焊接过程中电弧稳定、基本无飞溅、脱渣性良好、熔池清晰,焊缝成型美观,焊条操作性能良好;具有优异的熔敷金属强度、冲击韧性和抗 FAC 等性能。

地址:上海市浦东新区航都路 80-86 号　　　　邮编:201316

电话:021-33758800-2381　　　传真:021-33758763

一种钙钛型的核电镍基焊条药皮及其制备方法

发 明 人：杨光磊；仇陆弟；张敏娟；何国；秦仁耀

专 利 号：ZL 2012 1 0282463.2

专利申请日：2012 年 08 月 09 日

专 利 权 人：上海电力修造总厂有限公司

授权公告日：2014 年 10 月 29 日

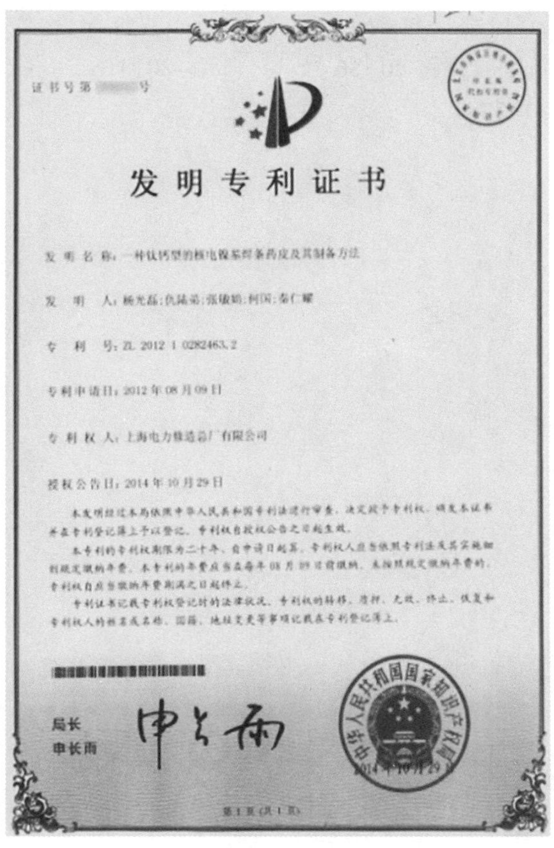

发明专利证书

发明名称：一种钛钙型的核电镍基焊条药皮及其制备方法

发 明 人：杨光磊；仇陆弟；张敏娟；何国；秦仁耀

专 利 号：ZL 2012 1 0282463.2

专利申请日：2012 年 08 月 09 日

专 利 权 人：上海电力修造总厂有限公司

授权公告日：2014 年 10 月 29 日

本发明经过本局依照中华人民共和国专利法进行审查，决定授予专利权，颁发本证书并在专利登记簿上予以登记。专利权自授权公告之日起生效。

本专利的专利权期限为二十年，自申请日起算。专利权人应当依照专利法及其实施细则规定缴纳年费。本专利的年费应当在每年 08 月 09 日前缴纳。未按照规定缴纳年费的，专利权自应当缴纳年费期满之日起终止。

专利证书记载专利权登记时的法律状况。专利权的转移、质押、无效、终止、恢复和专利权人的姓名或名称、国籍、地址变更等事项记载在专利登记簿上。

局长
申长雨

中华人民共和国国家知识产权局

2014 年 10 月 29 日

发明专利证书

专利说明：

本发明涉及的是一种焊接材料领域的焊条药皮，特别涉及一种用于核电 Inconel 690 镍基材料的焊条药皮及其制备方法。

由于镍基合金的熔点比普通的碳钢和不锈钢的熔点都要低 100～150 ℃，且同种规格的镍基焊芯的电阻率是碳钢焊芯的近10倍,这使得目前市场上的镍基焊条的焊接工艺性能都存在一些问题,如焊条焊接后期会出现发红、焊缝脱渣性不佳等问题或是多次高温烘干后药皮出现裂纹等,这些问题会导致焊条在焊接过程中工艺性能恶化,严重时会造成焊缝中产生缺陷,进而影响到焊条熔敷金属的机械性能。

本发明所要解决的技术问题在于为了解决上述核电 Inconel 690 镍基材料的焊接问题,而提供一种成分较为简单、具有优异的焊接工艺性能,且焊缝能同时有良好的高温强度和冲击韧性,并能承受核辐射的核电镍基材料焊接的焊条药皮。

本发明的技术方案原理在于:加入适量的 Cr_2O_3 粉末以增大药皮的高温塑性,可以提高焊条药皮的抗裂性能;加入适量的冰晶粉或氟化稀土可以改善熔渣的物理性能,降低熔渣的熔点和黏度,改善熔渣的流动性和脱渣性能,同时还可以提高熔渣的去氢能力,降低焊缝中的氢含量,提高焊缝的抗裂性能。

本发明的钛钙型的核级镍基焊条药皮的焊接工艺性能优异,焊接过程中电弧稳定、基本无飞溅、脱渣性优异,熔渣覆盖和焊缝成型美观白亮、焊波细密,焊条操作性能优异。

地址:上海市浦东新区航都路 80-86 号　　邮编:201316　　联系人:吴宝鑫

电话:021-33758800-2381

高强度结构钢用气体保护焊丝

发　明　人:金秋生

专　利　号:ZL 2007 1 0186413.3

专利申请日:2007 年 11 月 16 日

专 利 权 人:河北鑫宇焊业有限公司

授权公告日:2009 年 02 月 18 日

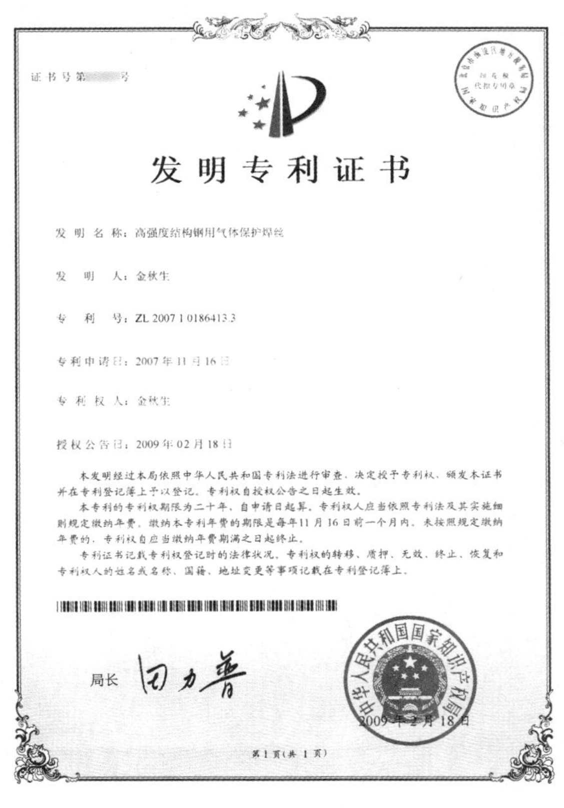

证书号第　　号

发明专利证书

发 明 名 称:高强度结构钢用气体保护焊丝

发　明　人:金秋生

专　利　号:ZL 2007 1 0186413.3

专利申请日:2007 年 11 月 16 日

专 利 权 人:金秋生

授权公告日:2009 年 02 月 18 日

本发明经过本局依照中华人民共和国专利法进行审查,决定授予专利权,颁发本证书并在专利登记簿上予以登记。专利权自授权公告之日起生效。

本专利的专利权期限为二十年,自申请日起算。专利权人应当依照专利法及其实施细则规定缴纳年费。缴纳本专利年费的期限是每年11 月 16 日前一个月内。未按照规定缴纳年费的,专利权自应当缴纳年费期满之日起终止。

专利证书记载专利权登记时的法律状况。专利权的转移、质押、无效、终止、恢复和专利权人的姓名或名称、国籍、地址变更等事项记载在专利登记簿上。

局长 田力普

中华人民共和国国家知识产权局

2009 年 2 月 18 日

第 1 页(共 1 页)

发明专利证书

专利说明:

河北鑫宇焊业有限公司是专业生产高强钢焊材的企业,主要产品为高强钢焊丝、埋弧焊丝、不锈钢焊丝,产品广泛应用于煤矿机械、工程机械、石化机械、压力容器、油气管道、军工造船、桥梁建设、高层建筑、机车车辆等领域。公司拥有国内先进的生产设备及检测仪器、行业内知名的研发人员,完善的科学管理体系。企业通过 ISO 9001—2008 国际质量管理体系认证、主导产品通过 CE 认证、DB 认证。公司现有六项高强钢系列产品已经获发明专利申请书,一项已获国家发明专利证书。产品被评为河北省消费者信的过产品、河北省中小型企业名牌产品;企业被评为河北省信誉优良企业,成为中国机械工程协会、中国焊接协会会员单位,是国内高强钢焊材行业第一品牌。

本发明属于焊丝技术领域,公开了种高强度结构钢用气体保护焊丝。该焊丝的化学成分为:w(C)= 0.04%~0.12%,w(Mn)= 1.2%~2.2%,w(Si)= 0.4%~0.9%,w(Ti)= 0.03%~0.20%,w(V)= 0.03%~0.06%,w(B)= 0.002%~0.006%,w(S)≤0.025%,w(P)≤0.025%和余量为铁及其不可避免的杂质。经实验,利用该焊丝焊接高强度结构钢,能够实现焊缝的微合金化,阻止了焊缝产生冷裂纹现象的发生;并且焊接时无须预热,改善了焊工的操作环境,降低了焊接成本;所焊接的焊缝晶粒更加细化,提高了焊缝的强韧性,降低了焊接时飞溅程度,并且每吨的生产成本能够降低 1 000 元以上。

名称:河北鑫宇焊业有限公司　　地址:河北省沧州市东光县建设路 38 号

电话:0317-7809939　0317-7725619　0317-7807633

网站:www. hbxyhy. com　　邮箱:hbxyhy@ 163. com

用于平焊和横焊的自保护药芯焊丝

发　明　人:胡合斌
专　利　号:ZL 2015 1 0700158.4
专利申请日:2015 年 10 月 26 日
专 利 权 人:河北翼辰实业集团股份有限公司
授权公告日:2017 年 03 月 22 日

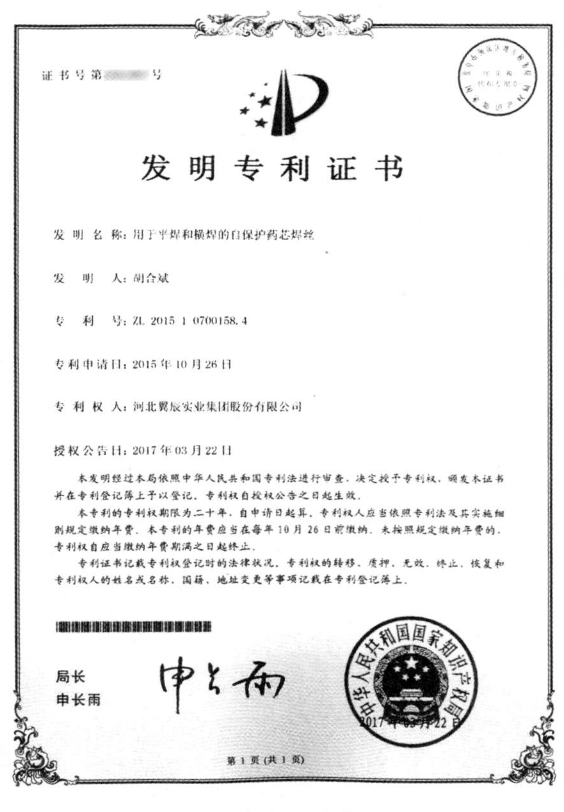

证书号第　　号

发明专利证书

发 明 名 称:用于平焊和横焊的自保护药芯焊丝

发　明　人:胡合斌

专　利　号:ZL 2015 1 0700158.4

专利申请日:2015 年 10 月 26 日

专 利 权 人:河北翼辰实业集团股份有限公司

授权公告日:2017 年 03 月 22 日

本发明经过本局依照中华人民共和国专利法进行审查,决定授予专利权,颁发本证书并在专利登记簿上予以登记。专利权自授权公告之日起生效。

本专利的专利权期限为二十年,自申请日起算。专利权人应当依照专利法及其实施细则规定缴纳年费。本专利的年费应当在每年 10 月 26 日前缴纳。未按照规定缴纳年费的,专利权自应当缴纳年费期满之日起终止。

专利证书记载专利权登记时的法律状况。专利权的转移、质押、无效、终止、恢复和专利权人的姓名或名称、国籍、地址变更等事项记载在专利登记簿上。

局长
申长雨

中华人民共和国国家知识产权局
2017 年 03 月 22 日

第 1 页(共 1 页)

发明专利证书

专利说明:

用于平焊和横焊的自保护药芯焊丝,属于焊材的技术领域,所述的自保护药芯焊丝的化学成分为:w(锰)= 8%~10%,w(铬)= 2%~5%,w(锆)= 0.2%~2.0%,w(铝)= 3%~8%,w(碳酸盐)= 5%~9%,w(氟化钙)= 11%~20%,w(氧化钙)= 7%~10%,w(氧化锆)= 3%~13%,w(三氧化二铁)= 0.5%~3.0%,铁粉为余量。本发明制造的自保护药芯焊丝具有良好的塑性和强度,飞溅少且为细颗粒飞溅,平焊和横焊的焊接性能优良,明显地改善了脱渣性能和焊缝成型性,熔敷金属的S元素含量非常低,具有优异的抗热裂纹性能。本发明可用于同级别强度的中、厚度钢板的焊接,特别适合深坡口钢板的对接焊缝的焊接,可广泛应用于机械制造、建筑以及对冲韧性要求不高的结构件的焊接。

地址:河北省石家庄市藁城区翼辰北街1号　　　　　邮编:052160
联系人:胡合斌　　　　　电话:0311-88929159

二、焊 接 设 备

一种气体保护焊用混合气体自动配比器及其配比方法

发　明　人:梁晓梅;方乃文;黄瑞生;李连胜;周坤;赵宝;徐亦楠;杨义成;马一鸣;邹吉鹏;付傲

专　利　号:ZL 2020 1 0087503.2

专利申请日:2020 年 02 月 11 日

专 利 权 人:哈尔滨焊接研究院有限公司

授权公告日:2021 年 02 月 19 日

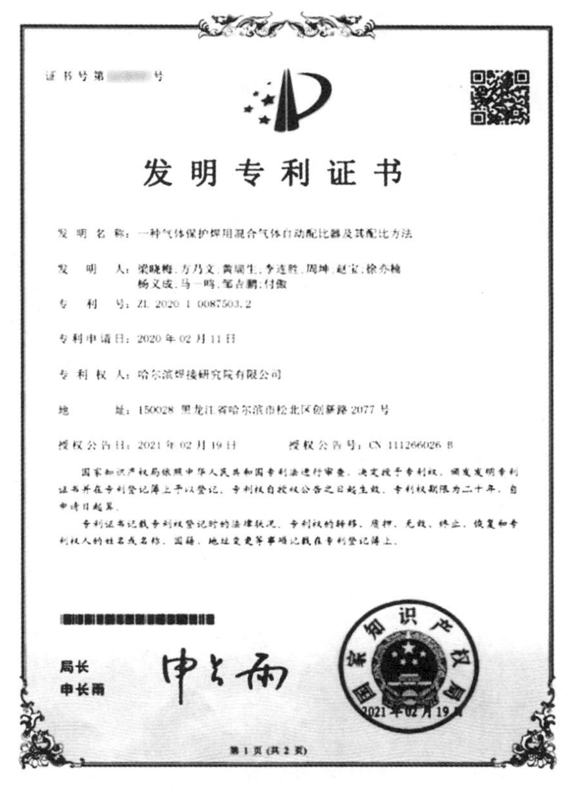

证书号第　　号

发明专利证书

发 明 名 称:一种气体保护焊用混合气体自动配比器及其配比方法

发　明　人:梁晓梅;方乃文;黄瑞生;李连胜;周坤;赵宝;徐亦楠
杨义成;马一鸣;邹吉鹏;付傲

专　利　号:ZL 2020 1 0087503.2

专利申请日:2020 年 02 月 11 日

专 利 权 人:哈尔滨焊接研究院有限公司

地　　址:150028 黑龙江省哈尔滨市松北区创新路 2077 号

授权公告日:2021 年 02 月 19 日　　授权公告号:CN 111266026 B

国家知识产权局依照中华人民共和国专利法进行审查,决定授予专利权,颁发发明专利证书并在专利登记簿上予以登记。专利权自授权公告之日起生效。专利权期限为二十年,自申请日起算。

专利证书记载专利权登记时的法律状况。专利权的转移、质押、无效、终止、恢复和专利权人的姓名或名称、国籍、地址变更等事项记载在专利登记簿上。

局长
申长雨

国家知识产权局
2021 年 02 月 19 日

第 1 页(共 2 页)

发明专利证书

专利说明:

本发明所述配比器包括气源 1、气源 2、减压装置 1、减压装置 2、压力变送器装置 1、压力变送器装置 2、电磁阀 1、电磁阀 2、SMC 涡街流量计 1、SMC 涡街流量计 2、PLC 控制系统、气体分析仪和混合器缓冲罐。本发明可以保障两种混合气体混配误差精度≤1%;输入输出混合气体压力及两种气体混合比例随时在线调节;用户可通过控制器触摸式液晶显示屏进行压力及混合比精确的百分比无级调节;本发明气体混合过程高效安全。该设备内置的等压调节装置确保气体混配精度不受入口压力变化的影响,气体取用响应速度快。

地址:黑龙江省哈尔滨市松北区创新路 2077 号　　邮编:150028　　联系人:齐万利
电话:0451-86337303　　网站:www.hwi.com.cn　　邮箱:13674675850@126.com

机器人焊接过程柔性控制方法及系统

发　明　人:周坤;方乃文;费大奎;赵宝;王子然;杨战利;白德滨;唐麒龙;杨永波;张善保;郝路平;李巍;刘福海

专　利　号:ZL 2019 1 1347688. X

专利申请日:2019 年 12 月 24 日

专 利 权 人:哈尔滨焊接研究院有限公司

授权公告日:2020 年 12 月 11 日

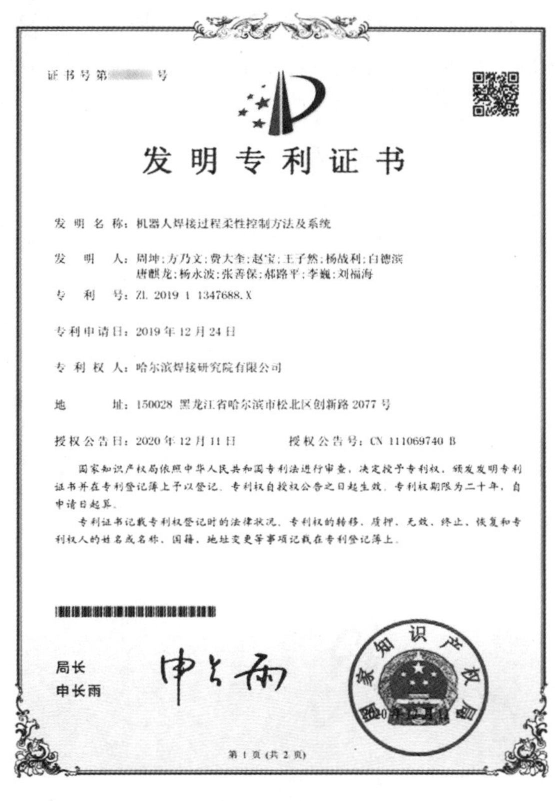

证书号第　　　号

发明专利证书

发 明 名 称：机器人焊接过程柔性控制方法及系统

发　明　人：周坤；方乃文；费大奎；赵宝；王子然；杨战利；白德滨
唐麒龙；杨永波；张善保；郝路平；李巍；刘福海

专　利　号：ZL 2019 1 1347688. X

专利申请日：2019 年 12 月 24 日

专 利 权 人：哈尔滨焊接研究院有限公司

地　　　址：150028 黑龙江省哈尔滨市松北区创新路 2077 号

授权公告日：2020 年 12 月 11 日　　　授权公告号：CN 111069740 B

国家知识产权局依照中华人民共和国专利法进行审查，决定授予专利权，颁发发明专利证书并在专利登记簿上予以登记。专利权自授权公告之日起生效。专利权期限为二十年，自申请日起算。

专利证书记载专利权登记时的法律状况。专利权的转移、质押、无效、终止、恢复和专利权人的姓名或名称、国籍、地址变更等事项记载在专利登记簿上。

局长
申长雨

第 1 页（共 2 页）

发明专利证书

专利说明:

国内航空航天、轨道交通等高端领域小批量专用零部件焊接质量要求较高,但在焊接过程中普遍存在材料收缩导致的外形轮廓误差,以及由此引发的填充金属量增大或减少问题,并且在某些装配工件焊缝特征不明显时,激光焊缝跟踪传感器无法准确且稳定地识别焊缝。因此在机器人自动焊接过程中需要实时修改焊接参数并且实时调整机器人焊接轨迹以达到稳定焊接的目的,本专利以机器人控制技术为依托,发明了一种机器人过程柔性控制方法及系统。

本发明通过PROFINET高速通信接口实时与焊机和机器人进行数据交互,采集焊机的实时电压与设定电压比较后将修正值通过机器人外部传感接口RSI传递给机器人,机器人系统实时修改TCP高度坐标来达到调整机器人电弧高度跟踪的目的。水平方向通过高动态电弧摄像观察焊丝与焊缝的相对位置手动实时调整焊缝水平对中。本专利技术已应用于地铁大部件焊接与航空发动机零部件的焊接中,有着广泛的应用前景。

专利技术特点:

1. 焊接过程中通过电弧摄像实时干预机器人运动轨迹使焊缝对中;
2. 焊接电弧高度跟踪,自动跟踪保持电弧高度恒定;
3. 所有工艺参数集中控制;
4. 焊接参数和机器人参数实时读取与控制;
5. 复杂几何形状钛合金薄板(壁厚1 mm和1.5 mm)TIG对接焊工艺控制。

地址:黑龙江省哈尔滨市松北区创新路2077号　　邮编:150028　　联系人:齐万利
电话:0451-86337303　　网站:www.hwi.com.cn　　邮箱:13674675850@126.com

全自动管子管板的检测和焊接方法

发　明　人：张焱；费大奎；于丹；孟兆林；孙少华；许开心；吴佳林；靳彤；李荣；李波
专　利　号：ZL 2017 1 0357158.8
专利申请日：2017 年 05 月 19
专 利 权 人：哈尔滨焊接研究院有限公司
授权公告日：2020 年 02 月 14 日

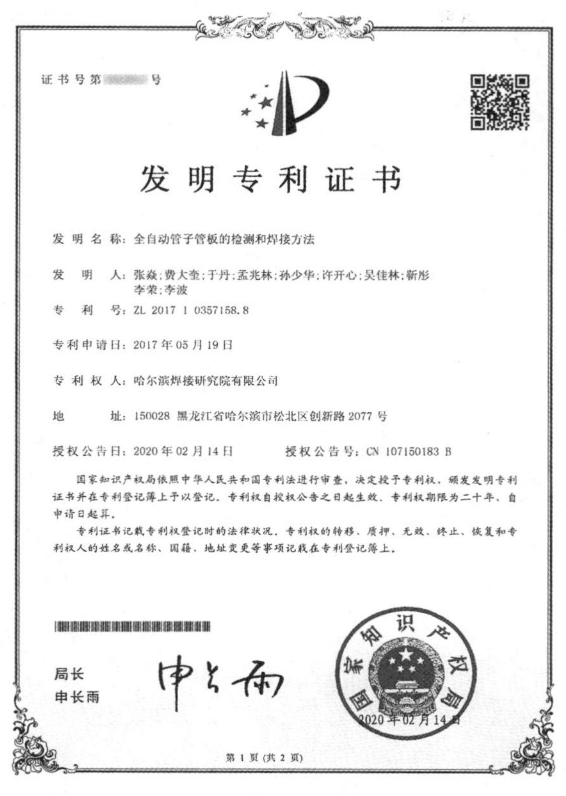

证书号第　　号

发明专利证书

发 明 名 称：全自动管子管板的检测和焊接方法

发　明　人：张焱；费大奎；于丹；孟兆林；孙少华；许开心；吴佳林；靳彤
李荣；李波

专　利　号：ZL 2017 1 0357158.8

专利申请日：2017 年 05 月 19 日

专 利 权 人：哈尔滨焊接研究院有限公司

地　　址：150028 黑龙江省哈尔滨市松北区创新路 2077 号

授权公告日：2020 年 02 月 14 日　　授权公告号：CN 107150183 B

国家知识产权局依照中华人民共和国专利法进行审查，决定授予专利权，颁发发明专利证书并在专利登记簿上予以登记。专利权自授权公告之日起生效。专利权期限为二十年，自申请日起算。

专利证书记载专利权登记时的法律状况。专利权的转移、质押、无效、终止、恢复和专利权人的姓名或名称、国籍、地址变更等事项记载在专利登记簿上。

局长
申长雨

第 1 页（共 2 页）

发明专利证书

专利说明：

在石油、化工、电站等行业中广泛使用各种换热器，换热器在这些行业中占有十分重要的地位。在换热器的生产制造过程中，管子与管板焊接是整个换热器制造过程的关键工序。其特点是：1. 接头数量大；2. 焊接位置苛刻；3. 工作环境恶劣。因此，管孔焊接质量的好坏对换热器的运行起到至关重要的作用。目前，我国在换热器的生产制造中，其管子与管板的焊接均为单个管孔手动操作，生产效率低，质量不稳定。因此，研究开发出全自动管子管板焊接装备，实现整台换热器上千个管孔全自动焊接技术，已势在必行。为了实现该目的,本发明提供了一种全自动管子管板焊接装置,使用该装置可精确获得待检测管板面上管孔中心坐标,通过所获得的坐标数据可对管子与管板进行精确的全自动焊接。

本发明的装置包括垂直升降机构1、垂直翻转机构2、CCD进给机构3、焊接机头进给机构4、水平回转机构5、水平横移机构6、CCD视觉成像系统7、CCD光源8、焊接机头9、激光测距传感器10。本发明还提供了基于该装置的换热管圆心自动检测、纠偏和焊接方法。本发明下的全自动管子管板焊接装置及用于该装置的检测和焊接方法在高加换热器、光热发电蒸发器、国产甲醇合成塔换热器以及示范快堆蒸发器、示范快堆独立交换器、阀组件的钠-空气热交换器的焊接中得到了广泛应用。它可以实现齐平式、内缩式、外伸式管子管板接头的连续高重复性焊接,其焊接质量满足石油化工和核电的苛刻要求。

地址:黑龙江省哈尔滨市松北区创新路2077号　　邮编:150028　　联系人:齐万利

电话:0451-86337303　　网站:www.hwi.com.cn　　邮箱:13674675850@126.com

200吨级混合型摩擦焊机

发　明　人:赵玉珊;周君
专　利　号:ZL 2010 2 0159728.6
专利申请日:2010年04月15日
专利权人:机械科学研究院哈尔滨焊接研究所
授权公告日:2011年05月04日

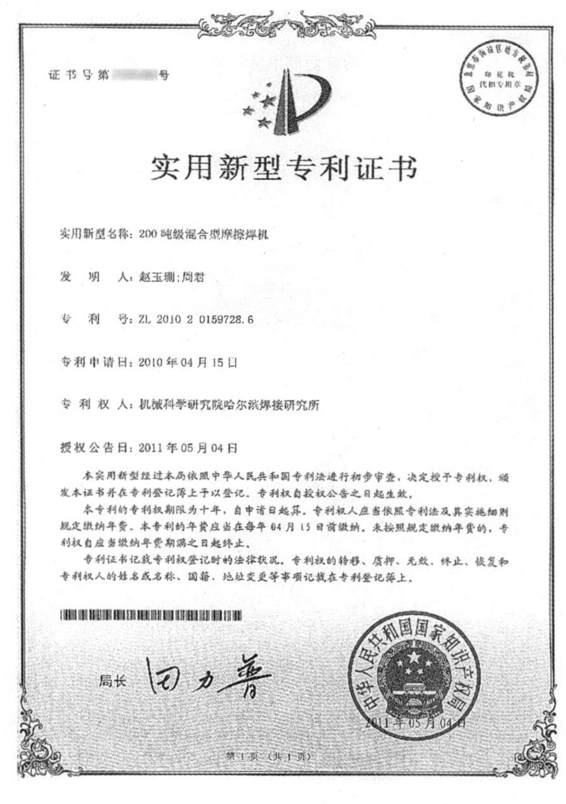

证书号第　　号

实用新型专利证书

实用新型名称:200吨级混合型摩擦焊机

发　明　人:赵玉珊;周君

专　利　号:ZL 2010 2 0159728.6

专利申请日:2010年04月15日

专利权人:机械科学研究院哈尔滨焊接研究所

授权公告日:2011年05月04日

本实用新型经过本局依照中华人民共和国专利法进行初步审查，决定授予专利权，颁发本证书并在专利登记簿上予以登记。专利权自授权公告之日起生效。

本专利的专利权期限为十年，自申请日起算。专利权人应当依照专利法及其实施细则规定缴纳年费。本专利的年费应当在每年04月15日前缴纳。未按照规定缴纳年费的，专利权自应当缴纳年费期满之日起终止。

专利证书记载专利权登记时的法律状况。专利权的转移、质押、无效、终止、恢复和专利权人的姓名或名称、国籍、地址变更等事项记载在专利登记簿上。

局长　田力普

中华人民共和国国家知识产权局

2011年05月04日

第1页（共1页）

实用新型专利证书

专利说明:

大吨位石油钻杆摩擦焊接及形变热处理工艺装备是一项新的装备及技术,就是设计研制石油钻杆的摩擦焊接和焊缝局部热处理的全套生产线,该生产线主要由一台带形变热处理装置的200吨级混合型摩擦焊机、一套大功率中频感应加热装置和两条辅助工装线等设备组成。

解决的主要技术问题:

200吨级混合型摩擦焊机主轴系统、移动部件自动定心夹紧机构、液压控制系统、形变热处理装置及焊接质量自动监控系统的研制开发和摩擦焊形变热处理工艺研究是本项目的技术关键。具体为:

1. 研制的新型主轴系统:主轴转速560 r/min,旋转精度高、最大焊接力2 000 N,承载力大;

2. 移动部件自动定心精度和可靠性均高于国外同类产品;

3. 节能降耗的形变热处理技术;

4. 节能高效的双泵液压系统;

5. 完备的焊接质量自动监控系统。

地址:黑龙江省哈尔滨市松北区创新路2077号　　邮编:150028　　联系人:齐万利

电话:0451-86337303　　网站:www. hwi. com. cn　　邮箱:13674675850@ 126. com

一种高强或超高强钢激光-电弧复合热源焊接方法

发　明　人:王旭友;林尚扬;雷振;杜兵;王威;滕彬;秦国梁;徐孝福;卜大川;穆瑞骥;于洪军

专　利　号:ZL 2008 1 0223741.0

专利申请日:2008年10月10日

专利权人:机械科学研究院哈尔滨焊接研究所

授权公告日:2011年04月27日

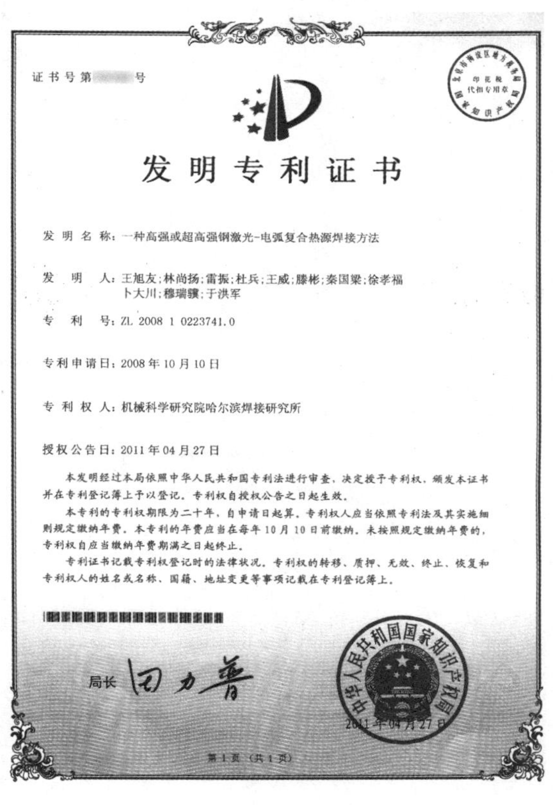

证书号第　　　号

发明专利证书

发明名称:一种高强或超高强钢激光-电弧复合热源焊接方法

发　明　人:王旭友;林尚扬;雷振;杜兵;王威;滕彬;秦国梁;徐孝福
卜大川;穆瑞骥;于洪军

专　利　号:ZL 2008 1 0223741.0

专利申请日:2008年10月10日

专利权人:机械科学研究院哈尔滨焊接研究所

授权公告日:2011年04月27日

本发明经过本局依照中华人民共和国专利法进行审查,决定授予专利权,颁发本证书并在专利登记簿上予以登记。专利权自授权公告之日起生效。

本专利的专利权期限为二十年,自申请日起算。专利权人应当依照专利法及其实施细则规定缴纳年费。本专利的年费应当在每年10月10日前缴纳。未按照规定缴纳年费的,专利权自应当缴纳年费期满之日起终止。

专利证书记载专利权登记时的法律状况。专利权的转移、质押、无效、终止、恢复和专利权人的姓名或名称、国籍、地址变更等事项记载在专利登记簿上。

局长　田力普

中华人民共和国国家知识产权局

2011年04月27日

第1页(共1页)

发明专利证书

专利说明:

焊接冷裂纹问题是高强及超高强钢焊接的一个关键共性技术问题,焊前预热是有效抑制焊接冷裂纹的主要措施之一。尽管焊前预热能改善焊接接头的冷裂纹敏感性,但是也会带来一系列问题,譬如因焊前预热而导致的工序复杂、工人操作环境恶化、焊接效率降低、焊接自动化难度大、生产成本高等一系列问题。为了解决因高强及超高强钢焊前预热带来的一系列技术问题,本发明提出一种不需要预热或者采用低预热的高强或超高强钢激光-电弧复合热源焊接方法。本发明从改善高强钢焊接接头的组织、应力、扩散氢等三大要素为根本出发点,根据高强钢母材的化学成分、碳当量、工件应力拘束水平等特点,通过低强匹配焊接材料来改善组织、通过合理设置关键焊接参数来细化晶粒、通过坡口设计及熔深控制来改善焊缝截面的应力状态、通过合理地选择与激光复合的电弧来优化 $t_{8/3}$ 时间等一系列措施改善了高强钢或超高强钢焊接冷裂纹的敏感性,实现了在较低预热温度甚至无预热条件下高强钢或超高强钢的高效、优质、可靠焊接。专利技术成果已在军工、工程机械、煤矿机械、轨道交通、石油化工等领域获得了应用,累计实现销售收入9 800多万元。

地址:黑龙江省哈尔滨市松北区创新路2077号　　邮编:150028　　联系人:齐万利

电话:0451-86337303　　网站:www. hwi. com. cn　　邮箱:13674675850@ 126. com

一种自身旋转清渣大电流 MAG 焊复合喷咀焊枪及该焊枪的清渣方法

发　明　人：张善宝；杨战利；杨永波；郝路平；白英；赵德民；唐麒龙；白德滨
专　利　号：ZL 2010 1 0186709. 7
专利申请日：2010 年 05 月 21 日
专 利 权 人：机械科学研究院哈尔滨焊接研究所
授权公告日：2012 年 03 月 28 日

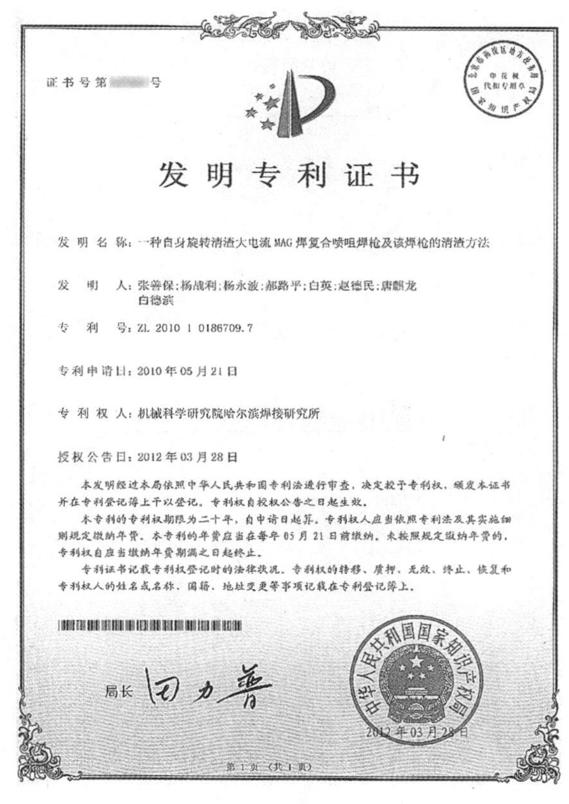

证书号第　　号

发明专利证书

发 明 名 称：一种自身旋转清渣大电流 MAG 焊复合喷咀焊枪及该焊枪的清渣方法

发　明　人：张善保；杨战利；杨永波；郝路平；白英；赵德民；唐麒龙
白德滨

专　利　号：ZL 2010 1 0186709. 7

专利申请日：2010 年 05 月 21 日

专 利 权 人：机械科学研究院哈尔滨焊接研究所

授权公告日：2012 年 03 月 28 日

本发明经过本局依照中华人民共和国专利法进行审查，决定授予专利权，颁发本证书并在专利登记簿上予以登记。专利权自授权公告之日起生效。

本专利的专利权期限为二十年，自申请日起算。专利权人应当依照专利法及其实施细则规定缴纳年费。本专利的年费应当在每年 05 月 21 日前缴纳。未按照规定缴纳年费的，专利权自应当缴纳年费期满之日起终止。

专利证书记载专利权登记时的法律状况。专利权的转移、质押、无效、终止、恢复和专利权人的姓名或名称、国籍、地址变更等事项记载在专利登记簿上。

局长 田力普

2012 年 03 月 28 日

第 1 页（共 1 页）

发明专利证书

专利说明：

新发明的焊枪使螺旋管的连续不停机焊接时间延长了 3 倍，由原来的 40 min 以上延长到 120 min 以上。焊枪清理时间也由原来的 15 min 降低到现在的 30 s 左右，使螺旋焊管的生产效率提高了 30% 以上。同时焊枪采用空冷设计方案，大大降低了焊枪使用的复杂性和水冷系统的购置成本。

应用场合:

螺旋焊管预焊工序等大电流连续MAG焊领域。

解决问题:

螺旋焊管生产过程中的预焊工序采用大电流MAG焊,焊接过程中产生的飞溅很容易黏附在焊枪喷咀的内壁上,影响焊接效果。同时由于空间狭小,焊枪清理非常困难,有时甚至需要将焊枪整体拆下进行清理。传统MAG焊水冷焊枪的以上缺点大大影响了螺旋焊管的生产效率。本发明针对传统MAG焊焊枪的缺点进行研究,利用陶瓷的防飞溅效果和螺旋切应力的巨大推力效果,使发明的焊枪兼具防止飞溅黏附和自身旋转清渣功能,成功地解决了焊枪长时间大电流连续工作工况下焊枪容易粘渣及焊枪清理困难的问题。

地址:黑龙江省哈尔滨市松北区创新路2077号　　邮编:150028　　联系人:齐万利

电话:0451-86337303　　网站:www.hwi.com.cn　　邮箱:13674675850@126.com

可监测发送焊机电弧状态及电焊丝存量数据的装置

发　明　人:奥尔茨舒·格尔德;陈贇
专　利　号:ZL 2017 2 1346260. X
专利申请日:2017 年 10 月 19 日
专 利 权 人:伏能士智能设备(上海)有限公司
授权公告日:2018 年 05 月 01 日

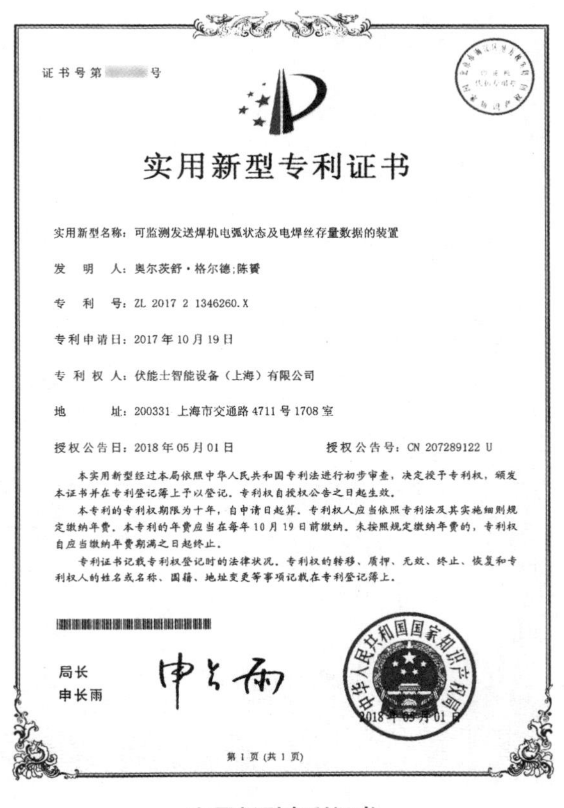
证书号第　　号

实用新型专利证书

实用新型名称：可监测发送焊机电弧状态及电焊丝存量数据的装置

发　明　人：奥尔茨舒·格尔德;陈贇

专　利　号：ZL 2017 2 1346260.X

专利申请日：2017 年 10 月 19 日

专 利 权 人：伏能士智能设备（上海）有限公司

地　　址：200331 上海市交通路 4711 号 1708 室

授权公告日：2018 年 05 月 01 日　　授权公告号：CN 207289122 U

本实用新型经过本局依照中华人民共和国专利法进行初步审查，决定授予专利权，颁发本证书并在专利登记簿上予以登记。专利权自授权公告之日起生效。

本专利的专利权期限为十年，自申请日起算。专利权人应当依照专利法及其实施细则规定缴纳年费。本专利的年费应当在每年 10 月 19 日前缴纳。未按照规定缴纳年费的，专利权自应当缴纳年费期满之日起终止。

专利证书记载专利权登记时的法律状况。专利权的转移、质押、无效、终止、恢复和专利权人的姓名或名称、国籍、地址变更等事项记载在专利登记簿上。

局长
申长雨

中华人民共和国国家知识产权局
2018 年 05 月 01 日

第 1 页 (共 1 页)

实用新型专利证书

专利说明:

可监测发送焊机电弧状态及电焊丝存量数据的装置,由电焊丝储存桶设备、光敏电阻、稳压电源、压力传感器、模数转换集成电路、时间控制电路模块、无线发射模块构成。电焊丝的包装筒放在电焊丝储存桶设备内,压力传感器安装在电焊丝储存桶设备的内下部,光敏电阻、稳压电源、模数转换集成电路、时间控制电路模块、无线发射模块安装在电路板上,并和压力传感器通过导线连接,电路板安装在元件盒内。本发明为管理方通过手机预装的现有具有将数字信号高低转为波形图显示的App,或电脑预装的现有具有将数字信号高低转为波形图显示的软件,实时监测自动焊机工作时产生的电弧光强弱,每天检查电焊丝存量,以免影响生产进度和避免造成大故障。

地址:上海机器人产业园·上海市宝山区富联二路177弄2号楼　　邮编:201906

电话:86-21-26063200　　网站:www.fronius.cn

一种可实现电焊机焊丝回抽的设备

发　明　人:奥尔茨舒·格尔德;陈赟
专　利　号:ZL 2017 2 1346259.7
专利申请日:2017 年 10 月 19 日
专 利 权 人:伏能士智能设备(上海)有限公司
授权公告日:2018 年 05 月 01 日

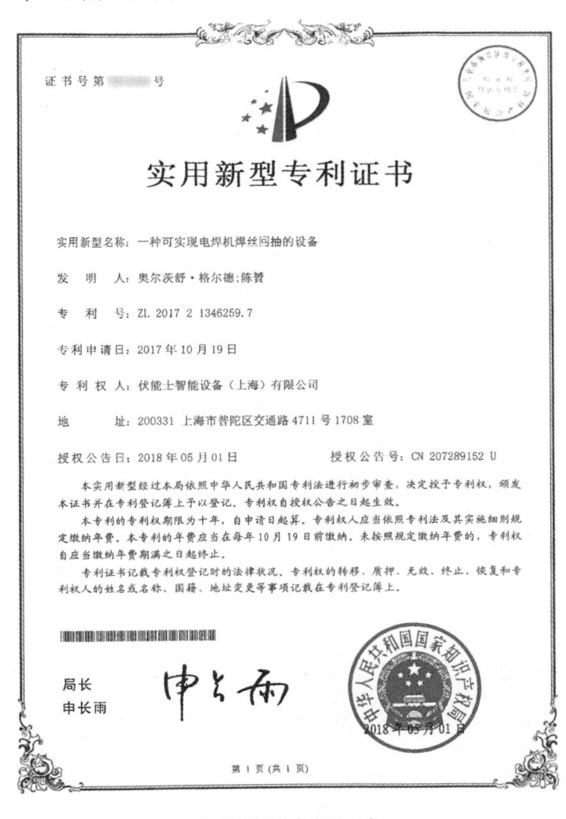

证书号第　　号

实用新型专利证书

实用新型名称:一种可实现电焊机焊丝回抽的设备

发　明　人:奥尔茨舒·格尔德;陈赟

专　利　号:ZL 2017 2 1346259.7

专利申请日:2017 年 10 月 19 日

专 利 权 人:伏能士智能设备(上海)有限公司

地　　址:200331 上海市普陀区交通路 4711 号 1708 室

授权公告日:2018 年 05 月 01 日　　授权公告号:CN 207289152 U

本实用新型经过本局依照中华人民共和国专利法进行初步审查,决定授予专利权,颁发本证书并在专利登记簿上予以登记。专利权自授权公告之日起生效。

本专利的专利权期限为十年,自申请日起算。专利权人应当依照专利法及其实施细则规定缴纳年费。本专利的年费应当在每年 10 月 19 日前缴纳。未按照规定缴纳年费的,专利权自应当缴纳年费期满之日起终止。

专利证书记载专利权登记时的法律状况。专利权的转移、质押、无效、终止、恢复和专利权人的姓名或名称、国籍、地址变更等事项记载在专利登记簿上。

局长
申长雨

中华人民共和国国家知识产权局
2018 年 05 月 01 日

第 1 页(共 1 页)

实用新型专利证书

专利说明:

一种可实现电焊机焊丝回抽的设备,由壳体、壳体盖、合页、焊丝引出管、轴杆、支撑盘、轴圈、连接杆、从动盘、直流电吸盘、电接触设施、电机减速机构、电源开关、电池和元件盒构成。壳体盖和壳体通过合页连接在一起,在壳体盖的右侧端、壳体的上右侧端各有一只磁铁,焊丝引出管安装在壳体左外侧上部,轴杆、支撑盘、轴圈地、连接杆、从动盘、直流电吸盘、电接触设施、电机减速机构安装在壳体内,电源开关、电池安装在元件盒内,并和电机减速机构、电接触设施、直流电吸盘通过导线连接,元件盒安装在壳体右外侧上部。

本发明能自动将电焊丝收回包裹在壳体内电焊丝包装筒上,使用方便,有效防止了电焊丝受潮。综上所述,本发明具有好的应用前景。

地址:上海机器人产业园·上海市宝山区富联二路177弄2号楼　　邮编:201906

电话:86-21-26063200　　网站:www.fronius.cn

一种可以监控焊机电弧状态的装置

发　明　人:奥尔茨舒·格尔德;陈贇
专　利　号:ZL 2017 2 1346271.8
专利申请日:2017 年 10 月 19 日
专 利 权 人:伏能士智能设备(上海)有限公司
授权公告日:2018 年 05 月 01 日

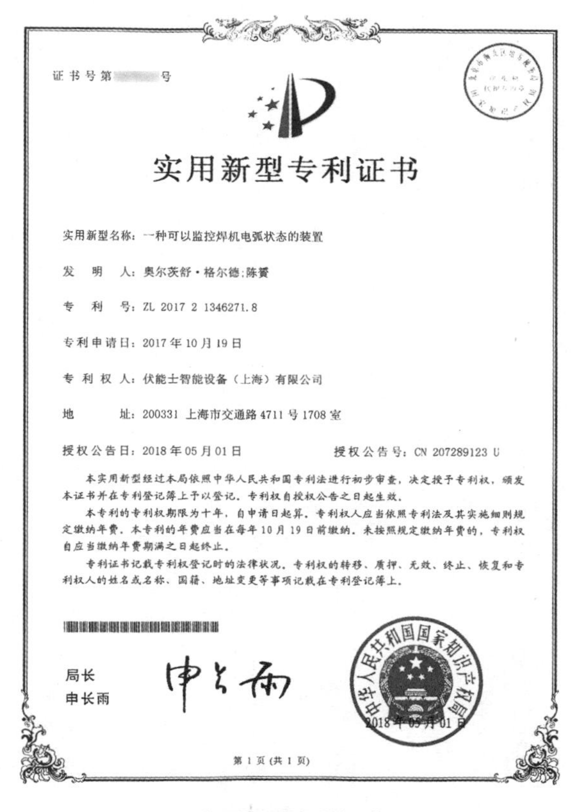

证书号第　　号

实用新型专利证书

实用新型名称:一种可以监控焊机电弧状态的装置
发　明　人:奥尔茨舒·格尔德;陈贇
专　利　号:ZL 2017 2 1346271.8
专利申请日:2017 年 10 月 19 日
专 利 权 人:伏能士智能设备(上海)有限公司
地　　　址:200331 上海市交通路 4711 号 1708 室
授权公告日:2018 年 05 月 01 日　　授权公告号:CN 207289123 U

本实用新型经过本局依照中华人民共和国专利法进行初步审查,决定授予专利权,颁发本证书并在专利登记簿上予以登记。专利权自授权公告之日起生效。

本专利的专利权期限为十年,自申请日起算。专利权人应当依照专利法及其实施细则规定缴纳年费。本专利的年费应当在每年 10 月 19 日前缴纳。未按照规定缴纳年费的,专利权自应当缴纳年费期满之日起终止。

专利证书记载专利权登记时的法律状况。专利权的转移、质押、无效、终止、恢复和专利权人的姓名或名称、国籍、地址变更等事项记载在专利登记簿上。

局长
申长雨

中华人民共和国国家知识产权局
2018 年 05 月 01 日

第 1 页 (共 1 页)

实用新型专利证书

专利说明:

一种可以监控焊机电弧状态的装置,由第一电源、电源开关、光控单元、控制单元、无线发射单元、第一报警单元、第一元件盒、固定磁铁、第二电源、无线接收单元、第二报警单元和第二元件盒构成。第一电源、电源开关、光控单元、控制单元、无线发射单元、第一报警单元通过导线连接并安装在第一元件盒内,四只固定磁铁分别粘接在第一元件盒后部四个凹槽内,第二电源、无线接收单元、第二报警单元通过导线连接,并安装在第二元件盒内。本发明可对自动焊机工作时产生的电弧光进行监测,出现故障时,可进行两个方位的第一时间焊机故障提示。综上所述,本发明具有好的应用前景。

地址:上海机器人产业园·上海市宝山区富联二路177弄2号楼　　邮编:201906
电话:86-21-26063200　　网站:www.fronius.cn

一种依靠磁力保护焊枪的防撞设备

发 明 人:奥尔茨舒 · 格尔德;陈赟
专 利 号:ZL 2017 2 1346269.0
专利申请日:2017 年 10 月 19 日
专 利 权 人:伏能士智能设备(上海)有限公司
授权公告日:2018 年 05 月 01 日

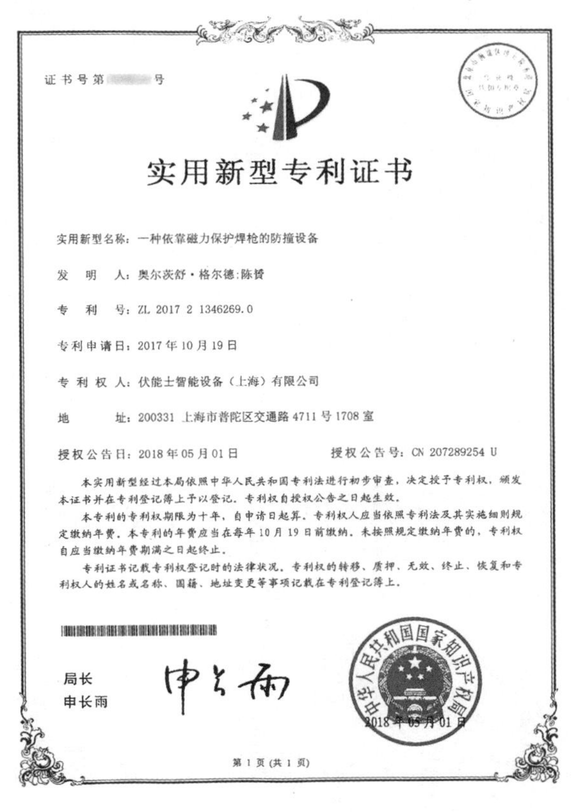

证书号第　　号

实用新型专利证书

实用新型名称:一种依靠磁力保护焊枪的防撞设备

发 明 人:奥尔茨舒 · 格尔德;陈赟

专 利 号:ZL 2017 2 1346269.0

专利申请日:2017 年 10 月 19 日

专 利 权 人:伏能士智能设备(上海)有限公司

地 址:200331 上海市普陀区交通路 4711 号 1708 室

授权公告日:2018 年 05 月 01 日　　授权公告号:CN 207289254 U

本实用新型经过本局依照中华人民共和国专利法进行初步审查,决定授予专利权,颁发本证书并在专利登记簿上予以登记。专利权自授权公告之日起生效。

本专利的专利权期限为十年,自申请日起算。专利权人应当依照专利法及其实施细则规定缴纳年费。本专利的年费应当在每年 10 月 19 日前缴纳。未按照规定缴纳年费的,专利权自应当缴纳年费期满之日起终止。

专利证书记载专利权登记时的法律状况。专利权的转移、质押、无效、终止、恢复和专利权人的姓名或名称、国籍、地址变更等事项记载在专利登记簿上。

局长
申长雨

中华人民共和国国家知识产权局
2018 年 05 月 01 日

第 1 页(共 1 页)

实用新型专利证书

专利说明:

一种依靠磁力保护焊枪的防撞设备,包括自动焊机,由第一电源、第一电源开关、探头、防撞限位板、探头盒、控制电路、无线发射单元、第一元件盒、第二电源、第二电源开关、无线接收单元、报警单元和第二元件盒构成。探头是三只干簧管,三只干簧管分别用胶粘接在探头盒的前内部、内左部、内右部,三套防撞限位板分别摆放在焊枪头的前端、左端及右端其余设备及部件的前侧,控制电路、无线发射单元、第一电源开关、第一电源和探头之间通过导线连接,并安装在第一元件盒内;第二电源、无线接收单元、报警单元、第二电源开关安装在第二元件盒内,并和自动电焊机的伺服电机之间通过导线连接。本发明可限定焊枪头运行轨迹,防止焊枪头工作中撞上异物损坏。

地址:上海机器人产业园·上海市宝山区富联二路177弄2号楼　　邮编:201906

电话:86-21-26063200　　网站:www.fronius.cn

一种可承载焊接系统的移动式小车

发　明　人：奥尔茨舒·格尔德；陈贇
专　利　号：ZL 2017 2 1346251.0
专利申请日：2017 年 10 月 19 日
专 利 权 人：伏能士智能设备(上海)有限公司
授权公告日：2018 年 05 月 01 日

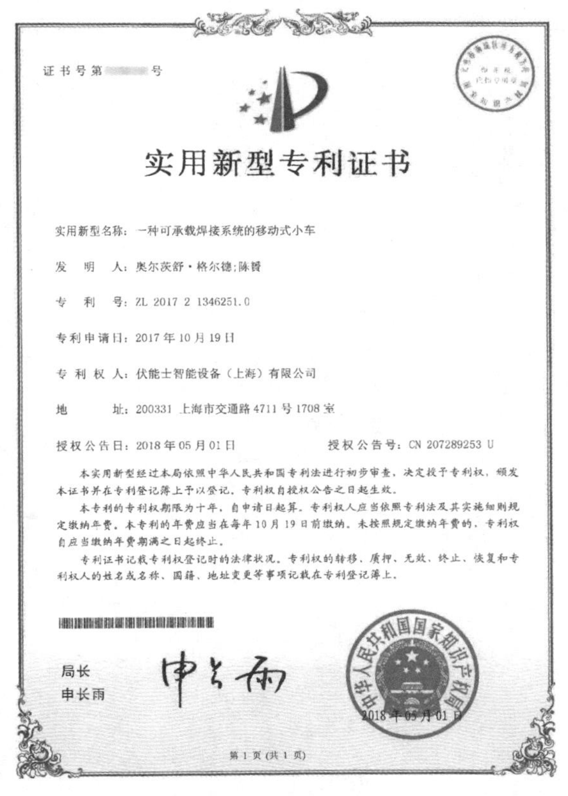

证书号第　　　号

实用新型专利证书

实用新型名称：一种可承载焊接系统的移动式小车

发　明　人：奥尔茨舒·格尔德；陈贇

专　利　号：ZL 2017 2 1346251.0

专利申请日：2017 年 10 月 19 日

专 利 权 人：伏能士智能设备（上海）有限公司

地　　址：200331 上海市交通路 4711 号 1708 室

授权公告日：2018 年 05 月 01 日　　　授权公告号：CN 207289253 U

本实用新型经过本局依照中华人民共和国专利法进行初步审查，决定授予专利权，颁发本证书并在专利登记簿上予以登记。专利权自授权公告之日起生效。

本专利的专利权期限为十年，自申请日起算。专利权人应当依照专利法及其实施细则规定缴纳年费。本专利的年费应当在每年 10 月 19 日前缴纳。未按照规定缴纳年费的，专利权自应当缴纳年费期满之日起终止。

专利证书记载专利权登记时的法律状况。专利权的转移、质押、无效、终止、恢复和专利权人的姓名或名称、国籍、地址变更等事项记载在专利登记簿上。

局长
申长雨

中华人民共和国国家知识产权局
2018 年 05 月 01 日

第 1 页 (共 1 页)

实用新型专利证书

专利说明：

一种可承载焊接系统的移动式小车，由车体、车轮、稳压电路、电源开关、无线遥控单元、无线接收单元、红外探头、红外控制电路、蓄电池、调速器和元件盒构成。移动式小车有四只相同的车轮，车轮是 36 V 电动自行车的有碳刷电机后车轮，四只车轮中部轴杆前后两端的支撑板上部分别焊接在车体的下部四周，车体的上部四周有一个方形围板，四只红外探头分别安装在四只塑料盒内，四只塑料盒的后部分别用胶粘接在车体前后端的两侧，稳压电路、电源开关、无线接收单元、红外控制电路、蓄电池、调速器安装在元件盒内,并和车轮、红外探头之间通过导线连接。本发明可遥控车体前行、后退、左转、右转,使用方便、使用安全、省时省力,所以具有好的应用前景。

地址:上海机器人产业园·上海市宝山区富联二路177弄2号楼　　邮编:201906
电话:86-21-26063200　　网站:www.fronius.cn

控制和/或调节焊接过程的方法

发　明　人:约瑟夫·阿特尔斯梅尔
专　利　号:ZL 2004 8 0027638.9
专利申请日:2004 年 10 月 21 日
专 利 权 人:弗罗纽斯国际有限公司
授权公告日:2009 年 02 月 04 日

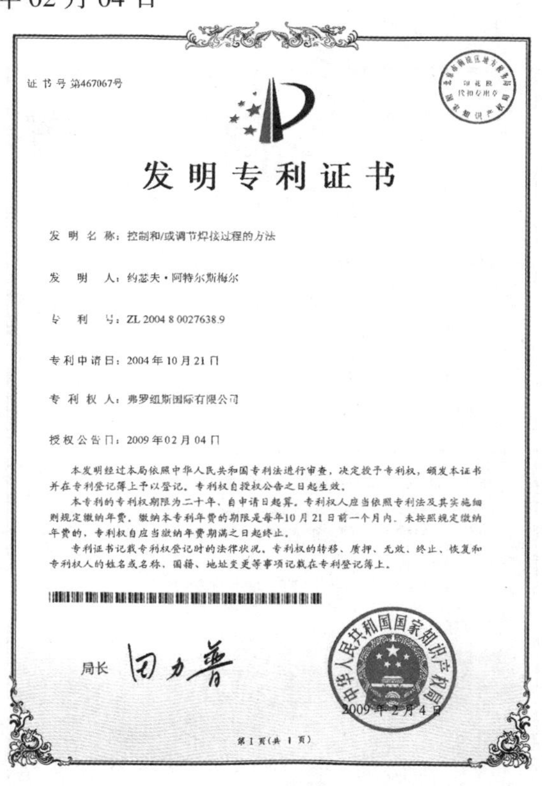
证书号第467067号

发明专利证书

发 明 名 称:控制和/或调节焊接过程的方法

发　明　人:约瑟夫·阿特尔斯梅尔

专　利　号:ZL 2004 8 0027638.9

专利申请日:2004 年 10 月 21 日

专 利 权 人:弗罗纽斯国际有限公司

授权公告日:2009 年 02 月 04 日

本发明经过本局依照中华人民共和国专利法进行审查,决定授予专利权,颁发本证书并在专利登记簿上予以登记。专利权自授权公告之日起生效。

本专利的专利权期限为二十年,自申请日起算。专利权人应当依照专利法及其实施细则规定缴纳年费。缴纳本专利年费的期限是每年10月21日前一个月内。未按照规定缴纳年费的,专利权自应当缴纳年费期满之日起终止。

专利证书记载专利权登记时的法律状况。专利权的转移、质押、无效、终止、恢复和专利权人的姓名或名称、国籍、地址变更等事项记载在专利登记簿上。

局长 田力普

中华人民共和国国家知识产权局

2009年2月4日

第1页(共1页)

发明专利证书

专利说明:

本发明涉及使用正在熔化的焊丝控制和/或调节焊接过程的方法,其中焊接过程在引燃电弧之后进行,所述焊接过程基于几个不同的焊接参数进行调节,并且由控制装置和/或焊接电源控制或调节。为了以尽可能准确的方式确定焊丝的端部与待加工的工件之间的位置或距离,在焊接过程中至少进行一个机械调节过程,以确定所述焊丝的位置,所述焊丝被用作传感器。

地址:上海机器人产业园·上海市宝山区富联二路 177 弄 2 号楼　　邮编:201906
电话:86-21-26063200　　　网站:www.fronius.cn

短路焊接方法和执行这种短路焊接方法的装置

发 明 人:安德烈亚斯·瓦尔德赫尔;约瑟夫·阿特尔斯梅尔;曼努埃尔·迈尔
专 利 号:ZL 2017 8 0053195.8
专利申请日:2017年09月08日
专 利 权 人:弗罗纽斯国际有限公司
授权公告日:2020年04月10日

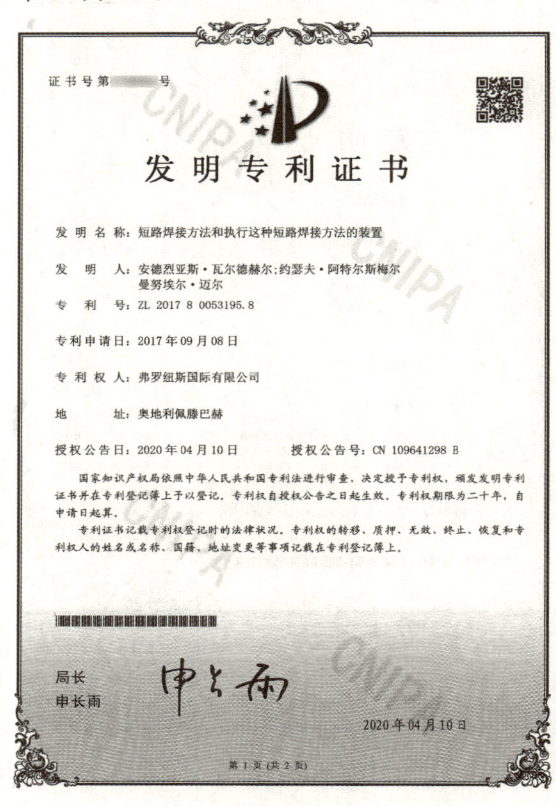
证书号第　　号

发明专利证书

发明名称：短路焊接方法和执行这种短路焊接方法的装置
发明人：安德烈亚斯·瓦尔德赫尔;约瑟夫·阿特尔斯梅尔
曼努埃尔·迈尔
专利号：ZL 2017 8 0053195.8
专利申请日：2017年09月08日
专利权人：弗罗纽斯国际有限公司
地址：奥地利佩滕巴赫
授权公告日：2020年04月10日　　授权公告号：CN 109641298 B

国家知识产权局依照中华人民共和国专利法进行审查，决定授予专利权，颁发发明专利证书并在专利登记簿上予以登记。专利权自授权公告之日起生效。专利权期限为二十年，自申请日起算。

专利证书记载专利权登记时的法律状况。专利权的转移、质押、无效、终止、恢复和专利权人的姓名或名称、国籍、地址变更等事项记载在专利登记簿上。

局长
申长雨

2020年04月10日

第1页（共2页）

发明专利证书

专利说明:

本发明涉及一种具有连续焊接循环的短路焊接方法,该连续焊接循环具有相应的电弧阶段和相应的短路阶段。至少调节焊接参数即焊接电流和熔融电极的供送速度,并且至少在所述电弧阶段的一部分期间以指定向前最终速度向工件的方向供送所述电极,并且至少在所述短路阶段的一部分期间以指定向后最终速度远离所述工件供送所述电极。本发明还涉及一种用于执行这种短路焊接方法的装置。根据本发明,指定供送速度的变化和向后最终速度,并且调节焊接电流,使得在达到所述向后最终速度之后并且最晚在 3 ms 之后完成所述短路阶段,并且最晚每 8 ms 重复所述短路阶段。所述焊接参数被调节成使得所述焊接循环的持续时间≤8 ms,从而得到≥125 Hz 的焊接频率。

地址:上海机器人产业园·上海市宝山区富联二路 177 弄 2 号楼 邮编:201906
电话:86-21-26063200 网站:www.fronius.cn

用于扫描金属工件的工件表面的方法和装置

发　明　人:曼纽尔·迈尔;安德烈亚斯·瓦尔德霍尔;约瑟夫·阿特尔斯迈尔;多米尼克·索林格

专　利　号:ZL 2018 8 0042723.4

专利申请日:2018年06月22日

专 利 权 人:弗罗纽斯国际有限公司

授权公告日:2022年08月05日

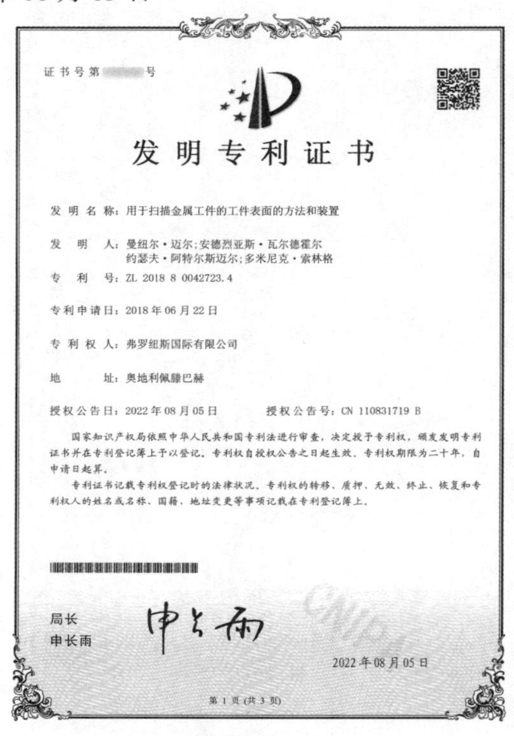

证书号第　　号

发明专利证书

发明名称:用于扫描金属工件的工件表面的方法和装置

发　明　人:曼纽尔·迈尔;安德烈亚斯·瓦尔德霍尔
约瑟夫·阿特尔斯迈尔;多米尼克·索林格

专　利　号:ZL 2018 8 0042723.4

专利申请日:2018年06月22日

专利权人:弗罗纽斯国际有限公司

地　　址:奥地利佩滕巴赫

授权公告日:2022年08月05日　　授权公告号:CN 110831719 B

国家知识产权局依照中华人民共和国专利法进行审查,决定授予专利权,颁发发明专利证书并在专利登记簿上予以登记。专利权自授权公告之日起生效。专利权期限为二十年,自申请日起算。

专利证书记载专利权登记时的法律状况。专利权的转移、质押、无效、终止、恢复和专利权人的姓名或名称、国籍、地址变更等事项记载在专利登记簿上。

局长
申长雨

2022年08月05日

第1页(共3页)

发明专利证书

专利说明:

本发明涉及用于扫描金属工件的工件表面的方法和装置,在该方法中,将具有焊丝电极的喷灯相对于所述工件表面移动以确定扫描值,并且将所述焊丝电极的焊丝端部朝向所述工件表面反复地移动,在每种情况下,直到检测到在所述金属工件的所述工件表面上的扫描位置处与所述金属工件的接触为止。随后,将所述焊丝电极的焊丝端部移回,所述喷灯至少在一些情况下多次检测扫描位置处的扫描值,以确定扫描测量误差。

地址:上海机器人产业园·上海市宝山区富联二路177弄2号楼　　邮编:201906

电话:86-21-26063200　　网站:www.fronius.cn

用于控制利用熔化电极的焊接工艺的方法以及具有这种控制装置的焊接装置

发　明　人:D·索林杰;M·耶;A·瓦尔德;A·科格勒

申　请　号:ZL 2019 8 0086233.9

专利申请日:2019 年 12 月 12 日

专 利 权 人:弗罗纽斯国际有限公司

授权公告日:2023 年 04 月 28 日

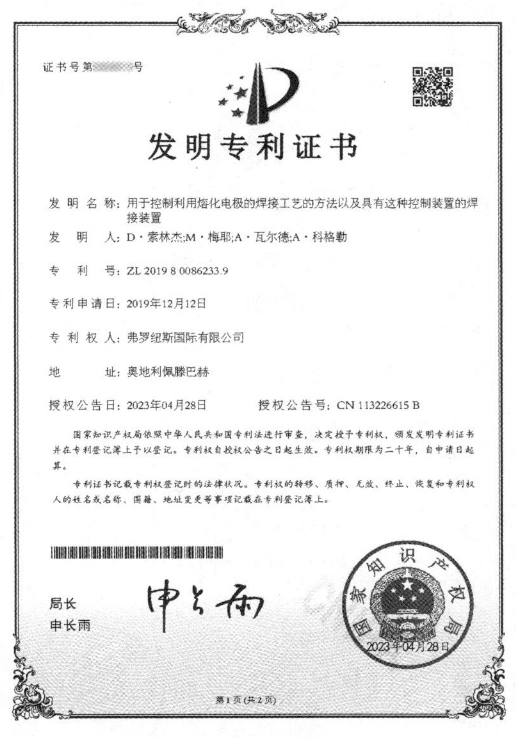

证书号第　　号

发明专利证书

发 明 名 称:用于控制利用熔化电极的焊接工艺的方法以及具有这种控制装置的焊接装置

发　明　人:D·索林杰;M·梅耶;A·瓦尔德;A·科格勒

专　利　号:ZL 2019 8 0086233.9

专利申请日:2019年12月12日

专 利 权 人:弗罗纽斯国际有限公司

地　　　址:奥地利佩滕巴赫

授权公告日:2023年04月28日　　授权公告号:CN 113226615 B

国家知识产权局依照中华人民共和国专利法进行审查,决定授予专利权,颁发发明专利证书并在专利登记簿上予以登记。专利权自授权公告之日起生效。专利权期限为二十年,自申请日起算。

专利证书记载专利权登记时的法律状况。专利权的转移、质押、无效、终止、恢复和专利权人的姓名或名称、国籍、地址变更等事项记载在专利登记簿上。

局长
申长雨

国家知识产权局
2023年04月28日

第1页(共2页)

发明专利证书

专利说明:

为了进一步改进焊接方法,使得在更高数量的短路循环时也可保证均匀的焊缝的氧化皮形成,为冷焊阶段预设确定一定数量的短路循环,并且在短路循环的数量超过预设的极限循环数量时,根据求得的冷阶段时间来确定冷焊阶段的冷阶段持续时间,并且在冷焊阶段之后变换到热焊阶段。

地址:上海机器人产业园·上海市宝山区富联二路 177 弄 2 号楼　　邮编:201906

电话:86-21-26063200　　网站:www.fronius.cn

焊接工艺和用于执行焊接工艺的焊接设备

发　明　人:曼努埃尔·迈尔;安德烈亚斯·瓦尔德赫尔;沃尔夫冈·卡尔泰斯;里克·格伦瓦尔德

专　利　号:ZL 2021 8 0004594.1

专利申请日:2021 年 04 月 28 日

专 利 权 人:弗罗纽斯国际有限公司

授权公告日:2023 年 04 月 18 日

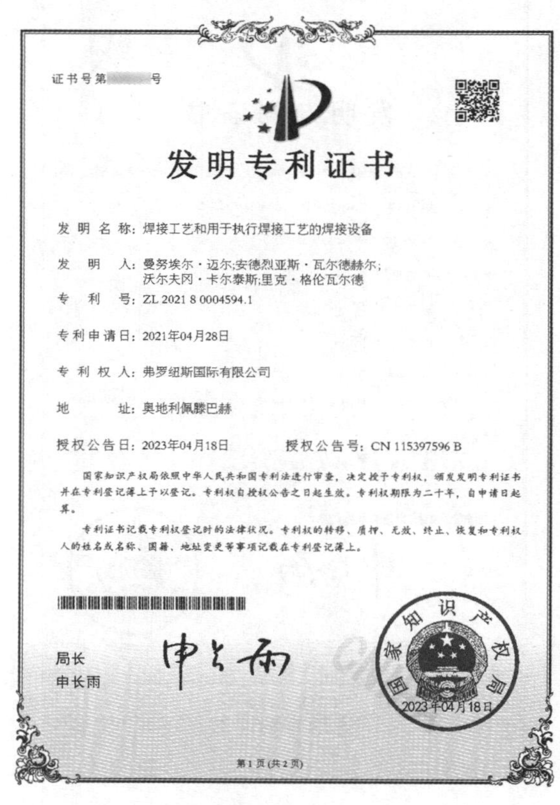

证书号第　　号

发明专利证书

发 明 名 称:焊接工艺和用于执行焊接工艺的焊接设备

发　明　人:曼努埃尔·迈尔;安德烈亚斯·瓦尔德赫尔;沃尔夫冈·卡尔泰斯;里克·格伦瓦尔德

专　利　号:ZL 2021 8 0004594.1

专利申请日:2021年04月28日

专 利 权 人:弗罗纽斯国际有限公司

地　　址:奥地利佩滕巴赫

授权公告日:2023年04月18日　　授权公告号:CN 115397596 B

国家知识产权局依照中华人民共和国专利法进行审查,决定授予专利权,颁发发明专利证书并在专利登记簿上予以登记。专利权自授权公告之日起生效。专利权期限为二十年,自申请日起算。

专利证书记载专利权登记时的法律状况。专利权的转移、质押、无效、终止、恢复和专利权人的姓名或名称、国籍、地址变更等事项记载在专利登记簿上。

局长
申长雨

国家知识产权局
2023年04月18日

第1页(共2页)

发明专利证书

专利说明:

本发明涉及一种利用消耗性焊丝的焊接工艺,特别是用于堆焊的冷金属转移焊接工艺,并且还涉及一种用于执行这种焊接工艺的焊接设备。根据本发明,在焊接过程期间,因为控制焊丝的平均焊丝进给量,所以焊丝的预设熔化效率保持基本恒定,其中,测量当前焊丝进给量,将所测平均焊丝进给量与对应于期望熔化效率的指定平均焊丝进给量进行比较,并且,根据作为系统偏差的所测平均焊丝进给量与指定平均焊丝进给量的偏差,改变作为焊接参数的焊接电流、焊丝的伸出长度、焊炬接触管到工件的距离,接触末端到工件的距离以及/或者焊炬的倾斜角。

地址:上海机器人产业园·上海市宝山区富联二路 177 弄 2 号楼　　邮编:201906
电话:86-21-26063200　　网站:www. fronius. cn

一种用于激光熔覆的激光光内送丝装置

发　明　人:傅戈雁;吉绍山;石世宏;张锐;刘凡;陈兵
专　利　号:ZL 2016 1 0075735. X
专利申请日:2016 年 02 月 03 日
专 利 权 人:江苏科镭激光设备有限公司
授权公告日:2017 年 09 月 05 日

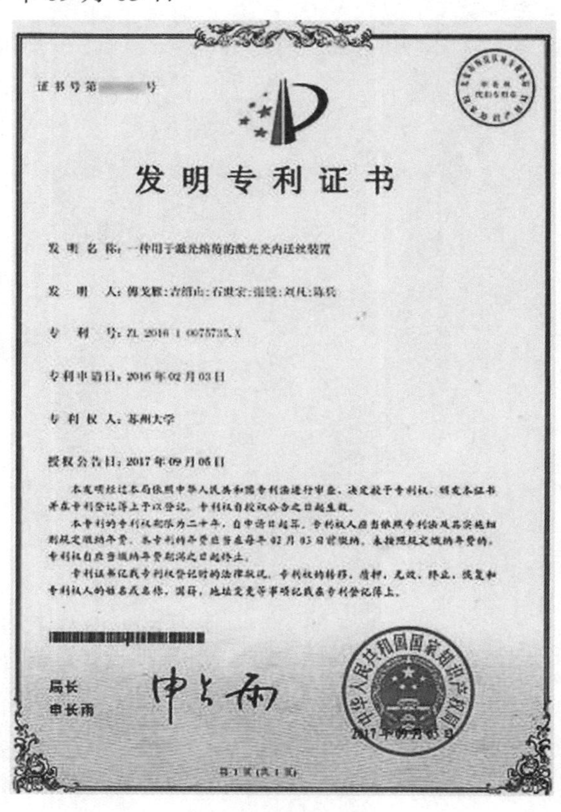

证书号第　号

发明专利证书

发 明 名 称:一种用于激光熔覆的激光光内送丝装置

发 明 人:傅戈雁;吉绍山;石世宏;张锐;刘凡;陈兵

专 利 号:ZL 2016 1 0075735.X

专利申请日:2016 年 02 月 03 日

专 利 权 人:苏州大学

授权公告日:2017 年 09 月 05 日

本发明经过本局依照中华人民共和国专利法进行审查,决定授予专利权,颁发本证书并在专利登记簿上予以登记。专利权自授权公告之日起生效。

本专利的专利权期限为二十年,自申请日起算。专利权人应当依照专利法及其实施细则规定缴纳年费。本专利的年费应当在每年 02 月 03 日前缴纳。未按照规定缴纳年费的,专利权自应当缴纳年费期满之日起终止。

专利证书记载专利权登记时的法律状况。专利权的转移、质押、无效、终止、恢复和专利权人的姓名或名称、国籍、地址变更等事项记载在专利登记簿上。

局长
申长雨

2017 年 09 月 05 日

第 1 页(共 1 页)

发明专利证书

专利说明:

本发明公开了一种用于激光熔覆的激光光内送丝装置,沿激光传送方向设有反射镜和聚焦镜,其特征在于:所述反射镜为将入射方形光束分成两束反射光的尖劈分光镜,所述聚焦镜为将两束所述反射光聚焦为线形的反射聚焦镜,设有一支撑架,所述尖劈分光镜固定于所述支撑架的顶部中央,尖劈分光镜的尖端朝向入光方向;所述支撑架上设有至少两个导丝槽,所述导丝槽与由所述反射聚焦镜形成的聚焦光束不相交,导丝槽的出口处设有导丝嘴,所述导丝嘴上出丝口的位置位于聚焦光束的焦点的侧上方。本发明能有效提高熔覆效率、提高熔覆表面质量和尺寸精度,并有效避免堵丝问题产生。

激光熔覆技术是一种先进激光加工成型制造技术,其中最关键的技术之一就是将激光和熔覆材料同步传输至加工的位置,并使金属材料连续、准确、均匀地投入到加工面上按预定的轨迹做扫描运动的聚焦光斑内,实现光料精确耦合。材料在光束内进行光能和热能的转换,瞬间熔化并形成熔池,完成材料的快速熔化凝固的冶金过程。

转让说明:

整体的专利转让:发明人傅戈雁、吉绍山、石世宏、张锐、刘凡、陈兵将整体专利转让给江苏科镭激光设备有限公司,在双方签订转让合同之后,发明人傅戈雁、吉绍山、石世宏、张锐、刘凡、陈兵仅剩发明权。

地址:江苏省宿迁市激光产业园 A2 栋　　邮编:223800　　联系人:周正佳

电话:0527-88862323　　邮箱:keleijg@163.com

钢管法兰焊接定位装置

发　明　人:李旭;魏忠芳;王利民
申　请　号:ZL 2014 1 0267726.1
专利申请日:2014 年 06 月 16 日
专 利 权 人:河北创力机电科技有限公司
授权公告日:2016 年 08 月 03 日

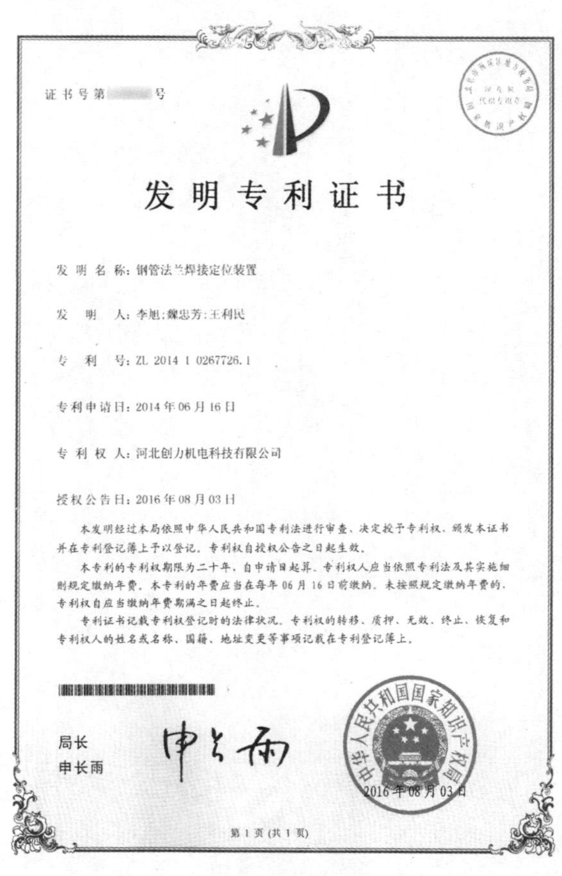

证书号第　　号

发明专利证书

发 明 名 称:钢管法兰焊接定位装置

发　明　人:李旭;魏忠芳;王利民

专　利　号:ZL 2014 1 0267726.1

专利申请日:2014 年 06 月 16 日

专 利 权 人:河北创力机电科技有限公司

授权公告日:2016 年 08 月 03 日

本发明经过本局依照中华人民共和国专利法进行审查,决定授予专利权,颁发本证书并在专利登记簿上予以登记。专利权自授权公告之日起生效。

本专利的专利权期限为二十年,自申请日起算。专利权人应当依照专利法及其实施细则规定缴纳年费。本专利的年费应当在每年 06 月 16 日前缴纳。未按照规定缴纳年费的,专利权自应当缴纳年费期满之日起终止。

专利证书记载专利权登记时的法律状况。专利权的转移、质押、无效、终止、恢复和专利权人的姓名或名称、国籍、地址变更等事项记载在专利登记簿上。

局长
申长雨

中华人民共和国国家知识产权局
2016 年 08 月 03 日

第 1 页(共 1 页)

发明专利证书

专利说明:

本发明涉及焊接技术领域,提供一种钢管法兰焊接定位装置,包括第一滑轨以及滑动设置在第一滑轨上的第一平台和第二平台,第一平台和第二平台与第一滑轨之间均设有限位装置;第一平台和第二平台上相对转动连接有用于定位法兰的第一固定爪和第二固定爪,第一固定爪和第二固定爪中至少一个由动力装置带动旋转;在第一平台和第二平台上并位于第一固定爪和第二固定爪之间均设有用于安放钢管的滚轮架,滚轮架的高度可调,本装置结构设计巧妙,钢管与法兰的定位方便,尤其能够适用于各种直径的钢管与法兰之间的定位,并且能够实现平稳焊接,保证了焊接质量。另外,装置结构简单,成本低廉,易于推广。

地址:河北省邢台市经济开发区兴泰大街969号　　邮编:054001

电话:0319-3977333　4000-888-086

网址:www.zgclkj.com.cn(创力科技)　www.canlee.cn(创力激光)

邮箱:chuanglikeji@126.com

一种可移动异型管夹持装置

发　明　人:李旭;王利敏;陈景斋
申　请　号:ZL 2016 1 0288532. 9
专利申请日:2016 年 04 月 29 日
专 利 权 人:河北创力机电科技有限公司
授权公告日:2018 年 12 月 11 日

证书号第　　号

发明专利证书

发 明 名 称:一种可移动异型管夹持装置

发　　明　　人:李旭;王利敏;陈景斋

专　　利　　号:ZL 2016 1 0288532.9

专利申请日:2016 年 04 月 29 日

专 利 权 人:河北创力机电科技有限公司

地　　　　址:054001 河北省邢台市开发区兴泰大街 969 号

授权公告日:2018 年 12 月 11 日　　　授权公告号:CN 105880657 B

国家知识产权局依照中华人民共和国专利法进行审查,决定授予专利权,颁发发明专利证书并在专利登记簿上予以登记。专利权自授权公告之日起生效。专利权期限为二十年,自申请日起算。

专利证书记载专利权登记时的法律状况。专利权的转移、质押、无效、终止、恢复和专利权人的姓名或名称、国籍、地址变更等事项记载在专利登记簿上。

局长
申长雨

2018 年 12 月 11 日

第 1 页(共 2 页)

发明专利证书

专利说明:

本发明涉及切割焊接技术领域,尤其涉及一种可移动异型管夹持装置,包括四爪卡盘,四爪卡盘的两组相对基爪上均设有滚轮组件,滚轮组件与工件表面接触,以夹持工件且可调节工件沿四爪卡盘轴向方向移动,其中一组滚轮组件通过调节滑台与基爪连接,调节滑台可调节与其连接的滚轮组件至工件表面的距离。本发明将四爪卡盘上安装的两组滚轮组件中的一组设置为可手动调节的滚轮组件，能够适应更多的异型管表面形状，装置先通过四爪联动滚轮组件定位，保证工件中心与四爪卡盘中心对位准确，然后在通过手动调节部分滚轮组件对工件进行装卡加固，减小了工件的中心在装卡后与四爪卡盘的中心的偏移误差，调节装卡的过程简单，操作方便。

地址：河北省邢台市经济开发区兴泰大街 969 号　　邮编：054001　　联系人：王星
电话：0319-3977333　4000-888-086
网址：www. zgclkj. com. cn（创力科技）　www. canlee. cn（创力激光）
邮箱：chuanglikeji@ 126. com

高频逆变螺柱焊接设备及其控制方法

发　明　人:韩玉琦;戴建明;龙立新;陈志伟;李家波;陈张军;陈良军;汤必海
专　利　号:ZL 2008 1 0216924. X
专利申请日:2008 年 10 月 22 日
专 利 权 人:深圳市鸿栢科技实业有限公司
授权公告日:2013 年 03 月 06 日

证书号第　　号

发明专利证书

发 明 名 称:高频逆变螺柱焊接设备及其控制方法

发　明　人:韩玉琦;戴建明;龙立新;陈志伟;李家波;陈张军;陈良军
汤必海

专　利　号:ZL 2008 1 0216924.X

专利申请日:2008 年 10 月 22 日

专 利 权 人:深圳市鸿栢科技实业有限公司

授权公告日:2013 年 03 月 06 日

本发明经过本局依照中华人民共和国专利法进行审查,决定授予专利权,颁发本证书并在专利登记簿上予以登记。专利权自授权公告之日起生效。

本专利的专利权期限为二十年,自申请日起算。专利权人应当依照专利法及其实施细则规定缴纳年费。本专利的年费应当在每年 10 月 22 日前缴纳。未按照规定缴纳年费的,专利权自应当缴纳年费期满之日起终止。

专利证书记载专利权登记时的法律状况。专利权的转移、质押、无效、终止、恢复和专利权人的姓名或名称、国籍、地址变更等事项记载在专利登记簿上。

局长 田力普

中华人民共和国国家知识产权局

2013 年 03 月 06 日

第 1 页 (共 1 页)

发明专利证书

专利说明:

本发明公开了一种高频逆变螺柱焊接设备及其控制方法。高频逆变螺柱焊接设备包括三相整流电路、逆变电路、高频变压器、整流滤波电路、DSP 控制器和电流反馈电路。电流反馈电路从整流滤波电路的输出端采样,将采样值输入 DSP 控制器的信号输入端;逆变电路包括 IGBT 桥路开关电路和隔离驱动电路;DSP 控制器产生 PWM 信号,经隔离驱动电路控制IGBT桥路开关电路的通断。本发明提供了一种体积小、功率大的变压器,硬件电路相对简单、控制精度高、电气元件寿命长、设备的可靠性和稳定性好的高频逆变螺柱焊接设备与控制方法。

地址:深圳市宝安区石岩街道塘头大道58号　　邮编:518108
联系人:韩沛文　　电话:13603019638　　邮箱:szhanyq@ sina. com
网址:www. sawchina. cn

一种高频逆变直流点焊机

发　明　人:韩玉琦;陈志伟;戴建明;陈良军;龙立新;李家波;陈张军;汤必海;任再祥
专　利　号:ZL 2008 1 0142143.0
专利申请日:2008 年 08 月 29 日
专 利 权 人:深圳市鸿栢科技实业有限公司
授权公告日:2011 年 09 月 07 日

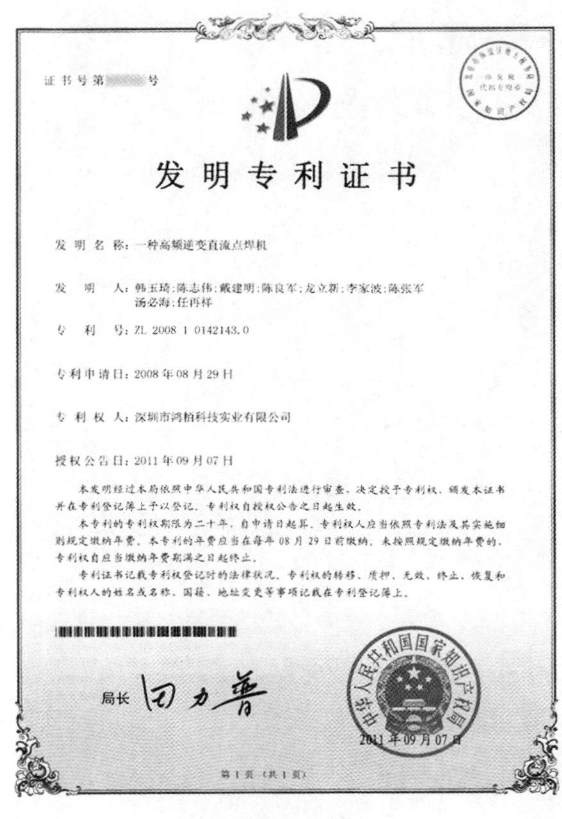

证书号第　　号

发明专利证书

发 明 名 称:一种高频逆变直流点焊机

发　明　人:韩玉琦;陈志伟;戴建明;陈良军;龙立新;李家波;陈张军
汤必海;任再祥

专　利　号:ZL 2008 1 0142143.0

专利申请日:2008 年 08 月 29 日

专 利 权 人:深圳市鸿栢科技实业有限公司

授权公告日:2011 年 09 月 07 日

本发明经过本局依照中华人民共和国专利法进行审查,决定授予专利权,颁发本证书并在专利登记簿上予以登记。专利权自授权公告之日起生效。

本专利的专利权期限为二十年,自申请日起算。专利权人应当依照专利法及其实施细则规定缴纳年费。本专利的年费应当在每年 08 月 29 日前缴纳。未按照规定缴纳年费的,专利权自应当缴纳年费期满之日起终止。

专利证书记载专利权登记时的法律状况。专利权的转移、质押、无效、终止、恢复和专利权人的姓名或名称、国籍、地址变更等事项记载在专利登记簿上。

局长 田力普

2011 年 09 月 07 日

第 1 页(共 1 页)

发明专利证书

专利说明:

本发明公开了一种高频逆变直流点焊机,包括三相整流电路、逆变电路、高频变压器、整流滤波电路和 DSP 控制器。所述高频变压器的初级线圈与次级线圈分层交替绕制,层与层之间有绝缘层;初级线圈层夹在次级线圈层之间,初级线圈层的内层和外层都有次级线圈层;次级线圈用薄铜带分层绕制,每层一匝;所述的内层和外层的次级线圈层都是偶数层,内层的次级线圈层相互串联,相邻层的电流方向相反;外层的次级线圈层也相互串联,相邻层的电流方向也相反。同现有技术相比,本发明是一种输出功率大,频率高达2万赫兹,体积小,耗电少,焊接效率高的高频逆变直流点焊机。

地址:深圳市宝安区石岩街道塘头大道58号　　邮编:518108
联系人:韩沛文　　电话:13603019638　　邮箱:szhanyq@ sina. com
网址:www. sawchina. cn

一种焊机电极帽的修模更换设备

发　明　人:韩振江;陈良军;韩沛文;李朋;付振斌

专　利　号:ZL 2015 2 0616496.5

专利申请日:2015 年 08 月 17 日

专 利 权 人:深圳市鸿栢科技实业有限公司

授权公告日:2016 年 01 月 13 日

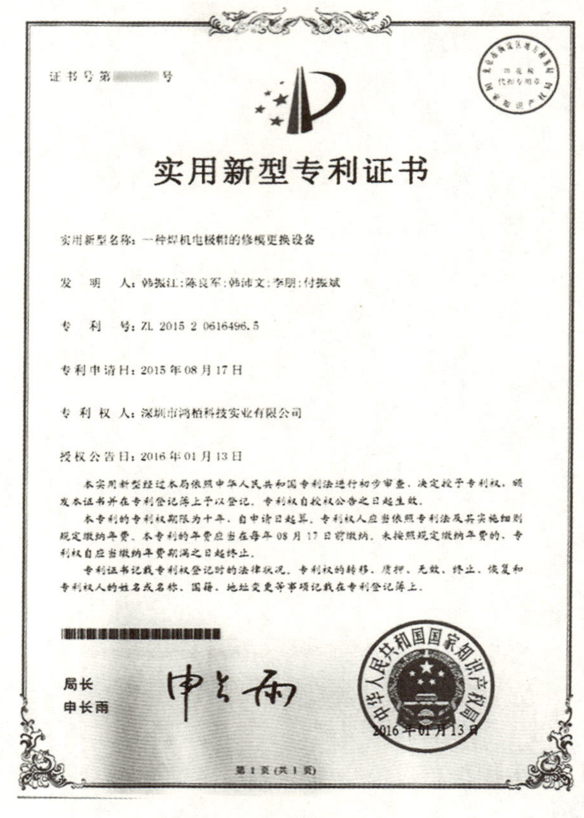

证书号第　　号

实用新型专利证书

实用新型名称:一种焊机电极帽的修模更换设备

发　明　人:韩振江;陈良军;韩沛文;李朋;付振斌

专　利　号:ZL 2015 2 0616496.5

专利申请日:2015 年 08 月 17 日

专 利 权 人:深圳市鸿栢科技实业有限公司

授权公告日:2016 年 01 月 13 日

本实用新型经过本局依照中华人民共和国专利法进行初步审查,决定授予专利权,颁发本证书并在专利登记簿上予以登记。专利权自授权公告之日起生效。

本专利的专利权期限为十年,自申请日起算。专利权人应当依照专利法及其实施细则规定缴纳年费。本专利的年费应当在每年 08 月 17 日前缴纳。未按照规定缴纳年费的,专利权自应当缴纳年费期满之日起终止。

专利证书记载专利权登记时的法律状况。专利权的转移、质押、无效、终止、恢复和专利权人的姓名或名称、国籍、地址变更等事项记载在专利登记簿上。

局长
申长雨

中华人民共和国国家知识产权局
2016 年 01 月 13 日

第 1 页(共 1 页)

实用新型专利证书

专利说明:

本发明属于焊接设备技术领域,具体是涉及一种焊机电极帽的修模更换设备,包括有电极帽修模装置,以及用以安装与支撑电极帽修模装置的支撑部件;所述电极帽修模装置包括传动本体,以及安装在传动本体上的电机、从动齿轮和修模齿轮,电机驱动从动齿轮旋转,从动齿轮带动修模齿轮转动;修模齿轮内安装有修模盘,修模盘上设置有刀片,修模盘随修模齿轮转动,使刀片对电极帽进行切削修模。用于对自动化焊机的一对电极上的电极帽进行修模,而对于完全报废的电极帽能自动拆卸,并自动更换全新的电极帽,能对两个电极的电极帽同时进行安装,拆卸或修模,修模后的电极端面同心并吻合,修磨速度快。

地址:深圳市宝安区石岩街道塘头大道 58 号　　　　邮编:518108
联系人:韩沛文　　　电话:13603019638　　　　邮箱:szhanyq@ sina. com
网址:www. sawchina. cn

防松型弹性焊接电缆快速连接装置

发　明　人:马春辉
专　利　号:ZL 2012 1 0499520.2
专利申请日:2012 年 11 月 22 日
专 利 权 人:江苏精久工具有限公司
授权公告日:2016 年 04 月 06 日

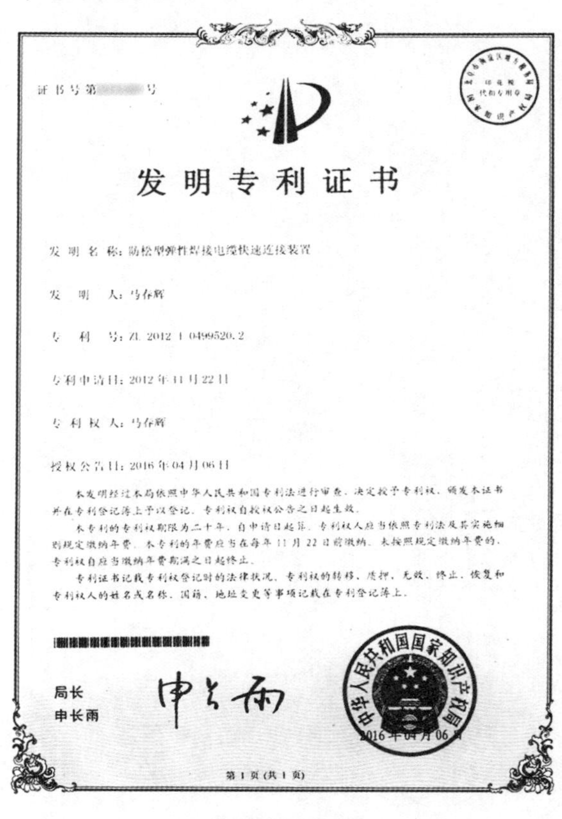

证书号第　　号

发明专利证书

发 明 名 称:防松型弹性焊接电缆快速连接装置

发　明　人:马春辉

专　利　号:ZL 2012 1 0499520.2

专利申请日:2012 年 11 月 22 日

专 利 权 人:马春辉

授权公告日:2016 年 04 月 06 日

本发明经过本局依照中华人民共和国专利法进行审查,决定授予专利权,颁发本证书并在专利登记簿上予以登记。专利权自授权公告之日起生效。

本专利的专利权期限为二十年,自申请日起算。专利权人应当依照专利法及其实施细则规定缴纳年费。本专利的年费应当在每年 11 月 22 日前缴纳。未按照规定缴纳年费的,专利权自应当缴纳年费期满之日起终止。

专利证书记载专利权登记时的法律状况。专利权的转移、质押、无效、终止、恢复和专利权人的姓名或名称、国籍、地址变更等事项记载在专利登记簿上。

局长
申长雨

中华人民共和国国家知识产权局
2016 年 04 月 06 日

第 1 页(共 1 页)

发明专利证书

专利说明:

本发明涉及一种焊接用电缆与焊接设备或焊接用电缆相互之间连接的快速连接装置。

目前常用的快速连接方案,都为一公插头和一母插头或母插座(以下简称母插座)之间的连接,由于公插头和母插座都为一体式结构,使用过程中旋紧接触状态与旋松接触状态间的操作行程极其微小,在实际生产工作中,在搬运、振动、碰撞、公插头母插座污垢、热胀冷缩等众多因素的共同作用下极易使公插头起锁紧作用的卡头从母插座带有螺旋锥度的卡槽上自然滑动,引起松动接触,当大电流通过时公插头母插座就因虚接产生电火花,轻者烧蚀公插头母插座,重者烧坏焊机,并有引发火灾危险。

本发明通过对具有锁紧作用的卡头进行改进,由一体式改为分体式,分体卡头能沿轴线做前后移动,卡头后部加装有弹性材料,以此可增大旋紧接触后的工作行程,当有松动外力作用时,弹性材料先行吸收并进行补偿,纵使出现滑动位移,仍能保持良好导电接触,有效避免了虚接的产生。

本发明在不影响传统使用习惯的基础上,解决了传统快插因虚接烧坏,一年内须多次更换的老问题,使快接具备了与焊机同寿命的能力,为客户节约了时间成本、维修成本,同时解决了接触不良致电流不稳造成对焊接质量、焊缝美观及工作效率的影响,接触不良致非正常发热对线缆、焊机和安全生产的影响等问题。将快接连接方式从硬性连接时代推进至柔性连接时代。

转让说明:

整体的专利转让:发明人将整体专利转让给一个企业,在双方签订转让合同之后,发明人仅剩发明权。

专利实施普通许可:专利权授权于某个企业或个人生产该专利,亦可授权多家企业或个人。

专利实施排他许可:一家企业买断该专利,仅专利权人与这家企业可以使用该项技术,不可以将该专利再次转让给第三方。

地址:江苏省启东市中央大道 691 号　　　　邮编:226200

电话:0513-83358666　　　　网站:www.71sc.net　　　　邮箱:mch@71sc.net

易拆卸易维修不烫手电焊钳

发　明　人:马春辉;沈汉飞;沈婕;马春丰;马晓燕;陈燕
专　利　号:ZL 2013 1 0217315.7
专利申请日:2013 年 06 月 01 日
专 利 权 人:江苏精久工具有限公司
授权公告日:2016 年 06 月 15 日

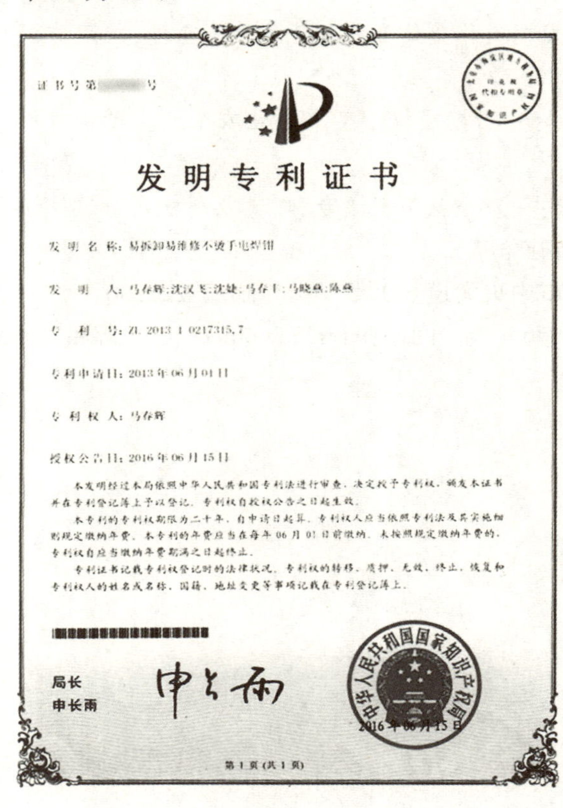

证书号第[illegible]号

发明专利证书

发 明 名 称:易拆卸易维修不烫手电焊钳

发　明　人:马春辉;沈汉飞;沈婕;马春丰;马晓燕;陈燕

专　利　号:ZL 2013 1 0217315.7

专利申请日:2013 年 06 月 01 日

专 利 权 人:马春辉

授权公告日:2016 年 06 月 15 日

本发明经过本局依照中华人民共和国专利法进行审查,决定授予专利权,颁发本证书并在专利登记簿上予以登记。专利权自授权公告之日起生效。

本专利的专利权期限为二十年,自申请日起算。专利权人应当依照专利法及其实施细则规定缴纳年费。本专利的年费应当在每年 06 月 01 日前缴纳。未按照规定缴纳年费的,专利权自应当缴纳年费期满之日起终止。

专利证书记载专利权登记时的法律状况。专利权的转移、质押、无效、终止、恢复和专利权人的姓名或名称、国籍、地址变更等事项记载在专利登记簿上。

局长
申长雨

中华人民共和国国家知识产权局
2016 年 06 月 15 日

第 1 页(共 1 页)

发明专利证书

专利说明:

本发明涉及一种电焊钳,它通过结构改进,由拼装使其成为整体,由拆分使各功能区分体独立便于维修更换,终结了电焊钳作为一次性产品的历史,并对各独立部件结构,用料进行了重新定义,使整把电焊钳质量减轻至 350 g 内,减轻了使用者的手部疲劳,而使用寿命却延长了几十倍,既节约了生产成本,还有利于生产管理。

改进后的上下钳口质量不足 20 g,在结构与材料的双重改进下,使用寿命达到或超过传统黄铜钳口的30倍，紫铜钳口的20倍，磨损后还可单独更换，使上下钳口达到物尽所用，减少资源浪费来实现节约使用成本。

新增的弹簧自平衡组件，解决了传统电焊钳使用时弹簧弯曲影响弹簧使用寿命现象，再通过对材料及工艺的重新制订，使弹簧的使用寿命超过百万次，弹簧自平衡组件还带有锁定功能，只需一根细铁丝即可实现锁定弹簧高度，使用户无须依赖专业工装夹具即可轻松实现对电焊钳整体的拆装。

改进后的上下护套分为省钱王和抗摔王两种，省钱王护套适用于相对固定工位使用，其缺点是抗摔性能差，相对容易损坏；优点是能将焊条留尾用至2.5 cm而不烧坏护套，可节约焊材成本7%。抗摔王护套的缺点是留尾与传统电焊钳一致；优点是抗摔打跌落能力相对较好，不易损坏。

分体拼装式支架使用寿命更达一二十年以上，压紧式接线方式有效杜绝了线缆与电焊钳之间的虚接产生。

整体的专利转让：发明人将整体专利转让给一个企业，在双方签订转让合同之后，发明人仅剩发明权。

专利实施普通许可：专利权授权于某个企业或个人生产该专利，亦可授权多家企业或个人。

专利实施排他许可：一家企业买断该专利，仅专利权人与这家企业可以使用该项技术，不可以将该专利再次转方给第三方。

地址：江苏省启东市中央大道691号　　邮编：226200

电话：0513-83358666　　网站：www.71sc.net　　邮箱：mch@71sc.net

一种具有照明装置的气体保护焊装置

发　明　人:任广君
专　利　号:ZL 2016 2 0970525.2
专利申请日:2016 年 08 月 29 日
专 利 权 人:任广君
授权公告日:2017 年 03 月 01 日

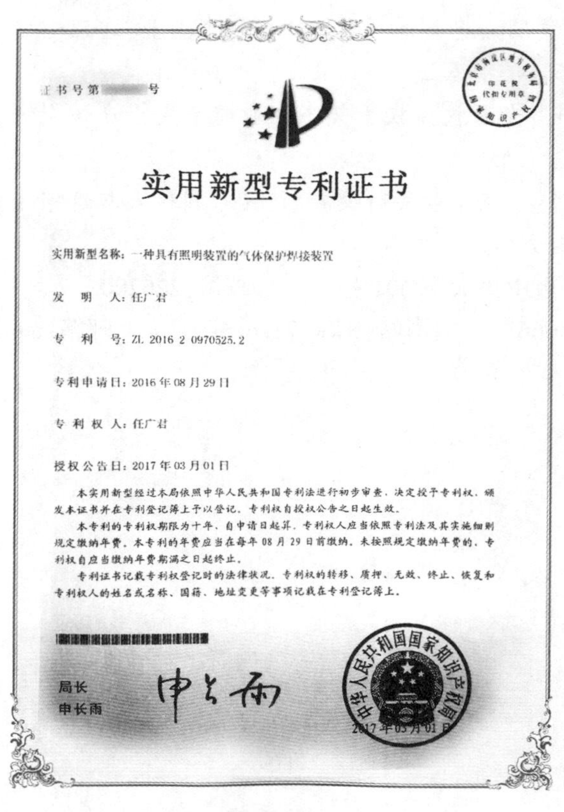

证书号第　　号

实用新型专利证书

实用新型名称:一种具有照明装置的气体保护焊接装置

发　明　人:任广君

专　利　号:ZL 2016 2 0970525.2

专利申请日:2016 年 08 月 29 日

专 利 权 人:任广君

授权公告日:2017 年 03 月 01 日

本实用新型经过本局依照中华人民共和国专利法进行初步审查,决定授予专利权,颁发本证书并在专利登记簿上予以登记。专利权自授权公告之日起生效。

本专利的专利权期限为十年,自申请日起算。专利权人应当依照专利法及其实施细则规定缴纳年费。本专利的年费应当在每年 08 月 29 日前缴纳。未按照规定缴纳年费的,专利权自应当缴纳年费期满之日起终止。

专利证书记载专利权登记时的法律状况。专利权的转移、质押、无效、终止、恢复和专利权人的姓名或名称、国籍、地址变更等事项记载在专利登记簿上。

局长
申长雨

中华人民共和国国家知识产权局

实用新型专利证书

专利说明:

本发明属于气体保护焊接装置领域,具体涉及一种具有照明装置的气体保护焊接装置。

目前,在工业生产过程中所用的气体保护焊接装置在结构上都缺少应用在焊接现场的照明装置。设计人员不参与现场焊接施工,对现场的工作条件不是很了解,在照明不好的环境场所,尤其是在狭小密闭空间的夜间作业,工人干活不方便,而在使用其他照明方式时,需要额外布置照明线路,使用起来很不方便,照明线路一般都是使用 220 V 工作电压,这样在焊接现场还存在安全隐患。

本发明将直流继电器的常闭触点、照明装置、36 V 交流电输出端和焊机的启动开关组成串联电路,将直流继电器的线圈、保护气体阀控制开关和 24 V 直流电输出端组成串联电路。当焊机启动时,照明装置通电亮起,给施工现场照明;焊接时,按下保护气体阀控制开关,气阀开启的同时直流继电器的线圈通电,直流继电器的常闭触点断开,照明电路切断,这样就不影响正常焊接工作,焊接停止时常闭点合上,照明电接通,照明电灯工作,通过这种方式就解决了焊机没有现场施工照明的不足,为施工人员提供了方便。

通讯地址:大连市甘井子区六和路 56 号 1-1-3　　　邮编:116023

联系人:任广君　　　电话:13840873925　　　邮箱:492902851@ qq. com

逆变焊机用实现焊机空载、轻载时软开关装置

发　明　人:陈仁富
专　　利　号:ZL 2004 1 0036435.8
专利申请日:2004 年 12 月 6 日
专 利 权 人:陈仁富
授权公告日:2007 年 10 月 10 日

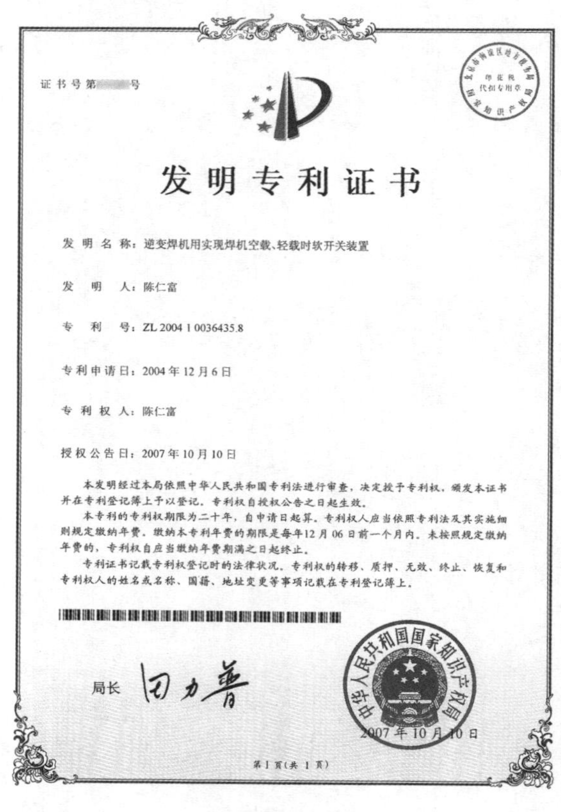

证书号第　　号

发明专利证书

发 明 名 称:逆变焊机用实现焊机空载、轻载时软开关装置

发　明　人:陈仁富

专　　利　号:ZL 2004 1 0036435.8

专利申请日:2004 年 12 月 6 日

专 利 权 人:陈仁富

授权公告日:2007 年 10 月 10 日

本发明经过本局依照中华人民共和国专利法进行审查,决定授予专利权,颁发本证书并在专利登记簿上予以登记。专利权自授权公告之日起生效。

本专利的专利权期限为二十年,自申请日起算。专利权人应当依照专利法及其实施细则规定缴纳年费。缴纳本专利年费的期限是每年12 月 06 日前一个月内。未按照规定缴纳年费的,专利权自应当缴纳年费期满之日起终止。

专利证书记载专利权登记时的法律状况。专利权的转移、质押、无效、终止、恢复和专利权人的姓名或名称、国籍、地址变更等事项记载在专利登记簿上。

局长 田力普

中华人民共和国国家知识产权局

2007 年 10 月 10 日

第 1 页(共 1 页)

发明专利证书

专利说明:

目前,软开关弧焊逆变器多采用全桥逆变电路,而控制方式则采用脉宽调制方式(PWM),在现有技术的零电压开关脉宽调制方式(ZVS-PWM)中,两桥臂均实现零电压开关,但滞后桥臂零电压条件是受负载和输入电压极大的影响,当负载在空载或轻载时,就将失去零电压开关的条件,出现环流能量大、占空比丢失等问题,使得开关损耗和开关噪声加大,这是现有技术存在的不足之处。

本发明的目的是，针对现有技术存在的不足，提供一种逆变焊机用实现焊机空载、轻载时软开关装置技术方案，该方案采用在高频变压器T的次级加装次级辅助线圈N3和换流电感L的方法，改善焊机负载在空载或轻载时，保持零电压开关的条件，不增加开关损耗和开关噪声。

本方案是通过如下技术措施来实现的，由大功率绝缘栅双极型晶体管Q1、Q3为超前臂，大功率绝缘栅双极型晶体管Q2、Q4为滞后臂，电容C_1、C_3为超前臂并联电容，电容C_2、C_4为滞后臂并联电容组成的全桥移相谐振式电路，全桥移相谐振式电路通过高频变压器T初级线圈N1输出，高频变压器T次级输出线圈N2输出逆变电源。本方案特点是，在高频变压器T的次级还有一个次级辅助线圈N3，辅助线圈N3连接一个换流电感L。具体特点还有，所述的换流电感L是在U型铁氧体铁芯上用导线缠绕14-21匝。所述的次级辅助线圈N3的匝数与次级辅助线圈N2的匝数相同。所述的次级辅助线圈N3也可直接用次级辅助线圈N2。

本方案的有益效果可根据对上述方案的叙述得知，由于该方案中在高频变压器T的次级还有一个次级辅助线圈N3，辅助线圈N3连接一个换流电感L。这一结构，当逆变器负载在空载或轻载时，通过高频变压器次级辅助线圈N3上的换流电感L，使谐振回路引入适当的环流，实现了零电压开关的条件，并不增加开关损耗和开关噪声。这个环流当逆变器有负载时，还起到了斜坡补偿的作用，这又有利于系统的稳定工作。由此可见，本发明与现有技术相比，具有突出的实质性特点和显著的进步，其实施效果也是显而易见的。

名称：东奥太电气有限公司

地址：山东省济南市高新技术开发区伯乐路282号　邮编：250101

电话：0531-88872807　网站：www. aotaidianqi. com　邮箱：aotaimarket@ aotaidianqi. com

移相谐振软开关逆变器用控制驱动器

设　计　人:陈仁富
专　利　号:ZL 03 2 53489.2
专利申请日:2003 年 9 月 22 日
专 利 权 人:陈仁富
授权公告日:2004 年 12 月 1 日

实用新型专利证书

证书号　第 661756 号

实用新型名称:移相谐振软开关逆变器用控制驱动器

设计人:陈仁富

专利号:ZL 03 2 53489.2

专利申请日:2003 年 9 月 22 日

专利权人:陈仁富

授权公告日:2004 年 12 月 1 日

本实用新型经过本局依照中华人民共和国专利法进行初步审查,决定授予专利权,颁发本证书并在专利登记簿上予以登记。专利权自授权公告之日起生效。

本专利的专利权期限为十年,自申请日起算。专利权人应当依照专利法及其实施细则规定缴纳年费。缴纳本专利年费的期限是每年9月22日前一个月内,未按照规定缴纳年费的,专利权自应当缴纳年费期满之日起终止。

专利证书记载专利权登记时的法律状况。专利权的转移、质押、无效、终止、恢复和专利权人的姓名或名称、国籍、地址变更等事项记载在专利登记簿上。

专利号

局长 王景川

2004 年 12 月 1 日

第 1 页(共 1 页)

实用新型专利证书

专利说明:

现有技术中,移相谐振软开关逆变器是一种性能优异的逆变器电路,该电路的开关损耗小,效率高,可靠性高。移相谐振软开关逆变器由超前臂和滞后臂构成,公知的超前臂、滞后臂的控制驱动电路均是采用电压型控制模式。因此,存在着响应速度慢,主变压器偏磁时过流严重的缺点;另外,滞后臂的控制脉冲宽度不可调节,在逆变器输出功率较小时,还存在有控制盲区。

本发明是针对现有技术所存在的不足,提供一种移相谐振软开关逆变器用控制驱动器技术方案，该方案采用电流型控制模式，可提高系统响应速度，减少主变压器的过流，再加上滞后臂控制脉冲宽度可调，可消除逆变器在输出小功率时的控制盲区。

本方案是通过如下技术措施实现的：主要包括带有欠压保护电路的超前臂脉冲发生调节电路和滞后臂脉冲发生调节电路，以及作为输出的放大隔离电路。本方案的特点是所述的超前臂脉冲发生调节电路是采用电流型控制，并具有斜坡补偿电路；所述的滞后臂脉冲发生调节电路则带有脉宽控制电路。

本方案的有益效果可根据对上述方案的叙述得知，超前臂脉冲发生调节电路和滞后臂脉冲发生调节电路均有两路输出，使放大隔离电路有四路脉冲输出，控制逆变器由半桥工作变为全桥工作，这就克服了逆变器在输出功率小时存在的控制盲区。由此可见，本发明采用了电流型控制模式，提高了系统的响应速度，减少了主变压器的过流，并增加了可调脉宽的滞后臂控制脉冲，因此消除了逆变器在输出功率小时存在的控制盲区。故与现有技术相比，具有突出的实质性特点和显著的进步，其实施效果也是显而易见的。

名称：东奥太电气有限公司

地址：山东省济南市高新技术开发区伯乐路282号　邮编：250101

电话：0531-88872807　网站：www.aotaidianqi.com　邮箱：aotaimarket@aotaidianqi.com

IGBT 驱动电路

发　明　人:邱光;王巍;蒋明;贺维
专　利　号:ZL 2015 1 0919950.9
专利申请日:2015 年 12 月 11 日
专 利 权 人:深圳市瑞凌实业股份有限公司
授权公告日:2018 年 11 月 23 日

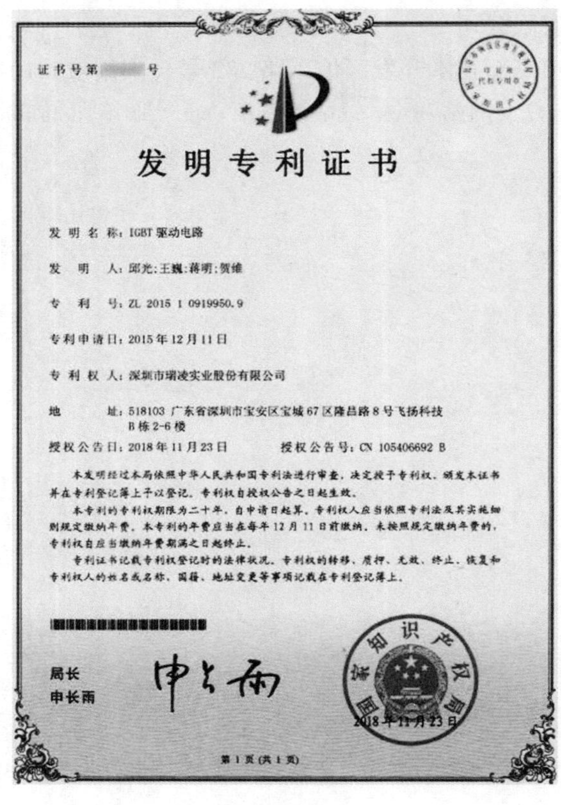

证书号第[illegible]号

发明专利证书

发 明 名 称:IGBT 驱动电路

发　明　人:邱光;王巍;蒋明;贺维

专　利　号:ZL 2015 1 0919950.9

专利申请日:2015 年 12 月 11 日

专 利 权 人:深圳市瑞凌实业股份有限公司

地　　址:518103 广东省深圳市宝安区宝城 67 区隆昌路 8 号飞扬科技 B 栋 2-6 楼

授权公告日:2018 年 11 月 23 日　　授权公告号:CN 105406692 B

本发明经过本局依照中华人民共和国专利法进行审查,决定授予专利权,颁发本证书并在专利登记簿上予以登记。专利权自授权公告之日起生效。

本专利的专利权期限为二十年,自申请日起算。专利权人应当依照专利法及其实施细则规定缴纳年费。本专利的年费应当在每年 12 月 11 日前缴纳。未按照规定缴纳年费的,专利权自应当缴纳年费期满之日起终止。

专利证书记载专利权登记时的法律状况。专利权的转移、质押、无效、终止、恢复和专利权人的姓名或名称、国籍、地址变更等事项记载在专利登记簿上。

局长
申长雨

2018 年 11 月 23 日

第 1 页(共 1 页)

发明专利证书

专利说明:

本发明公开了一种 IGBT 驱动电路,该 IGBT 驱动电路包括驱动信号产生电路、升压电路、储能电路、放电电路及负压生成电路,其中,驱动信号产生电路用于产生正负交替的 IGBT 驱动信号;升压电路用于将正负交替的 IGBT 驱动信号进行升压后输出;储能电路用于在升压电路输出正向电压时进行储能,以驱动 IGBT 导通;在升压电路输出负向电压时通过放电电路进行放电 ,以关断 IGBT;负压生成电路用于在升压电路输出正向电压时进行储能，并生成负电压，并在升压电路输出反向电压时，将负电压提供给放电电路。本发明能够提高 IGBT 的关断速度，降低 IGBT 的开关损耗。

地址：广东省深圳市宝安区宝城 67 区隆昌路 8 号飞扬科技园 B 栋 5 楼

邮编：518103　　　联系人：雷霈　　　电话：0755-27345888

网站：www. riland. com. cn　　　邮箱：market@ riland. com. cn

弧压跟踪脉冲埋弧焊控制方法、控制电路及焊机

发　明　人:邱光;王巍;杨少军;郭阳

专　利　号:ZL 2012 1 0276001. X

专利申请日:2012 年 08 月 04 日

专 利 权 人:深圳市瑞凌实业股份有限公司

授权公告日:2015 年 01 月 07 日

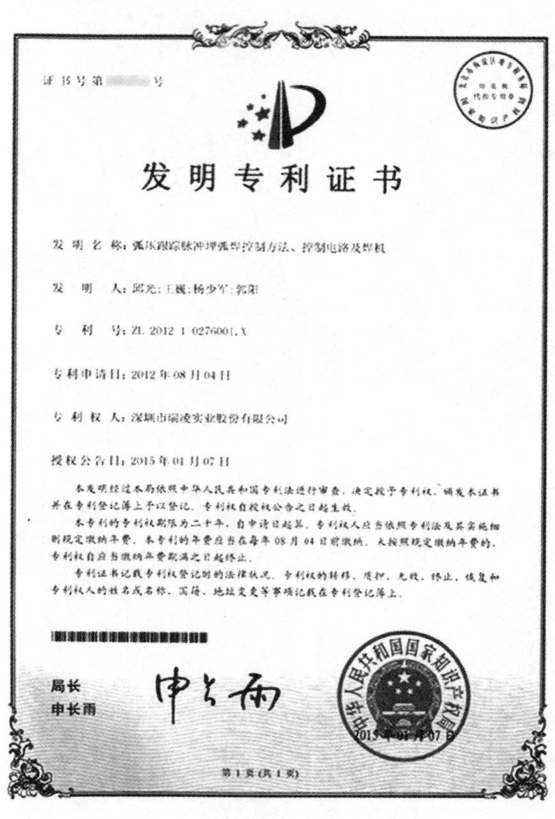

证书号第　　号

发明专利证书

发 明 名 称:弧压跟踪脉冲埋弧焊控制方法、控制电路及焊机

发　明　人:邱光;王巍;杨少军;郭阳

专　利　号:ZL 2012 1 0276001. X

专利申请日:2012 年 08 月 04 日

专 利 权 人:深圳市瑞凌实业股份有限公司

授权公告日:2015 年 01 月 07 日

本发明经过本局依照中华人民共和国专利法进行审查,决定授予专利权,颁发本证书并在专利登记簿上予以登记。专利权自授权公告之日起生效。

本专利的专利权期限为二十年,自申请日起算。专利权人应当依照专利法及其实施细则规定缴纳年费。本专利的年费应当在每年 08 月 04 日前缴纳。未按照规定缴纳年费的,专利权自应当缴纳年费期满之日起终止。

专利证书记载专利权登记时的法律状况。专利权的转移、质押、无效、终止、恢复和专利权人的姓名或名称、国籍、地址变更等事项记载在专利登记簿上。

局长
申长雨

中华人民共和国国家知识产权局

2015 年 01 月 07 日

第 1 页(共 1 页)

发明专利证书

专利说明:

本发明涉及弧压跟踪脉冲埋弧焊控制方法、控制电路及焊机。所述弧压跟踪脉冲埋弧焊控制方法采用弧压跟踪方式采样输出电压,根据弧压的变化实现对脉冲电流的控制。所述控制电路包括:电压给定单元、频率调节单元、弧压跟踪单元、峰值基值调节单元和逆变器单元,其中,所述电压给定单元和所述弧压跟踪单元分别与所述频率调节单元连接,所述

频率调节单元与所述峰值基值调节单元和所述逆变器单元依次连接。本发明可以有效控制热输入量,可有效地消除第一道焊缝焊接时根部熔合不良等常见缺陷,提高焊缝质量和焊接效率,而且控制电路简单,实施成本较低,制造工艺简单,性能可靠。

地址:广东省深圳市宝安区宝城67区隆昌路8号飞扬科技园B栋5楼

邮编:518103　　联系人:雷霈　　电话:0755-27345888

网站:www.riland.com.cn　　邮箱:market@riland.com.cn

可“U”字形摆动的摆动器

发　明　人:邱光;王巍;张利华;周海

专　利　号:ZL 2011 1 0211008.9

专利申请日:2011 年 07 月 26 日

专 利 权 人:深圳市瑞凌实业股份有限公司

授权公告日:2013 年 12 月 04 日

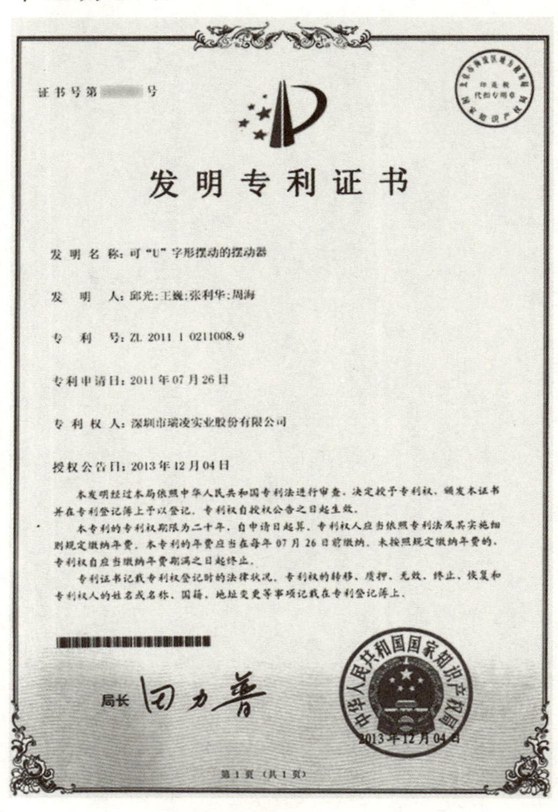

证书号第　　号

发明专利证书

发 明 名 称:可“U”字形摆动的摆动器

发　明　人:邱光;王巍;张利华;周海

专　利　号:ZL 2011 1 0211008.9

专利申请日:2011 年 07 月 26 日

专 利 权 人:深圳市瑞凌实业股份有限公司

授权公告日:2013 年 12 月 04 日

本发明经过本局依照中华人民共和国专利法进行审查,决定授予专利权,颁发本证书并在专利登记簿上予以登记。专利权自授权公告之日起生效。

本专利的专利权期限为二十年,自申请日起算。专利权人应当依照专利法及其实施细则规定缴纳年费。本专利的年费应当在每年 07 月 26 日前缴纳。未按照规定缴纳年费的,专利权自应当缴纳年费期满之日起终止。

专利证书记载专利权登记时的法律状况。专利权的转移、质押、无效、终止、恢复和专利权人的姓名或名称、国籍、地址变更等事项记载在专利登记簿上。

局长　田力普

中华人民共和国国家知识产权局

2013 年 12 月 04 日

第 1 页(共 1 页)

发明专利证书

专利说明:

本发明提供了一种可“U”字形摆动的摆动器,包括有电机、夹持机构、传动装置。传动装置包括第一摆动齿轮、第二摆动齿轮、摆动偏心轮、摆动环、第一摆动杆、第二摆动杆、第三摆动杆、转动齿轮、第一直线轴承、第一滑块、滑块连接板、第二直线轴承和第二滑块,第一滑块和第二滑块分别可来回滑动地设于第一直线轴承和第二直线轴承上,滑块连接板固定在第一滑块上,其上表面设有第二直线轴承,而且夹持机构固定在第二滑块上。这样,枪夹机构即可实现"U"字形摆动,使用其进行"U"形焊接、切割时操作方便、效率更高,焊接、切割质量效果更佳,而且单向转动的电机不需像现有摆动器的电机进行正反转动,不易烧坏,寿命更长、更耐用。

地址:广东省深圳市宝安区宝城67区隆昌路8号飞扬科技园B栋5楼

邮编:518103 联系人:雷霈 电话:0755-27345888

网站:www.riland.com.cn 邮箱:market@riland.com.cn

数字非接触式焊机控制方法及控制装置和控制系统

发　明　人:邱光;王巍;刘南;郑阳阳

专　利　号:ZL 2011 1 0139929.9

专利申请日:2011 年 05 月 26 日

专 利 权 人:昆山瑞凌焊接科技有限公司

授权公告日:2013 年 06 月 05 日

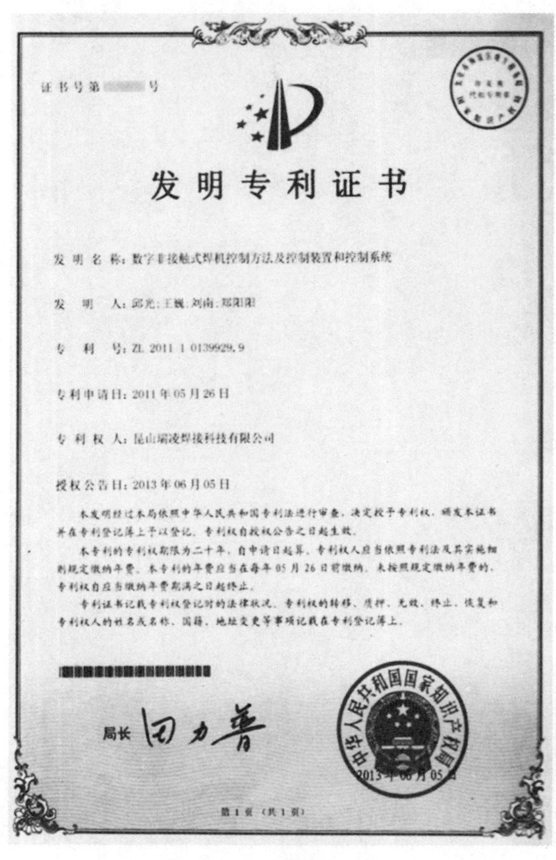

证书号第　　　号

发明专利证书

发 明 名 称:数字非接触式焊机控制方法及控制装置和控制系统

发　明　人:邱光;王巍;刘南;郑阳阳

专　利　号:ZL 2011 1 0139929.9

专利申请日:2011 年 05 月 26 日

专 利 权 人:昆山瑞凌焊接科技有限公司

授权公告日:2013 年 06 月 05 日

本发明经过本局依照中华人民共和国专利法进行审查,决定授予专利权,颁发本证书并在专利登记簿上予以登记。专利权自授权公告之日起生效。

本专利的专利权期限为二十年,自申请日起算。专利权人应当依照专利法及其实施细则规定缴纳年费。本专利的年费应当在每年 05 月 26 日前缴纳。未按照规定缴纳年费的,专利权自应当缴纳年费期满之日起终止。

专利证书记载专利权登记时的法律状况。专利权的转移、质押、无效、终止、恢复和专利权人的姓名或名称、国籍、地址变更等事项记载在专利登记簿上。

局长 田力普

中华人民共和国国家知识产权局

2013 年 06 月 05 日

第 1 页（共 1 页）

发明专利证书

专利说明:

本发明涉及数字非接触式焊机控制方法及控制装置和控制系统。该控制方法通过霍尔传感器将位移信号转换成电压信号再通过控制单元采集霍尔传感器输出的电压信号,并通过控制单元的脉冲宽度调制实现数模转换,以此控制数字非接触式焊机的电流。控制装置包括:上盖、机身本体、旋转构件、弹性连接构件、磁性构件、霍尔传感器组件。控制系统包括数字非接触式焊机控制装置和控制盒,数字非接触式焊机控制装置与控制盒通过串口线连接。本发明技术方案采用非接触式信号采集技术,并通过单片机进行控制,提高了控制精度,将参数调整从数字非接触式焊机控制装置上分开,单独做成一个调整盒,这样控制装置就能很好地进行密封,而且该控制装置结构简单,耐用。

地址:广东省深圳市宝安区宝城67区隆昌路8号飞扬科技园B栋5楼

邮编:518103　　联系人:雷霈　　电话:0755-27345888

网站:www.riland.com.cn　　邮箱:market@riland.com.cn

用于弧焊设备加长缆线的推力电压动态补偿方法及设备

发　明　人:邱光;谢炳兴

专　利　号:ZL 2009 1 0188937.5

专利申请日:2009 年 12 月 15 日

专 利 权 人:深圳市瑞凌实业股份有限公司

授权公告日:2012 年 07 月 31 日

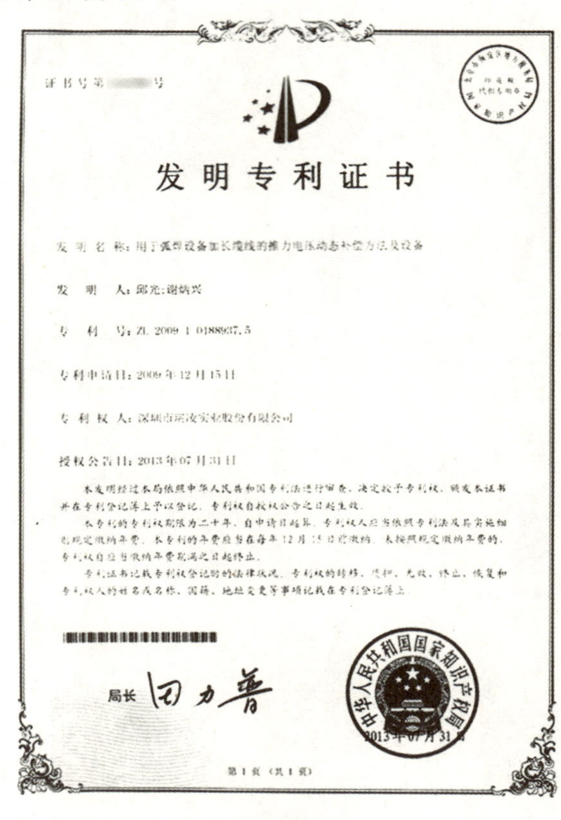

证书号第　号

发明专利证书

发 明 名 称:用于弧焊设备加长缆线的推力电压动态补偿方法及设备

发　明　人:邱光;谢炳兴

专　利　号:ZL 2009 1 0188937.5

专利申请日:2009 年 12 月 15 日

专 利 权 人:深圳市瑞凌实业股份有限公司

授权公告日:2013 年 07 月 31 日

本发明经过本局依照中华人民共和国专利法进行审查，决定授予专利权，颁发本证书并在专利登记簿上予以登记。专利权自授权公告之日起生效。

本专利的专利权期限为二十年，自申请日起算。专利权人应当依照专利法及其实施细则规定缴纳年费。本专利的年费应当在每年 12 月 15 日前缴纳。未按照规定缴纳年费的，专利权自应当缴纳年费期满之日起终止。

专利证书记载专利权登记时的法律状况。专利权的转移、质押、无效、终止、恢复和专利权人的姓名或名称、国籍、地址变更等事项记载在专利登记簿上。

局长 田力普

中华人民共和国国家知识产权局

2013 年 07 月 31 日

第 1 页（共 1 页）

发明专利证书

专利说明:

本发明涉及一种用于弧焊设备加长缆线的推力电压动态补偿方法及设备,步骤包括:可变更地给定或采样焊接电流,计算得到相应的燃弧端与工件之间的电压;采样弧焊设备的实际输出电压即实际推力电压;所述实际推力电压经过延时,与电弧压降相减得到所述缆线上损耗的电压即线损电压;将线损电压加上推力初始设定电压得到推力判定电压;将所述推力判定电压与得到的实际推力电压 U_{ca} 比较,如果所述实际推力电压 U_{ca} 的模拟量 u_{ca} 低于所述推力判定电压,则所述比较电路输出推力脉冲,控制所述弧焊设备增加焊接电流。本发明的技术效果在于:电弧的推力点电压随线损变化而改变,在有线损的情况下,使得在工件与焊条之间能得到正常燃弧,并能保持电弧稳定。

地址:广东省深圳市宝安区宝城 67 区隆昌路 8 号飞扬科技园 B 栋 5 楼

邮编:518103　　联系人:雷霈　　电话:0755-27345888

网站:www. riland. com. cn　　邮箱:market@ riland. com. cn

直流拖动系统的转速控制方法及电路

发　明　人:邱光
专　利　号:ZL 2007 1 0075104.9
专利申请日:2007 年 06 月 13 日
专 利 权 人:深圳市瑞凌实业股份有限公司
授权公告日:2010 年 11 月 10 日

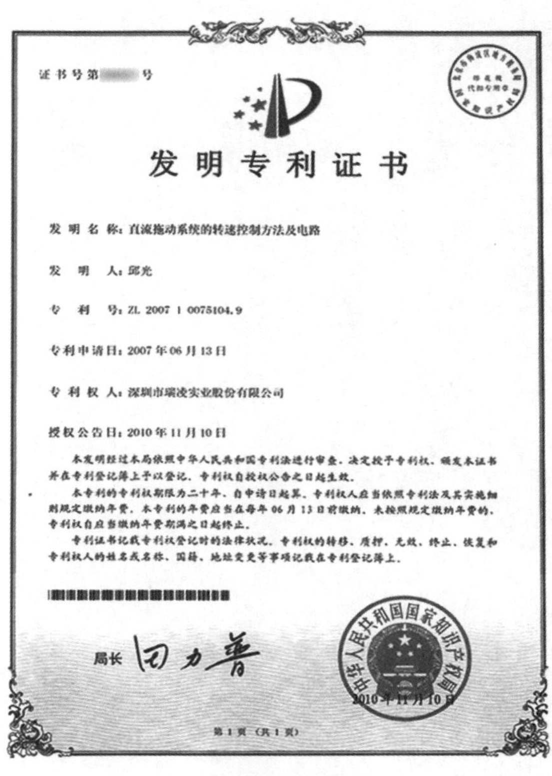
证书号第　　号

发明专利证书

发 明 名 称:直流拖动系统的转速控制方法及电路

发　明　人:邱光

专　利　号:ZL 2007 1 0075104.9

专利申请日:2007 年 06 月 13 日

专 利 权 人:深圳市瑞凌实业股份有限公司

授权公告日:2010 年 11 月 10 日

本发明经过本局依照中华人民共和国专利法进行审查,决定授予专利权,颁发本证书并在专利登记簿上予以登记。专利权自授权公告之日起生效。

本专利的专利权期限为二十年,自申请日起算。专利权人应当依照专利法及其实施细则规定缴纳年费。本专利的年费应当在每年 06 月 13 日前缴纳。未按照规定缴纳年费的,专利权自应当缴纳年费期满之日起终止。

专利证书记载专利权登记时的法律状况。专利权的转移、质押、无效、终止、恢复和专利权人的姓名或名称、国籍、地址变更等事项记载在专利登记簿上。

局长 田力普

2010 年 11 月 10 日

第 1 页 (共 1 页)

发明专利证书

专利说明:

本发明涉及一种直流拖动系统的转速控制方法及电路,包括:供电源(1)借助供电电子开关(61,62)对驱动电机(7)进行脉冲供电;在供电两脉冲间隔期间采样所述驱动电机(7)电枢的旋转反电势,作为所述驱动电机(7)转速的表征量;将采样所得的旋转反电势与给定速度电压进行比较,得出误差电压;根据所述误差电压调节所述驱动电机(7)的供电脉冲宽度,直至所述误差电压趋近于零,从而实现对所述驱动电机(7)的转速反馈调节。本发明的技术效果在于：能对驱动电机转速进行精确控制，无须在驱动电机上安装任何测速装置。

地址：广东省深圳市宝安区宝城67区隆昌路8号飞扬科技园B栋5楼

邮编：518103　　联系人：雷霈　　电话：0755-27345888

网站：www. riland. com. cn　　邮箱：market@ riland. com. cn

多功能数字波控弧焊逆变电源

发　明　人:王振民;冯允樑;潘成熔;何东炜
专　利　号:ZL 2013 1 0711710.0
专利申请日:2013 年 12 月 19 日
专 利 权 人:华南理工大学
授权公告日:2016 年 06 月 22 日

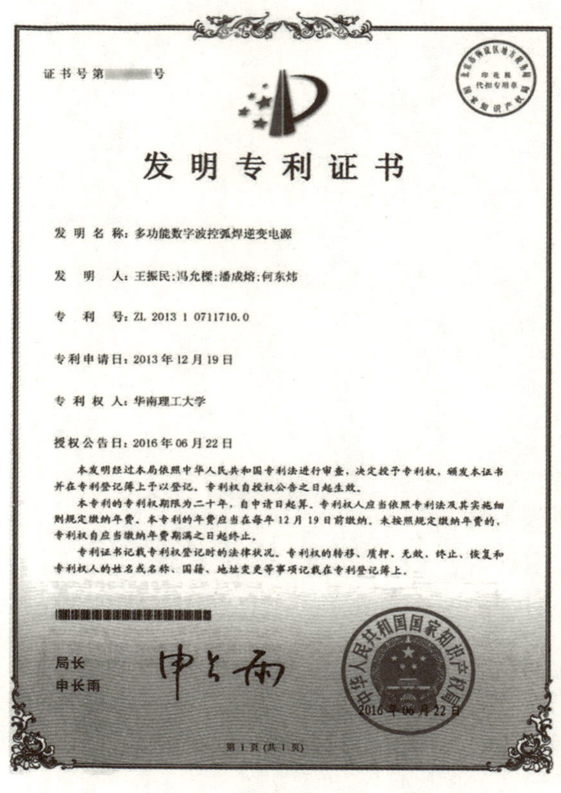

证书号第　　　号

发明专利证书

发 明 名 称:多功能数字波控弧焊逆变电源

发　明　人:王振民;冯允樑;潘成熔;何东炜

专　利　号:ZL 2013 1 0711710.0

专利申请日:2013 年 12 月 19 日

专 利 权 人:华南理工大学

授权公告日:2016 年 06 月 22 日

本发明经过本局依照中华人民共和国专利法进行审查,决定授予专利权,颁发本证书并在专利登记簿上予以登记。专利权自授权公告之日起生效。

本专利的专利权期限为二十年,自申请日起算。专利权人应当依照专利法及其实施细则规定缴纳年费。本专利的年费应当在每年 12 月 19 日前缴纳。未按照规定缴纳年费的,专利权自应当缴纳年费期满之日起终止。

专利证书记载专利权登记时的法律状况。专利权的转移、质押、无效、终止、恢复和专利权人的姓名或名称、国籍、地址变更等事项记载在专利登记簿上。

局长
申长雨

2016 年 06 月 22 日

第 1 页(共 1 页)

发明专利证书

专利说明:

本发明提供了一种多功能数字波控弧焊逆变电源,其特征在于:包括主电路、控制电路和送丝机模块;所述主电路包括依次连接的三相共模滤波模块、一次整流滤波模块、高频全桥逆变模块、功率变压器模块和二次整流滤波模块;所述控制电路包括 ARM 控制系统模块,以及与 ARM 控制系统模块连接的数字化面板模块、高频逆变驱动模块、电压电流检测模块和送丝机驱动模块。该逆变电源使焊机具备优异的一致性、可靠性和动态响应能力,确保良好的电源电弧系统稳定性,优化利用焊接电弧能量,提高焊机不同焊接材料和焊接方法的适应性,能够获得优质的焊接质量。

本发明逆变电源实现了全数字化控制,具有优异的一致性、动态响应性能和扩展性;对焊接电弧的瞬态能量进行实时精细化控制,一阶阶跃响应实现无超调控制,使整个焊接过程中电弧能量得到精确和柔性控制,保证良好的电弧稳定性和挺度,更易于获得优质的焊接质量;实现了多种焊接电流波形调节控制,针对不同焊丝,通过专家数据库调出对应的焊接波形,以适应各种焊接金属材料,实现多种焊接方法,一机多用,节省生产投入成本,提高生产效率。

地址:广东省深圳市宝安区宝城67区隆昌路8号飞扬科技园B栋5楼

邮编:518103　　联系人:雷霈　　电话:0755-27345888

网站:www.riland.com.cn　　邮箱:market@riland.com.cn

基于 AVR 单片机的电弧焊接精确熔滴短路过渡控制电路

发　明　人:黄小刚;肖文成;赵志雨

专　利　号:ZL 2014 1 0040940.3

专利申请日:2014 年 01 月 27 日

专 利 权 人:深圳市佳士科技股份有限公司

授权公告日:2015 年 08 月 05 日

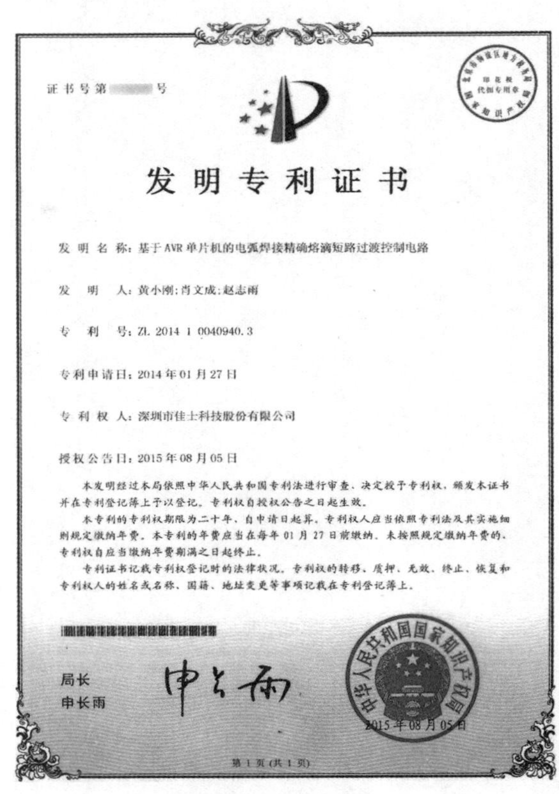
证书号第 号

发明专利证书

发明名称:基于 AVR 单片机的电弧焊接精确熔滴短路过渡控制电路

发　明　人:黄小刚;肖文成;赵志雨

专　利　号:ZL 2014 1 0040940.3

专利申请日:2014 年 01 月 27 日

专 利 权 人:深圳市佳士科技股份有限公司

授权公告日:2015 年 08 月 05 日

本发明经过本局依照中华人民共和国专利法进行审查，决定授予专利权，颁发本证书并在专利登记簿上予以登记。专利权自授权公告之日起生效。

本专利的专利权期限为二十年，自申请日起算。专利权人应当依照专利法及其实施细则规定缴纳年费。本专利的年费应当在每年 01 月 27 日前缴纳。未按照规定缴纳年费的，专利权自应当缴纳年费期满之日起终止。

专利证书记载专利权登记时的法律状况。专利权的转移、质押、无效、终止、恢复和专利权人的姓名或名称、国籍、地址变更等事项记载在专利登记簿上。

局长
申长雨

2015 年 08 月 05 日

第 1 页(共 1 页)

发明专利证书

专利说明:

本发明提供了一种基于 AVR 单片机的电弧焊接精确熔滴短路过渡控制电路,其包括:电流采样电路、电压采样电路、参数调节显示电路、AVR 单片机、D/A 转换电路、给定信号切换电路和比例积分电路、斩波管控制电路等。本发明将参数显示调节面板设置的焊接参数(如焊丝类型、焊丝直径、保护气体种类、电弧长度、送丝速度等)信息输入给 AVR 单片机,AVR 单片机会根据这些信息利用专家程序公式计算出熔滴短路过渡各个阶段的标准给定电流值以及该阶段所持续的标准时间。焊接时利用模拟电路实现焊接电流、焊接电压的实时精确采样,然后将这些信号输入 AVR 单片机。AVR 单片机根据反馈的信号,经过 PID 计算和逻辑判断,实时准确地判断出熔滴过渡所处的阶段和实际电流值,然后不断修正各个阶段的给定电流值和电流所持续的时间,从而达到控制熔滴短路过渡过程的热输入和过渡频率。

AVR 单片机利用实时电压采样对熔滴短路过渡过程中电压变化率进行计算,并与专家程序中的参数进行比较,可以准确判断出熔滴短路过渡结束的时刻,此时 AVR 单片机会及时输出控制信号到斩波管控制电路使斩波管导通。斩波管导通会使焊接输出电流瞬间降为 0,如果熔滴与焊丝脱离瞬间的电流降为 0,熔滴就会平稳地脱离焊丝,而无大电流下熔滴缩颈导致热量急剧增加而产生的焊丝爆断和熔滴飞溅等异常现象,从而达到有效控制飞溅的目的。整个控制系统实现了焊接过程中熔滴过渡每一个阶段的精确控制,有效地控制了焊接过程中熔滴的过渡频率、热输入以及飞溅的大小,满足了用户对焊接性能的高要求。

名称:深圳市佳士科技股份有限公司　　地址:深圳市坪山新区青兰一路 3 号

电话:0755-29651666　　网站:www.jasic.com.cn　　邮箱:jasicmarket@jasic.com.cn

全数字逆变式熔化极脉冲气体保护焊机

发　明　人:徐爱平;潘磊;萧波
专　利　号:ZL 2009 2 0006794.7
专利申请日:2009 年 03 月 23 日
专 利 权 人:深圳市佳士科技发展有限公司
授权公告日:2010 年 04 月 07 日

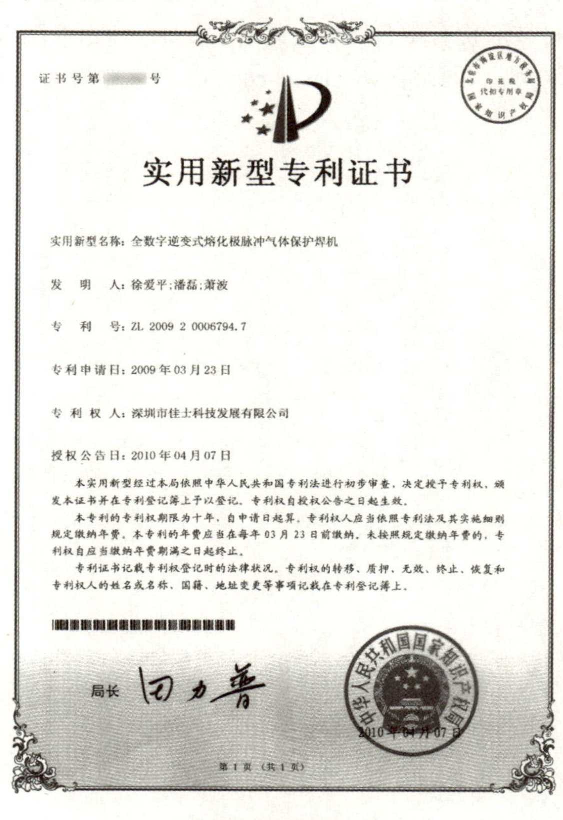

证书号第　　号

实用新型专利证书

实用新型名称:全数字逆变式熔化极脉冲气体保护焊机

发　明　人:徐爱平;潘磊;萧波

专　利　号:ZL 2009 2 0006794.7

专利申请日:2009 年 03 月 23 日

专 利 权 人:深圳市佳士科技发展有限公司

授权公告日:2010 年 04 月 07 日

本实用新型经过本局依照中华人民共和国专利法进行初步审查,决定授予专利权,颁发本证书并在专利登记簿上予以登记。专利权自授权公告之日起生效。

本专利的专利权期限为十年,自申请日起算。专利权人应当依照专利法及其实施细则规定缴纳年费。本专利的年费应当在每年 03 月 23 日前缴纳。未按照规定缴纳年费的,专利权自应当缴纳年费期满之日起终止。

专利证书记载专利权登记时的法律状况。专利权的转移、质押、无效、终止、恢复和专利权人的姓名或名称、国籍、地址变更等事项记载在专利登记簿上。

局长 田力普

2010 年 04 月 07 日

第 1 页(共 1 页)

实用新型专利证书

专利说明:

一种可靠性、一致性和稳定性优良的全数字逆变式熔化极脉冲气体保护焊机,包括功率系统,具有一次整流滤波、一次逆变、主变压器、二次整流滤波、二次逆变、输出回路,以及馈丝系统,具有送丝机电源及送丝机电机,响应于一个控制信号,功率系统和馈丝系统协调运转,将电网高压正旋交流电转换成低压脉冲直流电,通过焊接回路完成电能到热能的转换;控制系统监视和控制功率系统与馈丝系统,其包含核心功能单元和人机交互界面;特点是所述控制系统的核心功能单元是数字信号控制器(DSC)或者数字信号处理器(DSP)。该全数字逆变式熔化极脉冲气体保护焊机应用于金属材料全自动焊接。

名称:深圳市佳士科技股份有限公司　地址:深圳市坪山新区青兰一路3号
电话:0755-29651666　网站:www.jasic.com.cn　邮箱:jasicmarket@jasic.com.cn

送丝机带显示的采用载波通讯的气保焊机

发　明　人:徐爱平;潘磊;萧波

专　利　号:ZL 2010 2 0106126.4

专利申请日:2010 年 01 月 28 日

专 利 权 人:深圳市佳士科技发展有限公司

授权公告日:2010 年 11 月 24 日

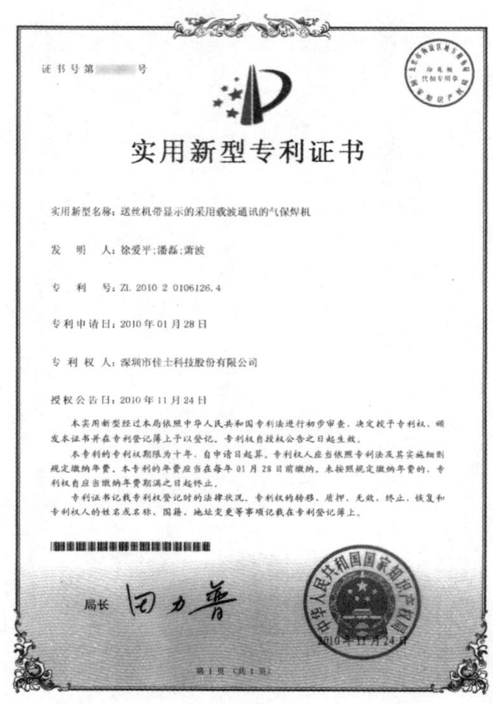

证书号第　　号

实用新型专利证书

实用新型名称:送丝机带显示的采用载波通讯的气保焊机

发　明　人:徐爱平;潘磊;萧波

专　利　号:ZL 2010 2 0106126.4

专利申请日:2010 年 01 月 28 日

专 利 权 人:深圳市佳士科技股份有限公司

授权公告日:2010 年 11 月 24 日

本实用新型经过本局依照中华人民共和国专利法进行初步审查,决定授予专利权,颁发本证书并在专利登记簿上予以登记。专利权自授权公告之日起生效。

本专利的专利权期限为十年,自申请日起算。专利权人应当依照专利法及其实施细则规定缴纳年费。本专利的年费应当在每年 01 月 28 日前缴纳。未按照规定缴纳年费的,专利权自应当缴纳年费期满之日起终止。

专利证书记载专利权登记时的法律状况。专利权的转移、质押、无效、终止、恢复和专利权人的姓名或名称、国籍、地址变更等事项记载在专利登记簿上。

局长　田力普

2010年11月24日

第 1 页(共 1 页)

实用新型专利证书

专利说明:

本实用新型公开了一种送丝机带显示的采用载波通讯的气保焊机,包括焊机电源和送丝机;焊机电源上连接有地线夹;所述的送丝机上没有遥控器,遥控器上设有显示窗;所述的焊机电源和送丝机之间连接有两根电线,两根电线上既传输送丝机的电源,也传输载波通讯信号。利用本实用新型的结构,通讯电线不易断,配件容易采购,载波传送的参数种类多,送丝机上能够显示参数。

名称:深圳市佳士科技股份有限公司　　地址:深圳市坪山新区青兰一路 3 号

电话:0755-29651666　　网站:www.jasic.com.cn　　邮箱:jasicmarket@jasic.com.cn

全数字逆变式方波交流氩弧焊机

发 明 人:徐爱平;潘磊;萧波
专 利 号:ZL 2009 1 0127179.6
专利申请日:2009 年 03 月 16 日
专 利 权 人:深圳市佳士科技股份有限公司
授权公告日:2012 年 06 月 13 日

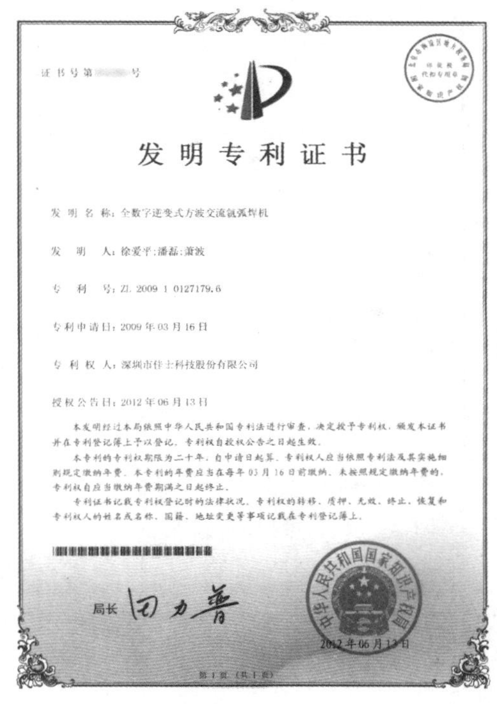

证书号第　　号

发明专利证书

发 明 名 称:全数字逆变式方波交流氩弧焊机

发 明 人:徐爱平;潘磊;萧波

专 利 号:ZL 2009 1 0127179.6

专利申请日:2009 年 03 月 16 日

专 利 权 人:深圳市佳士科技股份有限公司

授权公告日:2012 年 06 月 13 日

本发明经过本局依照中华人民共和国专利法进行审查,决定授予专利权,颁发本证书并在专利登记簿上予以登记。专利权自授权公告之日起生效。

本专利的专利权期限为二十年,自申请日起算。专利权人应当依照专利法及其实施细则规定缴纳年费。本专利的年费应当在每年 03 月 16 日前缴纳。未按照规定缴纳年费的,专利权自应当缴纳年费期满之日起终止。

专利证书记载专利权登记时的法律状况。专利权的转移、质押、无效、终止、恢复和专利权人的姓名或名称、国籍、地址变更等事项记载在专利登记簿上。

局长 田力普

中华人民共和国国家知识产权局

2012 年 06 月 13 日

发明专利证书

专利说明:

一种可靠性、一致性和稳定性优良的全数字逆变式方波交流氩弧焊机,包括:功率系统,具有一次整流滤波、一次逆变、主变压器、二次整理滤波、二次逆变、输出回路,响应于一个控制信号,将电网高压正旋交流电转换成低压方波交流电,通过焊接回路完成电能到热能的转换;控制系统,其包含核心功能单元和人机交互界面;特点是所述控制系统的核心功能单元是数字信号控制器(DSC)或者数字信号处理器(DSP)。

名称:深圳市佳士科技股份有限公司　地址:深圳市坪山新区青兰一路 3 号
电话:0755-29651666　网站:www.jasic.com.cn　邮箱:jasicmarket@jasic.com.cn

一种电焊机输出参数的采集监控集成系统

发　明　人:杜云
专　利　号:ZL 2011 2 0316478.7
专利申请日:2011 年 08 月 26 日
专 利 权 人:深圳市佳士科技股份有限公司
授权公告日:2012 年 04 月 25 日

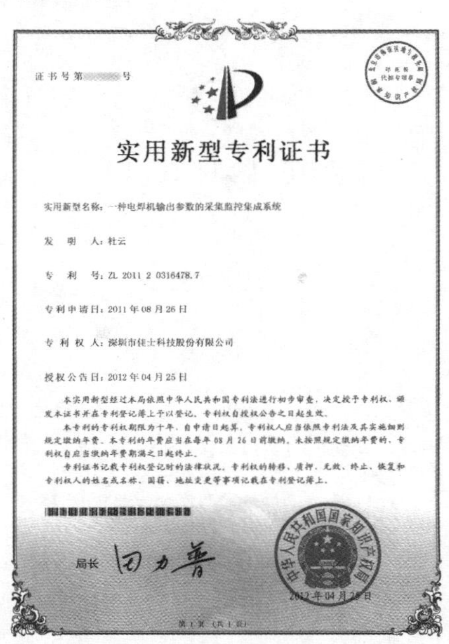

证书号第　　号

实用新型专利证书

实用新型名称:一种电焊机输出参数的采集监控集成系统

发　明　人:杜云

专　利　号:ZL 2011 2 0316478.7

专利申请日:2011 年 08 月 26 日

专 利 权 人:深圳市佳士科技股份有限公司

授权公告日:2012 年 04 月 25 日

本实用新型经过本局依照中华人民共和国专利法进行初步审查,决定授予专利权,颁发本证书并在专利登记簿上予以登记。专利权自授权公告之日起生效。

本专利的专利权期限为十年,自申请日起算。专利权人应当依照专利法及其实施细则规定缴纳年费。本专利的年费应当在每年 08 月 26 日前缴纳。未按照规定缴纳年费的,专利权自应当缴纳年费期满之日起终止。

专利证书记载专利权登记时的法律状况。专利权的转移、质押、无效、终止、恢复和专利权人的姓名或名称、国籍、地址变更等事项记载在专利登记簿上。

局长　田力普

2012 年 04 月 25 日

第 1 页 (共 1 页)

实用新型专利证书

专利说明:

本发明涉及一种电焊机输出参数的采集监控集成系统,包括数据采集装置、数据接收装置、数据处理储存监控装置,所述的数据采集装置包括两台或两台以上的 A/D 转换控制箱,电焊机和 A/D 转换控制箱一一对应电连接,数据接收装置为安装有 PCI 数据接收板卡的网关服务器,数据处理储存监控装置包括交换机及 PC 机,电焊机、A/D 转换控制箱与数据接收装网关服务器之间 CAN 总线连接,数据接收装置网关服务器与数据处理储存监控装置之间以太网连接。本发明安全稳定、操作便捷、应用广泛、传输及时,实现海量电焊机实时监控。

名称:深圳市佳士科技股份有限公司　　地址:深圳市坪山新区青兰一路 3 号
电话:0755-29651666　　网站:www.jasic.com.cn　　邮箱:jasicmarket@jasic.com.cn

一种双丝埋弧焊焊接控制装置

发　明　人：郝建功；李志岗
专　利　号：ZL 2012 2 0195532.1
专利申请日：2012 年 05 月 03 日
专 利 权 人：深圳市佳士科技股份有限公司
授权公告日：2012 年 12 月 26 日

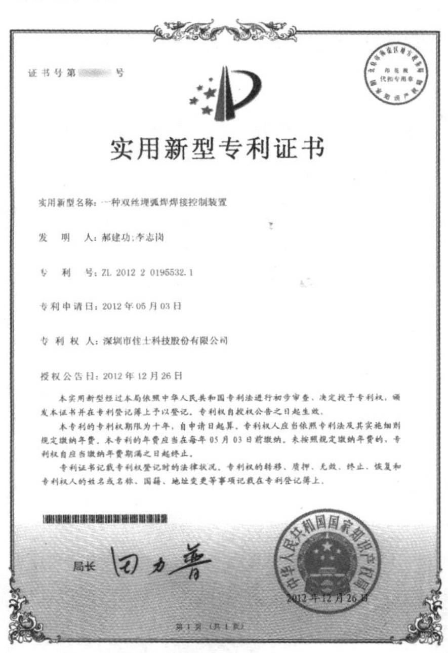

证书号第　　号

实用新型专利证书

实用新型名称：一种双丝埋弧焊焊接控制装置

发　明　人：郝建功；李志岗

专　利　号：ZL 2012 2 0195532.1

专利申请日：2012 年 05 月 03 日

专 利 权 人：深圳市佳士科技股份有限公司

授权公告日：2012 年 12 月 26 日

本实用新型经过本局依照中华人民共和国专利法进行初步审查，决定授予专利权，颁发本证书并在专利登记簿上予以登记。专利权自授权公告之日起生效。

本专利的专利权期限为十年，自申请日起算。专利权人应当依照专利法及其实施细则规定缴纳年费。本专利的年费应当在每年 05 月 03 日前缴纳。未按照规定缴纳年费的，专利权自应当缴纳年费期满之日起终止。

专利证书记载专利权登记时的法律状况。专利权的转移、质押、无效、终止、恢复和专利权人的姓名或名称、国籍、地址变更等事项记载在专利登记簿上。

局长　田力普

中华人民共和国国家知识产权局
2012 年 12 月 26 日

第 1 页（共 1 页）

实用新型专利证书

专利说明：

本发明公开了一种双丝埋弧焊焊接控制装置，包括采样电路，以及与采样电路连接的前弧焊头和后弧焊头，还包括与采样电路连接的控制电路，所述的控制电路还连接有用于悬着联控控制和分控控制方式的选择开关。本发明由于采用了可以选择联控或分控的选择开关，使得双丝埋弧焊可以选择前弧焊头与后弧焊头一起控制，也可以是单独控制，使其在使用过程中可以选择不同的焊接模式，应用范围更广，操作更灵活，自动化水平高。通过本实用新型的应用，可以大幅度拓宽双丝埋弧焊的应用领域，满足多种自动焊要求。

名称：深圳市佳士科技股份有限公司　　地址：深圳市坪山新区青兰一路 3 号
电话：0755-29651666　　网站：www.jasic.com.cn　　邮箱：jasicmarket@jasic.com.cn

一种高速脉冲气体保护焊接工艺与设备

产品说明:

MIG-500G 高速脉冲气体保护焊机是正特近年来重要的技术研发成果之一,填补了国内该领域的空白。目前已申请了多项国家专利,其中已有两项通过了专利授权(专利号 ZL 2017 3 0020664.9、专利号 ZL 2017 3 0030602.8)。

主要特点:

双核 32 位 CPU 全数字化高精度控制,电弧高速稳定,实现更好的焊接质量和完美的成型。

低飞溅波形控制技术,结合高速电子电抗器控制技术和熔滴检测技术,几乎无飞溅。

高速脉冲作为一种高能量密度的浓缩电弧,可显著提高焊接速度。

高速脉冲熔深明显大于普通气体保护焊工艺的熔深,特别适用于窄间隙焊缝的焊接,可使用大的焊丝的伸出长度进行窄间隙焊接。可节省原材料,中厚板只需要 35°的坡口就能达到相应的焊接要求。

全数字控制技术可实现无须改动硬件,通过对软件的修改和升级,即可快速应对用户的特殊焊接工艺要求。

高速脉冲焊机

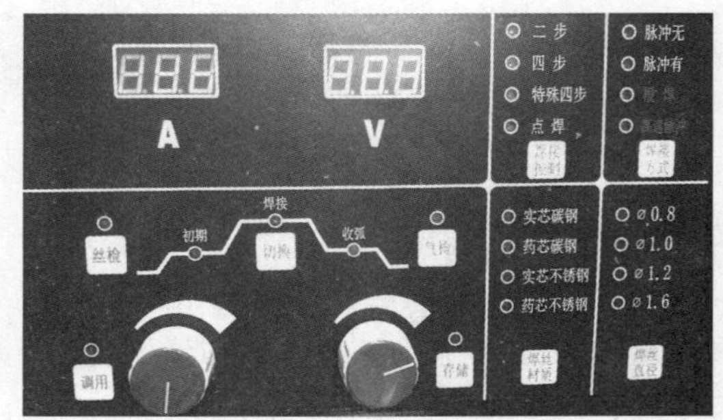

高速脉冲焊机面板

工艺优势:

1. 焊工操作简易,电弧高速稳定。

2. 几乎无飞溅,更好的焊接质量和完美的成型。

3. 比普通脉冲气体保护焊机焊接速度可提高 30%以上。

4. 节省焊丝填充量,中厚板只需要 35°的坡口就能达到相应的焊接要求。
5. 更深的熔深,可一次焊透 15 mm 厚钢板。
6. 特别适用于窄间隙焊缝的焊接。
7. 具备所有普通脉冲气体保护焊机的优点。

应用领域:中厚板平焊、立焊、窄间隙焊。

名称:上海正特焊接器材制造有限公司　　地址:上海市嘉定区胜辛南路 305 号
联系人:陈先生　　电话:021-69176480　　网站:www. zhengte. net
邮箱:kenwoo@ chdwelding. com

车顶盖的激光焊接装置

发　明　人:付远兵;叶祖福;李斌
专　利　号:ZL 2011 2 0433307.2
专利申请日:2011 年 11 月 04 日
专 利 权 人:武汉法利莱切焊系统工程有限公司
授权公告日:2012 年 08 月 01 日

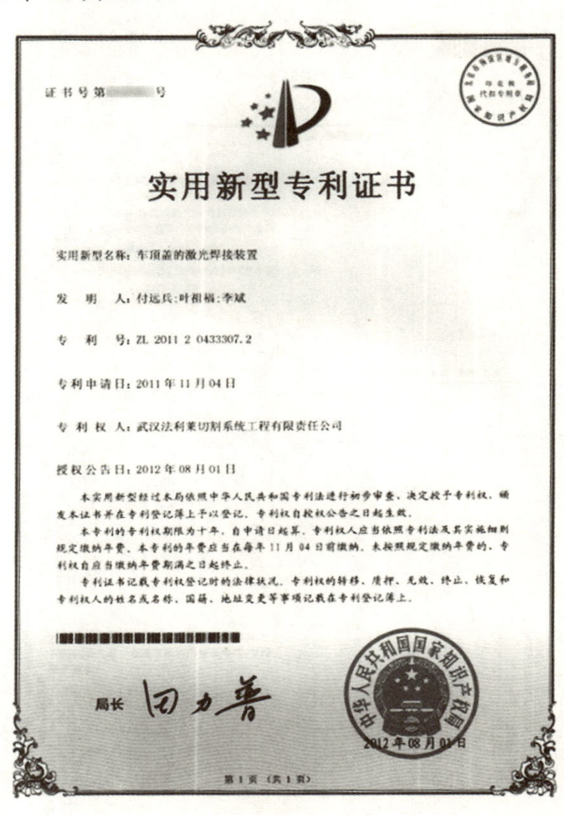

证书号第　　号

实用新型专利证书

实用新型名称:车顶盖的激光焊接装置

发　明　人:付远兵;叶祖福;李斌

专　利　号:ZL 2011 2 0433307.2

专利申请日:2011 年 11 月 04 日

专 利 权 人:武汉法利莱切割系统工程有限责任公司

授权公告日:2012 年 08 月 01 日

本实用新型经过本局依照中华人民共和国专利法进行初步审查,决定授予专利权,颁发本证书并在专利登记簿上予以登记。专利权自授权公告之日起生效。

本专利的专利权期限为十年,自申请日起算。专利权人应当依照专利法及其实施细则规定缴纳年费。本专利的年费应当在每年 11 月 04 日前缴纳。未按照规定缴纳年费的,专利权自应当缴纳年费期满之日起终止。

专利证书记载专利权登记时的法律状况。专利权的转移、质押、无效、终止、恢复和专利权人的姓名或名称、国籍、地址变更等事项记载在专利登记簿上。

局长 田力普

中华人民共和国国家知识产权局

2012 年 08 月 01 日

第 1 页(共 1 页)

实用新型专利证书

专利说明:

国内外已有不少汽车制造商将激光焊接技术应用在汽车顶盖的焊接上,在工位的整体方案设计上,都不约而同地采用了两套焊接系统分别焊接顶盖两侧的方式。具体如下:两台焊接机器人分别位于车身输送线的两侧,焊接工装夹具也分为两部分,分别位于车身输送线的两侧,为气动控制。车身输送进来并到位之后,自动化控制位于两侧的焊接工装夹具放置到位,然后两台焊接机器人同时进行两侧的焊接,如果能用一套焊接系统来完成同样的工作,就可以大大节省设备投入,带来更多效益。本发明采用双龙门架结构,一台焊接机器人分别进行车身左右侧围与顶盖的激光钎焊布局方案,在汽车行业白车身激光焊中来说是一次创新。传统的布局方案是两侧各摆一台焊接机器人同时进行焊接,另有一台搬运机器人进行搬运焊接夹具,两台焊接机器人需要两个焊接头,激光器需要增加分光装置,这势必造成装备成本的大幅增加。本项目组经过前期的精心设计及后期艰苦的调试,最终使用一台焊接机器人也实现了项目既定目标,既满足焊接质量要求,又满足生产节拍需求,同时还大幅降低了装备成本。

名称:武汉法利莱切焊系统工程有限公司　　电话:400-888-8866

网站:www. hglaser. com

一种车顶盖激光搭接填丝熔焊焊接设备

发　明　人:邵新宇;李斌;黄禹;付远兵;程思;寇瑞环;阮小进;陈荣晶;陈润昌
专　利　号:ZL 2013 1 0711051.0
专利申请日:2013 年 12 月 20 日
专 利 权 人:武汉法利莱切割系统工程有限责任公司;华中科技大学
授权公告日:2015 年 04 月 08 日

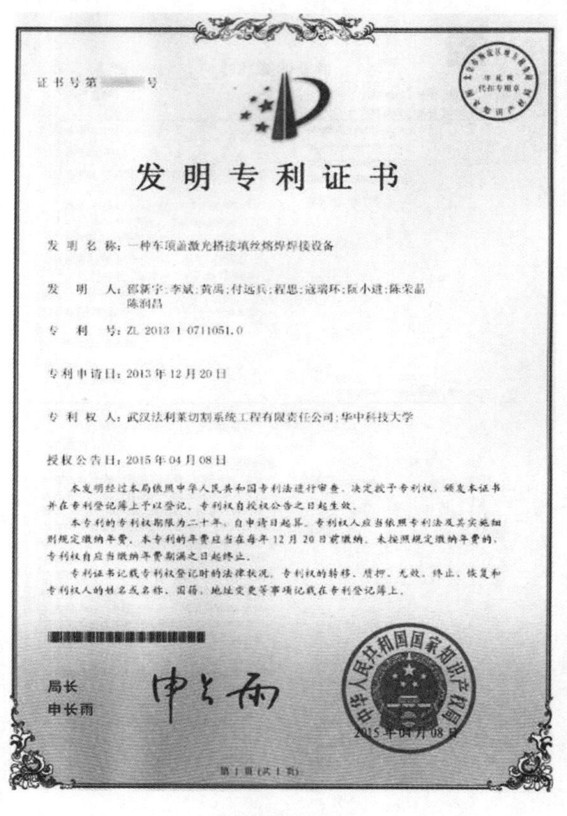
证书号第　　号

发明专利证书

发 明 名 称:一种车顶盖激光搭接填丝熔焊焊接设备

发　明　人:邵新宇;李斌;黄禹;付远兵;程思;寇瑞环;阮小进;陈荣晶
陈润昌

专　利　号:ZL 2013 1 0711051.0

专利申请日:2013 年 12 月 20 日

专 利 权 人:武汉法利莱切割系统工程有限责任公司;华中科技大学

授权公告日:2015 年 04 月 08 日

本发明经过本局依照中华人民共和国专利法进行审查,决定授予专利权,颁发本证书并在专利登记簿上予以登记。专利权自授权公告之日起生效。

本专利的专利权期限为二十年,自申请日起算。专利权人应当依照专利法及其实施细则规定缴纳年费。本专利的年费应当在每年 12 月 20 日前缴纳。未按照规定缴纳年费的,专利权自应当缴纳年费期满之日起终止。

专利证书记载专利权登记时的法律状况。专利权的转移、质押、无效、终止、恢复和专利权人的姓名或名称、国籍、地址变更等事项记载在专利登记簿上。

局长
申长雨

2015 年 04 月 08 日

第 1 页(共 1 页)

发明专利证书

专利说明:

商务车车身长行程、曲线复杂、多段焊缝定位精度难以符合激光焊接要求。由于商务车车顶盖激光填丝熔焊是由双边 10 条曲线焊缝构成,因此在焊接时必须保证预点成型后的车身精度,从而每次重复轨迹能够保持一致。商用车定位精度一般在±8 mm,定位精度很难保证激光焊接需求。本发明公开了一种商务车顶盖激光搭接填丝熔焊焊接设备,包括工装夹具系统,左右床身,两台六轴机器人附件,两套保护气架,所述床身上有直线导轨,所述六轴机器人附件沿着机器人第七轴在床身的直线导轨上移动,所述保护气架安装在机器人的头部,含有自适应滚压轮单元,带焊丝导向跟踪系统的激光焊接头,保护气装置,光纤接口,导丝嘴,保护镜,所述自适应滚压轮单元在焊接头的侧面,由驱动部分、电气控制、直线轴、滚压轮安装支架、滚轮、碰撞传感器、安装支架组成,所述工装夹具系统由左右夹具和底板夹具组成,底板夹具处于整个设备的正中间,所述左右夹具装置上端各有三个可由气缸推动的移动夹具组件。所述设备能有效提高焊缝精度,增加焊缝长度至9 m,完成激光搭接填丝焊接工艺。

名称:武汉法利莱切焊系统工程有限公司　　电话:400-888-8866

网站:www. hglaser. com

窄间隙焊接装置

发　明　人:孙清洁;郭宁;冯吉才;赵洪运;樊骐铭;胡奉雅
专　利　号:CN201210043757.X
专利申请日:2012 年 02 月 25 日
专 利 权 人:哈尔滨工业大学(威海)
授权公告日:2014 年 05 月 20 日

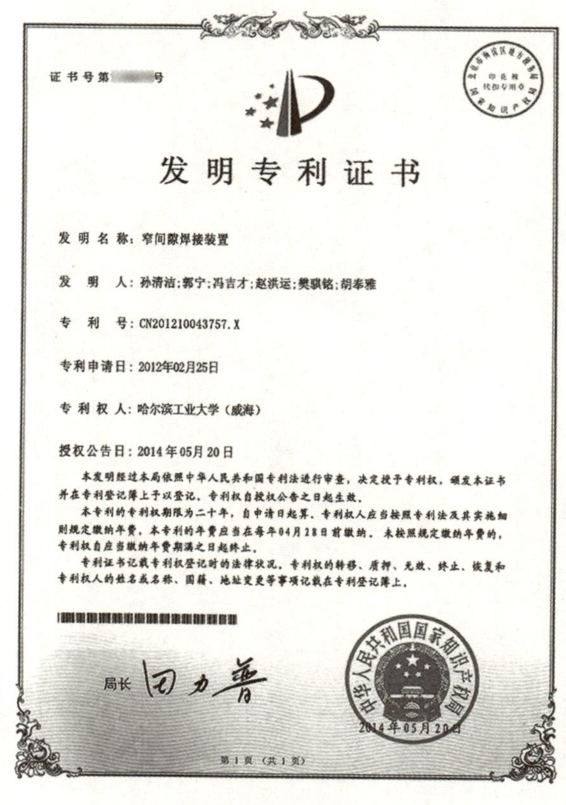

证书号第　　号

发明专利证书

发明名称:窄间隙焊接装置

发　明　人:孙清洁;郭宁;冯吉才;赵洪运;樊骐铭;胡奉雅

专　利　号:CN201210043757.X

专利申请日:2012年02月25日

专 利 权 人:哈尔滨工业大学(威海)

授权公告日:2014年05月20日

本发明经过本局依照中华人民共和国专利法进行审查,决定授予专利权,颁发本证书并在专利登记簿上予以登记。专利权自授权公告之日起生效。

本专利的专利权期限为二十年,自申请日起算。专利权人应当按照专利法及其实施细则规定缴纳年费。本专利的年费应当在每年04月28日前缴纳。未按照规定缴纳年费的,专利权自应当缴纳年费期满之日起终止。

专利证书记载专利权登记时的法律状况。专利权的转移、质押、无效、终止、恢复和专利权人的姓名或名称、国籍、地址变更等事项记载在专利登记簿上。

局长 田力普

中华人民共和国国家知识产权局

2014年05月20日

第1页(共1页)

发明专利证书

专利说明:

本发明焊接技术领域,具体地说一种窄间隙焊接装置,其特征在于设有支撑壳体,支撑壳体上端设有单片机控制空心电机,支撑壳体内设有双偏心转动芯,单片机控制空心电机经电机转动轴、转动托盘与双偏心转动芯相连接,双偏心转动芯经定位轴承与支撑壳体相连接,双偏心转动芯内设有上调心轴承和下调心轴承,上调心轴承和下调心轴承内圈固定有空心导电杆,空心导电杆经宝塔连接座与导电嘴相连接,本发明技术方案能够精确有效控制电弧转动方式及降低旋转原点,使得窄间隙焊接过程中电弧燃烧更加稳定、焊丝与侧壁夹角增加改善了侧壁熔合效果。

转让说明:

整体的专利转让:发明人将整体专利转让给一个企业,在双方签订转让合同之后,发明人仅剩发明权。

专利实施普通许可:专利权授权于某个企业或个人生产该专利,亦可授权多家企业或个人。

专利实施排他许可:一家企业买断该专利,仅专利权人与这家企业可以使用该项技术,不可以将该专利再次转方给第三方。

利合作实施:相关企业与专 利 权合作实施该项技术,共同开发适合产品。

名称:哈尔滨工业大学(威海)　　地址:山东省威海市文化西路2号

邮编:264209　　电话:0631-5687196　0631-5687027　0631-5687324

一种软开关焊接逆变电源、移相控制方法和软开关方法

发　明　人:朱志明;赵港
专　利　号:ZL 2009 1 0000324.4
专利申请日:2009 年 01 月 05 日
专 利 权 人:清华大学
授权公告日:2011 年 12 月 21 日

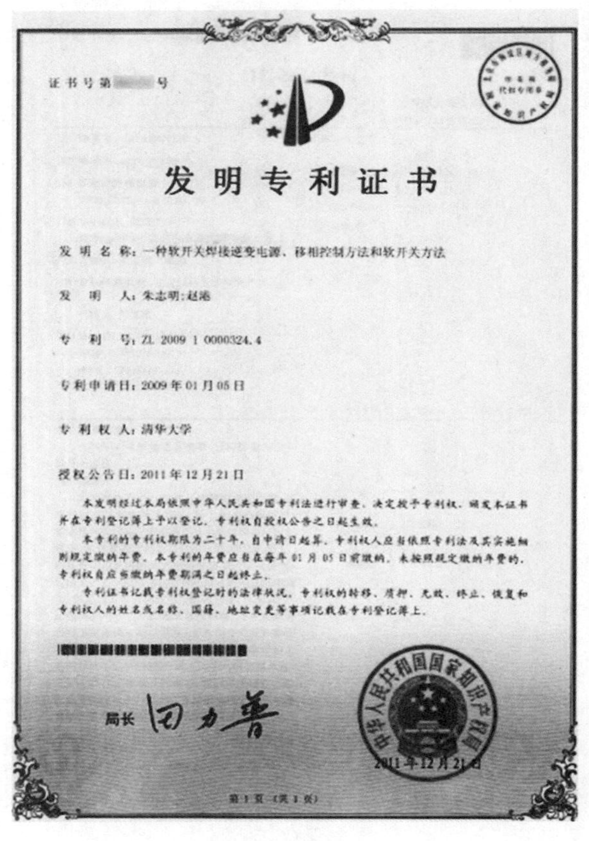
证书号第　　号

发明专利证书

发 明 名 称:一种软开关焊接逆变电源、移相控制方法和软开关方法

发　明　人:朱志明;赵港

专　利　号:ZL 2009 1 0000324.4

专利申请日:2009 年 01 月 05 日

专 利 权 人:清华大学

授权公告日:2011 年 12 月 21 日

本发明经过本局依照中华人民共和国专利法进行审查,决定授予专利权,颁发本证书并在专利登记簿上予以登记。专利权自授权公告之日起生效。

本专利的专利权期限为二十年,自申请日起算。专利权人应当依照专利法及其实施细则规定缴纳年费。本专利的年费应当在每年 01 月 05 日前缴纳。未按照规定缴纳年费的,专利权自应当缴纳年费期满之日起终止。

专利证书记载专利权登记时的法律状况。专利权的转移、质押、无效、终止、恢复和专利权人的姓名或名称、国籍、地址变更等事项记载在专利登记簿上。

局长 田力普

2011年12月21日

第 1 页 (共 1 页)

发明专利证书

专利说明:

本发明公开了一种软开关焊接逆变电源、移相控制方法和软开关方法,属于电子电路领域。所述软开关焊接逆变电源包括全桥变换器和控制模块;所述移相控制方法应用于所述电源,包括:所述控制模块接收所述全桥变换器的电流信号,并根据所述电流信号进行移相信号的调节;所述软开关方法应用于所述电源,包括:在所述电源的桥臂上并联辅助谐振

网络,为开关器件的零压开通提供辅助能量;在所述全桥变换器的滞后臂开关器件关断前,衰减流过开关器件的主功率回路电流,并抑制所述主功率回路电流反向;在开关器件上并联吸收电容,减缓开关器件关断时承受的电压上升速度。

本发明实现了所述电源包括空载和短路的全负载范围零压零流软开关。

地址:北京市海淀区清华大学机械工程系焊接馆

邮编:100084　　　　电话:010-62773865

大电流手持式等离子焊枪

发　明　人:连身修;兰钧;李惠琪

专　利　号:ZL 0 0214128.0

专利申请日:2000 年 4 月 3 日

专利说明:

等离子弧是自由电弧被压缩、导电截面小、能量密度高度集中电弧的压缩是由枪体结构完成。

经山东省科技厅组织的专家鉴定,鉴定委员会全体成员一致认可:所研制的小型等离子束焊炬,利用独特的结构设计,使等离子弧的压缩效果较常规同类枪的压缩效果提高40%以上,既适合于自动焊接,又适合于手工焊接,体积小,质量小,操作可视性好,可在 250 A 焊接电流下连续可靠地工作,对厚度≤8 mm 的不锈钢板和厚度≤6 mm 的低碳钢板可高质量高效率一次性的单面焊双面成型,具有技术创新性。

本焊炬曾荣获第五届尤里卡世界发明博览会“金奖”,伦敦国际专利技术成果博览会“金质奖”,香港国际博览会“金牌奖”等多项奖项,人民日报海外版将其列为国家重点推荐专利成果展示及全国招商引资援助促进工程“重点专利项目引资对接”(批准编号 M-0911-141)。

改进后的焊枪枪体结构紧凑合理,大大减少了枪体体积和质量,由于保护罩外形尺寸小,焊接时可视性好,并节省了氩气用量(仅为常规等离子焊的二分之一左右);此外本焊枪便于与氩弧焊机接口配套,实现一机多用。

联系人:兰　钧　　　电话:15064163827

三、切割设备

一款便捷节能的焊割设备冷却水箱

发　明　人:项挺;陈建武等

专　利　号:ZL 2020 2 2100949.2

专利申请日:2021 年 03 月 18 日

专 利 权 人:上海正特焊接器材制造有限公司;上海温帕智能科技有限公司

授权公告日:2021 年 05 月 18 日

专利说明:

本产品是一款改进后的便捷节能的焊割设备冷却水箱。独创的 LED 水位显示窗,方便用户检查储水箱水位。采用 24 V 直流无刷水泵,功耗小、效率高、使用更安全,也无须定期检查、更换碳刷,同时水泵具有自吸功能,首次使用或久置不用时不需要排气,操作便捷。内置液体流量控制装置,当水流过低时发出报警信号,有效保护焊枪及设备。内置独立风机,优化风道结构及散热面积,冷却功率高。

便捷节能的焊割设备冷却水箱技术参数

型号	MODEL	CT-10	CT-20
工作电压	Voltage	AC 1P 220 V,50/60 Hz	
工作电流	Current	0.5 A	0.6 A
整机功率	Machine power	111 W	131 W
冷却功率	Cooling power(1 L/min)	1.7 kW	1.7 kW
最大扬程	Max. lift	42 M	42 M
最大流量	Max. flow	5 L/min	5 L/min
水箱容量	Tank capacity	10 L	20 L
外壳防护等级	Enclosure protection degree	IP21	IP21
净重	N. W	17.6 kg	24.6 kg
机器尺寸	Dimension	54 cm×25 cm×29 cm (L×W×H)	56 cm×40 cm×54 cm (L×W×H)

地址:上海市嘉定区胜辛南路 305 号　邮编:201802　联系人:陈先生

电话:021-69176480　网址:www.zhengte.net　邮箱:kenwoo@chdwelding.com

内胀式管子坡口机的自动进刀装置

发　明　人:陈建武;项挺
专　利　号:ZL 2013 1 0185136. X
专利申请日:2013 年 05 月 17 日
专 利 权 人:上海正特焊接器材制造有限公司
授权公告日:2016 年 12 月 28 日

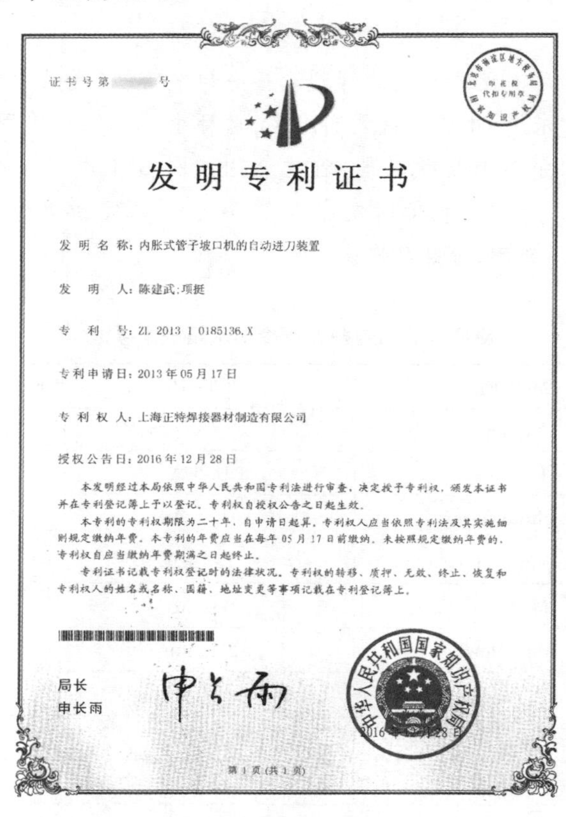

证书号第　　　号

发明专利证书

发 明 名 称:内胀式管子坡口机的自动进刀装置

发　明　人:陈建武;项挺

专　利　号:ZL 2013 1 0185136.X

专利申请日:2013 年 05 月 17 日

专 利 权 人:上海正特焊接器材制造有限公司

授权公告日:2016 年 12 月 28 日

本发明经过本局依照中华人民共和国专利法进行审查,决定授予专利权,颁发本证书并在专利登记簿上予以登记。专利权自授权公告之日起生效。

本专利的专利权期限为二十年,自申请日起算。专利权人应当依照专利法及其实施细则规定缴纳年费。本专利的年费应当在每年 05 月 17 日前缴纳。未按照规定缴纳年费的,专利权自应当缴纳年费期满之日起终止。

专利证书记载专利权登记时的法律状况。专利权的转移、质押、无效、终止、恢复和专利权人的姓名或名称、国籍、地址变更等事项记载在专利登记簿上。

局长
申长雨

第 1 页(共 1 页)

发明专利证书

专利说明:

本发明涉及一种内胀式管子坡口机的自动进刀装置,它包括:坡口刀夹持器动力传动机构、坡口刀座驱动机构、坡口刀架角度调整机构;所述坡口刀架驱动机构由拨杆、拨轮、短轴、内含导键的伸缩套合连接杆、一对啮合的齿轮、进刀丝杆、坡口刀座、坡口刀架组成,所述坡口刀架角度调整机构由坡口刀夹持器两侧壁上的铰销孔、以铰销孔为圆心的弧形槽、铰销、坡口刀架两侧壁上对应的铰销孔、紧固螺钉组成。本发明具有如下优点:1. 通过坡口刀夹持器的转动,配合切削时进刀,整个过程平稳、均匀;2. 设置内含导键的伸缩套合连接杆,既传递扭矩,又补偿角度调整时产生的位置差,结构合理,适应面广;3. 产品可靠性高,不易发生故障,维修工作量大大减少。

转让说明:

专利实施普通许可:专 利 权授权于某个企业或个人生产该专利,亦可授权多家企业或个人。

地址:上海市嘉定区胜辛南路 305 号 邮编:201802 联系人:陈先生

电话:021-69176480 网址:www. zhengte. net 邮箱:kenwoo@ chdwelding. com

便携式数控切割机的机体结构

发　明　人:项挺;陈建武;孙国兴
专　利　号:ZL 2012 2 0120646. X
专利申请日:2012 年 03 月 27 日
专 利 权 人:上海正特焊接器材制造有限公司
授权公告日:2012 年 12 月 05 日

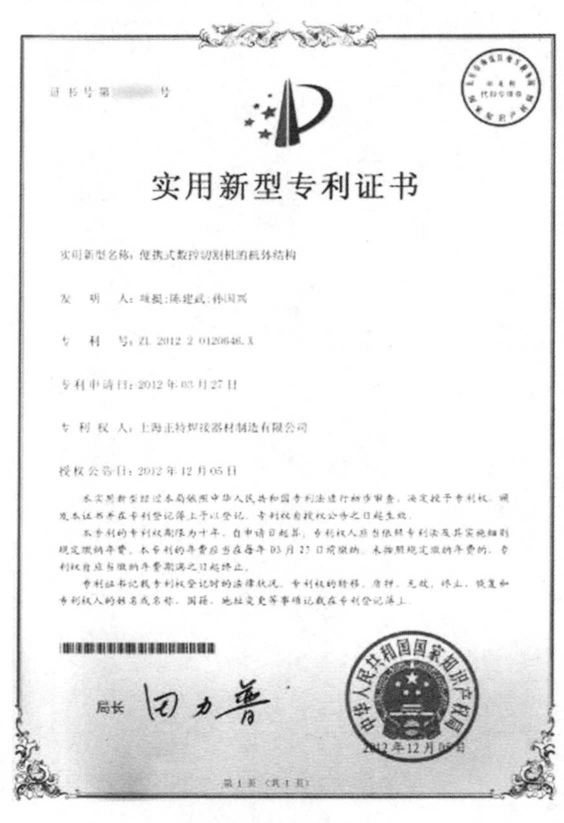
实用新型专利证书

实用新型名称：便携式数控切割机的机体结构

发　明　人：项挺；陈建武；孙国兴

专　利　号：ZL 2012 2 0120646. X

专利申请日：2012 年 03 月 27 日

专 利 权 人：上海正特焊接器材制造有限公司

授权公告日：2012 年 12 月 05 日

本实用新型经过本局依照中华人民共和国专利法进行初步审查，决定授予专利权，颁发本证书并在专利登记簿上予以登记。专利权自授权公告之日起生效。

本专利的专利权期限为十年，自申请日起算。专利权人应当依照专利法及其实施细则规定缴纳年费。本专利的年费应当在每年 03 月 27 日前缴纳。未按照规定缴纳年费的，专利权自应当缴纳年费期满之日起终止。

专利证书记载专利权登记时的法律状况。专利权的转移、质押、无效、终止、恢复和专利权人的姓名或名称、国籍、地址变更等事项记载在专利登记簿上。

局长 田力普

2012年12月05日

第1页（共1页）

实用新型专利证书

专利说明:

本实用新型涉及一种便携式数控切割机的机体结构,包括:导轨底座、切割机、伸缩横臂;所述切割车由机架、切割车的纵向移动导向机构、伸缩横臂的横向移动导向机构组成;所述纵向移动导向机构含两条移动副,移动副由双轴心导轨与前/后两个轴心滑块组成,所述横向移动导向机构由前/后两组滚轮组成,所述切割车通过纵向移动导向机构安装在导轨底座上，伸缩横臂插入切割车横向移动导向机构的正菱形空间内。

通过切割车的纵向移动导向机构的两条移动副确保了切割车行走时左右同步、灵活、平稳移动；又通过切割车的横向移动导向机构的正菱形空间供伸缩横臂移动，伸缩横臂获得自身最佳抗弯、抗抖性能，提高其作业的稳定性。

转让说明：

专利实施普通许可：专利权授权于某个企业或个人生产该专利，亦可授权多家企业或个人。

地址：上海市嘉定区胜辛南路305号　　邮编：201802　　联系人：陈先生

电话：021-69176480　　网址：www.zhengte.net　　邮箱：kenwoo@chdwelding.com

外卡式管子切割坡口机环形支架牙嵌式对开联接机构

发　明　人:项挺;陈建武;项科;孙国兴
专　利　号:ZL 2013 2 0273911.2
专利申请日:2013 年 05 月 20 日
专 利 权 人:上海正特焊接器材制造有限公司
授权公告日:2013 年 11 月 06 日

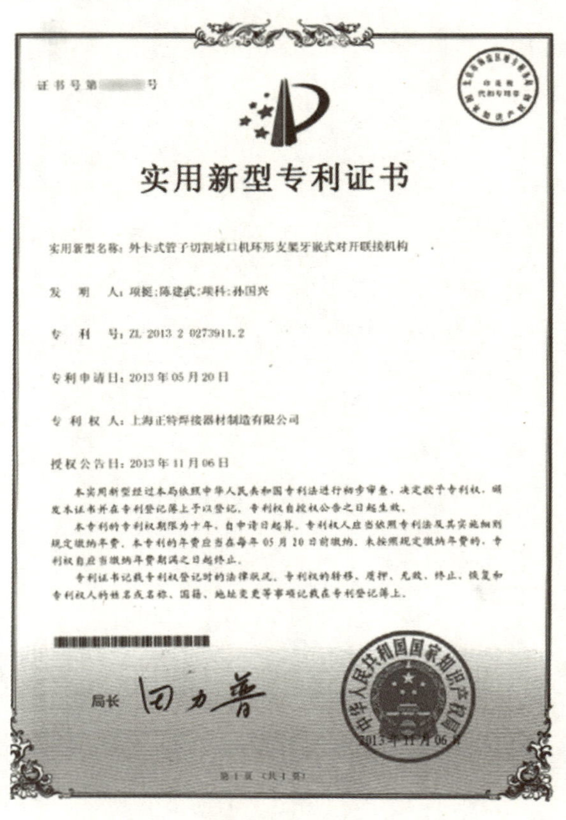

证书号第　　　号

实用新型专利证书

实用新型名称:外卡式管子切割坡口机环形支架牙嵌式对开联接机构

发　明　人:项挺;陈建武;项科;孙国兴

专　利　号:ZL 2013 2 0273911.2

专利申请日:2013 年 05 月 20 日

专 利 权 人:上海正特焊接器材制造有限公司

授权公告日:2013 年 11 月 06 日

本实用新型经过本局依照中华人民共和国专利法进行初步审查,决定授予专利权,颁发本证书并在专利登记簿上予以登记。专利权自授权公告之日起生效。

本专利的专利权期限为十年,自申请日起算。专利权人应当依照专利法及其实施细则规定缴纳年费。本专利的年费应当在每年 05 月 20 日前缴纳。未按照规定缴纳年费的,专利权自应当缴纳年费期满之日起终止。

专利证书记载专利权登记时的法律状况。专利权的转移、质押、无效、终止、恢复和专利权人的姓名或名称、国籍、地址变更等事项记载在专利登记簿上。

局长　田力普

2013 年 11 月 06 日

第 1 页 (共 1 页)

实用新型专利证书

专利说明:

本实用新型涉及一种外卡式管子切割坡口机环形支架牙嵌式对开联接机构,环形支架由环形本体和旋转环架组成,环形本体和旋转环架均由两个半圆环架及紧固螺钉组成,所述两个半圆环架的接触面设有一对或两对互补的正梯形牙嵌,所述互补是一侧为凸形,另一侧为凹形。

通过正梯形牙嵌侧壁的对中性,环形本体和旋转环架能快速对接联接,同时也增加了结合部的强度,提高了切割、坡口作业的稳定性。

转让说明:

专利实施普通许可:专利权授权于某个企业或个人生产该专利,亦可授权多家企业或个人。

地址:上海市嘉定区胜辛南路 305 号　　邮编:201802　　联系人:陈先生

电话:021-69176480　　网址:www. zhengte. net　　邮箱:kenwoo@ chdwelding. com

一种数控切割机割枪防碰撞装置

发　明　人:王茂忠;李云稀;迟勇杰;李新;孙国法
专　利　号:ZL 2012 2 0727548.2
专利申请日:2012 年 12 月 26 日
专 利 权 人:济南艾西特数控机械有限公司
授权公告日:2013 年 07 月 31 日

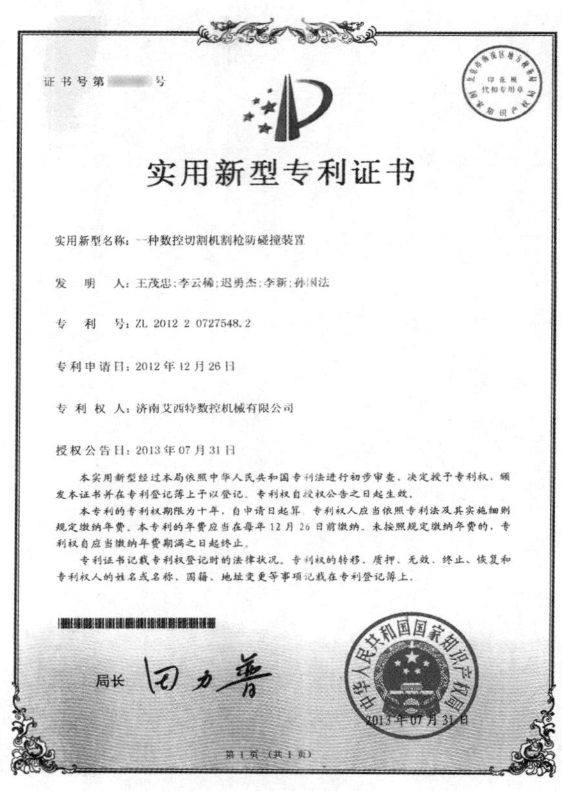

证书号第　　号

实用新型专利证书

实用新型名称:一种数控切割机割枪防碰撞装置

发　明　人:王茂忠;李云稀;迟勇杰;李新;孙国法

专　利　号:ZL 2012 2 0727548.2

专利申请日:2012 年 12 月 26 日

专 利 权 人:济南艾西特数控机械有限公司

授权公告日:2013 年 07 月 31 日

本实用新型经过本局依照中华人民共和国专利法进行初步审查,决定授予专利权,颁发本证书并在专利登记簿上予以登记。专利权自授权公告之日起生效。

本专利的专利权期限为十年,自申请日起算。专利权人应当依照专利法及其实施细则规定缴纳年费。本专利的年费应当在每年 12 月 26 日前缴纳。未按照规定缴纳年费的,专利权自应当缴纳年费期满之日起终止。

专利证书记载专利权登记时的法律状况。专利权的转移、质押、无效、终止、恢复和专利权人的姓名或名称、国籍、地址变更等事项记载在专利登记簿上。

局长　田力普

中华人民共和国国家知识产权局

2013 年 07 月 31 日

第 1 页(共 1 页)

实用新型专利证书

专利说明:

本方案是通过如下技术措施来实现的:一种数控切割机割枪防碰撞装置,包括用于固定割枪的支架。本方案的特点是:所述的支架上设置有割枪固定孔,割枪固定孔内设置有锥形的固定套,当发生碰撞后,固定套可以在割枪固定孔轴线摆动,避免割枪被损坏。固定套和支架间设置有检测开关,所述固定套内设置有锥形内孔,在所述的锥形内孔内固定有割枪夹,所述的割枪夹为锥形。所述的固定套通过螺钉固定在支架上,螺钉和支架间设置有平衡弹簧,割枪被碰撞后,在平衡弹簧的压力下,可以使固定套复位,保证了切割精度。固定套和支架间设置有检测开关,检测开关数量为$n(n\geq 2)$,当割枪被碰撞时,检测开关就会给上一级控制装置传输信号,进而控制运行机构停止工作,保护割枪。所述的支架为L形。所述的支架上设置有防护罩,可以保护割枪和固定套等不落灰尘。

本实用新型的目的,就是针对现有技术所存在的不足,提供一种数控切割机割枪防碰撞装置的技术方案,该方案的装置能有效地对割枪进行保护,平衡性好,可靠性高,保证了切割精度,提高了工作效率。

名称:山东艾西特数控机械有限公司　　地址:济南市槐荫区济兖路679号院内

邮编:250117　　电话:0531-62305002　0531-62305063　　网站:www. echtnc. com

邮箱:li@ echtnc. com　　联系人:李云稀

一种数控切割机驱动导向机构

发　明　人:王茂忠;李云稀;李新

专　利　号:201210573367.3

专利申请日:2012 年 12 月 26 日

专 利 权 人:济南艾西特数控机械有限公司

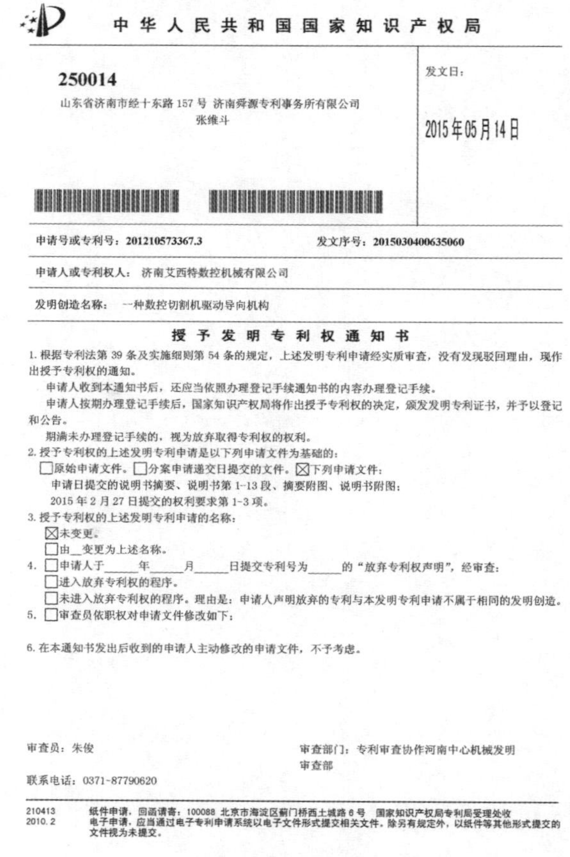

中华人民共和国国家知识产权局

250014

山东省济南市经十东路 157 号 济南舜源专利事务所有限公司

张维斗

发文日:

2015 年 05 月 14 日

申请号或专利号:201210573367.3　　发文序号:2015030400635060

申请人或专利权人:济南艾西特数控机械有限公司

发明创造名称:一种数控切割机驱动导向机构

授予发明专利权通知书

1. 根据专利法第 39 条及实施细则第 54 条的规定，上述发明专利申请经实质审查，没有发现驳回理由，现作出授予专利权的通知。

申请人收到本通知书后，还应当依照办理登记手续通知书的内容办理登记手续。

申请人按期办理登记手续后，国家知识产权局将作出授予专利权的决定，颁发发明专利证书，并予以登记和公告。

期满未办理登记手续的，视为放弃取得专利权的权利。

2. 授予专利权的上述发明专利申请是以下列申请文件为基础的：

☐原始申请文件。☐分案申请递交日提交的文件。☒下列申请文件：

申请日提交的说明书摘要、说明书第 1-13 段、摘要附图、说明书附图；

2015 年 2 月 27 日提交的权利要求第 1-3 项。

3. 授予专利权的上述发明专利申请的名称：

☒未变更。

☐由__变更为上述名称。

4. ☐申请人于_____年_____月_____日提交专利号为_____的“放弃专利权声明”，经审查：

☐进入放弃专利权的程序。

☐未进入放弃专利权的程序。理由是：申请人声明放弃的专利与本发明专利申请不属于相同的发明创造。

5. ☐审查员依职权对申请文件修改如下：

6. 在本通知书发出后收到的申请人主动修改的申请文件，不予考虑。

审查员：朱俊　　审查部门：专利审查协作河南中心机械发明审查部

联系电话：0371-87790620

210413　纸件申请，回函请寄：100088 北京市海淀区蓟门桥西土城路 6 号　国家知识产权局专利局受理处收

2010.2　电子申请，应当通过电子专利申请系统以电子文件形式提交相关文件。除另有规定外，以纸件等其他形式提交的文件视为未提交。

授予发明专利权通知书

专利说明：

本发明提供了一种数控切割机驱动导向机构的技术方案，该方案的机构包括连接板，本方案的特点：所述的连接板上设置有用于固定驱动机构的托板，所述的托板的一端通过连接轴与连接板连接，托板可以绕连接轴转动，在所述托板远离连接轴的一端设置有调节板，所述的调节板通过预紧调节螺杆与连接板固定。在所述的预紧调节螺杆上设置有弹

簧,在运行过程中,当遇到齿条不平的地方时,在弹簧的作用下,可以有效地将齿轮与齿条啮合,防止卡死现象,而且延长了齿轮和齿条的使用寿命。在所述的连接板远离连接轴的一端设置有防止抖动的限位板,限位板上固定用于夹紧托板的调整凸轮,能避免高速运行时出现颤抖,提升机床整体运行平稳性,进而保证机床的切割精度与切割质量。

本发明的目的是针对现有技术所存在的不足,提供一种数控切割机驱动导向机构的技术方案,该方案的驱动导向机构可以有效地消除支架卡死和震颤现象,保证切割精度和切割质量,还能自动地调整齿条和齿轮啮合的松紧度与补偿磨损,提升齿轮和齿条的使用寿命,而且结构轻巧,便于安装和维护。

名称:山东艾西特数控机械有限公司　　地址:济南市槐荫区济兖路679号院内
邮编:250117　　电话:0531-62305002　0531-62305063　　网站:www. echtnc. com
邮箱:li@ echtnc. com　　联系人:李云稀

等离子切割机定位装置

发　明　人:谢茂祖;李长伟

专　利　号:ZL 2010 2 0301109.6

专利申请日:2010 年 01 月 20 日

专 利 权 人:常州市华强焊割设备有限公司

授权公告日:2011 年 03 月 23 日

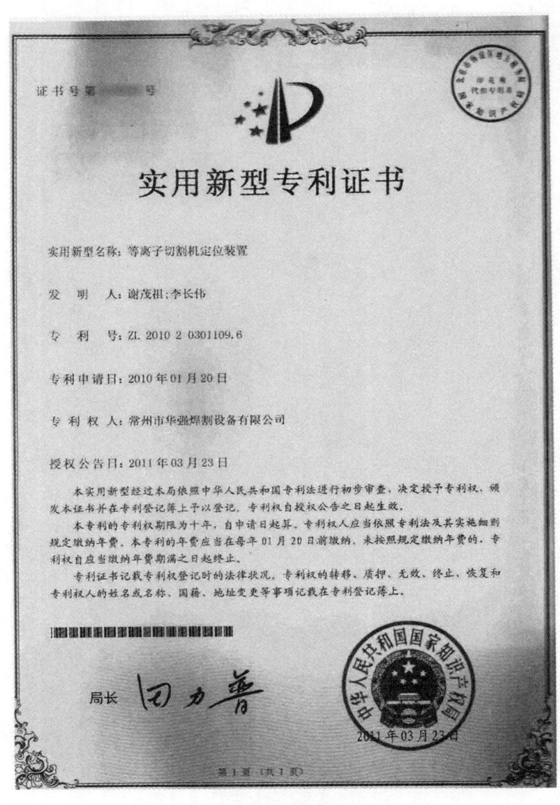

证书号第　　号

实用新型专利证书

实用新型名称:等离子切割机定位装置

发　明　人:谢茂祖;李长伟

专　利　号:ZL 2010 2 0301109.6

专利申请日:2010 年 01 月 20 日

专 利 权 人:常州市华强焊割设备有限公司

授权公告日:2011 年 03 月 23 日

本实用新型经过本局依照中华人民共和国专利法进行初步审查,决定授予专利权,颁发本证书并在专利登记簿上予以登记。专利权自授权公告之日起生效。

本专利的专利权期限为十年,自申请日起算。专利权人应当依照专利法及其实施细则规定缴纳年费。本专利的年费应当在每年 01 月 20 日前缴纳。未按照规定缴纳年费的,专利权自应当缴纳年费期满之日起终止。

专利证书记载专利权登记时的法律状况。专利权的转移、质押、无效、终止、恢复和专利权人的姓名或名称、国籍、地址变更等事项记载在专利登记簿上。

局长 田力普

中华人民共和国国家知识产权局

2011 年 03 月 23 日

第 1 页(共 1 页)

实用新型专利证书

专利说明:

本实用新型涉及一种工业用切割设备,特别涉及一种用来水下切割中薄金属板的数控等离子切割机的割炬高度定位装置。目的在于提供一种结构简单、使用可靠的等离子切割机的水下切割时割炬定位装置。一种等离子切割机定位装置,具有与切割机滑车架上的升降装置固定连接的支座,支座上固定连接气缸和撑杆组件,上述气缸的伸出杆下端铰接有接触杆,撑杆组件与接触杆弹性接触。本实用新型的好处在于采用接触杆和撑杆组件配合对割炬的下移进行高度控制，接触杆首先与待切割金属板先进行接触，再经过设定距离的接近开关触发气缸动作，抬起接触杆，以方便割炬进行切割操作，控制可靠简单。

本实用新型的好处在于采用接触杆和撑杆组件配合对割炬的下移进行高度控制，接触杆首先与待切割进出板先进行接触，再经过设定距离触发气缸动作，抬起接触杆，以方便割炬进行切割操作，控制可靠简单；本新型气缸伸出杆下端连接固定块，固定块与撑杆组件的撑杆滑动接触，对撑杆的上下滑动起到导向作用，使得撑杆滑动更加平稳可靠。

名称：常州市华强焊割设备有限公司　　地址：常州市新北区奥园路38号

邮编：213125　　联系人：谢茂祖　　电话：0519-85156898

网站：www.hqhange.com　　邮箱：hqhange01@163.com

双横梁等离子切割机

发　明　人:谢茂祖;谢剑峰

专　利　号:ZL 2010 2 0301076.5

专利申请日:2010 年 01 月 20 日

专 利 权 人:常州市华强焊割设备有限公司

授权公告日:2011 年 03 月 23 日

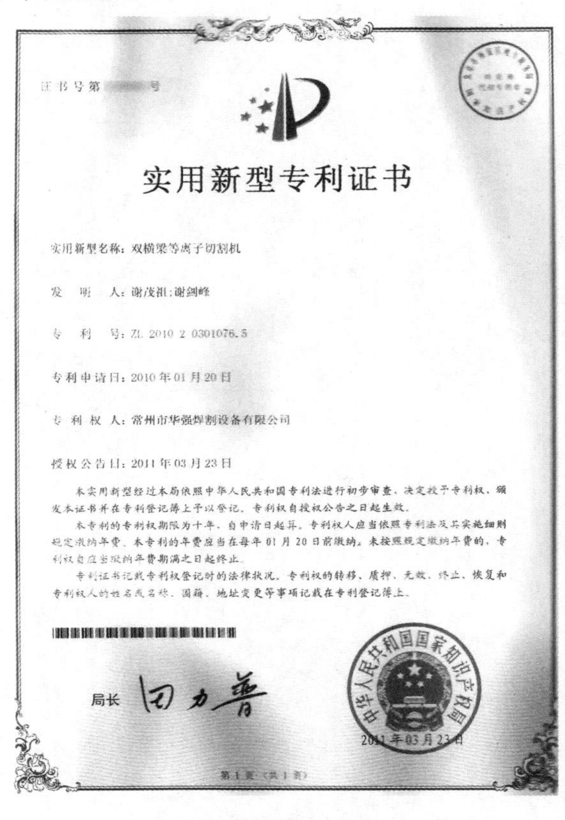

证书号第　　号

实用新型专利证书

实用新型名称:双横梁等离子切割机

发　明　人:谢茂祖;谢剑峰

专　利　号:ZL 2010 2 0301076.5

专利申请日:2010 年 01 月 20 日

专 利 权 人:常州市华强焊割设备有限公司

授权公告日:2011 年 03 月 23 日

本实用新型经过本局依照中华人民共和国专利法进行初步审查,决定授予专利权,颁发本证书并在专利登记簿上予以登记。专利权自授权公告之日起生效。

本专利的专利权期限为十年,自申请日起算。专利权人应当依照专利法及其实施细则规定缴纳年费。本专利的年费应当在每年 01 月 20 日前缴纳。未按照规定缴纳年费的,专利权自应当缴纳年费期满之日起终止。

专利证书记载专利权登记时的法律状况。专利权的转移、质押、无效、终止、恢复和专利权人的姓名或名称、国籍、地址变更等事项记载在专利登记簿上。

局长 田力普

中华人民共和国国家知识产权局

2011 年 03 月 23 日

第 1 页(共 1 页)

实用新型专利证书

专利说明:

本实用新型涉及一种工业用切割设备,特别涉及一种用来切割中薄金属板的数控等离子切割机。目的在于提供一种对横梁结构进行加固,使得切割机整体具有更好刚性和稳定性的双横梁等离子切割机。一种双横梁等离子切割机,具有主端梁和副端梁,主、副端梁之上装有横梁,主、副端梁之间设有与横梁平行的副横梁,本实用新型的好处在于由横梁和副横梁组成双横梁结构,因此切割机即使具有较大的跨度,仍然具有很好的机械刚性和稳定性,在切割过程中不容易发生抖动,切割质量较好。

本实用新型的好处在于由横梁和副横梁组成双横梁结构,因此切割机即使具有较大的跨度,仍然具有很好的机械刚性和稳定性,在切割过程中不易发生抖动,切割质量较好;横梁和副横梁之间装有拖链槽板,用来安装装有气管、电缆等附件的拖链,使切割机整体机构更为美观大方。

名称:常州市华强焊割设备有限公司　　地址:常州市新北区奥园路 38 号

邮编:213125　　联系人:谢茂祖　　电话:0519-85156898

网站:www.hqhange.com　　邮箱:hqhange01@163.com

等离子切割机纵向传动装置

发　明　人:谢茂祖;李长伟
专　利　号:ZL 2010 2 0682298.6
专利申请日:2010 年 12 月 27 日
专 利 权 人:常州市华强焊割设备有限公司
授权公告日:2011 年 07 月 27 日

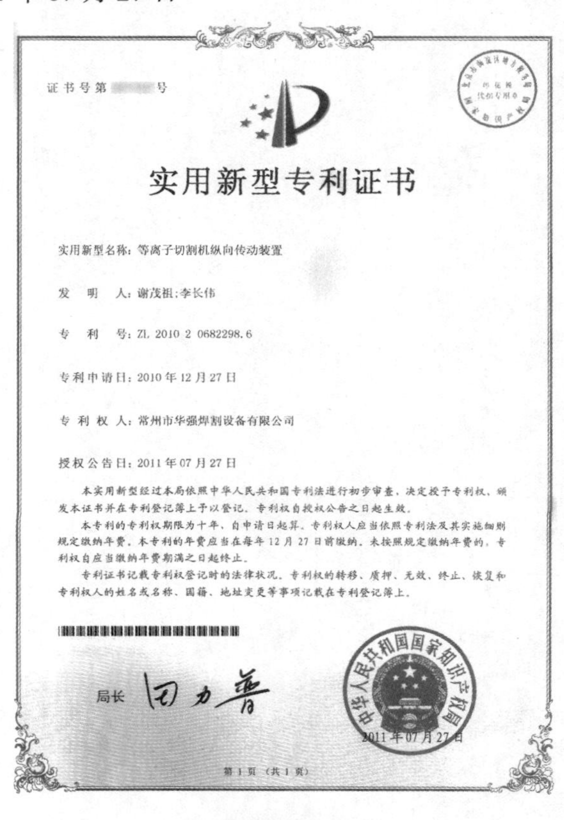
证书号第　　号

实用新型专利证书

实用新型名称:等离子切割机纵向传动装置

发　明　人:谢茂祖;李长伟

专　利　号:ZL 2010 2 0682298.6

专利申请日:2010 年 12 月 27 日

专 利 权 人:常州市华强焊割设备有限公司

授权公告日:2011 年 07 月 27 日

本实用新型经过本局依照中华人民共和国专利法进行初步审查,决定授予专利权,颁发本证书并在专利登记簿上予以登记。专利权自授权公告之日起生效。

本专利的专利权期限为十年,自申请日起算。专利权人应当依照专利法及其实施细则规定缴纳年费。本专利的年费应当在每年 12 月 27 日前缴纳。未按照规定缴纳年费的,专利权自应当缴纳年费期满之日起终止。

专利证书记载专利权登记时的法律状况。专利权的转移、质押、无效、终止、恢复和专利权人的姓名或名称、国籍、地址变更等事项记载在专利登记簿上。

局长　田力普

中华人民共和国国家知识产权局

2011 年 07 月 27 日

第 1 页(共 1 页)

实用新型专利证书

专利说明:

本实用新型涉及一种工业用切割设备,特别涉及一种用来切割中薄金属板的数控等离子切割机的纵向传动装置。目的在于提供一种使用可靠、具有较小纵向滑移偏差的等离子切割机纵向传动装置。一种等离子切割机纵向传动装置,具有安装在机体上的固定座,固定座上设有电机、减速器和能够与齿条啮合的传动齿轮,固定座左侧与机体通过铰链转动连接,右侧与机体弹性滑动连接,铰链包括与机体固定连接的左旋转叶、固定连接在固定座上的右旋转叶和销轴,左旋转叶具有3或5个等间距设置的左旋转块,右旋转叶具有相应的4或6个等间距设置的右旋转块,左、右旋转块中间设有用来穿插销轴的通孔。

本实用新型的好处在于本传动装置的铰链采用多爪旋转叶配合连接,左右旋转叶之间的配合更加紧密,具有较好的轴向承重能力,在传动过程中不易发生形变,可以确保传动齿轮与导轨相对运动的精确平稳;本传动装置的固定座右侧与机体弹性连接,既可以将安装在固定座上的传动齿轮紧压在导轨上,保证啮合准确,弹性连接又可以防止传动齿轮与导轨啮合面在意外情况下咬死,损坏设备。

名称:常州市华强焊割设备有限公司　　地址:常州市新北区奥园路38号

邮编:213125　　联系人:谢茂祖　　电话:0519-85156898

网站:www.hqhange.com　　邮箱:hqhange01@163.com

五轴钢管相贯线切割机

发　明　人:董立锋;邵燕瑛;岳伟;周冰峰;许驰;杨飞
专　利　号:ZL 2010 1 0293405.0
专利申请日:2010 年 09 月 27 日
专 利 权 人:无锡华联科技集团有限公司
授权公告日:2013 年 03 月 27 日

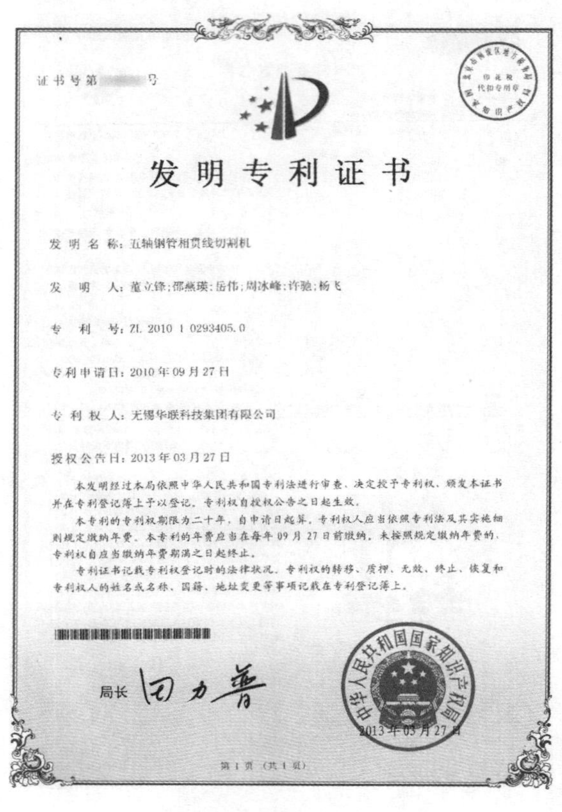

证书号第　　号

发明专利证书

发 明 名 称:五轴钢管相贯线切割机

发　明　人:董立锋;邵燕瑛;岳伟;周冰峰;许驰;杨飞

专　利　号:ZL 2010 1 0293405.0

专利申请日:2010 年 09 月 27 日

专 利 权 人:无锡华联科技集团有限公司

授权公告日:2013 年 03 月 27 日

本发明经过本局依照中华人民共和国专利法进行审查,决定授予专利权,颁发本证书并在专利登记簿上予以登记。专利权自授权公告之日起生效。

本专利的专利权期限为二十年,自申请日起算。专利权人应当依照专利法及其实施细则规定缴纳年费。本专利的年费应当在每年 09 月 27 日前缴纳。未按照规定缴纳年费的,专利权自应当缴纳年费期满之日起终止。

专利证书记载专利权登记时的法律状况。专利权的转移、质押、无效、终止、恢复和专利权人的姓名或名称、国籍、地址变更等事项记载在专利登记簿上。

局长 田力普

中华人民共和国国家知识产权局

2013 年 03 月 27 日

第 1 页(共 1 页)

发明专利证书

专利说明:

本发明涉及一种五轴钢管相贯线切割机,包括位于切割机一端的主轴箱,主轴箱输出端连接回转卡盘;切割机底座上设置有两路平行轨道,一路轨道位于被加工管料下部,在此轨道上设置有若干钢管支撑架;切割头运动组件可移动的设置在另一路轨道上,通过管线与切割机的动力部分和控制部分连接;所述切割头运动组件包括切割头纵向移动部件、切割头升降部件、切割头左右摆动部件与切割头前后连杆摆动部件。本发明结构合理,操作方便,可以高效精确地切割复杂钢管相贯线,而且能在切割的同时一次性加工出焊接坡口。

本发明通过数控控制系统对主轴箱的回转卡盘进行管料轴向的控制、切割头纵向移动部件进行纵向的控制、切割头升降部件进行高度方向的控制,这三轴的联动控制可以实现对不同管径的管料,不同直线、弧线、相贯线的切割要求;增加的切割头左右摆动轴与切割头前后连杆摆动轴可以将切割枪摆动至任何角度,从而可以切割出各个方向的坡口。本发明通过多处设置的精密导向与限位机构,以及安装的高精度伺服电机与减速机等零部件,通过五轴的联合精确控制与配合,可以满足管料的高精度切割要求。

名称:无锡华联精工机械有限公司

地址:江苏省无锡市高新区城南路238号　　邮编　214028

电话:0510-85388111　0510-85388222　　网站:www.wxhlhg.com

邮箱:info@wxhlhg.com

数控钻孔切割组合机

发　明　人:董立锋;邵燕瑛;吴美琴;周冰峰;陆志远;翁小舟;邵依娜;刘升荣
专　利　号:ZL 2012 1 0089924.4
专利申请日:2012 年 03 月 30 日
专 利 权 人:无锡华联精工机械有限公司
授权公告日:2014 年 02 月 12 日

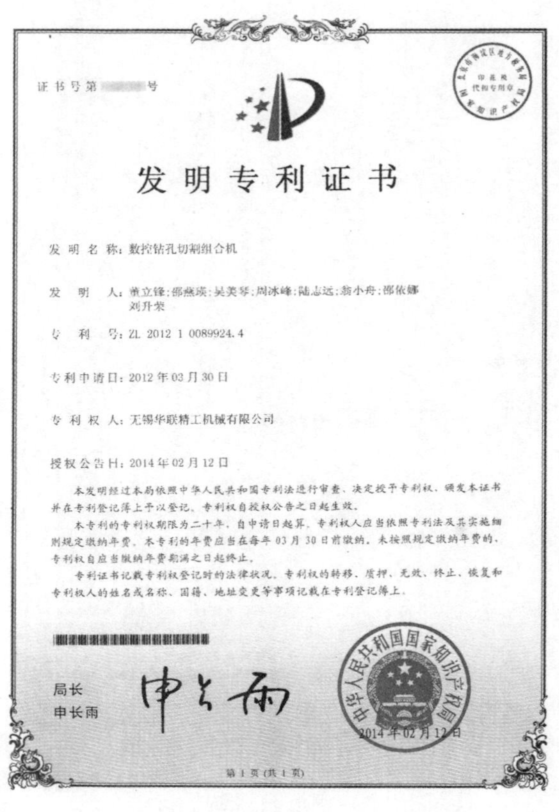
证书号第　　号

发明专利证书

发 明 名 称:数控钻孔切割组合机

发　明　人:董立锋;邵燕瑛;吴美琴;周冰峰;陆志远;翁小舟;邵依娜
刘升荣

专　利　号:ZL 2012 1 0089924.4

专利申请日:2012 年 03 月 30 日

专 利 权 人:无锡华联精工机械有限公司

授权公告日:2014 年 02 月 12 日

本发明经过本局依照中华人民共和国专利法进行审查,决定授予专利权,颁发本证书并在专利登记簿上予以登记。专利权自授权公告之日起生效。

本专利的专利权期限为二十年,自申请日起算。专利权人应当依照专利法及其实施细则规定缴纳年费。本专利的年费应当在每年 03 月 30 日前缴纳。未按照规定缴纳年费的,专利权自应当缴纳年费期满之日起终止。

专利证书记载专利权登记时的法律状况。专利权的转移、质押、无效、终止、恢复和专利权人的姓名或名称、国籍、地址变更等事项记载在专利登记簿上。

局长
申长雨

2014 年 02 月 12 日

第 1 页(共 1 页)

发明专利证书

专利说明:

目前的钻孔设备大多数只能进行钻孔和攻丝;切割设备大多数只能进行单一的切割,这样对于需要在切割下料下来的工件上进行钻孔的厂家来说就需要购买两种设备,投入两台设备的购买和维护成本。

本申请人针对上述钻孔设备、切割设备只能对钢板进行单一加工等缺点,提供一种结构合理的数控钻孔切割组合机,从而实现了在一台设备上进行钻孔、攻丝和切割的方案。

当工件不需要钻孔时，可以和其他钢板切割设备一样准确无误地进行钢板切割下料，当工件需要钻孔、攻丝时，可以先进行钻孔、攻丝，再进行切割下料；实现了一机多用，有效地降低了用户的购买和维护成本。

本发明公开了一种数控钻孔切割组合机，通过数控控制系统对主机架部件、副机架部件、驱动溜板、钻孔升降机构上伺服电机、钻孔主轴结构上主轴电机和打刀缸的控制，实现钻孔主轴结构在钻孔刀库机构上的刀具更换和测长，在铁板压紧装置和钻孔气雾冷却系统的辅助下，在钢板上进行钻削加工；通过数控控制系统对主机架部件、副机架部件、驱动溜板上伺服电机、割炬升降装置上电机和初始定位装置上感应开关的控制，实现切割割炬在钢板上切割下料。本发明有效地将两种加工机床结合为一体，大大减少了占地面积、生产成本与设备投资成本，从而满足了在同一台设备上既可钻孔、攻丝又可切割钢板的需求，具有显著的经济价值。

名称：无锡华联精工机械有限公司

地址：江苏省无锡市高新区城南路 238 号　　邮编：214028

电话：0510-85388111　0510-85388222　　网站：www. wxhlhg. com

邮箱：info@ wxhlhg. com

轻型龙门数控切割机

发　明　人:刘平
专　利　号:ZL 2011 1 0026127.7
专利申请日:2011 年 01 月 25 日
专 利 权 人:北京灿烂阳光科技发展有限公司
授权公告日:2012 年 05 月 23 日

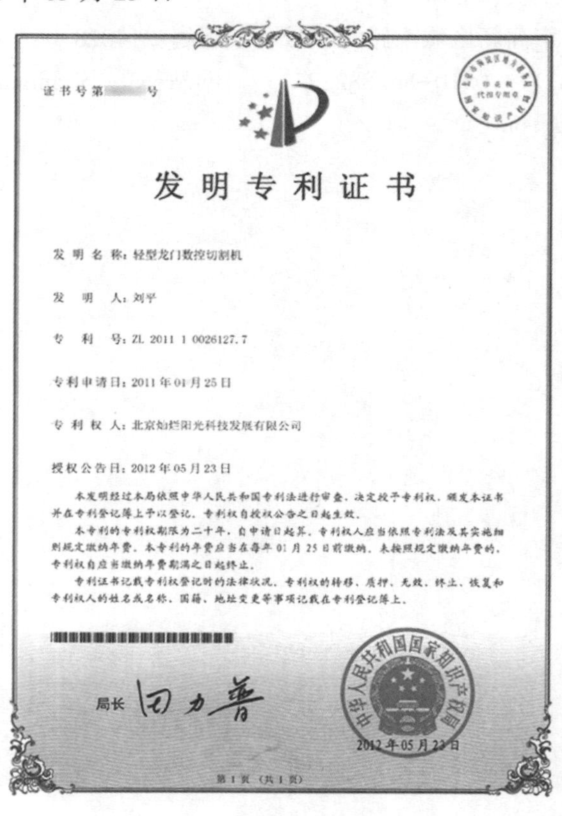

证书号第[illegible]号

发明专利证书

发 明 名 称:轻型龙门数控切割机

发　明　人:刘平

专　利　号:ZL 2011 1 0026127.7

专利申请日:2011 年 01 月 25 日

专 利 权 人:北京灿烂阳光科技发展有限公司

授权公告日:2012 年 05 月 23 日

本发明经过本局依照中华人民共和国专利法进行审查，决定授予专利权，颁发本证书并在专利登记簿上予以登记。专利权自授权公告之日起生效。

本专利的专利权期限为二十年，自申请日起算。专利权人应当依照专利法及其实施细则规定缴纳年费。本专利的年费应当在每年 01 月 25 日前缴纳。未按照规定缴纳年费的，专利权自应当缴纳年费期满之日起终止。

专利证书记载专利权登记时的法律状况。专利权的转移、质押、无效、终止、恢复和专利权人的姓名或名称、国籍、地址变更等事项记载在专利登记簿上。

局长 田力普

中华人民共和国国家知识产权局

2012 年 05 月 23 日

第 1 页（共 1 页）

发明专利证书

专利说明:

本发明所述的轻型龙门数控切割机,采用分体结构设计,将体积较大、安装精度要求较高的纵向导轨拆分成主动侧双轨支撑架和从动侧单边支撑架两部分,主动侧双轨支撑架上直接加工完成两条相互平行并带有一定间隔的导轨,在对横向导轨起到支撑和传导作用的同时,双导轨间的平行度和水平度只与加工精度有关,不受安装精度的影响,易于安装、调试,特别解决了生产厂家安装调试工程师上门服务的必要,节约了人力物力,响应了低碳号召。而从动侧单边支撑架对横向导轨另一端只起到滚动支撑作用，以平衡横向导轨的重心，对安装精度要求较低，其结果大大降低了对使用前安装过程的要求，简化了安装，甚至不需专业人士就可自行拆装，提高了使用灵活性。同时，在支架上采用可调节支脚进行地面支撑，受地面水平度影响较小，调节方便、组装快捷，利于在各种场地上使用。铝塑型材制成的支架，质量较小，搬运方便。斜拉支架保证了横向导轨与纵向传动装置间的结构稳定性，提高了连接可靠性。整体结构设计简单、组装方便、搬运灵活，适于长途运输使用，组装后的切割机加工精度高、性能可靠，既保留了龙门式的结构特点，又体现了悬臂式的优点，改进效果突出，实用性强。

地址：北京市朝阳区双桥东路18号康桥工业园　　电话：+86 10-51662600

网站：www. steeltailor. com　　邮箱：info@ steeltailor. com

四、焊接专用机械

航空发动机关键件惯性摩擦焊机液压驱动系统

发 明 人:周军;赵玉珊;张春波;姜子钘;乌彦全;林跃;潘毅

专 利 号:ZL 2017 1 0284775. X

专利申请日:2017 年 04 月 27 日

专 利 权 人:机械科学院哈尔滨焊接研究所

授权公告日:2019 年 10 月 01 日

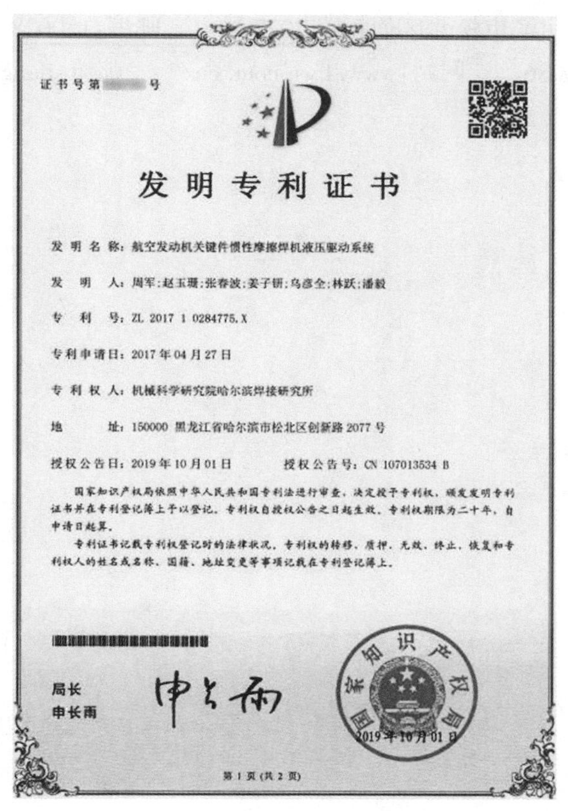

证书号第[illegible]号

发明专利证书

发 明 名 称:航空发动机关键件惯性摩擦焊机液压驱动系统

发 明 人:周军;赵玉珊;张春波;姜子钘;乌彦全;林跃;潘毅

专 利 号:ZL 2017 1 0284775.X

专利申请日:2017 年 04 月 27 日

专 利 权 人:机械科学研究院哈尔滨焊接研究所

地 址:150000 黑龙江省哈尔滨市松北区创新路 2077 号

授权公告日:2019 年 10 月 01 日　　授权公告号:CN 107013534 B

国家知识产权局依照中华人民共和国专利法进行审查，决定授予专利权，颁发发明专利证书并在专利登记簿上予以登记。专利权自授权公告之日起生效。专利权期限为二十年，自申请日起算。

专利证书记载专利权登记时的法律状况。专利权的转移、质押、无效、终止、恢复和专利权人的姓名或名称、国籍、地址变更等事项记载在专利登记簿上。

局长
申长雨

国家知识产权局
2019 年 10 月 01 日

第 1 页(共 2 页)

发明专利证书

专利说明:

焊接技术是航空零部件研制与生产的主要成型工艺之一,其中惯性摩擦焊凭借其优质、高性能、高精度等技术优势,已成为国外先进航空发动机转子组件制造的主导工艺方法。然而液压驱动系统作为惯性摩擦焊接机的核心技术之一,目前基本都是采用液压泵直接供油方式,存在装机功率大、成本高以及焊接加载过程位置控制精度低、焊接力精度及稳定性差等问题。本专利针对航空发动机转子组件惯性摩擦焊接加载瞬时高压、快速顶锻的工艺需求,首创低压大流量叶片泵、高压小流量柱塞泵双泵协同供油液压源回路方案,解决了大径厚比高温合金转子组件高性能、高精度摩擦焊接制造对大流量高压油的供给需求,相对于同类技术方案装机功率降低了3倍,制造成本、运行能耗显著降低。

本发明通过高压大流量柱塞泵和3个辅助蓄能器的合理匹配、组合供油,大幅降低装机功率、节约能耗;动作过程由计算机、伺服控制器、伺服阀、三位四通电液换向阀闭环控制实现,通过实时检测、实时反馈,按设定值由计算机通过伺服控制器闭环控制,系统具有控制精度高、数值准确无误差、动作稳定可靠的优点,性价比非常突出。基于该专利技术研制了国内首台航空用6 000 kN焊接力高精密惯性摩擦焊机,打破了西方发达国家对我国高端航空制造装备的技术封锁,为我国先进航空发动机研制及批产奠定了坚实基础。通过成果转化及技术扩散,促进了大型工程机械、军工弹药等工程领域核心制造技术的提升,在国内外70余家单位百余种产品中得到工程化应用。

地址:黑龙江省哈尔滨市松北区创新路2077号　邮编:150028　联系人:梁武

电话:0451-86336086　网站:www. hwi. com. cn/　邮箱:liangwuweld@ 163. com

O 型环气体保护接触对焊装置及方法

发　明　人:陈树君;张鹏;卢振洋;李延民

专　利　号:ZL 2008 1 0225004.4

专利申请日:2008 年 10 月 24 日

专 利 权 人:北京工业大学

授权公告日:2010 年 08 月 11 日

证书号第　　号

发明专利证书

发 明 名 称:O 型环气体保护接触对焊装置及方法

发　明　人:陈树君;张鹏;卢振洋;李延民

专　利　号:ZL 2008 1 0225004.4

专利申请日:2008 年 10 月 24 日

专 利 权 人:北京工业大学

授权公告日:2010 年 08 月 11 日

本发明经过本局依照中华人民共和国专利法进行审查,决定授予专利权,颁发本证书并在专利登记簿上予以登记。专利权自授权公告之日起生效。

本专利的专利权期限为二十年,自申请日起算。专利权人应当依照专利法及其实施细则规定缴纳年费。本专利的年费应当在每年 10 月 24 日前缴纳。未按照规定缴纳年费的,专利权自应当缴纳年费期满之日起终止。

专利证书记载专利权登记时的法律状况。专利权的转移、质押、无效、终止、恢复和专利权人的姓名或名称、国籍、地址变更等事项记载在专利登记簿上。

局长 田力普

中华人民共和国国家知识产权局

2010 年 08 月 11 日

第 1 页（共 1 页）

发明专利证书

专利说明:

本发明公开了 O 型环气体保护接触对焊装置及方法。该方法通过电阻热加热工件至塑性变形阶段,依靠顶锻加压使工件接头位置熔合变形。焊接夹具通过旋转向左调整螺钉和测微头为无错边安装工件提供了可能。采用钢丝绳连接手柄拉销绕过定滑轮悬挂砝码,以重力作为顶锻压力的施加方式。利用激光传感器反馈工件伸出电极长度作为焊接挤压量的控制方法。该工艺适用于管径在 2~5 mm 的不锈钢空心 O 型环、实心 O 型环、铝合金空心 O 型环及实心 O 型环的焊接。其焊接质量优于弧焊,工艺稳定,大大提高了产品的合格率。

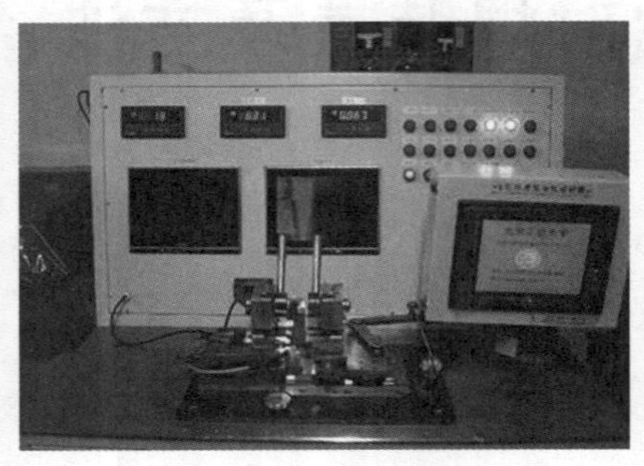

O 型环焊接系统

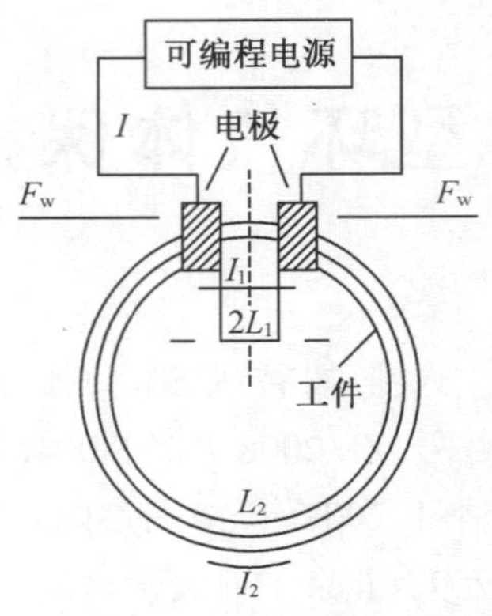

O 型环焊接原理示意图

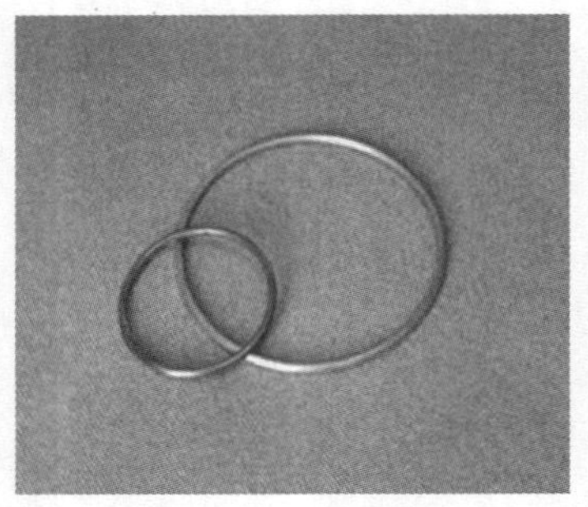

焊接试样

焊接位置

地址:北京市朝阳区平乐园 100 号北京工业大学焊接技术研究所
邮编:100124　　　　联系人:陈树君　　　　电话:010-67391617
网址:weld. bjut. edu. cn　　　　信箱:sjchen@ bjut. edu. cn

数控管-管相贯接头埋弧自动焊设备

发　明　人:貟志华;李世龙;杨乃文
专　利　号:ZL 2009 2 0110136. 2
专利申请日:2009 年 07 月 17 日
专 利 权 人:北京中电华强焊接工程技术有限公司
授权公告日:2010 年 09 月 01 日

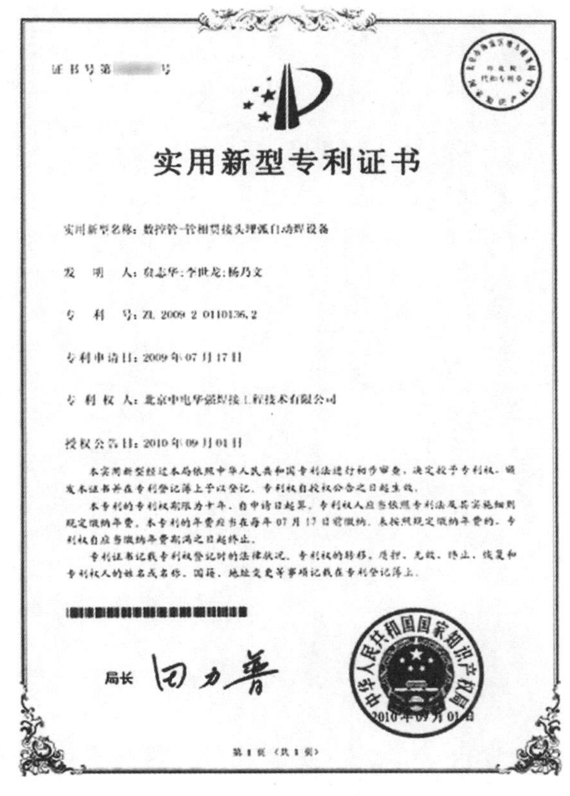

证书号第　　号

实用新型专利证书

实用新型名称：数控管-管相贯接头埋弧自动焊设备

发　明　人：貟志华；李世龙；杨乃文

专　利　号：ZL 2009 2 0110136.2

专利申请日：2009 年 07 月 17 日

专 利 权 人：北京中电华强焊接工程技术有限公司

授权公告日：2010 年 09 月 01 日

本实用新型经过本局依照中华人民共和国专利法进行初步审查，决定授予专利权，颁发本证书并在专利登记簿上予以登记。专利权自授权公告之日起生效。

本专利的专利权期限为十年，自申请日起算。专利权人应当依照专利法及其实施细则规定缴纳年费。本专利的年费应当在每年 07 月 17 日前缴纳。未按照规定缴纳年费的，专利权自应当缴纳年费期满之日起终止。

专利证书记载专利权登记时的法律状况。专利权的转移、质押、无效、终止、恢复和专利权人的姓名或名称、国籍、地址变更等事项记载在专利登记簿上。

局长 田力普

中华人民共和国国家知识产权局 2010年09月01日

第 1 页（共 1 页）

实用新型专利证书

专利说明:

本实用新型涉及一种管-管相贯接头自动焊设备,特别是涉及一种管-管正交、偏交及斜交角焊缝自动焊接的设备,其主要用于电站锅炉及管道制造行业,是属于数控、空间曲线自动焊接及技术领域的数控管-管相贯接头埋弧自动焊设备。

本实用新型是有关于一种数控管-管相贯接头埋弧自动焊设备,包括机头吊架、焊剂斗、焊丝盘、送丝机、接管、焊剂盘、焊枪径向微调、焊枪轴向微调、焊枪、母管、工件回转轴 β、无动力移动滚轮架、数控变位装置、分离器、实时的数控控制系统、四轴运动机构和焊接工艺软件。上述的数控变位装置包括数控动力头；上述的分离器由多个接管与母管焊接而成；上述的四轴运动机构由焊枪的垂直运动轴、水平运动轴、水平运动轴、焊枪回转装置及焊枪姿态角 α 运动机构所组成。

本实用新型的主要目的在于，克服现有的管-管相贯接头焊设备存在的缺陷，而提供一种新型的数控管-管相贯接头埋弧自动焊设备，所要解决的技术问题是使其提高管-管相贯角焊缝，即两个圆柱体相贯(正交、偏交、斜交)接头焊接的自动化和机械化水平，提高劳动生产率，提高焊接质量，减轻焊工的劳动强度，改善劳动条件，以满足电站锅炉及管道焊接的需求量及质量不断增高的需要，非常适于实用。

地址：北京市昌平区振兴路35号院1号楼4层415　　邮编：102200　　联系人：杨硕

网站：www.wtec.com.cn　　邮箱：wtec@wtec.com.cn

自升式钻井平台桩腿的自动焊接设备

发　明　人：王军；赵江；程峰；唐亚松；王艳金；訾标；富雪峰
专　利　号：ZL 2013 2 0171349.2
专利申请日：2013 年 04 月 08 日
专 利 权 人：北京中电华强焊接工程技术有限公司
授权公告日：2013 年 09 月 04 日

实用新型专利证书

发明名称：自升式钻井平台桩腿的自动焊接设备

发　明　人：王军；赵江；程峰；唐亚松；王艳金；訾标；富雪峰

专　利　号：ZL 2013 2 0171349.2

专利申请日：2013年04月08日

专 利 权 人：北京中电华强焊接工程技术有限公司

授权公告日：2013年09月04日

局长 田力普

实用新型专利证书

专利说明：

本实用新型属于设备焊接领域，具体涉及一种自升式钻井平台桩腿的自动焊接设备。目前国内的平台制造厂大多使用手工焊接桩腿或者采用龙门式、悬臂架式设备焊接。手工焊接需要大量高水平的焊工，工人的劳动强度高，作业环境恶劣，大量的重金属烟尘损害工人的身体健康；且手工焊接的质量不稳定，生产效率低，能源浪费严重。而龙门式、悬臂架式焊接桩腿有一个共同的缺点是把焊枪固定在一个横梁上,两把焊枪只能以一个焊接速度行走,但实际的工件中,两面的坡口由于加工、组对等原因是有误差的,如果以一个焊接速度焊接会造成焊接质量缺欠;龙门式、悬臂架式焊接行走都采用磨擦传动,传动精度低,传动不平稳;另外,如果一个传动系统出现问题,就会造成整台设备瘫痪。

针对现有技术中存在的缺陷,本实用新型提供一种自升式钻井平台桩腿的自动焊设备,包括两台独立的操作机,所述两台独立的操作机对称设置在钻井平台桩腿的两侧,所述每台操作机设在各自的行走台上的轨道上。其中,所述操作机包括操作机底座、设置在操作机底座上的立柱及与所述立柱固接的横梁,在所述横梁的端部设有焊接装置。采用本实用新型的技术方案,根据各自工件状况实施焊接,单独调节焊接速度,操作更加灵活,可确保焊接质量,提高生产效率。

地址:北京市昌平区振兴路35号院1号楼4层415　　邮编:102200　　联系人:杨硕

网站:www. wtec. com. cn　　邮箱:wtec@ wtec. com. cn

多电极纵骨焊接机焊接跟踪装置

发　明　人:杨念记;周军记;任乐;周宏根;朱越来
专　利　号:ZL 2008 1 0195413.4
专利申请日:2008 年 10 月 14 日
专 利 权 人:无锡华联科技集团有限公司
授权公告日:2011 年 04 月 27 日

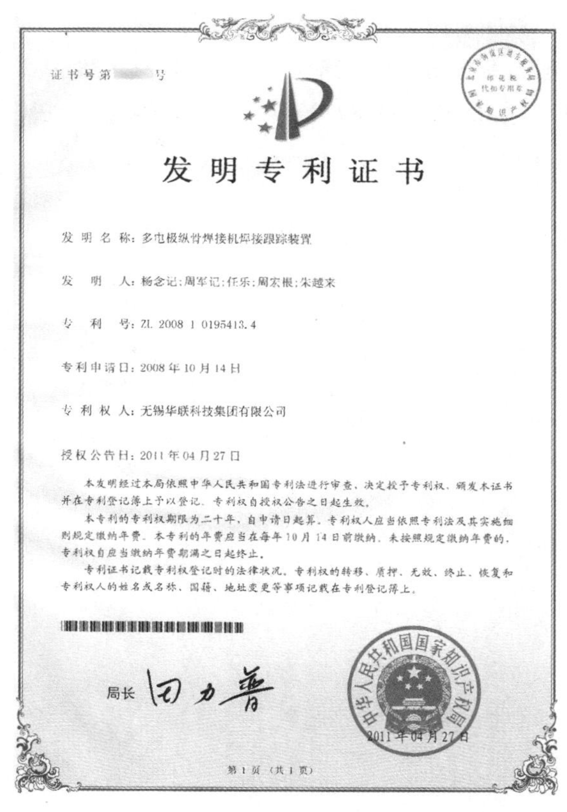
证书号第　号

发明专利证书

发 明 名 称：多电极纵骨焊接机焊接跟踪装置

发　明　人：杨念记；周军记；任乐；周宏根；朱越来

专　利　号：ZL 2008 1 0195413.4

专利申请日：2008 年 10 月 14 日

专 利 权 人：无锡华联科技集团有限公司

授权公告日：2011 年 04 月 27 日

本发明经过本局依照中华人民共和国专利法进行审查，决定授予专利权，颁发本证书并在专利登记簿上予以登记。专利权自授权公告之日起生效。

本专利的专利权期限为二十年，自申请日起算。专利权人应当依照专利法及其实施细则规定缴纳年费。本专利的年费应当在每年 10 月 14 日前缴纳。未按照规定缴纳年费的，专利权自应当缴纳年费期满之日起终止。

专利证书记载专利权登记时的法律状况。专利权的转移、质押、无效、终止、恢复和专利权人的姓名或名称、国籍、地址变更等事项记载在专利登记簿上。

局长　田力普

中华人民共和国国家知识产权局

2011 年 04 月 27 日

第 1 页（共 1 页）

发明专利证书

专利说明:

在已有技术中,对船体纵骨两侧焊缝进行焊接时,通常是采用单头半自动焊接小车或手工进行对纵骨两侧焊缝焊接。半自动焊接小车和手工焊接方式工作效率极低、工人劳动强度大,需大量的工人同时作业才能满足生产,自动化程度低。

本发明的目的是克服现有技术中存在的不足,提供一种焊枪在焊接跟踪装置的带动下随焊缝位置变化而变化,焊枪端部始终保持与工件焊接处一定距离,保证焊接工艺参数稳定,焊缝均匀、余高一致,大大减少焊接过程中人为影响因素,同时在一侧焊臂上装有两把焊枪同时进行自动焊接,大大提高焊接速度,多个装置安装在同一根横梁上,可同时对多根纵骨双面自动跟踪焊接的多电极纵骨焊接机焊接跟踪装置。

本发明涉及船体分段多电极纵骨焊接机焊接跟踪装置,在滚珠丝杆左右两端螺接的左右分合座,在分合座上固定连接向下伸出的焊接臂,焊接臂底端部设有固定架与第四直线导轨,第四直线导轨上滑动连接有活动架,活动架与固定架的下端部连接有焊枪,在活动架上设有焊枪的微调装置,在固定架的下端部连接有焊缝仿形跟踪头,左右分合座滑动连接在第三直线导轨上,直线导轨固定在上下移动体上,连接座滑动连接在第二直线导轨上,第二直线导轨固定于立柱的侧壁,立柱与固定座固定连接,固定座滑动连接在横梁顶端面的第一直线导轨上。本发明具有调整方便、定位准确、自动化程度高等优点,很适合大批量生产船体纵骨自动跟踪焊接。

名称:无锡华联科技集团有限公司

地址:江苏省无锡市高新区城南路 238 号　　邮编:214028

电话:0510-85388111　0510-85388222　　网站:www. wxhlhg. com

邮箱:info@ wxhlhg. com

桥梁板单元矫正机下支撑的转动机构

发　明　人:吴信保;杨念记;方长海;张盛;周军记;刘新立;周洪根;朱越来;唐志靖
专　利　号:ZL 2012 1 0081970. X
专利申请日:2012 年 03 月 26 日
专 利 权 人:无锡华联科技集团有限公司
授权公告日:2014 年 01 月 08 日

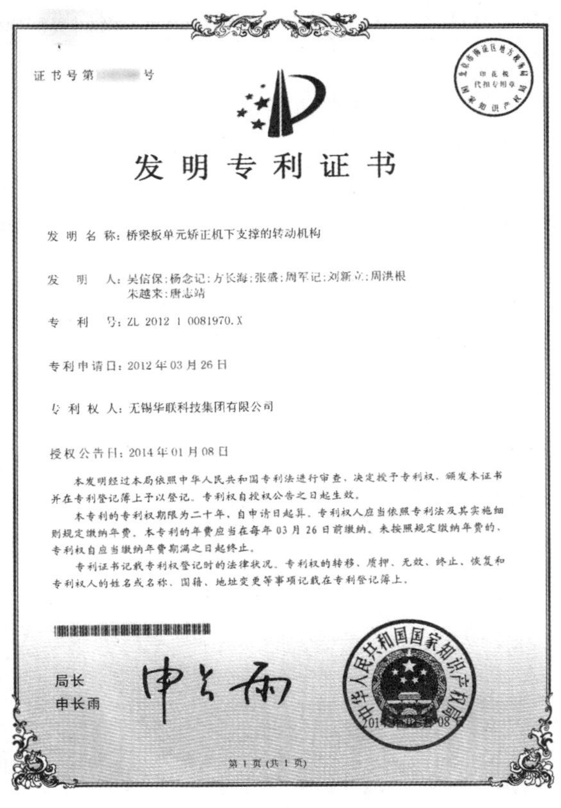

证书号第　　　号

发明专利证书

发 明 名 称：桥梁板单元矫正机下支撑的转动机构

发　明　人：吴信保；杨念记；方长海；张盛；周军记；刘新立；周洪根
朱越来；唐志靖

专　利　号：ZL 2012 1 0081970.X

专利申请日：2012 年 03 月 26 日

专 利 权 人：无锡华联科技集团有限公司

授权公告日：2014 年 01 月 08 日

本发明经过本局依照中华人民共和国专利法进行审查，决定授予专利权，颁发本证书并在专利登记簿上予以登记。专利权自授权公告之日起生效。

本专利的专利权期限为二十年，自申请日起算。专利权人应当依照专利法及其实施细则规定缴纳年费。本专利的年费应当在每年 03 月 26 日前缴纳。未按照规定缴纳年费的，专利权自应当缴纳年费期满之日起终止。

专利证书记载专利权登记时的法律状况。专利权的转移、质押、无效、终止、恢复和专利权人的姓名或名称、国籍、地址变更等事项记载在专利登记簿上。

局长
申长雨

第 1 页（共 1 页）

发明专利证书

专利说明:

本发明做出以前,在已有技术中,多根 U 肋或板肋与底板单元焊后发生变形,采用火焰在焊缝的反面加热的方式进行火焰矫正,其自动化程度低,矫正精度差,同时造成钢板晶粒粗大,很难满足桥梁等大型工程的需要。

本发明的目的是克服现有技术中存在的不足,提供一种满足同时矫正带有多根 U 肋或板肋板单元的桥梁板单元矫正机下支撑和转动机构,以满足桥梁板单元焊后矫正的需要;该下支撑和转动机构具有适应性强、使用效率高、矫正精度高等特点,且投资少,使用方便灵活。

本发明涉及一种为桥梁板单元矫正机下支撑的转动机构,具体地说是用于多根U肋或板肋与底板单元焊后的矫正,属于机械设备技术领域。其包括下支撑辊、编码器、上支撑座、减速机、传动轴、传动齿轮、减速机底座及连接板、下支撑座。所述减速机固定在减速机底座上,减速机的转轴上连接传动轴;所述传动轴另一端安装在下支撑座轴孔内,所述编码器通过联轴器连接传动轴,编码器固定在连接板上;所述连接板固定在下支撑座表面;所述连接板外端通过螺栓连接外端盖。本发明结构简单、紧凑,合理;极大提高了对板单元矫正的效率及矫正的精度,实现了自动化矫正;适应性强,使用方便灵活,成本低。

名称:无锡华联科技集团有限公司

地址:江苏省无锡市高新区城南路238号　　邮编:214028

电话:0510-85388111　0510-85388222　　网站:www.wxhlhg.com

邮箱:info@wxhlhg.com

H 型钢卧式组焊一体机中的导弧架装置

发　明　人:李秀成;杨念记;方长海;刘欢;王文

专　利　号:ZL 2009 1 0030453.8

专利申请日:2009 年 04 月 10 日

专 利 权 人:无锡华联科技集团有限公司

授权公告日:2011 年 06 月 01 日

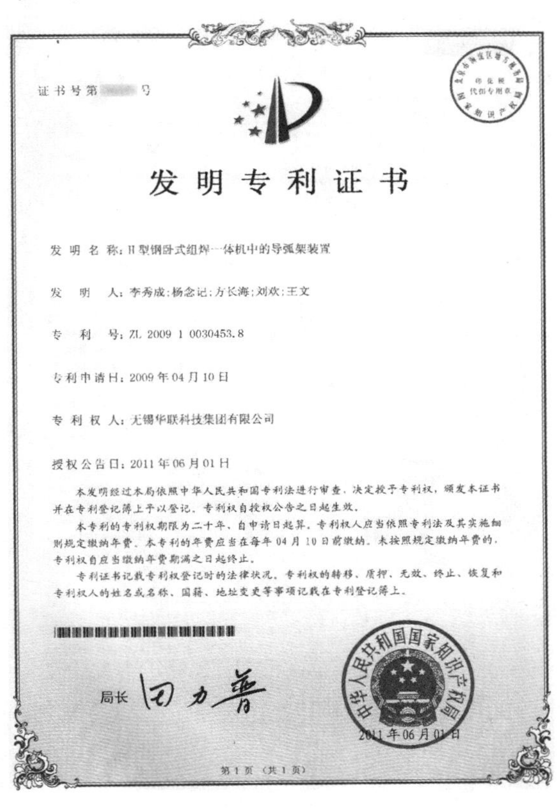

证书号第　　号

发明专利证书

发 明 名 称：H 型钢卧式组焊一体机中的导弧架装置

发　明　人：李秀成；杨念记；方长海；刘欢；王文

专　利　号：ZL 2009 1 0030453.8

专利申请日：2009 年 04 月 10 日

专 利 权 人：无锡华联科技集团有限公司

授权公告日：2011 年 06 月 01 日

本发明经过本局依照中华人民共和国专利法进行审查，决定授予专利权，颁发本证书并在专利登记簿上予以登记。专利权自授权公告之日起生效。

本专利的专利权期限为二十年，自申请日起算。专利权人应当依照专利法及其实施细则规定缴纳年费。本专利的年费应当在每年 04 月 10 日前缴纳。未按照规定缴纳年费的，专利权自应当缴纳年费期满之日起终止。

专利证书记载专利权登记时的法律状况。专利权的转移、质押、无效、终止、恢复和专利权人的姓名或名称、国籍、地址变更等事项记载在专利登记簿上。

局长 田力普

中华人民共和国国家知识产权局

2011 年 06 月 01 日

第 1 页（共 1 页）

发明专利证书

专利说明:

在已有技术中,对 H 型钢进行焊接时,焊枪对焊缝的对位是人工进行焊枪的上、下及左、右调节。调节对位必须经过操作工人多次测量确定,效率十分低下,操作难度大。

本发明的目的是克服现有技术中存在的不足,提供一种可有效提高生产效率、降低工人操作难度的 H 型钢卧式组焊一体机中的导弧架装置。

本发明涉及 H 型钢卧式组焊一体机中的导弧架装置,在固定安装的底板上开设的水平槽内滑动连接的移动架,底板下表面固定水平液压缸的缸筒,水平液压缸的活塞杆通过连接架连接在移动架底端部,移动架的顶端通过支架固定在竖直液压缸的活塞杆顶端上,竖直液压缸的活塞杆底端固定在底板上表面,竖直液压缸的缸筒通过电机架固定由电机驱动的减速机,减速机的输出轴与丝杆连接,导弧架体顶端固定有丝母,丝杆螺接在丝母内,导弧架体的底端转动连接有水平定位轮,导弧架体的底端还转动连接有竖直定位轮,在两水平定位轮之间的导弧架体的底端固定设置焊枪架,所述焊枪架亦处于两竖直定位轮之间。本发明工作时可有效提高生产效率,并降低工人操作难度。

名称:无锡华联科技集团有限公司

地址:江苏省无锡市高新区城南路238号　　邮编:214028

电话:0510-85388111　0510-85388222　　网站:www. wxhlhg. com

邮箱:info@ wxhlhg. com

管件加工的数控钻床

发　明　人:陆松茂;邵燕瑛;薛静清;张巍文;陆坤铭;周冰峰;刘新立

专　利　号:ZL 2010 1 0196090.8

专利申请日:2010 年 06 月 10 日

专 利 权 人:无锡华联精工机械有限公司

授权公告日:2012 年 10 月 17 日

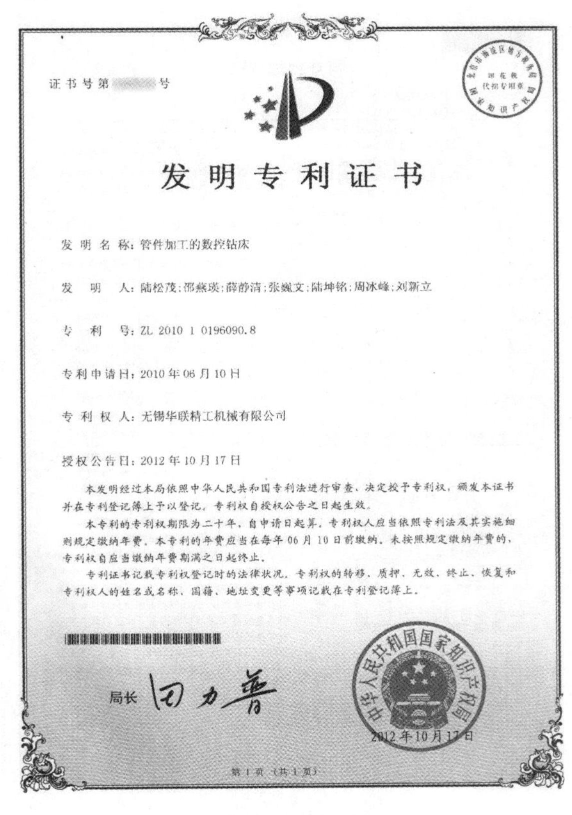

证书号第　　号

发明专利证书

发 明 名 称:管件加工的数控钻床

发　明　人:陆松茂;邵燕瑛;薛静清;张巍文;陆坤铭;周冰峰;刘新立

专　利　号:ZL 2010 1 0196090.8

专利申请日:2010 年 06 月 10 日

专 利 权 人:无锡华联精工机械有限公司

授权公告日:2012 年 10 月 17 日

本发明经过本局依照中华人民共和国专利法进行审查,决定授予专利权,颁发本证书并在专利登记簿上予以登记。专利权自授权公告之日起生效。

本专利的专利权期限为二十年,自申请日起算。专利权人应当依照专利法及其实施细则规定缴纳年费。本专利的年费应当在每年 06 月 10 日前缴纳。未按照规定缴纳年费的,专利权自应当缴纳年费期满之日起终止。

专利证书记载专利权登记时的法律状况。专利权的转移、质押、无效、终止、恢复和专利权人的姓名或名称、国籍、地址变更等事项记载在专利登记簿上。

局长 田力普

中华人民共和国国家知识产权局

2012 年 10 月 17 日

第 1 页(共 1 页)

发明专利证书

专利说明:

锅炉集箱等管类零件需要在管件的外壁上加工很多通孔或盲孔,由于目前没有专用设备,因此只能通过在管件上手工划线并冲定位孔,然后采用摇臂钻床进行钻孔操作,通常锅炉集箱较长,而且也较重,一个管件上有几十个至上百个孔,加工时需要频繁翻转与移动管件,加工效率极低,操作人员劳动强度大、安全性差;而且由于管件外表圆弧外形难以固定定位,加工时钻头易跑偏导致断裂,孔的加工质量差,经常会偏心或者歪斜,废品率高。

本申请人针对上述现有管件外壁通孔加工采用手工操作劳动强度大、安全性差、加工效率低、通孔的加工质量差等缺点,提供一种管件加工的数控钻床,其结构合理,操作方便,加工效率高,通孔加工质量好。

本发明涉及一种管件加工的数控钻床,床身上部设置有主轴回转装置与传动导向装置,钻削平台与夹持尾架可移动的设置在所述传动导向装置上;所述钻削平台上设置有管壁夹持组件与钻削组件,所述主轴回转装置与所述的夹持尾架上设置有管端夹持卡盘,所述主轴回转装置还设置有驱动主轴及卡盘旋转的电机;采用数控台进行电气与液压控制。本发明可以加工多规格各种金属非金属的管料,具有大的加工范围与良好的适用性;本发明采用数控编程控制,可以自动、高效、便捷、安全的进行管件外壁孔的加工。

名称:无锡华联科技集团有限公司

地址:江苏省无锡市高新区城南路 238 号　　　　邮编:214028

电话:0510-85388111　0510-85388222　　　网站:www. wxhlhg. com

邮箱:info@ wxhlhg. com

五、焊 接 应 用

激光-GMA电弧复合热源填丝焊接方法

发　明　人:雷振;王旭友;王小朋;李长义
专　利　号:ZL 2014 1 0092005.1
专利申请日:2014 年 03 月 13 日
专 利 权 人:机械科学研究院哈尔滨焊接研究所
授权公告日:2016 年 08 月 24 日

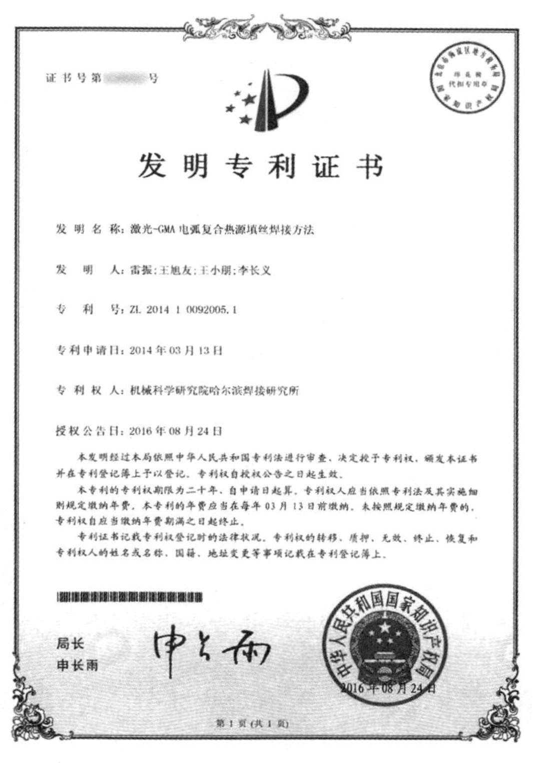

证书号第　　号

发明专利证书

发 明 名 称:激光-GMA电弧复合热源填丝焊接方法

发　明　人:雷振;王旭友;王小朋;李长义

专　利　号:ZL 2014 1 0092005.1

专利申请日:2014 年 03 月 13 日

专 利 权 人:机械科学研究院哈尔滨焊接研究所

授权公告日:2016 年 08 月 24 日

本发明经过本局依照中华人民共和国专利法进行审查,决定授予专利权,颁发本证书并在专利登记簿上予以登记。专利权自授权公告之日起生效。

本专利的专利权期限为二十年,自申请日起算。专利权人应当依照专利法及其实施细则规定缴纳年费。本专利的年费应当在每年 03 月 13 日前缴纳。未按照规定缴纳年费的,专利权自应当缴纳年费期满之日起终止。

专利证书记载专利权登记时的法律状况。专利权的转移、质押、无效、终止、恢复和专利权人的姓名或名称、国籍、地址变更等事项记载在专利登记簿上。

局长
申长雨

中华人民共和国国家知识产权局
2016 年 08 月 24 日

第 1 页 (共 1 页)

发明专利证书

专利说明:

传统焊接方法为了提高熔敷效率,一般会增大 GMA 电弧的功率以获得更大的焊丝熔敷量,然而这种通过增大 GMA 电弧功率来提高熔敷金属量的方法往往会使熔池金属过热,严重影响焊缝成型,甚至造成焊缝的塌陷、咬边等缺陷,同时还会造成接头性能和组织的损伤。通过增大电弧功率来提高熔敷效率的传统方法具有较大的弊端和技术局限性,成为制约该焊接工艺方法获得更高焊接效率的技术瓶颈。

激光-GMA 电弧复合热源填丝焊接方法与传统熔化极气体保护焊(GMAW)相比,具有焊接速度快、焊接热输入低、焊接变形小、焊缝熔深大,易于实现单面焊双面成型、细化接头组织、提高接头性能等技术优点,特别是该焊接方法可在高速焊接条件下实现电弧高稳定焊接的特性,使得其在中薄板的焊接中有显著的技术优势。本发明将激光束与GMA电弧按照旁轴复合的方式进行复合焊接,再额外填充一根焊丝至激光-GMA复合热源的作用区域,通过复合热源及熔池的热量来实现填充焊丝的熔化,消耗复合热源焊接过程中的富余热量,可在不增加电弧功率的条件下提高焊接熔敷效率,改善焊缝金属组织性能,降低焊接热输入对材料的损伤,减小焊接变形。

地址:黑龙江省哈尔滨市松北区创新路2077号　邮编:150028　联系人:齐万利
电话:0451-86337303　网站:www.hwi.com.cn　邮箱:13674675850@126.com

自动检测跟踪焊缝的方法

发　明　人:吴兴华;凌清
专　利　号:ZL 2014 1 0274271.6
专利申请日:2014 年 06 月 19 日
专利权人:北京创想智控科技有限公司
授权公告日:2016 年 02 月 24 日

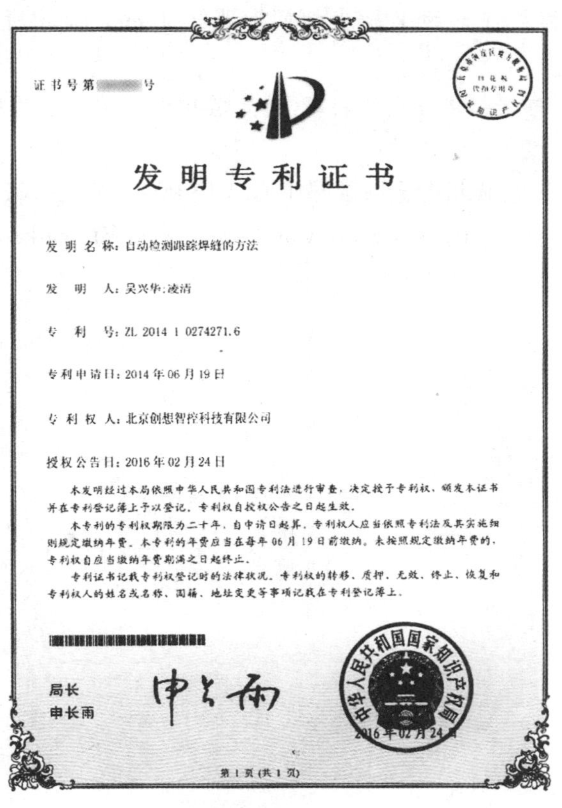

证书号第　　　号

发明专利证书

发明名称：自动检测跟踪焊缝的方法

发　明　人：吴兴华；凌清

专　利　号：ZL 2014 1 0274271.6

专利申请日：2014 年 06 月 19 日

专利权人：北京创想智控科技有限公司

授权公告日：2016 年 02 月 24 日

本发明经过本局依照中华人民共和国专利法进行审查，决定授予专利权，颁发本证书并在专利登记簿上予以登记。专利权自授权公告之日起生效。

本专利的专利权期限为二十年，自申请日起算。专利权人应当依照专利法及其实施细则规定缴纳年费。本专利的年费应当在每年 06 月 19 日前缴纳。未按照规定缴纳年费的，专利权自应当缴纳年费期满之日起终止。

专利证书记载专利权登记时的法律状况。专利权的转移、质押、无效、终止、恢复和专利权人的姓名或名称、国籍、地址变更等事项记载在专利登记簿上。

局长
申长雨

中华人民共和国国家知识产权局
2016 年 02 月 24 日

第 1 页（共 1 页）

发明专利证书

专利说明:

本发明提供了一种自动检测跟踪焊缝的方法。该方法包括以下步骤:

1. 预拼接待焊接的工件,工件之间具有宽度为 1.5~3.0 mm 的间隙,在工件下方设置底光源,图像采集单元提取透过间隙的光线在焊接空间实际坐标系中的预标定轨迹。

2. 将工件紧密拼接,形成宽度小于 1 mm 的焊缝。

3. 图像采集单元采集多幅工件表面的图像。

4. 先将预标定轨迹的实际坐标系映射到图像采集单元所采集图像的图像坐标系中,在每幅图像中确定一个包含预标定轨迹的搜索区域。

5. 在搜索区域内搜索焊缝,并引导焊枪进行焊接。

其具体步骤包括:

(1) 在预标定轨迹的 Y 坐标上均匀间隔 ΔH 取多个特征点,得到预标定轨迹上特征点对应坐标 (X_i, Y_i), $i=0,1,2,\cdots,N$。

(2) 对预标定轨迹的曲线求导,得到各特征点处的斜率。

(3) 对图像采集单元采集图像中的搜索区域进行曲线检测。

(4) 若搜索区域内只有一条曲线,默认该曲线为焊缝,执行步骤(8)。

(5) 若搜索区域内有两条或两条以上的曲线,执行步骤(6)。

(6) 在各曲线上分别提取取样点,各取样点在 Y 轴的坐标相同,各取样点对应实际坐标系中点的 Y 坐标与相邻特征点的 Y 轴坐标间距小于 1 mm,计算所有曲线在取样点处的斜率。

(7) 对比各取样点与相邻特征点的斜率,确定其中一条曲线为焊缝。

(8) 引导焊枪沿该焊缝进行焊接。

地址:北京市昌平区龙域北街金域国际中心 A 座 904　邮编:102200　联系人:孙朋彬
电话:010-82825270　网站:www. crwnt. com/　邮箱:marketing@ crwnt. com

一种基于 Ti-6Al-4V 钛合金的高塑韧高强焊接接头及其组织调控方法和应用

发　明　人：方乃文；武鹏博；黄瑞生；徐锴；孙徕博；曹浩；李伟；王星星；尹立孟；陈玉华；马一鸣；邹吉鹏；秦建；曾才有

专　利　号：ZL 2022 1 1334730. 6

专利申请日：2022 年 10 月 28 日

专 利 权 人：中国机械总院集团哈尔滨焊接研究所有限公司

授权公告日：2023 年 07 月 28 日

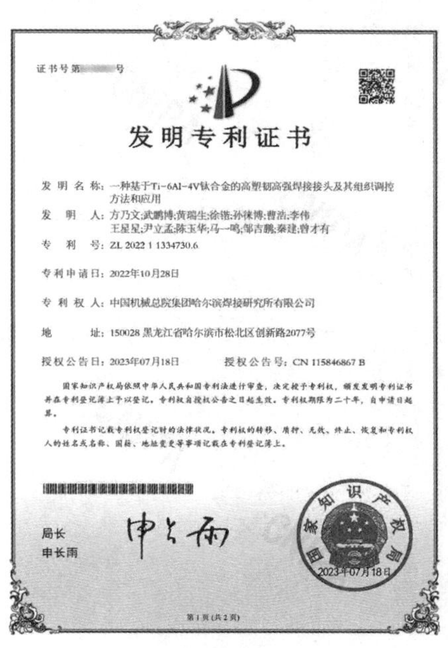
证书号第　　号

发明专利证书

发 明 名 称：一种基于Ti-6Al-4V钛合金的高塑韧高强焊接接头及其组织调控方法和应用

发　明　人：方乃文;武鹏博;黄瑞生;徐锴;孙徕博;曹浩;李伟;王星星;尹立孟;陈玉华;马一鸣;邹吉鹏;秦建;曾才有

专　利　号：ZL 2022 1 1334730.6

专利申请日：2022年10月28日

专 利 权 人：中国机械总院集团哈尔滨焊接研究所有限公司

地　　址：150028 黑龙江省哈尔滨市松北区创新路2077号

授权公告日：2023年07月18日　　授权公告号：CN 115846867 B

国家知识产权局依照中华人民共和国专利法进行审查，决定授予专利权，颁发发明专利证书并在专利登记簿上予以登记。专利权自授权公告之日起生效。专利权期限为二十年，自申请日起算。

专利证书记载专利权登记时的法律状况。专利权的转移、质押、无效、终止、恢复和专利权人的姓名或名称、国籍、地址变更等事项记载在专利登记簿上。

局长
申长雨

国家知识产权局
2023年07月18日

第1页(共2页)

发明专利证书

专利说明：

本发明为解决现有钛合金激光填丝焊接接头虽然强度较高，但塑韧性较差的技术问题。方法：先以 Ti-Al-V 系药芯焊丝作为填充金属对 Ti-6Al-4V 钛合金板进行激光填丝焊；然后将焊接接头在 915~925 ℃下保温 0. 8~1. 2 h，空冷至室温，再加热至 645~655 ℃保温 1. 8~2. 2 h，空冷至室温，最终得到高塑韧高强焊接接头。本发明以 Ti-Al-V 系药芯焊丝作为填充金属，对获得的焊接接头进行组织与性能调控，达到了调控焊接接头组织构成、形貌以及分布的目的。

地址：黑龙江省哈尔滨市松北区创新路 2077 号　　邮编：150028　　联系人：齐万利

电话：0451-86337303　　网站：www. hwi. com. cn　　邮箱：13674675850@ 126. com

一种 TC4 钛合金壳体堆焊修复方法

发　明　人:武鹏博;方乃文;黄瑞生;徐锴;龙伟民;尹立孟;曹浩;邹吉鹏;陈玉华;张天理;王善林;刘西洋;谢吉林;韩鹏薄

专　利　号:ZL 2022 1 0405371. 2

专利申请日:2022 年 04 月 18 日

专 利 权 人:哈尔滨焊接研究院有限公司

授权公告日:2023 年 05 月 12 日

证书号第　　号

发明专利证书

发 明 名 称：一种TC4钛合金壳体堆焊修复方法

发　明　人：武鹏博;方乃文;黄瑞生;徐锴;龙伟民;尹立孟;曹浩
邹吉鹏;陈玉华;张天理;王善林;刘西洋;谢吉林;韩鹏薄

专　利　号：ZL 2022 1 0405371.2

专利申请日：2022年04月18日

专 利 权 人：哈尔滨焊接研究院有限公司

地　　址：150028 黑龙江省哈尔滨市松北区创新路2077号

授权公告日：2023年05月12日　　授权公告号：CN 114918564 B

国家知识产权局依照中华人民共和国专利法进行审查，决定授予专利权，颁发发明专利证书并在专利登记簿上予以登记。专利权自授权公告之日起生效。专利权期限为二十年，自申请日起算。

专利证书记载专利权登记时的法律状况。专利权的转移、质押、无效、终止、恢复和专利权人的姓名或名称、国籍、地址变更等事项记载在专利登记簿上。

局长
申长雨

第1页(共2页)

发明专利证书

专利说明:

将待修复 TC4 钛合金板进行打磨和酸洗;对酸洗后的 TC4 钛合金板进行冲洗和烘干,去除表面油污和氧化物,使用夹具夹紧基板,将待修复 TC4 钛合金板放置在基板上,设置激光束与焊带送进方向夹角、焊带与堆焊方向角度、焊带宽度、焊带厚度和激光束功率范围;送带装置和送气装置向待修复钛合金板的表面送入焊带和保护气;激光束以圆形摆动的方式运动对待堆焊 TC4 钛合金进行堆焊,直至完成修复。本发明堆焊熔覆效率高、堆焊成本低,摆脱了对焊剂的依赖,降低了产生缺陷概率。

地址:黑龙江省哈尔滨市松北区创新路 2077 号　　邮编:150028　　联系人:齐万利

电话:0451-86337303　　网站:www. hwi. com. cn　　邮箱:13674675850@ 126. com

一种高强韧 Ti-6Al-4V 钛合金焊接接头的制备方法及接头

发 明 人:方乃文;徐锴;黄瑞生;孙徕博;武鹏博;龙伟民;秦建;邹吉鹏;尹立孟;曹浩;陈玉华;张天理;王星星

专 利 号:ZL 2022 1 1476926.9

专利申请日:2022 年 11 月 23 日

专 利 权 人:中国机械总院集团哈尔滨焊接研究所有限公司

授权公告日:2023 年 06 月 16 日

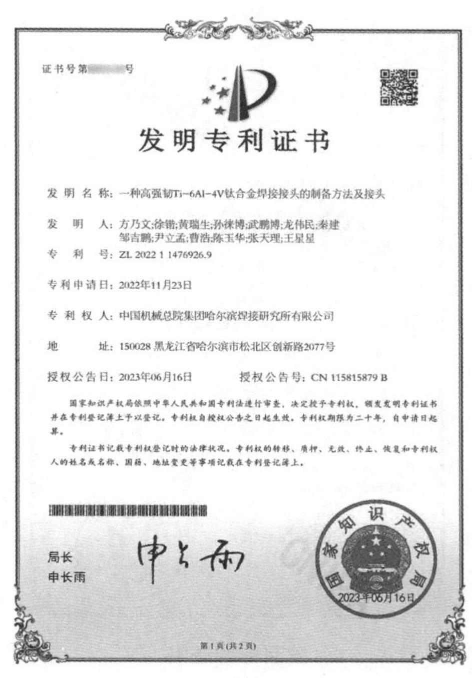

证书号第　　号

发明专利证书

发 明 名 称:一种高强韧Ti-6Al-4V钛合金焊接接头的制备方法及接头

发 明 人:方乃文;徐锴;黄瑞生;孙徕博;武鹏博;龙伟民;秦建
邹吉鹏;尹立孟;曹浩;陈玉华;张天理;王星星

专 利 号:ZL 2022 1 1476926.9

专利申请日:2022年11月23日

专 利 权 人:中国机械总院集团哈尔滨焊接研究所有限公司

地 址:150028 黑龙江省哈尔滨市松北区创新路2077号

授权公告日:2023年06月16日　　授权公告号:CN 115815879 B

国家知识产权局依照中华人民共和国专利法进行审查,决定授予专利权,颁发发明专利证书并在专利登记簿上予以登记。专利权自授权公告之日起生效。专利权期限为二十年,自申请日起算。

专利证书记载专利权登记时的法律状况。专利权的转移、质押、无效、终止、恢复和专利权人的姓名或名称、国籍、地址变更等事项记载在专利登记簿上。

局长
申长雨

国家知识产权局
2023年06月16日

第1页(共2页)

发明专利证书

专利说明:

本发明为解决现有焊态钛合金焊接接头相界面密度低,从而导致接头塑韧性较差的技术问题。本发明的方法以 Ti-Al-V 系药芯焊丝作为填充金属对 Ti-6Al-4V 钛合金板进行激光填丝焊,所述 Ti-Al-V 系药芯焊丝以钛带为外皮,以合金粉为药芯,合金粉按质量分数由钒粉:18%~20%、铝粉:30%~33%、铁粉:2.5%~3.0%和余量钛粉组成,激光光束采用圆形摆动模式,摆动频率为 200 Hz,摆动幅度为 1.5 mm,光丝间距为 2 mm。

地址:黑龙江省哈尔滨市松北区创新路 2077 号　　邮编:150028　　联系人:齐万利

电话:0451-86337303　　网站:www.hwi.com.cn　　邮箱:13674675850@126.com

一种细化 TC4 钛合金焊缝组织晶粒的厚壁窄间隙焊接方法

发　明　人:武鹏博;黄瑞生;方乃文;徐锴;尹立孟;邹吉鹏;陈玉华;滕彬;谢吉林;曹浩;王善林;秦建;方迪生;蒋宝;聂鑫

专　利　号:ZL 2022 1 0193351.3

专利申请日:2022 年 02 月 28 日

专 利 权 人:哈尔滨焊接研究院有限公司

授权公告日:2022 年 12 月 20 日

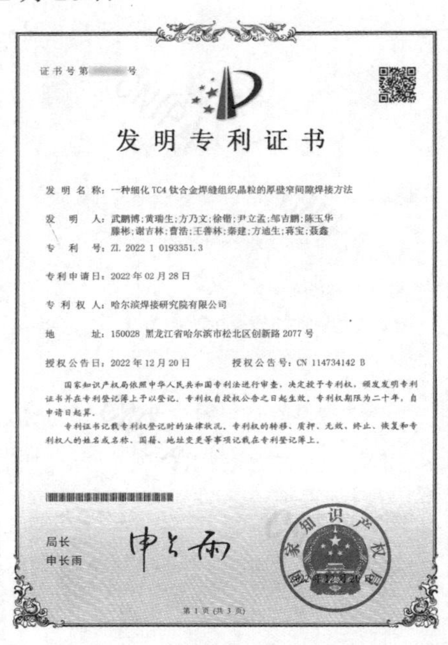

证书号第　　号

发明专利证书

发 明 名 称:一种细化 TC4 钛合金焊缝组织晶粒的厚壁窄间隙焊接方法

发　明　人:武鹏博;黄瑞生;方乃文;徐锴;尹立孟;邹吉鹏;陈玉华
滕彬;谢吉林;曹浩;王善林;秦建;方迪生;蒋宝;聂鑫

专　利　号:ZL 2022 1 0193351.3

专利申请日:2022 年 02 月 28 日

专 利 权 人:哈尔滨焊接研究院有限公司

地　　址:150028 黑龙江省哈尔滨市松北区创新路 2077 号

授权公告日:2022 年 12 月 20 日　　授权公告号:CN 114734142 B

国家知识产权局依照中华人民共和国专利法进行审查,决定授予专利权,颁发发明专利证书并在专利登记簿上予以登记。专利权自授权公告之日起生效。专利权期限为二十年,自申请日起算。

专利证书记载专利权登记时的法律状况。专利权的转移、质押、无效、终止、恢复和专利权人的姓名或名称、国籍、地址变更等事项记载在专利登记簿上。

局长
申长雨

第 1 页(共 3 页)

发明专利证书

专利说明:

细化 TC4 钛合金晶粒的厚壁窄间隙焊接方法包括以下步骤:对待焊厚壁钛合金板材进行坡口加工,加工完成后进行预处理,再进行装夹;在惰性保护气体的保护下,以激光束空间螺旋摆动模式进行激光填药芯焊丝焊接;单层焊接结束后清理焊道,然后重复单层单道焊接,直至焊缝填满,完成焊接。本发明实现钛合金窄间隙焊缝组织晶粒细化,使钛合金焊接接头冲击韧性大幅度提升,焊接接头的冲击韧性与母材相比提升约 50%。本发明可以实现在工业上大范围推广应用。

地址:黑龙江省哈尔滨市松北区创新路 2077 号　　邮编:150028　　联系人:齐万利

电话:0451-86337303　　网站:www.hwi.com.cn　　邮箱:13674675850@126.com

激光焊接熔透在线检测方法

发　明　人:孙谦;王威;王旭友;黄瑞生;雷振;李小宇;徐富家;徐良;滕彬;陈晓宇

专　利　号:ZL 2016 1 0326537.6

专利申请日:2016 年 05 月 17 日

专 利 权 人:机械科学研究院哈尔滨焊接研究所

授权公告日:2019 年 03 月 22 日

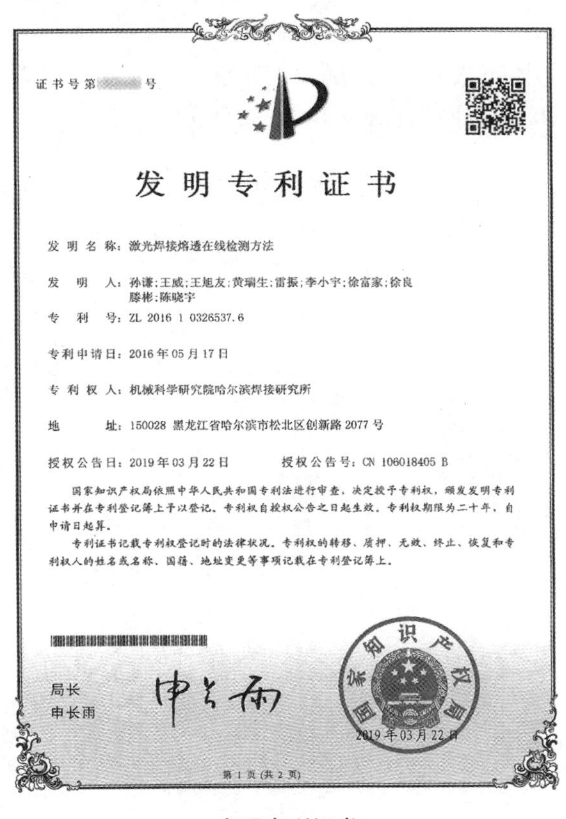

证书号第　　号

发明专利证书

发 明 名 称:激光焊接熔透在线检测方法

发　明　人:孙谦;王威;王旭友;黄瑞生;雷振;李小宇;徐富家;徐良
滕彬;陈晓宇

专　利　号:ZL 2016 1 0326537.6

专利申请日:2016 年 05 月 17 日

专 利 权 人:机械科学研究院哈尔滨焊接研究所

地　　址:150028 黑龙江省哈尔滨市松北区创新路 2077 号

授权公告日:2019 年 03 月 22 日　　授权公告号:CN 106018405 B

国家知识产权局依照中华人民共和国专利法进行审查,决定授予专利权,颁发发明专利证书并在专利登记簿上予以登记。专利权自授权公告之日起生效。专利权期限为二十年,自申请日起算。

专利证书记载专利权登记时的法律状况。专利权的转移、质押、无效、终止、恢复和专利权人的姓名或名称、国籍、地址变更等事项记载在专利登记簿上。

局长
申长雨

2019 年 03 月 22 日

第 1 页(共 2 页)

发明专利证书

专利说明:

一种激光焊接熔透在线检测方法,其特征是:依据激光焊接熔透变化时的特殊状态特征,通过对常规光学混合信号,依次采用特殊谱段信号分离、特定焊接区域信号分离、焊接缺陷概率分布特征信号分离三种处理方法,有效去除混合信号中的剧烈干扰,将可靠的焊接熔透特征信息逐层的简化、分离出来,解决激光焊接时检测信号内混合信息数量多、时域及频域变化复杂、信号波动剧烈、焊接熔透特征信息难以有效分离的技术难题,实现对激光焊接熔透的准确在线识别;所述的特殊谱段信号分离的方法,根据激光焊接熔透变化时的状态特征,找到与焊接熔透映射关系较为单一的光学检测信号,如等离子体强度、熔池热辐射、激光反射强度与熔透相关的焊接光学检测信号中的一种或两种,作为研究对象,通过分析该检测对象与其他干扰信号在光谱上的谱线差异,确定合理的检测谱段范围,实现特殊谱段屏蔽干扰信号的效果;所述的特定焊接区域信号分离的方法,在激光焊接头同轴监控光路上加入特效光学系统获得光学实像后,借助三维调节机构移动光电传感器进行定点测量,捕捉特定区域的光信号强度变化,实现光信号区域分离的目的;所述的焊接缺陷概率分布特征信号分离的方法,通过分析光信号分布概率密度函数中特定区域,与焊接熔透状态直接相关物化反应的光信号出现概率范围的图形曲率、拐点、轨迹,一项或者多项的形态特征,可以与焊接熔透情况建立可识别关联特征,并由此获得未熔透缺陷识别判据及算法,然后,从每个时间段的特征模型中分离出可准确识别焊接熔透情况的特征参数组合,最后,通过对所有时间段内的特征参数进行分析,即可实现对激光焊接熔透情况的定性及定量在线动态识别。

地址:黑龙江省哈尔滨市松北区创新路 2077 号　　邮编:150028　　联系人:齐万利
电话:0451-86337303　　网站:www. hwi. com. cn　　邮箱:13674675850@ 126. com

一种直焊道侧向力跟踪装置及跟踪方法

发　明　人：杨战利；唐麒龙；白德滨；郝路平；赵德民；赵宝；周坤；杨永波；王永江；白鹰；张善保

专　利　号：ZL 2016 1 0056356.6

专利申请日：2016年01月27日

专 利 权 人：机械科学研究院哈尔滨焊接研究所

授权公告日：2017年11月21日

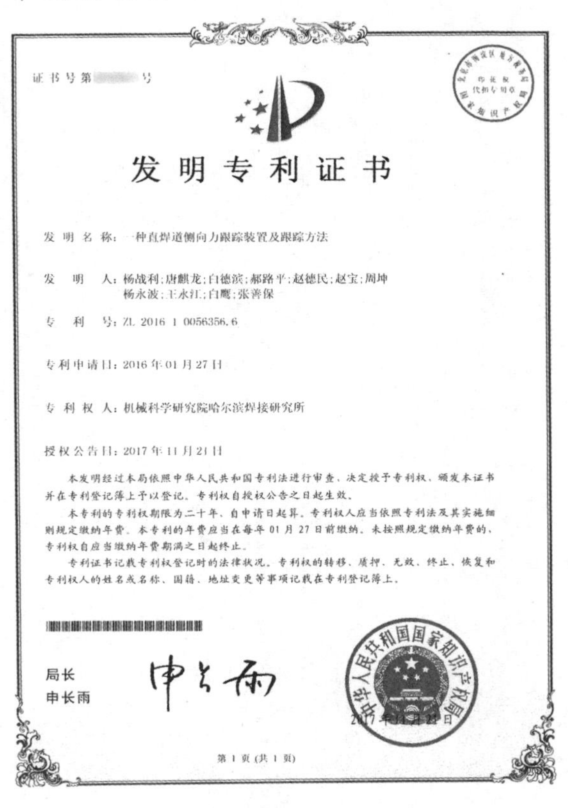

证书号第　　　号

发明专利证书

发 明 名 称：一种直焊道侧向力跟踪装置及跟踪方法

发　明　人：杨战利；唐麒龙；白德滨；郝路平；赵德民；赵宝；周坤
杨永波；王永江；白鹰；张善保

专　利　号：ZL 2016 1 0056356.6

专利申请日：2016年01月27日

专 利 权 人：机械科学研究院哈尔滨焊接研究所

授权公告日：2017年11月21日

本发明经过本局依照中华人民共和国专利法进行审查，决定授予专利权，颁发本证书并在专利登记簿上予以登记。专利权自授权公告之日起生效。

本专利的专利权期限为二十年，自申请日起算。专利权人应当依照专利法及其实施细则规定缴纳年费。本专利的年费应当在每年01月27日前缴纳。未按照规定缴纳年费的，专利权自应当缴纳年费期满之日起终止。

专利证书记载专利权登记时的法律状况。专利权的转移、质押、无效、终止、恢复和专利权人的姓名或名称、国籍、地址变更等事项记载在专利登记簿上。

局长
申长雨

第1页（共1页）

发明专利证书

专利说明：

近年来冶金复合管由于其巨大的的利润空间，受到国内外焊管企业的热捧，国内焊管企业开始兴建冶金复合管生产线。由于冶金复合管的内焊部分分为基管焊接和覆管焊接，其焊接方法采用多层多道方式。40 mm以上的厚壁直缝埋弧焊管，为了提高生产效率，内焊也最好采用多层多道方式焊接，这种情况下，刀轮跟踪方式无法实施，如没有可靠的跟踪方式,上述钢管就无法进行高质量的可靠生产。为了解决现有技术中冶金复合管和厚板直缝埋弧焊管多层多道内焊时跟踪困难的问题,本发明提出一种直焊道侧向力跟踪装置及跟踪方法。

本发明的装置包括随动跟踪机构、八字跟踪轮电动升降机构、过渡连接板和焊枪调节机构。本发明还提供了基于该装置的具有侧向力自动跟踪功能和电动纠偏功能以及侧向力跟踪的新方法。本发明的直焊道侧向力跟踪装置及该装置的跟踪方法在直缝管车间冶金复合管内覆层焊接工序以及40 mm以上的厚壁直缝埋弧焊管焊接中使用,可以实现焊缝的高质量跟踪,满足冶金复合管和厚板直缝埋弧焊管的正常生产需求。

地址:黑龙江省哈尔滨市松北区创新路2077号　　邮编:150028　　联系人:齐万利

电话:0451-86337303　　网站:www. hwi. com. cn　　邮箱:13674675850@ 126. com

驻波约束的大面积硬质合金钎焊方法

发　明　人：龙伟民；张青科；裴夤崟；钟素娟；朱坤；樊江磊；黄俊兰；张雷；李秀朋；吕登峰；侯江涛；黄小勇

专　利　号：ZL 2013 1 0443951.1

专利申请日：2013年09月26日

专利权人：郑州机械研究所

授权公告日：2015年10月07日

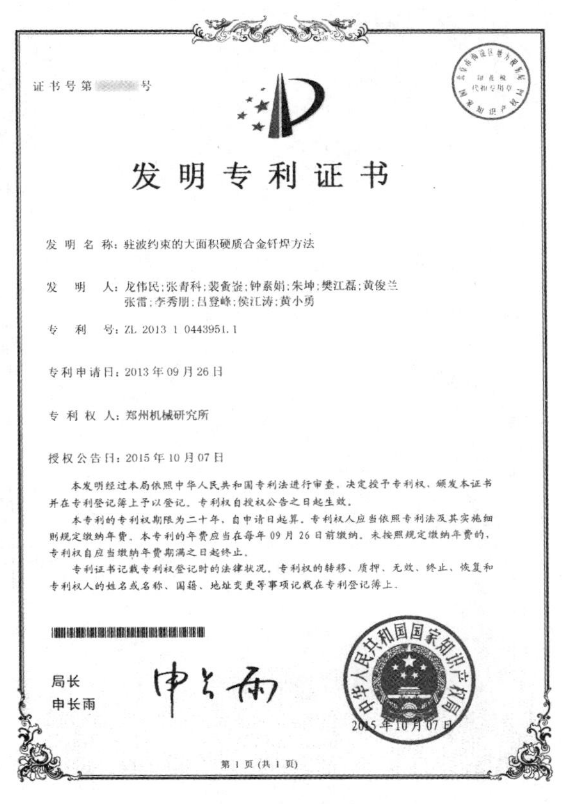

证书号第　　号

发明专利证书

发 明 名 称：驻波约束的大面积硬质合金钎焊方法

发 明 人：龙伟民；张青科；裴夤崟；钟素娟；朱坤；樊江磊；黄俊兰
张雷；李秀朋；吕登峰；侯江涛；黄小勇

专 利 号：ZL 2013 1 0443951.1

专利申请日：2013 年 09 月 26 日

专 利 权 人：郑州机械研究所

授权公告日：2015 年 10 月 07 日

本发明经过本局依照中华人民共和国专利法进行审查，决定授予专利权，颁发本证书并在专利登记簿上予以登记。专利权自授权公告之日起生效。

本专利的专利权期限为二十年，自申请日起算。专利权人应当依照专利法及其实施细则规定缴纳年费。本专利的年费应当在每年 09 月 26 日前缴纳。未按照规定缴纳年费的，专利权自应当缴纳年费期满之日起终止。

专利证书记载专利权登记时的法律状况。专利权的转移、质押、无效、终止、恢复和专利权人的姓名或名称、国籍、地址变更等事项记载在专利登记簿上。

局长
申长雨

中华人民共和国国家知识产权局
2015年10月07日

第 1 页（共 1 页）

发明专利证书

专利说明：

本发明公开了一种驻波约束的大面积硬质合金钎焊方法，包括：使用专用的带有驻波发生装置的钎焊设备，首先将钎料放入坩埚内熔融后，通过驻波发生装置在熔融钎料的表面形成驻波，待焊接的硬质合金件与熔融钎料的表面波峰接触后，钎料在硬质合金件的待焊面上形成规则的点状或条状分布，然后再与金属基体进行连接，在硬质合金件与金属基体之间的钎焊界面上形成不连续且规则分布的焊点或条状焊缝。

本发明的钎焊方法切断了积聚在硬质合金钎焊界面上的应力线,释放了硬质合金钎焊接头的应力,消除了硬质合金工具钎焊开裂的风险,为热膨胀系数不一的两个大面积金属之间钎焊所致应力过大的问题提供了一种新的解决方法。

该专利获中国专利优秀奖。

地址:河南省郑州高新技术产业开发区科学大道149号　　邮编:450001

联系人:董媛媛　　电话:0371-67836693　　网站:www. zrime. com. cn

邮箱:dongyuanyuansdu@ 163. com

预设温度梯度的浸渍钎焊方法

发 明 人:龙伟民;樊江磊;马佳;鲍丽;沈元勋;张青科;郭艳红;李涛;钟素娟;刘文明;张强

专 利 号:ZL 2012 1 0511965.8

专利申请日:2012 年 12 月 04 日

专 利 权 人:郑州机械研究所有限公司

授权公告日:2014 年 12 月 31 日

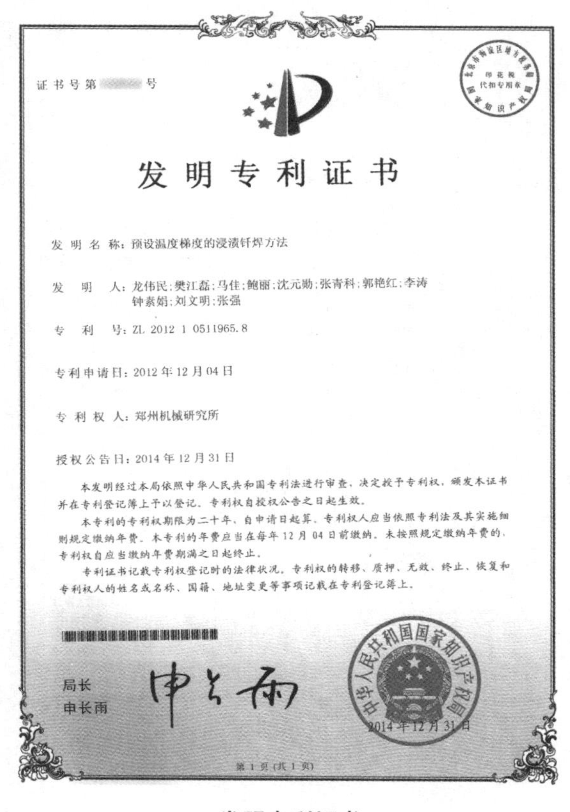

证书号第　　号

发明专利证书

发 明 名 称:预设温度梯度的浸渍钎焊方法

发 明 人:龙伟民;樊江磊;马佳;鲍丽;沈元勋;张青科;郭艳红;李涛
钟素娟;刘文明;张强

专 利 号:ZL 2012 1 0511965.8

专利申请日:2012 年 12 月 04 日

专 利 权 人:郑州机械研究所

授权公告日:2014 年 12 月 31 日

本发明经过本局依照中华人民共和国专利法进行审查,决定授予专利权,颁发本证书并在专利登记簿上予以登记。专利权自授权公告之日起生效。

本专利的专利权期限为二十年,自申请日起算。专利权人应当依照专利法及其实施细则规定缴纳年费。本专利的年费应当在每年 12 月 04 日前缴纳。未按照规定缴纳年费的,专利权自应当缴纳年费期满之日起终止。

专利证书记载专利权登记时的法律状况。专利权的转移、质押、无效、终止、恢复和专利权人的姓名或名称、国籍、地址变更等事项记载在专利登记簿上。

局长
申长雨

2014 年 12 月 31 日

第 1 页(共 1 页)

发明专利证书

专利说明:

本发明公开了一种预设温度梯度的浸渍钎焊方法,首先在钎焊炉中水平放置环形隔板,使钎焊炉内形成至少两个相对独立的空间;利用不同功率的加热体对钎焊炉上下部分别进行加热,使炉内的熔融钎料形成自下而上温度逐渐升高的温度梯度,工件浸入其中进行焊接,工件各部位与接触的熔融钎料的温度达到相同;将工件缓慢移出,钎焊工件的底部钎料首先凝固,逐渐向上顺序凝固,使钎缝中的气体在凝固过程中排出,钎焊过程完成。

本发明的浸渍钎焊方法很好的解决了浸渍钎焊时焊件存在的气孔多、钎着率低、产品质量不稳定且能耗大等问题。通过对炉内的熔融钎料和熔盐预设温度梯度,使待焊工件浸入其内钎焊时也形成与其相同的温度梯度,钎焊结束,移出焊件时,由于焊件上部的钎料温度高于底部钎料的温度,所以底部钎料首先凝固,于是在钎缝中形成自下而上的顺序凝固,钎缝中的气体在凝固过程中排出,从而消除了钎缝中的气孔缺陷,提高了钎着率,保证了产品的质量及其稳定性。

地址:河南省郑州高新技术产业开发区科学大道 149 号　　邮编:450001

联系人:董媛媛　　电话:0371-67836693　　网站:www. zrime. com. cn

邮箱:dongyuanyuansdu@ 163. com

一种 PDC 与硬质合金的连接方法

发　明　人:龙伟民;纠永涛;钟素娟;裴夤崟;高雅;轩庆庆;孙华为;杜全斌;李秀朋;李永

专　利　号:ZL 2016 1 0763961.7

专利申请日:2016 年 08 月 30 日

专 利 权 人:郑州机械研究所有限公司

授权公告日:2018 年 04 月 20 日

证书号第　号

发明专利证书

发 明 名 称:一种 PDC 与硬质合金的连接方法

发　　明　　人:龙伟民;纠永涛;钟素娟;裴夤崟;高雅;轩庆庆;孙华为
杜全斌;李秀朋;李永

专　　利　　号:ZL 2016 1 0763961.7

专利申请日:2016 年 08 月 30 日

专 利 权 人:郑州机械研究所有限公司

授权公告日:2018 年 04 月 20 日

本发明经过本局依照中华人民共和国专利法进行审查，决定授予专利权，颁发本证书并在专利登记簿上予以登记。专利权自授权公告之日起生效。

本专利的专利权期限为二十年，自申请日起算。专利权人应当依照专利法及其实施细则规定缴纳年费。本专利的年费应当在每年 08 月 30 日前缴纳。未按照规定缴纳年费的，专利权自应当缴纳年费期满之日起终止。

专利证书记载专利权登记时的法律状况。专利权的转移、质押、无效、终止、恢复和专利权人的姓名或名称、国籍、地址变更等事项记载在专利登记簿上。

局长
申长雨

2018 年 04 月 20 日

第 1 页（共 1 页）

发明专利证书

专利说明:

PDC 具有金刚石的高硬度、高耐磨性与优良的导热性，又具有硬质合金的强度与抗冲击韧性，是制造切削刀具、钻井钻头及其他耐磨工具的理想材料。大尺寸（本发明中是指长度较长）PDC 需要更大功率、大吨位的压机，需要在更大的压力和更高的烧结温度等参数下制备而成,生产效率低、生产成本非常高。

一种 PDC 与硬质合金的连接方法,采用的钎料为 AgCuNi 系钎料,AgCuNi 系钎料具有较高的强度、塑性等优良性能。本发明利用了 AgCu 钎料熔化温度低,AgCuNi 钎料对硬质合金有很好的湿润性的优点,在 AgCu 钎料的焊接温度下,形成了连接硬质合金的性能优良的 AgCuNi 成分的接缝区,实现了在较低温度下接长了 PDC,保证了 PCD 部分的性能不受损伤。该方法本身工艺简单、生产周期短、制造成本低、能实现批量生产,实用效果好,便于推广应用。

地址:河南省郑州高新技术产业开发区科学大道 149 号　　邮编:450001

联系人:董媛媛　　电话:0371-67836693　　网站:www. zrime. com. cn

邮箱:dongyuanyuansdu@ 163. com

现场工况厚壁 P92 管道局部热处理方法

发　明　人:徐连勇;苗艺;韩永典;荆洪阳
专　利　号:ZL 2012 1 0084750.2
专利申请日:2012 年 03 月 27 日
专 利 权 人:天津大学
授权公告日:2013 年 03 月 20 日

证书号第　　　号

发明专利证书

发 明 名 称：现场工况厚壁 P92 管道局部热处理方法

发　明　人：徐连勇；苗艺；韩永典；荆洪阳

专　利　号：ZL 2012 1 0084750.2

专利申请日：2012 年 03 月 27 日

专 利 权 人：天津大学

授权公告日：2013 年 03 月 20 日

本发明经过本局依照中华人民共和国专利法进行审查，决定授予专利权，颁发本证书并在专利登记簿上予以登记。专利权自授权公告之日起生效。

本专利的专利权期限为二十年，自申请日起算。专利权人应当依照专利法及其实施细则规定缴纳年费。本专利的年费应当在每年 03 月 27 日前缴纳。未按照规定缴纳年费的，专利权自应当缴纳年费期满之日起终止。

专利证书记载专利权登记时的法律状况。专利权的转移、质押、无效、终止、恢复和专利权人的姓名或名称、国籍、地址变更等事项记载在专利登记簿上。

局长 田力普

中华人民共和国国家知识产权局

2013 年 03 月 20 日

第 1 页（共 1 页）

发明专利证书

专利说明:

本发明涉及一种现场工况厚壁 P92 管道局部热处理方法,利用试验与数值模拟相结合的方法,得到了针对现场工况下的厚壁 P92 管道一种局部热处理工艺,即如何根据管道的内径和壁厚,以确定加热宽度和保温宽度,并得到了较好的热处理效果(较好的温度场分布和消除残余应力效果)。与现有技术相比,本发明可达到有效降低 P92 管道焊后热处理恒温过程中的内外壁温差(小于 25 ℃)及热处理后焊接接头处的残余应力,保证材料的使用性能;同时该方法属于不同厚度及管径规格的通用规范,扩大了局部热处理工艺的应用范围。

局部热处理效果

时间段	均温区(距焊缝边缘 50 mm)与焊缝内壁温差		
	外壁/mm	内壁/mm	温差/℃
765 ℃×1 h	748	735	13
765 ℃×2 h	752	740	12
765 ℃×3 h	754	741	13
765 ℃×4 h	755	745	10
765 ℃×5 h	755	748	7
765 ℃×6 h	756	743	13
765 ℃×7 h	755	746	9
765 ℃×8 h	755	747	8

地址:天津市津南区雅观路 135 号天津大学材料学院　　邮编:300350
联系人:韩永典　　电话:15122895102　　邮箱:hanyongdian@ tju. edu. cn

高强钢薄板的激光填丝焊的自适应焊接方法

发　明　人:张轲;施可扬;唐新华;王欢;黄坚;陈永亮

专　利　号:ZL 2014 1 0258257.7

专利申请日:2014 年 06 月 11 日

专 利 权 人:上海交通大学;沪东中华造船(集团)有限公司

授权公告日:2016 年 03 月 02 日

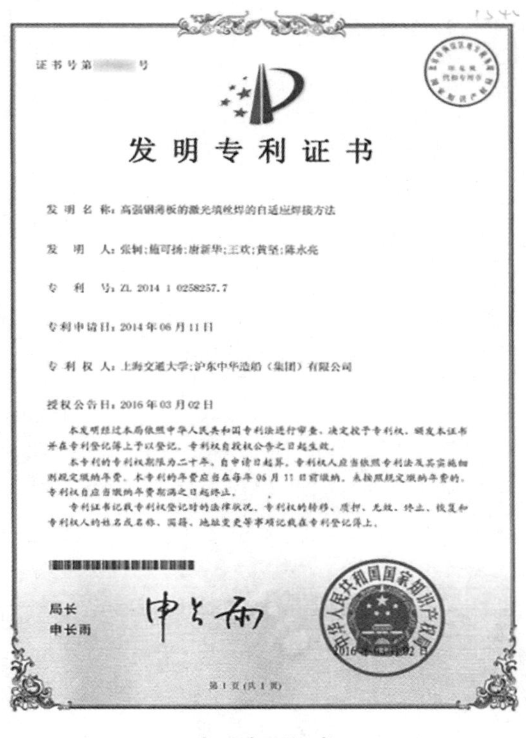

证书号第　　号

发明专利证书

发 明 名 称:高强钢薄板的激光填丝焊的自适应焊接方法

发　明　人:张轲;施可扬;唐新华;王欢;黄坚;陈永亮

专　利　号:ZL 2014 1 0258257.7

专利申请日:2014 年 06 月 11 日

专 利 权 人:上海交通大学;沪东中华造船(集团)有限公司

授权公告日:2016 年 03 月 02 日

本发明经过本局依照中华人民共和国专利法进行审查,决定授予专利权,颁发本证书并在专利登记簿上予以登记。专利权自授权公告之日起生效。

本专利的专利权期限为二十年,自申请日起算。专利权人应当依照专利法及其实施细则规定缴纳年费。本专利的年费应当在每年 06 月 11 日前缴纳。未按照规定缴纳年费的,专利权自应当缴纳年费期满之日起终止。

专利证书记载专利权登记时的法律状况。专利权的转移、质押、无效、终止、恢复和专利权人的姓名或名称、国籍、地址变更等事项记载在专利登记簿上。

局长
申长雨

第 1 页(共 1 页)

发明专利证书

专利说明:

在常规的自动化焊接方法中,一般是通过人眼在焊接过程中实时观察,根据焊接情况对焊接电流、电压或者送丝速度进行实时的手工调整来保证焊接质量的稳定性和一致性。但这样的调整难度大,对焊工的技术水平要求高,也很难保证整个产品的焊接质量的一致性。如果在焊接过程中能自动根据坡口的变化情况自动实时调整焊接工艺参数,无疑对保证产品质量,减少焊接缺陷,降低工人的操作难度是非常具有实际意义的。为了解决现有技术的不足,本发明提供一种高强钢薄板的激光填丝焊的自适应焊接方法。旨在解决机器人焊接生产过程中由于工件焊接坡口宽度变化不确定性带来的难题,降低工装设计难度,提高制造精度,同时也提高机器人自动化流水线的智能化、柔性化程度。

本发明专利涉及一种高强钢薄板的激光填丝焊的自适应焊接方法,包括:步骤1,对高强钢薄板进行工艺试验,建立焊丝填充面积、上坡口宽度的工艺参数模型;步骤2,在焊接过程中,基于激光视觉传感器实时获取当前坡口的焊丝填充面积和坡口宽度;步骤3,根据所述当前坡口的填充面积、坡口宽度和参数模型,实时调节工艺参数,实现焊接过程的自适应控制。本发明通过特定的材料、坡口形式建立的专家数据库或者工艺数学模型,基于激光视觉传感器实时获取的坡口填充面积,实现焊接过程中工艺参数的自适应调整,保证了焊接质量的稳定性和一致性,提高了焊接效率,减少了焊接缺陷,具有很高的实用价值,如航空、航天、核电等大型薄板构件的焊接过程中。

地址:上海市东川路800号材料学院E楼　　联系人:恽瑜

电话:021-34203024　021-34202814　　网站:lpl. sjtu. edu. cn

邮箱:ellayun@ sjtu. edu. cn

激光焊接等离子体侧吸负压装置及激光焊接系统

发　明　人:唐新华;芦凤桂;罗燕;崔海超;黄坚;金鑫;张悦;华学明;陈钦涛
专　利　号:ZL 2013 1 0647645. X
专利申请日:2013 年 12 月 04 日
专 利 权 人:上海交通大学
授权公告日:2016 年 04 月 13 日

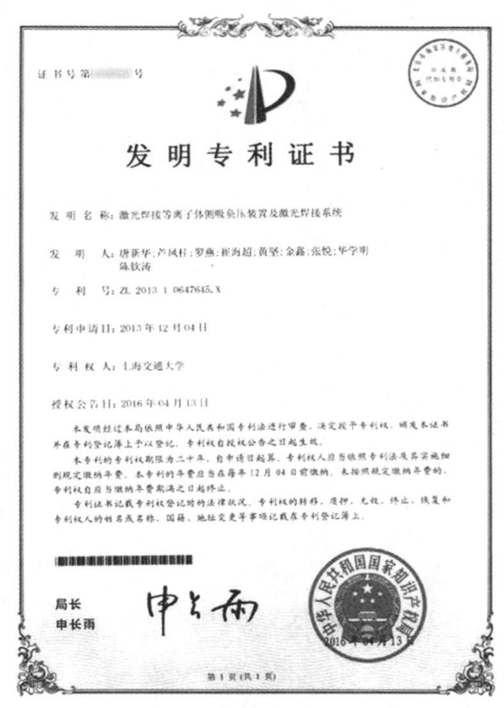

证书号第　　　号

发明专利证书

发 明 名 称:激光焊接等离子体侧吸负压装置及激光焊接系统

发　明　人:唐新华;芦凤桂;罗燕;崔海超;黄坚;金鑫;张悦;华学明
陈钦涛

专　利　号:ZL 2013 1 0647645.X

专利申请日:2013 年 12 月 04 日

专 利 权 人:上海交通大学

授权公告日:2016 年 04 月 13 日

本发明经过本局依照中华人民共和国专利法进行审查，决定授予专利权，颁发本证书并在专利登记簿上予以登记。专利权自授权公告之日起生效。

本专利的专利权期限为二十年，自申请日起算。专利权人应当依照专利法及其实施细则规定缴纳年费。本专利的年费应当在每年 12 月 04 日前缴纳。未按照规定缴纳年费的，专利权自应当缴纳年费期满之日起终止。

专利证书记载专利权登记时的法律状况。专利权的转移、质押、无效、终止、恢复和专利权人的姓名或名称、国籍、地址变更等事项记载在专利登记簿上。

局长
申长雨

第 1 页(共 1 页)

发明专利证书

专利说明:

高功率激光器在中厚板的焊接上具有焊接速度快、焊后变形小、焊接接头质量好等优点。发挥激光优势,实现大厚度板的激光焊接一直是学术界和工业界高度关注的问题。激光焊接未能在大厚度板上广泛应用的主要原因是激光焊接通常是在大气常压或保护气体环境下进行,在此条件下激光焊接产生的光致等离子体(主要对于 CO_2 激光器)和金属蒸汽(主要对于 YAG 激光器、光纤激光器和碟片激光器等)对激光具有散射、折射和吸收作用,且这种屏蔽作用随着激光功率的增大而愈显强大,从而阻碍了激光束向焊接熔池小孔中进一步输送能量。目前抑制等离子体的方法广泛采用的是侧吹法,其抑制效果有限;比较理想的抑制方法是真空法或负压法。

本发明的目的在于提供一种激光焊接等离子体侧吸负压装置和激光焊接系统,以解决现有技术中的激光焊接等离子体侧吸负压装置在焊接时,通过下充气孔吹入惰性保护气体形成气帘来隔离空气和腔内环境,而负压腔下端是开口的,进气量大,导致负压腔内能达到的真空度有限,使得抑制等离子体的效果不佳的技术性问题。

与现有技术相比,本发明的负压腔缩小了体积,改善了密封性,提高了抽气效率,从而改善了负压腔的真空度,提高了激光焊接等离子体的抑制效果。本发明适用于采用高功率激光器对中厚板和大厚度板的焊接加工,可应用于重型机械、核电、汽轮机转子等需要对大厚度材料进行焊接的制造领域,在厚板焊接方面发挥激光焊接的优势。

名称:上海交通大学激光制造与材料改性重点实验室

地址:上海市东川路 800 号材料学院 E 楼　　　联系人:恽瑜

电话:021-34203024　021-34202814　　　网站:lpl. sjtu. edu. cn

邮箱:ellayun@ sjtu. edu. cn

焊缝射线底片数字化技术及计算机辅助评定

发　明　人:闫志鸿;宋永伦;陈志翔;张军;张佾

专　利　号:ZL 2007 1 0122091.6

专利申请日:2007 年 09 月 21 日

专 利 权 人:北京工业大学

授权公告日:2009 年 05 月 27 日

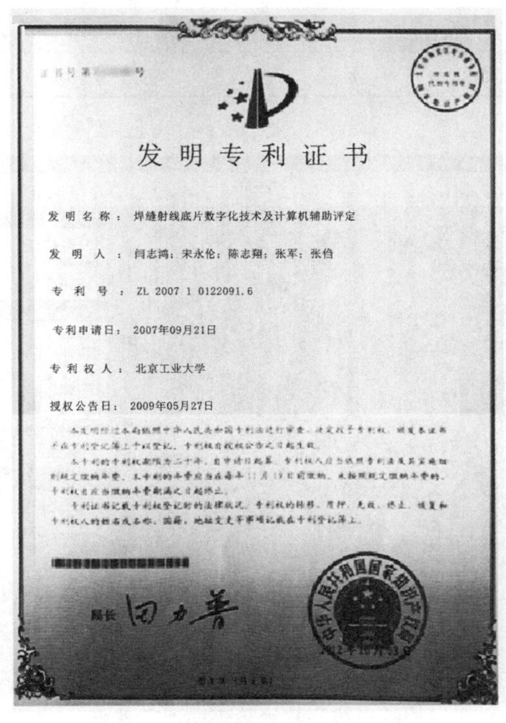

发明专利证书

发明名称：焊缝射线底片数字化技术及计算机辅助评定

发 明 人：闫志鸿；宋永伦；陈志翔；张军；张佾

专 利 号：ZL 2007 1 0122091.6

专利申请日：2007年09月21日

专利权人：北京工业大学

授权公告日：2009年05月27日

局长 田力普

发明专利证书

专利说明:

本发明涉及一套焊缝射线底片的高分辨快速数字化系统,可以将焊缝或其他工业底片快速扫描成为数字图像,方便底片信息的长时间无损存储,同时方便底片的远程评定。该设备除了涉及上述专利外,还集成其他 3 项国家发明专利,其技术指标完全满足 EN14096 (Non-destructive testing - Qualification of radiographic film digitization systems)以及我国的国家标准《承压设备无损检测 射线胶片数字化系统的鉴定方法》(GB/T 28266—2012)的最高要求:DS 级,该设备在航天、机车车辆、石化、船舶、特种设备等多个领域得到了应用。

在工业底片数字化的基础上,进一步开发了焊缝射线检测数字化评定系统,可实现底片的增强显示,可以对底片进行精确的测量,可以辅助进行底片的缺陷搜寻、识别和评定,可实现工程信息、底片信息和缺陷信息的三级数据库管理,可自动生成评定报告,该计算机辅助评定系统可提高底片评定的客观性、准确性与效率。

焊缝射线底片数字化扫描仪技术指标

参数名称	技术指标	
图像宽度像素	2048	4096
空间分辨率	30 μm@ 60 mm	15 μm@ 60 mm
扫描速度	7 s@ 360 mm	14 s@ 360 mm
最大光学密度	4.5	4.0
底片宽度	60 mm/80 mm 100 mm 120 mm	
底片长度	3 000 mm	
图像位深	16 bit	

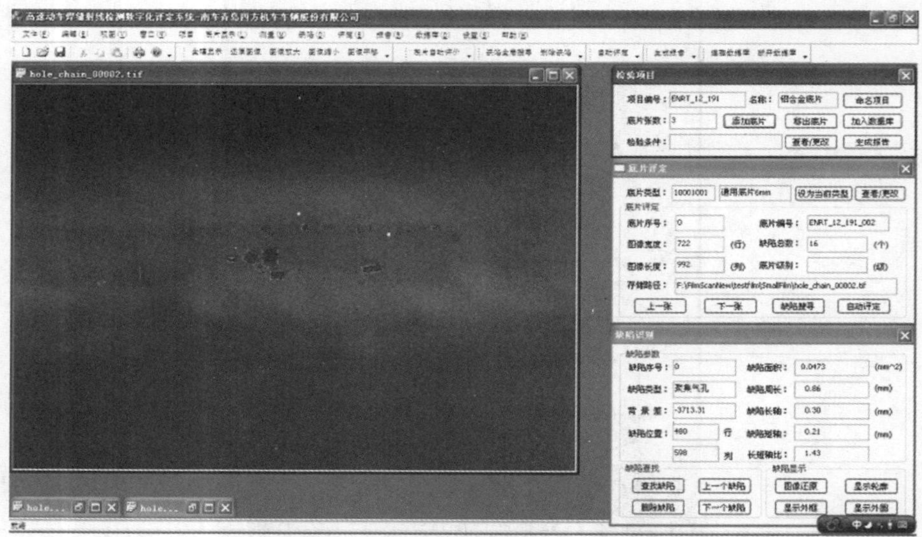

焊缝射线底片计算辅助评定系统

地址:北京市朝阳区平乐园 100 号北京工业大学机电学院　　邮编:100124
电话:010-67391617　　邮箱:yanzhihong@ bjut. edu. cn

一种液态天然气储罐立缝位置的窄间隙焊接方法

发　明　人：贾传宝；闫强强

专　利　号：ZL 2015 1 1030118. X

专利申请日：2015 年 12 月 31 日

专 利 权 人：山东大学

授权公告日：2018 年 04 月 13 日

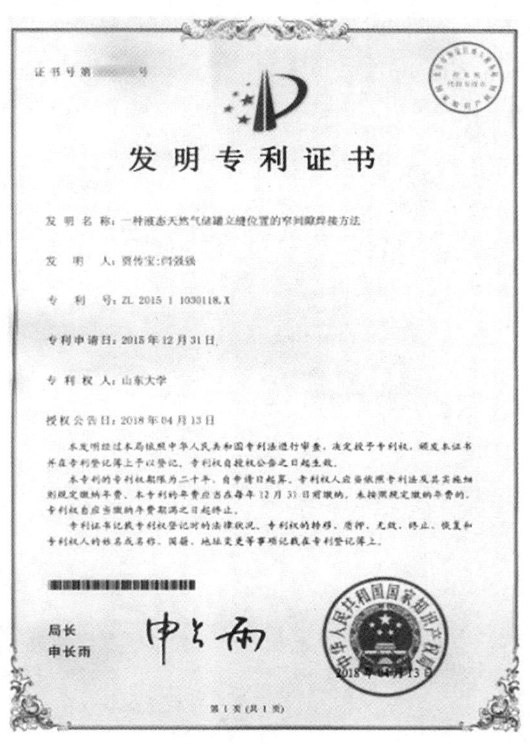

证书号第　　号

发明专利证书

发 明 名 称：一种液态天然气储罐立缝位置的窄间隙焊接方法

发　明　人：贾传宝;闫强强

专　利　号：ZL 2015 1 1030118. X

专利申请日：2015 年 12 月 31 日

专 利 权 人：山东大学

授权公告日：2018 年 04 月 13 日

本发明经过本局依照中华人民共和国专利法进行审查，决定授予专利权，颁发本证书并在专利登记簿上予以登记。专利权自授权公告之日起生效。

本专利的专利权期限为二十年，自申请日起算。专利权人应当依照专利法及其实施细则规定缴纳年费。本专利的年费应当在每年 12 月 31 日前缴纳。未按照规定缴纳年费的，专利权自应当缴纳年费期满之日起终止。

专利证书记载专利权登记时的法律状况。专利权的转移、质押、无效、终止、恢复和专利权人的姓名或名称、国籍、地址变更等事项记载在专利登记簿上。

局长
申长雨

2018 年 04 月 13 日

第 1 页（共 1 页）

发明专利证书

专利说明：

9%Ni 钢以其优良的低温性能和焊接性能被认为是制造低温压力容器/储罐的最佳材料。目前 LNG 罐体立缝位置用传统手工电弧焊完成，存在焊接工作量大、效率低、耗材量量大、成本高和劳动条件差等缺点，焊接质量不易保证。窄间隙钨极氩弧焊能得到具有窄坡口的高质量的焊接接头，自动化程度高、填充量少，焊接质量高，且过程可靠、可控。而将 TIG 焊应用在 9%Ni 钢的立缝上存在较多困难。如普通 TIG 焊焊接效率低；热输入控制难，对控制热输入和层间温度存在严格要求，才能保证 9%钢焊接接头的低温韧性，与焊接效率构成矛盾;立缝位置装夹困难,焊接9%Ni钢要防止电弧磁偏吹,因此其装夹不能使用磁性夹具。

本发明涉及一种液态天然气储罐立缝位置的焊接工艺方法,属于焊接技术领域,先对待加工的板装夹、开U形坡口,减少填充金属用量,坡口处打磨除锈,在液态天然气储罐立缝位置处固定齿轮,用挂壁小车带着爬行机器人行进,通过窄间隙热丝TIG焊实现9%Ni钢的自动化立缝焊接,由爬行机器人控制焊枪摆动焊接过程,利用钨极焊枪的精准对中,实现侧壁良好熔合。发明的技术方案利用交流脉冲热丝TIG焊接技术,设计同时具备交流和脉冲功能的双阶梯交流脉冲焊接电流波形,通过调节焊接电流和脉冲频率来精确控制焊缝热输入,控制了较低的热输入,同时避免对母材的磁化;防止和减少过热,防止出现粗大铁素体或粗大马氏体组织,尽可能减小焊接线能量,实现对液态天然气储罐高效、高质量的焊接制备。

地址:济南市经十路17923号山东大学千佛山校区材料学院　　联系人:贾传宝

电话:0531-88396226　　网站:www.imj.sdu.edu.cn

邮箱:jiachuanbao@sdu.edu.cn

金属叶片激光强化工艺用合金吸光涂料及其激光强化工艺

发　明　人:姚建华;陈智君;孙东跃

专　利　号:ZL 03 1 514162

专利申请日:2003 年 09 月 29 日

专 利 权 人:浙江工业大学

授权公告日:2008 年 06 月 04 日

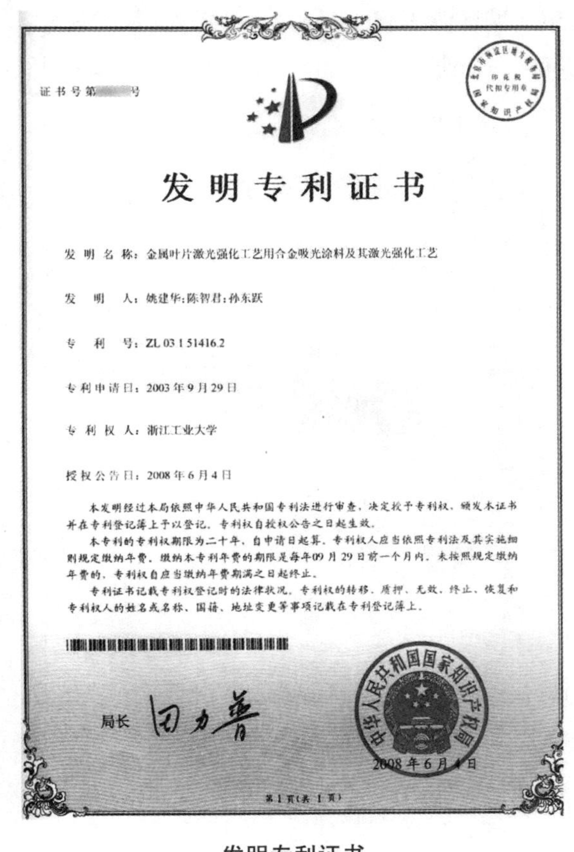

证书号第[illegible]号

发明专利证书

发 明 名 称:金属叶片激光强化工艺用合金吸光涂料及其激光强化工艺

发　明　人:姚建华;陈智君;孙东跃

专　利　号:ZL 03 1 51416.2

专利申请日:2003 年 9 月 29 日

专 利 权 人:浙江工业大学

授权公告日:2008 年 6 月 4 日

本发明经过本局依照中华人民共和国专利法进行审查,决定授予专利权,颁发本证书并在专利登记簿上予以登记。专利权自授权公告之日起生效。

本专利的专利权期限为二十年,自申请日起算。专利权人应当依照专利法及其实施细则规定缴纳年费。缴纳本专利年费的期限是每年09 月 29 日前一个月内。未按照规定缴纳年费的,专利权自应当缴纳年费期满之日起终止。

专利证书记载专利权登记时的法律状况。专利权的转移、质押、无效、终止、恢复和专利权人的姓名或名称、国籍、地址变更等事项记载在专利登记簿上。

局长 田力普

中华人民共和国国家知识产权局

2008 年 6 月 4 日

第 1 页(共 1 页)

发明专利证书

专利说明:

本专利技术涉及一种金属表面激光强化工艺,适用于旋转金属叶片的表面强化,尤其适用于汽轮机进汽部分叶片的表面强化。

本专利利用激光选区局部强化的特性,在需要强化的部位表面涂覆吸光涂料并加入耐水汽蚀的特殊合金材料,通过激光辐照与材料相互作用的原理强化叶片。首次将激光表面改性技术用于金属叶片强化,与传统火焰淬火、感应强化、电镀工艺相比,生产效率大幅提高,无任何污染物排放,材料成本降低20%,变形量降低90%,报废率减少10%,有效克服了传统技术的污染、变形、断裂及质量不稳定等局限性,大幅度提高了轮机叶片的使用寿命。该技术生产的叶片产品已在杭州汽轮机股份有限公司、上海电气电站设备有限公司、上海汽轮机厂、哈尔滨汽轮机厂有限责任公司等单位成功应用了十余年,实现了大容量汽轮机机组的国产化制造,打破国外垄断,生产成本仅为原来进口产品的1/7,产生了巨大的经济效益。经本专利技术生产的汽轮机机组经内销和出口,已覆盖我国除西藏之外的省市,同时出口到美国、印度、澳大利亚等30多个国家,产品的市场占有率达到85%以上,国内外用户使用后认为该产品性能优异、质量稳定,市场口碑良好。

以本专利为主体内容的技术成果已获2012年国家科技进步二等奖、2010年浙江省科学技术一等奖、2010年中国机械工业科学技术一等奖、2017年中国专利优秀奖、2016年浙江省专利金奖等多项奖励。

地址:浙江省杭州市下城区潮王路18号　　联系人:张群莉

电话:0571-85290866　　网站:www. zjut. edu. cn　　邮箱:zql@ zjut. edu. cn

一种用于热作模具激光组合制造专用粉末及其制造工艺

发　明　人:姚建华;楼程华;张群莉;陈智君

专　利　号:ZL 2014 1 0325212.7

专利申请日:2014 年 07 月 09 日

专 利 权 人:浙江工业大学

授权公告日:2016 年 04 月 13 日

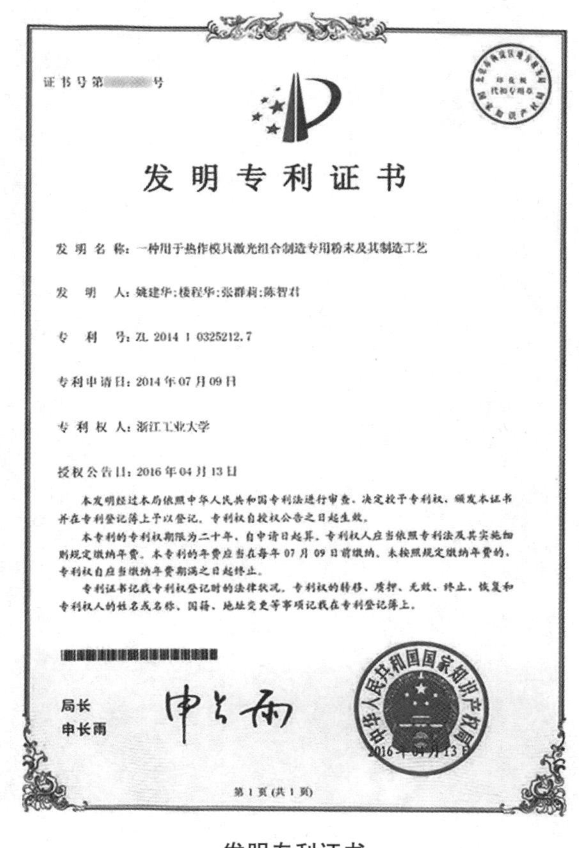

证书号第　　号

发明专利证书

发 明 名 称：一种用于热作模具激光组合制造专用粉末及其制造工艺

发　明　人：姚建华;楼程华;张群莉;陈智君

专　利　号：ZL 2014 1 0325212.7

专利申请日：2014 年 07 月 09 日

专 利 权 人：浙江工业大学

授权公告日：2016 年 04 月 13 日

本发明经过本局依照中华人民共和国专利法进行审查，决定授予专利权，颁发本证书并在专利登记簿上予以登记。专利权自授权公告之日起生效。

本专利的专利权期限为二十年，自申请日起算。专利权人应当依照专利法及其实施细则规定缴纳年费。本专利的年费应当在每年 07 月 09 日前缴纳。未按照规定缴纳年费的，专利权自应当缴纳年费期满之日起终止。

专利证书记载专利权登记时的法律状况。专利权的转移、质押、无效、终止、恢复和专利权人的姓名或名称、国籍、地址变更等事项记载在专利登记簿上。

局长
申长雨

中华人民共和国国家知识产权局
2016 年 04 月 13 日

第 1 页（共 1 页）

发明专利证书

专利说明:

本发明涉及的是表面工程领域,具体是一种用于热锻模具的纳米复合耐磨涂层组合物及其应用。

本发明公开了一种用于热作模具激光组合制造专用粉末及其制造工艺,该合金粉末按质量百分比计其成分如下:C:1.0%~1.2%,Cr:5%~10%,W:2%~5%,Mo:3%~5%,V:4%

~5%,Nb:2%~3%,Co:10%~12%,Fe:余量。采用本发明专用粉末,在热作模具剪切模刃口进行激光组合制造,比 H13 基体在硬度、耐磨、韧性、耐冲击方面的性能上有很大的提升。该熔覆层具有较高的硬度、耐磨性、韧性和抗冲击性能,综合性能优异,激光组合制造工艺参数范围较广,工艺简单可靠。大幅度地延长了热作模具的使用寿命与可靠性。

与现有技术相比,本发明具有以下效果:1. 能在模具表面直接获得纳米复合耐磨涂层,增加脱模性能;2. 涂层为纳米陶瓷和纳米碳材料的复合体;3. 涂层与基体结合强度高,为冶金结合;4. 复合耐磨涂层的性价比高,并且处理速度快,效率高,适应性强,增加模具使用寿命 35%以上。

地址:浙江省杭州市下城区潮王路 18 号　　联系人:张群莉

电话:0571-85290866　　网站:www.zjut.edu.cn　　邮箱:zql@zjut.edu.cn

一种电梯不锈钢复合面板的单面无痕焊接方法

发　明　人:姚建华;张群莉;楼程华;周明召

专　利　号:ZL 2011 1 0172855. 9

专利申请日:2011 年 06 月 24 日

专 利 权 人:浙江工业大学;杭州博华激光技术有限公司

授权公告日:2014 年 03 月 26 日

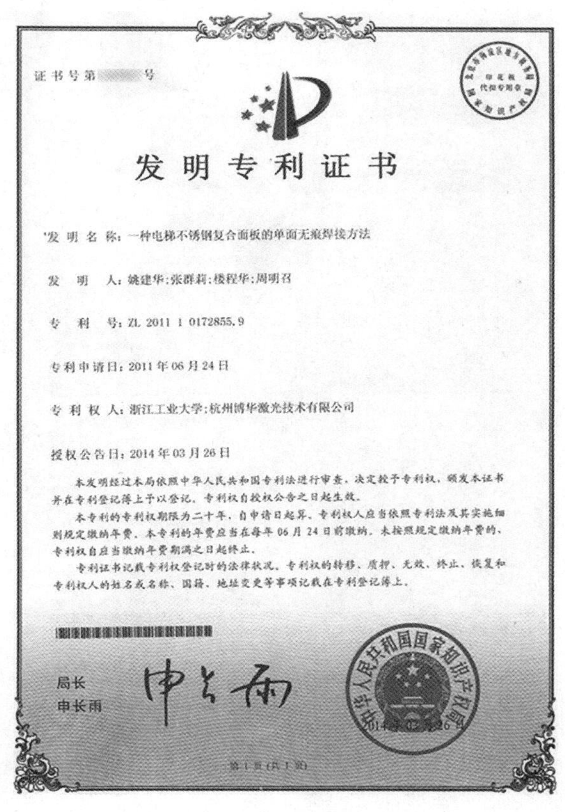

证书号第　　号

发明专利证书

发 明 名 称:一种电梯不锈钢复合面板的单面无痕焊接方法

发　明　人:姚建华;张群莉;楼程华;周明召

专　利　号:ZL 2011 1 0172855.9

专利申请日:2011 年 06 月 24 日

专 利 权 人:浙江工业大学;杭州博华激光技术有限公司

授权公告日:2014 年 03 月 26 日

本发明经过本局依照中华人民共和国专利法进行审查,决定授予专利权,颁发本证书并在专利登记簿上予以登记。专利权自授权公告之日起生效。

本专利的专利权期限为二十年,自申请日起算。专利权人应当依照专利法及其实施细则规定缴纳年费。本专利的年费应当在每年 06 月 24 日前缴纳。未按照规定缴纳年费的,专利权自应当缴纳年费期满之日起终止。

专利证书记载专利权登记时的法律状况。专利权的转移、质押、无效、终止、恢复和专利权人的姓名或名称、国籍、地址变更等事项记载在专利登记簿上。

局长
申长雨

中华人民共和国国家知识产权局

2014年03月26日

发明专利证书

专利说明:

本发明属于金属材料焊接工程领域,具体涉及一种金属面板的单面无痕焊接方法,尤其是一种电梯不锈钢复合面板的单面无痕焊接方法。

本发明专利技术公开了一种电梯不锈钢复合面板的单面无痕焊接方法,包括如下工艺步骤:1. 清除冷(热)轧钢板和不锈钢表面板各自待焊面上的油污;2. 将不锈钢表面板放置在工作台上,在待焊接处两侧相距待焊接处5~10 mm处分别放置一隔条,再将冷(热)轧钢板放在隔条上,使冷(热)轧钢板和不锈钢表面板之间预留0.08~0.12 mm间隙;3.使用氧气和惰性气体的混合气体作为保护气体,对冷(热)轧钢板和不锈钢表面板进行激光焊接,使焊缝穿透冷(热)轧钢板并控制焊缝在不锈钢表面板上所达到的深度为不锈钢表面板厚度的1/3~1/2;在焊接过程中,确保不锈钢表面板和冷(热)轧钢板以及隔条夹紧。

本发明专利技术方法具有不锈钢面板单面无痕、焊缝质量高、组合结构的强度高的特点。

地址:浙江省杭州市下城区潮王路18号　　联系人:张群莉

电话:0571-85290866　　网站:www.zjut.edu.cn　　邮箱:zql@zjut.edu.cn

管管相贯机器人多层多道焊接轨迹软件 V1.0

软件名称:管管相贯机器人多层多道焊接轨迹软件 V1.0
著作权人:北京中电华强焊接工程技术有限公司
首次发表日期:2012 年 11 月 26 日
登记日期:2013 年 01 月 29 日
权利取得方式:原始取得
权利范围:全部权利
登 记 号:2013SR009341

中华人民共和国国家版权局
计算机软件著作权登记证书

证书号：软著登字第0515103号

软 件 名 称：管管相贯机器人多层多道焊接轨迹软件 V1.0

著 作 权 人：北京中电华强焊接工程技术有限公司

开发完成日期：2012年11月26日

首次发表日期：2012年11月26日

权利取得方式：原始取得

权 利 范 围：全部权利

登 记 号：2013SR009341

根据《计算机软件保护条例》和《计算机软件著作权登记办法》的规定，经中国版权保护中心审核，对以上事项予以登记。

中华人民共和国国家版权局 计算机软件著作权登记专用章

No. 00288177　　2013年01月29日

计算机软件著作权登记证书

软件说明:

管管相贯机器人多层多道焊接轨迹的软件系统是中厚板空间轨迹焊接分析计算软件。

根据中厚板空间轨迹焊接工艺要求,首先建立用于焊接机器人系统坡口切割的数学模型,根据多层多道焊接特征点的几何坐标参数及焊缝规划,建立符合工艺要求的多层多道焊接轨迹曲线族的数学模型,生成用于离线编程的位姿离散点,并能满足与一般工业机器人的离线编程软件接口的数据要求。

进行上位机控制系统的设计,通过程序界面实现多层多道焊接焊缝条件的输入、轨迹规划。下位机可直接调用上位机生成的数据文档,以用于实际焊接。

整个软件系统支持测试数据的编辑、导出和利用测试数据绘制曲线图,以及计算结论的保存功能。

地址:北京市昌平区振兴路35号院1号楼4层415　　邮编:102200　　联系人:杨硕
电话:15811507306　　网站:www.wtec.com.cn　　邮箱:wtec@wtec.com.cn

数据网络监测与控制系统

发　明　人：史可德

专　利　号：ZL 2012 2 0256288.5

专利申请日：2012 年 05 月 31 日

专 利 权 人：南京鼎业电气有限公司

授权公告日：2013 年 01 月 23 日

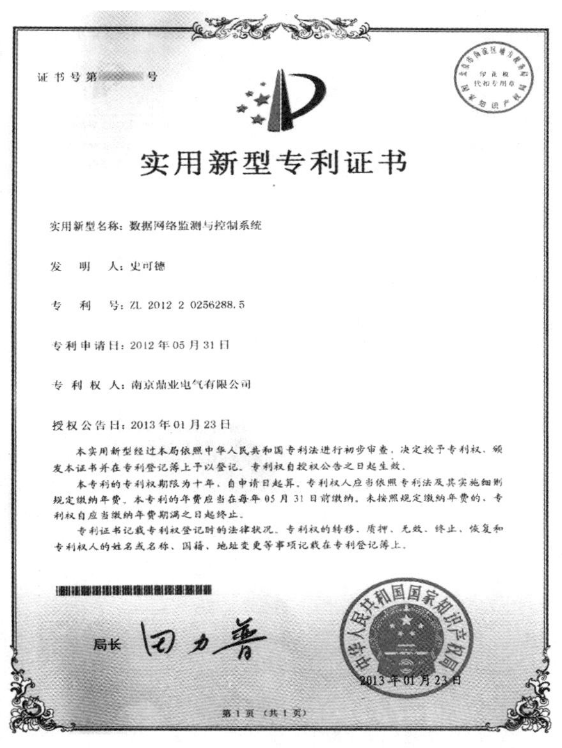

证书号第　　号

实用新型专利证书

实用新型名称：数据网络监测与控制系统

发　明　人：史可德

专　利　号：ZL 2012 2 0256288.5

专利申请日：2012 年 05 月 31 日

专 利 权 人：南京鼎业电气有限公司

授权公告日：2013 年 01 月 23 日

本实用新型经过本局依照中华人民共和国专利法进行初步审查，决定授予专利权，颁发本证书并在专利登记簿上予以登记。专利权自授权公告之日起生效。

本专利的专利权期限为十年，自申请日起算。专利权人应当依照专利法及其实施细则规定缴纳年费。本专利的年费应当在每年 05 月 31 日前缴纳。未按照规定缴纳年费的，专利权自应当缴纳年费期满之日起终止。

专利证书记载专利权登记时的法律状况。专利权的转移、质押、无效、终止、恢复和专利权人的姓名或名称、国籍、地址变更等事项记载在专利登记簿上。

局长　田力普

中华人民共和国国家知识产权局

2013 年 01 月 23 日

第 1 页（共 1 页）

实用新型专利证书

专利说明：

采集终端包括电流信号采集单元、电压信号采集单元(送丝速度采集单元、气体流量采集单元、水温水流监测单元，倾角采集单元、条码扫描单元、人工智能刷卡单元等选配部件)。上述各个单元采集到的数据通过有线或无线方式与采集终端进行通信。

数据中继站下端通过 CAN 总线与采集终端通信，接受各终端采集到的数据信息；上端与服务器通信，对各数据进行解析处理，转换成以太网信号，通过网络发送至服务器端。

服务器作为本系统的核心，担任数据储存及分析、判断、执行的功能，通过网络与中继站连接。

客户端作为本系统的扩张延伸部分,形态不一,根据客户需求配置。可通过接入网络的电脑、手机、PDA、公司内部大屏幕显示器等设备访问服务器,获取系统采集到的各种数据及分析结果,便于更多的管理人员获得及时有效的数据。

地址:江苏省南京市江宁区福英路1001号联东U谷43#

电话:025-52391988　025-52391968　　网站:www.njdydq.com

多态双丝焊接装置及多态双丝焊接装置的起弧控制方法

发　明　人:邱光;蒋明;王巍;耿正;汪清华;李阳朝
专　利　号:ZL 2017 1 1305494. 4
专利申请日:2017 年 12 月 08 日
专 利 权 人:深圳市瑞凌实业股份有限公司
授权公告日:2020 年 06 月 05 日

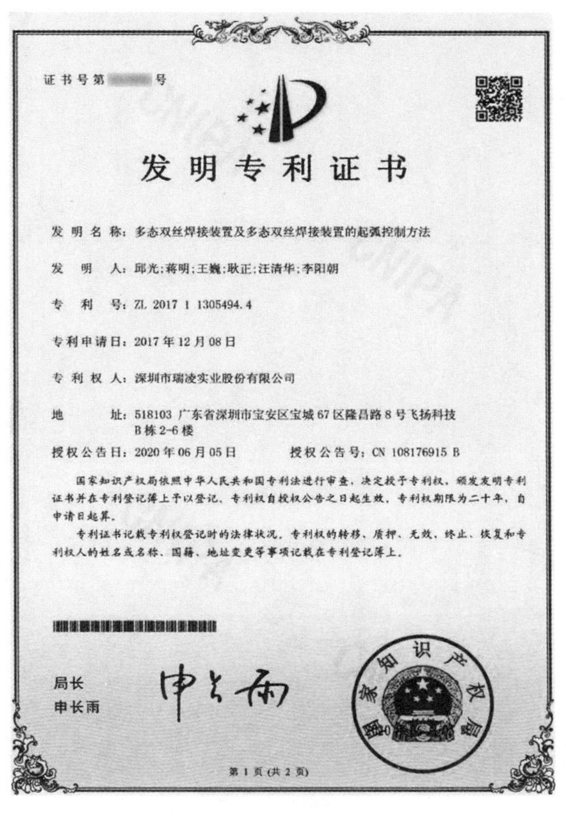

证书号第　　号

发明专利证书

发 明 名 称：多态双丝焊接装置及多态双丝焊接装置的起弧控制方法

发　　明　　人：邱光;蒋明;王巍;耿正;汪清华;李阳朝

专　　利　　号：ZL 2017 1 1305494. 4

专利申请日：2017 年 12 月 08 日

专 利 权 人：深圳市瑞凌实业股份有限公司

地　　　　址：518103 广东省深圳市宝安区宝城 67 区隆昌路 8 号飞扬科技 B 栋 2-6 楼

授权公告日：2020 年 06 月 05 日　　授权公告号：CN 108176915 B

国家知识产权局依照中华人民共和国专利法进行审查，决定授予专利权，颁发发明专利证书并在专利登记簿上予以登记。专利权自授权公告之日起生效。专利权期限为二十年，自申请日起算。

专利证书记载专利权登记时的法律状况。专利权的转移、质押、无效、终止、恢复和专利权人的姓名或名称、国籍、地址变更等事项记载在专利登记簿上。

局长
申长雨

国家知识产权局

第 1 页 (共 2 页)

发明专利证书

专利说明:

本发明公开了一种多态双丝焊接装置及其起弧控制方法,该装置包括焊枪、电源、主控电路、送丝电路及全桥逆变电路,焊枪上用于装设第一和第二焊丝;全桥逆变电路在主控电路的控制下根据电源输出的电流对应调节第一和第二焊丝的焊丝电流与焊接电流;主控电路在接收到焊接指令时,控制电源输出至第一焊丝,并控制送丝电路将第一焊丝向工件送丝,使第一焊丝与工件接触时引燃形成电离区域;在确定第一焊丝燃弧稳定后,控制送丝电路将第二焊丝向工件送丝,使第二焊丝与第一焊丝的电离区域接触形成电离回路;在确定第二电源电流恒定时,切换电源输出至第二焊丝并将其引燃,完成双丝起弧动作。本发明避免了焊丝起弧的过程中出现焊丝爆断的问题。

地址:广东省深圳市宝安区宝城67区隆昌路8号飞扬科技园B栋5楼
邮编:518103　　　　联系人:雷霈　　　　电话:0755-27345888
网站:www. riland. com. cn　　　　邮箱:market@ riland. com. cn

双丝动态三电弧焊接方法

发　明　人：耿正
专　利　号：ZL 2010 1 0601796.8
专利申请日：2010 年 12 月 23 日
专 利 权 人：哈尔滨工业大学
授权公告日：2012 年 08 月 22 日

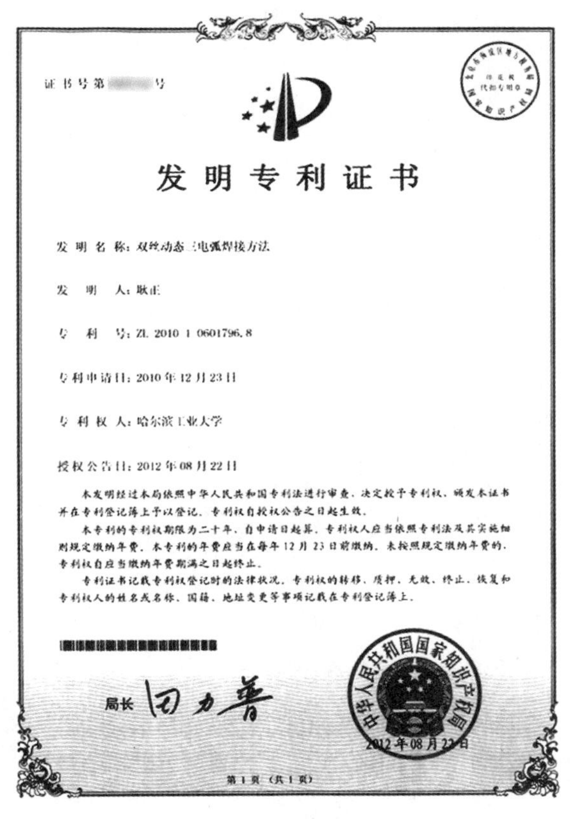

证书号第　　号

发明专利证书

发 明 名 称：双丝动态三电弧焊接方法

发　明　人：耿正

专　利　号：ZL 2010 1 0601796.8

专利申请日：2010 年 12 月 23 日

专 利 权 人：哈尔滨工业大学

授权公告日：2012 年 08 月 22 日

本发明经过本局依照中华人民共和国专利法进行审查，决定授予专利权，颁发本证书并在专利登记簿上予以登记。专利权自授权公告之日起生效。

本专利的专利权期限为二十年，自申请日起算。专利权人应当依照专利法及其实施细则规定缴纳年费。本专利的年费应当在每年 12 月 23 日前缴纳。未按照规定缴纳年费的，专利权自应当缴纳年费期满之日起终止。

专利证书记载专利权登记时的法律状况。专利权的转移、质押、无效、终止、恢复和专利权人的姓名或名称、国籍、地址变更等事项记载在专利登记簿上。

局长　田力普

中华人民共和国国家知识产权局
2012 年 08 月 22 日

第 1 页（共 1 页）

发明专利证书

专利说明：

双丝动态三电弧焊接方法，属于焊接技术领域。它解决了现有电弧焊接方法中在提高熔敷率和降低热输入之间存在矛盾的问题。它采用送丝机构将第一焊丝和第二焊丝分别自动送进两个焊丝导电嘴，并使所述两焊丝之间的夹角 α 为 0°～90°，第一可变极性电源的一个输出端连接一个焊丝导电嘴，第二可变极性电源的一个输出端连接另一个焊丝导电嘴,第一可变极性电源的另一个输出端与第二可变极性电源的另一个输出端连接后与待焊接工件连接,第一可变极性电源和第二可变极性电源输出信号的相位相差180°。本发明为一种高效焊接方法。

地址:广东省深圳市宝安区宝城67区隆昌路8号飞扬科技园B栋5楼

邮编:518103　　联系人:雷霈　　电话:0755-27345888

网站:www. riland. com. cn　　邮箱:market@ riland. com. cn

数字非接触式焊机控制方法及控制装置和控制系统

发　明　人:邱光;王巍;刘南;郑阳阳
专　利　号:ZL 2011 1 0139929.9
专利申请日:2011 年 05 月 26 日
专 利 权 人:昆山瑞凌焊接科技有限公司
授权公告日:2013 年 06 月 05 日

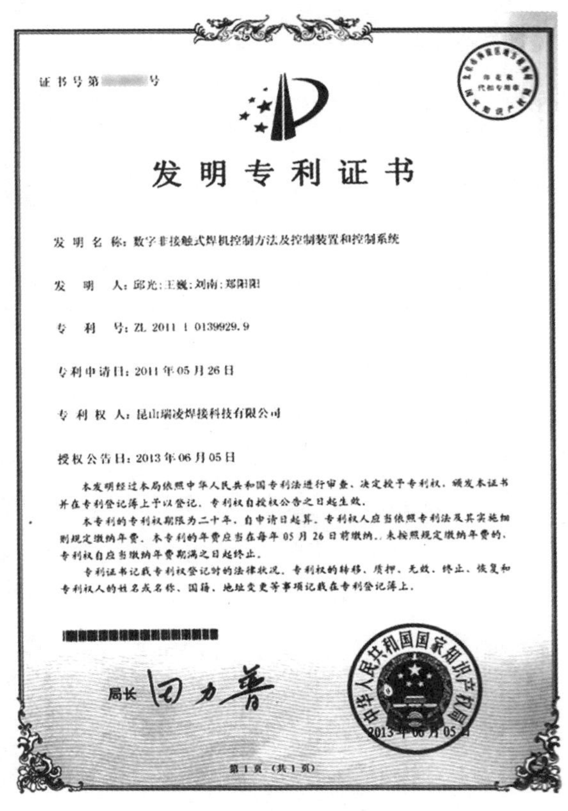
证书号第　　　号

发明专利证书

发 明 名 称:数字非接触式焊机控制方法及控制装置和控制系统

发　明　人:邱光;王巍;刘南;郑阳阳

专　利　号:ZL 2011 1 0139929.9

专利申请日:2011 年 05 月 26 日

专 利 权 人:昆山瑞凌焊接科技有限公司

授权公告日:2013 年 06 月 05 日

本发明经过本局依照中华人民共和国专利法进行审查,决定授予专利权,颁发本证书并在专利登记簿上予以登记。专利权自授权公告之日起生效。

本专利的专利权期限为二十年,自申请日起算。专利权人应当依照专利法及其实施细则规定缴纳年费。本专利的年费应当在每年 05 月 26 日前缴纳。未按照规定缴纳年费的,专利权自应当缴纳年费期满之日起终止。

专利证书记载专利权登记时的法律状况。专利权的转移、质押、无效、终止、恢复和专利权人的姓名或名称、国籍、地址变更等事项记载在专利登记簿上。

局长 田力普

中华人民共和国国家知识产权局

2013 年 06 月 05 日

第 1 页(共 1 页)

发明专利证书

专利说明:

本发明涉及数字非接触式焊机控制方法及控制装置和控制系统。该控制方法中通过霍尔传感器将位移信号转换成电压信号再通过控制单元采集霍尔传感器输出的电压信号,并通过控制单元的脉冲宽度调制实现数模转换,以此控制数字非接触式焊机的电流。控制装置包括:上盖、机身本体、旋转构件、弹性连接构件、磁性构件、霍尔传感器组件。控制系统包括数字非接触式焊机控制装置和控制盒,数字非接触式焊机控制装置与控制盒通过串口线连接。本发明技术方案采用非接触式信号采集技术,并通过单片机进行控制,提高了控制精度,将参数调整从数字非接触式焊机控制装置上分开,单独做成一个调整盒,这样控制装置就能很好地进行密封,而且该控制装置结构简单,耐用。

地址:广东省深圳市宝安区宝城67区隆昌路8号飞扬科技园B栋5楼

邮编:518103　　联系人:雷霈　　电话:0755-27345888

网站:www.riland.com.cn　　邮箱:market@riland.com.cn

挖掘机挖斗侧板焊接方法

发　明　人:谢茂祖;潘闻喜;谢剑峰;李长伟
专　利　号:ZL 2011 1 0061972.8
专利申请日:2011 年 03 月 15 日
专 利 权 人:常州市华强焊割设备有限公司
授权公告日:2013 年 07 月 10 日

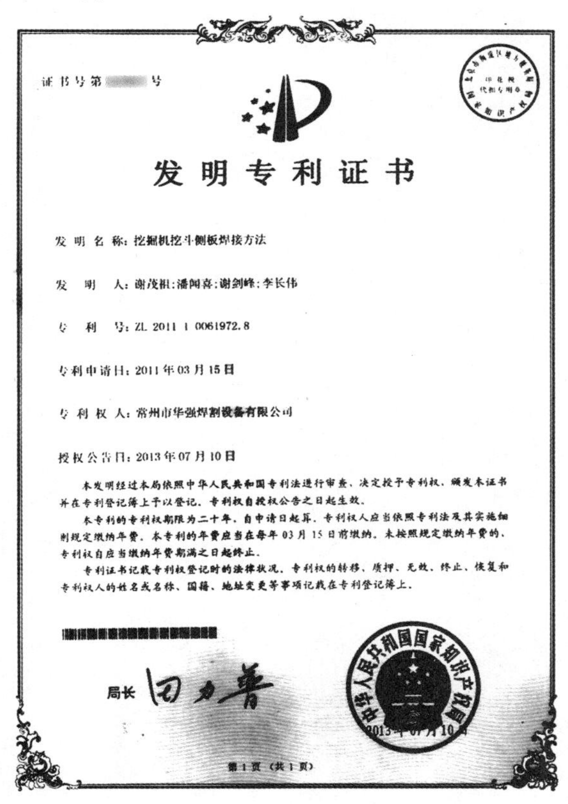

证书号第　　号

发明专利证书

发 明 名 称:挖掘机挖斗侧板焊接方法

发　明　人:谢茂祖;潘闻喜;谢剑峰;李长伟

专　利　号:ZL 2011 1 0061972.8

专利申请日:2011 年 03 月 15 日

专 利 权 人:常州市华强焊割设备有限公司

授权公告日:2013 年 07 月 10 日

本发明经过本局依照中华人民共和国专利法进行审查，决定授予专利权，颁发本证书并在专利登记簿上予以登记。专利权自授权公告之日起生效。

本专利的专利权期限为二十年，自申请日起算。专利权人应当依照专利法及其实施细则规定缴纳年费。本专利的年费应当在每年 03 月 15 日前缴纳。未按照规定缴纳年费的，专利权自应当缴纳年费期满之日起终止。

专利证书记载专利权登记时的法律状况。专利权的转移、质押、无效、终止、恢复和专利权人的姓名或名称、国籍、地址变更等事项记载在专利登记簿上。

局长 田力普

中华人民共和国国家知识产权局

第 1 页（共 1 页）

发明专利证书

专利说明:

本发明涉及一种应用于工程机械的生产加工系统,尤其是挖掘机挖斗侧板焊接加工装置。目的是提供一种成本较低的且完全能够满足焊接精度、效率要求的挖掘机挖斗焊接方法及其装置。一种挖掘机挖斗侧板焊接方法,首先由焊接变位机连带工件运转到一个焊接工作位置并保持静止不动;然后由控制单元提供信号由焊接机器人进行相应位置的焊接操作;此位置焊接完成后,由控制单元发出换位信号,焊接变位机将工件旋转到下一个工作位置;继续由焊接机器人进行相应位置的焊接操作,直到完成所有位置的焊接作业。本发明焊接机器人与焊接变位机之间不是同步动作,而是半联动状态,对与单个焊接机器人和焊接变位机来说,都大大降低了制造成本。

本发明的好处是焊接机器人设备能实现自动化焊接,操作工人只需要进行工件的装卸即可,大大提高了生产效率,而且有利于焊接质量的保证,同时避免了在焊接过程中的人为因素对焊接质量的不良影响,而且由于本发明焊接机器人与焊接变位机之间不是同步动作,而是半联动状态,对与单个焊接机器人和焊接变位机来说,都大大降低了制造成本,焊接变位机只需要两个维度的旋转动作就可以满足挖掘机挖斗侧板的焊接工位动作要求。

名称:常州市华强焊割设备有限公司　　地址:常州市新北区奥园路38号
邮编:213125　　联系人:谢茂祖　　电话:0519-85156898
网站:www.hqhange.com　　邮箱:hqhange01@163.com

变极性焊接电源二次逆变电路及其控制方法

发　明　人：朱志明；陈杰
专　利　号：ZL 2008 1 0222503.8
专利申请日：2008 年 09 月 18 日
专 利 权 人：清华大学
授权公告日：2011 年 08 月 31 日

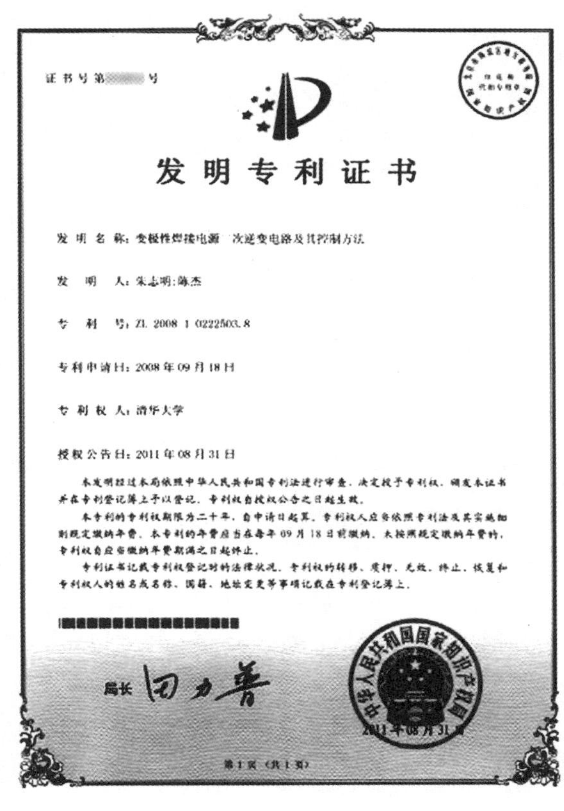

证书号第[illegible]号

发明专利证书

发 明 名 称：变极性焊接电源二次逆变电路及其控制方法

发　明　人：朱志明；陈杰

专　利　号：ZL 2008 1 0222503.8

专利申请日：2008 年 09 月 18 日

专 利 权 人：清华大学

授权公告日：2011 年 08 月 31 日

本发明经过本局依照中华人民共和国专利法进行审查，决定授予专利权，颁发本证书并在专利登记簿上予以登记，专利权自授权公告之日起生效。

本专利的专利权期限为二十年，自申请日起算。专利权人应当依照专利法及其实施细则规定缴纳年费。本专利的年费应当在每年 09 月 18 日前缴纳。未按照规定缴纳年费的，专利权自应当缴纳年费期满之日起终止。

专利证书记载专利权登记时的法律状况。专利权的转移、质押、无效、终止、恢复和专利权人的姓名或名称、国籍、地址变更等事项记载在专利登记簿上。

局长　田力普

中华人民共和国国家知识产权局
2011 年 08 月 31 日

第 1 页（共 1 页）

发明专利证书

专利说明：

本发明公开了变极性焊接电源技术领域中的一种变极性焊接电源二次逆变电路及其控制方法。其技术方案是，变极性焊接电源二次逆变电路包括第一续流电感 L_1、第二续流电感 L_2、IGBT 半桥电路以及 IGBT 的 RC 缓冲电路。变极性焊接电源二次逆变电路控制方法，包括针对半桥电路中两个 IGBT 控制所采用的开关切换控制方法，以及在输出电流极性切换之前小于或等于 500 μs 的时间内，设定换向电流值控制输出电流的控制方法。

利用本发明在进行变极性焊接时,可以获得较快的电流过零速度,维持电弧的稳定;同时,通过匹配换向前的焊接电流值以及 IGBT 的 RC 缓冲电路中的电阻 R 的参数,可以获得满足燃弧要求的再燃弧电压。

地址:北京市海淀区清华大学机械工程系焊接馆

邮编:100084　　　　电话:010-62773865

一种氮强化铁基耐磨涂层的堆焊方法

发　明　人:庄明辉;李慕勤;杨文杰;李克山;仇思鹏;毕研军

专　利　号:ZL 2014 1 0172445. 8

专利申请日:2014 年 04 月 25 日

专 利 权 人:佳木斯大学

授权公告日:2016 年 03 月 30 日

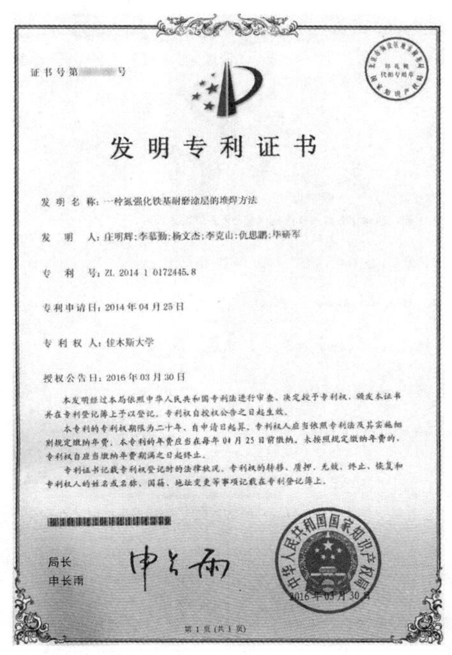

证书号第　　号

发明专利证书

发 明 名 称:一种氮强化铁基耐磨涂层的堆焊方法

发　明　人:庄明辉;李慕勤;杨文杰;李克山;仇思鹏;毕研军

专　利　号:ZL 2014 1 0172445.8

专利申请日:2014 年 04 月 25 日

专 利 权 人:佳木斯大学

授权公告日:2016 年 03 月 30 日

本发明经过本局依照中华人民共和国专利法进行审查,决定授予专利权,颁发本证书并在专利登记簿上予以登记。专利权自授权公告之日起生效。

本专利的专利权期限为二十年,自申请日起算。专利权人应当依照专利法及其实施细则规定缴纳年费。本专利的年费应当在每年 04 月 25 日前缴纳。未按照规定缴纳年费的,专利权自应当缴纳年费期满之日起终止。

专利证书记载专利权登记时的法律状况。专利权的转移、质押、无效、终止、恢复和专利权人的姓名或名称、国籍、地址变更等事项记载在专利登记簿上。

局长
申长雨

中华人民共和国国家知识产权局
2016 年 03 月 30 日

第 1 页(共 1 页)

发明专利证书

专利说明:

本发明公开了一种氮强化铁基耐磨涂层的堆焊方法,涉及一种堆焊方法,是要解决现有氮合金化堆焊方法获得的堆焊层金属中氮含量低、耐磨硬质相体积分数小分布不均、堆焊层的硬度略低的问题。本发明采用价格低廉的工业用氮气作为保护气体,制备的氮合金化耐磨堆焊涂层表面成型性好,无气孔、裂纹出现,可实现向堆焊层金属内高效过渡氮元素。本发明制备的氮合金化耐磨堆焊涂层内部均匀弥散分布有大量氮碳化物硬质相,通过合理的成分选择,氮合金化堆焊涂层的硬度可达 45-62HRC。

名称:佳木斯大学　　地址:黑龙江省佳木斯市学府街 148 号　　邮编:154007
联系人:庄明辉　　网址:www. jmsu. org　　邮箱:jmsdxzmh@ 163. com

电子束焊接钛金属材料与不锈钢的方法

发　明　人:张秉刚;王廷;陈国庆;冯吉才
专　利　号:ZL201010243609.3
专利申请日:2010 年 08 月 03 日
专 利 权 人:哈尔滨工业大学
授权公告日:2010 年 12 月 15 日

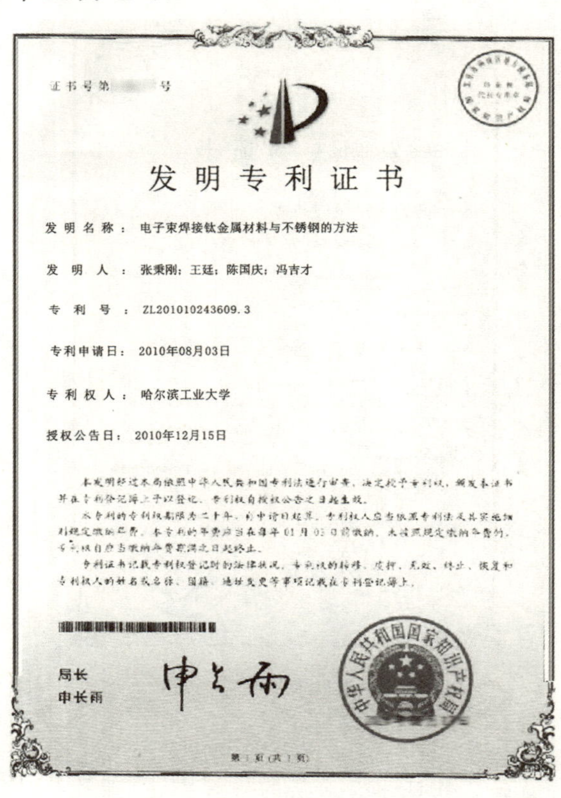

证书号第　　号

发明专利证书

发明名称：电子束焊接钛金属材料与不锈钢的方法

发　明　人：张秉刚；王廷；陈国庆；冯吉才

专　利　号：ZL201010243609.3

专利申请日：2010年08月03日

专利权人：哈尔滨工业大学

授权公告日：2010年12月15日

本发明经过本局依照中华人民共和国专利法进行审查，决定授予专利权，颁发本证书并在专利登记簿上予以登记。专利权自授权公告之日起生效。

本专利的专利权期限为二十年，自申请日起算。专利权人应当依照专利法及其实施细则规定缴纳年费。本专利的年费应当在每年08月03日前缴纳。未按照规定缴纳年费的，专利权自应当缴纳年费期满之日起终止。

专利证书记载专利权登记时的法律状况。专利权的转移、质押、无效、终止、恢复和专利权人的姓名或名称、国籍、地址变更等事项记载在专利登记簿上。

局长
申长雨

第 1 页（共 1 页）

发明专利证书

专利说明:

本发明的目的是解决现有钛金属材料与不锈钢焊接工艺因脆性相生成极易造成焊后焊缝强度低、脆性大的问题,而提供了复合填充层的制备方法及其电子束焊接钛金属材料与不锈钢的方法。

本发明中复合填充层的制备方法是按下述步骤进行的:1. 向模具中装入厚度为 1~3 mm 的钒粉,然后压制成厚度为 0.3~0.7 mm 块;2. 再向模具中装入厚度为 2~5 mm 混合粉末,混合粉末按质量百分比由20%~45%钒粉、3%~7%铬粉、2%~5%镍粉和余量的铜粉混匀而成,冷压成型,放入真空加热炉内,在真空度为 4×10^{-3} Pa 和反应温度为 850~970 ℃条件下保温2~6 h进行真空扩散连接处理。

本发明中复合填充层焊接钛金属材料(钛或钛合金)与不锈钢的方法是通过下述步骤实现的:1. 将复合填充层置于钛金属材料与不锈钢连接面之间,即得到钛金属材料-复合填充层-不锈钢的待焊件;2. 将步骤1得到的待焊件放入电子束焊接真空室内,分两次进行焊接,两次焊接的电子束流作用点位于复合填充层,第一道焊接的电子束流作用点与复合填充层与钛合金接触面之间距离 t_1 为0.2~0.6 mm,第二道焊时束流作用点与第一道焊束流作用点距离 t_2 为0.5~1.2 mm。

本发明方法在钛金属和不锈钢之间加入中间层,从物理性能和化学性能两个方面实现了与待焊异种材料的匹配,接头的抗拉强度390 MPa以上。

名称:哈尔滨工业大学(威海)　　地址:山东省威海市文化西路2号

邮编:264209　　电话:0631-5687196　0631-5687027　0631-5687324

陶瓷及陶瓷基复合材料与钛合金的钎焊焊接方法

发　明　人:张丽霞;刘多;冯吉才
专　利　号:CN200810136840.5
专利申请日:2008 年 07 月 30 日
专 利 权 人:哈尔滨工业大学
授权公告日:2010 年 06 月 02 日

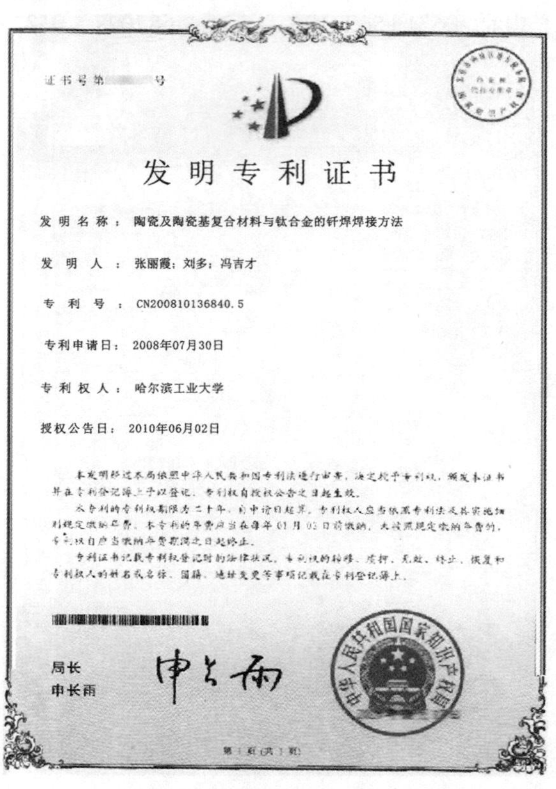

证书号第　　号

发明专利证书

发 明 名 称： 陶瓷及陶瓷基复合材料与钛合金的钎焊焊接方法

发 明 人： 张丽霞；刘多；冯吉才

专 利 号： CN200810136840.5

专利申请日： 2008年07月30日

专 利 权 人： 哈尔滨工业大学

授权公告日： 2010年06月02日

本发明经过本局依照中华人民共和国专利法进行审查，决定授予专利权，颁发本证书并在专利登记簿上予以登记。专利权自授权公告之日起生效。

本专利的专利权期限为二十年，自申请日起算。专利权人应当依照专利法及其实施细则规定缴纳年费。本专利的年费应当在每年 [illegible] 前缴纳。未按照规定缴纳年费的，专利权自应当缴纳年费期满之日起终止。

专利证书记载专利权登记时的法律状况。专利权的转移、质押、无效、终止、恢复和专利权人的姓名或名称、国籍、地址变更等事项记载在专利登记簿上。

局长
申长雨

第1页（共1页）

发明专利证书

专利说明:

陶瓷及陶瓷基复合材料与钛合金的钎焊焊接方法,它涉及钎焊焊接方法。本发明解决了现有陶瓷及陶瓷基复合材料与金属的连接工艺复杂的问题。本发明的方法如下:将表面过打磨和超声清洗处理的陶瓷或陶瓷基复合材料中的一种与表面过打磨和超声清洗处理的钛合金、AgCu 箔片及 Ni 箔片叠放,然后在真空钎焊炉中进行钎焊连接。本发明实现了陶瓷及陶瓷基复合材料与钛合金的钎焊连接,工艺过程简单易行,接头的抗剪强度可达 26~

227 MPa。

本发明的目的是解决现有陶瓷及陶瓷基复合材料与金属的连接工艺。本发明实现了陶瓷及陶瓷基复合材料与钛合金的钎焊连接,工艺过程简单易行。本发明方法在升温过程中,AgCu 箔片首先熔化,然后 Ti 和 Ni 形成反应液相,且 AgCu 箔片的熔化对随后 Ti、Ni 反应液相的形成起到了促进作用。并且液态 Ti 元素本身扩散能力极强,所以 Ti 合金从接头的 Ti 合金侧扩散到陶瓷或陶瓷基复合材料侧,Ti 合金与之反应,形成反应层,实现连接。本发明在焊前不需对陶瓷或复合材料进行表面预金属化,只需将钎料按顺序放置到陶瓷及陶瓷基复合材料与钛合金中间,直接钎焊而成,过程简单。

名称:哈尔滨工业大学(威海)　　　地址:山东省威海市文化西路 2 号

邮编:264209　　　电话:0631-5687196　0631-5687027　0631-5687324

一种用于 TiAl 基合金钎焊的高温钎料及其制备方法

发　明　人:曹健;宋晓国;蔺晓超;冯吉才;张丽霞;金贵东

专　利　号:CN201110098225.1

专利申请日:2011 年 04 月 19 日

专 利 权 人:哈尔滨工业大学

授权公告日:2013 年 04 月 24 日

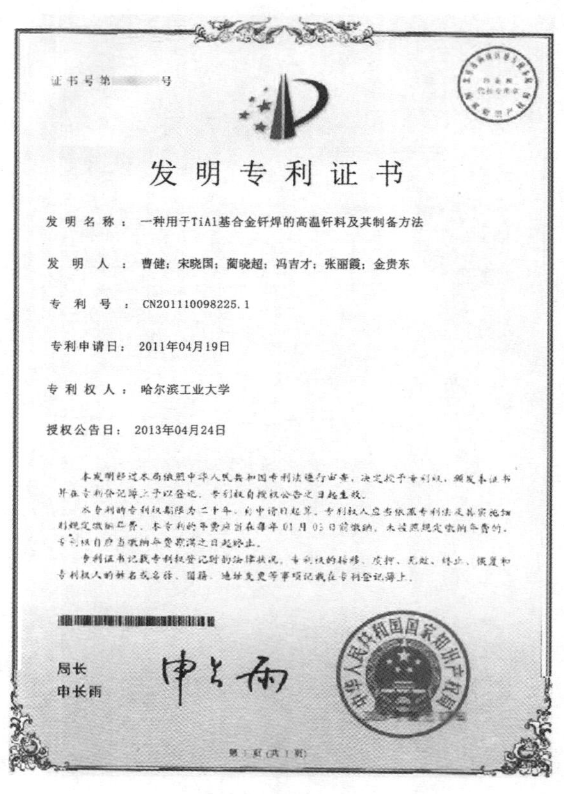

证书号第　　号

发明专利证书

发 明 名 称： 一种用于TiAl基合金钎焊的高温钎料及其制备方法

发 明 人： 曹健；宋晓国；蔺晓超；冯吉才；张丽霞；金贵东

专 利 号： CN201110098225.1

专利申请日： 2011年04月19日

专 利 权 人： 哈尔滨工业大学

授权公告日： 2013年04月24日

本发明经过本局依照中华人民共和国专利法进行审查，决定授予专利权，颁发本证书并在专利登记簿上予以登记。专利权自授权公告之日起生效。

本专利的专利权期限为二十年，自申请日起算。专利权人应当依照专利法及其实施细则规定缴纳年费。本专利的年费应当在每年 01 月 0[illegible] 日前缴纳。未按照规定缴纳年费的，专利权自应当缴纳年费期满之日起终止。

专利证书记载专利权登记时的法律状况。专利权的转移、质押、无效、终止、恢复和专利权人的姓名或名称、国籍、地址变更等事项记载在专利登记簿上。

局长
申长雨

中华人民共和国国家知识产权局

发明专利证书

专利说明:

本发明公开了一种用于 TiAl 基合金钎焊的高温钎料及其制备方法,它涉及一种高温钎料及其制备方法。它解决了采用传统钎料获得的 TiAl 基合金钎焊接头使用温度低,高温环境下接头性能差、所用钎料价格昂贵、钎料制备工艺复杂的问题。钎料由 Ti、Ni 和 V 制成。方法:1. 称取原料;2. 原料装入电弧熔炼设备中抽真空,然后充入氩气,再进行熔炼合金化,反复熔炼并冷却后即完成。本发明所制备的钎料与现有的钎料对比,其熔点合适,润湿性好，钎料成分中不含有 Ag、Zr 等贵金属，成本低廉；钎焊接头 800 ℃ 高温环境下强度好。

本发明涉及一种高温钎焊材料及其制备方法。本方明的目的是解决采用传统钎料获得的 TiAl 基合金钎焊接头使用温度低，高温环境下接头性能差、所用钎料价格昂贵、钎料制备工艺复杂的问题，而提供一种用于 TiAl 基合金钎焊的高温钎料及其制备方法。本发明涉及的钎焊材料及其制备方法用于 TiAl 基合金钎焊上具有钎焊接头 800 ℃ 高温环境下强度好、适用于各种形式接头、制备方法简便、制造成本低的优点。

名称：哈尔滨工业大学（威海）　　地址：山东省威海市文化西路 2 号

邮编：264209　　电话：0631-5687196　0631-5687027　0631-5687324

一种薄不锈钢复合板的激光焊接方法

发　明　人:崔泽琴;王玢;玛丽莉;张红霞;张亚楠;卫朝阳;刘冬;荣小明
专　利　号:ZL201210081479.7
专利申请日:2012 年 03 月 14 日
专 利 权 人:太原理工大学
授权公告日:2014 年 06 月 16 日

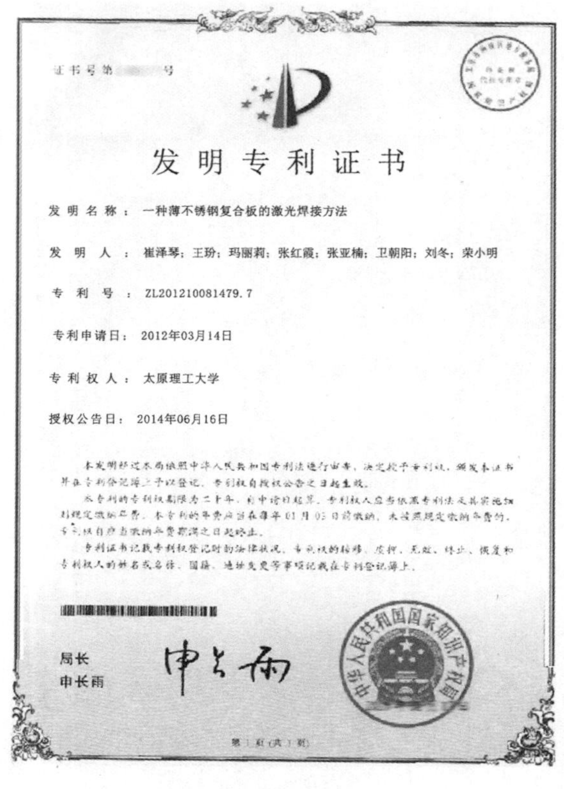

证书号第　　号

发明专利证书

发明名称：一种薄不锈钢复合板的激光焊接方法

发　明　人：崔泽琴；王玢；玛丽莉；张红霞；张亚楠；卫朝阳；刘冬；荣小明

专　利　号：ZL201210081479.7

专利申请日：2012年03月14日

专利权人：太原理工大学

授权公告日：2014年06月16日

本发明经过本局依照中华人民共和国专利法进行审查，决定授予专利权，颁发本证书并在专利登记簿上予以登记。专利权自授权公告之日起生效。

本专利的专利权期限为二十年，自申请日起算。专利权人应当依照专利法及其实施细则规定缴纳年费。本专利的年费应当在每年03月14日前缴纳。未按照规定缴纳年费的，专利权自应当缴纳年费期满之日起终止。

专利证书记载专利权登记时的法律状况。专利权的转移、质押、无效、终止、恢复和专利权人的姓名或名称、国籍、地址变更等事项记载在专利登记簿上。

局长
申长雨

第1页(共1页)

发明专利证书

专利说明:

本发明涉及一种薄不锈钢复合板的激光焊接方法,是针对薄不锈钢复合板的结构特征,碳素钢外包覆不锈钢板,薄且面积大,具有弹性,给双面焊接造成了很大困难,采用激光焊接法,先对薄不锈钢板进行预处理,平整安装,配制焊粉,氩气保护,用计算机程序控制焊粉给量及激光束强度,使薄不锈钢复合板的焊接成为可能,此焊接方法工艺先进,数据翔实准确,安全稳定可靠,焊接质量高,腐蚀性能好,焊接强度高,焊缝强度高,焊缝的平均抗拉强度达 450.9 MPa,为母材的 98.2%,填补了薄不锈钢复合板的焊接空白,是十分理想的薄不锈钢复合板的激光焊接方法。

地址:山西省太原市万柏林区迎泽西大街 79 号　　邮编:030024

联系人:王文先　闫志峰　　电话:0351-6010076　　网站:www.tyut.edu.cn

邮箱:wwx960@126.com

一种用于填丝焊的活性焊接方法

发　明　人:刘黎明;张兆栋;蔡东红
专　利　号:ZL 2007 1 0010464.0
专利申请日:2007 年 02 月 12 日
专 利 权 人:大连理工大学
授权公告日:2009 年 08 月 26 日

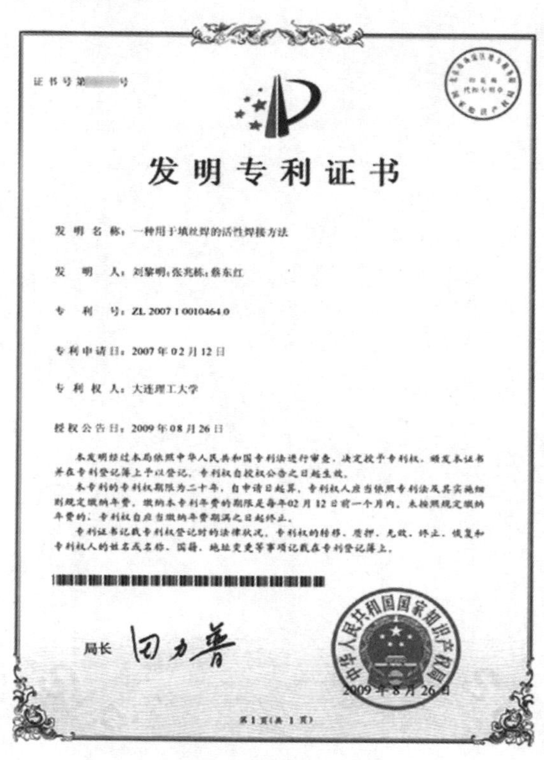
证书号第[illegible]号

发明专利证书

发明名称:一种用于填丝焊的活性焊接方法

发　明　人:刘黎明;张兆栋;蔡东红

专　利　号:ZL 2007 1 0010464.0

专利申请日:2007 年 02 月 12 日

专利权人:大连理工大学

授权公告日:2009 年 08 月 26 日

本发明经过本局依照中华人民共和国专利法进行审查,决定授予专利权,颁发本证书并在专利登记簿上予以登记。专利权自授权公告之日起生效。

本专利的专利权期限为二十年,自申请日起算。专利权人应当依照专利法及其实施细则规定缴纳年费。缴纳本专利年费的期限是每年02月12日前一个月内。未按照规定缴纳年费的,专利权自应当缴纳年费期满之日起终止。

专利证书记载专利权登记时的法律状况。专利权的转移、质押、无效、终止、恢复和专利权人的姓名或名称、国籍、地址变更等事项记载在专利登记簿上。

局长 田力普

2009年8月26日

第1页(共1页)

发明专利证书

专利说明:

本发明属于材料工程技术领域,涉及一种活性焊接方法,特别是一种用于填丝焊的活性焊接方法。该发明将活性材料与焊接材料有机结合,即将活性材料封装于焊接材料内部(焊丝/焊条)或涂敷于焊接材料表面,活性材料在焊接时能够改变电弧状态提高电弧焊接的能量密度,达到增加焊接熔深提高焊接效率的目的。与一般电弧焊接相比,本发明研制的焊接方法可以增加焊接熔深 1~3 倍,提高焊接速度 2~3 倍,具有显著的节能降耗特征,是典型的绿色焊接制造技术。应用本发明研制的焊接方法已成功实现 6~15 mm 中厚度镁合金、钛合金及钢铁材料的优质高效焊接，焊接接头拉伸性能均达到母材的90%以上。

本发明的焊接方法还可以进行金属材料结构件的焊接修复，一方面可以通过熔化焊丝对构件的表面缺陷进行修复，另一方面通过活性材料的作用可以增加焊接熔透深度，从而对一定深度的材料进行重熔，达到消除裂纹气孔等缺陷的目的，应用该方法已实现镁合金铸造结构件及钛合金结构件的优质焊接修复，结构件有效修复厚度5~10 mm，焊接修复性能可以达到母材的90%，可提高焊接修复效率2~3倍。通过与柔性焊接系统进行配合，能够满足复杂构件修复制造需求，具有广阔的应用前景。

地址：辽宁省大连市大连理工大学材料科学与工程学院　　　邮编：116024

电话：0411-84707817

脉冲激光-交流电弧复合焊接脉冲相位控制方法

发　明　人:刘黎明;宋刚;张兆栋;郝晓虎;荣培
专　利　号:ZL 2009 1 0248761.8
专利申请日:2009 年 12 月 22 日
专 利 权 人:大连理工大学
授权公告日:2011 年 09 月 07 日

证书号第　　号

发明专利证书

发 明 名 称:脉冲激光-交流电弧复合焊接脉冲相位控制方法

发　明　人:刘黎明;宋刚;张兆栋;郝新锋;郝晓虎;荣培

专　利　号:ZL 2009 1 0248761.8

专利申请日:2009 年 12 月 22 日

专 利 权 人:大连理工大学

授权公告日:2011 年 09 月 07 日

本发明经过本局依照中华人民共和国专利法进行审查，决定授予专利权，颁发本证书并在专利登记簿上予以登记。专利权自授权公告之日起生效。

本专利的专利权期限为二十年，自申请日起算。专利权人应当依照专利法及其实施细则规定缴纳年费。本专利的年费应当在每年 12 月 22 日前缴纳。未按照规定缴纳年费的，专利权自应当缴纳年费期满之日起终止。

专利证书记载专利权登记时的法律状况。专利权的转移、质押、无效、终止、恢复和专利权人的姓名或名称、国籍、地址变更等事项记载在专利登记簿上。

局长　田力普

2011 年 09 月 07 日

第 1 页（共 1 页）

发明专利证书

专利说明:

本发明属于材料加工工程技术领域,涉及一种复合焊接方法,特别是脉冲激光-交流电弧复合焊接方法。本发明提供了一种基于激光脉冲与电弧相位精确匹配设计的激光-电弧复合焊接新方法,采用自主开发的软件及硬件系统,通过对激光脉冲及电弧相位进行准确判定,在电弧特定相位实现了对脉冲激光的实时性和周期性触发。本发明能够实现激光与电弧能量的优化配置以及焊接过程热力耦合的精确调控,进一步提示提升低功率激光诱导增强电弧效果,显著提高电弧热源的能量密度及高速运动的稳定性,为实现焊接成型成性协同精确控制提供了崭新途径。

采用本发明研制的激光-电弧复合焊接技术,可实现铝合金、钛合金、镁合金等有色金属以及不锈钢、高强钢等黑色金属优质高效焊接。与单一电弧热源焊接相比,本发明开发的激光-电弧复合焊接技术制造效率可提高5~10倍、焊接变形减少50%以上、焊接能耗降低50%以上,具有显著的节能降耗特征,是绿色焊接制造技术的典型代表。目前围绕该专利发明已开发出系列低能耗激光-电弧复合焊接成套装备,并在飞机、船舶以及车辆等领域实现了工程示范应用,解决了企业关键构件的焊接制造难题,显著降低企业的焊接制造成本,显现出广阔的市场应用前景。

地址:辽宁省大连市大连理工大学材料科学与工程学院　　邮编:116024

联系人:宋刚　　电话:0411-84707817　　网站:weld. dlut. edu. cn

邮箱:songgang@ dlut. edu. cn

一种用于商务车顶盖的在线多层搭接激光填丝熔焊方法

发　明　人:邵新宇;李斌;段正澄;付远兵;程思;寇瑞环;阮小进;陈志
专　利　号:ZL 2013 1 0700678.6
专利申请日:2013 年 12 月 19 日
专 利 权 人:武汉法利莱切割系统工程有限责任公司;华中科技大学
授权公告日:2014 年 12 月 10 日

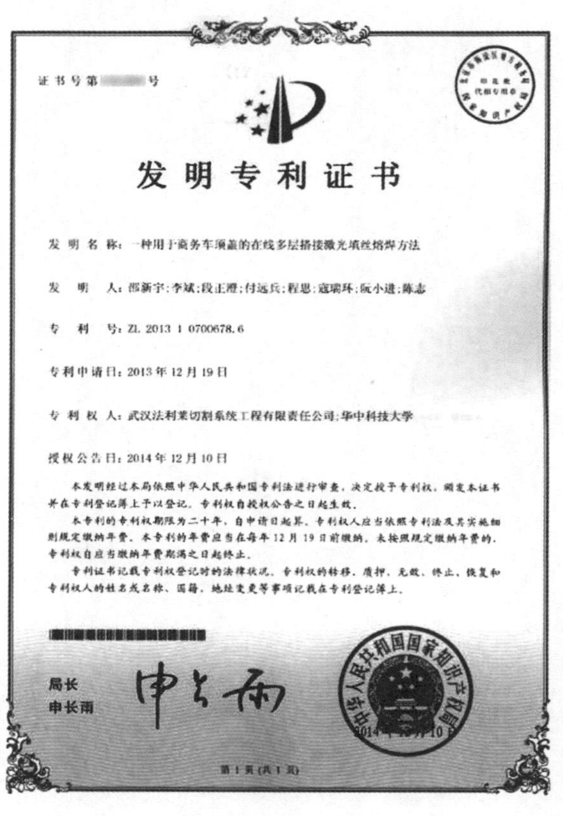

证书号第　　号

发明专利证书

发 明 名 称:一种用于商务车顶盖的在线多层搭接激光填丝熔焊方法

发　明　人:邵新宇;李斌;段正澄;付远兵;程思;寇瑞环;阮小进;陈志

专　利　号:ZL 2013 1 0700678.6

专利申请日:2013 年 12 月 19 日

专 利 权 人:武汉法利莱切割系统工程有限责任公司;华中科技大学

授权公告日:2014 年 12 月 10 日

本发明经过本局依照中华人民共和国专利法进行审查,决定授予专利权,颁发本证书并在专利登记簿上予以登记。专利权自授权公告之日起生效。

本专利的专利权期限为二十年,自申请日起算。专利权人应当依照专利法及其实施细则规定缴纳年费。本专利的年费应当在每年 12 月 19 日前缴纳。未按照规定缴纳年费的,专利权自应当缴纳年费期满之日起终止。

专利证书记载专利权登记时的法律状况。专利权的转移、质押、无效、终止、恢复和专利权人的姓名或名称、国籍、地址变更等事项记载在专利登记簿上。

局长
申长雨

第 1 页(共 1 页)

发明专利证书

专利说明:

激光填丝熔焊是激光焊接的一种方式,对于商务车车身车顶盖,这种方式能够有效降低激光焊接对焊缝间隙的需求,在加入了焊丝后,能够改善焊缝成型,增大熔合面积。相对在轿车车顶盖最常用的激光钎焊工艺,激光填丝熔焊更适用于商务车长行程、薄板结构件的曲线焊接。本发明属于激光加工类,具体涉及于大尺寸、长行程、薄板件的商务车顶盖的在线多层搭接激光填丝熔焊。该方法主要包含:采用自适应压轮,根据表面状态自适应调节,从而满足激光焊接对焊缝间隙的精度要求;采用多段焊缝模拟优化技术和分段校正技术,能够有效地减少热变形和应力集中现象;建立稳定的激光与焊丝位置关系,获得良好的焊接质量;通过大量的工艺试验,优化得到一组最佳工艺参数,有效地提高了焊接质量和焊接效率。

名称:武汉法利莱切焊系统工程有限公司

电话:400-888-8866　　　网站:www. hglaser. com

一种薄壁金属管的低热输入双直流脉冲复合电弧焊接方法

发　明　人:秦国梁;孟祥萌;王严;白晓阳;李飞;马肖飞
专　利　号:ZL 2015 1 0963252.9
专利申请日:2015 年 12 月 18 日
专 利 权 人:山东大学
授权公告日:2018 年 05 月 15 日

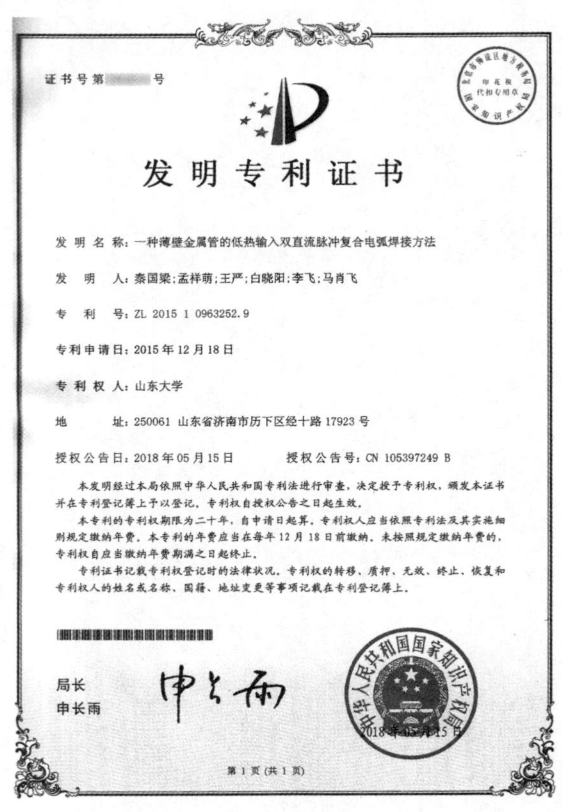

证书号第　　号

发明专利证书

发 明 名 称:一种薄壁金属管的低热输入双直流脉冲复合电弧焊接方法

发　　明　　人:秦国梁;孟祥萌;王严;白晓阳;李飞;马肖飞

专　　利　　号:ZL 2015 1 0963252.9

专利申请日:2015 年 12 月 18 日

专 利 权 人:山东大学

地　　　　址:250061 山东省济南市历下区经十路 17923 号

授权公告日:2018 年 05 月 15 日　　　授权公告号:CN 105397249 B

本发明经过本局依照中华人民共和国专利法进行审查,决定授予专利权,颁发本证书并在专利登记簿上予以登记。专利权自授权公告之日起生效。

本专利的专利权期限为二十年,自申请日起算。专利权人应当依照专利法及其实施细则规定缴纳年费。本专利的年费应当在每年 12 月 18 日前缴纳。未按照规定缴纳年费的,专利权自应当缴纳年费期满之日起终止。

专利证书记载专利权登记时的法律状况。专利权的转移、质押、无效、终止、恢复和专利权人的姓名或名称、国籍、地址变更等事项记载在专利登记簿上。

局长
申长雨

2018 年 05 月 15 日

第 1 页(共 1 页)

发明专利证书

专利说明:

本发明涉及一种低热输入双直流脉冲复合电弧焊接装置及焊接方法。

该发明采用两台独立的直流脉冲 TIG 电源、两把 TIG 焊枪及其夹持装置和控制两焊接电流脉冲相位差的相位控制器。焊接过程中前后两电弧的脉冲相位差根据工件厚度、焊接速度可以在 0°~180°范围内设定。主电弧处于峰值阶段时,辅助电弧处于基值维弧阶段,这样既可以使主电弧产生足够的熔深，保证背面成型，又减小了此时辅助电弧不必要的热输入，避免增大焊接热输入。而当熔池金属在主电弧压力的作用下向熔池尾部流动堆积过程中，主电弧迅速降低至基值维弧阶段，辅助电弧随着电流的急速上升达到峰值阶段。一方面持续对堆积的熔池金属持续加热，延长其处于液态时间，为其回流填充熔池下塌提供时间；另一方面峰值电流下的电弧具有较大的电弧力，对堆积的熔池金属具有较强的推动作用，促使其快速回流，从而有效地阻止熔池金属向尾部的堆积和延长熔池存在时间。因此，分别采用直流脉冲焊接电流来代替直流恒流焊接电流可以大幅度降低了主辅电弧对工件的焊接热输入。

本发明工艺可以用于金属管的高效焊接生产，不仅可以实现高速焊接、获得良好的焊缝成型，还可以大幅度降低焊接热输入，抑制焊接接头的晶粒严重长大，同时降低焊接生产能耗，实现低热输入焊接生产。

地址：山东省济南市历下区经十路 17923 号　　邮编：250061　　联系人：秦国梁

网址：www. sdu. edu. cn　　电邮：glqin@ sdu. edu. cn

搅拌摩擦焊接头未焊透及根部弱连接消除方法

发　明　人:姚君山;康志明;贾洪德;刘杰;徐萌
专　利　号:ZL 2008102028561
专利申请日:2008 年 11 月 18 日
专 利 权 人:上海航天设备制造总厂
授权公告日:2010 年 06 月 16 日

国家知识产权局
STATE INTELLECTUAL PROPERTY OFFICE
OF THE PEOPLE'S REPUBLIC OF CHINA

中国专利优秀奖

名　称　搅拌摩擦焊接头未焊透及根部弱连接消除方法
专利号　ZL 200810202856.1
发明人　姚君山　康志明　贾洪德　刘　杰　徐　萌
专利权人　上海航天设备制造总厂

中华人民共和国
国家知识产权局局长

北京 2014年11月

发明专利证书

专利说明:

本发明涉及搅拌摩擦焊接,公开了一种搅拌摩擦焊接头未焊透及根部弱连接的消除方法,包括步骤:1. 制作垫片,垫片的材料及热处理状态与待焊工件一致;2. 装配垫片,将垫片安装在待焊工件与背部刚性垫板中间;3. 焊前准备,搅拌工具与主轴中心的夹角为 0°~3°;4. 正式焊接;5. 焊接结束后,去除垫片,打磨焊缝背面与基体齐平。本发明可消除搅拌焊接中常出现的未焊透、根部弱连接缺陷,取得提高焊接质量,加强焊接过程稳定性等有益效果。本发明适用于空间任意形状对接型搅拌摩擦焊接。

名称:上海航天设备制造总厂　　地址:上海市闵行区华宁路 100 号　　邮编:200245
联系人:徐萌　电话:400 666 0149　网址:www. saem. cn　邮箱:htth149@ 163. com

一种全国首创的自动防护和水陆两用电焊装置

此装置是对传统电焊技术的提引和该造，填补了国内空白，既大幅度提高焊接质量又确保焊工眼睛不受伤害，且水陆两用。

证书号第8997694号

实用新型专利证书

实用新型名称：一种自动防护式手持电焊装置

发　明　人：武新民

专　利　号：ZL 2018 2 1250834.8

专利申请日：2018年08月06日

专 利 权 人：武新民

地　　址：050000 河北省石家庄市桥西区工农路前进街东里苑1-1-1 202

授权公告日：2019年06月21日　　授权公告号：CN 209006912 U

本实用新型经过本局依照中华人民共和国专利法进行初步审查，决定授予专利权，颁发本证书并在专利登记簿上予以登记。专利权自授权公告之日起生效。

本专利的专利权期限为十年，自申请日起算。专利权人应当依照专利法及其实施细则规定缴纳年费。本专利的年费应当在每年10月19日前缴纳。未按照规定缴纳年费的，专利权自应当缴纳年费期满之日起终止。

专利证书记载专利权登记时的法律状况。专利权的转移、质押、无效、终止、恢复和专利权人的姓名或名称、国籍、地址变更等事项记载在专利登记簿上。

局长
申长雨

中华人民共和国国家知识产权局
2019年06月21日

第1页（共1页）

证书号第9786015号

实用新型专利证书

实用新型名称：一种便携式水下电焊钳

发　明　人：武新民

专　利　号：ZL 2019 2 0405150.9

专利申请日：2019年03月28日

专 利 权 人：武新民

地　　址：050000 河北省石家庄市桥西区工农路229号1栋1单元207号

授权公告日：2019年12月17日　　授权公告号：CN 209792846 U

本实用新型经过本局依照中华人民共和国专利法进行初步审查，决定授予专利权，颁发本证书并在专利登记簿上予以登记。专利权自授权公告之日起生效。

本专利的专利权期限为十年，自申请日起算。专利权人应当依照专利法及其实施细则规定缴纳年费。本专利的年费应当在每年10月19日前缴纳。未按照规定缴纳年费的，专利权自应当缴纳年费期满之日起终止。

专利证书记载专利权登记时的法律状况。专利权的转移、质押、无效、终止、恢复和专利权人的姓名或名称、国籍、地址变更等事项记载在专利登记簿上。

局长
申长雨

中华人民共和国国家知识产权局
2019年12月17日

第1页（共1页）

实用新型专利证书

本装置通过自动化改造，将头盔和焊枪用电子器件连接起来，成为可控的一个整体，永远是先护眼后打火。这种焊接法可以睁大眼睛把焊条放在焊点上，做到焊位准确，不用截短焊条，既可节省工时和材料，又不会出现弧光伤害眼睛。操作时，当焊工把焊条头与焊点准确放置后，眼罩上的滤光镜片立即自动遮光。随后（不足半秒钟，即在0.1~0.3 s），才出现弧光和焊接。这样对眼睛无伤害，且可以明显提高焊接质量和工效，并减少浪费。

同时由于采用自动遮光面罩，焊工可腾出左手扶持工件，提高工效。再则，现有传统焊接设备，不能潜水焊接。其问题是焊把带着电压（50 V左右），入水则导电，危及人身安全。而该新技术填补国内空白。它是焊把入水后焊条头没接触焊点时，技术控制无电压电流，直到焊条头在水中接触到工件焊点时，才自动接通电流。此时的电流走捷径，哪儿电阻低走哪儿,再者电压仅为20 V左右,人身是安全的。当施焊完毕提起焊把时,电压、电流自动消失,保证了人身安全。此技术解决了传统电焊技术不能潜水焊接的难题。

本技术的水下焊接由电焊工一人操作即可,节省了水上配合操作人员可避免两人配合失误带来的安全隐患。

此技术大幅度提高经济效益。目前,全国年产焊接设备近千万台,十大焊接设备厂多是五十万台至百万台左右,生产和销售此设备,不计算水下电焊,每台起码可增加净收入500元,或者上千元。按净利润500元计算,年产百万台的厂子,如果全部产品采用此技术。全年净增利5亿元,如按每台增利1 000元计算(天津销售美国产水下焊接设备,仅焊把就每把近万元,水下电焊机整机3万元)可年增利10亿元。开发此技术,即可占领国内市场,还能大量出口。

转让说明:

此技术可独家转让。转让费按年利润的百分比协商。

联系人:武新民　武培真　电话:13231188173　13501168665

一种自动焊接及检测扭力的系统及其工作方法

发 明 人:李健
专 利 号:ZL 2019 1 0242982.8
专利申请日:2019 年 03 月 28 日
专 利 权 人:福尼斯智能装备(珠海)有限公司
授权公告日:2021 年 09 月 07 日

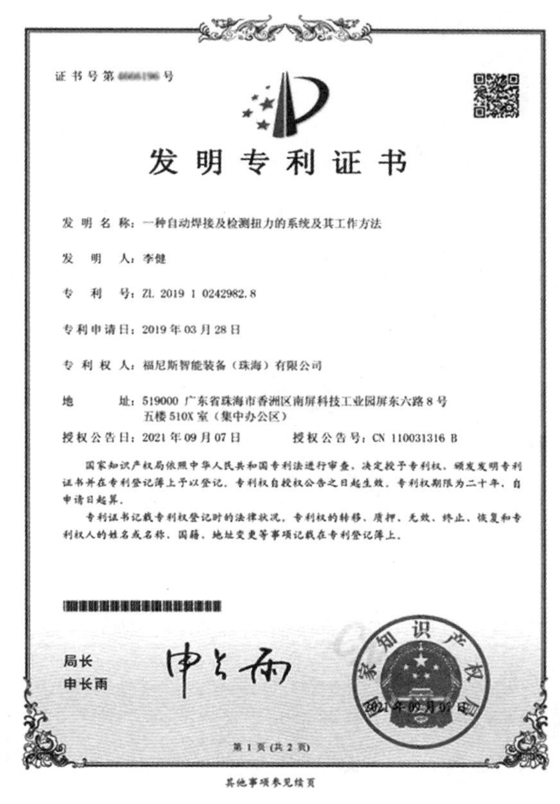
证书号第[illegible]号

发明专利证书

发 明 名 称:一种自动焊接及检测扭力的系统及其工作方法

发 明 人:李健

专 利 号:ZL 2019 1 0242982.8

专利申请日:2019 年 03 月 28 日

专 利 权 人:福尼斯智能装备(珠海)有限公司

地 址:519000 广东省珠海市香洲区南屏科技工业园屏东六路 8 号 五楼 510X 室(集中办公区)

授权公告日:2021 年 09 月 07 日　　授权公告号:CN 110031316 B

国家知识产权局依照中华人民共和国专利法进行审查,决定授予专利权,颁发发明专利证书并在专利登记簿上予以登记。专利权自授权公告之日起生效。专利权期限为二十年,自申请日起算。

专利证书记载专利权登记时的法律状况。专利权的转移、质押、无效、终止、恢复和专利权人的姓名或名称、国籍、地址变更等事项记载在专利登记簿上。

局长
申长雨

第 1 页(共 2 页)

其他事项参见续页

发明专利证书

专利说明:

本发明还公开了上述一种自动焊接及检测扭力的系统的工作方法,能够实现螺钉自动化焊接作业,焊接后可以根据焊接参数是否超出设定值,对工件进行分拣;焊接参数异常的工件码垛到异常区域,焊接参数正常的工件,会被机器人搬运到检测区域,进行检测测试;扭力测试结束后,会将焊接参数和扭力测试结果存储到控制系统,通过简单操作可以翻阅导出数据表,分析优化焊接参数。

地址:珠海市吉大园林路信海工业大厦 12 楼　邮编:519015　联系人:刘祁芳

电话:15874875281　网址:https://www.fronius.com.cn/

邮箱:cowin@simecogroup.com.cn

新型双钨极堆焊系统

发　明　人：孙骞；杨修荣；石少坚

专　利　号：ZL 2020 2 3332895.9

专利申请日：2020 年 12 月 31 日

专 利 权人：福尼斯(南京)表面工程技术有限公司

授权公告日：2021 年 10 月 15 日

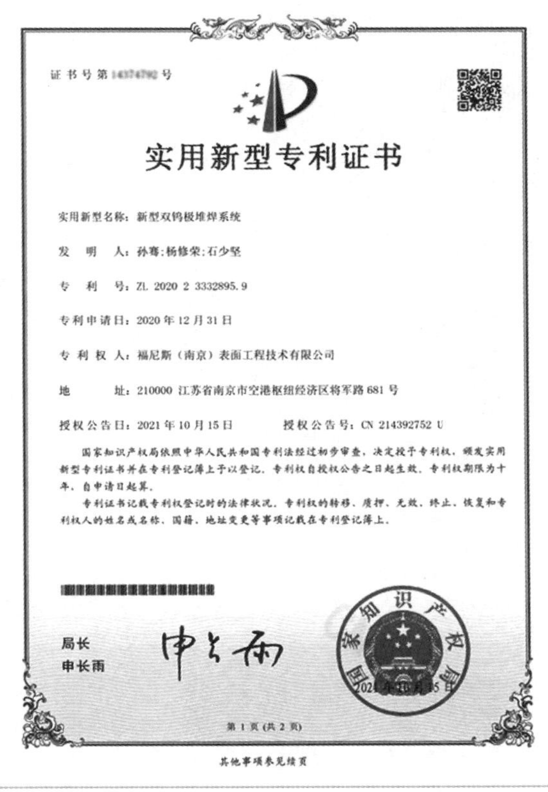

证书号第[illegible]号

实用新型专利证书

实用新型名称：新型双钨极堆焊系统

发　明　人：孙骞；杨修荣；石少坚

专　利　号：ZL 2020 2 3332895.9

专利申请日：2020 年 12 月 31 日

专 利 权 人：福尼斯（南京）表面工程技术有限公司

地　　址：210000 江苏省南京市空港枢纽经济区将军路 681 号

授权公告日：2021 年 10 月 15 日　　授权公告号：CN 214392752 U

国家知识产权局依照中华人民共和国专利法经过初步审查，决定授予专利权，颁发实用新型专利证书并在专利登记簿上予以登记。专利权自授权公告之日起生效。专利权期限为十年，自申请日起算。

专利证书记载专利权登记时的法律状况。专利权的转移、质押、无效、终止、恢复和专利权人的姓名或名称、国籍、地址变更等事项记载在专利登记簿上。

局长
申长雨

第 1 页（共 2 页）

其他事项参见续页

实用新型专利证书

专利说明：

本实用新型公开了一种新型双钨极堆焊系统，十字划架包括横梁与竖梁。十字划架底座上设有 PLC 控制柜、2 台变极性交流焊机、2 台直流焊机与制冷水箱，PLC 控制柜上方设有 HMI 控制器。横梁的焊接端的 AVC 弧压跟踪轴与摆动轴垂直设置且摆动轴与焊枪连接,焊枪下方设有翻转变位机,横梁的焊接端内部设有高频发生器,高频发生器后方设有送丝机,横梁的末端设有送丝盘。焊枪包括枪体、第一钨极、第二钨极、第一钨极绝缘套桩、第二钨极绝缘套桩与双钨极外喷嘴。第一钨极与第二钨极之间、第一钨极绝缘套桩与第二钨极绝缘套桩之间的夹角为30°。本实用新型适用于焊接材料多、焊接工艺多样化的焊接,具有焊接效率高、焊接质量高、焊接速度快的有益效果。

地址:珠海市吉大园林路信海工业大厦12楼　邮编:519015　联系人:刘祁芳

电话:15874875281　网址:https://www.fronius.com.cn/

邮箱:cowin@simecogroup.com.cn

第二部分　焊接科技鉴定成果展示

一、焊 接 材 料

大型低温球罐钢焊接用电焊条的研发平台建设

通过该项目的建设,促进了公司理化检测中心的建设,目前投资约 3 000 万元,占地面积为 2 149 平方米的理化检测中心对焊材理化性能的检测已达到了国内领先水平;有效地提升了我公司自主研发能力,增强了队伍建设、体制建设能力;促进了产、学、研、用的合作,加快了新品的研发,公司目前已申请各项专利 160 多项,其中已授权 78 项;有效推动了公司研发基地的建设,我公司的“特种焊材研发生产基地项目”已被天津市选为第十批 20 项重大工业项目。

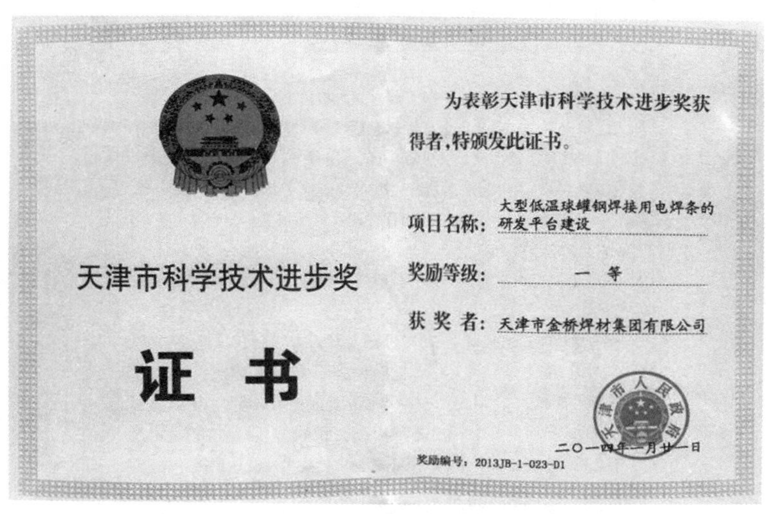

天津市科学技术进步奖

证 书

为表彰天津市科学技术进步奖获得者,特颁发此证书。

项目名称:大型低温球罐钢焊接用电焊条的研发平台建设

奖励等级:一 等

获 奖 者:天津市金桥焊材集团有限公司

天津市人民政府

二〇一四年一月廿一日

奖励编号:2013JB-1-023-D1

科技奖励证书

名称:天津市金桥焊材集团有限公司　　地址:天津市东丽开发区六经路一号
邮编:300300　　电话:022-58296666　022-58292323
网站:www. TJGoldenBridge. com　　邮箱:Market@ TJGoldenBridge. com

-70 ℃低温钢焊接用焊材

成果名称:承压设备用焊接材料研制及焊接接头性能研究(09MnNiDR 钢用-70 ℃焊材研制及焊接接头性能研究)

完成单位:北京金威焊材有限公司

鉴定形式:会议鉴定

鉴定单位:中国工程建设焊接协会

鉴定日期:2020 年 12 月 17 日

批准日期:2020 年 12 月 28 日

鉴　　定　　意　　见
2020 年 12 月 17 日，中国工程建设焊接协会组织召开中冶建筑研究总院有限公司、北京金威焊材有限公司《承压设备用焊接材料研制及焊接接头性能研究（09MnNiDR 钢用-70℃焊材研制及焊接接头性能研究）》成果鉴定会，鉴定委员会听取了课题组的汇报，审阅了全部鉴定资料，并进行质询和答辩，经鉴定委员会研究讨论，形成鉴定意见如下： 1、课题组提交的鉴定资料齐全，数据详实可信，满足科技成果鉴定要求。 2、研制的 09MnNiDR 钢用-70℃焊条及埋弧焊焊材各项性能满足 NB/T 47018 标准及相关工程技术条件要求，综合性能优良。 3、课题组开展了采用上述焊材所焊接试件经模拟热成型+模拟焊后热处理的焊接研究工作，为工程应用提供了依据，填补了国内空白。 综上，鉴定委员会认为，上述成果总体技术性能达到国际先进水平。 建议在该研究成果基础上，将已获得的试验数据进一步整理，拓展产品的应用面，获得更多的工程应用，取得更大的经济效益。 鉴定委员会主任：[签名]　副主任：[签名]、[签名] 2020年　12 月 17 日

鉴定意见

成果说明:

本项科技成果主要包括 09MnNiDR 钢用-70 ℃焊材的研制和焊接接头性能的研究。

研制的-70 ℃低温钢焊接用 W707Ni 焊条及 H09MnNiDR/JWF202 埋弧焊材熔敷金属

化学成分和力学性能完全满足相应国家标准《非合金钢及细晶粒钢焊条》(GB/T 5117—2012)、《埋弧焊用非合金钢及细晶粒钢实心焊丝、药芯焊丝和焊丝-焊剂组合分类要求》(GB/T 5293—2018)、压力容器标准《承压设备用焊接材料订货技术条件》(NB/T 47018—2017)的相关要求;焊材焊接工艺性能优良,其电弧稳定、飞溅小、脱渣良好、焊缝成型美观,可操作性佳,完全能够满足用户的使用要求。

-70 ℃低温钢焊材在研制过程中,选择了适当的熔渣碱度,控制 N、O 和 H 等杂质的含量,提高焊缝金属的纯净度,添加适当的细化晶粒组分,使焊接接头具有优良的低温冲击韧性,接头低温冲击值均能达到 150 J 以上,且具有稳定的低温韧性,不存在低值,完全满足 09MnNiDR 低温钢板的使用要求。

研制-70 ℃低温钢焊材焊接接头经模拟热压封头热处理,各项数据均符合用户技术协议要求,为热压封头不置换焊缝金属提供了有力的数据支撑。

地址:天津市蓟州区经济开发区澜河街 29 号　　邮编:301906

电话:022-29853695　022-29853557　022-29853990

网站:www. bjweld. com

临氢耐热钢焊接用焊材

专成果名称:25Cr-0.5Mo(H)焊材研制及焊接接头性能研究

Q345-HIC 钢焊材研制及焊接接头性能研究

完成单位:北京金威焊材有限公司

鉴定形式:会议鉴定

鉴定单位:中国工程建设焊接协会

鉴定日期:2020 年 12 月 17 日

批准日期:2020 年 12 月 28 日

鉴 定 意 见

2020 年 12 月 17 日，中国工程建设焊接协会在北京组织召开中冶建筑研究总院有限公司、北京金威焊材有限公司《承压设备用焊接材料研制及焊接接头性能研究（1.25Cr-0.5Mo(H)焊材研制及焊接接头性能研究）》成果鉴定会，鉴定委员会听取了课题组的汇报，审阅了全部鉴定资料，并进行了质询和答辩，经鉴定委员会研究讨论，形成鉴定意见如下：

1、课题组提交的鉴定资料齐全，数据真实可信，符合科技成果鉴定要求。

2、课题组研制的用于 15CrMoR(H) 焊接的 R307L 焊条、H08CrMo(H)+JWF201(H)埋弧焊丝焊剂组合和用于 14Cr1MoR(H)焊接的 R307H 焊条、EB2(H)+JWF211(H)埋弧焊丝焊剂组合，其熔敷金属杂质含量低，纯净度高，化学成分和力学性能满足 NB/T 47018 标准及相关工程技术条件要求，综合性能优良。

3、课题组开展了采用上述四种焊材所焊接试件经模拟热成型+模拟焊后热处理的焊接研究工作，为工程应用提供了依据，填补了国内空白。

综上，鉴定委员会认为，上述成果总体技术性能达到国际先进水平。

建议在该研究成果基础上，将已获得的试验数据进一步整理，拓展产品的应用面，获得更多的工程应用，取得更大的经济效益。

鉴定委员会主任：[签名] 副主任：[签名]

2020年 12 月 17 日

鉴 定 意 见

2020 年 12 月 17 日，中国工程建设焊接协会在北京组织召开中冶建筑研究总院有限公司、北京金威焊材有限公司《承压设备用焊接材料研制及焊接接头性能研究（Q345-HIC 钢焊材研制及焊接接头性能研究）》成果鉴定会，鉴定委员会听取了课题组的汇报，审阅了全部鉴定资料，并进行了质询和答辩，经鉴定委员会研究讨论，形成鉴定意见如下：

1、课题组提交的鉴定资料齐全，数据真实可信，符合科技成果鉴定要求。

2、课题组研制的用于 Q345R-HIC 板材焊接的 J507HIC 焊条、H10Mn2HIC+JWF101HIC 埋弧焊丝焊剂组合，其熔敷金属化学成分和力学性能满足 NB/T 47018 标准及相关工程技术条件要求，综合性能优良。

3、课题组研制的两种焊材熔敷金属杂质含量低，纯净度高。采用高碱度焊材配方，工艺性能优良，焊缝金属-30℃冲击韧性、抗 HIC 和 SSCC 等综合性能良好，

综上，鉴定委员会认为，上述成果总体技术性能达到国际先进水平。

建议在该研究成果基础上，将已获得的试验数据进一步整理，拓展产品的应用面，获得更多的工程应用，取得更大的经济效益。

鉴定委员会主任：[签名] 副主任：[签名]

2020年 12 月 17 日

鉴定意见

成果说明：

本项科技成果主要包括 1.25Cr-0.5Mo(H)临氢耐热钢用焊材的研制及焊接接头性能研究、Q345-HIC 抗氢钢焊材研制及焊接接头性能研究。

研制的用于 15CrMoR(H)焊接的 R307L 焊条、H08CrMo(H)+JWF201(H)埋弧焊材，用

于14Cr1MoR(H)焊接的R307H焊条、EB2(H)+JWF211(H)埋弧焊材熔敷金属化学成分和力学性能完全满足国家标准《热强钢焊条》(GB/T 5118—2012)、《埋弧焊用热强钢实心焊丝、药芯焊丝和焊丝-焊剂组合分类要求》(GB/T 12470—2018)、《埋弧焊和电渣焊用焊剂》(GB/T 36037—2018)、压力容器标准《承压设备用焊接材料订货技术条件》(NB/T 47018—2017)和相关技术协议的要求。

1.25Cr-0.5Mo(H)用焊条应电弧稳定,飞溅小,焊缝易脱渣,成型美观,并可适用于全位置焊接;研制的1.25Cr-0.5Mo(H)用埋弧焊材应具有优良的工艺性能,焊道成型美观,坡口内脱渣容易,操作性佳。焊后熔敷金属低温冲击性能优良,抗回火脆化指数达到了X系数≤8 ppm、J系数≤100的水平,具有优良的抗回火脆化能力。对焊材的接头分别进行不同条件的热处理,热处理后的接头力学性能数据良好;焊材的接头经模拟热压封头的模拟热成型+MIN. PWHT和模拟热成型+MAX. PWHT处理后,各项性能良好,该试验研究为工程应用提供了依据,填补了国内的空白,总体技术性能达到国际先进水平。

北京金威焊材研制的Q345-HIC抗氢钢用焊材J507HIC、H10Mn2HIC+JWF101HIC埋弧焊材焊接工艺性优良,焊后熔敷金属杂质含量低,-30 ℃冲击韧性、抗HIC、SSCC性能优良;焊接接头综合性能优良,技术性能以达到国际先进水平。

地址:天津市蓟州区经济开发区澜河街29号　　邮编:301906

电话:022-29853695　29853557　29853990　　网站:www.bjweld.com

CHW-S7CG/CHF26H 埋弧横焊焊丝焊剂组合

产品名称:CHW-S7CG/ CHF26H 埋弧横焊焊丝焊剂组合
科技奖项:国家重点新产品
获得时间:2011 年 8 月

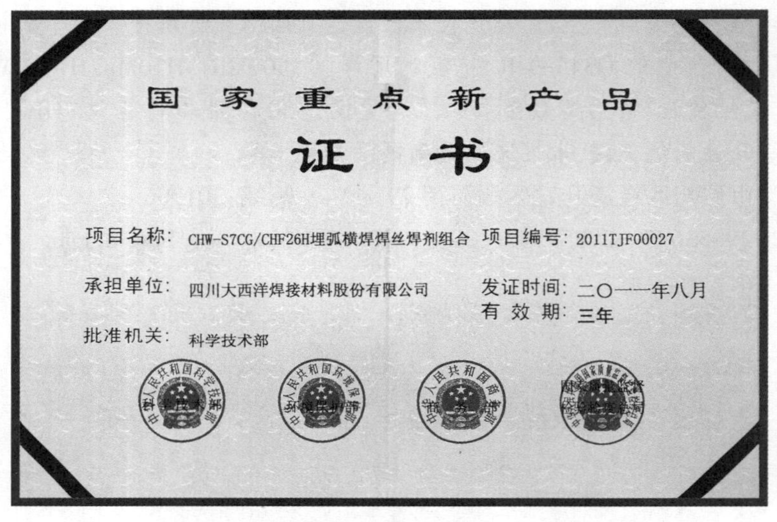
国家重点新产品
证书
项目名称: CHW-S7CG/CHF26H埋弧横焊焊丝焊剂组合　项目编号: 2011TJF00027
承担单位: 四川大西洋焊接材料股份有限公司　发证时间: 二〇一一年八月
有效期: 三年
批准机关: 科学技术部

国家重点新产品证书

成果说明:

CHW-S7CG/ CHF26H 埋弧横焊焊丝/焊剂组合成分设计合理,通过微量元素的控制,改善了焊接工艺性能,综合性能优良。满足 10 万 m^3 及以上大型石油储罐等领域高强钢横焊焊接要求,在 10 万 m^3 及以上大型石油储罐高强钢焊接等研究方面有技术创新性,该产品属国内首创。

该产品经用户使用,性能优良,满足工程建造技术要求;其部分技术性能优于进口焊接材料产品。

该产品目前已替代进口用于大型石油储罐的建造,对国家石油储备库工程的建设具有重大意义,取得了显著的经济和社会效益显著。

名称:四川大西洋焊接材料股份有限公司　地址:四川省自贡市自流井区丹阳街 1 号
电话:0813-5101574　0813-5108283
网址:www. chinaweld-atlantic. com　www. weldatlantic. com
邮箱:atlantic@ zg-public. sc. cninfo. net

690~900 MPa 高强钢金属芯焊丝及其强韧化技术

概况：

针对 690~900 MPa 高强钢焊接，基于高强钢焊接熔敷金属复相分割微观结构设计理论，通过新型熔敷金属强韧化手段，成功研发了 AWS A5.28 E90C-K3/E100C-K3/E110C-K3/E110C-K4/E120C-K4 等系列高强钢无飞溅 100% CO_2 或 Ar+CO_2 气保护金属芯焊丝和 AWS A5.23 F11P4-ECM4-M4 埋弧金属芯焊丝。该系列金属芯焊丝具有优异的焊接工艺性能，优良的低温韧性和抗裂性，焊缝成型美观、电弧稳定、无飞溅、烟尘少、熔敷效率高。该项技术具有广阔的应用前景。

创新与特色：

1. 100% CO_2高强钢金属芯焊丝无飞溅技术；
2. 高强钢焊接熔敷金属复相分割微观结构设计理论；
3. 复合贝氏体的发现及控制因素；
4. 具有系列化、制造工艺简单、强韧化指标稳定、环保、高效、低成本、自动化等特色。

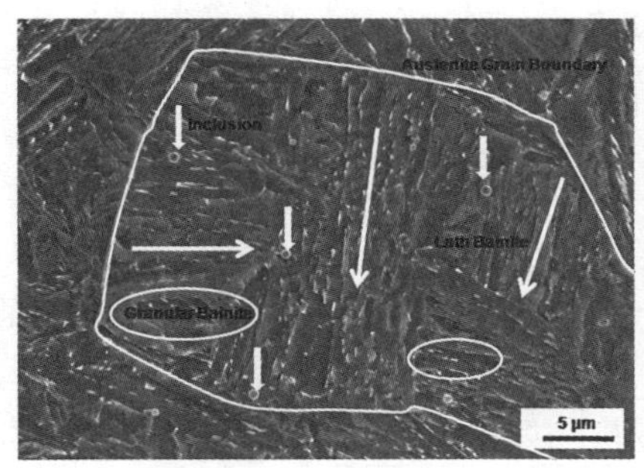

多相分割微观结构

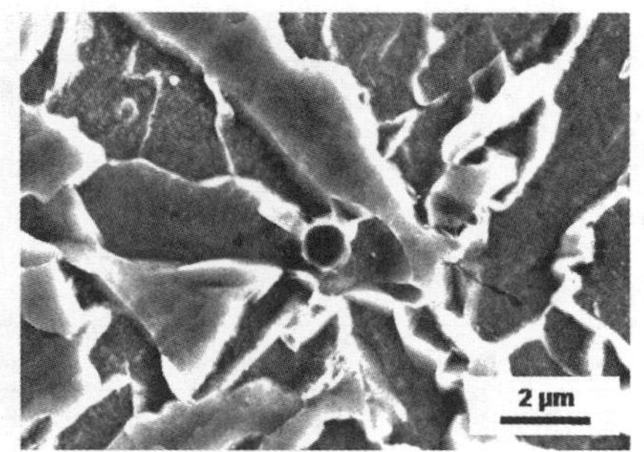

辅助形成针状铁氧体

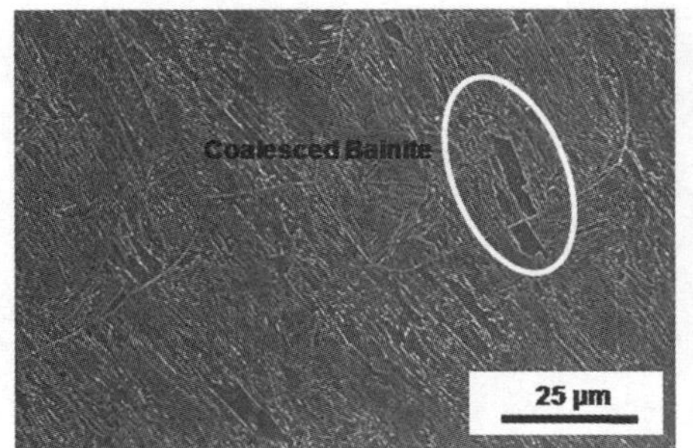

聚结贝氏体

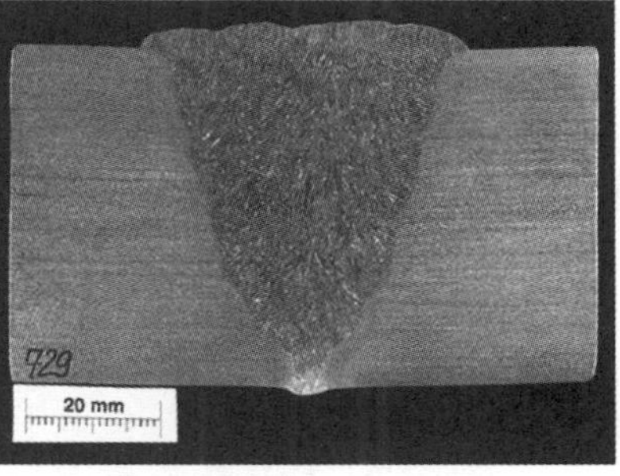

管道环焊缝

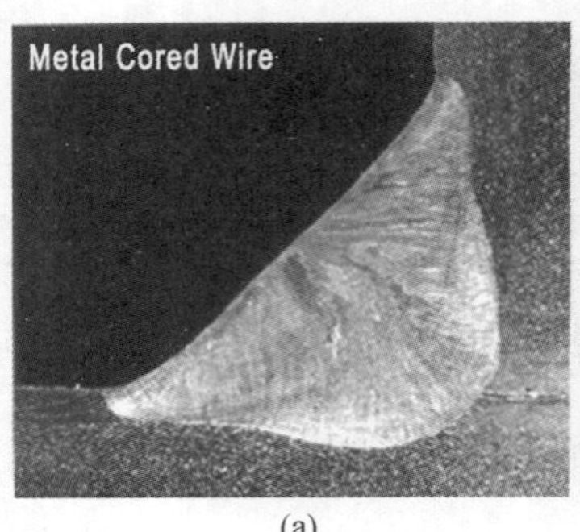

(a)

(b)

角焊缝

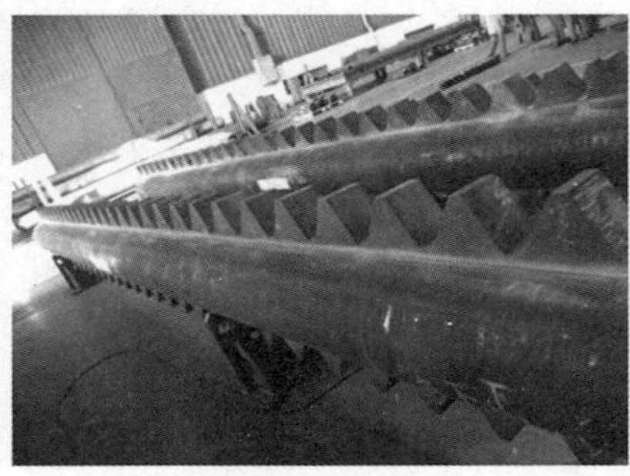

自动焊接

技术指标与应用：

技术指标及应用参数

AWS 标准	抗拉强度 /MPa	屈服强度 /MPa	断后伸长率 /%	低温冲击 @-50 ℃/J	应用
A5. 28 E90C-K3	760	690	26	110	海上平台 石油和天然气管道 高层建筑 施工机械 工程机械 大型储罐
A5. 28 E100C-K3	790	720	25	90	
A5. 28 E110C-K3	810	760	23	82	
A5. 28 E110C-K4	890	800	20	75	
A5. 28 E120C-K4	950	860	18	70	
A5. 23 F11P4-ECM4-M4	890	810	20	76	

名称：北京工业大学焊接研究所　　联系人：栗卓新　　电话：010-67391818
邮箱：zhxlee@ bjut. edu. cn

全数字双丝高效气保护焊接

系统简介：

全数字双丝高效气体保护焊作为一种熔化极气体保护焊工艺，其系统按照双丝 MIG/MAG 焊的工艺要求，主要包括两台焊接电源、两台送丝机、两瓶焊接气、一把双丝焊枪和行走机构。其中焊接电源为北京工业大学焊接设备研究所自行研制，采用单片机作为系统的控制核心，能够准确地控制电源参数。

双丝脉冲焊接电源

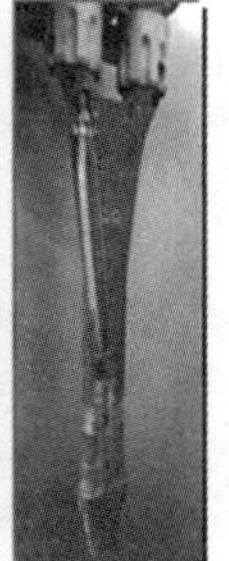

双丝焊接系统平台

双丝焊接特点：

1. 数字化双脉冲焊接电源，可控性好。
2. 每根焊丝的规范参数可单独设定，质材、直径可不同。
3. 焊接送丝速度快、焊接速度快，大大提高熔敷效率，同时，能保持较低的热输入。
4. 电弧稳定，熔滴过渡受控、焊接变形小、焊缝成型好、飞溅小。
5. 使用范围广、生产率高。

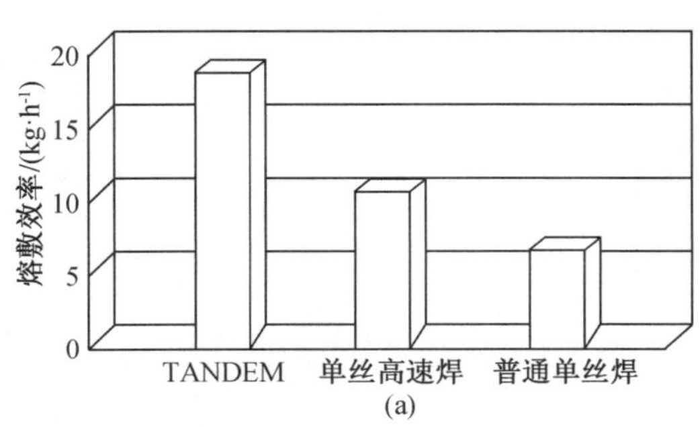

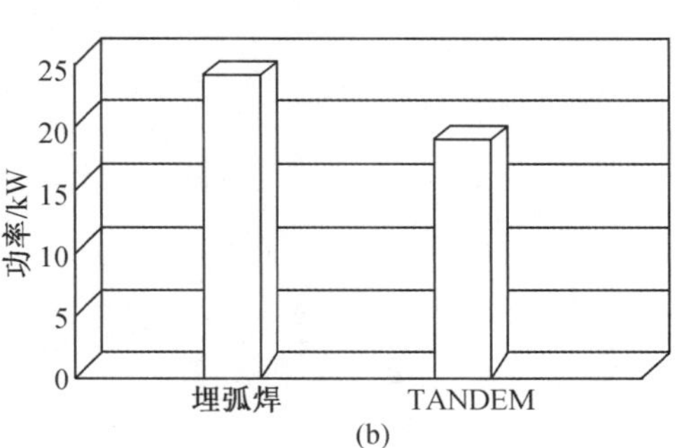

单丝焊与双丝焊熔敷效率的对比熔敷速度均为 10.8 kg/h 时埋弧焊与双丝焊功率的对比

双丝焊接的应用:

1. TANDEM 可以应用于碳钢、低合金钢、不锈钢、铑合金等各种金属材料的焊接,适用于各种接头形式。

2. 卢振洋,黄鹏飞,吉俊文. 一种全数字控制的双丝 MAG 焊接控制系统. 实用新型专利. ZL200620172806. x。

3. 黄鹏飞,卢振洋,殷树言. 一种用于双丝 MAG 逆变焊接电源的反馈信号控制电路. 实用新型专利. ZL200520110216. x。

名称:北京工业大学焊接技术研究所　　联系人:黄鹏飞　　电话:010-67376317

环保型系列不锈钢药芯焊丝成套技术

概况：

我国2012年不锈钢产量达到近1 600万吨，需使用不锈钢焊材约6万吨，是世界上最大的不锈钢及不锈钢焊材消耗国。不锈钢药芯焊丝焊接技术具有“高效、低成本、自动化”的特点，因此正在获得广泛的工业应用。该成果研制成功的环保型系列不锈钢药芯焊丝成套技术，具有广阔的应用前景。

药芯焊丝生产线

院士指导

研究员团队

创新与特色：

1. 更优良的高温性能；（发明专利：ZL 03146647.8）
2. 更低的烟尘与Cr^{6+}，比传统焊接材料低20%；（发明专利：ZL 201310432904）
3. 更低成本；（发明专利：US 13418157）
4. 更优异的焊接工艺性能。（发明专利：ZL 200510125633.6）

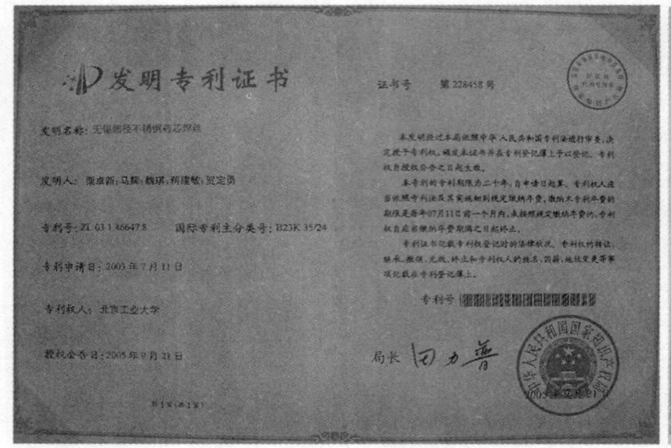

发明专利证书

证书号　第228458号

发明人：栗卓新；马鹏；魏琪；栗建敏；贺定勇

专利号：ZL 03 1 46647.8　国际专利主分类号：B23K 35/24

专利申请日：2003年7月11日

专利权人：北京工业大学

授权公告日：2005年9月21日

本发明经过本局依照中华人民共和国专利法进行审查，决定授予专利权，颁发本证书并在专利登记簿上予以登记。专利权自授权公告之日起生效。

本专利的专利权期限为二十年，自申请日起算。专利权人应当依照专利法及其实施细则规定缴纳年费。缴纳本专利年费的期限是每年07月11日前一个月内。未按照规定缴纳年费的，专利权自应当缴纳年费期满之日起终止。

专利证书记载专利权登记时的法律状况。专利权的转让、继承、撤销、无效、终止和专利权人的姓名、国籍、地址变更等事项记载在专利登记簿上。

局长　田力普

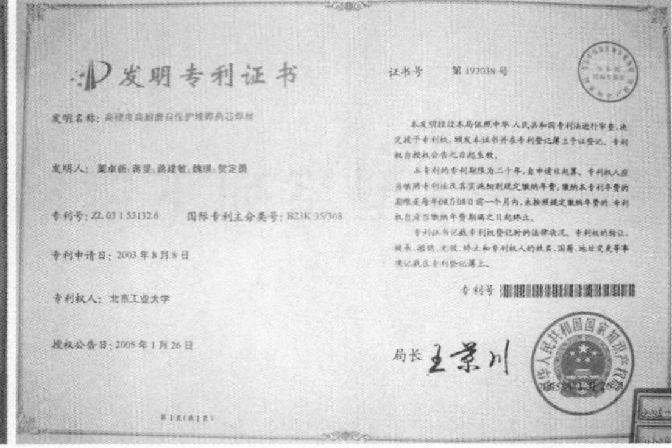

发明专利证书

证书号　第193038号

发明人：栗卓新；蒋旻；栗建敏；魏琪；贺定勇

专利号：ZL 03 1 53132.6　国际专利主分类号：B23K 35/368

专利申请日：2003年8月8日

专利权人：北京工业大学

授权公告日：2005年1月26日

本发明经过本局依照中华人民共和国专利法进行审查，决定授予专利权，颁发本证书并在专利登记簿上予以登记。专利权自授权公告之日起生效。

本专利的专利权期限为二十年，自申请日起算。专利权人应当依照专利法及其实施细则规定缴纳年费。缴纳本专利年费的期限是每年08月08日前一个月内。未按照规定缴纳年费的，专利权自应当缴纳年费期满之日起终止。

专利证书记载专利权登记时的法律状况。专利权的转让、继承、撤销、无效、终止和专利权人的姓名、国籍、地址变更等事项记载在专利登记簿上。

局长　王景川

发明专利

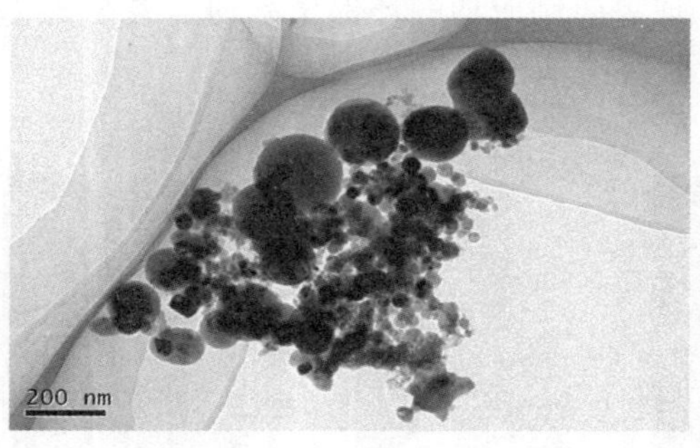

焊接烟尘的微观结构

全位置焊接

工程应用：

2005年北京市科委组织，由徐滨士院士为组长的成果鉴定意见认为：整体技术达到国际先进水平。该产品在中石化吉化乙烯，天津60万吨聚脂，厦门60万吨乙烯等重点工程中应用，效果良好，受到用户的青睐，取得了一定的社会经济效益和社会效益。高效、低成本、自动化的不锈钢药芯焊丝焊接新技术已成为批量焊接各类不锈钢的发展趋势，具有良好的市场前景。

石油管道应用

造船业应用

建筑业应用

名称:北京工业大学焊接研究所　　联系人:栗卓新　　电话:86-10-67391818
邮箱:zhxlee@ bjut. edu. cn

新型推拉送丝低能量焊接

系统简介：

为了解决薄板焊接的问题,设计了一种推拉送丝新型低能量焊接技术,它主要由焊接主电源、控制系统、送丝系统三部分构成;它依靠机械外力回抽来完成熔滴短路过渡,同时短路阶段电流值较小,从而减少对母材的热输入并能大大减小飞溅。

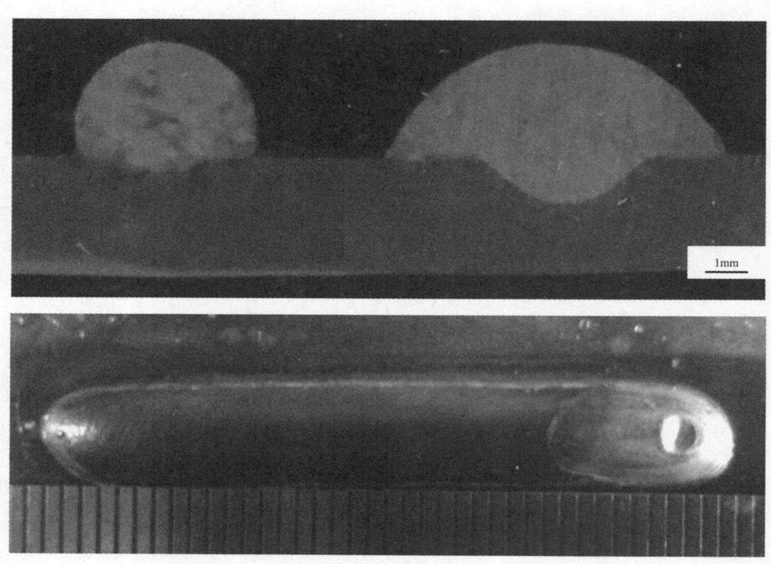

焊缝效果图

新型低能量焊接特点：

1. 熔滴过渡平稳；
2. 焊缝飞溅小、成型平滑美观；
3. 焊接过程稳定且能量可调；
4. 可存储、调用多套焊接规范；
5. 具有过欠压、缺相、过热等保护；
6. 使用范围广尤其是薄板焊接。

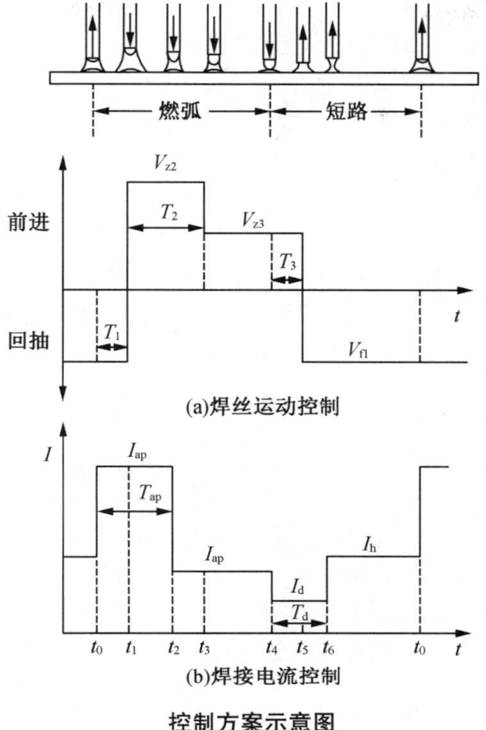

控制方案示意图

名称：北京工业大学焊接技术研究所　　联系人：黄鹏飞　　电话：010-67376317

二、焊 接 设 备

航天器舱体结构变极性等离子弧穿孔立焊关键技术与应用

我单位研发的变极性等离子弧自动化焊接系统与2009年成功用于“天宫一号”主体结构的焊接，为我国空间交会对接试验顺利实施做出了贡献，更为我国空间交会对接和自主建设空间站提供了有效保障，并获载人航天总体部赠送的“保对接携手同心，征天宇共创辉煌”锦旗，表彰采用自主知识产权科研成果直接服务国家重大工程建设。机械工程行业会议多次例举北工大助力天宫一号“把关键技术掌握在自己手里”。

立式纵缝自动焊机

VPPA 焊接电源

“天宫一号”焊接现场

“航天器舱体结构变极性等离子弧穿孔立焊关键技术与应用”成果面向我国载人航天工程，主要根据长寿命、高可靠大型空间飞行器铝合金密封舱体结构高精度和高可靠制造需求，在国家自然科学基金、北京市科技攻关和航天科技集团项目支持下，以变极性等离子弧穿孔焊接技术为攻关目标，开发完成铝合金大型薄壁壳体焊接成套技术解决方案，在设备、工艺、应用上均取得实质性突破，保证了我国天宫一号、新型运载火箭等国家重大工程项目关键构件焊接制造的顺利实施。

变极性等离子弧焊接系统

国家科学技术进步奖

证 书

为表彰国家科学技术进步奖获得者，特颁发此证书。

项目名称：航天器舱体结构变极性等离子弧穿孔立焊关键技术与应用

奖励等级：二等

获 奖 者：北京工业大学

2015年12月16日

证书号：2015-J-216-2-03-D01

国家科技进步二等奖

地址:北京市朝阳区平乐园100号北京工业大学焊接技术研究所

邮编:100124　　联系人:陈树君　　电话:010-67391617

网址:weld. bjut. edu. cn　　邮箱:sjchen@ bjut. edu. cn

一种连续长焊缝移动送进搅拌摩擦焊技术

鉴于搅拌摩擦焊在低熔点轻金属材料焊接中所体现出的巨大技术优势，它已被广泛应用于航空、航天、高铁、船舶等行业的长焊缝焊接中。

就搅拌摩擦焊技术而言，工装设计的合理性直接影响产品的焊接质量、生产效率及劳动强度，因此搅拌摩擦焊工装结构设计是制约此项技术进一步发展的关键。长焊缝焊接对搅拌摩擦焊的工装提出了更高的要求。在常规搅拌摩擦焊中，工装需对整个长度方向的待焊接部位进行装卡限位并提供顶锻支撑，焊接时主机头与工装沿着焊接方向发生相对运动，从而对长焊缝实施焊接。这种焊接方法会导致工装的结构非常复杂，且尺寸规模庞大，装备制造成本高，而且工件焊前装卡和焊后拆卸的时间都比较长，焊接制造效率也会受到严重影响。

本研究开发了一种基于辊轮驱动原理的连续长焊缝移动送进搅拌摩擦焊技术。在这一技术中，工装设计是核心内容。用于连续长焊缝焊接的移动送进工装主要包括基体、主动辊机构、从动辊机构、背部支撑机构和上侧压紧机构等几部分。上侧压紧机构安装于主机头上，且包围搅拌头，焊接时它与背部支撑机构一起，对工件施加厚度方向的装卡限位；主动辊和从动辊沿焊接方向分布于搅拌头的前方和后方，二者靠近上侧压紧机构，对工件施加焊接方向的装卡限位并提供移动驱动力。采用这一技术对长焊缝实施连续焊接时，设备主机头和工装都不发生沿焊接方向的位置移动，主机头带动搅拌头高速旋转，插入被焊工件，工装的主动辊带动从动辊旋转，驱动工件沿焊接方向移动送进，与高速旋转的搅拌头发生相对运动，从而实现长焊缝的连续移动送进搅拌摩擦焊接。

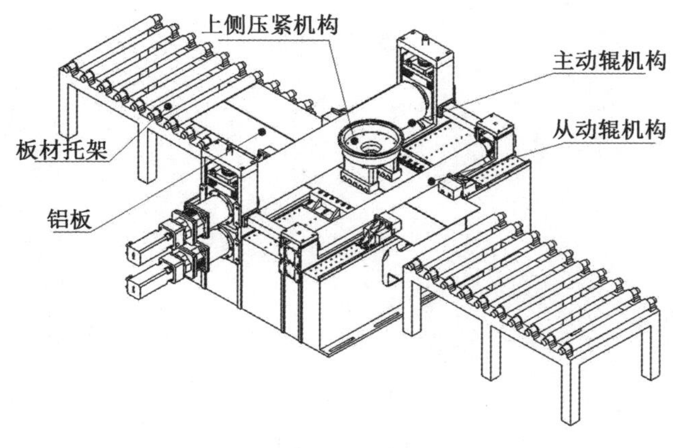

移动送进工装结构图

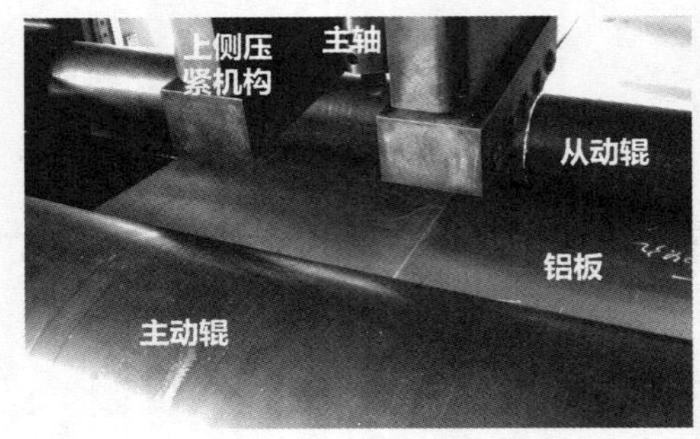

移动送进工装实物图

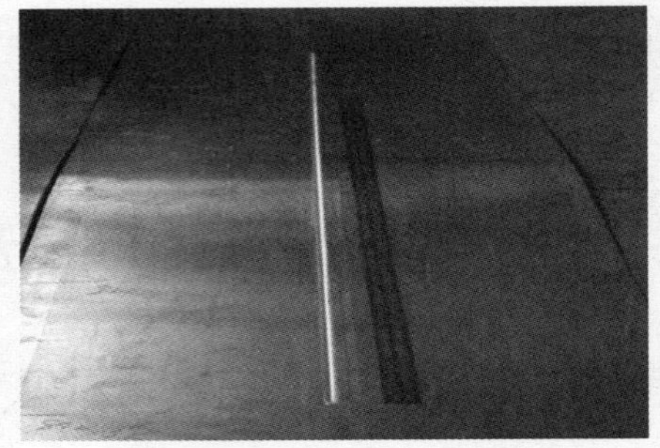

平板长焊缝照片

本研究所研发的移动送进工装,结构简单紧凑,稳定可靠,占地空间小,制造成本低;另外,由于主要的装卡限位仅仅是通过调整工装各部件的相对位置来完成,使得工件的装卡过程非常简单,从而极大地提高了焊接生产制造效率。原则上,采用这一工艺方法,可以实现任意长度长焊缝的低成本、高质量、高效率的连续搅拌摩擦焊接。

名称:中国科学院沈阳自动化研究所　　地址:沈阳市浑南区创新路 135 号
邮编:110016　　联系人:王敏　　电话:024-23970036
网站:www.sia.cn　　信箱:mwang@sia.cn

基于零轴肩压入特征的新型无减薄搅拌摩擦焊技术

在常规的搅拌摩擦焊(FSW)中,焊具轴肩需对被焊工件表面施加一定的压入量,以保证被焊材料发生充分的塑性流动。但焊具轴肩压入量的存在不可避免地会导致所形成焊缝的表面低于母材,即焊缝减薄现象的发生。焊缝减薄不仅会影响接头的表面成型质量,还会降低接头的承载能力及疲劳性能,从而对焊接结构的服役可靠性带来不利影响。

当前,国内外消除 FSW 焊缝减薄现象的方法大多是通过在焊前增大焊接区的厚度或减小未焊接区的厚度,焊后再对焊缝表面进行机加工处理来实现的。但这些方法具有效率低、接头质量差、可适用范围窄等缺点。

常规 FSW 中出现的焊缝减薄现象

本研究开发了一种基于零轴肩压入特征的新型无减薄 FSW 技术。其核心内容是:焊接时,焊具轴肩对被焊工件表面所施加的压入量为零,也就是在零轴肩压入量的工艺条件下,实现焊缝的优质成型,并获得优异的接头力学性能,从而从根本上彻底消除焊缝减薄现象。

与以往的消除 FSW 焊缝减薄现象的方法相比,本研究的新型方法无须对被焊工件进行任何焊前或焊后的增材或减材处理,即可一次性获得优质的无减薄 FSW 接头。试验结果表明,所得无减薄 FSW 接头的力学性能要优于常规 FSW 接头。

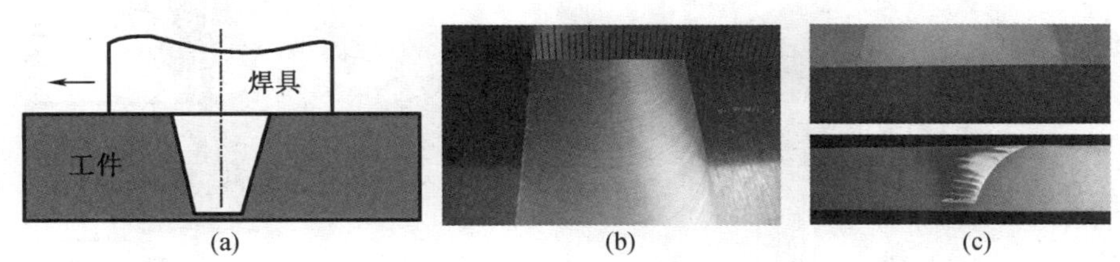

基于零轴肩压入特征的新型无减薄 FSW 技术

本研究的新型无减薄 FSW 技术不仅提高了焊接效率,保障了接头质量,还有力拓展了无减薄 FSW 工艺的应用范围。可以预见,这种方法在航空、航天、轨道交通、车辆、建筑等各行业的关键结构件的保形精确焊接方面拥有着广阔的应用前景。

名称:中国科学院沈阳自动化研究所　　地址:沈阳市浑南区创新路 135 号
邮编:110016　　联系人:张会杰　　电话:024-23970722
网站:www. sia. cn　　信箱:zhanghuijie@ sia. cn

超高转速低载荷搅拌摩擦焊技术

搅拌摩擦焊(FSW)技术本质上是搅拌头对被焊材料施加摩擦搅拌的一个机械作用过程。在常规工艺中,由于这一过程会产生较大的各向焊接载荷,使得常规 FSW 设备大多具有较大的质量和体积。这不仅提高了焊接制造成本,还限制了 FSW 的应用范围。

随着我国制造业的发展,越来越多的现场焊接制造及就位维护维修都对 FSW 这一高质量的焊接技术提出了迫切的应用需求,从而要求焊接设备具有更小的质量和体积。要想研制出这样的小型化 FSW 设备,首要条件,就是要从工艺的角度降低焊接载荷,也就是研发出低载荷 FSW 工艺。

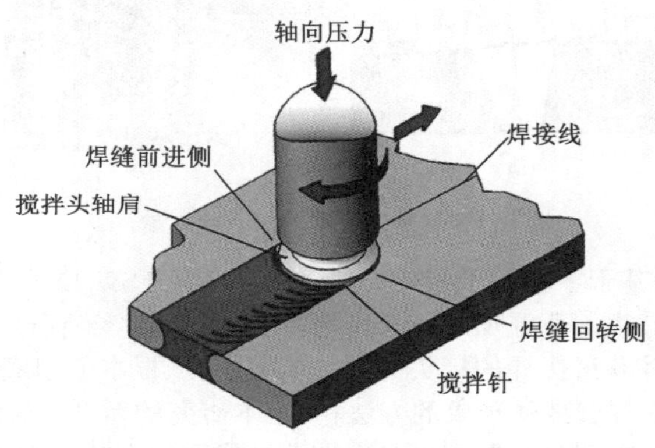

FSW 原理

大型 FSW 设备

国外小型 FSW 设备

超高转速 FSW(焊具转速高于 3 000 r/min)是减小被焊材料变形抗力、降低 FSW 载荷的有效手段。在超高转速条件下,材料呈现出近似流体的特性,焊接时非常容易从焊具底部向外溢出,导致焊接缺陷的产生。因此,超高转速 FSW 的材料流动控制异常复杂,难度很大,焊具尺寸结构设计和焊接工艺调控都与常规焊接工艺存在很大差异。

本单位基于 FSW 过程的材料流动机理,研发了专用焊具,成功在 5 000 r/min 以上的超高转速下实现了铝合金板材的高质量搅拌摩擦焊接,不仅获得了优质的焊缝成型,还获得了优异的接头力学性能。拉伸测试结果显示,接头在拉伸时断在了焊缝外侧的母材区,其拉伸性能达到了与母材等强的水平。载荷测量结果显示,超高转速条件下,焊接轴向压力和主轴扭矩可达 1.2 kN 和 5.7 N · m,分别仅为常规 FSW 时测量结果的 1/5 和 1/8,焊接载荷发生了显著的下降。

(a)

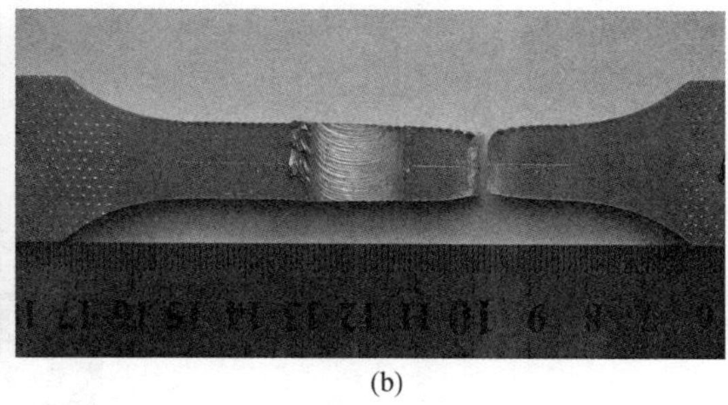

(b)

8 000 r/min 高转速下所得的焊缝表面成型及接头拉断试样

FSW 设备的小质量、小体积、柔性化制造是未来 FSW 技术的重要发展趋势。本单位的研究成果对于小型化柔性 FSW 设备的研制、FSW 技术应用的推广都会起到积极的促进作用。

名称:中国科学院沈阳自动化研究所　　地址:沈阳市浑南区创新路 135 号

电话:024-23970722　　网站:www. sia. cn

低能耗激光-电弧复合柔性焊接装备集成技术

鉴定编号:JK 鉴字[2011]第 2039 号
鉴定日期:2011 年 7 月 21 日
鉴定单位:中国机械工业联合会
完成单位:大连理工大学
成果水平:国际先进
完　成　人:刘黎明、宋刚、张兆栋等

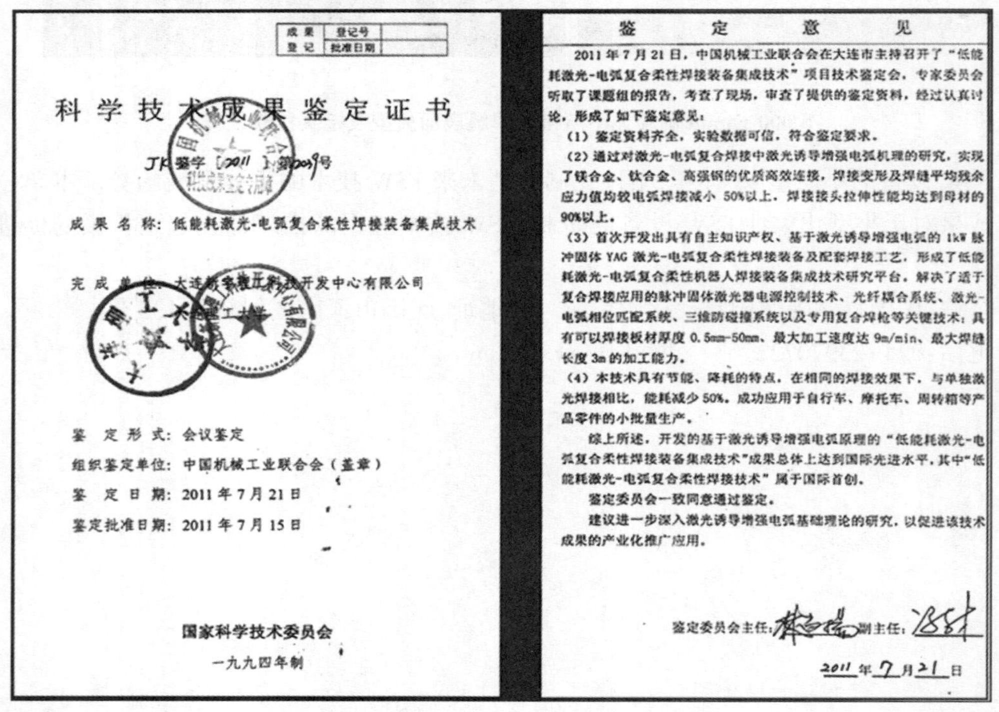

成果	登记号	
登记	批准日期	

科学技术成果鉴定证书

JK 鉴字〔2011〕第2039号

成果名称: 低能耗激光-电弧复合柔性焊接装备集成技术

完成单位: 大连[illegible]开发中心有限公司

鉴定形式: 会议鉴定

组织鉴定单位: 中国机械工业联合会（盖章）

鉴定日期: 2011年7月21日

鉴定批准日期: 2011年7月15日

国家科学技术委员会

一九九四年制

鉴　　定　　意　　见

2011年7月21日，中国机械工业联合会在大连市主持召开了“低能耗激光-电弧复合柔性焊接装备集成技术”项目技术鉴定会，专家委员会听取了课题组的报告，考查了现场，审查了提供的鉴定资料，经过认真讨论，形成了如下鉴定意见：

（1）鉴定资料齐全，实验数据可信，符合鉴定要求。

（2）通过对激光-电弧复合焊接中激光诱导增强电弧机理的研究，实现了镁合金、钛合金、高强钢的优质高效连接，焊接变形及焊缝平均残余应力值均较电弧焊接减小 50%以上，焊接接头拉伸性能均达到母材的90%以上。

（3）首次开发出具有自主知识产权、基于激光诱导增强电弧的 1kW 脉冲固体 YAG 激光-电弧复合柔性焊接装备及配套焊接工艺，形成了低能耗激光-电弧复合柔性机器人焊接装备集成技术研究平台，解决了适于复合焊接应用的脉冲固体激光器电源控制技术、光纤耦合系统、激光-电弧相位匹配系统、三维防碰撞系统以及专用复合焊枪等关键技术；具有可以焊接板材厚度 0.5mm-50mm、最大加工速度达 9m/min、最大焊缝长度 3m 的加工能力。

（4）本技术具有节能、降耗的特点，在相同的焊接效果下，与单独激光焊接相比，能耗减少 50%，成功应用于自行车、摩托车、周转箱等产品零件的小批量生产。

综上所述，开发的基于激光诱导增强电弧原理的“低能耗激光-电弧复合柔性焊接装备集成技术”成果总体上达到国际先进水平，其中“低能耗激光-电弧复合柔性焊接技术”属于国际首创。

鉴定委员会一致同意通过鉴定。

建议进一步深入激光诱导增强电弧基础理论的研究，以促进该技术成果的产业化推广应用。

鉴定委员会主任：[illegible] 副主任：[illegible]

2011年7月21日

科技技术成果鉴定证书

成果说明:

在国家科技重大专项课题支持下,经过多年攻关开发出具有自主知识产权、基于激光诱导增强电弧的脉冲固体 YAG 激光-电弧复合柔性焊接装备及配套焊接工艺,形成了低能耗激光-电弧复合柔性机器人焊接装备集成技术平台。采用固体 YAG 激光-电弧复合柔性焊接装备及配套焊接工艺可实现镁合金、钛合金、高强钢及异质材料之间的优质高效连接,可焊接板材厚度 0.5~50.0 mm、最大加工速度达 9 m/min,焊接接头性能与母材相当;与单独电弧焊接相比,本成果开发的复合焊接技术焊接速度可提高 5~8 倍,焊接能耗减少 50%

以上,具有显著节能降耗的绿色制造特征。该成套复合焊接装备能够满足自动化生产需求,已成功应用于车辆、船舶等领域产品零件的小批量生产,具有广阔的应用前景。

经鉴定,开发的基于激光诱导增强电弧原理的“低能耗激光-电弧复合柔性焊接装备集成技术”成果总体上达到国际先进水平,其中“低能耗激光-电弧复合柔性焊接技术”属于国际首创。以该技术成果为基础,开发出系列低能耗激光-电弧复合柔性焊接成套装备,已在飞机、船舶、汽车等制造领域的重点企业开展示范应用,解决了企业的关键焊接制造技术难题,为实现复杂零件的高性能焊接制造提供了技术支撑,拥有巨大的市场应用前景。

转让说明:

本技术成果可采用整体技术成果转让、实施普通许可及排他许可方式转让,具体方式双方协商确定。

整体技术成果转让许可:技术成果完成人整体转让给一个企业,在双方签订转让合同之后,技术成果完成人只保留名誉完成权。

技术成果实施普通许可:技术成果完成人授权于某个企业推广该技术成果,亦可授权多家企业开展技术推广应用。

技术成果实施排他许可:一家企业买断该技术成果,仅技术成果完成人与这家企业可以使用该项技术,不可以将该技术成果再次转让给第三方企业或个人。

地址:辽宁省大连市大连理工大学材料科学与工程学院

邮编:116024　　　　电话:0411-84707817　　　网站:weld. dlut. edu. cn

FCB 高效拼板焊接装备

产品说明：

FCB 高效拼板焊接装备主要用于大型平板板材多块(或两块)对接连续焊接，是造船、桥梁等大型钢结构工程制造的主要工艺装备。它采用背部铜衬垫+焊剂成型原理，实现上部焊接(埋弧焊)双面一次焊缝成型工艺要求。综合运用了多电极埋弧焊接技术、焊缝的自动跟踪技术，数字控制技术。通过主机系统、焊接系统、底部电磁平台及衬垫平台、输送系统等执行机构，实现高效自动化焊接。并配有焊接工艺数据的管理、焊剂防潮、背部焊剂的自动铺撒及清理等自动化辅助功能。

FCB 高效自动化拼板焊接装备，通过综合工艺控制，实现了焊接工艺及材料的国产化，焊接自动化程度高、一次合格率高、操作简便，生产管理信息实时显示并可下载分析，设计合理、技术先进，达到现行国际相应标准的相关要求。其产品性能为国内首创，达到同类产品国际先进水平，填补了国内空白，替代了进口的产品。

第二代产品——YDSJ 双移动 FCB 焊接工作站，创新技术：

1. 焊接台架可在垂直于焊缝方向自由调节，在不移动拼板的情况下，实现同时焊接两条焊缝；

2. 采用 3 电极单面焊双面成型技术；

3. 实现焊剂在焊接过程中循环自动化；

4. 采用电子跟踪探测技术；

5. 焊接条件的恒定控制，随时监测焊接电流、电压、速度，实时地作出调整控制，所以不用改变焊接条件，可在恒定条件下得到均匀的正反面焊缝。

已获授权发明专利 5 件，实用新型专利 5 件。

高新技术产品认定证书

产品名称：FCB 高效拼板焊接装备

产品编号：100GX4G0217N

承担单位：无锡华联科技集团有限公司

江苏省科学技术厅

二〇一〇年八月

有效期伍年

高新产品认定证书

国家重点新产品

证书

项目名称：FCB高效自动化拼板焊接装备

项目编号：2010GRC10009

承担单位：无锡华联科技集团有限公司

发证时间：二〇一〇年五月

有效期：三年

批准机关：科学技术部

江苏省专利高新产品证书

江苏省中小企业专利新产品证书

（2009年度）

企业名称：无锡华联科技集团有限公司

产品名称：FCB高效拼板焊接工作站

采用专利技术类型：发明专利

国家重点高新产品证书

FCB 高效拼板焊接装备是国内首创，替代国外产品垄断地位，独家占领国内市场的高新技术产品。产品已成功应用于：大连船舶重工、上海振华重工、武昌造船、江苏鑫福造船等国内大型造船企业。

名称：无锡华联科技集团有限公司

地址：江苏省无锡市高新区城南路 238 号　　　　邮编：214028

电话：0510-85388111　0510-85388222

网站：www. wxhlhg. com　　　　邮箱：info@ wxhlhg. com

多电极纵骨焊接机

产品核心技术：

1. 采用多电极 CO_2 自动焊接技术,是将多套焊接系统搭载在装备上,通过机械执行机构夹持多把焊枪在焊接位置进行施焊;

2. 多台焊接系统的电流电压参数通过集中控制系统进行统一储存和调用,通过人机对话窗口实现一人操作整套焊接装备;

3. 被焊工件两侧焊缝设有焊缝自动跟踪系统,在焊接过程中实时进行自动跟踪焊接,在焊接过程中不需人工监控;

4. 所有焊枪所需保护气体通过集中供气;

5. 24~40 台焊枪同时施焊所产生的大量有毒烟尘,采用了先进的吸尘技术,都通过集中回收净化,达到国家规定的《大气污染物综合排放标准》,保护作业环境;

6. 24~40 台焊枪通过控制系统进行端部同时引弧和尾部熄弧控制,整个焊接过程实现自动化;

7. 为实现焊接的高效率和高速度,每条焊缝处都设有两把焊枪进行焊接,两把焊枪间距控制在 25 mm 之内,实现在一弧坑内有两根焊丝进行高速熔化,将焊接速度提高 3 倍;

8. 由流水线作业替代了传统的手工作业,单件生产为批量生产,生产效率提高了 10 倍以上。

高新技术产品认定证书

产品名称：多电极纵骨焊接机

产品编号：110GX4G0470N

承担单位：无锡华联科技集团有限公司

江苏省科学技术厅

二〇一一年十月

有效期伍年

高新技术产品认定证书

本产品实现了焊缝自动跟踪、相邻纵骨无间隔一次焊接、大电流空冷 MAG 焊枪等新技术运用,其产品性能为国内首创,达到同类产品国际先进水平。本产品技术先进,质量稳定可靠,生产自动化作业,大大提高了生产效率,降低了工人劳动强度。冲破了国际垄断,振兴了我国民族产业,推动了我国造船行业的整体发展,为我国早日成为世界第一造船大国,起到极大的助推作用。

已获授权发明专利 2 件。

本产品是唯一一个大面积覆盖于国内顶级造船和造桥业的多电极纵骨焊接装备,完全替代了国外产品的垄断地位。产品已成功应用于:大连船舶重工、上海振华重工、大连中远造船、江苏新扬子造船、舟山中远船务、青岛武船造船、江苏东方重工、江苏新时代造船、上海中船长兴、南通格雷斯船舶、江苏鑫福造船、舜天造船(扬州)、烟台中集来福士海洋工程、武船重型工程、江苏中泰桥梁等厂家。出口:越南容橘造船、巴西 EEP 等厂家。

多电极纵骨焊接机

名称:无锡华联科技集团有限公司

地址:江苏省无锡市高新区城南路 238 号　　　邮编:214028

电话:0510-85388111　0510-85388222

网站:www.wxhlhg.com　　　邮箱:info@wxhlhg.com

桥梁板单元生产线

产品核心技术：

1. 钢板切割加工线——对钢板的自动划线打标技术进行最优化设计,并新设计研制了钢板的焊缝多头砂带清磨机,与钢板的自动划线打标机同跨布置,以满足焊缝多头砂带清磨和自动划线及自动打标要求。

2. 板肋加工线——研制了一条将 R2 机械倒棱工序和板肋坡口铣边工序通过辊道连接集合形成的流水生产线。采用了 U 形布局形式,合理利用了生产厂房宽度,减少了生产厂房长度占用。大大减少了板条吊运、吊装次数,降低了辅助生产时间,提高了生产效率;降低了工人劳动强度和生产成本,大大提高了产品质量。

3. U 肋板单元装配线——为保证板单元生产的机械化、装配化要求,提高板单元生产质量的稳定性,必须研制自动化生产技术。U 肋板单元装配线设计采用液压自动对中,端头定位,机械压膜自动压紧 U 肋焊接等多种技术,保障了 U 肋板单元装配的高效高质量化。

4. U 肋板单元反变形船形焊接生产线——有效地预防和消除焊接变形,高效率高质量的焊接方式,属业内首创。

5. 板单元机械矫正机——以机械矫正取代传统的火工矫正,是业内首创。该机器采用电脑控制进行机械滚压校正,压力大小能在线感应调整,实时监控反变形量,一次校正成功,能有效的提高校正工效,减少对母材的损伤,提高板肋板单元的质量。

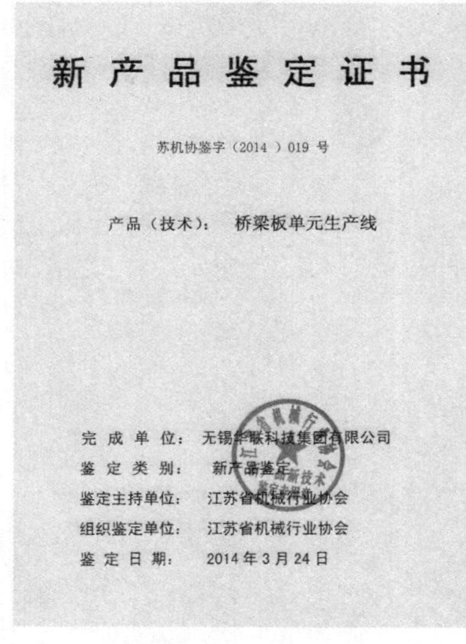
新 产 品 鉴 定 证 书

苏机协鉴字（2014 ）019 号

产品（技术）： 桥梁板单元生产线

完 成 单 位： 无锡华联科技集团有限公司
鉴 定 类 别： 新产品鉴定
鉴定主持单位： 江苏省机械行业协会
组织鉴定单位： 江苏省机械行业协会
鉴 定 日 期： 2014 年 3 月 24 日

新产品鉴定证书

本产品实现了桥梁板单元高效大批量自动焊接生产,该产品设计合理、技术先进,整机技术处于国内和国际领先水平。属国内首创,将我国的桥梁制造技术上升至一个新的台阶。

于2012年为"武船重型工程股份有限公司"针对"港珠澳"大桥桥梁结构量身定制的桥梁板单元生产线装备得到了成功的应用,其高精度、高可靠性和高效的生产率,得到了用户和业界专家们的高度赞扬。继而又相继应用于江苏中泰桥梁钢构、上海振华重工、中铁九桥工程等国内大型造桥企业。

已获授权发明专利6件,实用新型专利22件。

高新技术产品认定证书

产品名称:桥梁板单元生产线

产品编号:130GX4G0930N

承担单位:无锡华联科技集团有限公司

江苏省科学技术厅

二〇一三年十一月

有效期伍年

高新技术新产品认定证书

桥梁板单元生产线

名称:无锡华联科技集团有限公司

地址:江苏省无锡市高新区城南路238号　　邮编:214028

电话:0510-85388111　0510-85388222

网站:www. wxhlhg. com　　邮箱:info@ wxhlhg. com

XHF55 管子环缝清根铣边机

产品核心技术:

管子环缝清根铣边机用于钢管外环焊缝的清根和坡口加工,由于其全自动的控制,工作效率很高,替代烦重和高污染的人工碳弧气刨作业。

1. 加工管径范围为 ϕ1 500~8 000 mm(或以上)。

2. 采用二根数控轴控制,高精度的设备制造,铣削平稳,加工精度高。

3. 采用 55 kW 主轴大功率电机,配置 ϕ700(950)mm 大直径的刀盘,与防窜动滚轮架组合使用。

4. 可铣削 15°(或更小)窄坡口,铣削深度可达 110 mm。

5. 铣削过程为全自动控制,采用纵横向两套检测系统进行实时跟踪技术,同时配置视屏监测系统,也可采用人工观察操作横向跟踪。

本产品铣出的是窄坡口,大大减少了焊接的填充量,解决了制管业生产效率低的瓶颈问题,节约了焊接耗材和能源,大大降低了工人劳动强度,解决了工厂环境污染问题。本产品的问世是大型制管业的一次工艺性改革,主要应用于大型制管业、风塔制造、桩基制造、压力容器制造等行业。本产品为国际最领先技术,属国内首创,打破了国外的技术垄断,填补国内空白,对于振兴民族产业有着深远的意义。

已获授权实用新型专利 14 件。

产品已成功应用于:上海振华重工、蓬莱大金海洋重工等企业。

高新技术产品认定证书

产品名称: XHF55 管子环缝清根铣边机

产品编号: 130GX4G0952N

承担单位: 无锡华联精工机械有限公司

有效期伍年

江苏省科学技术厅

二〇一三年十一月

高新技术新产品认定证书

管子环缝清根铣边机

名称:无锡华联科技集团有限公司

地址:江苏省无锡市高新区城南路 238 号　　邮编:214028

电话:0510-85388111　0510-85388222

网站:www. wxhlhg. com　　邮箱:info@ wxhlhg. com

逆变式焊接电源技术及系列产品的研究与产业化

科技成果说明：

山东奥太电气有限公司(曾用名“山东山大华天科技股份有限公司”)，于2003年与山东大学联合申报的“逆变式焊接电源技术及系列产品的研究与产业化”项目，以技术难度大，达到国际先进水平，推动我国焊机行业的科技进步，同时获得重大的经济效益和社会效益，而获得了国家科技进步二等奖，成为迄今为止全国逆变焊机领域唯一获此殊荣的企业。

山东奥太电气有限公司从1990年就开始了逆变焊接设备的研发、生产和销售，自主研发的、独有的软开关PWM逆变技术和输入功率因数校正技术，具有体积小、质量小、节能、功率因数高、控制性能优越等特点，技术上已达到国际先进产品水平，是中国化学施工企业协会、中国工程建设焊接协会等部门的推荐产品，在历届中国建设行业焊工比武中作为指定比赛用焊机。山东奥太电气有限公司生产的逆变式弧焊机受到了行业用户及同行的高度赞誉。

国家科学技术进步奖

证 书

为表彰国家科学技术进步奖获得者，特颁发此证书。

项目名称：逆变式焊接电源技术及系列产品的研究与产业化

奖励等级：二 等

获 奖 者：山东山大华天科技股份有限公司

200[illegible]年1月20日

证书号：2003-J-216-2-03-D01

国家科学技术进步二等奖证书

本项目的意义在于具有较好经济效益的同时，也具有很好的社会效益，本项目的社会效益是很广泛的。直接的相关方面有：

1. 促进行业技术进步,大量采用国产器件,必将加速电力电子元器件国产化的进程,提升我国电力电子器件的技术水平,使国产器件达到或超过国外同类产品的先进水平,实现国产电力电子器件占领国内市场,进而打开国际市场。

2. 促进民族产业发展,带动和促进本行业及相关行业的发展,推动国内同行业产品赶超世界先进水平,走出国门参与国际竞争。

名称:东奥太电气有限公司

地址:山东省济南市高新技术开发区伯乐路 282 号　　邮编:250101

电话:0531-88872807　　网站:www. aotaidianqi. com

邮箱:aotaimarket@ aotaidianqi. com

双钨极热丝 TIG 堆焊工艺与设备

产品说明：

TIG^er 双钨极热丝氩弧焊——POLYSOUDE 近年来的技术研发成果之一，它是由热丝钨极氩弧焊衍生出的一种新型焊接技术。

该技术的主要特点表现在：双 TIG 电弧并存-双电弧的建立，控制并且最终把来源于一主一从两个独立电源的单一电弧合并成为一体，具备独特能量特征的 TIG^er 复合电弧。

通过第三台电源对焊丝进行预热的热丝技术可以增加焊丝的熔敷率，从而显著提高生产效率。

TIG^er 技术可以根据不同场合的焊接要求实现 1.5~3.5 mm 的单层焊接厚度。此灵活性可确保精确控制填充金属量，显著降低焊材成本（尤其是贵重合金）。

TIG^er 技术的焊接速度可达 70~90 cm/min，熔敷率高至 2.5~6 kg/h，是普通热丝 TIG 技术的三倍。

TIG^er 技术可以完美控制稀释率，该指标在第一层可控制在 12% 以下，第二层 1.5%~2%。

实践应用证实采用 TIG^er 技术的焊接设备可使焊接成本下降 20%~50%。

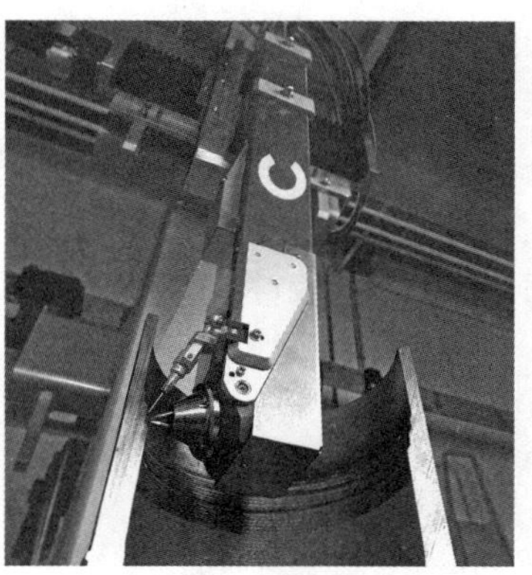

双钨极热丝 TIG 堆焊工作场景

工艺优势：

1. 焊接质量与传统 TIG 堆焊相当。
2. 电弧压力较单钨极低，即使在大电流状态下，也可以允许高焊接速度。
3. 不同钨极位置可获得不一样的弧柱和熔池。

应用领域:

1. 水平堆焊(管件和管道的内部及外部堆焊)。

2. 垂直堆焊(石油化工,天然气行业管道内部及外部抗腐蚀堆焊)。

名称:宝利苏迪焊接技术(上海)有限公司

地址:上海市闵行区马桥中辉路 60 号

邮编:201111　　联系人:夏蓓霏　　电话:021-51697366

网站:www.polysoude.com.cn　　邮箱:g.xia@polysoude.com

三、切 割 设 备

智能网络控制数控切割系统

产品说明：

该产品分为数控运动控制器和数控切割软件两部分。

数控运动控制器是一款整合了我们公司在数控控制行业多年经验的高级运动控制器，它采用高速 FPGA 和 DSP 芯片设计，具有高精度插补、运行平稳和高抗干扰的特性。该运动控制器结构简单，安装方便。支持缓冲运动、回零、软硬件限位保护。支持断电记忆功能。提供灵活的编码器接口和 IO 捕获功能。运动控制卡最多支持 8 个独立轴，可应用于其他特殊行业。

数控运动控制器使用高速网络通信控制，减少了对工控机插槽的要求，可以轻易扩展多卡而不增加工控机的成本。通信距离可以达到 70 m 以上，经过级联可以更远，从而可以实现分散式控制，降低系统布线成本。该控制器支持在线升级，可升级 DSP 固件和 FPGA 逻辑，方便现场升级。

在这基础上，我们还开发了适用于等离子和火焰切割机的数控控制软件。该数控切割软件集成了我公司多年的切割行业经验。它具有丰富的功能和简单的操作。可使用键盘、鼠标和触摸屏操作。我们致力于为客户提供一套完整的数控切割解决方案。

技术参数

参数	描述
控制轴数	两轴插补，X 和 Y
控制模式	脉冲模式，脉冲+方向，正反脉冲
IO 电压	DC15 V~24 V，输入 8 mA，输出 50 mA
IO 点数	12 个输入口，11 个输出口，可自定义 IO 端口
支持的遥控器	支持 IO 和 BCD 编码的遥控器
操作系统	WindowsXP/Windows7
操作方式	可使用键盘、鼠标或触摸屏操作
切割模式	火焰/等离子/喷粉划线
图形缩放	可使用鼠标滚轮和键盘缩放图形
可识别的代码	ISO-G、ESSI、DXF
代码文件大小	无限制
加工断点数量	无限制
回零点功能	4 个回零点，可使用回零开关和限位开关

名称:深圳市宏宇达数控技术有限公司
地址:深圳市南山区中山园路 1001 号 E4-6C(TCL 国际 E 城)
联系人:肖春明　　网站:www. hydcnc. com　　邮箱:hydcnc@ 126. com

一款可适用于国产等离子喷嘴定位的高性能弧压调高器

应用说明：

PTHC-200DC 是我公司推出的一款全新的多功能等离子弧压调高器。该调高器的秉承了我公司以往调高器操作简单、使用方便、性能可靠、高精度等特点，不但具有保护帽定位（保护帽欧姆接触式初始定位）和接近开关定位功能，还针对国产等离子电源大多数没有保护帽的特点（如 P80 割枪），专门设计了喷嘴接触式定位功能，即将初始定位检测电缆连接到喷嘴或引弧线的位置来实现初始定位。

保护帽接触式定位功能是利用等离子割炬的保护帽作为检测端，在自动定位时，当保护帽与工件接触时，调高器将检测到的接触信号作为定位检测信号控制割炬定位到引弧高度的功能。但是大多数国产高频等离子电源没有设计保护帽，而只有喷嘴露在外面（如 P80 割枪），为此我们开发了一款可以让大多数国产等离子电源像进口电源一样使用保护帽接触式定位的喷嘴定位方式。

由于采用高频引弧的等离子电源，在引弧时，喷嘴会有高达 1.5 万伏以上的高频高压，我们在保护帽定位检测电路前端增加了高压隔离器，该高压隔离器可将高频电压衰减 1.2 万伏，可有效隔离等离子高频引弧时产生的高频高压。配合我们的控制电路，从而实现国产等离子喷嘴定位切割，使其定位时反应灵敏，定位高度准确，从而有效延长易损件寿命，提高切割质量。

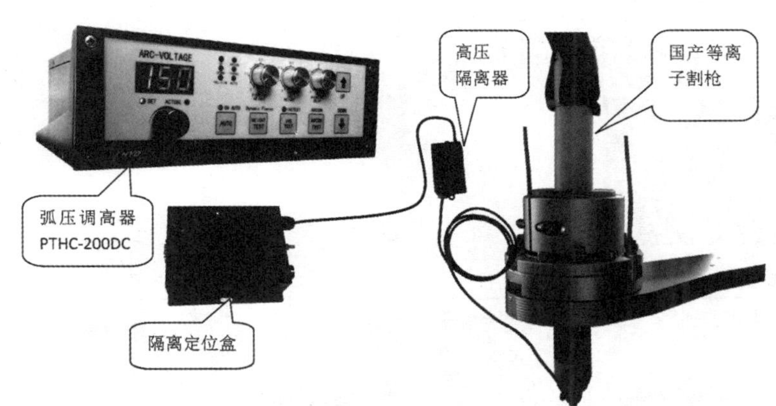

等离子喷嘴定位的高性能弧压调高器结构图

名称：深圳市宏宇达数控技术有限公司
地址：深圳南山区中山园路 1001 号 E4-6C（TCL 国际 E 城）
联系人：肖春明　　电话：0755-26625800　　网站：www.hydcnc.com
邮箱：hydcnc@126.com

大尺寸钣金件高功率光纤激光焊接成型、变形控制技术与装备

难焊材料光纤激光电弧复合焊工艺

实现5mm5系铝合金背面无衬板穿透焊接，焊缝表面平滑稳定，内部无明显缺陷

实现8mm42CrMoA 中碳合金钢活塞环缝焊一次焊接成型，焊缝表面均匀，无咬边下陷等表面缺陷，内部无裂纹气孔等缺陷

汽车天窗镀锌板搭接焊成型控制技术

研发2mm+2mm、2mm+1.5mm、1.5mm+1.2mm镀锌板搭接焊工艺

大尺寸钣金件激光焊接整体变形控制组合技术

16m×2m幅面的1.5mm+3mm不锈钢制冷板，纵向焊接变形总量控制在3mm以内，实现16m×Ø2m发射筒焊接圆度小于0.5mm，轴线直线度小于1mm，整体变形控制在2mm以内，并保证足够的强度成功开发出光纤激光深熔焊焊缝形貌控制技术和高功率光纤激光焊接工艺数据库

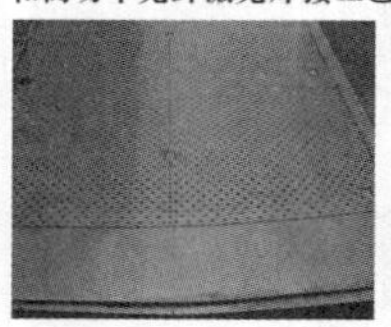

中厚板类光纤激光焊接

实现15KW厚度16mm不锈钢单面焊双面成形技术，成功焊接直径3.5m、长度4m、厚度16mm的堆芯罩，焊缝表面成型良好，内部无缺陷，焊后总变形小于3mm

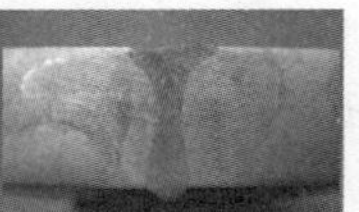

实现6mm 316L不锈钢冷却水道单面焊双面成型，焊缝表面成型饱满，保护良好无氧化，水道内腔无附着

焊接6mm哈氏合金高温燃烧罐体
焊缝连续无飞溅，焊缝均匀白亮，无裂纹气孔等内部缺陷

部分设备图片

大尺寸钣金件高功率光纤激光焊接系统介绍图

名称:大族激光科技产业集团股份有限公司　　电话:4000190219
网站:www. hansme. com　　邮箱:vip@ hanslaser. com　　邮编:518000

大尺寸钣金件高功率激光高效高质复杂廓形切割技术与系列装备

研制出高架龙门式大幅面高精度三维五轴联动光纤切割床、多机联动自动化光纤激光切割生产线、自动化光纤激光切管机和高速高功率光纤激光切割机，初步建立了二维和三维切割工艺数据库，解决了复杂廓形厚板高质量切割及薄板切割技术难题。

序号	性能指标参数	
1	加工范围（长×宽）	
2	X轴行程	3050mm-6050mm
3	Y轴行程	1525mm-2030mm
4	Z轴行程	120mm
5	X、Y单轴最大定位速度	120m/min-140m/min
6	X/Y轴最大定位速度	140m/min-169m/min
7	X、Y轴定位精度	±0.03mm/1000mm
8	X、Y轴重复定位精度	±0.03mm;±0.05mm
9	X、Y单轴最大加速度	1.2g-2.0g
10	z轴最大加速度	2.g-4.0g
11	最大切割速度	80m/min

高功率光纤激光切割机

全自动切管机

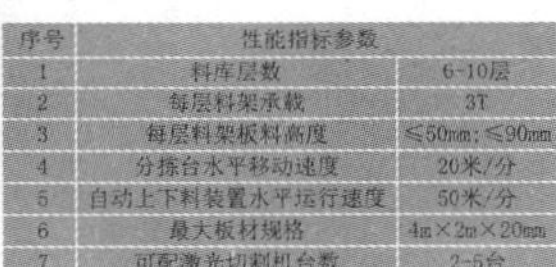

序号	性能指标参数	
1	料库层数	6-10层
2	每层料架承载	3T
3	每层料架板料高度	≤50mm;≤90mm
4	分拣台水平移动速度	20米/分
5	自动上下料装置水平运行速度	50米/分
6	最大板材规格	4m×2m×20mm
7	可配激光切割机台数	2-6台

多机联线自动化光纤激光切割生产线

序号	性能指标参数	
1	管材加工范围（长×管径）	6m-12m×φ20-180mm 6m-12m×□20-180mm
2	X轴行程	6250mm-12250mm
3	Y轴行程	200mm
4	A、B轴行程	无限旋转
5	Z轴行程	160mm
6	X、Y单轴最大定位速度	100m/min
7	A、B轴最大定位速度	100rpm
8	捆料上料长度	3500-12200mm
9	下料长度	0-6000mm
10	数控系统	HPA8000
11	X、Y轴定位精度	±0.03mm/1000mm
12	X、Y轴重复定位精度	±0.05mm

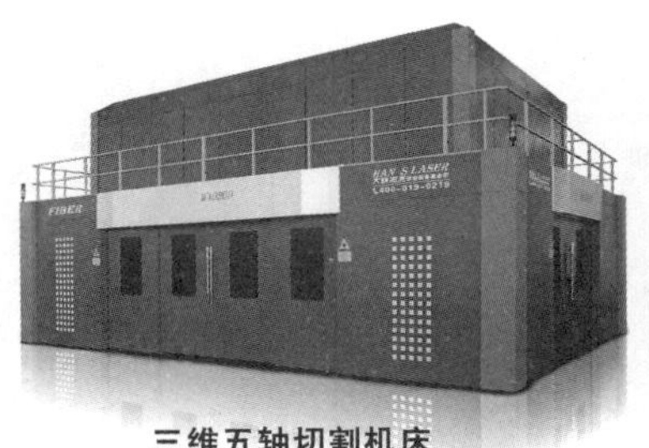

三维五轴切割机床

序号	性能指标参数	
1	X轴行程	4000mm
2	Y轴行程	2000mm
3	Z轴行程	1000mm
4	C轴（旋转轴）	n×360°
5	A轴（摆动轴）	±135°
6	加工幅面(L×W×H)	3500mm×1500mm×750mm
7	X/Y/Z轴定位速度	50m/min
8	C/A轴定位速度	60r/min
9	X,Y,Z轴最大加速度	5m/s2 (0.5g)
10	C,A轴最大加速度	60rad/s2
11	随动轴(W)行程	±10mm
12	X,Y,Z轴定位精度	±0.05mm
13	C,A轴定位精度	±0.015°
14	X,Y,Z轴重复定位精度	0.03mm
15	C,A轴重复定位精度	0.005°
16	数控系统	Siemens840D/HPA8000

大尺寸钣金件高功率激光高效切割技术与系列装备参数图

采用双驱高速高精度同步运行和大 Z 轴配重滑枕技术，解决了大尺寸三维钣金件高速切割加工难题。实现了双驱动高速高精度同步稳定运行和智能连线控制,配套料库和上下料装置,结合生成管理软件,提高了自动化程度和生产效率。

研制了高速大行程回转家头、组合匹配自动上下料装置、管材辅助支撑装置和切管软件,解决了异型管复杂截面的柔性切割难题,提高了切割质量和效率。

建立了二维和三维激光切割工艺数据库;解决了复杂廓形厚板高质量切割及薄板高速切割技术难题。

名称:大族激光科技产业集团股份有限公司　　电话:4000190219

网站:www. hansme. com　　邮箱:vip@ hanslaser. com　　邮编:518000

大尺寸钣金件高功率激光切割、焊接基础部件

研制首台高功率高精度三维五轴联动激光加工头、首套高功率焊接在线集成视觉监测、实时焊缝跟踪修正系统，并形成以三维五轴联动激光切割机床和激光焊接系统组成的激光切割焊接设备，实现了产业化应用，推动了激光技术在国内汽车制造、航空、能源等领域的应用。

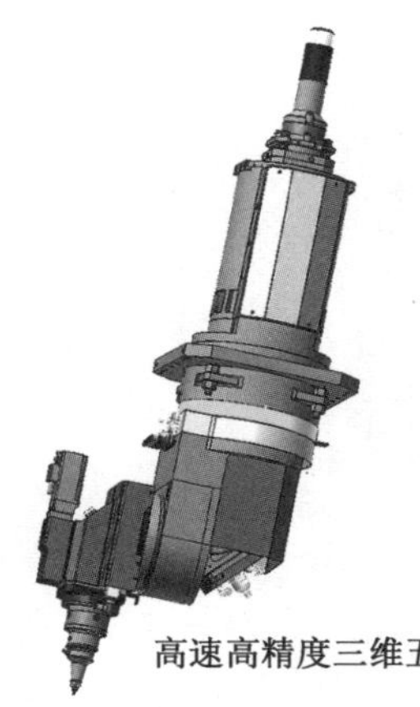

高速高精度三维五轴激光头

技术参数	*C*轴	*A*轴	*W*轴
最大速度	90 r/min	90 r/min	15 m/min
最大加速度	60 rad/s^2	60 rad/s^2	40 g
行程	360°	±135°	±10 mm
定位精度	0.015°	0.015°	0.01 mm
重复定位精度	0.005°	0.005°	0.01 mm
孔径	ϕ60 mm	ϕ48 mm	ϕ32 mm
电机类型	力矩电机	力矩电机	交流伺服
额定功率	≥6 000 W		

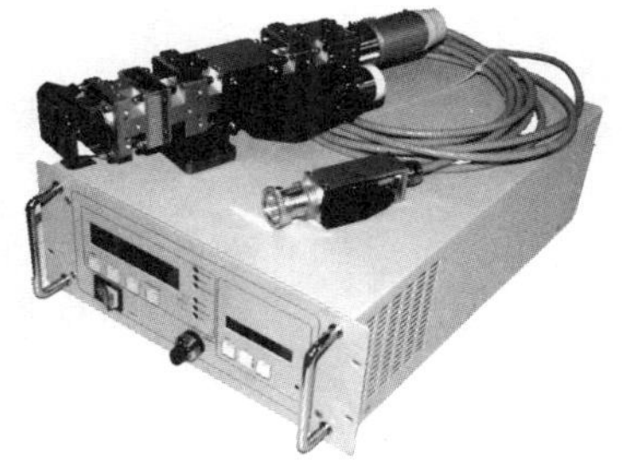

高功率激光焊接在线视觉监测

技术参数	规格
适用功率	≥6 000 W
最大跟踪速度	8 m/s
视野	焊点熔池、焊缝同步清晰成像

焊缝跟踪修正系统

参数	Hans
最快跟踪速度	8 m/s
焊缝最大偏差	0.1 mm@8 m/s
最小离开距离	57 mm
近平面视场宽度	25 mm
远平面视场宽度	32 mm
视场深度	46 mm
横向分辨率	0.05 mm
纵向分辨率	0.04 mm
适用于	焊接机床

大尺寸钣金件高功率激光高效切割、焊接基础部件参数图

本成果的主要创新点如下：

(1)水、气、光密封无限旋转技术,抗电磁干扰的多路电信号无限旋转技术,解决了高速高精度无限旋转技术难题。

(2)屏蔽高功率激光焊接等离子体和金属蒸汽强光干扰的技术,解决了高功率激光焊接在线视觉监测和高速焊缝跟踪遇到的强光干扰问题,满足了高功率激光焊接稳定性要求。

(3)高通光、高效热管理、高均匀稳定气流分布、高密封性技术,解决高功率激光加工头稳定性难题,成功开发了高功率激光加工头。

上述创新打破了国外长期垄断,为实现激光加工成套设备的全国产化奠定了基础。

名称:大族激光科技产业集团股份有限公司　　电话:4000190219

网站:www. hansme. com　　邮箱:vip@ hanslaser. com　　邮编:518000

FastCAM MultiBOT 多功能切割机器人系统

平板坡口切割

管子坡口切割

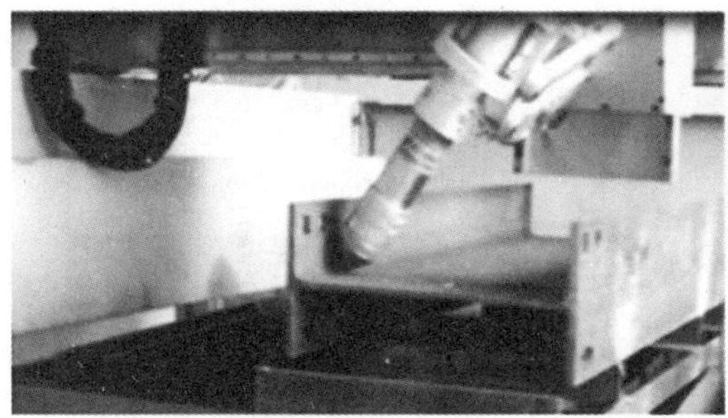

钢结构型钢切割

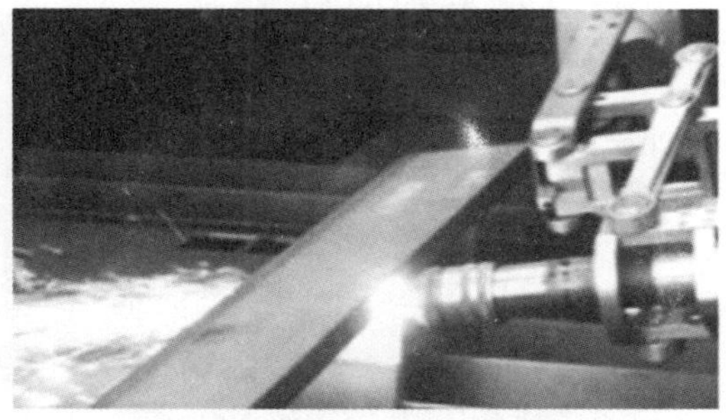

船厂球扁钢切割

隔珊板切割

隔珊板切割

名称:发思特软件(上海)有限公司

地址:上海浦东新区郭守敬路 498 号 22 号楼 201 室

电话:021-50803069　　网站:www. fastcam. cn　　邮箱:fastcam@ fastcam. cn

切割工艺库套料软件(黄金版)等离子精细小孔切割

切割工艺库功能包括:

★火焰切割工艺库:

宁波金凤火焰割嘴;

用户可自行编辑修改。

★等离子切割工艺库:

海宝等离子切割工艺;

飞马特等离子切割工艺;

凯尔贝等离子切割工艺;

凯博等离子切割工艺;

伊萨等离子切割工艺。

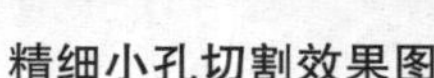

精细小孔切割效果图

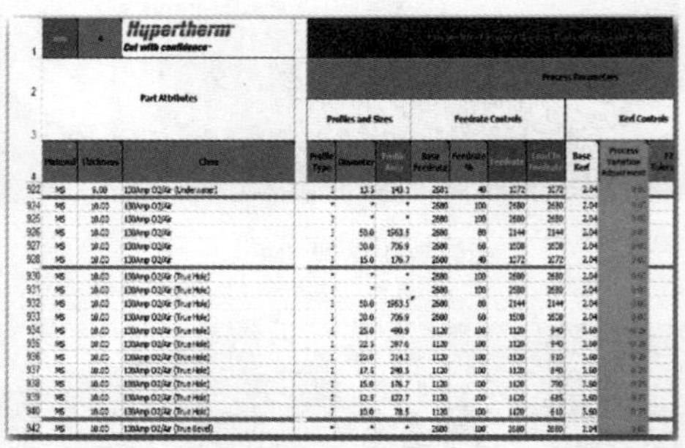

切割套料软件工艺库界面

★切割工艺库主要用途:

1. 火焰和等离子切割工艺资料永久保存,不再丢失。
2. 实现标准化切割,使新老员工切割质量一样好。
3. 实现等离子精细小孔切割。
4. 一款软件使多台等离子切割机都实现精细小孔切割。

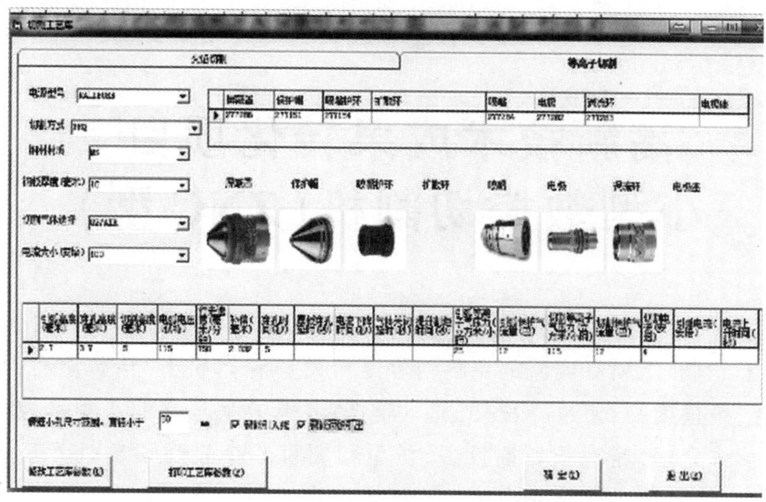

切割套料软件工艺选配界面

名称:发思特软件(上海)有限公司

地址:上海浦东新区郭守敬路 498 号 22 号楼 201 室

电话:021-50803069 网站:www.fastcam.cn 邮箱:fastcam@fastcam.cn

高新技术成果转化项目：
小型数控切割机(ZNC型)

项目说明：

"小型数控切割机"项目实施的主要内容是研发一种体积小,移动便利;自动化控制程度高;运行稳定,精确度高;使用寿命长,成本较低;节能效果理想的小型数控切割设备。用以替代国内手持式火焰、等离子切割设备、仿型切割机和半自动切割机乃至大型数控切割设备,使更多中小企业得以受益并推动行业技术进步。

证　书

项目编号：201308502　　项目等级：C　技术贡献系数：0.76

项目名称：小型数控切割机(ZNC型)

项目单位：上海正特焊接器材制造有限公司

该项目经审定，认定为上海市高新技术成果转化项目，有效期至 2018 年 10 月。

上海市高新技术成果转化项目认定办公室

2013 年 10 月 14 日

上海市高新技术成果转化证书

项目成果：

本项目产品通过十多年来的不断研发、改进、技术升级,取得了3项专利,产品结构更加合理、稳定性更好。经权威第三方鉴定"该产品精度指标达到国内领先水平"。该项目得到了上海市中小企业创新基金支持,系上海市名优产品。目前产品已销往世界各地,成为全球著名切割机企业的OEM供应商,被阿里巴巴马云先生誉为"隐形冠军"。

转让说明：

专利实施普通许可：专利权授权于某个企业或个人生产该专利,亦可授权多家企业或个人。

名称：上海正特焊接器材制造有限公司　　地址：上海市嘉定区胜辛南路305号

电话：021-69176480　021-69176479　　网站：www. zhengte. net

邮箱：cjw@ zhengte. net

XPTHC-5 弧压调高器

应用说明：

1998 年，我们首创的采用 DC24 直流电机作为驱动电机，开发出了国内首台使用 DC24 V 直流电机的等离子弧压调高器。今天，XPTHC 系列产品已经被广泛地用于数控等离子切割，得到了广大用户的一致认可，以其高性能、高可靠性以及性价比，推动着切割机行业的发展。

高速和精细切割的弧压调高器大多数仍采用进口的弧压调高器，并且需要搭配伺服电机以及配套的升降机构，综合成本高昂(2.5 万~7.5 万)。本设计的目标是利用 DC24 V 直流电机通过改善控制方法实现高速和高精度的切割，控制性能和切割精度达到甚至超过进口调高器的性能，而成本只有进口产品的 1/10。

不管采用伺服电机驱动还是采用直流电机驱动，在弧压自动调节过程中，都是通过采样实际弧压来调节高度。传统的 PID 调节方法是当放大器的放大倍数在一定的范围内时，系统能保证平滑切割，但调高的响应速度无法和伺服匹敌，当增加系统的放大倍数后，调高系统就可能产生超调甚至振荡。要提高直流电机的快速响应速度，而在控制过程中又不会产生振荡和超调不能采用传统的 PID 调节方法，必须另辟蹊径。

XPTHC-5 系列调高器采用了一种自动增益控制(AGC)的控制方法，即在自动切割时的平衡点，系统的放大倍数是比较低的，而当系统脱离平衡点时，系统的放大倍数对应的偏差值呈指数倍的基数变化。通过这种控制方法，XPTHC-5 实现了综合切割精度是传统的 PID 调节方法的 4~6 倍，理论切割速度达到 48 m/min，实际切割速度达到 24 m/min，并在江苏博大数控成套设备有限公司使用海宝 HPR260 精细等离子切割测试，切割速度和精度完全达到甚至超过使用伺服调高的效果，这是国内弧压调高控制器的又一次重大突破。

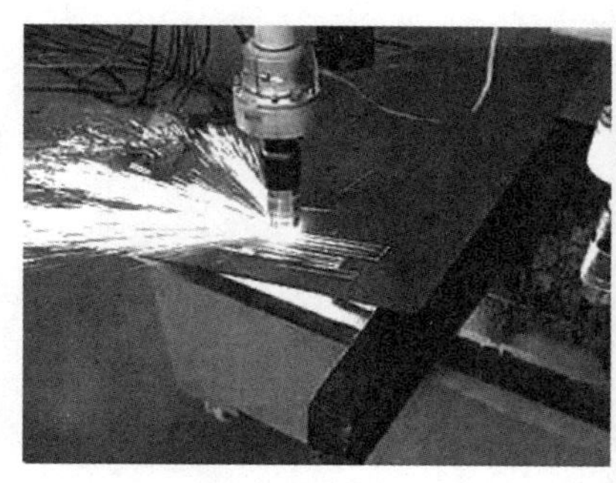

XPTHC-5 与伺服调高切割对比测试(江苏博大切割实验室)

参数对比

型号及名称	控制方法	弧压变化 1 V 电机输出电压/V	弧压变化 2 V 电机输出电压/V	弧压变化 3 V 电机输出电压/V	到达最大调节速度的弧压变化值/V	备注
XPTHC-100III	固定增益 PID 调节	3. 5	7	10. 5	7	最大切割速度 10 m/min，平面切割弧压精度:±3 V
XPTHC-5S XPTHC-5D	AGC 自动增益控制	5. 6	15. 6	MAX	2. 5	最大切割速度 24 m/min，平面切割弧压精度:±1 V

名称:深圳市宏宇达数控技术有限公司
地址:深圳市南山区中山园路 1001 号 E4-6C(TCL 国际 E 城)
电话:0755-26625800　　网站:www. hydcnc. com　　信箱:hydcnc@ 126. com

等离子切割机磁性升降装置

科技成果说明：

数控等离子切割机的割炬为执行切割任务的关键部件，在复杂的切割工作环境里，由于操作工人观察范围受限，割炬经常受到碰撞，容易损坏割炬，需要经常更换喷嘴和割枪，增加不少使用成本。

以往等离子割炬升降均采用丝杆、直线滑轨运动来实现割炬的升降。该升降虽然能达到升降目的，但升降精度不高，防碰撞效果差，无法达到精确定位、精准切割的要求。以往的等离子割炬升降虽然均安装了护板，但因为结构的问题，无法全封闭安装。在切割过程中铁渣飞溅物容易黏附在丝杆、直线滑轨上，造成升降机构损坏、卡死的现象。

等离子割炬升降防碰撞采用磁性原理，安装方便快捷，能够在发生强碰撞时，因为该装置采用磁性原理，磁石有吸合分离的特性，所以当发生强碰撞时磁石迅速分离。安装在连接板上的近接光电开关就得到 1 个信号给控制器，控制升降电机提升割炬，避免发生碰撞，保护等离子枪体。

等离子割炬磁性升降结构灵敏性更强。当出现铁板强碰撞的情况，磁性装置脱离，安装在铝板内的近接光电开关发出碰撞信号给控制器，控制升降丝杆提升割距，可有效地防止等离子枪的损伤。等离子割炬磁性升降结构为全封闭结构，能有效地防止灰尘、粉尘、铁渣的掉落飞溅。

名称：常州市华强焊割设备有限公司　　地址：常州市新北区奥园路 38 号
邮编：213125　　联系人：谢茂祖　　电话：0519-85156898
网站：www. hqhange. com　　邮箱：hqhange01@ 163. com

HF-3600P 数控高精度等离子切割机

科技成果说明:

HF-3600P 型数控高精度等离子切割机是山东省经济和信息化委员会 2011 年技术创新扶持项目并于当年通过省级鉴定,2012 年获得山东省技术创新优秀新成果一等奖、山东省机械科技进步二等奖。

该设备通过电气控制创新、机械结构创新、切割工艺创新,糅和了近三十年的切割工艺经验以及目前先进的小圆孔精密切割专利技术研制而成。实现了板厚 5~25 mm(低碳钢)的径厚比为 1:1的小圆孔精确成型切割,在一定的范围内可以取代钻床钻孔和激光切割,如振动筛孔、风机部件插接长条孔、散热孔、过滤孔、螺栓光孔、电梯配重块穿孔等的切割加工,该设备可广泛应用于汽车、农业机械、工程机械、高铁、建筑机械、锅炉、风机、电梯、石材锯片基体等行业板材零件的高精度切割加工,许多零件切割后几乎不需要后续加工,大幅度缩短了零件加工周期、提高了生产效率,大幅度降低了加工成本。

山东省技术创新优秀新产品

证　　书

产品名称:HF-3600P 数控高精度等离子切割机

奖励等级:一等奖

参加人员:王茂忠、迟勇杰、孙国法、杨慕珍、李云稀、李新、焦国庆

No: SDTI2012P001

山东省企业技术创新促进会

二〇一二年六月三十日

山东省技术创新优秀新产品证书

HF-3600P 数控高精度等离子切割机

HF 系列高精度切割机真正实现了:高质量、高精度、高效益!

名称:济南艾西特数控机械有限公司

地址:山东省济南市槐荫区绿地中央广场 C-3 地块 A 座

联系人:李云稀,杜令军　　电话:0531-62305002　0531-62305063

网站:www. echtnc. com　　邮箱:li@ echtnc. com

TF 台式数控高精度等离子切割机

科技成果说明：

TF 系列台式数控高精度等离子切割机是山东省经济和信息化委员会 2012 年技术创新扶持项目并于当年通过省级鉴定，2013 年获得山东省企业技术创新优秀新产品三等奖。

该系列切割机采用一体式床身结构，整体进炉退火处理，同时采用独有的减震、消震技术以及多项专利技术，糅和了近三十年的切割工艺经验以及目前先进的小圆孔精密切割专利技术。与常规的台式切割机相比，有着更优异的性能和更高的精度。

该机实现了板厚 5～25 mm（低碳钢）的径厚比为 1∶1的小圆孔精确成型切割，在一定的范围内可以取代钻床钻孔和激光切割，如振动筛孔、风机部件插接长条孔、散热孔、过滤孔、螺栓光孔、电梯配重块穿孔等的切割加工，该设备可广泛应用于汽车、农业机械、工程机械、高铁、建筑机械、锅炉、风机、电梯、石材锯片基体等行业板材零件的高精度切割加工，许多零件切割后几乎不需要后续加工，大幅度缩短了零件加工周期、提高了生产效率，大幅度降低了加工成本。

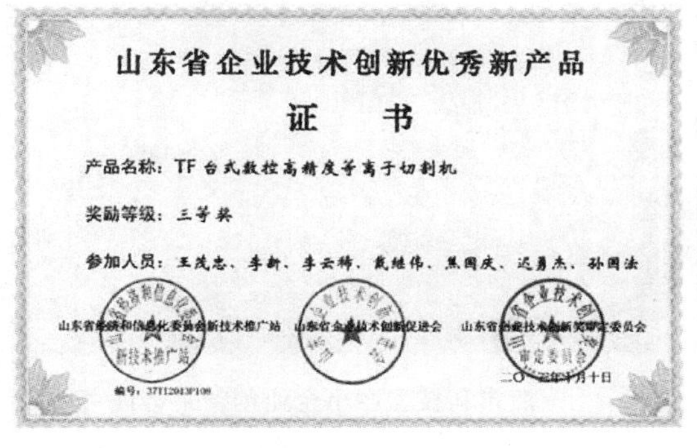

山东省企业技术创新优秀新产品

证　书

产品名称：TF 台式数控高精度等离子切割机

奖励等级：三等奖

参加人员：王茂忠、李新、李云稀、戴继伟、焦国庆、迟勇杰、孙国法

山东省企业技术创新促进会

山东省企业技术创新优秀新产品

TF 台式数控高精度等离子切割机

TF 系列台式机真正实现了：高质量、高精度、高效益！

名称：济南艾西特数控机械有限公司

地址：山东省济南市槐荫区绿地中央广场 C-3 地块 A 座

联系人：李云稀、杜令军　　　电话：0531-62305002、62305063

网址：www. echtnc. com　　　邮箱：li@ echtnc. com

两化融合——高端工业化切割设备

自主研发多功能切割机器人,包括机器人本体部分、五轴联动数控系统和离线编程机器人切割软件,其产品将成为新一代功能强大的切割机器人下料中心,将具备平板变坡口切割、管子相贯线坡口切割和各种型钢的多功能等离子切割。多功能切割机器人的研发将实现中国切割焊接行业的产业升级,即从现行的二维平面切割,转变提升为根据 AWS/CWS 焊接标准,一次完成三维焊接坡口的机器人切割,从而实现中国切割焊接产业的自动化和工业化。

切割机器人的核心技术是机器人本体的设计,六轴数控系统控制软件的开发,以及针对平板、管材和各种型钢(H/L/T/U 等),根据美国 AWS 和中国 CWS 焊接标准,开发的满足 AWS/CWS 焊接工艺的,实现线下离线编程的焊接坡口切割软件。

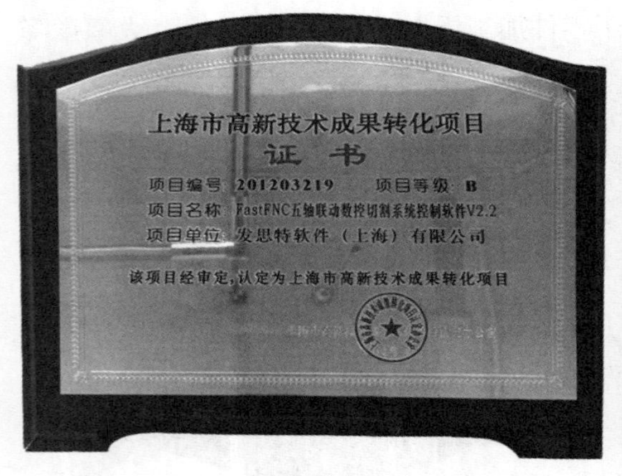

上海市高新技术成果转化项目
证　书
项目编号 201203219　　项目等级 B
项目名称 FastFNC五轴联动数控切割系统控制软件V2.2
项目单位 发思特软件（上海）有限公司
该项目经审定,认定为上海市高新技术成果转化项目

上海市高新技术成果转化证书

科技型中小企业技术创新基金
立项证书
承担单位: 发思特软件（上海）有限公司
项目名称: 五轴联动数控切割控制系统-FastFNC
项目类别: 创新项目
立项代码: 09C26213103584
批准文号: 国科发计字[2009]579号
执行期限: 2009.05.31 至 2011.05.31
INNOFUND
创新基金支持项目
2009年11月11日

上海市科技型中小企业创新基金证书

名称:发思特软件(上海)有限公司

地址:上海浦东新区郭守敬路 498 号 22 号楼 201 室

电话:021-50803069　　网址:www.fastcam.cn　　邮箱:fastcam@fastcam.cn

数控 3D 技术坡口切割机
——中意合作联合推出

哈尔滨哈电机械电子设备有限责任公司，简称哈电数控，系国家一级企业哈电集团哈尔滨电机厂有限责任公司(建于 1950 年)原直属分公司，是专业从事数控焊切设备研发、制造，集科、工、贸于一体的大型自动化高科技企业。

我公司的主导产品是 HMEC 系列数控火焰等离子切割机及大型数控加工设备。现有的经营范围：数控专业设备设计、制造、销售；数控设备的技术咨询、技术服务和设备的售后服务、维修；计算机程序设计；金属切割下料、铆焊电机修造及备品备件。

主要产品介绍：

设备功能：人机对话操作方式；故障自诊断，割缝自动补偿；自动转角减速，加减速按钮可优化切割速度；具有座标旋转功能，可弥补钢板水平斜置；3D 双偏摆无角度限制坡口机构，等效于 5 轴联动的加工中心；可实现±45°，带坡口调节割枪切割。整套机构能够与 XYZ 电机联动，通过高精度插补运算，实时维持割枪中心线与钢板平面的目标夹角，以及割枪枪尖运动轨迹与目标轮廓的准确重合，再配合实时反馈的等离子弧电压和数控系统内部的坡口切割工艺数据库，能够准确地获得高精度的切 K 型、Y 型、V 型、X 型等坡口零件。

主要配置：机械主体采用龙门架形式，由横梁、端座、3D 双偏摆坡口机构、横纵向导轨组成，各部件采用可靠的定位装置连接防止精度改变，导向及传动部分采用弹性无侧间隙啮合，保证齿轮齿条无间隙传动，进而保证设备平稳运行和精度。横梁、端座均采取箱式焊接结构，采取时效处理措施，保持永不变形

软件系统：

1. 坡口专用套料软件：Libellula Bevel Cut。

2. 坡口专用数控系统：Z32 Florenz。

应用范围：造船业、压力容器、锅炉、换热器、汽车机加桥壳、钢结构、机车、工程机械、农机、矿山机械、煤机、石油机械、风电塔筒、电机、汽轮机、透平、风机等企业工厂下料车间。

地址：哈尔滨市哈南工业新城汇贤路 5 号　　邮编：150001

电话：0451-51910615　0451-51910616　　网址：www.china-hmec.com

邮箱：hec_cnc@163.com

数控相贯线切管机(五轴四联动)

哈尔滨哈电机械电子设备有限责任公司,简称哈电数控,系国家一级企业哈电集团哈尔滨电机厂有限责任公司(建于1950年)原直属分公司,是专业从事数控焊切设备研发、制造,集科、工、贸于一体的大型自动化高科技企业。

我公司的主导产品是HMEC系列数控火焰等离子切割机及大型数控加工设备。现有的经营范围:数控专业设备设计、制造、销售;数控设备的技术咨询、技术服务和设备的售后服务、维修;计算机程序设计;金属切割下料、铆焊电机修造及备品备件。

主要产品介绍:

设备结构:数控相贯线切管机(五轴四联动)。

*X*轴:滑座在纵向轨道上沿圆管轴向方向行走。采用精密减速器,齿轮齿条无间隙传动。纵向轨道由高强度路轨制成,导轨顶面和侧面均经过精密机械加工。

*A*轴:管件旋转轴,采用伺服电机、减速机和双齿轮消隙机构驱动主轴、卡盘和管子作伺服运动。

*B*轴:割炬沿管件轴向水平摆动轴。

*C*轴:割炬沿管件径向平面摆动轴。

完成*B*轴、*C*轴运动的部件安装在双摆杆机构中,分别由伺服电机、精密减速器和齿轮传动完成*B*轴、*C*轴的运动。

*Z*轴:割炬垂直升降轴,手动电动控制升降,直线滑轨导向,电机减速器及丝杠传动。

设备功能:用于各种管道的相贯线和管端热切割,主管与支管正交相贯线切割;正斜交相贯线切割;主管开槽、开孔;定角坡口、定点坡口;三维图形轨迹显示;多管套料;氧燃气、等离子两种切割模式任选。

加工规格:切割管子外径:ϕ40 mm~ϕ800 mm,保证成型美观,无熔渣;切割头有效加工长度12 000 mm;定位精度±0.2 mm。切割形式:等离子或火焰。切割材料厚度:2~20 mm(等离子切割)。20 mm以上(火焰切割)整机定位精度、重复精度符合《坐标式切割机》(JB/T 5102—2011)标准;切割质量符合《热切割　质量和几何技术规范》(JB/T 10045—2017)标准。

应用范围:造船业、压力容器、锅炉、换热器、汽车机加桥壳、钢结构、机车、工程机械、农机、矿山机械、煤机、石油机械、风电塔筒、电机、汽轮机、透平、风机等企业工厂下料车间。

地址:哈尔滨市哈南工业新城汇贤路5号　　邮编:150001

电话:0451-51910615　0451-51910616　　网址:www.china-hmec.com

邮箱:hec_cnc@163.com

四、焊接专用机械

大型刮板输送机中部槽智能焊装线

2021 年度黑龙江省重点领域首台(套)创新产品

认定时间:2021 年 11 月 23 日

认定单位:中国机械总院集团哈尔滨焊接研究所有限公司

项目团队围绕国家重大能源工程领域优质高效的制造需求,在国家智能制造装备发展专项的支持下,携手煤机行业龙头企业开展持续创新与突破,成功研制出国内首条大型刮板输送机中部槽智能焊装线并工程化应用。产线全长 100 m,包含 15 个自动化/智能化焊装工位,涵盖了中部槽智能组装、中板机器人自动焊接、底板自动组装、底板外缝机器人自动焊接、底板内缝掏焊、齿轨座智能组装与焊接,中板自动探伤等工位,实现中部槽从组装、传输、焊接到检验的一体化智能制造,引领煤机制造行业科技进步。

生产线建成投产后,已累计生产 30 多个品种的中部槽 2.5 万件。与传统的生产模式相比,智能产线生产人员减少 42%,生产效率大幅度提高。已授权国内外专利 10 件(日本专利 1 件),软件著作权 2 项,发表论文 20 余篇;荣膺 2021 年度黑龙江省重点领域首台(套)创新产品。

大型刮板输送机中部槽智能焊装线 1

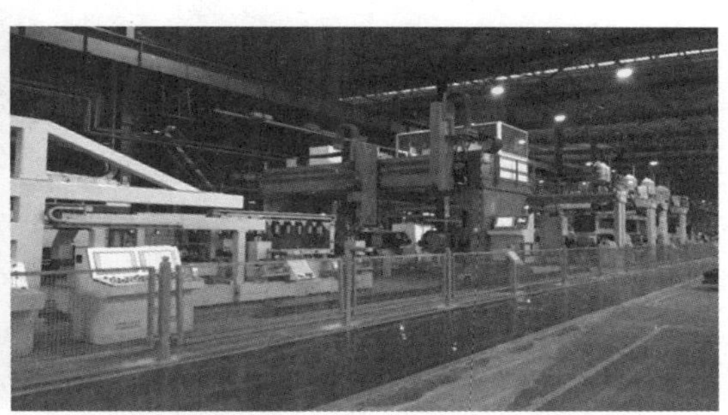

大型刮板输送机中部槽智能焊装线 2

地址:黑龙江省哈尔滨市松北区创新路 2077 号　邮编:150028
联系人:齐万利　电话:0451-86337303
网站:www.hwi.com.cn/　邮箱:13674675850@126.com

轨道车辆铝合金部件搅拌摩擦焊接工艺及装备

机械总院科技成果一等奖

获奖时间:2018 年 8 月

获奖单位:哈尔滨焊接研究院有限公司

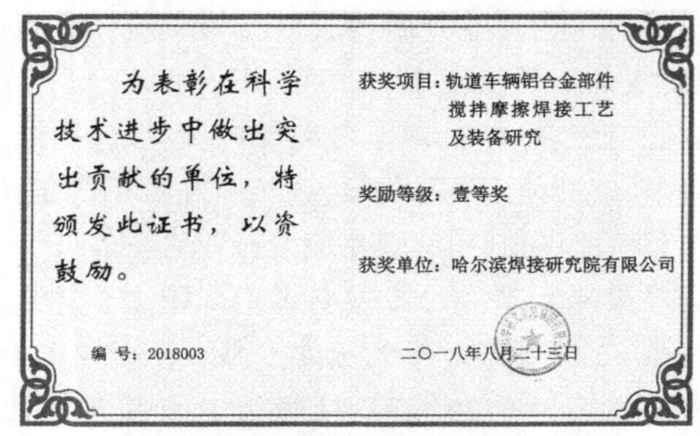

获奖证书

伴随我国轨道客车装备研制水平的提高,车体结构不断丰富,轻量化、高强铝合金车体成为轨道车辆车体的主流。针对国内轨道车辆主机厂及外协制造厂对搅拌摩擦焊接工艺及装备的迫切需求,哈尔滨焊接研究院有限公司开展了轨道车辆铝合金部件搅拌摩擦焊接工艺及装备技术的研究工作,着力解决轨道车辆车钩板、连接板等大厚度铝合金车体部件焊接问题,以及地板、隔墙、高压箱底板、平顶、活动裙板、转向架裙板等板材、型材单轴肩和双轴肩搅拌摩擦焊接工艺及装备问题。

本项目基于“搅拌摩擦焊接摩擦界面温度测量”专利技术,实现对焊接界面温度精确测量;基于“双轴肩搅拌摩擦焊接装置”专利技术,解决双轴肩搅拌摩擦焊头部和尾部缺陷;基于工件圆角判据及动态坐标变换方法的焊缝跟踪系统,解决振动条件下小间隙焊缝识别问题,技术水平达到国内先进水平。

目前,公司已经形成了搅拌摩擦焊接工艺开发及系列搅拌摩擦焊装备制造能力,现已提供台式搅拌摩擦焊机 2 台套,龙门式搅拌摩擦焊机 2 台套,共计 4 台套,提供搅拌摩擦焊接工艺开发服务 1 项,合同总额为 627.6 万元。通过轨道车辆铝合金部件搅拌摩擦焊接工艺及装备技术研究,有效促进了轨道车辆制造企业产品制造技术的升级,有力支撑了轨道车辆产品质量的提高,为我国轨道车辆优质制造助力。

龙门式搅拌摩擦焊机

地址:黑龙江省哈尔滨市松北区创新路 2077 号　　邮编:150028
联系人:齐万利　　电话:0451-86337303
网站:www. hwi. com. cn/　　邮箱:13674675850@ 126. com

国产高镍合金焊接材料在石化高压设备上的应用研究

机械总院科技成果一等奖

获奖时间:2017 年 10 月

获奖单位:哈尔滨焊接研究所;哈尔滨威尔焊接有限责任公司

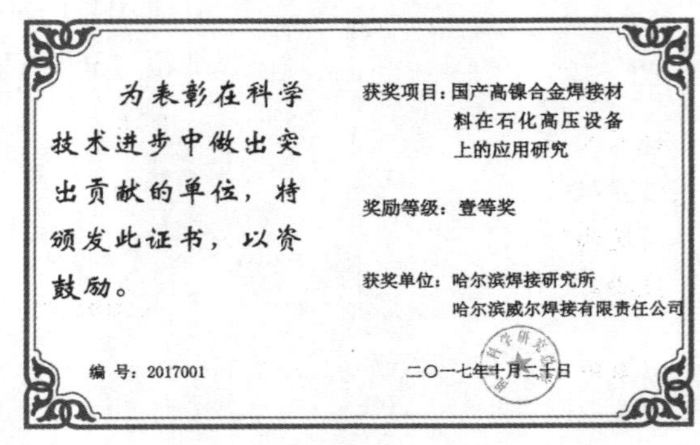
为表彰在科学技术进步中做出突出贡献的单位，特颁发此证书，以资鼓励。

获奖项目：国产高镍合金焊接材料在石化高压设备上的应用研究

奖励等级：壹等奖

获奖单位：哈尔滨焊接研究所
哈尔滨威尔焊接有限责任公司

编　号：2017001

二〇一七年十月二十日

获奖证书

高镍合金焊接材料在石化高压设备上的应用研究是哈尔滨威尔焊接有限责任公司根据市场需求开展的企业自主研发项目,目的是开发石化高压设备用 625 等焊接材料,实现进口替代。

本项目经过试验研发、焊接工艺评定和产品应用,开发出了符合项目技术要求的焊材产品。研制出了镍基合金焊条 Ni625、镍基合金气保焊丝 HS625、镍基合金焊带焊剂 H625/电渣焊剂 SJ82B、埋弧焊剂 SJ613。另外还研制了 600 系列焊材和 904 系列焊材。

项目研究成果通过了中国石化科技部主持召开的项目评审会,评审结果认为项目研制的焊材各项技术指标包括力学性能、耐蚀性能、工艺性能等均满足产品研制技术要求,与国外同类焊接材料实物水平相当,部分性能优于进口产品,可以用于高压、强腐蚀环境的石油化工装置的焊接制造。

项目研制的 625 焊条、焊丝、焊带和焊剂,已在兰州兰石重型装备股份有限公司、大连金州重型机器集团有限公司、太原重工煤化工分公司、上海森松化工装备有限公司、抚顺机械设备制造有限公司、内蒙古大唐国际克什克腾煤制天然气有限责任公司、甘肃蓝科石化高新装备股份有限公司等十多家单位得到大量生产应用,产品质量稳定,并实现了 625 焊接材料的进口替代。2014—2016 年实现了焊材销售收入 6 000 多万元。

项目的研发成果对我国石化行业高压大型设备的自主化生产,具有显著的经济效益和社会效益。

神华宁煤 400 万吨年煤炭间接液化项目

地址:黑龙江省哈尔滨市松北区创新路 2077 号　　邮编:150028
联系人:齐万利　　电话:0451-86337303
网站:www. hwi. com. cn/　　邮箱:13674675850@ 126. com

大口径厚壁油气钢管优质高效预精焊关键技术及成套装备

中国机械工业科学技术奖一等奖

获奖时间:2016 年 10 月

获奖单位:机械科学学研究院哈尔滨焊接研究所

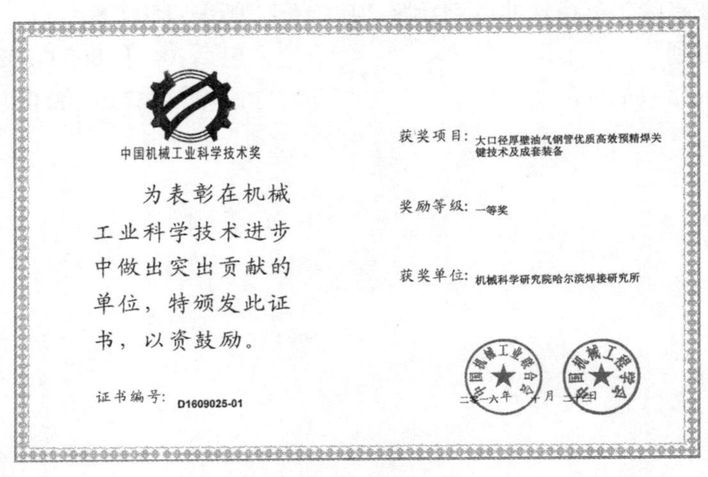

中国机械工业科学技术奖

为表彰在机械工业科学技术进步中做出突出贡献的单位,特颁发此证书,以资鼓励。

证书编号: D1609025-01

获奖项目:大口径厚壁油气钢管优质高效预精焊关键技术及成套装备

奖励等级:一等奖

获奖单位:机械科学研究院哈尔滨焊接研究所

二〇一六年 月 日

获奖证书

“大口径厚壁油气钢管优质高效预精焊关键技术及成套装备”项目 2016 年获得中国机械工业科学技术奖一等奖。依托产学研,历经十多年持续研究攻关,研制出直缝钢管、螺旋缝钢管和冶金复合钢管系列成套预精焊技术装备。经中国机械工业联合会和中国机械工程学会组织专家组进行的科技成果鉴定,该成果整体技术处于国际先进水平。项目成果使我国继德国、意大利之后成为世界上第三个具有设计建造预精焊优质钢管成套装备的国家,替代了进口,2012 年后国内新建预精焊钢管制造生产线全部采用本项研究成果。

开发的数字化直缝/螺旋缝钢管和冶金复合钢管系列成套预精焊装备具有焊缝成型好、钢管成材率及焊缝一次通过率高、焊接效率高、耗能低、故障率低、便于维护等特点。同时,该系列装备及生产线价格不到同类进口设备及生产线价格的一半,在产品制造质量和价格等方面具有较强的竞争能力。该项成果工程化应用以来累积生产钢管 6 861 万吨,实现产值 5 295 亿元。

螺旋缝钢管数字化精焊机组

地址:黑龙江省哈尔滨市松北区创新路 2077 号　邮编:150028
联系人:齐万利　电话:0451-86337303
网站:www. hwi. com. cn/　邮箱:13674675850@ 126. com

KR Cybertech nano-2 E 库卡新款弧焊机器人系列

KR CYBERTECH nanoE 系列是库卡新推出的 6 轴机器人产品系列。其紧凑的结构与中空手腕,实现了弧焊应用场景的更多可达性。优化的本体设计,不仅提升了机器人的刚性,还有效防止机器人在焊接过程中出现的抖动,并且结合高轨迹精度保证了良好的焊接效果。作为库卡弧焊产品的延续,该系列采用了库卡现有的技术,搭配新推出的 KR C5 控制柜,保持了产品作业一如既往的稳定性。此外,该系列还与市面上各种焊机兼容。同时库卡也为弧焊工艺配备了多种工艺包,包括:电弧跟踪、起始点寻位、多层多道、激光跟踪、激光寻位、自适应功能等。对于常见材质:从薄板到中厚板,该系列也都能应付自如。KR CYBERTECH nanoE 系列,品质传承,简约而不简单,是弧焊应用必备的得力助手。

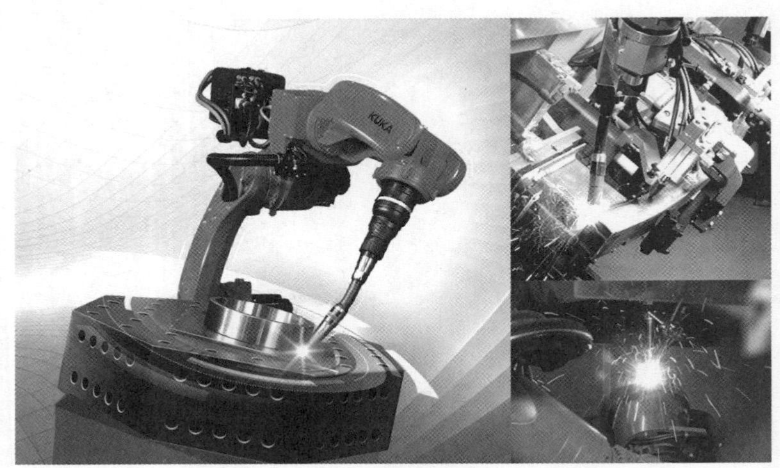

TKR Cybertech nano-2 E 弧焊机器人工作场景

TKR Cybertech nano-2 E 弧焊机器人技术参数

产品	KR 6 R1440-2arc HW E	KR 6 R2010-2arc HW E
额定负载	6 kg	6 kg
臂展	1 441 mm	2 010 mm
重复定位精度	±0. 04 mm	±0. 04 mm
轴数	6	6
重量	约 195 kg	约 204 kg
控制柜	KR C5 S	KR C5 S

地址:上海市松江区小昆山镇昆港公路 889 号　　邮编:201614
电话:(+86)400-820-8865　　网站:www. kuka. com
KUKA Center:www. kukacenter. com　　邮箱:customerservice@ kuka. com

焊接智能化办公系统设计与应用

焊接智能化办公系统集焊接技术、人员、机构、管理为一体的专业办公软件,针对不同行业及执行标准,结合焊接实际生产,由南京聚英信息技术有限公司专门设计与研发。系统采用专家系统、数据库和网路信息化技术,建立了底层健全的数据流、知识库、模型库,可以根据企业需求量身定做,各个系统之间可以灵活组合,实现企业焊接智能化办公。

(1)焊接基础数据库平台。

(2)焊接知识获取与管理平台。

(3)焊接工艺自动设计系统。

(4)焊接工艺评定系统。

(5)焊工技能评定系统。

(6)焊工考试题库系统。

(7)焊接材料定额系统。

(8)焊接工艺过程管理系统。

案例 1(港口机械智能化车间项目)

公司专业从事焊接软系统开发五年,量身定制智能化焊接办公系统,具有独立自主的知识产权,不仅可以完善焊接数据和知识共享平台、促进焊接数据积累和知识传承,而且可以推进企业焊接数字化发展进程。系统已在航空、航天、造船、军事电子、压力容器、石油化工、重型机械、工程机械及钢结构等行业成功应用。

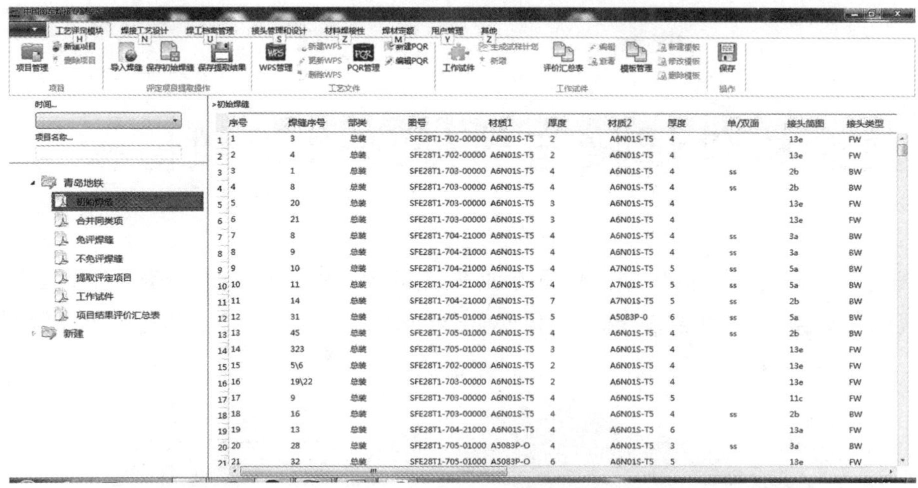

案例 2(机车车辆焊接专家系统)

单位:南京航空航天大学无锡研究院　　地址:江苏省无锡市天港路 6 号
联系人:苑兴楠　　手机:18115127483

复杂构件焊接与热处理过程数值模拟

南京航空航天大学虚拟焊接工作室专业从事焊接过程模拟仿真研究,为焊接企业提供复杂焊接构件焊接应力和变形分析,提供热处理及焊后矫形过程应力和变形控制方案。

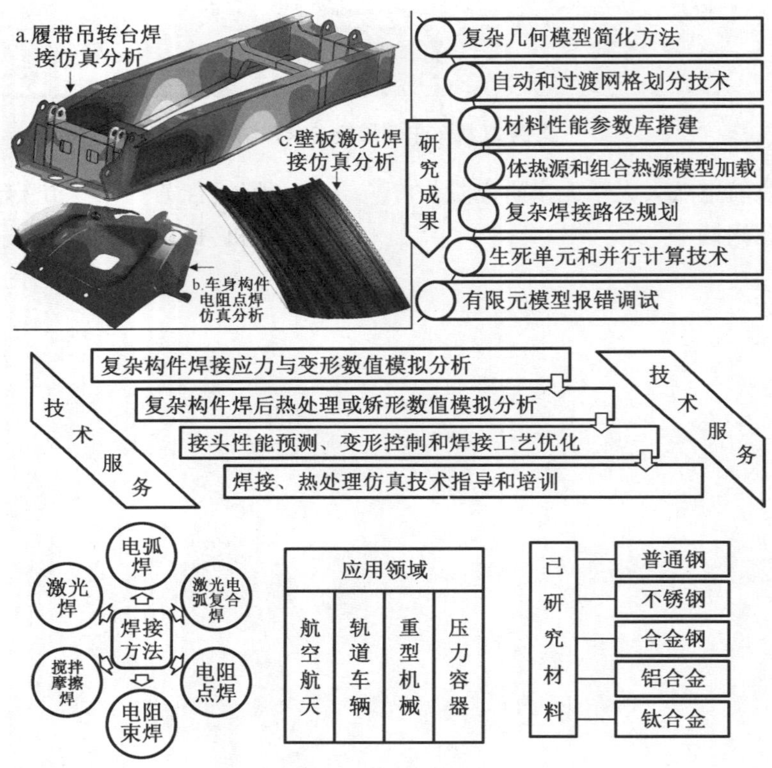

复杂构件焊接与热处理过程数值模拟系统原理及结构图

地址:南京市江宁区将军大道29号南京航空航天大学材料科学与技术学院

邮编:211106 联系人:魏艳红 手机:18951874731

网址:www. nhweld. com/ 邮箱:yhwei@ nuaa. edu. cn

高强钢三明治板激光焊接制造

本成果为上海交通大学所有。高强钢三明治板具有比刚度大、比强度高、吸能抗冲击等显著优势，在解决结构轻量化的同时，提高了结构的安全性。在国家自然科学基金重点项目（项目编号 No. 51035004））资助下，上海交通大学开展了高强钢三明治板激光焊接制造研究，建立新方法与新技术（如下图）。测试表明：高强钢三明治板（BS960，L1200H60t5s100）同重量条件下，其刚度比实心板提高约 50 倍；并在甲板、隔舱、上层建筑、登陆桥等舰船结构中具有广阔应用前景，可极大降低舰船重量，节约舰船空间。研究成果发表论文 42 篇，申请专利 11 项。

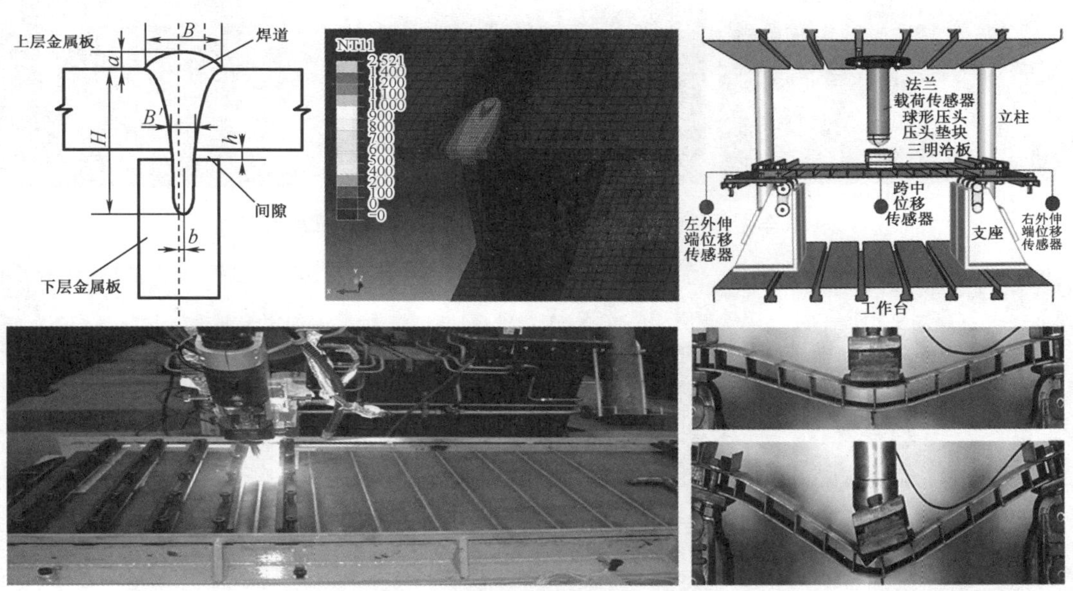

高强钢三明治板激光制造过程及力学试验

名称：上海交通大学焊接与激光制造研究所
地址：上海市闵行区东川路 800 号材料学院 E 楼
联系人：李铸国　　　　　　　　　电话：021-54745878
网站：lpl. sjtu. edu. cn　　　　　　邮箱：lizg@ sjtu. edu. cn

机器人集成及系统装备研发

本成果为上海交通大学所有。通过对成套焊接技术装备的系统集成与二次开发,采用模块化设计,实现机械、电气到控制软件的自主创新和工程化应用。下图显示了汽车零部件机器人柔性化点焊/弧焊生产线和汽车车身轻量化高效焊接工艺系统集成(FDS,SPR)。同时,研发的绝缘箱机器人自动填充生产线采用组合式物流控制,包括负压管道输送、分流配方管理、全封闭式填充和自动清粉等多项新技术,生产效率高,维修方便,无污染。生产线已通过法国GTT认证,并正式投入生产。

汽车零部件机器人柔性化点焊/弧焊生产线系统集成

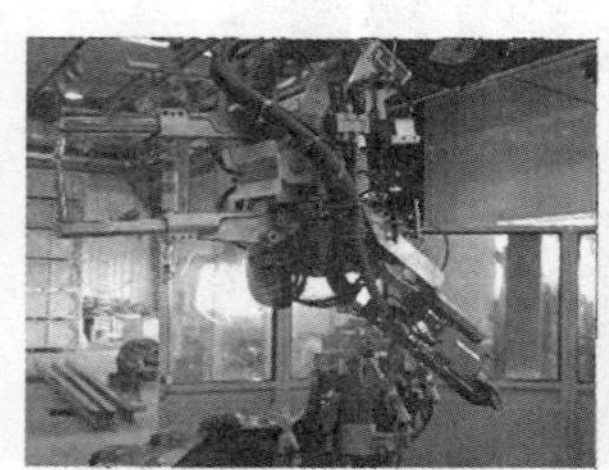

汽车车身轻量化高效焊接工艺系统集成(FDS,SPR)

LNG绝缘箱机器人生产线系统集成

名称:上海交通大学焊接与激光制造研究所

地址:上海市闵行区东川路800号材料学院E楼

联系人:华学明　　电话:021-54748940

网站:lpl. sjtu. edu. cn　　Email:xmhua@ sjtu. edu. cn

蛇形管自动化焊接生产线

获奖项目：蛇形管自动化焊接生产线

获奖名称：北京市科学技术奖

获奖等级：三等奖

获得单位：北京中电华强焊接工程技术有限公司

获奖编号：NO. 2011 制-3-005

获奖日期：2012 年 3 月

荣誉证书

北京市科学技术奖

为表彰在推动科学技术进步、对首都经济建设和社会发展作出贡献的集体和个人，特颁此证，以资鼓励。

获奖项目：蛇形管自动化焊接生产线

获奖等级：叁等奖

获奖单位：北京中电华强焊接工程技术有限公司

北京市人民政府

二〇一二年三月

NO. 2011 制-3-005

荣誉证书

科技成果说明：

蛇形管自动化焊接生产线项目属先进制造领域，是多学科集成创新产品。主要设备包括：直管对接机、弯管机、小 R 挤压精整机、数控坡口机、管子预处理生产线等。该项目拥有一项发明专利“弯管机及其卡紧机构”和一项实用新型专利“弯管模具”。

主要研究开发内容：

1. 直管对接提高接管焊接质量和效率。

2. 弯管过程自动化，提高弯管效率，保证弯管质量。

3. 对小 R(弯曲半径 R 在 0.6~1D 范围)弯制的质量保证。

解决的主要技术问题：

1. 采用热丝 TIG 焊工艺，使焊接合格率达 99.8%；效率为冷丝 TIG 焊的一倍。

2. 利用弯管机回转系统的升降和水平横向摆动及左右助推装置在左右弯管过程中的相互切换，实现单机双向双 R 的弯制。

3. 小 R 挤压精整机用挤压力对小 R 弯头或蛇形管排进行精整，以保证弯制质量。

技术创新点:

1. 弯管机单机无需翻身机构,连续弯制双面弯的蛇形弯管,此项技术已超过国外同类产品水平。

2. 弯管机设计的助推和顶镦机构在弯管过程中同时给金属管提供一轴向力,从而使金属管的弯曲处壁厚保持原始厚度。弯制薄壁管(管壁最小 3 mm)可保证无皱褶。

3. 直管对接机应用热丝 TIG 焊接工艺,实现一次探伤合格率达 99. 8%以上,焊接效率为冷丝 TIG 焊的一倍。

4. 小 *R* 挤压精整机油缸的受力作用在相对的模具上,重要受力部件作用力全部内部消化,在自重减轻之后,仍可实现精整力 150 吨、挤压力 60 吨的技术指标。

5. 小 *R* 挤压精整机挤压过程中背压模具可作横向浮动,不会造成弯头的横向变形。挤压侧模可保护到挤压后的半径位置,内径有直段保护,对薄壁管的挤压也不会变形。

6. 数控坡口机是机械结构创新,即刀盘在旋转及轴向进刀过程中,实现径向自动进刀。

地址:北京市昌平区振兴路 35 号院 1 号楼 4 层 415　　邮编:102200　　联系人:杨硕

手机:15811507306　　网站:www. wtec. com. cn　　邮箱:wtec@ wtec. com. cn

大厚板窄间隙焊接技术

多能场复合作用窄间隙焊接技术

项目来源:863 计划海洋技术领域重点项目

国际科技合作项目

技术指标:最大焊接厚度为 110 mm

最小坡口宽度为 10 mm

最大焊接长度为 4 000 mm

合作单位:山东省科学院、宝钛集团、哈电集团

山东核电设备制造有限公司、中国广

核集团有限公司、中核建设二三有限公司

成果背景:

为推动中国深海运载技术发展,为中国大洋国际海底资源调查和科学研究提供重要高技术装备,同时为中国深海勘探、海底作业研发共性技术。提出厚板钛合金窄间隙焊接国家需求,该先进焊接技术早期主要应用于航空、航天领域。随着装备现代化建设和海洋斗争不断发展,涉海活动逐渐向深远转移,由于深海的压力、温度和腐蚀条件对装备要求更加苛刻,钛合金因其所具有的强度高、抗腐蚀强等特点成为首选材料,厚板钛合金的焊接技术将有助于我国在涉海领域的能力的提高。

厚板钛合金窄间隙焊接技术(100 mm)

深海耐压壳体的制造

应用领域:

钛合金部件越来越多地应用于潜艇、深潜器的耐压结构建造,舰艇以及潜艇管系、动力装置制造。厚板窄间隙焊接技术不仅可以满足当前我国海洋资源开发的技术需求,也可为我国核电、港口、桥梁、船舶、军事等方面提供有力的技术支撑和技术保障,将实现我国涉海

焊接技术水平的跨越式提升,在我国海洋工程领域,特别是在我国需要长期重点发展的海洋能源领域将发挥重要作用。

核电厚板安全壳的制作

航天厚板铝合金的焊接

名称:哈尔滨工业大学(威海)　地址:山东省威海市文化西路 2 号

邮编:264209　电话:0631-5687196　0631-5687027　0631-5687324

空间焊接及高能束加工理论与装备

研究方向：

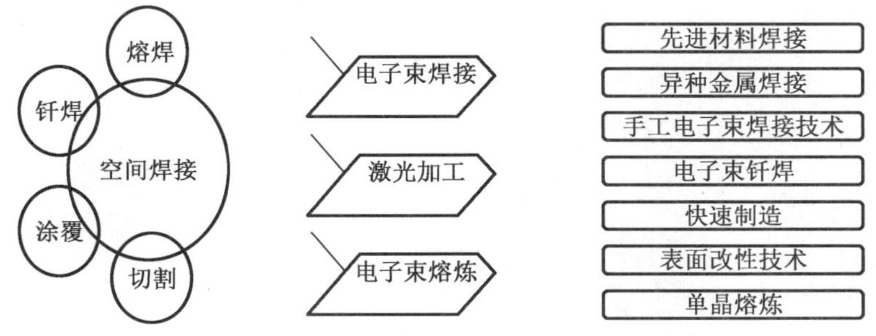

空间焊接及高能束加工研究方向

应用领域：

空间站、空间发射平台等空间飞行器在太空环境的组装及维修提供技术支持。

航空、航天、船舶、能源、化工等领域先进材料的高能束流加工技术。

设备条件：

电子束焊接系统、激光加工系统、手工电子束加工系统、电子束无坩埚区熔系统、微重力落管试验

系统(在建)。

主要成果：

(a)合作研制手工电子束加工系统　(b)合作研制电子束无坩埚区熔系统　(c)高温合金轴盘电子束焊接　(d)钛/铌喷嘴电子束焊接　(e)高温合金叶片电子束钎焊修复

空间焊接及高能束加工应用成果 1

(a)大厚度钛合金电子束焊接　(b)铝/钢电子束焊接　(c)铜/钢电子束焊接　(d)钛/铜电子束焊接　(e)钛/钢电子束焊接

空间焊接及高能束加工应用成果 2

名称:哈尔滨工业大学(威海)　地址:山东省威海市文化西路 2 号
邮编:264209　电话:0631-5687196　0631-5687027　0631-5687324

龙门式搅拌摩擦焊设备

成果背景：

搅拌摩擦焊是一种绿色、环保、优质、高效的新型固相连接技术，在航空航天、船舶制造、轨道车辆、汽车电子等行业铝/镁合金轻量化结构制造中已经替代传统熔化焊技术，展示出了显著的技术和经济效益。面对我国相关产业的远景规划以及潜在的巨大市场需求，开展搅拌摩擦焊装备及技术的开发，研发了龙门式搅拌摩擦焊设备，带动相关行业产业化应用。

成果展示：

设备外观

技术指标：

设备型号：FSW-LQH-G15

焊接材料：铝合金、镁合金、铜合金

铝/镁合金 2~15 mm，铜合金 1~6 mm

焊接形式：直线/二维曲线焊接

工作区域：1 500 mm(长)×1 000 mm(宽)×300 mm(高)

各轴参数：X 轴 1 500 mm，最大 3 000 mm/min

Y 轴 1 200 mm，最大 3 000 mm/min

Z 轴 300 mm，最大 3 000 mm/min

B 轴(倾角轴)，±5°手动连续可调

控制模式：位移控制(压力显示及参数存储)

控制系统：西门子 CNC 控制系统

应用领域:

船舶制造

航空

汽车制造

轨道车辆

名称:哈尔滨工业大学(威海)　地址:山东省威海市文化西路 2 号
邮编:264209　电话:0631-5687196　0631-5687027　0631-5687324

变极性等离子弧穿孔立焊的关键技术研究与应用

变极性等离子弧（VPPA）穿孔立焊技术综合了“变极性焊接”“等离子弧焊接”和“穿孔焊接”的优点，同时为解决液相铝合金黏性小，熔池不易保持的问题，采用垂直立向上施焊方式，用先凝固的焊缝“托住”熔池。这样，等离子射流直接穿透被焊工件，形成一个贯穿工件厚度方向的小孔。随着小孔的垂直向上移动，熔融金属沿孔壁向下流淌形成焊缝。中等厚度的铝合金在不开坡口、不需背面强制成型保护条件下，可以实现单面一次焊双面良好成型。铝合金 VPPA 穿孔立焊工艺使熔融金属向下流淌过程扩大了熔池液相金属表面积大幅增加了气泡的溢出机会，焊缝气孔率极低，被誉为“无缺陷焊接工艺”。

(a)立式纵缝自动焊

(b)2.焊接电源

(c)“天宫一号”焊接现场

(e)焊缝成形

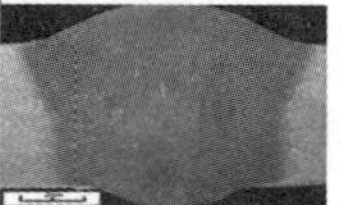
(f)焊接接头形貌

变极性等离子弧穿孔立焊的关键技术展示

“载人航天与探月工程”对大型密封舱的制造技术提出了更高的要求。变极性等离子弧（VPPA）焊接工艺及装备的研究就是为了满足新一代高可靠、长寿命大型密封舱制造的研制需求。本技术荣获北京市科学技术奖一等奖，中国机械工业科学技术奖二等奖，获得授权国家发明专利 14 项，实用新型专利 19 项。北京工业大学是国内唯一能够独立提供自主知识产权的穿孔等离子立焊装备及工艺成套解决方案的单位。

变极性等离子立式环缝焊接系统

环缝首尾搭接焊缝

地址:北京市朝阳区平乐园100号北京工业大学焊接技术研究所
电话:010-67391617　　网址:weld. bjut. edu. cn
邮箱:sjchen@ bjut. edu. cn

基于不均匀散热的 O 型环接触对焊系统

金属 O 型密封环是将薄壁的不锈钢管、铝合金管或高温合金管弯成圆形，再将接口焊接、打磨而形成的一种特殊密封件。适合于其他密封件难以达到的高温（最高达 800 ℃），深冷（最低达-270 ℃），高压（最高达 1 400 kgf①/cm²），高真空（最高达 10^{-9} mmHg②）等工况的静密封，广泛用于石油、化工、化纤、冶金、航空、航天等行业，不仅可以用于小直径，而且可以用于大直径的密封。

O 型环焊接夹持机构非均匀散热

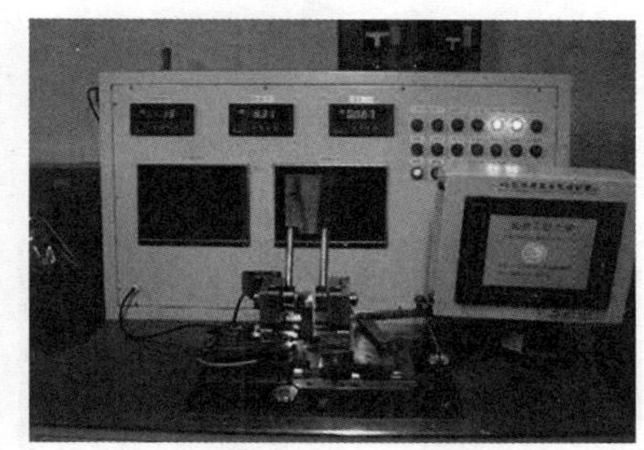

O 型环焊接系统

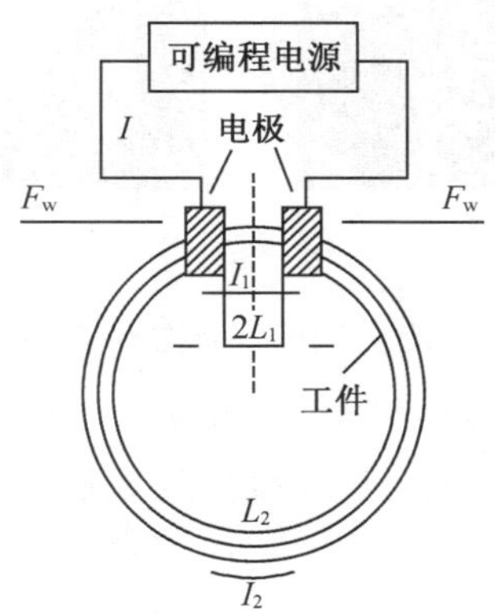

O 型环焊接原理示意图

该项技术通过多次的断续加热及不均匀散热获得合适温度场，为不锈钢的热传导提供了充足的时间，因此焊缝一周的温度分布更容易均匀。该方法接触电阻产热较小，除第一

① 1 kgf = 9.806 65 N。

② 1 mmHg = 0.133 kPa。

次通电加热外,在后几次的通电加热过程中接触电阻已经消除。因此最终温度场的形成与接触电阻无关。

该 O 型环焊接夹具用于专用 O 型环的装卡,可牢固的将工件定位,整个结构放置在绝缘木板上。分为左右两半部分。并且左右两半部分相对绝缘。左半部分与电源一极相连,右半部分与电源另一极相连。该夹具还提供了气体保护装置,保护气通过夹具中的进气管经过夹具的左夹具,然后在工件接头附近喷出。

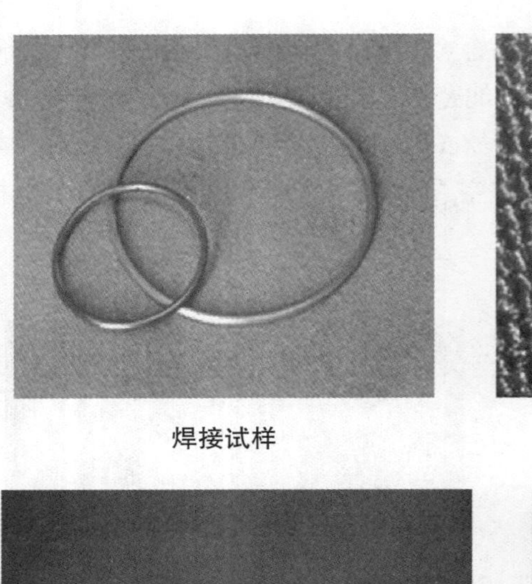

焊接试样　　焊接位置

试样夹扁形貌　　试样弯曲形貌

焊接温度场由连续不均匀散热构成,接触电阻的影响非常小,因此焊接接头一周温度均匀。经过大量焊接试验,发现焊接成功率在 70%以上。断续加热不均匀散热的电阻对焊理论能够较为精确的控制焊接收缩量,且焊接强度和通孔均满足要求,大大提高了产品的合格率。

已获成果:

- 陈树君,张鹏,卢振洋,李延民. O 型环气体保护接触对焊装置及方法. 国家发明专利. ZL200810225004. 4
- 陈树君,张鹏,卢振洋,李延民. 一种小口径金属电阻对焊方法. 国家发明专利. ZL200910083308. 6

名称:北京工业大学焊接技术研究所　　联系人:陈树君　　电话:010-67391617

无缝线路钢轨原位窄间隙电弧焊接方法与装备

1. 铁道部科研开发计划重大课题
2. 国家自然科学基金面上项目
3. 清华大学自主科研计划项目

无缝线路钢轨原位窄间隙焊接装备

成果特色：具有自主知识产权的创新技术

1. 采用窄间隙电弧焊接方法，连续实现轨脚—轨腰—轨头一次焊接成型，过程稳定；

2. 采用自主研发的自保护药芯焊丝作为填充材料，实现接头成分、组织和性能控制，且具有良好抗风能力，适合于无缝线路钢轨现场原位焊接；

3. 采用可编程控制器 PLC 实现焊接过程的全自动控制，完全摆脱对操作人员的技术依赖，使无缝线路钢轨现场焊接时，获得优质、稳定的接头质量；

4. 采用基于 CCD 的图像检测、实时处理和闭环反馈系统，实现焊炬（焊枪）对中控制；

5. 采用双脉冲焊接与焊丝摆动的协同控制，实现窄间隙坡口侧壁熔深（熔合）控制；

6. 焊接时间缩短至 30 min 内，且整体设备轻（<100 kg），方便移动，适合频繁移动的现场焊接。

合作方式：

技术转让或企业投资，合作进行产品开发 、推广应用。

焊前准备 　　　　轨底焊接

轨腰焊接

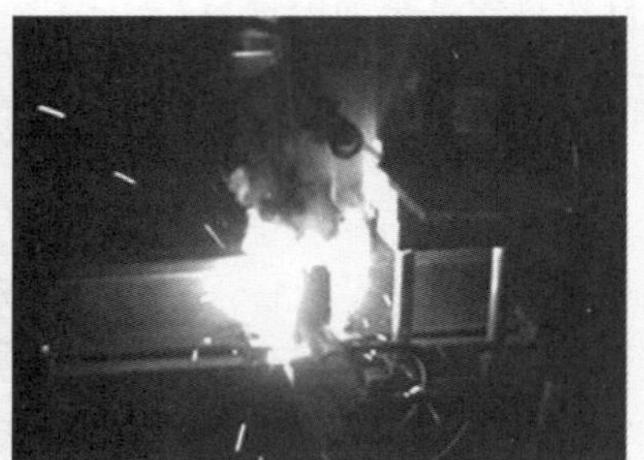

轨头焊接

接头正火热处理

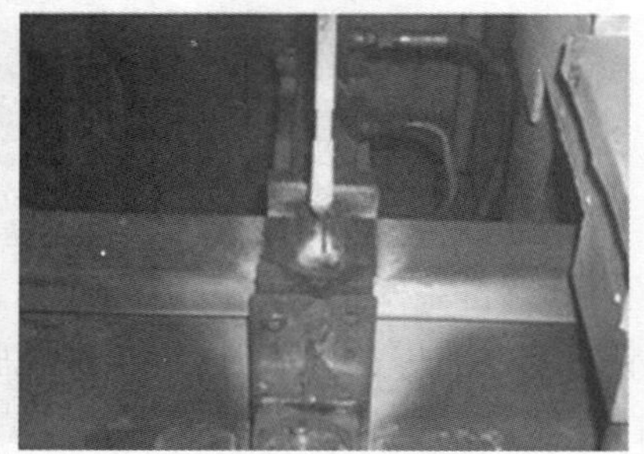

焊接完成

高原焊接

钢轨焊接试铺现场

无缝线路钢轨原位窄间隙焊接方法应用示意图

地址:北京市海淀区清华大学机械工程系焊接馆

邮编:100084　　　　电话:010-62773865

搅拌摩擦焊接与加工

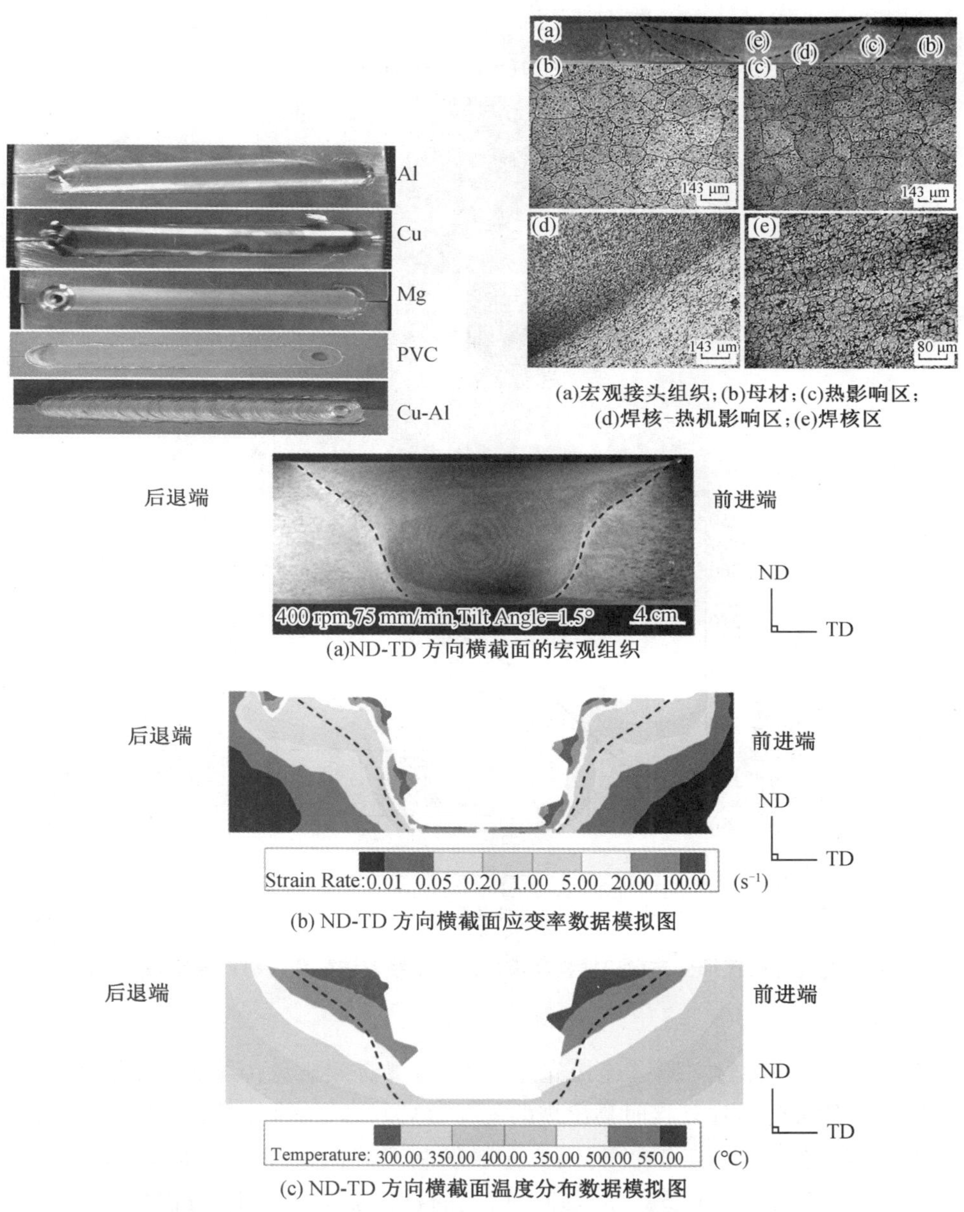

(a)宏观接头组织；(b)母材；(c)热影响区；(d)焊核-热机影响区；(e)焊核区

(a)ND-TD 方向横截面的宏观组织

(b) ND-TD 方向横截面应变率数据模拟图

(c) ND-TD 方向横截面温度分布数据模拟图

搅拌摩擦焊连接多种材料搅拌摩擦焊接头的典型组织搅拌摩擦焊流动行为模拟

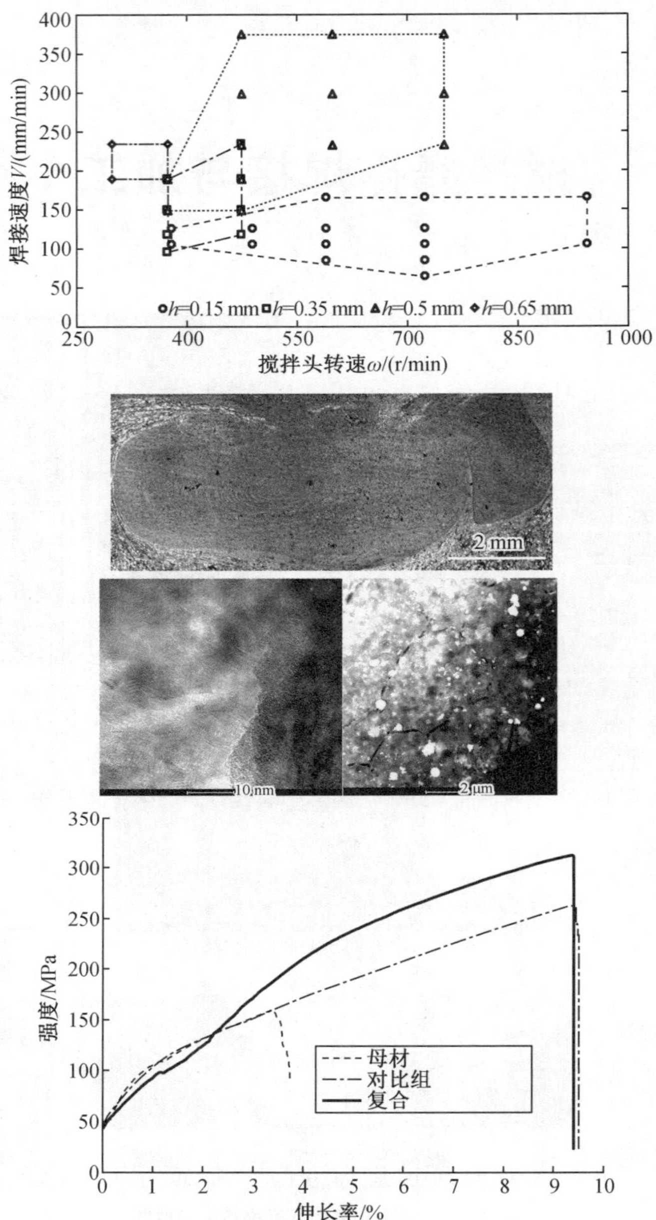

铝合金搅拌摩擦焊工艺窗口搅拌摩擦加工制备颗粒增强复合材料的组织及性能

技术说明:

搅拌摩擦焊是一种材料固态连接先进技术,可以有效避免传统难焊材料如铝合金、镁合金、铜等在采用弧焊方法连接时易出现的气孔、热裂纹等冶金缺陷,显著提高接头的力学性能,因此,在航空,航天,高速列车,铝合金船舶制造等国民经济的重要领域得到广泛应用。搅拌摩擦加工是在搅拌摩擦焊基础上衍生的材料加工新技术,可以用于组织细化,局部区域复合材料制备等方面。因此,搅拌摩擦焊接及加工得到工业界越来越广泛的重视。

清华大学焊接中心自 2001 年以来即开展搅拌摩擦焊接与加工的研究工作,成功开发了搅拌摩擦焊设备及多种适应不同需求的搅拌头，成功实现了铝合金、镁合金、紫铜、铝-铜异种材料、PVC等的搅拌摩擦焊接，同时针对工业界应用较广泛的铝合金材料开展了系统的工艺-组织-性能三者间关系的研究，特别在搅拌摩擦焊接工艺窗口的建立，搅拌摩擦焊接头疲劳寿命及疲劳裂纹扩展速率，搅拌摩擦焊接头及结构的应力变形，搅拌摩擦加工制备复合材料等方面开展了大量的工作。近年来，对搅拌摩擦焊过程中材料流动状况投入更多关注，以期更好地指导搅拌摩擦焊工艺参数优化及搅拌头结构优化。

清华大学在搅拌摩擦焊接与加工机理方面的研究得到国内外学术界的广泛关注，并获教育部自然科学二等奖一项。在应用研究方面，为国内多家大型铝合金结构制造企业提供了技术服务。

合作说明：欢迎多种形式的合作。

地址：北京市海淀区清华大学机械工程系焊接馆

邮编：100084　　　　　　　电话：010-62773796

水轮机叶片坑内修焊机器人技术与装备

背景来源:在国家863计划(2007AA04Z258)和国家自然科学基金(50875147)资助下,研究具有自主知识产权的面向三峡等大型电站的水轮机叶片坑内修焊作业机器人技术及装备。

成果简介:机器人整体分为移动平台、机械臂和作业单元三部分。机器人移动平台能够实现在铁磁性曲面上各种姿态的可靠吸附,并可灵活地进行直线运动和原地转向,负载能力大于70 kg,直线行进速度0~2 m/min。机械臂能够很好地对复杂曲面实现随形运动。

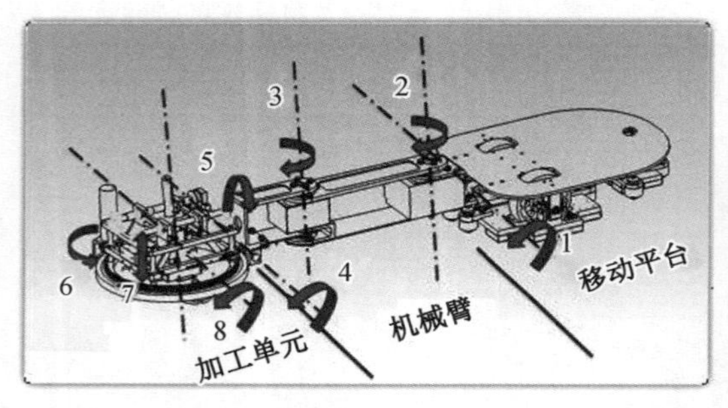

机器人整体装配图

机器人吸附于模拟叶片正面

机器人吸附于模拟叶片背面

主要技术创新点有:

1."非接触永磁间隙吸附"技术(ZL 200510086383.X、ZL 200510086382.5),解决了常规永磁吸附爬壁式移动平台存在的灵活移动与可靠吸附之间的矛盾,增加了修复机器人的有效承载重量。

2.两个转动自由度的永磁吸附装置连接(悬挂)机构可使爬壁移动平台具有曲面自动适应功能,即对于不同曲率(包括凹或凸)具有基本相同的吸附力量。

3. 同时具有 3 个主动关节和 3 个被动关节的机械臂克服了狭小空间(如水轮机两叶片之间距小于 400 mm)的作业困难,并能自动调整修复工具与作业曲面之间的距离。

4. 通过移动平台和作业单元两端磁吸附方式、将机械臂等多个机构与作业面(叶片)共同组成封闭的结构形式,大幅度提高了修复机器人的刚度及抵抗加工作业倾覆力矩的能力(ZL 201010539365. 3)。

5. 独特设计的末端作业单元模块,能方便地更换焊枪、气刨枪以及砂轮等修复工具,并还能使得各种工具相对曲面基本随形运动;末端作业单元的工具位姿精密调节功能可进一步满足加工工艺要求,保证修复质量(ZL 201110023851. 4、ZL 201010568413. 1、ZL 201110023612. 9)。

6. 功能和体积高度集成的电机伺服控制与功率驱动一体化模块技术、基于视觉反馈和虚拟现实技术的交互式作业路径规划编程技术、基于 CAN 总线的星型网络通讯结构的主从节点分布式控制技术、作业过程无线图像监控和远程操作临场感实现技术等方面为修复机器人提供了良好的控制性能和人机界面。

应用前景:本成果相关技术获得授权国家发明专利 10 余项,已通过教育部组织的科技成果鉴定(鉴字〔教 TP2013〕第 016 号),总体技术水平达到国际先进、国内首创。研制了三台样机,分别在公伯峡、积石峡以及葛洲坝等水电站进行了现场试应用。积极寻求相关企业或投资方合作开展本成果的产品化和产业化工作。

地址:北京市海淀区清华大学机械工程系焊接馆

邮编:100084　　　　　　　　电话:010-62773860

肯倍自动焊接——机器人焊接

A7 MIG 焊机 450 包括:

1. A7 MIG Power Source 450;
2. A7 MIG Wire Feeder 25(配备合适的连接托架);
3. A7 MIG Gun W500;
4. 冷却单元;
5. 中继线和电源线还包括:A7 MIG 焊接电源 350 和 A7 MIG 焊枪 G500。

优势:

成方面的工作量,且可保证之后系统的完美功能和可升级能力。

独特的 Kemppi Wise+应用软件可在未来几年提供弧焊系统的竞争优势。

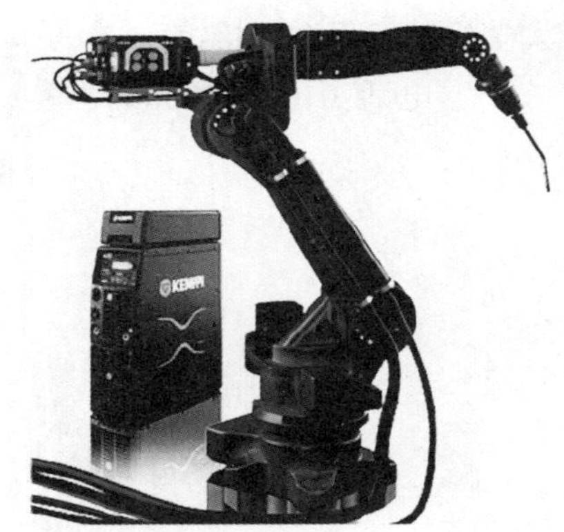

肯倍自动焊接机器人

基于网络浏览器的现代化界面可让用户轻松访问 Kemppi 系统的核心部分,进而节省设置时间并在整个设备生命周期中提供质量控制优势。

Kemppi 将始终为机器人弧焊工作提供完美平衡程序包。A7 机器人焊接解决方案非常适合任何涉及各种厚度低碳钢、不锈钢和铝合金机器人焊接的行业。

Kemppi(肯倍)自动焊接——机械化焊接

轨道焊接系统

A5 MIG 轨道焊接系统 2500

1. 提高机械化 MIG 焊接效率最为经济有效的方式。

2. 利用 Kemppi WiseFusion 和 WisePenetration 应用软件提高焊接效率。

3. 借助集成的用户界面和电源节省时间并降低成本。

A3 MIG 轨道焊接系统 2500

1. 简单紧凑的机械化焊接解决方案,可满足 MIG 焊接和热切割需求。

2. 无须单独的电源线,这一切得益于电池驱动托架管道全位置焊接系统。

管道全位置焊接系统

A5 MIG 管道全位置焊接系统 1500

1. 利用一套机械化设备和电源焊接整个环缝。

2. 借助 Kemppi WiseRoot+、WiseFusion 和 WisePenetration 应用软件高效地从打底焊至填充盖面。

3. 通过一个用户界面对整个系统进行集成和简化的控制,从而提高生产效率和质量。

A7 TIG 管道全位置焊接系统 300

1. 适用于管道多层多道焊的最先进的专业 TIG 轨道焊接解决方案。

2. 通过易于使用的自动编程和简单操作节省生产时间并减少返工量。

其他信息:

肯倍自动化焊接解决方案视频尽在 http://v. youku. com/v _ show/id _ XMTU4OTQyOTEyNA = =. html? from = s1. 8-1-1. 2

Kemppi(肯倍)A5MIG 管道全位置焊接系统 1500 可用于管道环缝及轨道焊接。与肯倍 FastMig X&M 通过七芯插头连接。焊接过程可以调节通道,对中带摆动,焊接管道外径可达 1 500 mm。

应用行业:管道和管线,海洋石油,造船,风电水电站。

Kemppi(肯倍)A5 TIG 环轨焊接系统 75

拥有控制单元。可连接肯倍 TIG 焊接电源,并与其他品牌兼容,焊接头为封闭头。(焊接管径范围 9. 5 mm 到 76 mm),附件:钨极磨削器,对钨极要求严格。

应用行业:航天、食品、乳制品、饮料、核电站非核级、核三级设备、海工、造船、制药、石油化工、管道。

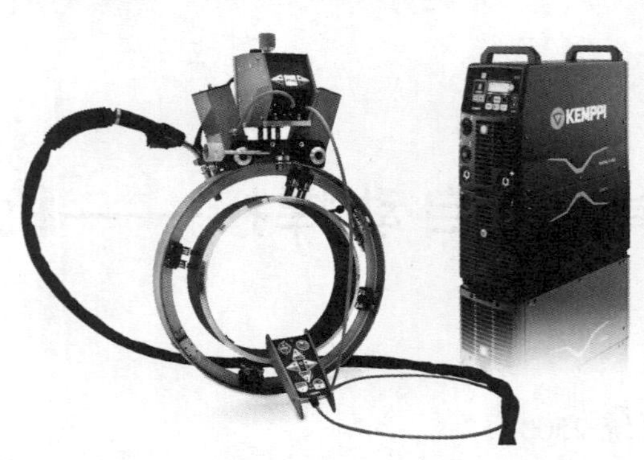

A5MIG 管道全位置焊接系统 1500

Kemppi(肯倍)A7 TIG 环轨焊接系统 150

包含控制单元、集成 TIG 电源、水箱,焊接头为封闭头。(焊接管径范围为 6 mm 到 154 mm)电源高度集成,根据管厚和材料设置焊接电流,附件:钨极磨削器。

应用行业:航天、食品、乳制品、饮料、核电站非核级/核三级设备、海工、造船、制药、石油化工、管道。

Kemppi(肯倍)A7 TIG 环轨焊接系统 300

包含控制单元、集成 TIG 电源、水箱。可控制,焊接过程快速调节,焊接头有送丝装置,可连续送丝。可用于多层多道焊。

应用行业:航天食品、乳制品、饮料、核电站非核级/核三级设备、海工、造船、制药、石油化工、管道。

单位:肯倍焊接技术(北京)有限公司

地址:北京经济技术开发区科创 13 街 18 号院 29 号楼 5 层

电话:010-6787 6064　010-6787 1282

网址:www. kemppi. com　　　　邮箱:sales. cn@ kemppi. comm

Kemppi(肯倍)ArcValidator-焊接设备验证的完整解决方案

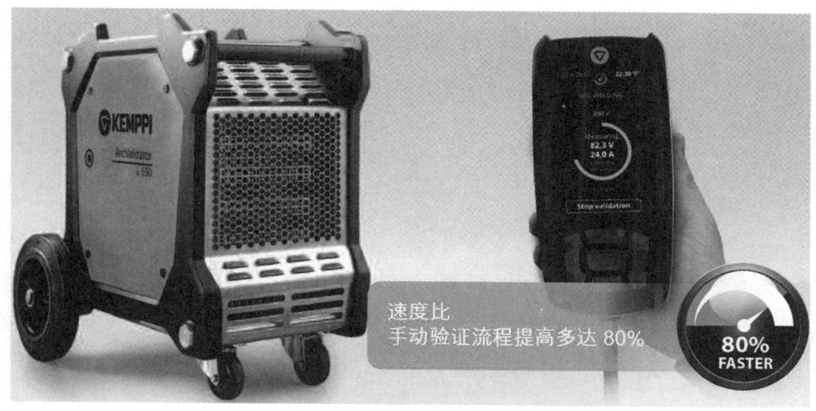

肯倍 ArcValidator-焊接设备

优势:

· 与各种品牌和型号的电焊机配合使用均能做到快速、精确;

· 对最精密的肯倍设备而言能够做到完全自动化;

· 分步流程指导;

· 包括创建 PC 软件和证书;

· 送丝速度综合测量;

· 支持 EN 50504 标准要求。

肯倍 ArcValidator 是专门用于验证弧焊设备准确性的自动和通用解决。

ArcValidator 解决方案可使验证流程提速高达 80%。ArcValidator 提供简化的解决方案,通过标准化的电流和电压验证测量,支持现场质量控制。ArcValidator 支持 MMA、熔化极气体保护焊和氩弧焊方法,普遍与几乎所有带绝对单位仪表的标准焊接设备兼容。

是以解决方案为导向的高效方法-ArcValidation 使用清晰的屏幕显示说明,在整个验证过程中指引和指导工程师。所有验证数据都记录在 ArcValidator DataStick 中,可以在创建最终验证报告时使用,而官方认证则在 ArcValidation PC 软件中完成。每次验证都有唯一的参考编号,如果在大规模的现场进行验证,可与电焊机团队一起提供宝贵的系统资产;如果在多个小型现场进行验证,那么可以在工作日安排客户服务走访。

质量控制实现准确、可比。ArcValidator 满足最新的标准要求 * ,可测量必要的组件,并确保您的焊接设备符合必要的标准,从而准确设定为规定的 WPS/质量流程数值。

* EN 1090 是您在获取钢结构制造和建筑所需的 CE 认证时必须遵循的欧洲标准。对

电弧焊设备准确性要求的定义请见 EN 60974-1。

单位:肯倍焊接技术(北京)有限公司

地址:北京经济技术开发区科创 13 街 18 号院 29 号楼 5 层

电话:010-6787 6064　010-6787 1282

网址:www. kemppi. com　　　　邮箱:sales. cn@ kemppi. comm

五、焊 接 应 用

储罐用系列焊材

随着国家石油储罐工程的开展，公司特推出了储罐用系列焊材，包含焊条、气电立焊药芯焊丝与横焊埋弧焊丝焊剂产品。

其中气电立焊药芯焊丝产品在 2020 年 9 月，在中石化商储库项目中实现了首次国产化应用，该产品的应用解决了大型储罐焊材最后一项关键核心的“卡脖子”技术，实现了 10 万 m^3 大型储罐关键位置焊材的国产化。目前此产品已在多个储罐项目中成功应用。

产品牌号及执行标准

类别	产品牌号	执行标准	标准型号
焊条	JQ · J607CG	E6215-G P	E9015-G
气电立焊	JQ · YJL50G	JIS Z3319	YFEG-22C
	JQ · YJL60G	JIS Z3319	相当 YFEG-32C
埋弧横焊	JQ · MH50CG+JQ · SJ101H	GB/T 5293	S49A 4U FB-SUG
	JQ · MH60CG+JQ · SJ101H	GB/T 5293	S59A 4U FB-SUG

熔敷金属力学性能(例值)

产品牌号	R_m/MPa	$R_{eL}/R_{p0.2}$/MPa	A/%	KV_2/J	
				-20 ℃	-40 ℃
JQ · J607CG	640	545	27	—	133
JQ · YJL50G	580	470	25	110	90
JQ · YJL60G	645	538	24	145	120
JQ · MH50CG+JQ101H	565	456	26.5	153	110
JQ · MH60CG+JQ101H	619	533	26	130	95

名称：天津市金桥焊材集团有限公司
地址：天津市东丽区开发区六经路 1 号　　邮编：300300
电话：022-58296666　022-58292323　　网站：www.TJGoldenBridge.com
邮箱：Market@TJGoldenBridge.com

镍基系列焊材

随着镍基合金的广泛应用,金桥焊材一直紧跟镍基焊材的开发步伐,针对不同行业的应用要求,配套研发研制了最常用的 ENiCrMo-3、ENiCrMo-1 和 ENiCrFe-2 型号镍基焊条;ERNiCrMo-3 和 ERNiCr-3 两种型号焊丝(包括 TIG、MIG),该系列焊材焊接工艺性能优良,力学性能良好,达到了进口的同类产品水平。

产品牌号及执行标准

类别	产品牌号	国标型号	美标型号
镍基合金焊条	JQ · ENiCrFe-2	ENi6133	ENiCrFe-2
	JQ · ENiCrFe-3	ENi6182	ENiCrFe-3
	JQ · ENiCrMo-1	—	ENiCrMo-1
	JQ · ENiCrMo-3	ENi6625	ENiCrMo-3
镍基合金焊丝	JQ · MGNiCr-3 JQ · TGNiCr-3(氩弧)	SNi6082	ERNiCr-3
	JQ · MGNiCrMo-3 JQ · TGNiCrMo-3(氩弧)	SNi6625	ERNiCrMo-3

熔敷金属化学成分

产品牌号	C	S	Mn	Si	P	Cr	Ni	Mo	Cu	Nb	Fe	Co	W	Ti	Ta
JQ · ENiCrFe-2	0.038	0.002	2.70	0.33	0.003	16.05	余量	2.33	0.005	2.03	6.33	--	--	--	--
JQ · ENiCrFe-3	0.049	0.002	8.43	0.4	0.003	15.66	余量	--	0.004	1.89	6.35	--	--	0.094	0.01
JQ · ENiCrMo-1	0.022	0.003	1.64	0.31	0.007	21.35	余量	6.51	1.93	2.06	20.36	0.1	0.1	--	--
JQ · ENiCrMo-3	0.047	0.003	0.35	0.41	0.006	21.33	余量	8.51	0.026	3.48	4.48	--	--	--	--

焊丝化学成分

产品牌号	C	S	Mn	Si	P	Cr	Ni	Mo	Cu	Nb	Fe	Al	Ti
JQ · MGNiCr-3 JQ · TGNiCr-3(氩弧)	0.038	0.003	3.4	0.14	0.003	21	余量	---	0.082	2.5	0.79	0.01	0.40
JQ · MGNiCr-3 JQ · TGNiCr-3(氩弧)	0.048	0.004	0.14	0.12	0.002	21.97	余量	8.43	0.025	3.57	0.72	0.041	0.043

产品化学成分(例值)

名称:天津市金桥焊材集团有限公司
地址:天津市东丽区开发区六经路 1 号
邮编:300300
电话:022-58296666　022-58292323
网站:www. TJGoldenBridge. com
邮箱:Market@ TJGoldenBridge. com

水电高强钢系列焊材

随着水电建设向大型化、大参数化发展，部分钢材由之前的500 MPa级的低碳钢逐步过渡为800 MPa的高强钢，天津市金桥焊接集团有限公司针对大型水电站、抽水蓄能电站等重要部件研发了水电高强钢系列焊材，该系列产品可与水电工程中的Q690SD低合金水电压力钢管良好匹配，且低温冲击性能优良。该项技术攻克了高强度、高韧性新型特种水电钢配套焊接材料的关键技术。

产品牌号及执行标准

类别	产品牌号	国标型号	美标型号
焊条	JQ · J807SD	E7815-G	E11015-G
气保实心焊丝	JQ · MG80SD	G76A4M21ZN4M2	ER110S-G
埋弧焊材	JQ · MH80SD+JQ · SJ80SD	S78A 4U FB-SUG	—

熔敷金属力学性能(例值)

产品牌号	R_m/MPa	$R_{eL}/R_{p0.2}$/MPa	A/%	KV_2(-40 ℃)/J
JQ · J807SD	830	750	22	100
JQ · MG80SD	835	752	20	85
JQ · MH80SD+JQ · SJ80SD	821	716	17	95

名称：天津市金桥焊材集团有限公司

地址：天津市东丽区开发区六经路1号　　　邮编：300300

电话：022-58296666　022-58292323　　网站：www.TJGoldenBridge.com

邮箱：Market@TJGoldenBridge.com

高效自动化用系列焊材

随着工程、制造业对焊接效率需求的提高和焊接机器人的普及,天津市金桥焊材集团有限公司加快发展高效的自动化用气保护实心焊丝、药芯焊丝、高效埋弧焊材等系列产品。

长输管线全自动焊系列焊丝:

针对长输管线全自动焊的发展趋势,自主研发的金属粉芯气保护药芯焊丝和富氩气保护药芯焊丝已成功应用于漠大二线管道工程的全自动焊接中,自主研发的实心焊丝已经成功应用中俄东线全自动焊接中,同步国际先进水平。

金属粉型药芯焊丝:

JQ · YJ503MX-1、JQ · YJ621K2-1Q 等金属粉型 CO_2 气体保护药芯焊丝,该焊丝熔敷效率高,焊接飞溅少,熔渣少,电弧稳定。在焊接涂有无机富锌底漆的钢板时,具有很好的抗气孔性能。用于单丝或双丝平焊、平角焊。JQ · YJ621K2-1Q 的 Q500QE 已广泛用于造船、桥梁结构和钢结构制造的焊接。

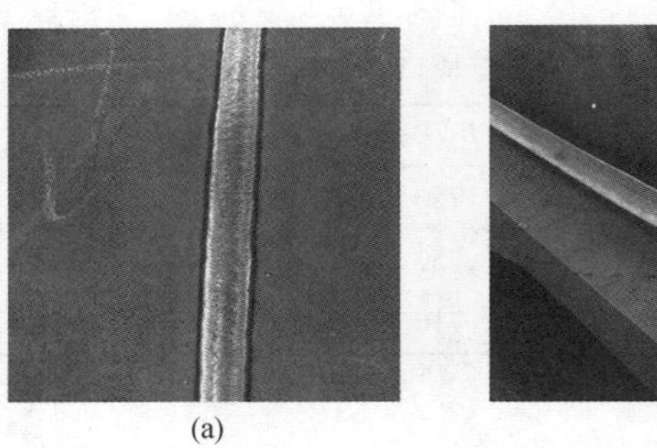
(a)

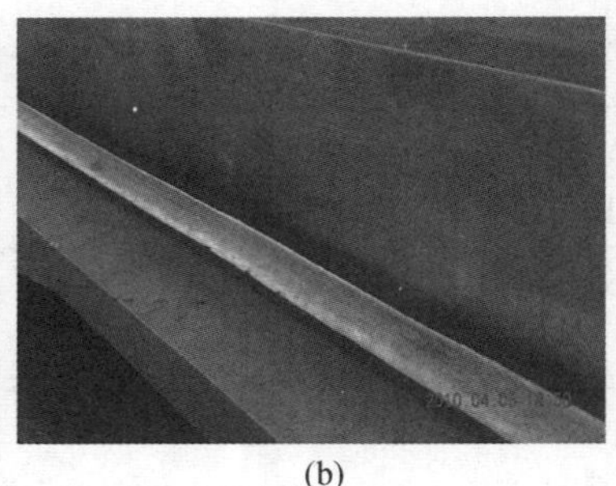
(b)

JQ · YJ621K2-1Q 金属粉型药芯焊丝焊后效果图

气电立焊药芯焊丝

JQ · YJL50G、JQ · YJL60G 气电立焊药芯焊丝,厚度 35 mm 以下钢板立焊位置对接可一次焊接成型,焊接效率高。产品通过石油工程协会鉴定为达到国际先进水平。JQ · YJL60G 配合 12MnNiVR 通过合肥通用所进行了工艺评定系列试验,脆性转变温度为 -61 ℃,NDTT 温度达到-50 ℃,焊缝金属止裂性能良好。

名称:天津市金桥焊材集团有限公司

地址:天津市东丽区开发区六经路 1 号　　邮编:300300

电话:022-58296666　022-58292323　　网站:www. TJGoldenBridge. com

邮箱:Market@ TJGoldenBridge. com

铝及铝合金焊丝系列焊材

天津市金桥焊材集团有限公司携手中国铝业公司西北铝业有限责任公司，集合双方强大的研发团队、行业领先的生产设备、完善的检测手段和质量管理体系，采用最优的生产工艺及高品质的焊材原料，共同开发及生产了系列产品以满足不同行业的用户需求，为推动我国发展有色金属焊材、高端铝焊丝品牌国产化贡献力量。

目前产品主要包括1系、2系、4系、5系等的铝及铝合金焊材，涉及钨极氩弧焊丝、熔化极氩弧焊焊丝。

铸锭除采用传统工艺，还采用进口在线连续式除气除渣装置，对铝熔体进行二次净化处理，杂质含量少、氢含量低。

挤压厂采用先进的挤压成型法进一步提高组织和成分的均匀化，能够保证铝杆在加工过程中运行稳定、不易断裂，以保证成品焊丝在焊接过程具有电弧稳定、熔滴过程平稳等特性。

金桥焊材开发的铝及铝合金焊丝已应用于铁路机车、汽车制造、电力、集装箱制造等行业。

某自行车厂梁架焊接效果

一汽某配套厂焊后效果图

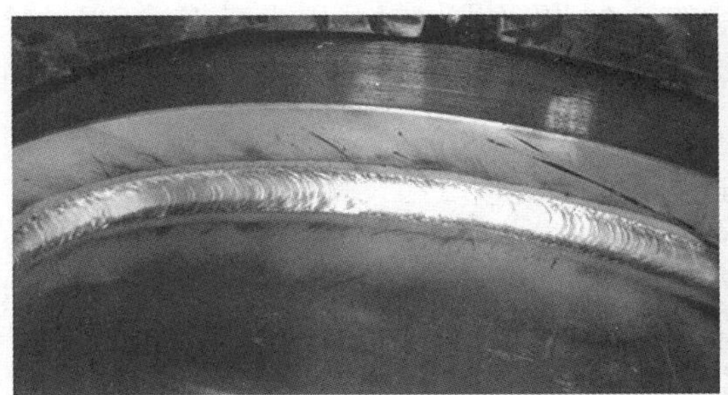

某机电设备厂轮机焊后效果

某集装箱厂焊接生产场景

名称：天津市金桥焊材集团有限公司　　地址：天津市东丽区开发区六经路1号
邮编：300300　　电话：022-58296666　022-58292323
网站：www. TJGoldenBridge. com　　邮箱：Market@ TJGoldenBridge. com

硬面堆焊系列焊材

金桥硬面堆焊产品包括焊条、药芯焊丝、焊剂,可用于堆焊制造及修复磨粒磨损、金属间磨损、摩擦、腐蚀、高温氧化等恶劣工况下服役的设备和构件。产品种类涵盖合金铸铁系堆焊金属(马氏体合金铸铁型、高铬合金铸铁型)、合金耐磨钢系堆焊金属(Cr2 型、Cr5 型、Cr9 型、Cr13 型)、高锰钢系堆焊金属(高锰钢型、铬锰奥氏体型);产品广泛应用于钢铁冶金、水泥制造、火力发电、采矿挖掘、模具、铁路等行业易磨损部件的堆焊制造修复。

焊条包括以下几大类:

1. 常温堆焊焊条。
2. 常温高锰钢堆焊焊条。
3. 刀具工具堆焊焊条。
4. 阀门堆焊焊条。
5. 合金铸铁堆焊焊条。
6. 碳化钨堆焊焊条。

药芯焊丝包括以下几大类:

1. 高铬铸铁型明弧自保弧堆焊药芯焊丝:JQ · YDZ60x 系列产品适用于低冲击、高应力、强磨粒磨损工况。

2. 冶金热轧辊埋弧堆焊药芯焊丝:JQ · YDMxxx 系列产品适用于抗热疲劳、高温氧化和耐金属间磨损、腐蚀的冶金热轧辊堆焊修复。

3. 常温耐磨损气保护堆焊药芯焊丝:JQ · YDxxx 系列产品适用于修复耐轻度冲击磨损或金属间磨损工件和耐一定冲击的强磨粒磨损工件。

4. 热模具堆焊气保护药芯焊丝:系列产品适用于热作模具打底层、过渡层、硬面层堆焊修复。

5. 钢轨道岔堆焊自保护药芯焊丝:JCTD-32 焊丝堆焊时采用直流正接(焊丝接负极),适用于 U74、U71Mn、PD3、稀土轨等铁路钢轨及组合辙叉的磨耗、低塌、擦伤和剥落的修复。

复层耐磨板四枪明弧堆焊

辊压机挤压辊明弧堆焊

夹送辊埋弧摆动堆焊

气保焊丝堆焊展件

名称：天津市金桥焊材集团有限公司
地址：天津市东丽区开发区六经路1号　　邮编：300300
电话：022-58296666　022-58292323　　网站：www. TJGoldenBridge. com
邮箱：Market@ TJGoldenBridge. com

金属粉芯药芯焊丝

金属粉芯焊丝兼顾有实心焊丝和药芯焊丝的优点,芯部添加物为纯金属及合金,焊接特性类似于实心焊丝。金属粉芯焊丝熔敷效率高,焊渣极少,与实心焊丝类似;金属粉芯焊丝合金粉调整方便,与药芯焊丝类似。

金桥焊材根据用户需求,通过调整合金粉种类和比例,开发了高强度钢、不锈钢类及长输管线用气保金属粉芯焊丝等,添加微量元素改善了焊丝的焊接工艺性能、力学性能,焊接熔敷效率高,飞溅少,熔敷金属纯净度高,焊缝金属抗裂性能良好。

JQ-70M 气保金属粉芯焊丝成功应用于“中俄原油二线”管道工程焊接中,取得了双检:AUT+射线探伤,一次合格率达到 98%的好成绩,同步国际先进水平。

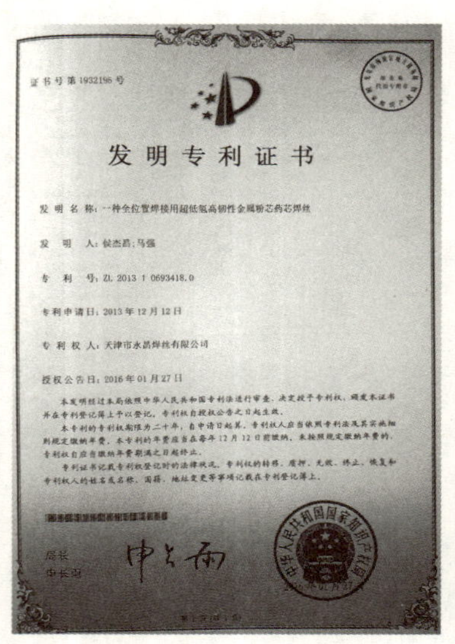
证书号第1932196号

发明专利证书

发明名称:一种全位置焊接用超低氢高韧性金属粉芯药芯焊丝

发明人:侯杰昌;马强

专利号:ZL 2013 1 0693418.0

专利申请日:2013年12月12日

专利权人:天津市永昌焊丝有限公司

授权公告日:2016年01月27日

本发明经过本局依照中华人民共和国专利法进行审查,决定授予专利权,颁发本证书并在专利登记簿上予以登记。专利权自授权公告之日起生效。

本专利的专利权期限为二十年,自申请日起算。专利权人应当依照专利法及其实施细则规定缴纳年费。本专利的年费应当在每年12月12日前缴纳。未按照规定缴纳年费的,专利权自应当缴纳年费期满之日起终止。

专利证书记载专利权登记时的法律状况。专利权的转移、质押、无效、终止、恢复和专利权人的姓名或名称、国籍、地址变更等事项记载在专利登记簿上。

局长 申长雨

中华人民共和国国家知识产权局

“发明专利证书”

“中俄原油二线”

自主研发的高强钢用金属粉芯系列焊丝焊接工艺性能优良,电弧稳定,焊缝成型美观,熔敷金属扩散氢含量低,力学性能优异,其中的 JQ · YJ100M 已用于 1 000 MPa 抗拉强度等级钢的焊接。

自主研发的 JQ-409Ti 不锈钢用金属粉芯焊丝具有良好的抗氧化及抗腐蚀性能,焊接电弧柔和稳定、飞溅少,焊缝成型美观,送丝稳定,且有优良的焊接工艺性能。

名称:天津市金桥焊材集团有限公司　　地址:天津市东丽区开发区六经路 1 号
邮编:300300　　电话:022-58296666　022-58292323
网站:www. TJGoldenBridge. com　　邮箱:Market@ TJGoldenBridge. com

耐候钢用系列焊材

耐候钢结构具有环保、维护成本低、使用寿命周期长的综合优势，国内外一直致力于高强度、高耐蚀性、高性价比新型耐候钢的研究与开发，我国耐候钢的应用也在逐渐普及。

金桥焊材一直紧跟新型耐候钢的开发，针对不同行业的应用要求，配套研发了不同强度及耐候性能的耐田园大气腐蚀、耐海洋大气腐蚀多个系列焊材产品。

一、耐海洋大气腐蚀系列焊材

金桥焊材研发的3Ni耐海洋大气腐蚀钢配套系列焊材产品：JQ · J507NHY 焊条、JQ · YJ551NHY-1 药芯焊丝、JQ · YJM500NHY 埋弧药芯焊丝、JQ · SJ101NHY 焊剂，熔敷金属在保证强度的同时，低温韧性优良，且有优良的耐海洋大气腐蚀特性，满足耐候性合金指数 $V>1.6$ 的要求，系列产品已在中马友谊大桥成功应用。

“中马友谊大桥”

“林铁路藏木特大桥”

二、耐田园大气腐蚀系列焊材

金桥焊材研发的耐田园大气腐蚀焊条、实心焊丝、药芯焊丝、埋弧焊丝/焊剂系列焊材。该系列产品有优秀的耐田园大气腐蚀性能，在-40 ℃下拥有良好的低温冲击功韧性，其中，JQ · YJ501NiCrCu 药芯焊丝已在西藏拉林铁路工程、官厅水库桥成功应用，J556NiCrCu 焊条、JQ · TH550-NQ-Ⅱ实心焊丝、JQ · TH550-NQ-Ⅲ/JQ · SJ101NQ 埋弧焊材已大量用于C70 新型货车，JQ · TH650-EW-Ⅱ、J656NiCrL 高强、高耐蚀的焊材已用于新一代大轴重载货车，系列耐候焊材目前已在多家车辆厂使用。

名称：天津市金桥焊材集团有限公司　　地址：天津市东丽区开发区六经路 1 号
邮编：300300　　电话：022-58296666　022-58292323
网站：www. TJGoldenBridge. com　　邮箱：Market@ TJGoldenBridge. com

硬面堆焊药芯焊丝

堆焊对修复和提高零件的使用寿命,合理使用材料,提高产品性能,降低成本有显著的经济效益。

金桥焊材一直致力于硬面堆焊焊接材料的研发和生产,针对不同客户的技术需求,不断优化焊丝渣系及合金元素的种类和含量,相继开发了不同合金体系的气保护堆焊药芯焊丝、埋弧堆焊药芯焊丝、明弧堆焊药芯焊丝等三大类堆焊系列药芯焊丝。产品广泛用于农用机械、矿山机械、轧辊、水电行业的水轮机及水泥行业的立磨、辊压机、破碎机、选粉机等等的修复再利用。

硬面堆焊药芯焊丝牌号表

<table>
<tr><th>类别</th><th>焊丝牌号</th><th>堆焊层硬度/HRC</th><th>主要用途</th></tr>
<tr><td rowspan="12">气保护堆焊药芯焊丝</td><td>JQ · YD132-1</td><td>≥30</td><td rowspan="3">用于低碳钢、中碳钢或低合金钢的机件表面的修补,如矿山、农业机械的堆焊与修补</td></tr>
<tr><td>JQ · YD172-1</td><td>≥40</td></tr>
<tr><td>JQ · YD212-1</td><td>≥50</td></tr>
<tr><td>JQ · YD397</td><td>36~42</td><td rowspan="4">用于热锻模具堆焊,在高温下使模具具有很好的硬度和耐热疲劳性能好</td></tr>
<tr><td>JQ · YD407CrNiWCo</td><td>43~47</td></tr>
<tr><td>JQ · YD507</td><td>48~52</td></tr>
<tr><td>JQ · YD557</td><td>53~57</td></tr>
<tr><td>JQ · YD55-J</td><td>≥50</td><td>适用于耐冲击,高度磨损的情况</td></tr>
<tr><td>JQ · YD60-J</td><td>≥58</td><td>适用于各种受磨损机件表面的修补,如工程机械、矿山机械等</td></tr>
<tr><td>JQ. YDM224</td><td>50~55</td><td rowspan="2">主要用于热轧辊和开坯辊的修复及其复合轧辊的制造</td></tr>
<tr><td>JQ · YDM227</td><td>50~55</td></tr>
<tr><td>JQ · YDM414N</td><td>40~48</td><td>主要用于连铸辊的硬面堆焊焊接</td></tr>
<tr><td>明弧堆焊药芯焊丝</td><td>JQ · YDZ601</td><td>≥58</td><td>用于立磨、破碎辊、耐磨板等焊接</td></tr>
<tr><td rowspan="3">埋弧堆焊药芯焊丝/焊剂</td><td>JQ · YDM224 /JQ · SJD107</td><td>50~55</td><td rowspan="2">主要用于热轧辊和开坯辊的修复及其复合轧辊的制造</td></tr>
<tr><td>JQ · YDM227/JQ · SJD107</td><td>50~55</td></tr>
<tr><td>JQ · YDM414N /JQ · SJ414N</td><td>40~48</td><td>主要用于连铸辊的硬面堆焊焊接</td></tr>
</table>

名称:天津市金桥焊材集团有限公司　　地址:天津市东丽区开发区六经路 1 号
邮编:300300　　电话:022-58296666　022-58292323
网站:www. TJGoldenBridge. com　　邮箱:Market@ TJGoldenBridge. com

高耐候系列焊材

金桥焊材研发的高耐候焊材共包括两个系列:耐田园大气腐蚀系列和耐海洋大气腐蚀系列。

耐田园大气腐蚀系列焊材有较强耐田园大气腐蚀性能,满足耐大气腐蚀性指数 I>6.5 的要求,同时-40 ℃具有良好的低温冲击韧性。其中 JQ · YJ501NiCrCu-1 已在西藏拉林铁路工程上成功应用。

耐海洋大气腐蚀系列焊材产品,低温韧性优良,且有优良的耐海洋大气腐蚀特性,满足耐候性合金指数 V>1.6 的要求。用于焊接 Q235q(D、E) NHY、Q345q(D、E) NHY、Q420q(D、E) NHY、Q500q(D、E) NHY 等级别的耐候桥梁钢结构。

牌号及执行标准

类别	产品	国标	国标型号	美标	美标型号
耐田园大气腐蚀系列焊材	JQ · J507FNH	GB/T 5117-2012	E5015-G	AWS A5.5	E7015-G
	JQ · YJ501NiCrCu-1	GB/T 17493-2008	E491T1-GC	相当 AWSA5.36	相当 E71T1-C1A4-G
	JQ · YJM500FNH +JQ · SJ101FNH	—	—	AWS A5.23	F7A4-ECG-G
耐海洋大气腐蚀系列焊材	JQ · J507NHY	GB/T 5117-2012	E5015-G	AWS A5.5	E7015-G
	JQ · YJ551NHY-1	GB/T 17493-2008	E491T1-GC	相当 AWSA5.36	相当 E71T1-C1A4-G
	JQ · YJM500NHY +JQ · SJ101NHY	—	—	AWS A5.23	F7A4-ECG-G

熔敷金属力学性能例值

类别	产品	R_m/MPa	R_{eL}/MPa	A/%	KV_2(-40 ℃)/J	耐腐蚀指数
耐田园大气腐蚀系列焊材	JQ · J507FNH	550	462	27	124、136、132	I:7.30
	JQ · YJ501NiCrCu-1	584	506	27	113、110、109	I:6.76
	JQ · YJM500FNH +JQ · SJ101FNH	562	462	27	113、118、132	I:7.07
耐海洋大气腐蚀系列焊材	JQ · J507NHY	590	493	28	158、146、140	V:1.6~1.8
	JQ · YJ551NHY-1	597	525	25	130、135、140	
	JQ · YJM500NHY +JQ · SJ101NHY	571	444	27	118、116、114	

名称:天津市金桥焊材集团有限公司　　地址:天津市东丽区开发区六经路1号
邮编:300300　　电话:022-58296666　022-58292323
网站:www. TJGoldenBridge. com　　邮箱:Market@ TJGoldenBridge. com

管线全自动焊用药芯焊丝

金桥研制的管线全自动焊用焊丝系列产品（JQ－70M、JQ－80M、JQ－81T1M、JQ－91T1M），具有良好的抗气孔性、低温韧性，特别适用于长输管线的半自动及全自动焊接的根焊、填充及盖面焊接。JQ-81T1M气保护药芯焊丝及JQ-70M金属粉芯焊丝在大庆油建中俄二线中成功应用，双检：AUT+射线探伤，合格率达到长输管线优质工程级别。

保护气体：体积分数为80%的Ar+体积分数为20%的CO_2。

牌号及执行标准

类别	产品牌号	执行标准	型号
金属粉芯药芯焊丝	JQ-70M	AWS 5.18	E70C-6M
	JQ-80M	AWS 5.28	E80C-Ni1
管线钢用气保药芯焊丝	JQ-81T1M	AWS 5.36	E81T1-M21A4-K11
	JQ-91T1M	AWS 5.36	E91T1- M21A4-K2

熔敷金属化学成分例值(%)

类别	牌号	C	Mn	Si	S	P	Mo	Ni
金属粉芯药芯焊丝	JQ-70M	0.027	1.42	0.58	0.007	0.007	0.002	0.035
	JQ-80M	0.061	0.96	0.27	0.008	0.009	0.13	0.88
管线钢用气保药芯焊丝	JQ-81T1M	0.045	1.43	0.27	0.011	0.014	0.02	0.70
	JQ-91T1M	0.043	1.28	0.25	0.006	0.008	0.005	1.83

熔敷金属力学性能例值

类别	牌号	R_m/MPa	$R_{eL}/R_{p0.2}$ /MPa	A/%	KV_2/J
金属粉芯药芯焊丝	JQ-70M	555	468	29.5	-30 ℃ /150、147、124
	JQ-80M	639	562	29	-45 ℃ /100、132、121
管线钢用气保药芯焊丝	JQ-81T1M	613	540	25	-40 ℃/136、141、127
	JQ-91T1M	650	580	24	-45 ℃/105、112、109

名称：天津市金桥焊材集团有限公司　　地址：天津市东丽区开发区六经路1号
邮编：300300　　电话：022-58296666　022-58292323
网站：www.TJGoldenBridge.com　　邮箱：Market@TJGoldenBridge.com

管线钢用富氩气保护药芯焊丝

该系列焊丝为适用于X70、X80管线钢全位置半自动、全自动焊接的气保护药芯焊丝。采用立向上焊,焊接过程中熔滴细小,呈喷射过渡,电弧柔和稳定、烟尘量少、几乎无飞溅、熔渣易于清除,具有良好的熔深效果以及平坦、美观的焊缝成型,避免了未熔合和夹渣等常见焊接缺陷。各项力学性能优良,特别是稳定的低温韧性。

牌号及执行标准

产品牌号	执行标准	型号
JQ-81T1M	AWS 5.36	E81T1-M21A4-K11
JQ-91T1M	AWS 5.36	E91T1-M21A4-K2

熔敷金属化学成分例值(%)

牌号	C	Mn	Si	S	P	Mo	Ni
JQ-81T1M	0.045	1.43	0.27	0.011	0.014	0.02	0.77
JQ-91T1M	0.061	1.78	0.39	0.009	0.012	0.39	1.83

熔敷金属力学性能例值

牌号	R_m/(N/mm^2)	$R_{eL}/R_{p0.2}$/(N/mm^2)	A/%	KV_2(-40 ℃)/J
JQ-81T1M	613	540	25.5	136、141、127
JQ-91T1M	721	653	23.0	97、102、95

包装形式:真空塑料盘,净重5 kg/盘

参考规范(DC+)

直径/mm	电流/A	电压/V
1.2	140~300	16~32

(a)

(b)

(c)

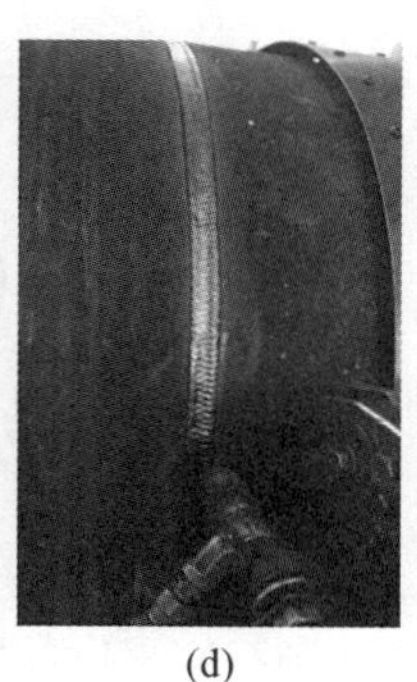
(d)

焊接位置及焊缝成型

名称:天津市金桥焊材集团有限公司
地址:天津市东丽区开发区六经路1号
邮编:300300
电话:022-58296666 022-58292323
网站:www. TJGoldenBridge. com
邮箱:Market@ TJGoldenBridge. com

Q500qE 桥梁钢用药芯焊丝——JQ · YJ621K2-1 钛型药芯焊丝

JQ · YJ621K2-1 为 Q500qE 桥梁钢用钛型 CO_2 气保护药芯焊丝。该产品焊接工艺性能优良,电弧柔和稳定,飞溅小,脱渣容易,焊缝成型美观。可进行全位置焊接。熔敷金属力学性能优异,各项指标均高于国家标准要求:抗拉强度高、-40 ℃低温冲击韧性优异、熔敷金属扩散氢含量低并且抗裂性能优异。

保护气体:CO_2。

牌号及执行标准

产品牌号	国标	国标型号	美标	美标型号
JQ · YJ621K2-1	GB/T 17493	E621T1-K2C	AWS A5. 36	E91T1-C1A0-K2

熔敷金属化学成分例值(%)

产品牌号	C	Mn	Si	S	P	Ni
JQ · YJ621K2-1	0. 05	1. 55	0. 42	0. 007	0. 011	1. 35

熔敷金属力学性能例值

产品牌号	R_m/MPa	$R_{eL}/R_{p0.2}$/MPa	A/%	KV_2(-40 ℃)/J
JQ · YJ621K2-1	657	585	25	89

熔敷金属扩散氢含量≤5 mL/100 g

参考电流(DC^+)

焊丝直径/mm		ϕ1. 2	ϕ1. 4	ϕ1. 6
电流范围/A	平焊	120~300	150~400	180~450
	立向上焊、仰焊	120~260	150~270	180~280
	立向下焊	200~300	220~300	250~300
	横焊	120~280	150~320	180~350

名称:天津市金桥焊材集团有限公司
地址:天津市东丽区开发区六经路 1 号
邮编:300300
电话:022-58296666　022-58292323
网站:www. TJGoldenBridge. com
邮箱:Market@ TJGoldenBridge. com

Q500qE 桥梁钢用药芯焊丝
——JQ·YJ621K2-1Q 金属粉型药芯焊丝

JQ·YJ621K2-1Q 为金属粉型 CO_2 气体保护药芯焊丝,熔敷效率高,焊接飞溅少,熔渣少,电弧稳定。在焊接涂有无机富锌底漆的钢板时,具有很好的抗气孔性能。用于单丝或双丝平焊、平角焊,该焊丝广泛应用于造船、桥梁结构和钢结构制造。

保护气体:CO_2。

牌号及执行标准

产品牌号	国标	国标型号	美标	美标型号
JQ·YJ621K2-1Q	GB/T 17493	E620T1-K2C	AWS A5.36	E90T1-C1A0-K2

熔敷金属化学成分例值(%)

产品牌号	C	Mn	Si	S	P	Ni
JQ·YJ621K2-1Q	0.04	1.67	0.51	0.009	0.012	1.35

熔敷金属力学性能例值

产品牌号	R_m/MPa	$R_{eL}/R_{p0.2}$/MPa	A/%	KV_2(-40 ℃)/J
JQ·YJ621K2-1Q	658	592	25	86

参考电流(DC^+)

焊丝直径/mm		ϕ1.2	ϕ1.4	ϕ1.6
电流范围/A	平焊	150~350	200~400	200~450

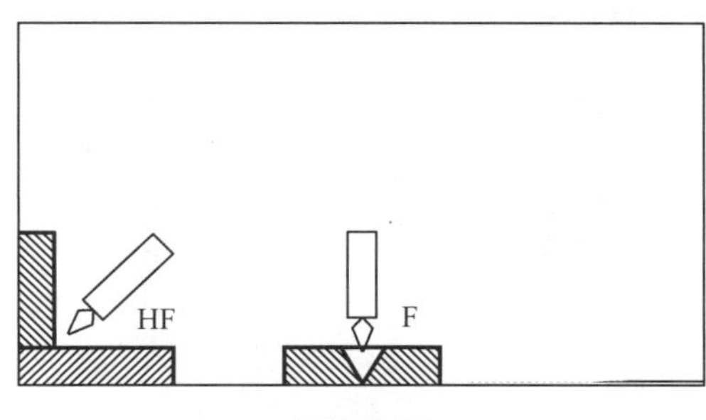

焊接位置

(a)

(b)

JQ · YJ621K2-1Q 金属粉型药芯焊丝在中铁山桥试用

名称:天津市金桥焊材集团有限公司

地址:天津市东丽区开发区六经路 1 号

邮编:300300

电话:022-58296666　022-58292323

网站:www. TJGoldenBridge. com

邮箱:Market@ TJGoldenBridge. com

气电立焊药芯焊丝

气电立焊用药芯焊丝，焊接工艺性能优良，电弧稳定，飞溅小，易脱渣，焊缝成型美观。采用垂直立向上焊接方法，焊缝一次成型，焊接效率高。

JQ・YJL50G、JQ・YJL60G 分别用于 50 公斤级和 60 公斤级高强钢板，立焊船舶的外壳及各种内部构件、储罐侧板和桥梁的箱式梁复板、冶金高炉等中厚板的对接焊缝。

系列产品牌号及执行标准

产品牌号	执行标准	型号
JQ. YJL50G	JIS Z3319	YFEG-22C
JQ. YJL60G	AWS A5. 26	EG80T-Ni1

熔敷金属化学成分例值(%)

产品牌号	试验项目	C	Si	Mn	S	P	Ni	Mo
JQ. YJL50G	例值	0. 06	0. 35	1. 45	0. 008	0. 015	0. 50	0. 20
JQ. YJL60G	例值	0. 05	0. 24	1. 57	0. 004	0. 009	0. 89	0. 23

熔敷金属力学性能

产品牌号	试验项目	R_m /(N/mm²)	$R_{eL}/R_{p0.2}$ /(N/mm²)	A/%	KV_2(−20 ℃)/J	KV_2(−40 ℃)/J
JQ・YJL50G	例值	600	490	24	90	—
JQ・YJL60G	例值	660	520	22	120	100

供货规格：ϕ1.6 mm。

供货包装：真空塑料盘，净重 15 kg/盘。

推荐焊接规范

焊丝直径/mm	焊接电流/A	电弧电压/V
φ1.6	320-400	32-36

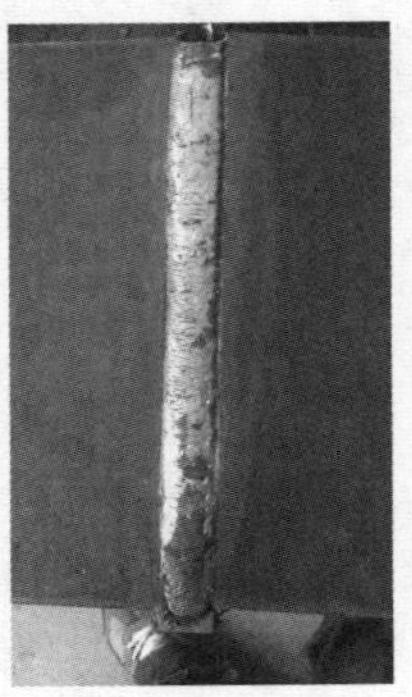

焊道正面成型

名称:天津市金桥焊材集团有限公司　　地址:天津市东丽区开发区六经路1号
邮编:300300　　电话:022-58296666　022-58292323
网站:www. TJGoldenBridge. com　　邮箱:Market@ TJGoldenBridge. com

低氢型管道根焊焊条

焊条为低氢型药皮根焊专用焊条,具有良好的焊接工艺性能,电弧稳定,飞溅小,易脱渣,电弧具有足够的吹力及挺度,在根焊时可获得良好的单面焊双面成型效果,具有良好的全位置焊接操作性,可满足现场施工的全位置焊接要求。用于油气管线、海洋工程等领域的根焊及返修焊接。

产品牌号:JQ · J506D。

产品工艺特点:

- 电弧稳定性高,熔滴细小;
- 具有足够的电弧吹力及挺度;
- 良好的单面焊双面成型;
- 脱渣性好,成型美观;
- 全位置焊接操作性良好。

焊道正面成型

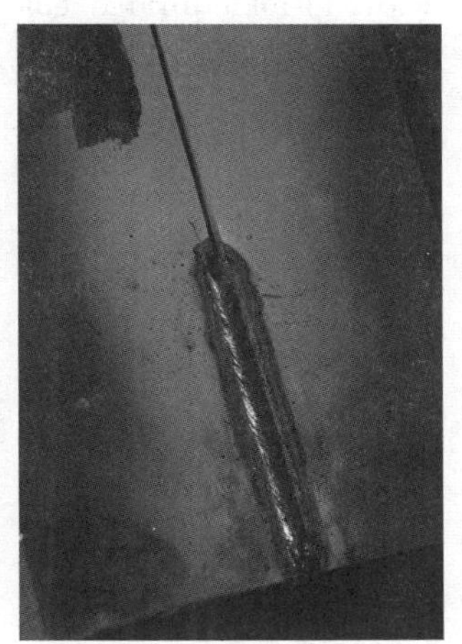
焊道背面成型

2014 年 10 月 26 日,JQ · J506D 焊条通过了中国石油工程建设协会组织的"JQ · J506D 根焊焊条的研制"科学技术成果鉴定。鉴定委员会成员由石油、石化行业及高校的 17 位资深专家组成。鉴定委员一致认为,该根焊焊条技术性能达到国际先进水平,同意通过科学技术成果鉴定,并建议加快该成果推广应用。

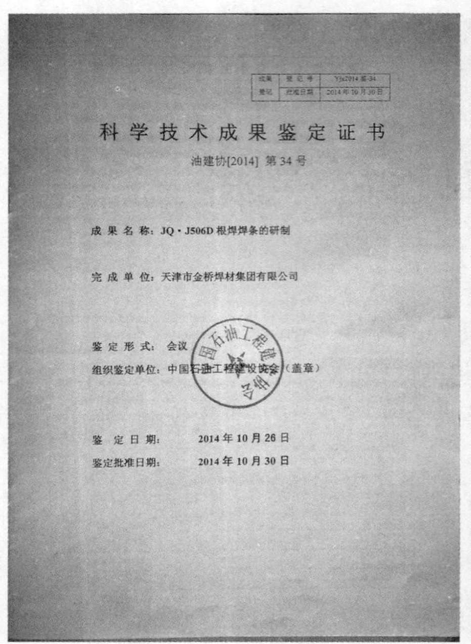

成果登记	登记号	Yja2014 鉴-34
	批准日期	2014 年 10 月 30 日

科学技术成果鉴定证书

油建协[2014] 第 34 号

成果名称：JQ・J506D 根焊焊条的研制

完成单位：天津市金桥焊材集团有限公司

鉴定形式：会议

组织鉴定单位：中国石油工程建设协会（盖章）

鉴定日期：2014 年 10 月 26 日

鉴定批准日期：2014 年 10 月 30 日

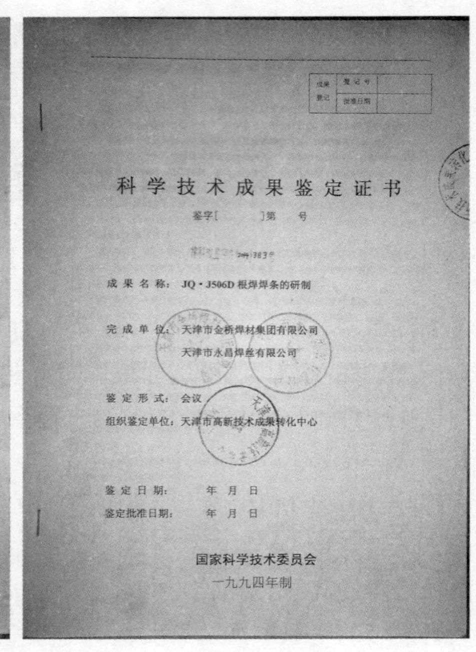

成果登记	登记号	
	批准日期	

科学技术成果鉴定证书

鉴字[　　]第　号

成果名称：JQ・J506D 根焊焊条的研制

完成单位：天津市金桥焊材集团有限公司

天津市永昌焊丝有限公司

鉴定形式：会议

组织鉴定单位：天津市高新技术成果转化中心

鉴定日期：　年　月　日

鉴定批准日期：　年　月　日

国家科学技术委员会

一九九四年制

科技成果鉴定证书

名称：天津市金桥焊材集团有限公司　　地址：天津市东丽区开发区六经路 1 号

邮编：300300　　电话：022-58296666　022-58292323

网站：www. TJGoldenBridge. com　　邮箱：Market@ TJGoldenBridge. com

金属粉芯焊丝

该系列焊丝兼有实心焊丝渣量少、效率高和普通药芯焊丝熔化速度快、飞溅小、焊接工艺性能好等优点，扩散氢含量低，具有良好的低温冲击性能及抗裂性。适用于长输管线的半自动及全自动焊接，可用于 X70、X80 管道的根焊、填充及盖面焊接。由于其良好的焊接成型及高速、高效等特点，亦可适用于汽车、工程机械等行业，标准自动化生产。

保护气体：Ar+体积分数为 20%CO_2。

牌号及执行标准

产品牌号	执行标准	型号
JQ-70M	AWS 5.18	E70C-6M
JQ-70M	AWS 5.28	E80C-Ni1

熔敷金属化学成分（%）

牌号	试验项目	C	Mn	Si	S	P	Mo	Ni
JQ-70M	例值	0.027	1.42	0.58	0.007	0.007	0.002	0.035
JQ-80M	例值	0.061	0.96	0.27	0.008	0.009	0.13	0.88

熔敷金属力学性能

牌号	试验项目	R_m /(N/mm^2)	$R_{eL}/R_{p0.2}$ /(N/mm^2)	A /%	KV_2 /J
JQ-70M	例值	545	458	29.5	-30 ℃/150、147、138
JQ-80M	例值	590	502	27.0	-45 ℃/125、132、121

供货规格：1.2 mm。

包装形式：真空塑料盘，净重 5 kg/盘。

参考规范（DC+）

直径/mm	电流/A	电压/V
1.2	140~300	16~32

名称:天津市金桥焊材集团有限公司　　地址:天津市东丽区开发区六经路1号
邮编:300300　　电话:022-58296666　022-58292323
网站:www. TJGoldenBridge. com　　邮箱:Market@ TJGoldenBridge. com

装甲用不锈钢多股绞合焊丝

多股绞合焊丝具有“控形和控性”两方面的优势:控形——采用不同直径或数量的单丝组合,实现对熔深、熔宽及熔敷率的调控;控性——采用不同成分和数量的单丝组合,实现焊接接头性能的精量优化。同时,多股绞合焊丝的电弧具有自旋转效应,带动熔池旋转和扰动,有利于熔池内部气体的逸出、氧化夹渣的上浮并有利于焊缝组织的细化和成分均匀化,进而提高焊接接头质量。在上述优势的基础上,公司通过优化绞股结构及焊丝成分开发出了装甲用的不锈钢多股绞合焊丝,有效解决了高氮装甲钢的焊接气孔问题,在提升焊接质量的同时也提高了焊接效率。

熔敷金属化学成分例值(%)

产品牌号	C	Si	Mn	P	S	Cr	Ni	Mo
TP-M1390	0.05	0.62	6.05	0.014	0.011	19.77	11.21	1.24
TP-N1670	0.06	0.84	6.75	0.017	0.019	19.09	8.68	0.03

熔敷金属力学性能例值

产品牌号	R_m/MPa	$R_{eL}/R_{p0.2}$/MPa	A/%
TP-M1390	645	512	35
TP-N1670	617	463	40

名称:江苏联捷焊业科技有限公司　　地址:江苏省江阴市西桥路9号
邮编:214432　　联系人:梁裕　　电话:0510-86808200

多股绞合焊丝的焊接工艺研发

多股绞合焊丝相对于传统实心单丝或药芯焊丝而言,多股绞合焊丝的特点在于其结构可设计,表现在采用不同直径或数量的单丝组合,实现对熔深、熔宽以及熔覆率的调控;其成分可优化,表现在于采用不同成分和数量的单丝组合,实现焊接接头性能的精量优化。因此,多股绞合焊丝具有在"控形和控性"两方面的优势,为不断涌现的新型、高强金属材料提供优质、高效、低成本的焊丝匹配,为当前机器人、自动化焊接生产的高端化、高效化的紧迫需求提供了新型焊接材料和新工艺的研发空间。

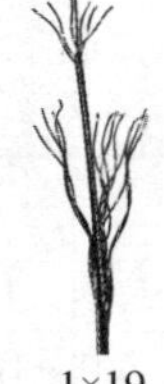

1×19

7×7

3+3

1×7

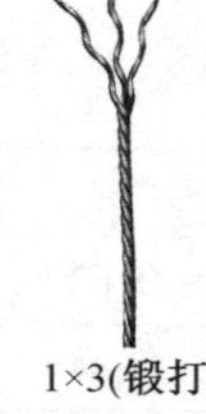

1×3(锻打)

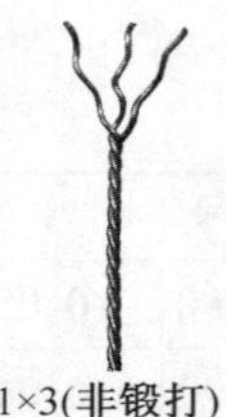

1×3(非锻打)

多股绞合焊丝结构示意图

地址:江苏省江阴市高新技术开发区杨宦路 8 号 4 楼

联系人:梁裕　　　　电话:0510-86808200　　　　邮编:214400

焊接数字化与智能化软件研究与应用

本研究室专业从事焊接数值模拟仿真及焊接工程软件研究。1986 年开始建立焊接数据库及专家系统。1996 年开始采用有限元技术研究焊接热过程、应力应变及凝固裂纹预测方法;随后利用人工神经元网络、Monte Carlo、元胞自动机、相场法等对焊接接头力学性能及组织进行了多尺度模拟和预测。长期积累焊接数据、知识和模型,为航空、航天、军事电子、锅炉、压力容器、汽轮机、电机、油田建设、工程机械、船舶制造等各个领域设计了专用数据库和专家系统,为焊接企业提供各种复杂焊接结构缺陷、应力和变形模拟分析。

主要研究方向包括:

1. 焊接数据库。
2. 焊接专家系统。
3. 焊接应力/变形模拟和预测。
4. 焊接接头力学性能预测。
5. 焊接组织模拟与预测。
6. 焊接模拟软件二次开发和设计。
7. 焊接工程专用软件设计。

焊接数据库及专家系统

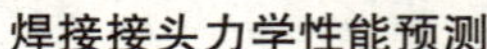

焊接接头力学性能预测

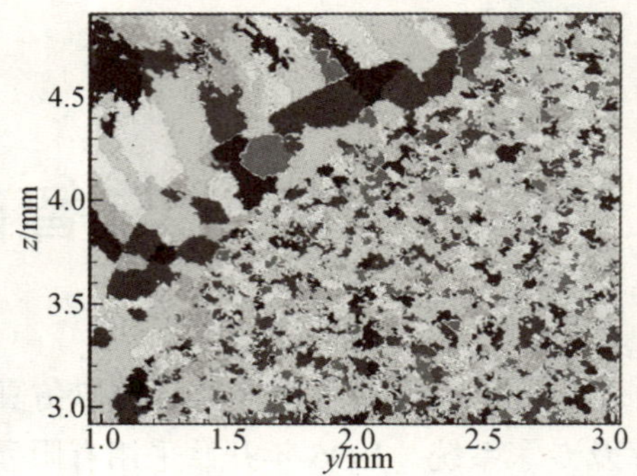

焊缝及热影响区晶粒生长蒙特卡罗模拟

地址:南京市江宁区将军大道 29 号南京航空航天大学材料科学与技术学院

联系人:魏艳红　　　手机:18951874731　　　网站:www. nhweld. com/

邮箱:yhwei@ nuaa. edu. cn

基于视觉传感技术的自动化焊接系统

基于视觉传感技术的自动化焊接系统，是采用计算机视觉技术、电机位置闭环控制技术、逆变电源等技术，结合龙门结构的大型定制机床，组成的一种高效的柔性化自动焊接系统。该系统主要包括三部分：焊接图像、电参数的嵌入式同步采集以及实时存储，图像处理、焊枪位姿闭环控制，焊接过程控制。

焊接图像、电参数同步采集图像处理、焊枪位姿闭环控制焊接过程控制

焊接图像、电参数嵌入式同步采集：可同步实时采集两路摄像机输出的图像，用于目标识别，距离测定，以及焊枪位姿闭环控制。采集图像的同时还可同步采集焊机的输出电流、电压等参数用于焊接过程控制。可将这些数据实时存储在大容量的 SD 卡或 CF 卡，用于离线分析焊接过程。数据采集的速率为 200 M×32 bit/s。

图像处理、电机位置闭环控制：对两个摄像机输出的图像分别进行特征分析，计算出待焊目标的位置坐标，并由双目视觉算法获取待焊目标距离焊枪的实际距离，距离计算的误差小于 0.5 mm，计算时间可满足实时控制的要求。

焊接电源控制、焊接工艺等：采用定制的自动焊接电源，对电源的若干参数进行优化，以保证高质量焊接过程的稳定实施。

已获成果：

陈雨，卢振洋. 一种快速、便携式的图像采集及处理装置. 实用新型专利. ZL201320314044. 2

刘嘉，王子健. 一种间接测量焊丝进给速度的装置. 实用新型专利. ZLZL201220617540. 0

名称：北京工业大学焊接技术研究所　　　　电话：010－67391617

非接触式焊丝进给速度测量系统

非接触式焊丝进给速度测量装置应用了未曾应用在焊接领域的光学导航传感器,应用图像处理的方法实现了真正意义上的焊丝进给速度的测量。系统拥有测速范围广、测量精度高等优点;由于采用了非接触的测量,对送丝系统没有影响,亦可以实现送丝系统及送丝电机性能的标定。

送丝测速系统

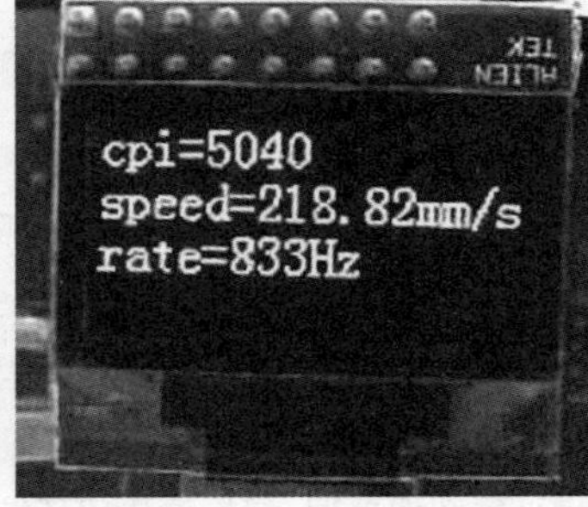

屏幕显示

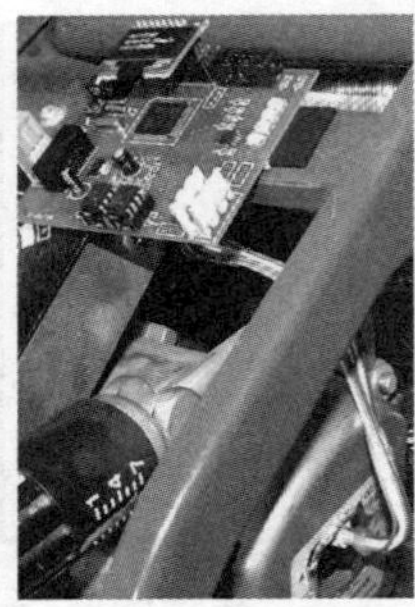

非接触式测量

测量系统特色:

1. 采用图像处理的方法实现焊丝进给速度的测量,测量不受焊丝材料直径影响;
2. 焊丝进给速度在 1.5~15 m/min 速度范围内测量误差小于 1%;
3. 分辨率可达到 5040CPI,是 2000 线光电编码器的十倍以上;
4. 最快速度跟踪可达 226 m/min;
5. 尺寸小,不影响机械结构,安装方便;
6. 不需与送丝设备传动部分接触,对送丝系统零影响;
7. 系统可将送丝速度测量信息进行保存,便于离线分析;
8. 捕捉微小时间段焊丝速度变化情况,可标定送丝系统及送丝电机性能;

已获成果:

1. 刘嘉,王子健. 一种间接速度测量装置. 国家发明专利. ZL20120473645.8(实审)
2. 刘嘉,王子健. 一种间接测量焊丝进给速度的装置. 实用新型专利. ZL201220617540.0

名称:北京工业大学焊接技术研究所　　　电话:010-67391617

非熔化极电弧的电流密度和力分布测量系统

为了更好地认识焊接电弧及熔池成型的物理本质,北京工业大学焊接技术研究所针对焊接电弧的力学特性开发完成可用于高温环境下对电弧的力输出和电流密度在空间分布上进行高分辨率和高精度直接测量的试验系统,系统采用分裂阳极法,使用水冷阳极以刚性连接的方式直接采集焊接电弧的电流密度和电弧力,并配合环形分割算法对数据进行处理,所采集数据的空间分辨率只和电弧移动数据及传感器的采样频率相关。

焊接电弧力分布

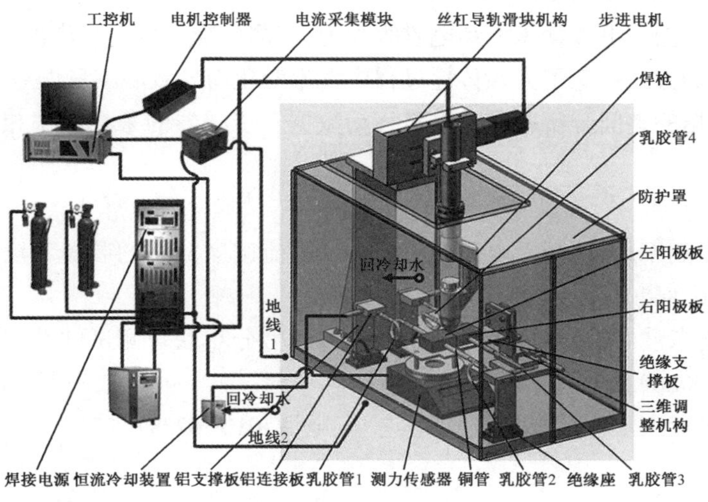

电流密度测量系统测量系统结构图

测量系统软件界面

s_0 s_1 s_2 s_3 y
S_j:时间接口
电弧行程方向
电子流量接收器
x x_0 x_1 x_2 x_3 O
p_3 p_2 p_1
电弧等离子体接收器
展示接口

分裂阳极法测量原理

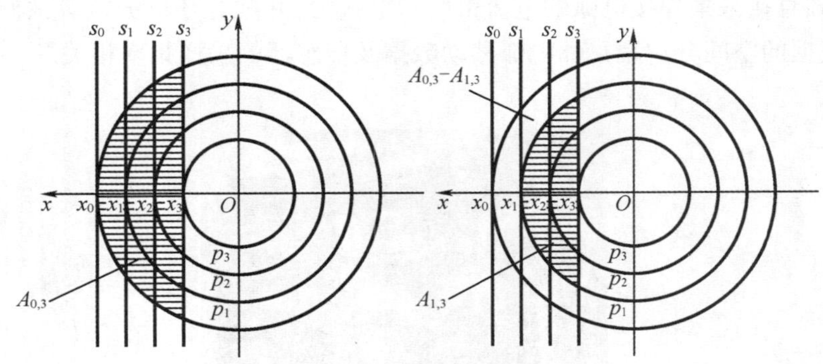

环形分割面积计算原理

技术优势:

1. 极大的简化了测量系统的硬件结构;

2. 采集内容涵盖了电弧动压力和电磁收缩力,使测量准确性进一步提高;

3. 刚性连接的方式避免了力在传递过程中发生变化而导致的测量误差;

4. 所采集数据的空间分辨率只和电弧移动数据及传感器的采样频率相关,空间分辨率大幅提高。

已获成果:

1. 陈树君,白韶军. 一种测量电弧压力分布和电流密度分布的装置和测量方法. 国家发明专利. ZL200910086206. X

2. 陈树君,陶东波. 电弧电流密度分布和电弧压力分布联合测试的装置及方法. 国家发明专利. ZL201110086928. 2

名称:北京工业大学焊接技术研究所　　　电话:010-67391617

用于压力焊的在线评估系统

大部分压力焊都是非连续的离散加工过程，对于此类加工工艺，可通过加工工艺参数的和装夹工件的机械性能随机波动来评估加工过程，并对焊接产品质量做出评估。选择合理的传感方式和解决方案可以得到需要的工艺参数和机械参数并推导出能指数和机械能力指数分。北京工业大学焊接技术研究所开发的闪光对焊工艺评定系统，可将离散加工过程中的每一个工件加工过程的相关能力指数实时显示并存储，指导焊接生产。

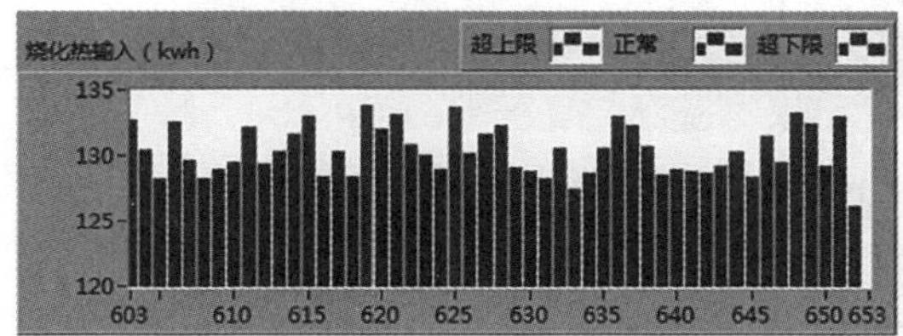

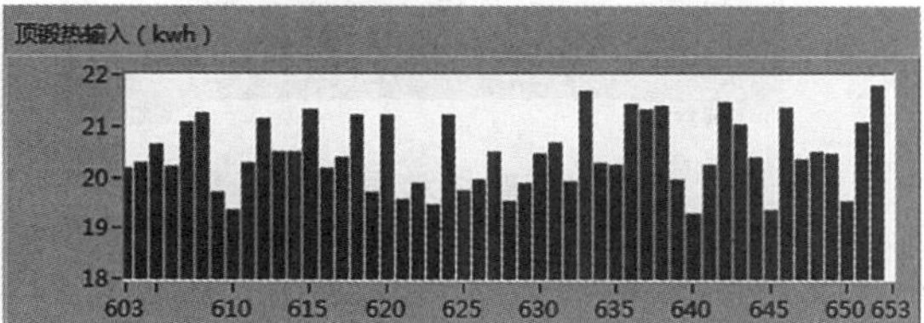

闪光对焊工艺能力指数评估——工艺指数实时评估工艺参数波动情况

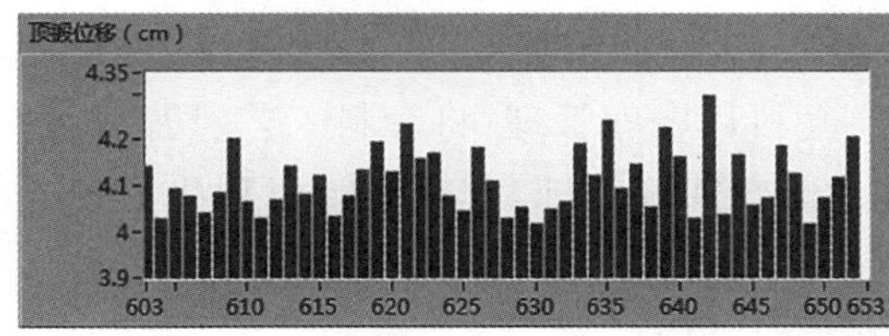

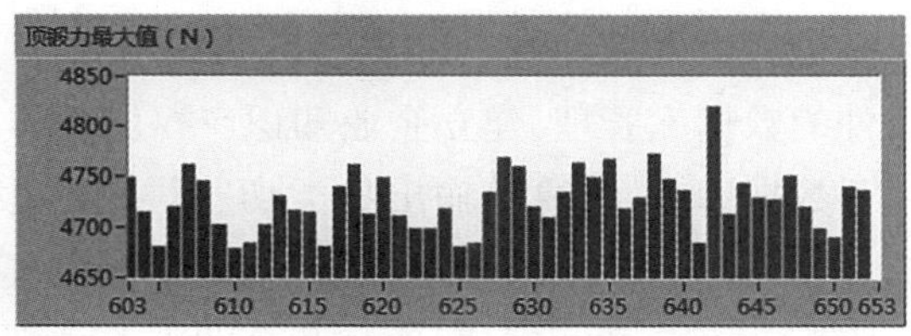

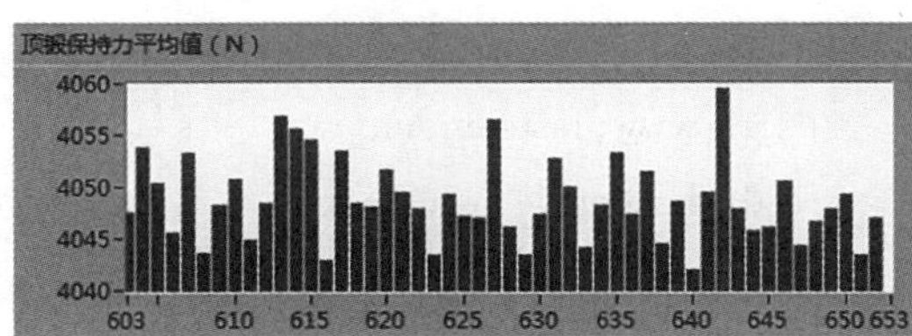

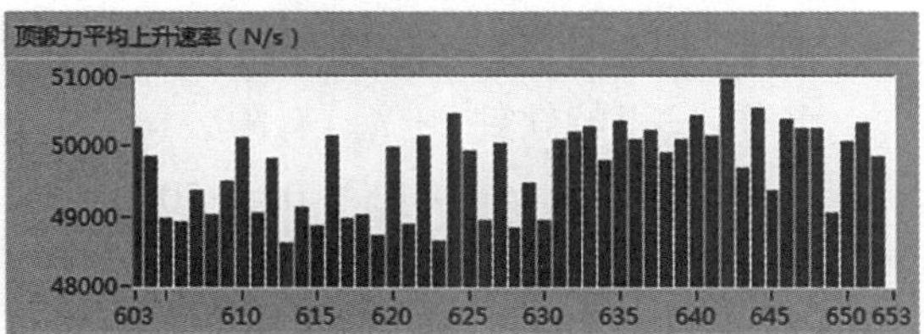

闪光对焊机械能力指数评估——机械能力指数实时只是机械性能波动性

名称：北京工业大学焊接技术研究所　　　电话：010-67391617

两化融合——高端信息化生产管理

科技型中小企业技术创新基金
立项证书
承担单位：发茵特科技（上海）有限公司
项目名称：FastMES钢材切割优化与企业内控管理系统
项目类别：创新项目
立项代码：11C26213100727
批准文号：国科发计[2011]62号
执行期限：2011.02.22 至 2013.02.22
INNOFUND
2011年03月04日

上海市高新技术成果转化证书　　上海市科技型中小企业创新基金证书

FastMES 钢材切割优化与企业内控管理系统:

自主研发的用于钢材采购仓储及数控切割下料生产过程的 MES 制造执行系统,即企业生产信息化管理系统,主要管理功能涉及采购管理:实现定板定尺精准优化预算和采购预算。钢材库管理:建立编码规则,实现钢材库、余料库进出库管理。零件库管理:实现产品零件的数据库管理,建立企业知识产权保护体系。套料程序库管理:将套料工艺、切割指令存于数据库中,计算及输出各类切割类统计报表。生产现场管理:实现切割过程生产任务的合理分配和信息的实时反馈。监控管理:基于互联网监控技术,实现企业生产过程的实时监控。ERP 系统集成:实现与企业资源计划对接,数据共享。

地址:上海浦东新区郭守敬路 498 号 122 号楼 201 室

名称:发思特软件(上海)有限公司　　网站:www. fastcam. cn

邮编:201203　　电话:021-50803069　　邮箱:fastcam@ fastcam. cn

大型结构焊接应力变形模拟仿真

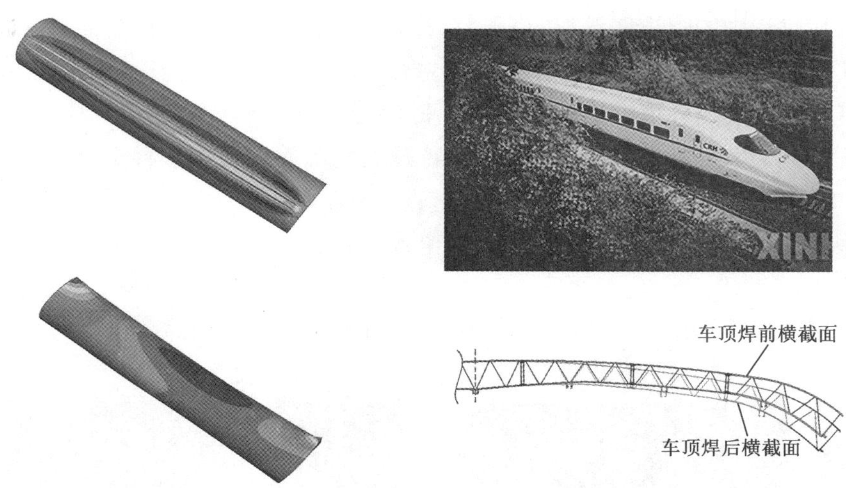

航天筒体结构焊接应力变形模拟高速列车车体焊接变形模拟

焊接过程局部快速升温后冷却过程使得其残余应力和变形是影响结构焊接质量的关键问题之一,特别是对结构服役过程的寿命及安全性均有重要影响,因此应力和变形控制是焊接学科及生产中长期的热点。而随着结构大型化、轻量化的发展趋势,传统实验方法研究焊接应力变形的时间成本和经济成本越来越高,通过模拟仿真的方法,结合部分实验研究,成为焊接应力变形研究的发展方向,并成为焊接数字化制造的一个重要方向。

清华大学焊接中心一直坚持焊接应力、变形模拟仿真科研工作,并重点解决焊接过程模拟仿真中准确性差,计算时间冗长两个关键问题。通过热源模型,材料本构模型,夹具拘束作用模型的建立,大幅提高了焊接过程模拟仿真的准确性;提出并建立了温度函数法,分段温度函数法,大幅提高了焊接过程模拟仿真的计算效率。上述研究成果在航天筒体结构焊接应力变形的预测及工艺优化,高速列车车体结构焊接应力变形的预测及工艺优化等重要的大型结构中得到成功应用,特别是模拟仿真结果得到产品生产部门实验结果的背靠背验证,在多个不同真实结构上,对原始工艺的焊接变形预测和基于数值模拟的优化工艺焊接变形预测结果与实验测量结果的误差均小于25%。

合作说明:

研究过程中获授权发明专利2项,专用程序多个,欢迎多种形式的合作。

通信地址:北京市海淀区清华大学机械工程系焊接馆

邮编:100084　　　电话:010-62773796　　　邮箱:shqy@ tsinghua. edu. cn

焊接过程视觉检测技术与系统

针对焊接过程中的焊道跟踪、位姿调整、熔池检测、质量控制的在线需求,研制专用的视觉信息实时传感处理与自动控制系统。其主要特点:

1. 具有在工业现场环境中抵抗弧光和飞溅等强干扰的能力;

2. 采用不同波长的单线或多线结构光、特殊面光源等以适应多种类材料、各种焊接工艺方法、多型焊接坡口的检测条件和检测要求;

3. 采用光、电等多信息融合方式,实现对电弧-熔池-焊缝的可靠检测和分析处理。

合作方式:

可以采用联合开发、委托研制、专利转让等多种形式,欢迎交流洽谈。

细隙坡口和高反射检测图

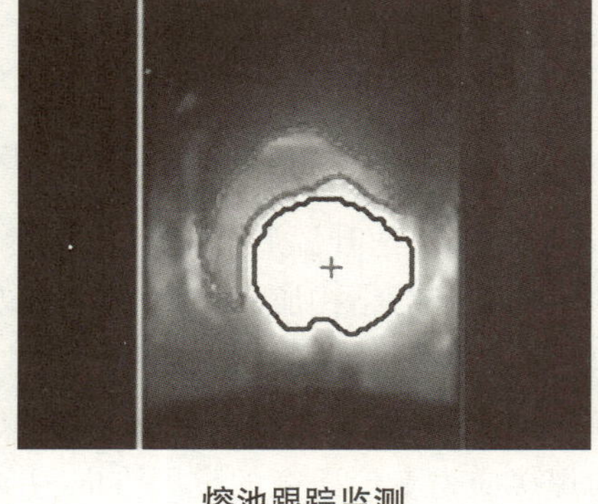

熔池跟踪监测

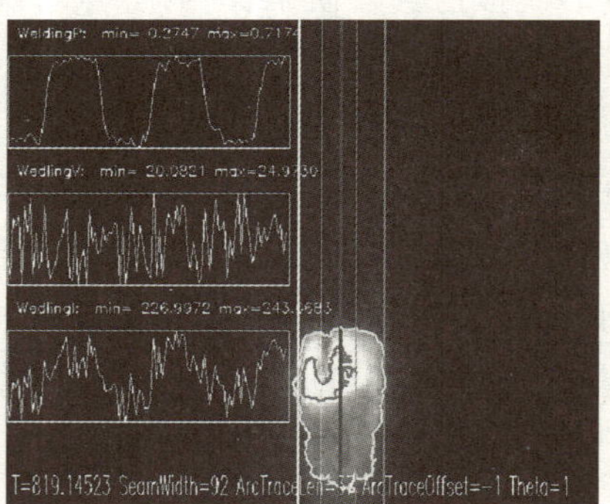

光电多信息融合检测

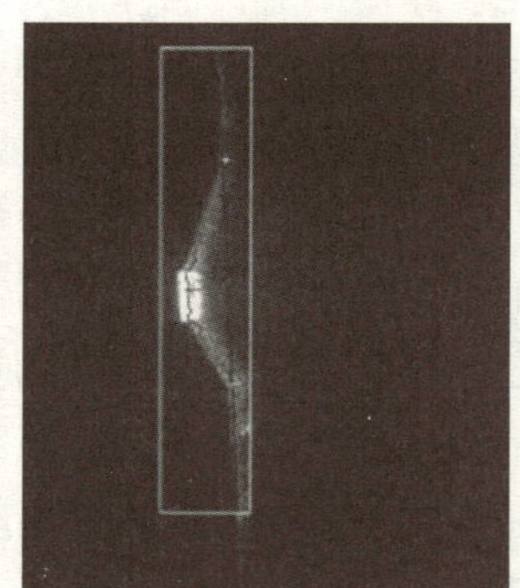

单线结构光焊缝跟踪

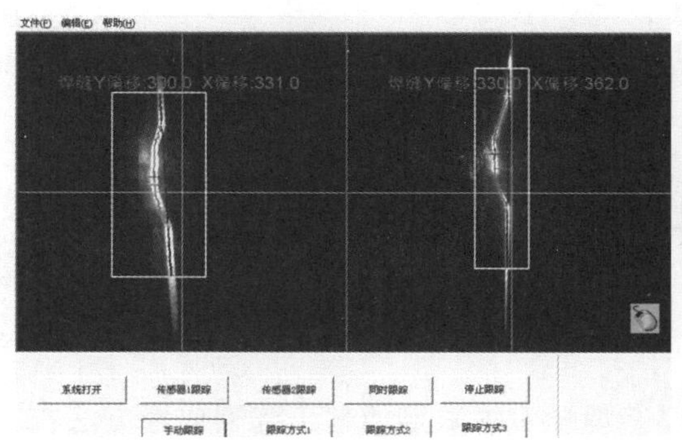

多线结构光焊缝跟踪

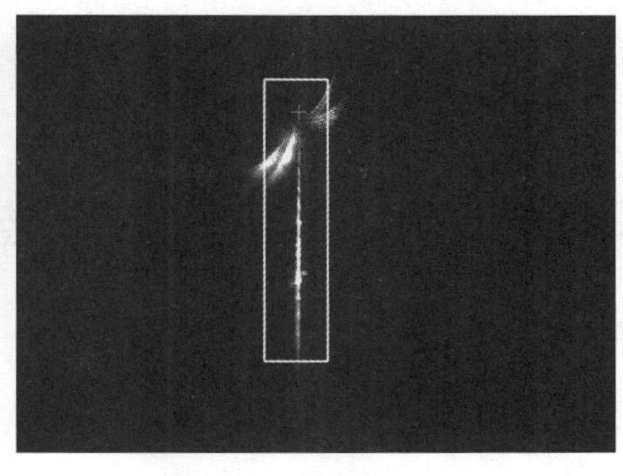

异型坡口的焊缝跟踪

地址:北京市海淀区清华大学机械工程系焊接馆　　邮编:100084

电话:010-62773862　　邮箱:dudong@ tsinghua. edu. cn

厚壁焊缝超声检测方法与技术

本成果涉及的技术包括两个方面:一是厚壁焊缝宏观缺陷的超声阵列成像方法;二是高温高压服役环境下厚壁焊缝的蠕变状态检测技术。

厚壁焊缝的阵列超声成像方法:通过布置阵列窄脉冲探头覆盖整个焊缝区域,利用阵列探头一发多收得到的超声信号的相关性和多探头合成孔径接收聚焦技术,根据发射、接收探头与探测点(靶点)的位置关系以及厚壁焊缝声场的特征,将检测信号的幅度和相位准确反演到所考虑的靶点(虚拟聚焦),得到焊缝的成像。该方法可以综合考虑焊缝内部组织的各向异性和多种声波的相互作用,能以较少的探头和较高的分辨率获得焊缝的图像。该方法通过匹配追踪和小波分析技术解决厚壁焊缝粗晶组织引起的超声散射和缺陷识别问题,通过相位校正技术解决柱状晶各向异性引起的声束偏转和缺陷定位问题,相关研究成果还可应用于高衰减且各向异性的复合材料的检测。下图为带有 13 个 $\phi2$ mm 横孔的 400 mm 厚 316 不锈钢试块,及其成像检测结果。

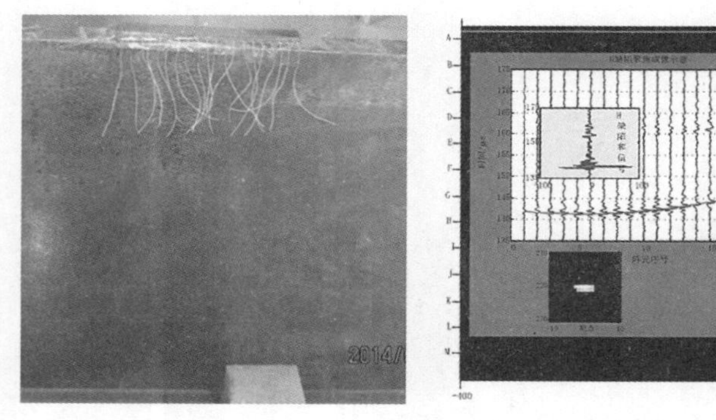

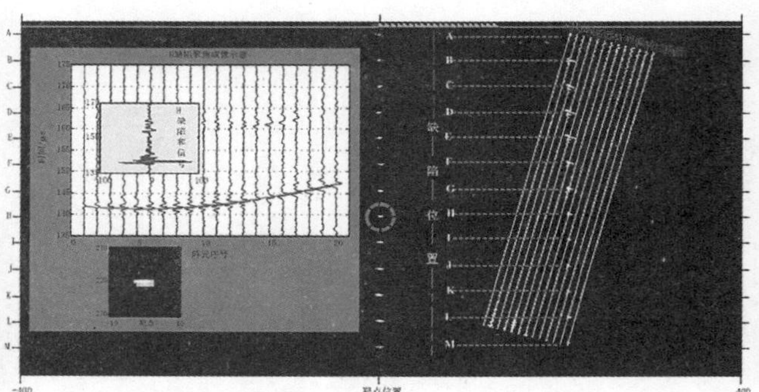

316 不锈钢试块及成像检测结果

厚壁焊缝蠕变状态检测技术:通过特征空间投影方法实现了对厚壁焊缝不同蠕变状态的评价,该方法使用未发生蠕变的焊缝作为标准试块,通过水浸超声扫描方法对标准试块进行数据采集,利用基于统计分析的信号处理方法生成标准空间。将不同蠕变状态的焊缝超声检测数据向标准空间投影,取其投影残差作为蠕变状态的评价标准,残差越大,则蠕变程度越高。该方法能够有效地抑制焊缝微观组织对检测灵敏度的影响,相对于常规检测方法,对于焊缝的蠕变具有更高的检测能力。由于该方法为相对性检测,如果选择合适的标准空间,也可以实现对其他微缺陷的检测,例如,疲劳引起的微观组织劣化等。下图为本技术使用的水浸扫描设备,以及对不同蠕变程度的 P91 钢焊缝的超声检测结果,试块的蠕变程度分别为 1#试块 0%;2#试块 35%;3#试块 70%。

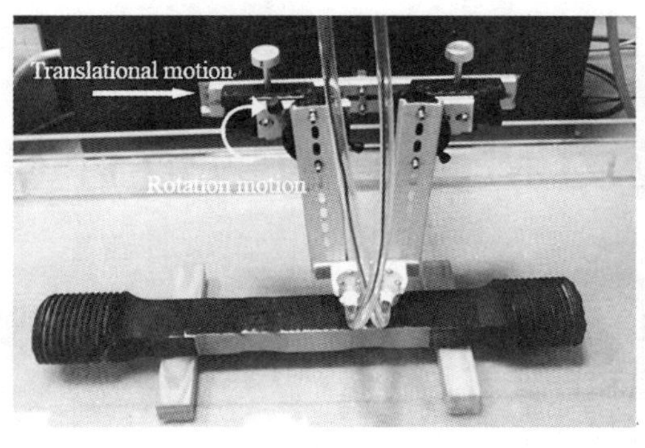

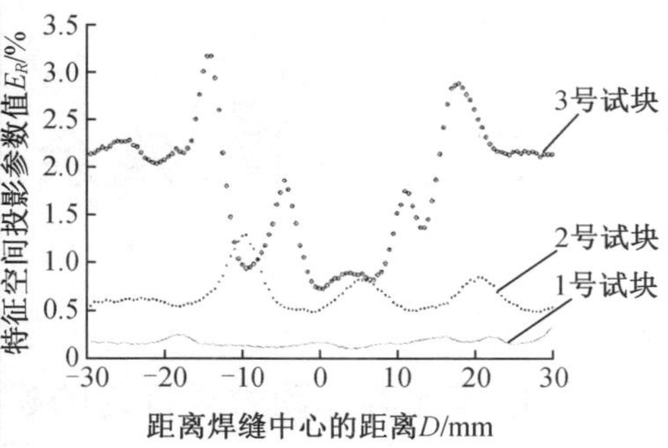

厚壁焊缝蠕变检测试件和及检测结果

合作说明:通过项目合作,将技术成果转换为生产力和校企的效益。

地址:北京市海淀区清华大学机械工程系焊接馆

邮编:100084　　　电话:010-62780012　　　邮箱:hanzd@ tsinghua. edu. cn

焊接工艺过程、残余应力和变形的数值计算

一、焊接熔池流体动力学行为的建模和计算

焊接过程中焊接熔池包含许多焊接质量信息,焊接熔池中的流体流动及其传热过程对焊接质量有着重要的影响。研究采用数值模拟的方式描述焊接熔池中的流体流动及传热过程,可以获得试验方法不易测出的结果,从而优化焊接工艺参数和预测气孔等缺陷。下图为激光焊接过程小孔行为和气泡形成过程的建模与预测。

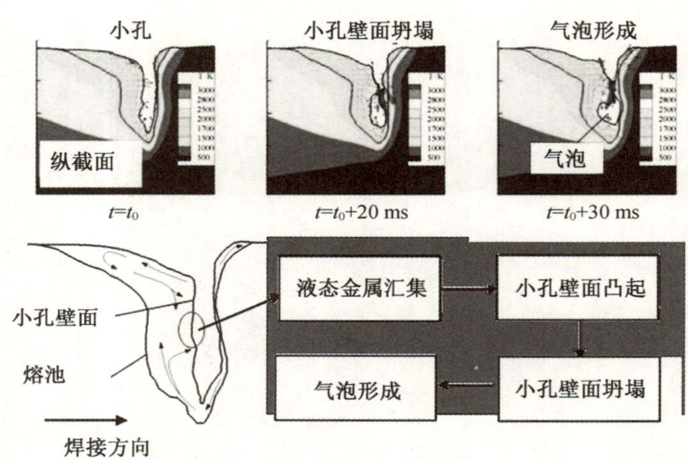

激光焊接过程小孔行为和气孔行程过程的建模与预测

二、焊接变形和残余应力的数值计算

焊接变形是影响焊接产品精度的重要因素,焊接残余应力的存在会直接影响到接头的服役性能。研究基于试验研究,建立了预测焊接变形和残余应力的数值计算模型,并用于工程实际。下图为多焊缝壁板结构(21 m×15 m)焊接变形的数值计算,以及大厚度钛合金电子束焊接残余应力的数值计算。

三、大厚度构件内部焊接残余应力的测试

构件内部残余应力的测量对评价数值计算的准确性,以及焊接结构寿命和完整性评价具有重要意义。研究应用与 X 射线相结合的改进轮廓法,对不同结构内部残余应力进行了试验研究。下图为钛合金异种金属线性摩擦焊接头残余应力在热处理前后的试验测试。

(a)多焊缝壁板结构焊接变形的数值计算

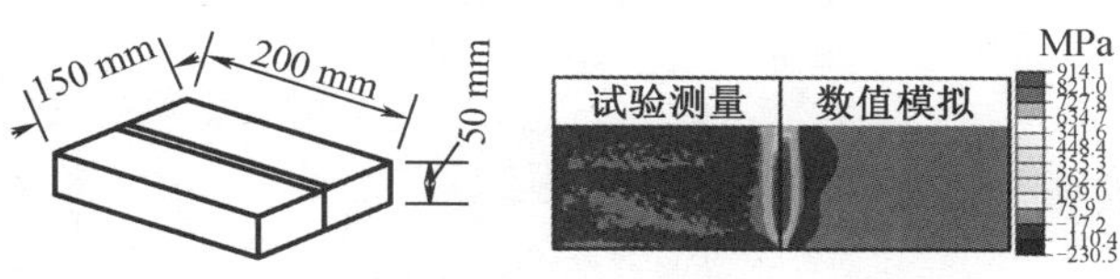

(b)大厚度钛合金电子束焊接残余应力计算和实测

多焊缝焊接变形计算及钛合金电子束焊接残余应力计算和实测

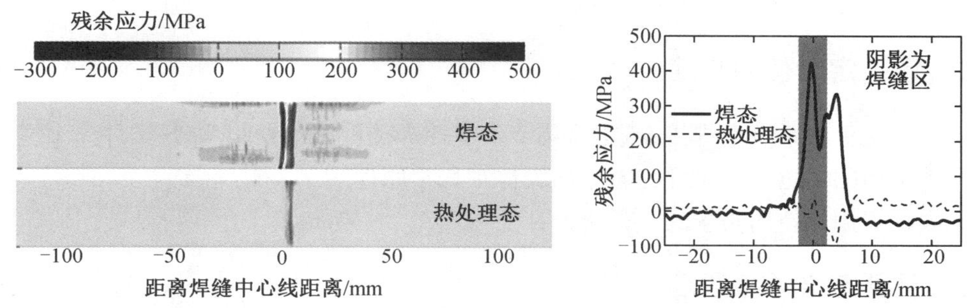

钛合金异种金属线性摩擦焊接头残余应力的实验测试

四、点焊-胶接复合连接接头性能评价

由于轻量化的要求，高强钢逐渐用于汽车车身的制造。研究通过试验研究和计算机建模，对高强钢焊接、点焊-胶接复合接头的失效过程和服役性能进行了研究，并应用于工程实际。下图为点焊-胶接复合连接结构碰撞失效的试验、建模和计算。

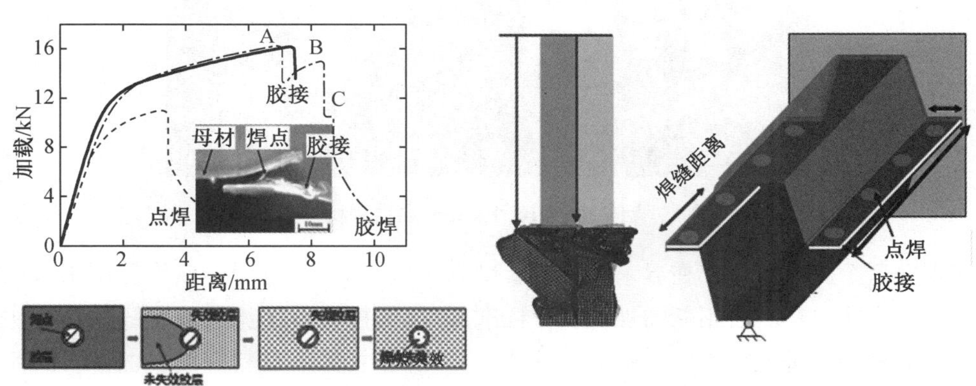

图 4　电焊-胶接复合链接的失败过程

地址：北京市海淀区清华大学机械工程系焊接馆

邮编：100084　　　电话：010-62784578　　　邮箱：hyzhao@ tsinghua. edu. cn

肯倍 X8 MIG Welder

一、重新定义效果

为高速焊及铝焊提供最佳电弧性能（WiseFusion），降低热输入（WiseThin+），加强熔深(WisePenetration+)，窄间隙（RGT），管道根焊（WiseRoot+）以及降低飞溅(WiseSteel)操控精准,升级后焊接电流可达 600 A。有效提升 MIG 钎焊、堆焊及高强度碳弧气刨效果。

二、重新定义使用性能

快速轻松更改系统及焊接设置,可调节及掌控焊接价值及查阅 WPS 文件。

弹性平衡的焊枪手把设计完全贴切人体工程学原理。

无限贴近用户使用需求的送丝机设计。

三、重新定义焊接管理

智能生成的数字 WPS 文件代替不必要的文件打印。

基于 WPS,对焊接参数做自动设置。

与 WeldEye 焊接管理软件完全兼容,全面掌控焊接流程及认证管理环节。

肯倍 X8 MIG Welder 自动焊机

在现今这个所有行业都在寻求突破和转型的时代,重工业也同样面临前所未有的机遇与挑战。数字化,自动化,不断增加的行业标准,以及保持竞争优势的流水线供应也决定了焊接生产流程的改进成为不可逆转的大趋势。与此同时,伴随材料强度,抗腐蚀性能,与其他性能的不断提升,焊接本身也变得越来越有挑战性。

肯倍正式推出的 X8 MIG Welder。这款由芬兰制造的设备重新定义了工业焊接中性能、应用,以及焊接管理的极限。此款 X8 设备集 MIG/MAG 的多种焊接工艺于一身。通过输入常规电压,您就可以高效与精准地实现 MMA 焊接、MIG 钎焊、堆焊与气刨。

Petteri Jernström 博士作为肯倍公司的产品管理与技术服务总监,很骄傲地跟我们说“X8 MIG Welder 是焊接客户的最佳选择,我们通过焊弧集中度研究,用体验分析,升级电源,使用数字化 WPS,导入 WeldEye 焊接管理软件,将 X8 打造为一款前所未有的产品。”

四、通过 Wise 软件提升焊接性能

X8 MIG Welder 的焊弧设计以精准、高效、优质为理念。X8 智能电源和控制技术成为 Wise 工艺与功能的基础,从而满足焊接需求。另外对于高速焊接(WiseFusion)、焊弧特性、例如窄间隙焊接(RGT/WisePenetration+)、根焊(WiseRoot+)、薄板焊接(WiseThin+),以及在球面区的低飞溅焊接(WiseSteel)。

五、数字 WPS 控制与使用的便利

有许多标准比如 ASME、AWS 和 ISO 3834 都需要使用 WPS,行业习惯是使用纸质版 WPS,但这不一定与现今的质量与性能要求相匹配。

X8 的数字化 WPS 重新定义了这一过程。将 X8 与 WeldEye 的云端服务相连接可以实现数字化 WPS 的使用,如今取消了纸质版 WPS 的必要性。焊工可以轻易地在操控面板上查找,观看与激活 WPS,而且自动地使用正确的焊接参数。WPS 通过互联网可以从 WeldEye 软件转移到 X8 上。不论是对于焊工还是协调人员来说这个 WPS 都具有革命性的改变。

另外,控制面板被设计成一个阅读器,它不但可以用作收集制造信息将项目文档化,而且可以保证焊接按照 WPS 来实施。

单位:肯倍焊接技术(北京)有限公司

地址:北京经济技术开发区科创 13 街 18 号院 29 号楼 5 层

电话:010-6787 6064　010-6787 1282　　网址:www. kemppi. com

邮箱:sales. cn@ kemppi. comm

第三部分　焊接科技普及

水下焊接与切割技术

该成果为哈尔滨工业大学(威海)所有。该成果来源于该单位承担的国家973、863、国际科技合作、国家自然科学基金、工信部等10余项科研项目。

成果指标如下:

低合金钢水下焊条,最大水深为30 m,屈服强度为420 MPa,抗拉强度为530~650 MPa。

奥氏体不锈钢水下焊条,最大水深为30 m,屈服强度为420 MPa,抗拉强度为500~580 MPa。低合金钢水下药芯焊丝,最大水深为200 m,屈服强度为360 MPa,抗拉强度为500 MPa。

水下电氧切割,电极:最大水深60 m,切割长度500 mm(E40,20 mm厚)。

水下湿法焊接设备:水下焊接切割电源、送丝系统、焊炬、割炬、控制系统等。

形成水下湿法焊接切割技术系列化成果。该成果分别在港珠澳大桥工程、胜利油田海上采油平台修复等领域得到实际应用。目前正致力于开展面向核电修复的水下焊接技术研究工作。

水下焊接作业

海上采油平台修复

港珠澳大桥工程

沉船打捞扳正桩头

名称:哈尔滨工业大学(威海)

地址:山东省威海市文化西路2号　　　　邮编:264209

电话:0631-5687196　0631-5687027　0631-5687324

油气管道高效焊接技术

PIW 型多焊炬管道全位置自动内焊机:主要用于长输油气管道施工过程中环焊缝的自动内焊接,集机械、电控、气动等功能于一体,其对口系统和焊接系统的结构一体化设计实现了管道焊接施工过程中的管口组对和根焊自动焊接,是管道环焊缝内焊的关键设备之一。

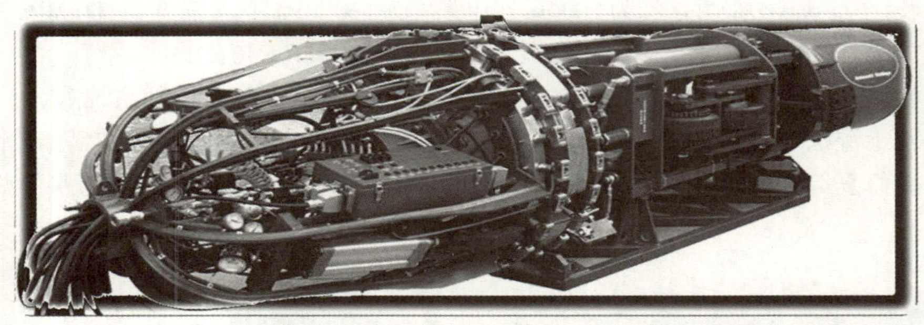

PIW 型多焊炬管道全位置自动内焊机

PAW2000 单焊炬管道全位置自动外焊机:主要用于长输油气管道施工过程中环焊缝的自动外焊接,整个焊接过程可通过计算机或编程器对各项焊接参数进行编程预置予以准确控制,其焊接速度、送丝速度、摆动宽度、焊接电压及焊接电流等参数可随状态的变化而变化,是管道环焊缝外焊的理想焊接设备之一。

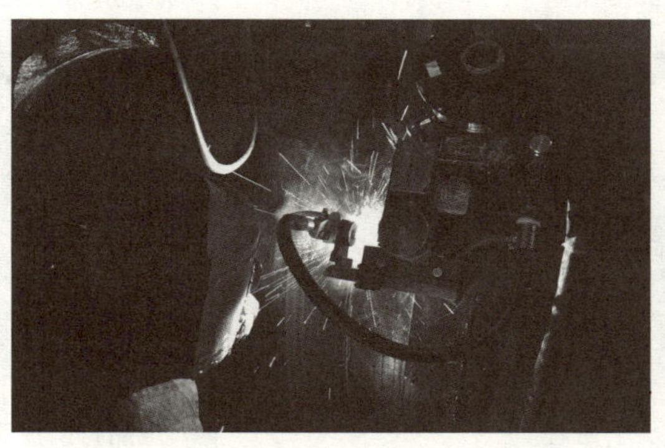

PAW200 单焊炬管道全位置自动外焊机工作场景

PAW3000 双焊炬管道全位置自动外焊机:主要用于长输油气管道施工过程中环焊缝的自动外焊接,整机采用双焊炬结构,其控制系统采用 DSP 和 CPLD 为核心的全数字智能化运动控制技术和嵌入式操作系统,可准确控制各项焊接参数,从而实施全位置自动焊接,是实现管道高效焊接的先进设备之一。

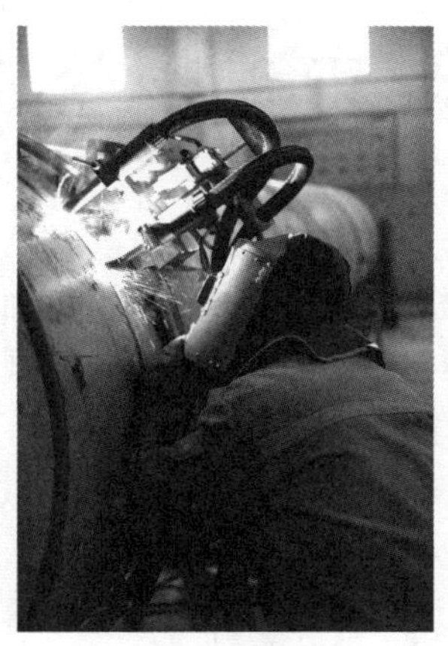

PAW3000 双焊炬管道全位置自动外焊机工作场景

名称:油气管道输送安全国家工程研究中心

地址:河北省廊坊市开发区金源道 6 号

联系人:郭晓疆　　　　　　　　　　　电话:0316-2076621

热/力模拟技术

Gleeble 3500 热/力模拟试验机可针对金属材料的热加工性进行模拟,可对金属材料进行熔化与凝固试验、热拉伸试验、热压缩试验,相变研究和 TTT/CCT/SH-CCT 曲线测定、形变热处理试验、零强度试验、热力学疲劳试验等。其支持了高钢级钢管的工业化应用研究,高钢级钢管的焊接性分析研究等工作,该设备处于国际先进水平。

Gleeble 3500 热/力模拟试验机

主要技术参数:

1. 加热速度:Max 10 000 ℃/s;
3. 主机载荷:Max 100 kN;
2. 冷却速度:Max 10 000 ℃/s;
4. 位移速度:Max 2 500 mm/s。

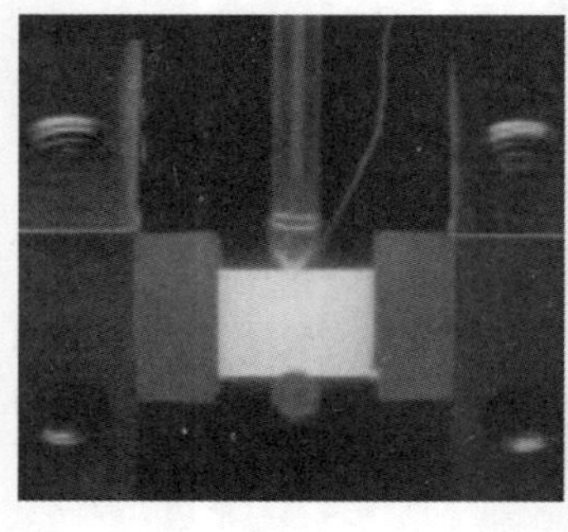

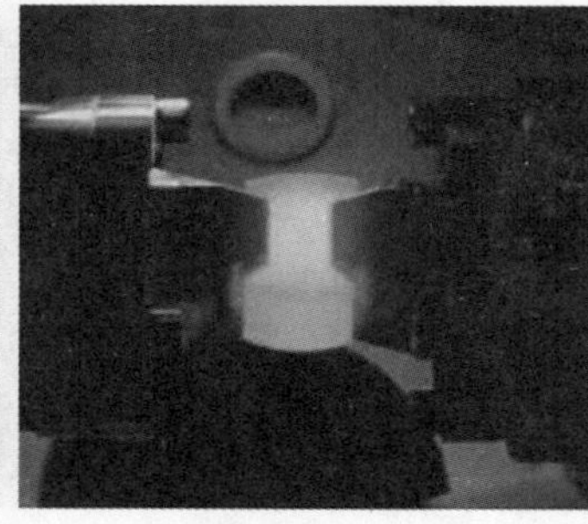

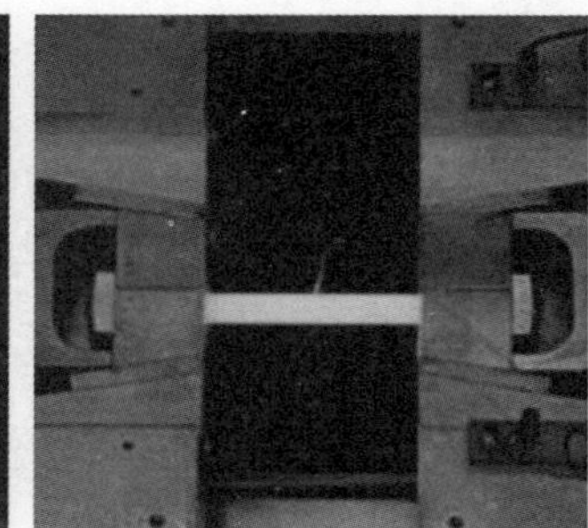

热压缩试验、凝固试验与热拉伸试验

名称:油气管道输送安全国家工程研究中心　　地址:河北省廊坊市开发区金源道 6 号
联系人:郭晓疆　　电话:0316-2076621

示波冲击技术

高精度示波冲击断裂特性试验机是能够反映材料动态撕裂过程,形象地反映出材料在冲击负荷下受力与变形的关系,绘制出能量变化曲线,为研究、分析材料断裂过程的行为提供详细可靠的数据。它有两个突出的特点:一是示波,通俗点讲就是能将冲击试样在冲击载荷下从加载到屈服,到抗冲击最大力值,到裂纹产生、扩展,到止裂或脆性断裂的每一阶段的能量实时反映出来。第二个是全自动,冲击试样自动送样、-190~300 ℃自动控温,自动冲击试验并生成相应曲线图。该设备(1 000 J)为国内外第一台,处于国际领先水平。

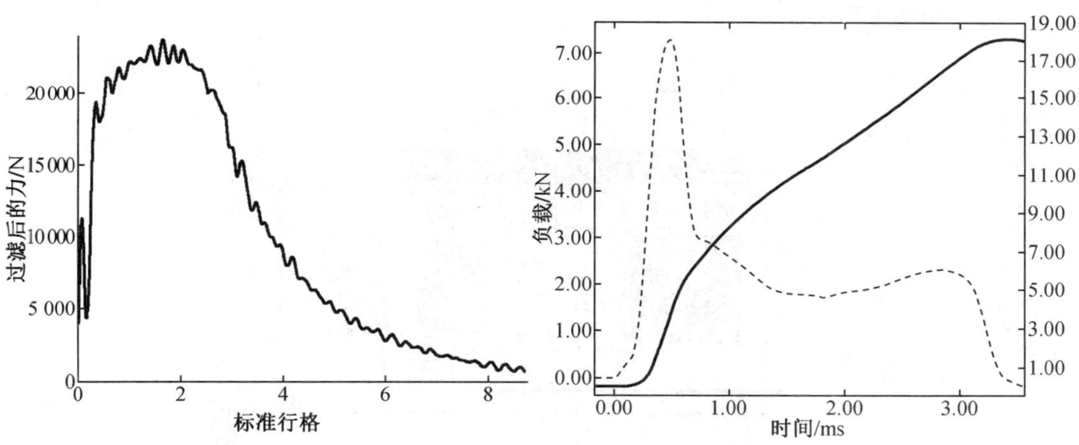

评定金属对大能量一次载荷的缺口敏感性　　**测定韧脆转变趋势和转变温度**

名称:油气管道输送安全国家工程研究中心
地址:河北省廊坊市开发区金源道 6 号
联系人:郭晓疆
电话:0316- 2076621

磁脉冲焊接技术

一、磁脉冲技术的基本原理

脉冲电容器组放电时,线圈流过的高频衰减振荡电流产生瞬态变化的强磁场,与连接外管件的感应电流产生作用于其上的脉冲磁场力。在该磁场力作用下,使连接件2向被连接件高速运动并与之猛烈撞击,红框内的区域代表电容器的充放电过程。当线圈中通过电流时,通过线圈的电流会产生一个强电磁场,同时,在待焊外管表面感应出电流,带电外管在磁场作用下受到磁场力,使得外管在磁场力作用下高速向内部工件冲击,两工件之间的强烈碰撞会使两工件形成连接。

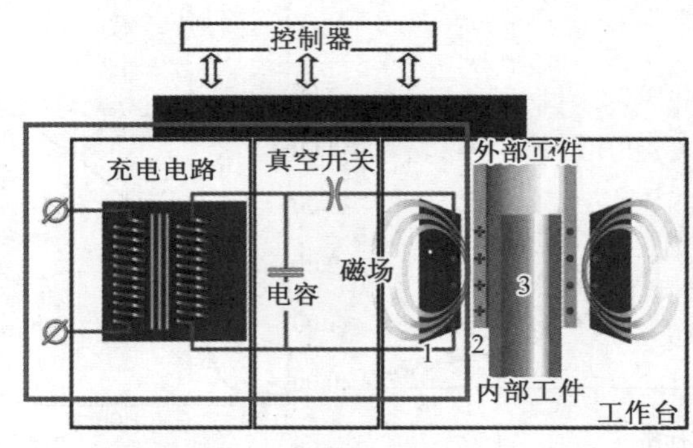

磁脉冲焊接原理图

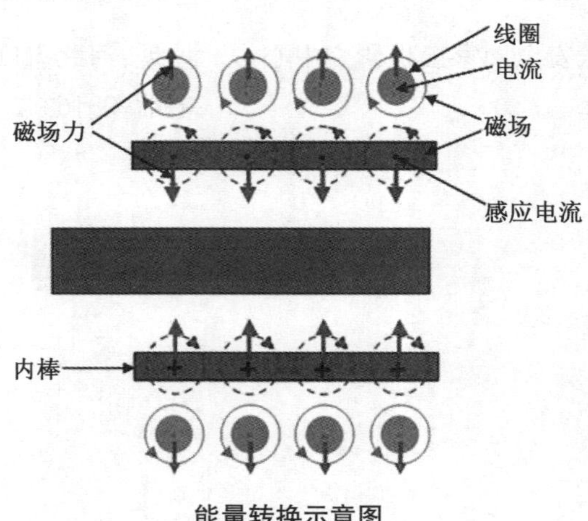

能量转换示意图

二、磁脉冲焊技术特点

1. 焊接过程很短,瞬间(30~100 μs) 即可完成,且无污染。

2. 可使金属材料和非金属材料进行连接或焊接。

3. 一般可在常温(即冷态)下进行,且焊接过程无显明的温升,无明显热影响区,焊接接头强度接近于母材强度。

4. 比爆炸焊安全,且简单易行。

5. 能量易精确控制,重复性好,故容易实现机械化和自动化。此外,磁脉冲焊接工装简单,无须传压介质,不损伤零件表面,加工能量可参数化控制,能实现零件的精密连接装配。

磁脉冲技术的工程应用:

磁脉冲技术可应用于液氮罐罐体的铝与玻璃钢连接,能够满足在液氮罐生产的力学强度、气密性等性能。

名称:北京工业大学焊接技术研究所　　　　　电话:010-86650589

搅拌摩擦焊技术

搅拌摩擦焊(Friction Stir Welding,FSW)是一种利用搅拌摩擦工具沿焊缝旋转、前进,通过摩擦热和机械搅动使焊接材料发生塑化、机械混合以及回复、再结晶等一系列复杂过程,进而形成致密焊缝的固相焊接方法,焊接过程热输入量较小,金属不熔化,无元素烧损,能够保持母材的冶金性能,接头强度高,适用于铝、镁、钢、钛等金属材料,以及金属基复合材料的高质量连接。

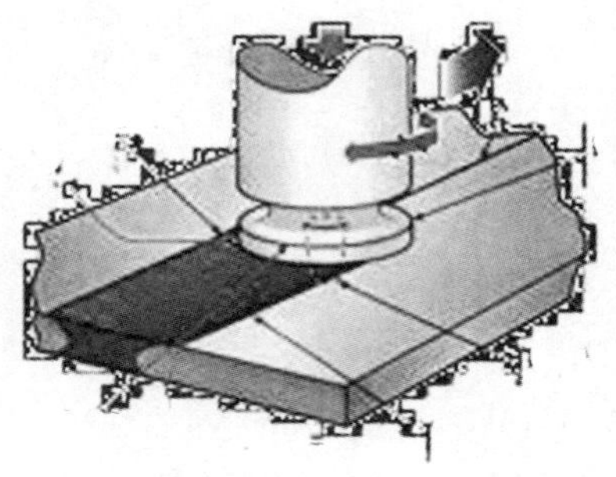

搅拌摩擦焊原理图

技术优点:

1. 可实现铝、镁、铅、铜、钢、钛、金属基复合材料、异种金属等材料的高效焊接。
2. 可实现自动化,设备能耗低,功效高,对作业环境要求低。
3. 无需添加焊丝,不需要保护气体,成本低。
4. 无污染、无烟尘、无辐射,安全绿色。
5. 接头残余应力低,焊接变形小。

搅拌摩擦焊接过程

搅拌摩擦焊技术字 2002 年引入中国以来，在中国得到巨大的发展，成功实现搅拌摩擦焊技术在新一代飞机、火箭、导弹、高速列车、舰船、电力、电子等工业制造领域的应用，促进了相关行业技术的发展和产品品质的高。

静龙门搅拌摩擦焊设备

动龙门搅拌摩擦焊设备

搅拌摩擦焊电力热

搅拌摩擦焊汽车轮毂

名称：北京赛福斯特技术有限公司

联系人：柴鹏

网站：www. cfswt. com

地址：北京市朝阳区朝阳路 1 号

电话：13693097426

邮箱：cfswc@ fswt. com

激光电弧复合焊接技术

本技术将激光和电弧两种不同性质的热源作用于同一熔池形成焊缝,实现了两种热源的优势互补,与机械手、数控平台等运动机构配合易于实现自动化柔性作业,是一种高效、节能、宜于工程推广的装配连接技术。该技术在航空航天、汽车、造船等行业的应用将会越来越广泛。目前已实现钛合金、铝合金、不锈钢、高温合金等材料的激光电弧复合焊接,焊接质量优良。

激光电弧复合焊接以其中某一热源为主,另一热源为辅。电弧辅助激光时,不仅可以保留激光“匙孔”焊接的优点(热输入低、焊接速度快,焊接残余应力和变形小等),而且电弧可以改善“匙孔”的动态稳定性和熔池的流动行为,进一步消除气孔和裂纹等缺陷,显著降低焊前对装配精度的敏感性,更加适合于长焊缝、复杂薄壁结构的单面焊双面成型。根据热源的不同,激光复合焊接有多种复合形式。其中电弧是最广泛的附加热源,激光-MIG/TIG电弧旁轴复合也是目前研究最多,相对较为成熟并已实现一定工程应用的复合焊接技术。激光辅助电弧应用较少,可以增加电弧的稳定性,改善焊接质量并提高焊接速度,主要用于非穿透焊接。

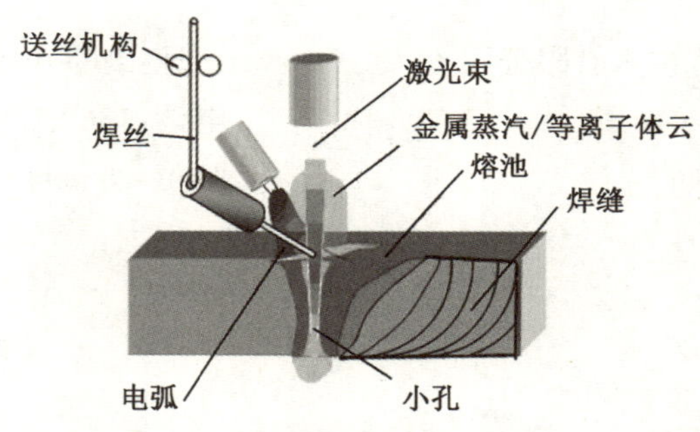

激光-TIG电弧复合焊示意图

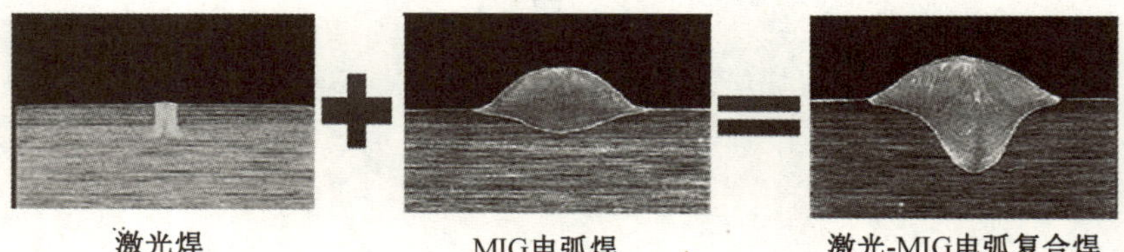

不锈钢焊缝横截面形貌

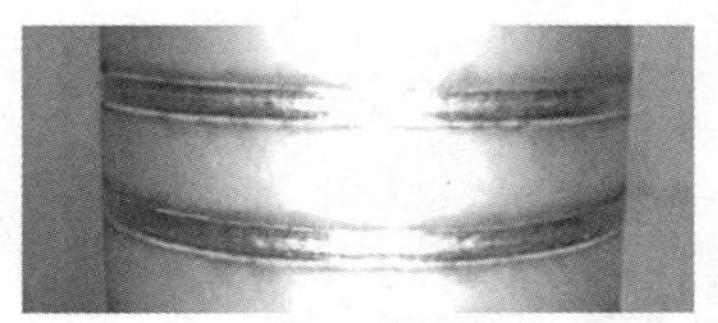

激光-TIG电弧复合焊缝(铝合金)

名称:中国航空制造技术研究院　　地址:北京市朝阳区朝阳路1号院
电话:010-85701319

激光-等离子电弧复合焊接技术

等离子焊接技术依靠电弧热效应,实现材料的熔化焊接,同时借助轴向的等离子流力,形成稳定小孔,以提高焊缝熔深。将等离子热源与激光焊接热源相耦合,不仅能改善激光焊接过程对工件的热作用效果,降低对装配精度的要求,而且能够利用轴向的等离子流力,影响并改善激光焊接光致等离子体分布、熔池受力特性和小孔稳定性,具有广阔的应用前景,尤其适用于航空航天薄复杂三维曲面壁板构件的制造。

等离子弧焊接

YAG激光焊接

复合焊接

同轴焊接过程中等离子弧/金属蒸汽云的特征

激光光致等离子体能够改善等离子电弧弧柱区间的导电特性。等离子电弧能够降低光致等离子体对激光束流向小孔能量传递的阻碍作用,提高激光穿孔焊接的深度。在复合焊接过程中,等离子流力和小孔附近电磁收缩力的加入,将显著提高深熔焊接过程中熔池小孔的稳定性。

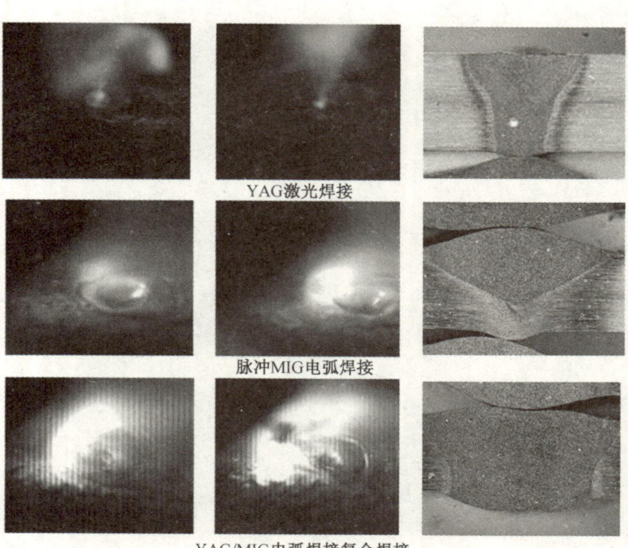

激光等离子弧旁轴复合焊接(铝合金焊接熔池行为和焊缝横截面)

光致等离子体主要为金属蒸气形成的导电气氛,而等离子电弧为典型的氩弧气氛,光致等离子体与等离子电弧的复合,不仅能够提高焊接过程的热效应,改善焊接效率,提高焊缝正面熔宽,而且能够提高电弧弧柱区间的电导率,增大导电面积,提高等离子弧的挺度和指向性。

名称:中国航空制造技术研究院　　地址:北京市朝阳区朝阳路1号院

电话:010-85701319

先进材料及异种材料的连接

通过激光焊、电子束焊、扩散焊、过渡液相扩散焊实现 Ti_3Al 基合金的连接,室温和高温力学性能良好。

Invar36 低膨胀合金焊接接头的性能接近母材的性能。

钛合金与铝合金的异种材料接头强度可达母材的70%以上,并且具有良好的延伸率。

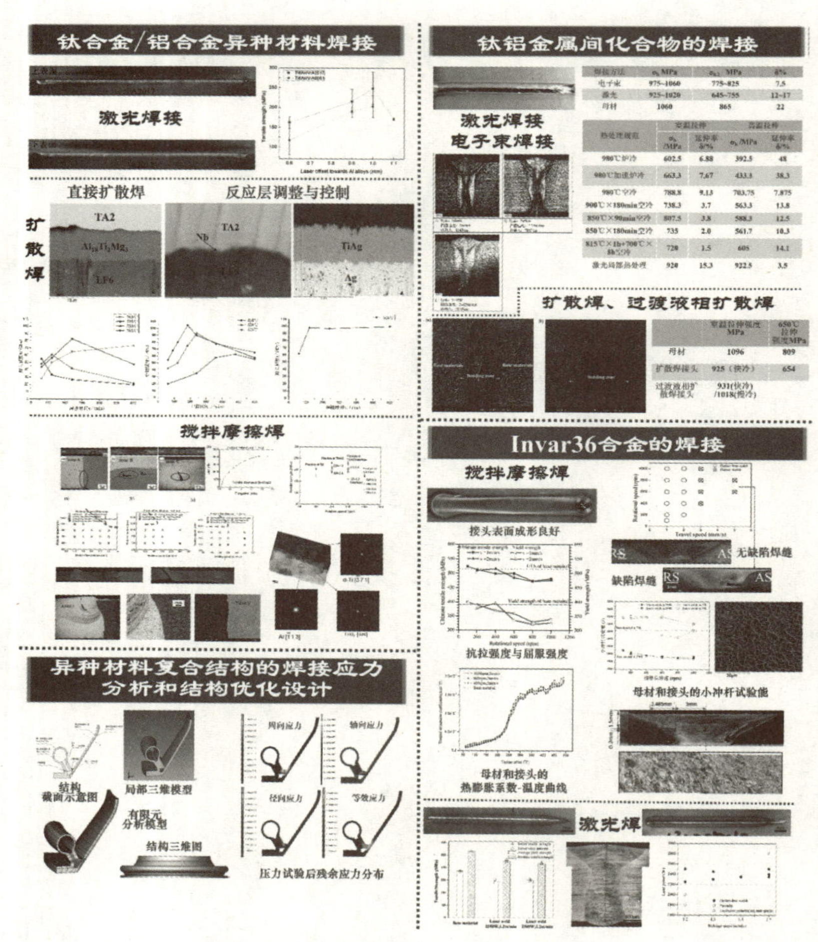

激光焊、电子束焊、扩散焊、过渡液相扩散焊异种材料连接介绍图

地址:北京市海淀区清华大学机械工程系焊接馆

邮编:100084　　电话:010-62773859　　邮箱:wuaip@ tsinghua. edu. cn

陶瓷及其与金属的连接

采用活性合金加陶瓷颗粒组成的复合钎料、原位生成金属间化合物和含金属间化合物钎料、离子注入陶瓷表面、接头结构与材料的优化等技术途径，提高陶瓷钎焊接头的强度和耐热性、减小陶瓷钎焊接头应力和变形、提高接头的可靠性，实现高强度、耐高温、低应力的陶瓷及其与金属的钎焊接头；通过陶瓷表面化学镀的方法在低于 350 ℃的温度下实现功能陶瓷的连接。

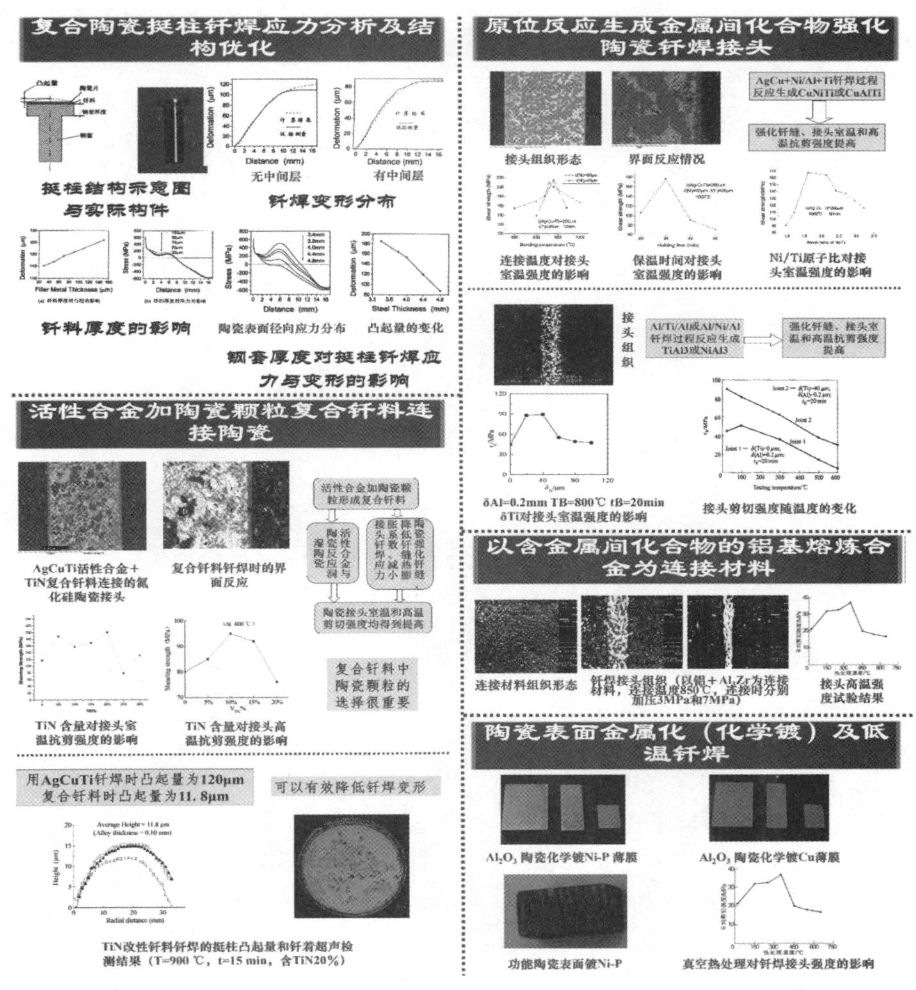

陶瓷及其化合物与金属的连接介绍图

获得国家自然科学基金和航天基金资助,完成75、95攻关,企业项目,在国内外学术刊物发表相关论文40多篇,研究成果应用于汽车发动机陶瓷挺柱的制造、高气密性真空器件的制造等。

地址:北京市海淀区清华大学机械工程系焊接馆

邮编:100084　　电话:010-62773859　　邮箱:wuaip@tsinghua.edu.cn

微纳成型制造

重点研究微纳尺度下材料的成型制造工艺、设备及机理。通过激光焊、钎焊、扩散焊等方法连接了贵金属、超导材料、CNT管线等。通过采用纳米焊膏,实现了高温电子器件的低温封装和互连,并具有优良的热疲劳性能。利用超快激光进行表面有序化、高效制备纳米材料、精密微纳连接、精密抛光、钻孔等,在光电、医疗、传感、电子、航天等领域有广泛的应用。近3年课题组在JMC、APL、Acta、Scripta、MMT等高水平杂志上发表论文10余篇,并且部分科研成果正在转化为生产力。

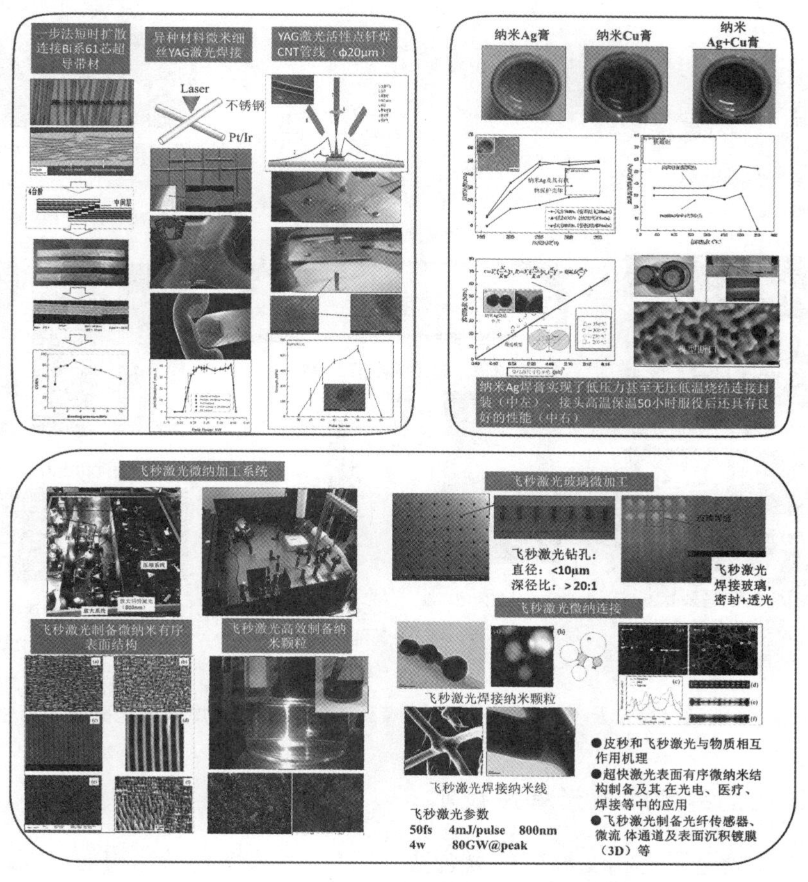

微纳尺度下材料的成型制造工艺、设备及机理绍意图

地址:北京市海淀区清华大学机械工程系焊接馆

邮编:100084　　电话:010-62794670　　邮箱:zougsh@ tsinghua. edu. cn

激光焊接与切割

一、压铸镁合金的激光焊接技术

提出了激光焊接工艺控制原则,获得了表面成型良好、探伤等级为Ⅰ级的低气孔率(5%)熔透焊缝,接头拉伸强度和延伸率与母材相当,实现了压铸镁合金的熔化焊。

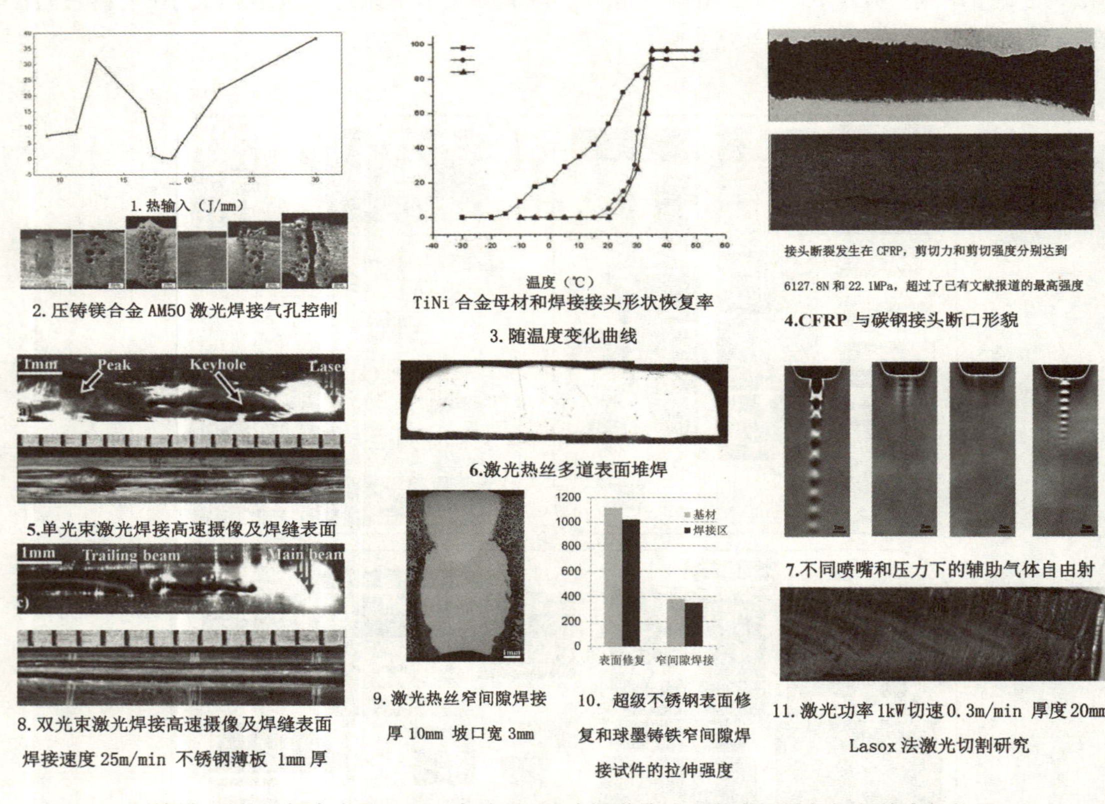

压铸镁、形状记忆合金及 **CFRP** 与金属、驼峰焊道的防止激光焊接与切割技术相位图

二、形状记忆合金的激光焊接技术

采用基于焊缝金属逆相变温度的复合法,获得了形状恢复率和相变温度与母材相近,且具有良好机械性能的 TiNi 合金激光焊接接头。

三、CFRP 与金属的连接技术

通过调控激光焊接热过程和连接界面的微观状态,实现了碳纤维增强树脂基复合材料(CFRP)与碳钢的高强度激光连接新技术。

四、高速激光焊驼峰焊道的防止技术

采用双光束解决了高速激光焊驼峰焊道问题,焊接速度较单光束提升了 35%。

五、激光热丝焊接技术

激光热丝焊热输入小且填充效率高,适用于表面堆焊、窄间隙和异种材料焊接。

六、散焦氧气激光切割技术

采用自主设计制造的超音速喷嘴,利用小功率(低于 1 kW)激光切割 50 mm 碳钢厚板。

地址:北京市海淀区清华大学机械工程系焊接馆　　　邮编:100084
电话:010-62773798　010-62773797　　　邮箱:shanjg@ tsinghua. edu. cn

清华大学焊接研究中心

清华大学焊接研究中心前身是经国家教育部正式批准始建于1953年的焊接专业。六十多年来培养了大批高层次人才,目前还在为焊接领域培养学士、硕士、博士,并接纳博士后研究人员和国内外访问学者。面向科学技术发展和社会经济建设的需求,开展基础研究与工程应用工作,曾先后获得国家技术发明奖和国家科技进步奖。

清华大学焊接研究中心目前开展的部分研究工作:

• 能源装备高温环境服役构件的焊接制造——参加研制的我国第一根具有国际先进水平的百万千瓦级火电汽轮机低压焊接转子并将投入国内电厂应用,参与研制的两台AP1000核电汽轮机焊接转子出口巴基斯坦,正与上海电气集团合作进行620 ℃火电汽轮机异种钢转子焊接制造,将与东方电气集团合作开展700 ℃先进超超临界火电汽轮机转子焊接制造研究。

• 微纳连接和新材料连接——研究工作涉及新而多材料、宏-微-纳跨尺度组合、复杂微纳系统逐级互连兼容及纳米成型效应等科学前沿,目前在超快激光微纳结构制备和碳纳米管、纳米金属颗粒和线及膜等微纳尺度材料连接、纳米金属膏合成及封装应用、无铅钎料研发及工艺等方面形成了特色,在高温超导带材高效扩散焊接、高温超导块材钎焊法大尺寸化制备方面得到国家自然科学基金重点项目等资助。

• 高能束焊接技术——在激光焊接过程熔透信息检测及闭环控制、填充热丝激光焊接技术、激光-电弧复合焊接技术、镁合金激光焊接、记忆合金激光焊接、永磁材料激光焊接、树脂基复合材料激光连接、水下激光切割技术、多束流电子束焊接及加工、大厚度钛合金电子束焊接接头残余应力表征等方面取得了研究成果。

• 搅拌摩擦焊技术——在搅拌摩擦焊材料流动模拟机焊接区形貌预测、航空产品大型铝合金壁板搅拌摩擦焊接关键技术研究、Invar36合金搅拌摩擦焊基础研究等方面取得成果。

• 焊接过程建模仿真与焊接结构失效分析——得到国家自然科学基金、国家04专项、国家863计划的支持,在高能束深熔焊自适应热源模型、考虑焊接过程相变和性能变化的材料模型、随焊机械载荷作用模型、高效计算中的移动热源模型、焊接结构混合单元建模技术、采用温度函数法提高变形和应力模拟计算效率等方面取得成果,应用于电子钎焊和微电阻焊接头及结构的可靠性分析和寿命预测、航空宇航结构失效过程的建模和评价、汽车车身点焊-胶接结构失效分析、高速列车关键结构应力和变形分析、大型工程机械关键焊接结构残余应力和变形分析等领域。

• 数字化智能焊接技术装备——主持研制航天运载器大型关键构件数控焊接系统装备应用于长征系列运载火箭的生产制造;承担国家863课题面向复杂曲面大型结构件的机

器人修焊作业单元技术和水下焊接机器人技术研究;承担铁道部重点项目高速铁路钢轨窄间隙电弧焊技术研究;在国家自然科学基金资助下开展了可视化焊接和多传感信息融合的研究工作。

• 无损检测与焊接结构健康评价——主持研制的射线动态成像焊缝缺陷自动检测系统应用于国家西气东输工程;研制涡流检测系统用于国家重大科技专项高温气冷堆核电站的建设;研制车轴超声自动检测系统应用于我国铁路运输升级改造工程;目前开展国家重大科技专项课题反应堆燃料棒端塞焊缝超声检测系统研制和核电管道焊缝蠕变超声检测的研究工作。

清华大学潘际銮院士团队与上海电气集团针对百万千瓦级电站先进汽轮机转子焊接开展合作

名称:清华大学焊接研究中心
地址:北京市海淀区清华大学机械工程系焊接馆
邮编:100084　　　电话:010-62773862　　　邮箱:dudong@ tsinghua. edu. cn

国家地方联合现代焊接装备工程实验室

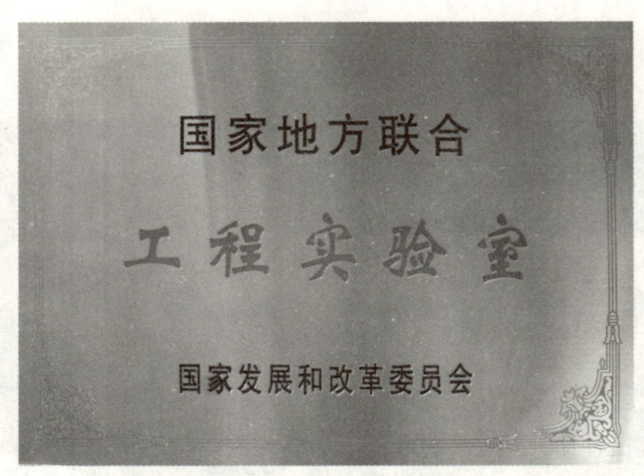

国家发展和改革委员会颁发的国家地方联合工程实验室

“国家地方联合现代焊接装备工程实验室”是依托于山东奥太电气有限公司的相对独立的研发机构,协作单位为山东大学。实行主任负责制,建立严格的管理规章制度、财务制度和分配制度,明确责权利,采用开放式管理模式,设立开放基金。建成后承担国家级、省部级重大研究任务、向企业提供科研成果或为企业解决技术难题、为国家培养具有开拓创新意识和实战能力强的电力电子工程技术人才,形成自我约束、自我发展、具有造血功能的研发和技术转化中心。

本实验室通过构建国家级现代焊接装备的科技成果孵化平台和基地,充分发挥在基于物联网和云计算的逆变电源技术和数字焊接质量检测领域的领先优势与公司综合实力居国内同行业首位的优势条件,巩固和提高数字化现代焊接和质量检测技术领域已有的优势地位,整合焊接装备、焊接质量在线检测系统的研发、创新优势力量,解决影响我国焊接装备、焊接质量在线检测系统及焊接信息化发展的关键技术,强化科技成果向生产力转化的中间环节,全面提升我国现代焊接装备、焊接质量在线检测系统的整体技术、质量和信息化水平,缩小与国外同行业的差距;同时面向企业规模生产的需要,推进集成、配套的工程化成果向相关行业辐射、转移与扩散,大幅度提高焊接行业的技术进步,进而推动制造业产品结构设计的创新和产品质量的提高。

实验室汇聚了一批研发能力强、工程经验丰富且具有国际视野的高素质优秀人才,现有研发人员 65 人,其中专职人员 45 人,本科以上学历占 98%以上,博士生导师 12 人,教授 13 人,研究员 2 人,副教授 5 名,博士 11 人,硕士 15 人,为产品的研发和成果转化蓄积了足够的实力。实验室面向国际焊接技术研究前沿,在国家市场需求大、节能效果明显的逆变焊接电源技术领域创新能力突出,比可控硅焊机节约电能 20%以上,技术成果转化及产业化业绩十分显著。无论在焊接熔池形态、电弧物理、熔滴过渡以及高速高效焊接热过程的理论研究方面,还是在焊接机器人、全负载软开关高效逆变焊接电源的技术研究和装备、焊接质量在线监测控制系统及设备研制方面,都取得一批自主知识产权的成果,关键技术达到国际先进水平。

名称:东奥太电气有限公司

地址:山东省济南市高新技术开发区伯乐路282号

邮编:250101　　电话:0531-88872807

网站:www. aotaidianqi. com　　邮箱:aotaimarket@ aotaidianqi. com

油气管道输送安全国家工程研究中心

油气管道输送安全国家工程研究中心是“十一五”期间国家发展和改革委员会计划建设的100个国家工程实验室之一。实验室与2008年11月获得批准建设,2011年12月通过国家发改委验收。实验室由中国石油天然气管道局牵头、联合中国石油 管道分公司、中国石油石油管工程技术研究院、中国石油大学(北京)建立了管道工艺、材料、防腐、焊接、检测与监测、维抢修、完整性管理等7个专用实验室。

油气管道输送安全国家工程研究中心外景

中心研发力量雄厚,形成了以学术带头人和技术专家为核心的科研团队。实验室现有人员322人其中中国石油集团公司高级技术专家6人,教授级教授级高工23人,副教授级高级工程师82人。其中博士36人,硕士128人。

专业实验室 Laboratory	开展的科研项目 Reseach Projects			获得的奖励 Awards			制定的标准 Standards			获得专利 Patens	发表论文 Published Papers
	国家级 Nationao-level	省部级 Provincial-level	企业级 Enterprise-level	国家级 Nationao-level	省部级 Provincial-level	企业级 Enterprise-level	国家级 Nationao-level	行业级 Industry-level	企业级 Enterprise-level		
工艺实验室 Processes Lab	1	15	4	1	4		1	3		36	98
材料实验室 Materials Lab	2	5	6	1	7		1	4	46	72	36
焊接实验室 Welding Lab	2	16	10	1	3	4		2	6	24	53
防腐实验室 Anticorrosion Lab		6	12		1	4		1	8	22	24
监测 / 检测实验室 Monitoring&Testing Lab	2	12	14	1	6	4			2	58	22
维抢修实验室 Maintainance&Repair Lab		3	8		1	3		1		18	16
完整性管理实验室 Integrity Management Lab		9	3	1	13			2		55	66
合 计 Total	7	66	57	5	35	15	2	13	62	285	315

截至2014年获得的相关技术成果汇总

开展了130项不同层次的课题研究,取得了285项专利,获得了省部级以上奖励40项,制定标准及规范77项,发表论文315篇。

名称:油气管道输送安全国家工程研究中心　　地址:河北省廊坊市开发区金源道6号
联系人:郭晓疆　　电话:0316- 2076621

附录 焊接行业历届中国专利奖获奖企业名录

附表 1-1 焊接行业历届中国专利奖获奖企业名录

序号	年度	获得奖项	专利号	项目名称	专利权人
1	1997 年	第五届中国专利奖	92113223.9	高重频调制多脉冲 YAG 激光刻花系统及加工方法	中国科学院力学研究所、北京吉普汽车有限公司、首都钢铁总公司、中国大恒公司
2	2005 年	第九届中国专利奖优秀奖	00115670.5	液力变矩器内部间隙的焊接控制设备及方法	上海交通大学
3	2005 年	第九届中国专利奖优秀奖	03134368.6	一种抗熔焊性能高的银镍基电触头材料及制备方法	西安交通大学
4	2007 年	第十届中国专利奖金奖	200510042495.5	制冷系统用铜铝组合管路及其制备方法	左铁军、赵越
5	2007 年	第十届中国专利奖优秀奖	200410052950.5	区域造船总段合拢对接方法	江南造船(集团)有限责任公司
6	2007 年	第十届中国专利奖优秀奖	200510011704.X	无铅焊料及制造方法	郴州金箭焊料有限公司、广州有色金属研究院、无锡市群力有色金属材料有限公司、北京达博长城锡焊料有限公司、北京金朝电子材料有限责任公司、亚通电子有限公司、佛山市南海区大沥安臣锡品制造有限公司、昆山成利焊锡制造有限公司、绍兴市天龙锡材有限公司、深圳市亿铖达工业有限公司

附表 1-1(续 1)

序号	年度	获得奖项	专利号	项目名称	专利权人
7	2009 年	第十一届中国专利奖金奖	01114785.7	可直接焊漆包线的点电焊机	杨仕桐
8	2009 年	第十一届中国专利奖优秀奖	200610118185.1	液化天然气船用殷瓦三面体的装焊方法	沪东中华造船(集团)有限公司
9	2009 年	第十一届中国专利奖优秀奖	200410013759.X	汽轮机隔板电子束焊接方法	哈尔滨汽轮机厂有限责任公司
10	2009 年	第十一届中国专利奖优秀奖	200510019421.X	走行式箱梁架桥机	中铁工程机械研究设计院
11	2010 年	第十二届中国专利奖优秀奖	200410080295.4	多元复合稀土-钨电极材料的制备方法	北京矿冶研究总院、北京工业大学
12	2010 年	第十二届中国专利奖优秀奖	200310111101.8	电子软钎焊料合金的制备工艺	重庆工学院
13	2010 年	第十二届中国专利奖优秀奖	200710069206.X	聚烯烃管道电熔焊接接头冷焊缺陷的超声检测方法	浙江省特种设备检验中心、浙江大学
14	2010 年	第十二届中国专利奖外观设计优秀奖	200630084352.6	移动式钢轨接触焊作业车	中国南车集团戚墅堰机车车辆工艺研究所
15	2011 年	第十三届中国专利奖优秀奖	200810139385.4	一种黄金饰品焊接方法	山东梦金园珠宝首饰有限公司
16	2011 年	第十三届中国专利奖优秀奖	200610010206.8	用电子束焊接的带有坡口面结构的汽轮机喷嘴	哈尔滨汽轮机厂有限责任公司
17	2012 年	第十四届中国专利奖优秀奖	200310104126.5	大型结构件焊接变形控制方法	东方汽轮机厂
18	2012 年	第十四届中国专利奖优秀奖	200610161295.6	6063 铝合金 Noclock 无腐蚀钎剂气保护炉钎焊工艺方法	中国电子科技集团公司第十四研究所
19	2012 年	第十四届中国专利奖优秀奖	200910182212.5	钢轨闪光焊机	常州市瑞泰工程机械有限公司、南车戚墅堰机车车辆工艺研究所有限公司

附表 1-1(续 2)

序号	年度	获得奖项	专利号	项目名称	专利权人
20	2013 年	第十五届中国专利奖优秀奖	200410100844. X	IC 封装用焊锡球"熔融机电整合"一次成型工艺及装置	云南锡业集团有限责任公司研究设计院
21	2013 年	第十五届中国专利奖优秀奖	200710185347. 8	一种高强度 X80 钢螺旋焊管制造方法	华油钢管有限公司
22	2014 年	第十六届中国专利奖优秀奖	201010236686. 6	核岛主设备接管安全端异种金属焊接工艺	上海电气核电设备有限公司
23	2014 年	第十六届中国专利奖优秀奖	200910011675. 5	百万吨乙烯压缩机机壳的焊接工艺	沈阳鼓风机集团股份有限公司
24	2014 年	第十六届中国专利奖优秀奖	201010620735. 6	滑板线摩擦旋转台	江苏天奇物流系统工程股份有限公司
25	2014 年	第十六届中国专利奖优秀奖	200910172415. 6	一种高强韧无镉银钎料及其制备方法	郑州机械研究所
26	2014 年	第十六届中国专利奖优秀奖	200810202856. 1	搅拌摩擦焊接头未焊透及根部弱连接消除方法	上海航天设备制造总厂
27	2014 年	第十六届中国专利奖优秀奖	200910115628. 5	核反应堆压力容器接管安全端焊缝检测设备	中广核检测技术有限公司、中科华核电技术研究院有限公司
28	2014 年	第十六届中国专利奖优秀奖	200810190124. 5	钢结构电弧喷涂复合防腐蚀涂层体系的方法及工艺	江苏中矿大正表面工程技术有限公司
29	2015 年	第十七届中国专利奖优秀奖	200410013222. 3	电弧熔透焊陶质衬垫材料及其制作方法	武汉天高熔接材料有限公司
30	2015 年	第十七届中国专利奖优秀奖	200910172414. 1	一种铜锌镍钴铟合金及其制造方法	郑州机械研究所
31	2015 年	第十七届中国专利奖优秀奖	200910248840. 9	一种用于激光拼焊的间隙补偿方法及实施该方法的装置	中国科学院沈阳自动化研究所
32	2015 年	第十七届中国专利奖优秀奖	201110096717. 7	SAL8090 铝锂合金 TIG/MIG 焊丝及其制备方法	兰州威特焊材炉料有限公司

附表 1-1(续 3)

序号	年度	获得奖项	专利号	项目名称	专利权人
33	2015 年	第十七届中国专利奖优秀奖	201110213294.2	用于极细同轴排线连接器的激光焊接装置及其焊接工艺	武汉凌云光电科技有限责任公司
34	2015 年	第十七届中国专利奖优秀奖	201110331711.3	用于液压支架自动焊接的双面装卡工件的变位装置	山西晋煤集团金鼎煤机矿业有限责任公司
35	2015 年	第十七届中国专利奖优秀奖	201110406642.8	焊管纵缝焊接实时跟踪装置	浙江久立特材科技股份有限公司
36	2015 年	第十七届中国专利奖优秀奖	201210085767.X	核电用吊篮上出水口管嘴的焊接方法	苏州海陆重工股份有限公司
37	2015 年	第十七届中国专利奖优秀奖	201310473390.X	镁及镁合金熔剂及制备方法	青海三工镁业有限公司
38	2016 年	第十八届中国专利奖优秀奖	200610116413.1	激光加工成型制造光内送粉工艺与光内送粉喷头	苏州大学
39	2016 年	第十八届中国专利奖优秀奖	200910073628.3	一种激光焊接金刚石圆锯片及制备方法	博深工具股份有限公司
40	2016 年	第十八届中国专利奖优秀奖	201310166341.1	三维激光打印方法与系统	苏州苏大维格光电科技股份有限公司
41	2016 年	第十八届中国专利奖优秀奖	ZL 2009 1 0037484.6	一种带有自动送料功能的平板式电脑切割机	广东瑞洲科技有限公司
42	2017 年	第十九届中国外观设计优秀奖	ZL 2015 3 0135691.1	光纤切割机	济南金威刻科技发展有限公司
43	2017 年	第十九届中国专利奖优秀奖	ZL 2004 1 0036435.8	逆变焊机用实现焊机空载、轻载时软开关装置	山东奥太电气有限公司
44	2017 年	第十九届中国专利奖优秀奖	ZL 2009 1 0039079.8	管材切割机的管材夹持机构	佛山市捷泰克机械有限公司
45	2017 年	第十九届中国专利奖优秀奖	ZL 2009 1 0089790.4	一种印刷电路板虚焊点的红外检测方法	北京卫星制造厂、哈尔滨工业大学

附表 1-1(续 4)

序号	年度	获得奖项	专利号	项目名称	专利权人
46	2017 年	第十九届中国专利奖优秀奖	ZL 2009 1 0309868. 9	系列全电流下铝电解槽带电焊接方法及装备	贵阳铝镁设计研究院有限公司
47	2017 年	第十九届中国专利奖优秀奖	ZL 2010 1 0257250. 5	一种短电弧切削设备用电源装置	新疆短电弧科技开发有限公司
48	2017 年	第十九届中国专利奖优秀奖	ZL 2011 1 0243599. 8	一种熔点低于 600 ℃的 Sn-Zn-Ti 活性钎料及其制备方法	哈尔滨工业大学、绍兴市天龙锡材有限公司
49	2017 年	第十九届中国专利奖优秀奖	ZL 2011 1 0408630. 9	密节距小焊盘铜线键合双 IC 芯片堆叠封装件及其制备方法	天水华天科技股份有限公司、华天科技(西安)有限公司
50	2017 年	第十九届中国专利奖优秀奖	ZL 2012 1 0217739. 9	实现机器人对带坡口焊缝宽度的自适应的方法及系统	昆山华恒机器人有限公司、昆山华恒焊接股份有限公司
51	2017 年	第十九届中国专利奖优秀奖	ZL 2013 1 0162027. 6	防止玻纤轴向游走的玻纤切割方法及其装置	福建海源自动化机械股份有限公司
52	2017 年	第十九届中国专利奖优秀奖	ZL 2013 1 0443951. 1	驻波约束的大面积硬质合金钎焊方法	郑州机械研究所
53	2017 年	第十九届中国专利奖优秀奖	ZL 2013 1 0576599. 9	工业机器人主动柔顺控制方法及装置	沈阳新松机器人自动化股份有限公司
54	2017 年	第十九届中国专利奖优秀奖	ZL 2014 1 0408868. 5	一种货车支架自动焊接生产线	广东利迅达机器人系统股份有限公司
55	2018 年	第二十届中国专利奖金奖	ZL 2014 1 0679615. 1	运载火箭贮箱总装环缝搅拌摩擦焊接的卧式装置及方法	首都航天机械公司、中国运载火箭技术研究院、北京长征火箭装备科技有限公司
56	2018 年	第二十届中国专利奖银奖	ZL 2014 1 0814347. X	轨道车辆侧梁增强活性激光 MAG 复合焊接方法	中车青岛四方机车车辆股份有限公司
57	2018 年	第二十届中国专利奖优秀奖	ZL 2006 1 0106714. 6	一种自保护全位置高韧性药芯焊丝	天津市金桥焊材集团有限公司

附表 1-1(续 5)

序号	年度	获得奖项	专利号	项目名称	专利权人
58	2018 年	第二十届中国专利奖优秀奖	ZL 2008 1 0119679.0	一种埋弧焊弧压反馈送丝的控制方法及电路	北京时代科技股份有限公司
59	2018 年	第二十届中国专利奖优秀奖	ZL 2011 1 0055346.8	一种薄壁钢管高速焊接生产工艺及装置	山东大学
60	2018 年	第二十届中国专利奖优秀奖	ZL 2012 1 0227726.X	全自动蓄电池极群铸焊前处理及铸焊装置	浙江天能动力能源有限公司
61	2018 年	第二十届中国专利奖优秀奖	ZL 2012 1 0339047.1	用于铁道钢轨的多功能检测探伤车	宝鸡中车时代工程机械有限公司
62	2018 年	第二十届中国专利奖优秀奖	ZL 2012 1 0458274.6	一种 Ti2AlNb 合金材料的燃烧室结构件的扩散焊工艺方法	北京动力机械研究所
63	2018 年	第二十届中国专利奖优秀奖	ZL 2013 1 0137430.3	堆心围筒的激光焊接方法	上海第一机床厂有限公司
64	2018 年	第二十届中国专利奖优秀奖	ZL 2013 1 0223728.6	一种核电蒸汽发生器穿管和抗震条装焊的方法	上海电气核电设备有限公司
65	2018 年	第二十届中国专利奖优秀奖	ZL 2014 1 0081607.7	建筑用高性能结构钢 Q550GJ 的 CO2 气体保护焊焊接工艺	中冶建筑研究总院有限公司,中国京冶工程技术有限公司
66	2018 年	第二十届中国专利奖优秀奖	ZL 2014 1 0472919.0	基于平面的机器人三维寻位纠偏方法及焊接机器人	广东利迅达机器人系统股份有限公司
67	2018 年	第二十届中国专利奖优秀奖	ZL 2015 1 0122474.8	化学镀和电镀制备超薄钎料的工艺	郑州机械研究所有限公司
68	2018 年	第二十届中国专利奖优秀奖	ZL 2015 1 0907378.4	一种白车身行李箱盖机器人激光搭接焊接夹具	安徽巨一自动化装备有限公司
69	2018 年	第二十届中国专利奖优秀奖	ZL 2015 1 1027496.2	一种管材切割上料输送装置的平头机构	苏州金凯达机械科技股份有限公司

附表 1-1(续 6)

序号	年度	获得奖项	专利号	项目名称	专利权人
70	2019 年	第二十一届中国专利奖银奖	ZL 2009 1 0248761. 8	脉冲激光-交流电弧复合焊接脉冲相位控制方法	大连理工大学、大连新宇理工科技开发中心有限公司
71	2019 年	第二十一届中国专利奖银奖	ZL 2014 1 0833371. 8	窄间隙焊缝偏差的红外视觉传感检测方法及装置	江苏科技大学
72	2019 年	第二十一届中国专利奖优秀奖	ZL 2005 1 0034850. 4	一种液态感光防焊油墨及其电路板	深圳市容大感光科技股份有限公司
73	2019 年	第二十一届中国专利奖优秀奖	ZL 2006 1 0121459. 2	大厚壁管道窄间隙全位置自动焊接方法及其制造的管道	中国核工业二三建设有限公司
74	2019 年	第二十一届中国专利奖优秀奖	ZL 2010 1 0615758. 8	工业机器人碰撞保护方法和装置	沈阳新松机器人自动化股份有限公司
75	2019 年	第二十一届中国专利奖优秀奖	ZL 2011 1 0145737. 9	可调脉宽的高功率脉冲光纤激光器	深圳市创鑫激光股份有限公司
76	2019 年	第二十一届中国专利奖优秀奖	ZL 2012 1 0471775. 8	一种切割超大厚度 2 000~3 500 mm 低碳和低合金钢锭的割炬	机械科学研究院哈尔滨焊接研究所
77	2019 年	第二十一届中国专利奖优秀奖	ZL 2012 1 0586070. 0	一种不锈钢板的激光拼焊方法及固定装置	中国科学院半导体研究所
78	2019 年	第二十一届中国专利奖优秀奖	ZL 2013 1 0482700. 4	一种高抗熔焊性 Cu-Cr40Te 触头材料及其制备方法	陕西斯瑞新材料股份有限公司
79	2019 年	第二十一届中国专利奖优秀奖	ZL 2013 1 0711710. 0	多功能数字波控弧焊逆变电源;华南理工大学	深圳市佳士科技股份有限公司
80	2019 年	第二十一届中国专利奖优秀奖	ZL 2014 1 0128745. 6	一种工字结构单侧预置钎料双面形成钎缝的真空钎焊方法	哈尔滨工业大学
81	2019 年	第二十一届中国专利奖优秀奖	ZL 2014 1 0644613. 9	铝合金板材电阻焊接工艺及焊接设备	广州松兴电气股份有限公司

附表 1-1(续 7)

序号	年度	获得奖项	专利号	项目名称	专利权人
82	2019 年	第二十一届中国专利奖优秀奖	ZL 2015 1 0269666.1	药芯银钎料及其制备方法	郑州机械研究所有限公司
83	2019 年	第二十一届中国专利奖优秀奖	ZL 2015 1 0548853.3	手弧焊电源波形控制方法及其电路	上海沪工焊接集团股份有限公司
84	2019 年	第二十一届中国专利奖优秀奖	ZL 2015 1 0769821.6	焊网机上焊接开孔钢筋网片的开孔横筋定位装置	建科机械(天津)股份有限公司
85	2019 年	第二十一届中国专利奖优秀奖	ZL 2015 1 0847509.4	一种灯具焊接机和焊接方法	广东三雄极光照明股份有限公司
86	2019 年	第二十一届中国专利奖优秀奖	ZL 2015 1 0919818.8	废气吸附处理装置及处理方法	航天凯天环保科技股份有限公司
87	2019 年	第二十一届中国专利奖优秀奖	ZL 2015 8 0003001.4	管道用气体保护 5 式内焊机	洛阳德平科技股份有限公司
88	2019 年	第二十一届中国专利奖优秀奖	ZL 2016 1 0406279.2	大口径铝合金管螺旋搅拌摩擦焊装置的双面焊双面成型方法	上海航天设备制造总厂
89	2019 年	第二十一届中国专利奖优秀奖	ZL 2016 1 0543425.6	一种耐热耐磨药芯焊丝	郑州机械研究所有限公司
90	2019 年	第二十一届中国专利奖优秀奖	ZL 2017 1 0888808.1	一种用于碳化硅素坯连接的粘结剂及其制备方法	中国科学院长春光学精密机械与物理研究所
91	2020 年	第二十二届中国专利奖银奖	ZL 2004 1 0026366.2	陶瓷基复合材料的连接方法	西安鑫垚陶瓷复合材料有限公司
92	2020 年	第二十二届中国专利奖银奖	ZL 2013 1 0010944.2	双智能水下机器人相互对接装置及对接方法	哈尔滨工程大学
93	2020 年	第二十二届中国专利奖银奖	ZL 2015 1 0022474.0	一种连续高温延伸和不间断切割玻璃棒的方法及其设备	中天科技精密材料有限公司、江苏中天科技股份有限公司
94	2020 年	第二十二届中国专利奖优秀奖	ZL 2006 1 0039859.9	焊缝外观、熔池和接缝近红外视觉一体化传感检测装置	南京理工大学

附表 1-1(续 8)

序号	年度	获得奖项	专利号	项目名称	专利权人
95	2020 年	第二十二届中国专利奖优秀奖	ZL 2009 1 0189538.0	用于管-板圆周焊的、分段设定参数的自适应施焊方法和弧焊设备	深圳市瑞凌实业股份有限公司
96	2020 年	第二十二届中国专利奖优秀奖	ZL 2010 1 0011456.X	中厚板双相不锈钢焊接工艺	中国石油大学(华东)
97	2020 年	第二十二届中国专利奖优秀奖	ZL 2011 1 0312748.1	一种切圆式螺旋喷射烟气湿法脱硫装置	华南理工大学、广东埃森环保科技有限公司
98	2020 年	第二十二届中国专利奖优秀奖	ZL 2011 1 0345740.5	一种钨极氩弧焊控制装置及方法	中国化学工程第十六建设有限公司
99	2020 年	第二十二届中国专利奖优秀奖	ZL 2013 1 0034064.9	焊锡机出锡异常监控机构和方法出锡装置及焊锡机	快克智能装备股份有限公司
100	2020 年	第二十二届中国专利奖优秀奖	ZL 2013 1 0693882.X	激光切割装置	广东大族粤铭激光集团股份有限公司
101	2020 年	第二十二届中国专利奖优秀奖	ZL 2014 1 0047755.7	一种高碳钢线材及其制备方法	江苏省沙钢钢铁研究院有限公司
102	2020 年	第二十二届中国专利奖优秀奖	ZL 2014 1 0171136.9	一种烟气深度净化装置及应用	航天凯天环保科技股份有限公司
103	2020 年	第二十二届中国专利奖优秀奖	ZL 2014 1 0836709.5	钎焊用铝箔材料及其制造方法	江苏鼎胜新能源材料股份有限公司
104	2020 年	第二十二届中国专利奖优秀奖	ZL 2015 1 0153021.1	立磨磨辊堆焊复合制造用气保护药芯焊丝及其制备方法	中冶建筑研究总院有限公司
105	2020 年	第二十二届中国专利奖优秀奖	ZL 2015 1 0396200.8	一种锁孔效应 TIG 深熔焊焊机控制系统及控制方法	广东福维德焊接股份有限公司
106	2020 年	第二十二届中国专利奖优秀奖	ZL 2015 1 0565379.5	防止钎剂流失的药芯焊条	中机智能装备创新研究院(宁波)有限公司
107	2020 年	第二十二届中国专利奖优秀奖	ZL 2015 1 0610388.1	激光喷锡球焊接装备	深圳市智立方自动化设备股份有限公司

附表 1-1(续 9)

序号	年度	获得奖项	专利号	项目名称	专利权人
108	2020 年	第二十二届中国专利奖优秀奖	ZL 2015 1 0828345.0	一种多车型车身混线成型工位夹具存储切换机构	东风汽车集团有限公司
109	2020 年	第二十二届中国专利奖优秀奖	ZL 2015 1 0852380.6	基于超声导波的双向时间反演损伤成像方法	华南理工大学、广东汕头超声电子股份有限公司
110	2020 年	第二十二届中国专利奖优秀奖	ZL 2015 1 0868961.9	力矩平衡器和移动式焊接装置	常州市金坛瑞凌焊接器材有限公司、深圳市瑞凌实业股份有限公司
111	2020 年	第二十二届中国专利奖优秀奖	ZL 2016 1 0059270.9	一种基于光双边带调制的光器件测量方法及测量系统	南京航空航天大学
112	2020 年	第二十二届中国专利奖优秀奖	ZL 2016 1 0195426.6	一种厚板单面焊接方法	广船国际有限公司
113	2020 年	第二十二届中国专利奖优秀奖	ZL 2016 1 0409012.9	一种用于柔性材料切割的冲切机头及其控制方法	广东新瑞洲数控技术有限公司
114	2020 年	第二十二届中国专利奖优秀奖	ZL 2016 1 0504075.2	一种大型圆柱壳体的拼装及翻转焊接平台	中国船舶重工集团公司第七一六研究所、中船重工信息科技有限公司
115	2020 年	第二十二届中国专利奖优秀奖	ZL 2016 1 0586893.1	一种预防焊接角变形的焊接装置及方法	广东工业大学
116	2020 年	第二十二届中国专利奖优秀奖	ZL 2016 1 1023983.6	一种飞行器金属测压毛细管的激光焊接方法	湖北三江航天红阳机电有限公司
117	2020 年	第二十二届中国专利奖优秀奖	ZL 2016 1 1264567.5	一种切割机头	广东瑞洲科技有限公司
118	2020 年	第二十二届中国专利奖优秀奖	ZL 2017 1 0037614.0	一种管子对接焊的接头结构及焊接方法	上海电气核电设备有限公司
119	2020 年	第二十二届中国专利奖优秀奖	ZL 2017 1 0833254.5	一种用于软衬垫单面埋弧自动焊的焊接材料组合物	上海江南长兴造船有限责任公司

附表 1-1(续 10)

序号	年度	获得奖项	专利号	项目名称	专利权人
120	2020 年	第二十二届中国专利奖优秀奖	ZL 2017 1 0887146. 6	一种 6 系铝合金型材及其制备方法	辽宁忠旺集团有限公司
121	2020 年	第二十二届中国专利奖优秀奖	ZL 2018 1 0341723. 6	一种镜面与金属面焊接中防伪标志在镜面上形成的方法	广东泰格威机器人科技有限公司
122	2021 年	第二十三届中国专利奖银奖	ZL 2019 1 0277678. 7	复合焊连续焊接方法及装置、焊接成品、车体	中车青岛四方机车车辆股份有限公司、青岛中车四方轨道装备科技有限公司
123	2021 年	第二十三届中国专利奖优秀奖	ZL 2010 1 0010007. 3	一种提高 TIG 焊接速度的装置和方法	沈阳工业大学
124	2021 年	第二十三届中国专利奖优秀奖	ZL 2010 1 0502737. 5	一种自动点焊设备	广东利元亨智能装备股份有限公司
125	2021 年	第二十三届中国专利奖优秀奖	ZL 2013 1 0228869. 7	用相控阵超声检测核电站主回路管道焊缝质量的方法	大连理工大学、核工业工程研究设计有限公司、中国核工业二三建设有限公司
126	2021 年	第二十三届中国专利奖优秀奖	ZL 2014 1 0059557. 2	一种大型组合梁钢主梁总拼自动化焊接装置及自动焊接方法	中铁宝桥集团有限公司
127	2021 年	第二十三届中国专利奖优秀奖	ZL 2014 1 0233953. 2	核反应堆压力容器无损检测机器人及其检测方法	中广核检测技术有限公司、苏州热工研究院有限公司、中国广核集团有限公司
128	2021 年	第二十三届中国专利奖优秀奖	ZL 2014 1 0258769. 3	一种埋弧焊丝及焊接方法	江苏省沙钢钢铁研究院有限公司
129	2021 年	第二十三届中国专利奖优秀奖	ZL 2014 1 0520666. X	一种皮革切割机的校正系统及其校正方法	广东新瑞洲数控技术有限公司
130	2021 年	第二十三届中国专利奖优秀奖	ZL 2015 1 0269716. 6	环保型药皮铜钎料	中机智能装备创新研究院(宁波)有限公司
131	2021 年	第二十三届中国专利奖优秀奖	ZL 2016 1 0019512. 1	一种在电芯极片上的激光切割方法和装置	深圳市海目星激光智能装备股份有限公司

附表 1-1(续 11)

序号	年度	获得奖项	专利号	项目名称	专利权人
132	2021 年	第二十三届中国专利奖优秀奖	ZL 2016 1 1131184.0	异型管用主轴箱以及激光切割机	华工法利莱切焊系统工程有限公司
133	2021 年	第二十三届中国专利奖优秀奖	ZL 2017 1 0039790.8	一种用于压缩机壳体与底座的自动焊接设备	广州松兴电气股份有限公司
134	2021 年	第二十三届中国专利奖优秀奖	ZL 2017 1 0134428.9	使用直径 1.6 mm 焊丝进行液压支架结构件自动焊接的方法	郑州煤矿机械集团股份有限公司
135	2021 年	第二十三届中国专利奖优秀奖	ZL 2017 1 1305494.4	多态双丝焊接装置及多态双丝焊接装置的起弧控制方法	深圳市瑞凌实业集团股份有限公司
136	2021 年	第二十三届中国专利奖优秀奖	ZL 2018 1 0383713.9	液压支架连杆体的自动化拼焊方法	郑州煤矿机械集团股份有限公司
137	2022 年	第二十四届中国专利奖优秀奖	ZL 2012 1 0455950.4	不锈钢带接头自动焊接设备及其生产方法	中天电力光缆有限公司、江苏中天科技股份有限公司
138	2022 年	第二十四届中国专利奖优秀奖	ZL 2014 1 0301963.5	焊接设备	深圳市瑞凌实业集团股份有限公司、常州市金坛瑞凌焊接器材有限公司
139	2022 年	第二十四届中国专利奖优秀奖	ZL 2016 1 0317455.5	一种高拉力光伏组件用助焊剂	深圳市唯特偶新材料股份有限公司
140	2022 年	第二十四届中国专利奖优秀奖	ZL 2016 1 0452123.8	一种智能柔性焊接系统	广州瑞松北斗汽车装备有限公司
141	2022 年	第二十四届中国专利奖优秀奖	ZL 2017 1 0405457.4	自动组装焊接装置	广东天机智能系统有限公司
142	2022 年	第二十四届中国专利奖优秀奖	ZL 2017 1 0895974.4	一种钠冷快堆用奥氏体不锈钢光焊丝及其应用	中国科学院金属研究所
143	2022 年	第二十四届中国专利奖优秀奖	ZL 2017 1 1003821.0	一种双焊接工位的串焊机及电池片串焊方法	深圳市拉普拉斯能源技术有限公司、拉普拉斯(无锡)半导体科技有限公司

附表 1-1(续 12)

序号	年度	获得奖项	专利号	项目名称	专利权人
144	2022 年	第二十四届中国专利奖优秀奖	ZL 2018 1 0064783.8	用于双金属带锯条的焊接对齿方法及焊接方法	湖南泰嘉新材料科技股份有限公司
145	2022 年	第二十四届中国专利奖优秀奖	ZL 2018 1 0809945.6	一种用于电缆梯架的多凸点极点 T 型连接凸焊方法	江苏万奇电器集团有限公司
146	2022 年	第二十四届中国专利奖优秀奖	ZL 2018 1 1602226.3	金属管材的切割方法	深圳市长盈精密技术股份有限公司、东莞市新美洋技术有限公司
147	2022 年	第二十四届中国专利奖优秀奖	ZL 2020 1 0243799.2	激光跟踪传感器的调整方法、系统、存储介质及焊接设备	北京博清科技有限公司
148	2022 年	第二十四届中国专利奖优秀奖	ZL 2020 1 0383640.0	超声波焊接系统的控制方法、超声波焊接系统及存储介质	汇专科技集团股份有限公司、科益展智能装备有限公司、科益展智能装备有限公司广州分公司
149	2022 年	第二十四届中国专利奖优秀奖	ZL 2020 1 0408735.3	一种改善 BGA 封装焊接性能的锡膏及其制备方法	深圳市唯特偶新材料股份有限公司、深圳职业技术学院
150	2022 年	第二十四届中国专利奖优秀奖	ZL 2020 1 0974155.0	一种变曲率曲面空间多角度埋弧横焊机及其焊接方法	中船黄埔文冲船舶有限公司
151	2022 年	第二十四届中国专利奖优秀奖	ZL 2021 1 0222970.6	一种激光切管机	佛山汇百盛激光科技有限公司

后　记

《中国焊接行业专利成果展示汇编(2014—2023)》经过半年多的调研论证,得到了广大焊接企业、大学、研究院所的积极响应,在时间紧、任务重的情况下,相关行业企业和单位给主办方提供了大力支持,中国焊接协会和中国机械工程学会焊接分会在此表示由衷的感谢。

《中国焊接行业专利成果展示汇编(2014—2023)》中相关专利及成果的文字、图片内容皆为专利成果持有者提供。由于征集、鉴别、整理时间仓促,书中如果出现表述性错误,请读者谅解。

中国焊接协会本着"努力为行业搭建高效焊接专利及成果推广平台,实现焊接产业科技成果自主化"的宗旨,不计成本,为行业、广大焊接企业、大学、研究院所做好焊接科技成果的推广普及工作。

"焊接专利及科技成果展示区"将在以后的北京·埃森焊接与切割展览会"期间如期举办。中国焊接协会将总结本活动中的经验与不足,更好地做好未来"焊接专利及科技成果展示区"的组织工作。同时我们欢迎焊接行业的个人发明者也加入到本活动中,为我国焊接核心技术自主化做出应有的贡献。

中国焊接协会

2023 年 8 月